蛤仔育种学
Manila Clam Breeding Study

闫喜武 张国范 著

科学出版社
北 京

内 容 简 介

本书详细总结了蛤仔遗传育种研究的最新成果，是迄今关于蛤仔遗传育种最为完整和系统的专著。全书共分6章，第1章介绍了贝类育种学及相关概念，贝类育种方法，我国海洋贝类育种发展历程、现状及展望；第2章主要内容为蛤仔不同群体家系建立及生长性状遗传参数估计，蛤仔壳色和壳面花纹，蛤仔的壳型；第3章介绍了蛤仔群体选育，蛤仔不同壳色群体选育，蛤仔家系选择；第4章为蛤仔杂交育种，包括蛤仔不同地理群体、不同壳色品系、不同壳内面颜色品系、不同壳型品系之间的杂交，以及蛤仔家系间的杂交；第5章研究了蛤仔近交及回交效应，有效群体大小对子代影响，蛤仔9个父系半同胞家系F_1的近交效应，上选、下选两种规格奶牛蛤品系间的近交效应，奶牛蛤两个世代的近交效应，橙蛤品系两个世代的近交效应，近交对橙蛤品系生长及存活的影响，不同近交系数对橙蛤品系生长和存活的影响，白斑马蛤品系间的近交效应，家系回交与回交效应；第6章主要介绍了菲律宾蛤仔'斑马蛤'和'白斑马蛤'的品种概况、培育背景、育种过程、品种特性和中试情况。

本书可供从事贝类养殖和遗传育种研究的科研人员及相关专业的本科生、研究生参考。

图书在版编目（CIP）数据

蛤仔育种学/闫喜武，张国范著. —北京：科学出版社，2018.1
ISBN 978-7-03-054882-5

Ⅰ. ①蛤… Ⅱ. ①闫… ②张… Ⅲ. ①帘蛤科-育种 Ⅳ. ①S968.31

中国版本图书馆 CIP 数据核字（2017）第 256486 号

责任编辑：王海光　田明霞／责任校对：郑金红
责任印制：肖　兴／封面设计：北京图阅盛世文化传媒有限公司

科学出版社 出版
北京东黄城根北街 16 号
邮政编码：100717
http://www.sciencep.com

中国科学院印刷厂 印刷
科学出版社发行　各地新华书店经销

*

2018 年 1 月第 一 版　　开本：787×1092　1/16
2018 年 1 月第一次印刷　　印张：24　插页：2
字数：569 000

定价：168.00 元
（如有印装质量问题，我社负责调换）

前 言

蛤仔（*Ruditapes philippinarum*）属双壳纲帘蛤目帘蛤科缀锦亚科蛤仔属，南方称花蛤，北方称杂色蛤、沙蚬子等，是我国四大养殖贝类之一，目前已成为世界性养殖贝类。我国是蛤仔养殖大国，目前年产量约300万t，占世界养殖总产量的90%以上，占我国海水养殖总产量的16%、海水养殖贝类产量的22%，是我国单种产量最高的养殖贝类（《2016中国渔业统计年鉴》）。蛤仔以浮游植物、有机碎屑为食，食物链短，生态效率高，其养殖对环境有明显的修复作用和碳汇作用，属于环境友好型养殖。蛤仔味道鲜美，营养丰富，是国内外市场大宗海鲜食品，国内外市场均供不应求，市场潜力巨大。蛤仔养殖周期短、风险小、投资少、相对成本低、产量高，在整个产业中产量占比呈逐年增加的趋势，地位也越来越重要，而且最有可能成为现代水产加工业重要养殖原料贝之一。

本书系统总结了作者及其研究团队2002年以来在蛤仔育种方面取得的主要成果，其中包括张跃环、霍忠明、赵力强、孙焕强、孙欣、李少文、王琰、高鑫、苏家齐、桑士田、宋传文、梁健、张辉、刘振、肖露阳、李冬春、张兴志、张学开等同学攻读硕士期间所做的工作，是迄今为止有关蛤仔遗传育种最为完整和系统的专著，对其他贝类育种也有重要参考价值。全书共分6章，第1章绪论，第2章蛤仔育种基础研究，第3章蛤仔选择育种，第4章蛤仔杂交育种，第5章蛤仔近交及回交效应，第6章蛤仔新品种培育。其中第3章和第5章由大连海洋大学霍忠明博士撰写。

本书材料丰富全面、文献齐全、图文并茂，可供从事贝类养殖和遗传育种研究的科研人员及相关专业的本科生、研究生参考。

本书的编写得到大连海洋大学和中国科学院海洋研究所的大力支持，丁鉴锋副教授为本书的编写付出了辛勤的劳动；本书引用了许多学者的资料（均已在正文中标注）；本书的出版得到科学出版社的大力支持，在此一并致谢！

在成书过程中，尽管我们秉持着十分严谨的态度，但由于水平所限和资料收集的不足，书中一定会有不足之处，希望能得到同行和读者的批评指正！

著 者
2017年11月

目 录

前言
第1章 绪论 ············1
1.1 贝类育种的相关概念 ············1
1.2 育种方法 ············3
1.3 我国海洋贝类育种发展历程、现状及展望 ············9
主要参考文献 ············10

第2章 蛤仔育种基础研究 ············15
2.1 蛤仔不同群体家系建立及生长性状遗传参数估计 ············15
2.2 蛤仔壳色和壳面花纹 ············40
2.3 蛤仔的壳型 ············94
主要参考文献 ············104

第3章 蛤仔选择育种 ············111
3.1 蛤仔群体选育 ············111
3.2 蛤仔不同壳色群体选育 ············123
3.3 蛤仔家系选择 ············147
主要参考文献 ············159

第4章 蛤仔杂交育种 ············163
4.1 蛤仔不同地理群体的杂交 ············163
4.2 不同壳色蛤仔的杂交 ············170
4.3 蛤仔不同壳内面颜色品系间的杂交 ············241
4.4 蛤仔不同壳型品系杂交 ············267
4.5 蛤仔家系间的杂交 ············276
主要参考文献 ············303

第5章 蛤仔近交及回交效应 ············307
5.1 有效群体大小对子代影响 ············307
5.2 蛤仔9个父系半同胞家系 F_1 的近交效应 ············313
5.3 上选、下选两种规格奶牛蛤品系间的近交效应 ············320
5.4 奶牛蛤两个世代的近交效应 ············329
5.5 橙蛤品系两个世代的近交效应 ············337
5.6 近交对橙蛤品系生长及存活的影响 ············345

5.7 不同近交系数对橙蛤品系生长和存活的影响……350
5.8 白斑马蛤品系间的近交效应……356
5.9 家系回交与回交效应……361
主要参考文献……367

第6章 蛤仔新品种培育……371
6.1 菲律宾蛤仔'斑马蛤'……371
6.2 菲律宾蛤仔'白斑马蛤'……373

彩图

第1章 绪　　论

1.1 贝类育种的相关概念

1.1.1 贝类育种

贝类育种是指应用各种遗传学方法，改造贝类的遗传结构，培育出适合养殖生产活动需要的品种的过程。

什么是品种呢？品种是人们创造的一种生产资料。品种不是生物学上的分类单位。一般是指经过多代人工选育而成的、遗传稳定、有别于原种或同种内其他群体、具有优良经济性状及其他表型性状的动物群体。从育种学观点来看，品种必须具备以下4个条件。

(1) 具有相似的形态特征

每个品种都应该有自己特有的形态特征以区别于同种的其他品种或群体。例如，大连海洋大学培育的菲律宾蛤仔'斑马蛤'壳面具有类似于斑马身上的花纹，菲律宾蛤仔'白斑马蛤'除壳面具有父本斑马状花纹外，左壳背缘还有一条纵向深色条带，这是来自母本白蛤的特征。中国科学院海洋研究所培育的'中科红'海湾扇贝、中国海洋大学培育的'蓬莱红'栉孔扇贝、獐子岛集团股份有限公司培育的'獐子岛红'虾夷扇贝、汕头大学培育的'南澳金贝'华贵栉孔扇贝、浙江万里学院培育的'万里红'文蛤，壳面均为红色。

(2) 具有优良的经济性状

优良的经济性状包括生长快、产量高、出肉率高、抗逆性强、抗病力强、存活率高、抗寒能力强等。例如，菲律宾蛤仔'斑马蛤'具有存活力强、产量高、对低温(-3.5℃)和低盐(15)耐受性强等优点；菲律宾蛤仔'白斑马蛤'与普通蛤仔相比，在相同养殖条件下平均壳长生长提高了16.5%以上，鲜重生长提高了37.0%；在我国北方冬季低温-2℃海区养殖，'白斑马蛤'平均存活率为64.5%，而对照组平均存活率为31.0%。

(3) 具有稳定的遗传特征

稳定的遗传特征是指形态特征或经济性状能够稳定地遗传给后代；或与其他品种杂交时具有一定的改良作用，并能产生明显的杂种优势。例如，上面提到的贝类新品种，无论是形态特征还是经济性状都能够稳定地遗传给后代。

(4) 必须具备一定数量

我国2012年实施的中华人民共和国水产行业标准《水产新品种审定技术规范》(SCT 1116—2012)对不同类群贝类群体大小进行了规定。其中对贝类群体数量规定如下：对选育种来说，保种群体数量不少于1000枚，扩繁群体数量在5000枚以上；对杂交种来说，母系群体在3000枚以上，父系群体在1000枚以上。

1.1.2 与育种相关的其他概念

(1) 原种和土著种或群体

贝类原种指的是取自定名模式种采集地或取自其他天然水域并用于增养殖生产的野生贝类,以及用于选育种的原始亲本。原种必须具有供种水域该物种的典型表型、核型及生化遗传特征、经济性状(如增长率等),同时符合有关贝类的国家标准。原种是一个国家宝贵的生物资源。

贝类土著种或群体是从前就生活在某一水域的种或群体,是相对迁入种(外来种、入侵种)或群体而言的。土著种或群体适应特定水域的环境或气候条件,是育种的宝贵材料。

(2) 野生种或群体

贝类野生种或群体是指生活在天然水体、未经人类驯化和选择的贝类,是相对养殖(家化、驯化)种类或群体而言的。野生种或群体往往具有较高的遗传多样性和遗传杂合度,基因型丰富,是育种的宝贵材料。

(3) 外来种和入侵种

外来种是指在原来水体中没有,通过人为或其他因素有意或无意引入的种类或群体。通常所说的外来物种是指来自国外的物种。

在外来种中,有一些人为或偶然逸散到环境中成为野生状态,由于缺乏天敌,同时具有比土著种更强的繁殖力和竞争力,将会排挤环境中的土著种,破坏当地生态平衡,甚至对人类经济造成危害性影响,该类外来种通称为入侵种。

(4) 群体

群体在生态学上又称为种群,是特定时间内一定空间中同种个体的集合,是物种存在和进化的基本单位。种群是一个基因库,有一定的遗传组成和遗传特征。种群在表观上的形态学、生理学和生态学特征,实质上是种群基因库在环境作用下适应、选择的结果。种群的遗传特征也使不同种群之间保持形态、生理和生态上的差异。

(5) 品系

不同类群生物品系有不同含义。对贝类来说,品系是指有同一起源,但与原亲本或原品种性状有一定差别,尚未正式鉴定命名为品种的过渡类型;或在品种培育过程中,通过对近亲或自交后代进行多代选择而获得的新类型;也可以说品系是品种的结构单位,是具有明显特征特性、遗传性稳定的小种群,群内个体间有一定的亲缘关系。

1.1.3 贝类育种学的概念

贝类育种学是研究贝类育种理论和方法的科学,是贝类增养殖学的分支,研究内容包括原种和土著种或群体保护、野生种类驯化、优良种类引进、贝类品质改良、繁育群体生产性能保护、杂种优势利用及新品种培育。

与贝类遗传育种学关系密切的学科包括:贝类增养殖学、动物遗传学、细胞遗传学、群体遗传学、数量遗传学、分子遗传学、基因组学及生物信息学等。这些学科的理论、原理、方法同样适用于贝类育种。

1.2 育种方法

贝类育种方法包括传统育种方法和现代生物技术。前者包括选择育种、杂交育种、引种与驯化、品种的提纯复壮,后者包括性别控制、多倍体育种、雌(雄)核生殖、细胞融合与核移植、转基因技术、分子标记辅助育种技术及全基因组选择育种技术。

1.2.1 传统育种方法

1.2.1.1 选择育种

选择育种是根据育种目标,在现有品种(系)或育种材料内出现的自然变异类型中,经过比较鉴定,通过多种选择方法选优去劣,培育新品种的方法(范兆廷,2005)。

1.2.1.2 杂交育种和育成杂交

在育种学上,杂交一般是指遗传类型不同的生物体之间相互交配或结合而产生杂种的过程。通过不同品种间杂交创造新变异,并对杂种后代培育、选择以育成新品种的方法称为杂交育种(范兆廷,2005)。

育成杂交是指将分属不同品种(品系或自然种)、控制不同性状的基因随机结合,形成各种不同的基因组合,再通过定向选择育成集双亲优良性状于一体的新品种的育种方法。育成杂交又可分为简单育成杂交、级进育成杂交、引入育成杂交、综合育成杂交。

(1) 简单育成杂交

简单育成杂交又称增殖杂交,是根据当地和当时的自然条件、生产需要及原地方品种品质等条件,从客观上来确定育种目标,运用相应的两个或多个品种,使它们各参加一次杂交,并结合定向选育,将不同品种的优点综合到新品种中的一种杂交育种方法。

(2) 级进育成杂交

级进育成杂交又称吸收杂交、改造杂交、渐渗杂交,是根据当地和当时的自然条件、生产需要及原地方品种品质等客观确定的育种目标,将一个品种的基因逐渐引入另一个品种基因库的过程。

(3) 引入育成杂交

引入育成杂交又称导入杂交、改良杂交,是为获得更高的经济效益或根据当地和当时的自然条件、生产需要及原地方品种品质等客观条件所确定的育种目标,通过引入品种对原有地方品种的某些缺点加以改良而使用的杂交方法。

(4) 综合育成杂交

此法也是为了获得更大的经济效益,根据当地和当时的自然条件、生产需要及原地方品种品质等客观条件而确定的改造某一地方品种或品系所进行的育种活动。

1.2.1.3 引种与驯化

1. 引种

将外地或国外物种、优良品种或品系引进本地水域(包括人工水体)，作为推广品种直接应用于生产，或作为育种原始材料间接应用于生产的过程即为引种(introduction)，有时也称为移植(transplant)。

据不完全统计，新中国成立以来我国大陆共引进贝类 18 种(李家乐等，2007)，如海湾扇贝和虾夷扇贝等，这些引种工作为改善我国贝类种类结构发挥了重要作用，产生了显著的经济效益。

与此同时，不适当的引种则会使缺乏天敌或比土著种竞争能力强的外来种迅速繁殖，与土著种争夺空间和食物而成为入侵种。以贝类为例，在我国引进的 18 种贝类中，有 11 种与我国土著种存在空间和食物竞争，2 种可与土著种杂交产生遗传污染，3 种危害农田生态系统并成为某些寄生虫的中间寄主。可见外来种的生物入侵已危害了人类健康和生态系统，并可能产生生态灾难，造成巨大的经济损失。例如，福寿螺(*Pomacea canaliculata*)的适应性和繁殖力极强，可破坏农作物，并危害人类健康；指甲履螺(*Crepidula onyx*)的适应能力和竞争力极强，可造成土著种灭绝。另有 7 种风险尚不清楚，存在生态安全隐患。因此，必须加强对外来物种的风险评估，增强生态安全意识，防止盲目引种，避免引进种变为入侵种。

2. 驯化

将野生动植物培育为家养动物或栽培植物的过程称为驯化(acclimatization)(楼允东，2001)。

1.2.1.4 品种的提纯复壮

1. 品种的混杂与提纯

混杂是指品种混入其他品种或物种的遗传基因而变得不纯。对于出现混杂的品种要进行提纯，提纯的基本原理和方法属于选择育种的范畴，必须采取近交加选择的方法。

2. 品种的退化与复壮

退化是指品种本身发生了不利的可遗传变异，如抗病力低下、繁殖力下降、生长速度慢等。复壮是对品种退化所采取的补救措施，目的是使品种的优良经济性状得以恢复。

1.2.2 现代生物技术

1.2.2.1 性别控制技术

贝类中存在雌雄同体和雌雄异体两种情况，前者如海湾扇贝，后者如虾夷扇贝、栉孔扇贝、长牡蛎、菲律宾蛤仔等。在雌雄异体贝类中存在雌雄同体(张国范和刘晓，2006；Drummond et al.，2006)和性逆转现象(吴洪流，2002；Lee et al.，2013)。雌雄异体贝类中雌雄同体和性逆转现象的存在为贝类纯系建立提供了一条捷径(张国范和刘晓，2006)。

1.2.2.2 多倍体育种

自然界存在的生物大多是二倍体,即其体细胞中包含两个染色体组。如果体细胞中含有两个以上染色体组,则称为多倍体。多倍体育种包括天然多倍体的挖掘和人工多倍体诱导两方面。贝类人工诱导多倍体的方法包括温差处理、水静压处理、电脉冲处理、药物处理、杂交等。

1. 温差处理

(1) 冷休克

Arai 等(1986)分别在皱纹盘鲍(*Haliotis discus hannai*)受精后 12min 和 32min 用 3℃低温处理受精卵 15min,三倍体胚胎诱导率达到 70%~80%。姜卫国等(1987)将在 26℃条件下受精 7min 的合浦珠母贝(*Pinctada fucata martensii*)受精卵用 12℃冷休克处理 60min 和 90min,分别获得了 37.9%和 40.0%的三倍体。王子臣等(1990)用 1℃冷休克方法处理 17℃水温下受精 17min 的栉孔扇贝(*Chlamys farreri*)受精卵 20min,获得了 30.4%的三倍体。梁英等(1994)用 4~5℃处理在 21~22℃条件下受精 20min 的长牡蛎(*Crassostrea gigas*)受精卵 15min,三倍体胚胎诱导率为 72%。费志清等(1999)用 8℃处理受精 5min 的泥蚶(*Arca granosa*)受精卵 1min,三倍体胚胎诱导率为 38.5%。

(2) 热休克

Arai 等(1986)分别在皱纹盘鲍受精后 7min 和 22min 用 35℃热休克处理受精卵 3min,三倍体胚胎诱导率分别达到 50%~70%和 60%~80%。Quiller 和 Panelay(1986)用 35℃和 38℃热休克处理受精后 10~15min 和 30~40min 的长牡蛎受精卵 20min,三倍体胚胎诱导率达 60%。王子臣等(1990)用 29℃热休克处理在 16℃水温下受精 46min 的虾夷扇贝(*Patinopecten yessoensis*)受精卵 11min,获得了 26.7%的三倍体胚胎。

2. 水静压处理

Arai 等(1986)曾采用该方法诱导鲍三倍体,用 200kg/cm^2 的压力处理受精后 7min 和 22min 的受精卵 5min,三倍体胚胎诱导率达到 60%。

3. 电脉冲处理

Cadoret(1992)用 600V/cm 的电脉冲处理受精后 80min 和 100min 的地中海贻贝(*Mytilus galloprovincialis*)受精卵 300μs,分别获得了 36%的三倍体幼虫和 26%的四倍体幼虫。

4. 药物处理

(1) 秋水仙碱处理

费志清等(1999)用 0.05g/L 的秋水仙碱处理受精 10min 的泥蚶受精卵 2min,三倍体胚胎诱导率为 25.8%。

(2) 细胞松弛素 B 处理

这是在贝类多倍体诱导中用得较多的方法。Stanley 等(1981,1984)分别用浓度为 0.5mg/L 和 1.0mg/L 的细胞松弛素 B 处理受精后 50min 的美洲牡蛎(*Crassostrea virginica*)受精卵 20min,又将受精后 0~15min 和 15~30min 的受精卵用浓度为 0.5mg/L 的细胞松弛素 B 处理 20min,均获得了三倍体。Tabarini(1984)分别用 0.05mg/L 和 0.1mg/L 的细胞松弛素 B 处理受精后 10min 的海湾扇贝(*Argopecten irradians*)受精卵 20min,分别获得了 66%和 94%的三倍体胚胎。Scarpa 等(1993)用 1.0mg/L 的细胞松弛素 B 处理受精后 7min 的地中海贻贝受精卵 28min,获得了 58.7%的三倍体稚贝和 17.3%的四倍体稚贝。Dufy 和 Diter(1990)用 1.0mg/L 的细胞松弛素 B 处理受精后 20min 的菲律宾蛤仔(*Ruditapes philippinarum*)受精卵 15min,获得了 75.8%的三倍体胚胎。Diter 和 Dufy(1990)用 1.0mg/L 的细胞松弛素 B 分别处理受精后 5min 和 45min 的菲律宾蛤仔受精卵 15min,获得了 64.4% 和 28.3%的四倍体胚胎。曾志南等(1994)用 1.5mg/L 的细胞松弛素 B 处理受精后 18min 的僧帽牡蛎(*Saccostrea cucullata*)受精卵 15min,获得了 87.5%的三倍体胚胎。常亚青等(2002)分别用 0.05mg/L 和 0.1mg/L 的细胞松弛素 B 处理受精后 10min 的栉孔扇贝受精卵,获得了 53%的四倍体面盘幼虫。

(3) 6-二甲基氨基嘌呤(6-DMAP)处理

6-DMAP 价格便宜,诱导效率高,是贝类多倍体诱导中使用较多的药物。蔡国雄(1996)采用 4×10^{-4}mol/L 的 6-DMAP 处理受精后 50min 和 120min 的紫贻贝(*Mytilus edulis*)受精卵 20～30min,分别抑制第一极体和第二极体排放,获得了 82.8%和 58.6%的四倍体胚胎。田传远等(1998)用 450μmol/L 的 6-DMAP 处理受精后 20min 的长牡蛎受精卵 10min,四倍体胚胎的诱导率达 40%。田传远等(1999)的研究表明,6-DMAP 抑制第一极体三倍体的最高诱导率为 71.3%,抑制第二极体三倍体的最高诱导率为 93.8%。王爱民(1999)用 80mg/L 的 6-DMAP 于受精后 5min 处理马氏珠母贝受精卵 10min,三倍体胚胎诱导率为 32.4%。杨爱国等(1999)用 60mg/L 的 6-DMAP 处理栉孔扇贝受精卵 15min,三倍体诱导率达 80%以上。

此外,也有用聚乙二醇和氯化钙成功诱导贝类多倍体的报道(Dong,2005)。

5. 杂交

通过二倍体和四倍体杂交可以获得三倍体。Guo 等(1996)已成功地利用二倍体和四倍体长牡蛎杂交产生 100%三倍体子代,活力如同正常二倍体。目前,在美国养殖的长牡蛎 30%是通过这种方法获得的三倍体,基本解决了夏季牡蛎肉质下降的问题。牡蛎的美味成分主要是肝糖,随着性成熟,肝糖含量降低,味道变差,肉质下降。由于三倍体牡蛎是不育的,繁殖季节肝糖含量不降低,一年四季均可保持美味(于瑞海,1989)。

1.2.3 雌核生殖与雄核生殖

雌核生殖或雌核发育(gynogenesis)是指用遗传失活的精子激活卵子,精子并不参与合子核的形成,卵子依靠自己的细胞核发育成个体的现象。雌核生殖所产生的后代完全与母本相似。雌核发育二倍体的人工诱导有许多方法,但都要经过精子的遗传失活和卵子染色体的二倍化。

雄核生殖或雄核发育(androgenesis)是指使用经过紫外线、X 射线、γ 射线等物理方法处理的卵子,使其失活后参与受精,再在适当时间通过冷、热、高压等处理使精核的染色体加倍,进而发育成为完全是父本性状的二倍体的过程。

人工诱导雌核发育与雄核发育是建立纯合系的有效方法，可以大大缩短育种周期，加快育种进程，因而具有广阔的应用前景。

有关海洋贝类人工诱导雌核发育与雄核发育方面的研究已有一些报道，如长牡蛎(Stiles et al., 1983; Goswami, 1991; Guo et al., 1993; Li et al., 2000a)、地中海贻贝(Scarpa et al., 1994)、贻贝(Fairbrother, 1994)、侏儒蛤(*Mulinia lateralis*)(Guo and Allen, 1994)、合浦珠母贝(许国强等, 1990)、华贵栉孔扇贝(*Chlamys nobilis*)(Goswami, 1991)、虾夷扇贝(Li et al., 2000b)、栉孔扇贝(Pan et al., 2004a, 2004b)、皱纹盘鲍(Arai et al., 1984; Fujina et al., 1990; Li et al., 1999)。但将贝类雌核发育与雄核发育后代培育到成体十分困难，仅在皱纹盘鲍、长牡蛎和侏儒蛤等少数贝类有过报道。

1.2.4　细胞融合与核移植

细胞融合是将两个或多个具有不同遗传基础的细胞融合为一个杂种细胞的技术。细胞核移植是应用精细显微操作技术将一种动物的二倍体细胞核移植到同种或异种动物细胞质的技术。目前尚未见在贝类中开展细胞融合与核移植研究的报道。

1.2.5　转基因技术

转基因技术又称基因工程或重组 DNA 技术，是指将一种或多种生物体(供体)的基因与载体在体外进行拼接重组，然后转入另一生物体(受体)内并使之表达的技术。

在海洋贝类中，有关转基因技术的研究较少。中国科学院海洋研究所和发育生物研究所利用电脉冲导入法将鱼生长激素基因导入去膜的贻贝受精卵内，结果阳性率达到41%(范兆廷, 2005)。

1.2.6　分子标记辅助育种技术

分子标记又称分子遗传学标记、DNA 分子遗传标记，是指能反映生物个体或种群间基因组中某种差异的特异性 DNA 片段。分子标记技术自 20 世纪 80 年代迅速发展以来，在辅助育种中发挥了巨大作用。常用的分子标记有限制性片段长度多态性(RFLP)、随机扩增多态性 DNA(RAPD)、扩增片段长度多态性(AFLP)、表达序列标签(EST)、简单重复序列(又称微卫星标记, SSR)和单核苷酸多态性(SNP)等。

分子标记技术在贝类育种中的应用主要表现在以下几方面。

(1) 亲缘关系鉴定

分子标记应用于贝类亲缘关系鉴定的研究已有不少报道，种类包括耳鲍(*Haliotis asinine*)(Selvamani et al., 2001; Lucas et al., 2006)、堪察加鲍(*Haliotis kamtschatkana*)(Lemay and Boulding, 2009)、长牡蛎(Boudry et al., 2002; Li et al., 2009)、欧洲牡蛎(*Ostrea edulis*)(Lallias et al., 2010)、海湾扇贝(Li R and Li Q, 2011)等。

(2) 遗传多样性研究

近年来，贝类遗传多样性的研究取得了许多成果。研究的种类包括皱纹盘鲍(Li et al., 2004)、美洲牡蛎(Yu and Guo, 2004)、合浦珠母贝(*Pinctada fucata martensii*)(Chu, 2006a, 2006b)、长牡蛎(Yu and Li, 2007; 白洁, 2010)、虾夷扇贝(Li et al., 2007a)、菲律宾蛤

仔(闫喜武等，2011)等。

(3) 预测杂种优势

用分子标记技术预测贝类杂种优势及对杂交子代进行鉴定的研究也有一些报道，如长牡蛎(Hedgecock et al., 1995; Launey and Hedgecock, 2001; Hedgecock and Davis, 2007)、皱纹盘鲍(张国范等，2002)、杂色鲍(*Haliotis diversicolor*)(蔡明夷等，2009)、紫扇贝(*Argopecten purpuratus*)和海湾扇贝(Wang et al., 2011)等。

(4) 遗传图谱构建

目前，已经构建遗传图谱的海洋经济贝类主要包括：海湾扇贝(Wang et al., 2007; Qin et al., 2007; Li et al., 2012)、栉孔扇贝(Wang et al., 2005; Li et al., 2005; Zhan et al., 2009)、虾夷扇贝(Xu et al., 2008)、华贵栉孔扇贝(Yuan et al., 2010)、美洲牡蛎(Yu and Guo, 2003)、长牡蛎(Li and Guo, 2004; Hubert and Hedgecock, 2004; Guo et al., 2012)、欧洲牡蛎(Lallias et al., 2007a)、贻贝(Lallias et al., 2007b)、黑唇鲍(Baranski et al., 2006)、皱纹盘鲍(Liu et al., 2006; Li et al., 2007b; Sekino and Hara, 2007)和杂色鲍(Zhan et al., 2012)等。

(5) 数量性状位点(QTL)定位

在海洋贝类中，Qin等(2007)利用AFLP和微卫星标记构建了海湾扇贝的遗传连锁图谱，并进行了生长相关与壳色相关QTL的定位。Liu等(2006)用RAPD、AFLP及微卫星标记构建了皱纹盘鲍的遗传连锁图谱，并开展了生长相关性状的QTL定位。Zhan等(2009)利用318个微卫星标记构建了栉孔扇贝的遗传连锁图谱，并将壳色标记定位到第4号连锁群上，发现壳色标记两侧的微卫星位点是CFLD064和CFBD055，同时分析了4个生长相关性状的QTL。Guo等(2012)利用106个微卫星标记与320个AFLP标记构建了长牡蛎较高密度的遗传连锁图谱，并完成了生长相关和性别相关QTL的定位。

(6) 分子标记辅助选择

近年来，应用分子标记辅助选择(marker-assisted selection，MAS)在贝类育种中取得了初步的成绩。例如，美国以Hedgcock为首的研究小组和法国学者Sauvage、Huvet等利用SNP标记和微卫星标记构建了长牡蛎遗传连锁图谱，同时进行了生长、抗病与抗逆性状的QTL定位(Hubert and Hedgecock, 2004)。在美洲牡蛎选育中，Rutgers大学郭希明研究小组目前已经做了大量的分子标记研究工作，利用微卫星、AFLP和SNP标记构建了连锁图，并进行了抗病相关QTL定位分析(Yu and Guo, 2003)。

1.2.7 全基因组选择育种技术

全基因组选择(genomic selection，GS)的概念是由Meuwissen等于2001年提出的(于洋等，2011)，当时是基于一种理想的假设，即所有性状的QTL都对应一个与之紧密连锁的SNP位点并可用该标记来代表；通过性状测定获得全基因组育种值，结合该个体所带的分子标记，应用统计学方法计算出每一个分子标记所对应的染色体片段的育种值大小；再对所要选择的个体进行全基因组育种值估计(genomic estimated breeding value，GEBV)，并进行选择。目前该技术已经开始在贝类育种中应用(苏海林，2013；张璐，2015)。

1.3 我国海洋贝类育种发展历程、现状及展望

尽管我国贝类养殖历史悠久，但贝类育种工作从 20 世纪 80 年代才刚刚起步（包振民等，2002）。当时海湾扇贝、虾夷扇贝引种成功，海产经济贝类养殖得到迅速发展。但养殖的种类都是野生或野生到家化的过渡类群，基因型不稳定。由于养殖上没有人工培育的高产抗逆品种，一些种类经累代养殖会出现生活力下降、个体小型化和抗逆性差等症状，造成产量低，养殖效益下降，暴发性死亡现象时有发生，产业风险增加，严重制约着贝类养殖产业的健康可持续发展。人们逐渐认识到培育生长快、品质优、抗逆性强的养殖贝类新品种是贝类养殖业亟待解决的问题，因此，国内学者利用传统的杂交和选择育种方法与各种现代生物技术（多倍体技术、分子标记技术等）对贝类新品种培育进行了系统而深入的研究，并取得了可喜的成果。

我国水产原良种审定工作开始于 1996 年。截至 2016 年，我国通过国家水产原良种审定的贝类新品种 26 个（表 1-1），使我国成为世界上人工培育贝类新品种最多的国家。从培育方法看，引进种 1 个，杂交种 6 个，选育种 19 个；从类群划分，鲍 3 个，扇贝 9 个，牡蛎 4 个，珠母贝 4 个，蛤仔 2 个，文蛤 2 个，泥蚶和池蝶蚌各 1 个。这些新品种的培育对推动贝类产业的健康可持续发展和转型升级发挥了重要作用。

表 1-1 我国通过国家水产原良种审定的贝类新品种

序号	品种名称	登记号	单位	类别
1	'大连 1 号'杂交鲍	GS-02-003-2004	中国科学院海洋研究所	杂交种
2	池蝶蚌	GS-03-003-2004	江西省抚州市洪门水库开发公司	引进种
3	'蓬莱红'扇贝	GS-02-001-2005	中国海洋大学	杂交种
4	'中科红'海湾扇贝	GS-01-004-2006	中国科学院海洋研究所	选育种
5	海大金贝	GS-01-002-2009	中国海洋大学、大连獐子岛渔业集团股份有限公司	选育种
6	杂色鲍'东优 1 号'	GS-02-004-2009	厦门大学	杂交种
7	海湾扇贝'中科 2 号'	GS-01-005-2011	中国科学院海洋研究所	选育种
8	马氏珠母贝'海优 1 号'	GS-02-002-2011	海南大学	杂交种
9	长牡蛎'海大 1 号'	GS-01-005-2013	中国海洋大学	选育种
10	栉孔扇贝'蓬莱红 2 号'	GS-01-006-2013	中国海洋大学、威海长青海洋科技股份有限公司、青岛八仙墩海珍品养殖有限公司	选育种
11	文蛤'科浙 1 号'	GS-01-007-2013	中国科学院海洋研究所、浙江省海洋水产养殖研究所	选育种
12	菲律宾蛤仔'斑马蛤'	GS-01-005-2014	大连海洋大学、中国科学院海洋研究所	选育种
13	泥蚶'乐清湾 1 号'	GS-01-006-2014	浙江省海洋水产养殖研究所、中国科学院海洋研究所	选育种
14	文蛤'万里红'	GS-01-007-2014	浙江万里学院	选育种
15	马氏珠母贝'海选 1 号'	GS-01-008-2014	广东海洋大学、广东海威水产养殖有限公司、广东绍河珍珠有限公司	选育种

续表

序号	品种名称	登记号	单 位	类别
16	华贵栉孔扇贝'南澳金贝'	GS-01-009-2014	汕头大学	选育种
17	西盘鲍	GS-02-008-2014	厦门大学	杂交种
18	扇贝'渤海红'	GS-01-003-2015	青岛农业大学、青岛海弘达生物科技有限公司	选育种
19	虾夷扇贝'獐子岛红'	GS-01-004-2015	大连獐子岛渔业集团股份有限公司、中国海洋大学	选育种
20	马氏珠母贝'南珍1号'	GS-01-005-2015	中国水产科学研究院南海水产研究所、广东岸华集团有限公司	选育种
21	马氏珠母贝'南科1号'	GS-01-006-2015	中国科学院南海海洋研究所	选育种
22	牡蛎'华南1号'	GS-02-004-2015	中国科学院南海海洋研究所	杂交种
23	'海益丰12'海湾扇贝	GS-01-006-2016	中国海洋大学、烟台海益苗业有限公司	选育种
24	长牡蛎'海大2号'	GS-01-007-2016	中国海洋大学	选育种
25	葡萄牙牡蛎'金蛎1号'	GS-01-008-2016	福建省水产研究所	选育种
26	菲律宾蛤仔'白斑马蛤'	GS-01-009-2016	大连海洋大学、中国科学院海洋研究所	选育种

从发展趋势看,传统育种方法与现代生物技术相结合、新品种引进与培育相结合是贝类遗传育种学的发展趋势。

主要参考文献

白洁. 2010. 太平洋牡蛎基因组分子标记的开发与应用研究[D]. 青岛: 中国海洋大学博士学位论文.

包振民, 万俊芬, 王继业, 等. 2002. 海洋经济贝类育种研究进展[J]. 青岛海洋大学学报, 32(4): 567-573.

蔡国雄. 1996. 用6-甲氨基嘌呤诱导贻贝四倍体胚胎[J]. 热带海洋, 15(4): 26-30.

蔡明夷, 王志勇, 柯才焕, 等. 2009. 杂色鲍×盘鲍杂交及亲本自繁群体的AFLP分析[J]. 厦门大学学报, 48(6): 884-889.

常亚青, 相建海, 王子臣, 等. 2002. 药物诱导虾夷扇贝四倍体的初步研究[J]. 海洋与湖沼, 33(1): 105-112.

范兆廷. 2005. 水产动物育种学[M]. 北京: 中国农业出版社.

费志清, 尤仲杰, 徐善良, 等. 1999. 泥蚶多倍体胚胎的激发诱导 I.低温与秋水仙碱的诱导[J]. 宁波大学学报(理工版), 12(3): 33-38.

姜卫国, 李刚林, 岳光庆, 等. 1987. 人工诱导合浦珠母贝多倍体的发生[J]. 热带海洋, 6(4): 37-45.

李家乐, 董志国, 李应森, 等. 2007. 中国外来水生动植物[M]. 上海: 上海科学技术出版社.

梁英, 王如才, 田传远, 等. 1994. 三倍体大连湾牡蛎的初步研究[J]. 水产学报, 18(3): 237-240.

楼允东. 2001. 鱼类育种学[M]. 北京: 中国农业出版社.

苏海林. 2013. 贝类全基因组选择技术的建立及其在扇贝育种中的应用[D]. 青岛: 中国海洋大学博士学位论文.

田传远, 王如才, 梁英, 等. 1998. 6-DMAP诱导太平洋牡蛎三倍体——4.四倍体现象的研究[J]. 青岛海洋大学学报, 28(4): 560-566.

田传远, 王如才, 梁英, 等. 1999. 6-DMAP诱导太平洋牡蛎三倍体——抑制受精卵第二极体释放. 中国水产科学, 6(2): 1-4.

王爱民, 阎冰, 叶力, 等. 1999. 6-DMAP诱导马氏珠母贝三倍体[J]. 广西科学, 6(2): 148-151.

王永明. 1988. 低等脊椎动物的性别[J]. 遗传, 10(4): 45-46.

王子臣, 毛连菊, 陈来钊, 等. 1990. 温度休克诱导栉孔扇贝和虾夷扇贝三倍体的初步研究[J]. 大连水产学院学报, 5(3&4): 1-6.

吴洪流. 2002. 波纹巴非蛤性逆转时生殖腺的组织学变化[J]. 海洋科学, 26(1): 6-8.

许国强, 林岳光, 李刚, 等. 1990. 人工诱导合浦珠母贝雌核二倍体发生及"Hertwig"效应的初步研究[J]. 热带海洋, 9: 1-7.

闫喜武, 虞志飞, 秦艳杰, 等. 2011. 菲律宾蛤仔 EST-SSRs 标记开发及不同地理群体遗传多样性[J]. 生态学报, 31(15): 4190-4198.

杨爱国, 王清印, 孔杰, 等. 1999. 6-二甲基氨基嘌呤诱导栉孔扇贝三倍体[J]. 水产学报, 23(3): 241-247.

杨永铨, 张中英, 林克宏, 等. 1980. 应用三系配套途径产生遗传上全雄莫桑比克罗非鱼[J]. 遗传学报, 7(3): 241-246.

于瑞海. 1989. 贝类三倍体培育技术[J]. 海洋科学, (4): 69-71.

于洋, 张晓军, 李富花, 等. 2011. 全基因组选择育种策略及在水产动物育种中的应用前景[J]. 中国水产科学, 18(4): 936-943.

曾志南, 陈木, 林琪, 等. 1994. 僧帽牡蛎三倍体的研究[J]. 海洋通报, 13(6): 34-40.

张国范, 刘晓. 2006. 关于贝类遗传改良几个问题的讨论[J]. 水产学报, 30(1): 130-131.

张国范, 王继红, 赵洪恩, 等. 2002. 皱纹盘鲍中国群体和日本群体的自交与杂交 F1 的 RAPD 标记[J]. 海洋与湖沼, 33(5): 484-491.

张璐. 2015. 全基因组选择在栉孔扇贝(*Chlamys farreri*)育种中的应用[D]. 青岛: 中国海洋大学博士学位论文.

Arai K, Naito F, Fujino K. 1986. Triploidization of the pacific abalone (*Haliotis discus hannai*) with temperature and pressure treatments[J]. Bulletin of the Japanese Society of Scientific Fisheries (Japan), Nihon-suisan-gakkai-shi, 52(3): 417-422.

Arai K, Naito F, Sasaki H, et al. 1984. Gynogenesis with ultraviolet ray irradiated sperm in Pacific abalone[J]. Bull JapSocSci Fish, 52(3):417-422.

Baranski M, Loughnan S, Austin C M, et al. 2006. A microsatellite linkage map of the blacklip abalone, *Haliotis rubra*[J]. Animal Genetics, 37(6): 563-570.

Boudry P, Collet B, Cornette F, et al. 2002. High variance in reproductive success of the Pacific oyster (*Crassostrea gigas*, Thunberg) revealed by microsatellite-based parentage analysis of multifactorial crosses[J]. Aquaculture, 204: 283-296.

Cadoret J P. 1992. Electric field-induced polyploidy in mollusc embryos[J]. Aquaculture, 106(2): 127-139.

Chu K H. 2006a. Genetic variation in wild and cultured populations of the pearl oyster *Pinctada fucata* from southern China[J]. Aquaculture, 258(1): 220-227.

Chu K H. 2006b. Low genetic differentiation among widely separated populations of the pearl oyster *Pinctada fucata* as revealed by AFLP[J]. Journal of Experimental Marine Biology and Ecology, 333(1): 140-146.

Diter A, Dufy C. 1990. Polyploidy in the Manila clam, *Ruditapes philippinarum*. Ⅱ. Chemical induction of tetraploid embryos[J]. Aquatic Living Resources, 3(2): 107-112.

Dong Q. 2005. Comparative studies of sperm cryopreservation of diploid and tetraploid Pacific oysters[D]. Florida: Florida Institute of Technology, Doctoral dissertation.

Drummond L, Mulcahy M, Culloty S. 2006. The reproductive biology of the Manila clam, *Ruditapes philippinarum*, from the North-West of Ireland[J]. Aquaculture, 254(1): 326-340.

Dufy C, Diter A. 1990. Polyploidy in the Manila clam *Ruditapes philippinarum*. Ⅰ-Chemical induction and larval performances of triploids[J]. Aquatic Living Resources, 3(1): 55-60.

Fairbrother J E. 1994. Viable gynogenetic diploid *Mytilus edulis* (L.) larvae produced by ultraviolet light irradiation and cytochalasin B shock[J]. Aquaculture, 126: 25-34.

Fujino K, Arai K, Iwadare K, et al. 1990. Induction of gynogenetic diploid by inhibiting 2nd meiosis in the Pacific abalone[J]. Bull Jap Soc Sci Fish, 56: 1755-1763.

Goswami U. 1991. Sperm density required for inducing gynogenetic haploidy in scallop *Chlamys nobilis*[J]. Indian J Mar Sci, 20: 255-258.

Guo X, Allen S K. 1994. Sex determination and polyploid gigantism in the dwarf surfclam (*Mulinia lateralis* Say)[J]. Genetics, 138(4): 1199-1206.

Guo X, DeBrosse G A, Allen S K. 1996. All-triploid Pacific oysters (*Crassostrea gigas* Thunberg) produced by mating tetraploids and diploids[J]. Aquaculture, 142(3): 149-161.

Guo X, Hershberger W K, Cooper K, et al. 1993. Artificial gynogenesis with ultraviolet light-irradiated sperm in the Pacific oyster, *Crassostrea gigas*. I. Induction and survival[J]. Aquaculture, 113(3): 201-214.

Guo X, Li Q, Wang Q Z, et al. 2012. Genetic mapping and QTL analysis of growth-related traits in the Pacific oyster[J]. Marine Biotechnology, 14(2): 218-226.

Hedgecock D, Davis J P. 2007. Heterosis for yield and crossbreeding of the Pacific oyster *Crassostrea gigas*[J]. Aquaculture, 272: S17-S29.

Hedgecock D, McGoldrick D J, Bayne B L, et al. 1995. Hybrid vigor in Pacific oysters: an experimental approach using crosses among inbred lines[J]. Aquaculture, 137(1-4): 285-298.

Hubert S, Hedgecock D. 2004. Linkage maps of microsatellite DNA markers for the Pacific oyster *Crassostrea gigas*[J]. Genetics, 168(1): 351-362.

Lallias D, Beaumont A R, Haley C S, et al. 2007a. A first-generation genetic linkage map of the European flat oyster *Ostrea edulis* (L.) based on AFLP and microsatellite markers[J]. Animal Genetics, 38(6): 560-568.

Lallias D, Lapegue S, Hecquet C, et al. 2007b. AFLP-based genetic linkage maps of the blue mussel (*Mytilus edulis*)[J]. Animal Genetics, 38(4): 340-349.

Launey S, Hedgecock D. 2001. High genetic load in the Pacific oyster *Crassostrea gigas*[J]. Genetics, 159(1): 255-265.

Lallias D, Taris N, Boudry P, et al. 2010. Variance in the reproductive success of flat oyster *Ostrea edulis* L. assessed by parentage analyses in natural and experimental conditions[J]. Genetics Research, 92(03): 175-187.

Lee J S, Park J S, Shin Y K, et al. 2013. Sequential hermaphroditism in Manila clam *Ruditapes philippinarum* (Bivalvia: Veneridae)[J]. Invertebrate Reproduction and Development, 57(3): 185-188.

Lemay M A, Boulding E G. 2009. Microsatellite pedigree analysis reveals high variance in reproductive success and reduced genetic diversity in hatchery-spawned northern abalone[J]. Aquaculture, 295(1): 22-29.

Li H, Liu X, Zhang G. 2012. Development and linkage analysis of 104 new microsatellite markers for bay scallop (*Argopecten irradians*)[J]. Marine Biotechnology, 14(1): 1-9.

Li L, Guo X. 2004. AFLP-based genetic linkage maps of the Pacific oyster *Crassostrea gigas* Thunberg[J]. Marine Biotechnology, 6(1): 26-36.

Li L, Xiang J, Liu X, et al. 2005. Construction of AFLP-based genetic linkage map for Zhikong scallop, *Chlamys farreri* Jones et Preston and mapping of sex-linked markers[J]. Aquaculture, 245(1): 63-73.

Li Q, Osada M, Kashihara M, et al. 1999. Artificially induced gynogenetic diploid in the Pacific abalone, *Haliotis discus hannai*[J]. Fish Genet Breed Sci, 28: 85-94.

Li Q, Osada M, Kashihara M, et al. 2000a. Induction of gynogenetic diploids and cytological studies in the Pacific oyster, *Crassastrea gigas*[J]. Suisanzoshoku, 48(2): 185-191.

Li Q, Osada M, Kashihara M, et al. 2000b. Effects of ultraviolet irradiation on genetical inactivation and morphological structure of sperm of the Japanese scallop, *Patinopecten yessoensis*[J]. Aquaculture, 186:233-242.

Li Q, Park C, Endoc T, et al. 2004. Loss of genetic variation at microsatellite loci in hatchery strains of the Pacific abalone (*Haliotis discus hannai*)[J]. Aquaculture, 235(1): 207-222.

Li Q, Xu K, Yu R. 2007. Genetic variation in Chinese hatchery populations of the Japanese scallop (*Patinopecten yessoensis*) inferred from microsatellite data[J]. Aquaculture, 269(1): 211-219.

Li R, Li Q. 2011. Mating systems and reproductive success in hermaphroditic bay scallop *Argopecten irradians irradians* (Lamarck 1819) inferred by microsatellite-based parentage analysis[J]. Journal of the World Aquaculture Society, 42(6): 888-898.

Li R, Li Q, Yu R. 2009. Parentage determination and effective population size estimation in mass spawning pacific oyster, *Crassostrea gigas* based on microsatellite analysis[J]. Journal of the World Aquaculture Society, 40(5): 667-677.

Liu X, Liu X, Guo X, et al. 2006. A preliminary genetic linkage map of the Pacific abalone *Haliotis discus hannai* Ino[J]. Marine Biotechnology, 8(4): 386-397.

Lucas T, Macbeth M, Degnan S M, et al. 2006. Heritability estimates for growth in the tropical abalone *Haliotis asinina* using microsatellites to assign parentage[J]. Aquaculture, 259(1): 146-152.

Pan Y, Li Q, Yu R H, et al. 2004a. Induction of gynogenetic diploids and cytological studies in the Zhikong scallop, *Chlamys farreri* [J]. Aquat Living Resour, 17: 201-206.

Pan Y, Li Q, Yu R H, et al. 2004b. Induction of gynogenesis and effects of ultraviolet irradiation on ultrastructure of sperm of the Zhikong scallop, *Chlamys farreri*[J]. Fisheries Science, 70: 487-496.

Qi L, Yanhong X, Ruihai Y, et al. 2007. An AFLP genetic linkage map of Pacific abalone (*Haliotis discus hannai*)[J]. Journal-Ocean University of China, 6(3): 259.

Qin Y, Xiao L, Zhang H, et al. 2007. Identification and mapping of AFLP markers linked to shell color in bay scallop, *Argopecten irradians irradians*(Lamarck, 1819)[J]. Marine Biotechnology, 9: 66-73.

Quillet E, Panelay P J. 1986. Triploidy induction by thermal shocks in the Japanese oyster, *Crassostrea gigas*[J]. Aquaculture, 57(1-4): 271-279.

Scarpa J, 和田克彦, 古丸明. 1993. Induction of tetraploidy in mussels by suppression of polar body formation[J]. 日本水产学会志, 59(12): 2017-2023.

Scarpa J, Komaru A, Wada K T. 1994. Gynogenetic induction in the mussel, *Mytilus galloprovincialis*[J]. Bull Natl Res Inst Aquac, 23: 33-41.

Sekino M, Hara M. 2007. Linkage maps for the Pacific abalone (genus *Haliotis*) based on microsatellite DNA markers[J]. Genetics, 175(2): 945-958.

Selvamani M J P, Degnan S M, Degnan B M. 2001. Microsatellite genotyping of individual abalone larvae: parentage assignment in aquaculture[J]. Marine Biotechnology, 3(5): 478-485.

Stanley J G, Allen S K, Hidu H. 1981. Polyploidy induced in the American oyster, *Crassostrea virginica*, with cytochalasin B[J]. Aquaculture, 23(1-4): 1-10.

Stanley J G, Hidu H, Allen S K. 1984. Growth of American oysters increased by polyploidy induced by blocking meiosis I but not meiosis II[J]. Aquaculture, 37(2): 147-155.

Stiles S, Cromanski J, Longwell A. 1983. Cytological appraisal of prospects for successful gynogenesis, parthenogenesis, and androgenesis in the oyster[A]. Int Council for the Exploration of the Sea, Mariculture Committee Paper[C].F: 10.

Tabarini C L. 1984. Induced triploidy in the bay scallop, *Argopecten irradians*, and its effects on growth and gametogenesis[J]. Aquaculture, 42(2): 151-160.

Wang C, Liu B, Li J, et al. 2011. Introduction of the Peruvian scallop and its hybridization with the bay scallop in China[J]. Aquaculture, 310(3): 380-387.

Wang L, Song L, Chang Y, et al. 2005. A preliminary genetic map of Zhikong scallop (*Chlamys farreri* Jones et Preston 1904)[J]. Aquaculture Research, 36(7): 643-653.

Wang L, Song L, Zhang H, et al. 2007. Genetic linkage map of bay scallop,*Argopecten irradians irradians* (Lamarck 1819)[J]. Aquaculture Research, 38(4): 409-419.

Xu K, Li Q, Kong L, et al. 2008. A first-generation genetic map of the Japanese scallop *Patinopecten yessoensis* - based AFLP and microsatellite markers[J]. Aquaculture Research, 40(1): 35-43.

Yuan T, He M, Huang L, et al. 2010. Genetic linkage maps of the noble scallop *chlamys nobilis reeve* based on AFLP and microsatellite markers[J]. Journal of Shellfish Research, 29(1): 55-62.

Yu H, Li Q. 2007. Genetic variation of wild and hatchery populations of the Pacific oyster *Crassostrea gigas* assessed by microsatellite markers[J]. Journal of Genetics and Genomics, 34(12): 1114-1122.

Yu Z, Guo X. 2003. Genetic linkage map of the eastern oyster *Crassostrea virginica* Gmelin[J]. The Biological Bulletin, 204(3): 327-338.

Yu Z, Guo X. 2004. Genetic analysis of selected strains of eastern oyster (*Crassostrea virginica* Gmelin) using AFLP and microsatellite markers[J]. Marine Biotechnology, 6(6): 575-586.

Zhan A, Hu J, Hu X, et al. 2009. Construction of microsatellite - based linkage maps and identification of size - related quantitative trait loci for Zhikong scallop (*Chlamys farreri*)[J]. Animal Genetics, 40(6): 821-831.

Zhan X, Fan F, You W, et al. 2012. Construction of an integrated map of *Haliotis diversicolor* using microsatellite markers[J]. Marine Biotechnology, 14(1): 79-86.

第 2 章 蛤仔育种基础研究

2.1 蛤仔不同群体家系建立及生长性状遗传参数估计

2.1.1 蛤仔莆田群体家系建立及早期生长发育

家系建立是贝类选择育种和杂交育种的基础。优良的家系可以通过逐代筛选、家系内纯化和家系间杂交的方式，固定群体内经济性状的加性基因，增加群体内具有经济价值的基因频率，最终获得满足人们需求的新品种。关于贝类家系选育研究，国内外已有不少报道，如美洲牡蛎(*Crassostrea virginica*)(Toro and Newkirk，1990，1991；Davis，2000；Lionel et al.，2007)、美洲帘蛤(*Mercenaria mercenaria*)(Rawson and Hilbish，1990)、海湾扇贝(*Argopecten irradians*)(Zheng et al.，2004)、马氏珠母贝(*Pinctada martensii*)(何毛贤等，2007)等。这些研究表明，家系选育方法可以不同程度地提高贝类的生长性能和抗逆性，使其经济性状得到明显改良。本小节以莆田群体蛤仔为材料，通过不平衡巢式设计建立同胞家系，对家系早期的生长发育进行评价，以期为蛤仔家系选育提供基础数据。

2.1.1.1 材料与方法

1. 亲贝来源

实验于 2007 年 9 月在大连庄河市贝类养殖场育苗场进行。亲贝为莆田土池培育的苗种在庄河生态池中养成的 2 龄蛤仔。蛤仔性腺成熟时，随机取 500 枚贝壳无损伤、壳型规整、健康的蛤仔作为繁殖群体。

2. 家系建立

在水温 23℃、盐度为 28、pH 7.8 的条件下，亲贝经阴干刺激后产卵排精。采用不平衡巢式设计，建立了 11 个父系半同胞家系和 33 个母系全同胞家系(交配策略见表 2-1)。每个家系设置 3 个重复。

表 2-1 不平衡巢式设计建立家系的方法

父本	母本	家系子一代		父本	母本	家系子一代
	♀1	A_1			♀1	K_1
♂A	♀2	A_2	♂B, ♂C, ♂D, …	♂K	♀2	K_2
	♀3	A_3			♀3	K_3

3. 幼虫和稚贝培育

幼虫和稚贝培育用水为砂滤海水，水温 19~23℃，盐度 28~29，pH 7.8~8.0。幼虫和稚贝培育容器为 100L 塑料桶，密度为 5~8 个/mL，每 2d 全量换水 1 次。为避免不同家系蛤仔的混杂，每组换水后将筛绢网用淡水冲洗。每天投饵 3 次，饵料为金藻和小球藻(体积比为 1∶1)，浮游期日投喂 2000～5000 个细胞/mL，稚贝期投喂 1 万～2 万个细胞/mL，根据幼虫和稚贝的摄食情况适当增减饵料量，保持水中有足量的饵料。为消除培育密度的影响，在培育阶段每 3d 对密度进行一次调整，使各个家系密度基本保持一致。为避免家系混杂，应严格隔离。

4. 数据测量

1) 分别测量各个家系卵径，3 日龄、9 日龄、15 日龄、30 日龄和 40 日龄的壳长，每个重复随机测量 30 个个体。

2) 测定 9 日龄、40 日龄的存活率。

3) 统计 40 日龄家系内个体变异情况及 4 种壳长(<300μm、300～400μm、400～500μm、500μm 以上)稚贝在群体中所占百分比。

4) 变态以附着幼虫出现鳃原基、足、次生壳为标志。记录各个家系开始出现附着变态个体的时间和家系全部附着变态的时间。

5) 测量各家系的变态规格及变态率。变态率为出现鳃原基、足、次生壳稚贝数占足面盘幼虫数量的百分比。

5. 数据分析

1) 采用 SPSS13.0 进行数据统计分析，Excel 作图。

2) 使用 SAS 软件的 GLM(广义线性模型进行统计分析)过程，计算 3 日龄、9 日龄、30 日龄父系间、母系间、父母间交互作用壳长遗传方差和 F 显著性检验。

3) 计算各个家系的绝对生长，公式为

$$G = (W_1 - W_0)/(t_1 - t_0) \tag{2-1}$$

式中，G 为绝对生长；W_0 为第一次测定的壳长；W_1 为最后一次测定的壳长；t_0 为第一次测定的日龄；t_1 为最后一次测定的日龄。

2.1.1.2 结果

1. 卵径、受精率、孵化率

由表 2-2 可见，各家系卵径大小无显著差异($P>0.05$，$n=90$)。各家系受精率为 (95.48%±1.57%)～100%，彼此无显著差异($P>0.05$，$n=90$)。各家系孵化率为(15.67%±2.08%)～(98.00%±1.00%)，E_2 家系孵化率最高，为 98.00%±1.00%，与 A_3、B_1、B_3、C_1、D_1、D_3、H_1、H_2、H_3、K_3 差异不显著($P>0.05$，$n=90$)，与其他家系差异显著($P<0.05$，$n=90$)，F_1、F_2 家系孵化率较低，分别为 15.67%±2.08%和 15.67%±2.33%，F_1 家系与 D_2、E_3 家系差异不显著($P>0.05$，$n=90$)，与其他家系差异显著($P<0.05$，$n=90$)。以 H 为父本的 3 个家系孵化率均在 95%以上，普遍高于其他家系，以 F 为父本的 3 个家系孵化率普遍低于其他家系，表现出父本效应。

表 2-2 同胞家系的卵径、受精率、孵化率的比较

家系	卵径 ($\pm$SD, μm)	受精率 /%	孵化率 /%	家系	卵径 ($\pm$SD, μm)	受精率 /%	孵化率 /%
A_1	61.26±1.38^a	97.62±2.38^a	93.00±2.00^b	F_3	61.43±1.79^a	98.44±1.24^a	87.33±2.52^e
A_2	60.28±2.25^a	98.36±3.24^a	53.67±4.04^c	G_1	61.56±1.32^a	96.36±2.10^a	80.00±2.00^e
A_3	60.34±1.24^a	99.21±2.38^a	96.33±2.08^a	G_2	60.34±1.59^a	99.00^a	91.00±1.00^b
B_1	62.14±2.18^a	96.34±1.34^a	96.33±2.51^a	G_3	60.27±1.24^a	97.97±1.35^a	94.00±1.00^b
B_2	60.27±2.25^a	100.00^a	87.33±2.51^e	H_1	60.36±1.03^a	96.23±1.32^a	96.67±1.53^a
B_3	60.26±1.36^a	99.36±1.22^a	96.67±1.15^a	H_2	61.68±1.56^a	100.00^a	96.00±2.64^a
C_1	60.23±0.89^a	100.00^a	95.33±1.53^a	H_3	62.37±0.76^a	98.23±2.43^a	95.33±2.08^a
C_2	61.10±1.32^a	96.91±1.51^a	94.00±4.58^b	I_1	60.33±1.34^a	97.64±1.34^a	92.00±2.00^b
C_3	62.16±1.71^a	97.37±1.31^a	94.00±2.00^b	I_2	60.24±0.13^a	95.97±0.65^a	89.33±1.53^e
D_1	60.12±1.29^a	95.92±1.41^a	96.67±2.52^a	I_3	61.28±0.21^a	100.00^a	64.33±2.52^f
D_2	60.43±1.82^a	97.24±1.54^a	17.67±2.52^d	J_1	62.00±1.00^a	97.82±1.62^a	82.00±2.00^e
D_3	60.57±2.34^a	98.26±2.36^a	97.33±1.53^a	J_2	60.22±1.32^a	100.00^a	90.00±1.00^b
E_1	60.27±1.44^a	97.23±2.12^a	94.00±1.00^b	J_3	60.56±1.46^a	99.17±1.58^a	53.00±3.00^c
E_2	60.22±1.10^a	98.44±1.56^a	98.00±1.00^a	K_1	60.36±1.18^a	96.25±0.97^a	92.33±1.53^b
E_3	61.43±1.42^a	97.45±0.45^a	19.00±4.00^d	K_2	60.74±1.25^a	100.00^a	84.00±1.00^e
F_1	62.14±1.92^a	95.48±1.57^a	15.67±2.08^d	K_3	60.39±1.37^a	100.00^a	97.00±1.00^a
F_2	60.22±0.76^a	99.27±2.54^a	15.67±2.33^c				

注：同列中具有相同字母者表示差异不显著($P>0.05$)，具有不同字母者表示差异显著($P<0.05$)

2. 家系的生长

(1) 各同胞家系生长差异

由表 2-3 可见，3 日龄、9 日龄幼虫和 30 日龄稚贝父系间、母系间和雄内雌间壳长的 F 检验均存在极显著差异($P<0.01$)。对各家系 9 日龄幼虫和 40 日龄稚贝壳长的 LSD 分析结果见图 2-1。9 日龄时，C_2 生长最快，壳长为(174.83±10.87)μm，与 D_1、F_3、G_1、B_3 差异不显著($P>0.05$，$n=90$)，F_2 生长最慢，壳长为(139.83±16.68)μm，C_2 与 F_2 壳长差异显著($P<0.05$，$n=90$)。稚贝期 40 日龄时，I_1 生长最快，壳长为(460.33±30.28)μm，B_3 生长最慢，壳长为(258.33±12.39)μm，二者壳长差异显著($P<0.05$，$n=90$)。家系 B_3 在浮游期生长与生长最快的 C_2 家系差异不显著，但在稚贝期生长最慢。

表 2-3 蛤仔家系 3 日龄、9 日龄、30 日龄壳长表型方差组分分析

方差来源	自由度	3 日龄		9 日龄		30 日龄	
		均方	F 检验	均方	F 检验	均方	F 检验
父系间	10	1106.08	82.63**	3336.56	27.46**	40 869.05	53.11**
雄内雌间	22	1504.70	112.41**	2845.53	23.42**	13 145.35	17.08**
母系间	32	1380.13	103.11**	2998.98	24.68**	21 809.01	28.34**
父母交互作用	957	13.39		121.49		769.59	
总和	989						

**表示差异极显著($P<0.01$)

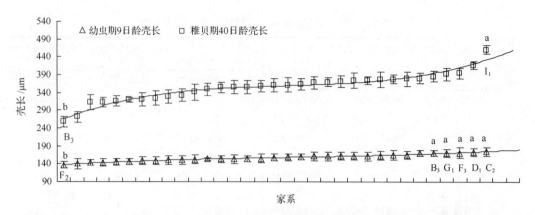

图 2-1 家系 9 日龄、40 日龄壳长比较

同一系列符号中具有相同字母者表示差异不显著($P>0.05$)，具有不同字母者表示差异显著($P<0.05$)，下同

(2) 各家系绝对生长

33 个全同胞家系绝对生长情况见图 2-2。在幼虫期，D_3 绝对生长最大，为 $(7.16\pm1.48)\mu m$，与 E_1、J_3 差异不显著($P>0.05$, $n=90$)，比平均值 $5.21\mu m$ 高 37.43%，G_3 绝对生长最小，为 $(3.38\pm0.69)\mu m$，比平均值低 35.13%。方差分析表明，G_3 与 B_1、B_3、G_2、H_1 差异不显著($P>0.05$, $n=90$)，与 D_3、E_1、J_3 差异显著($P<0.05$, $n=90$)。稚贝期 I_1 绝对生长最大，为 $(20.13\pm3.51)\mu m$，比平均值 $10.73\mu m$ 高 87.61%，B_3 绝对生长最小，为 $(4.83\pm1.31)\mu m$，比平均值低 54.99%。方差分析表明，B_3 与 B_1、D_1、F_1、J_2、J_3 差异不显著($P>0.05$, $n=90$)，与 I_1 差异显著($P<0.05$, $n=90$)。

各父系半同胞家系的绝对生长情况见图 2-2。幼虫浮游期，以 E 为父本的半同胞家系绝对生长均高于平均值，以 B、G、H、K 为父本的半同胞家系的绝对生长均低于平均值。稚贝期，以 A、G 和 I 为父本的半同胞家系的绝对生长均高于平均值，以 E 和 J 为父本的半同胞家系的绝对生长均低于平均值。说明以 E 为父本的半同胞家系组合在幼虫期具有生长优势，在稚贝期表现为生长劣势。以 G 为父本的半同胞家系在浮游期表现为生长劣势，在稚贝期具有生长优势。

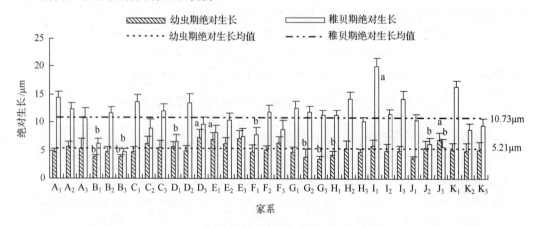

图 2-2 家系幼虫期和稚贝期绝对生长比较

(3)家系内个体大小变异

全同胞家系内个体大小变异情况如图2-3所示。40日龄时,不同规格稚贝在各家系内所占比例不同。D_3、H_2、I_1、K_1家系规格在400μm以上个体占50%以上。而B_1、B_3家系内个体生长性状出现衰退现象,个体趋于小型化,规格300μm以下个体分别占整个家系的83.33%和90.00%。C_1、C_2、E_1、E_2、J_3家系内壳长基本趋于连续正态分布,表明控制生长的基因属数量性状。

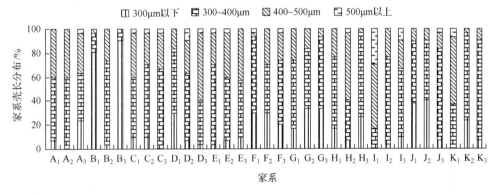

图2-3 各家系内个体大小分布比例

3. 各家系的存活与变态

(1)家系存活率比较

图2-4为全同胞家系幼虫期9日龄和稚贝期40日龄的存活率。在幼虫期,I_2存活率最高,为85.36%±12.08%,与B_1、B_2、B_3、D_1、I_1差异不显著($P>0.05$,$n=90$),比各家系的平均存活率55.36%高54.19%,E_3存活率最低,为15.14%±2.33%,比平均存活率低72.65%。方差分析表明,E_3与A_3、F_2差异不显著($P>0.05$,$n=90$),与A_1、B_1、B_2、B_3、D_1、I_1、I_2差异显著($P<0.05$,$n=90$)。以A、E、J为父本的半同胞家系存活率均低于平均存活率。以B、H为父本的半同胞家系存活率均高于平均存活率。各家系40日龄稚贝存活率都在85.00%以上,平均存活率为94.56%。

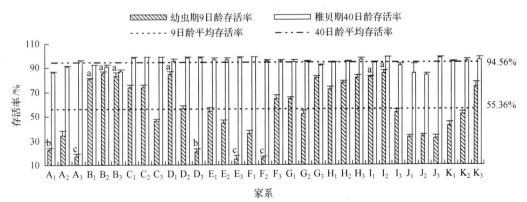

图2-4 家系9日龄和40日龄存活率比较

(2) 各家系附着变态时间、变态规格和变态率

各全同胞家系附着变态时间、变态规格、变态率见表 2-4。各家系幼虫附着变态时间不同（15~22d），变态平均规格为（193.18±12.15）μm，随着变态时间的延长，变态规格变小。以 K 为父本的 3 个家系变态规格小于其他家系，其中 K_1 变态规格最小，为（183.00±14.42）μm。各家系变态率波动很大，为（5.00%±1.36%）~（94.33%±0.58%）。E_3 家系变态率最高，与 E_1、J_2 差异不显著（$P>0.05$，$n=90$），与其他家系差异显著（$P<0.05$，$n=90$）；F_3 家系变态率最低，为 5.00%±1.36%，与 A_1、B_2 家系差异不显著（$P>0.05$，$n=90$），与其他家系差异显著（$P<0.05$，$n=90$）。

表 2-4 家系附着变态时间、变态规格、变态率比较

家系	变态时间/d	变态规格/μm	变态率/%	家系	变态时间/d	变态规格/μm	变态率/%
A_1	15~17	197.67±16.75	7.67±2.52^f	F_3	16~19	193.33±12.69	5.00±1.36^f
A_2	15~17	203.00±10.88	12.33±2.52^e	G_1	16~19	198.00±8.87	71.67±15.33^c
A_3	17~19	189.00±8.03	43.34±4.16^d	G_2	20~22	188.67±12.79	42.00±2.00^d
B_1	20~22	186.33±12.99	12.32±2.08^e	G_3	20~22	196.00±13.03	41.00±2.00^d
B_2	19~21	191.33±13.32	7.33±2.08^f	H_1	16~19	197.33±12.58	41.67±1.53^d
B_3	20~22	192.00±12.43	85.67±4.04^b	H_2	15~17	195.67±9.32	57.33±2.52^d
C_1	15~17	200.33±17.11	61.00±3.00^c	H_3	19~20	193.33±13.93	85.00±2.65^b
C_2	15~17	196.00±13.22	57.33±3.06^c	I_1	15~17	193.33±11.84	51.00±3.00^c
C_3	15~17	191.00±13.22	73.00±3.61^c	I_2	15~17	187.00±10.22	54.61±3.51^c
D_1	19~20	190.33±16.08	42.33±2.52^c	I_3	15~17	189.67±9.99	36.26±2.00^d
D_2	15~17	194.67±15.25	79.67±1.53^b	J_1	19~20	183.67±10.66	15.67±2.08^e
D_3	15~17	196.33±14.74	86.00±4.00^b	J_2	19~20	191.33±10.08	91.67±2.08^a
E_1	15~17	201.00±10.29	92.33±2.08^a	J_3	15~17	195.67±10.40	62.31±3.21^d
E_2	15~17	196.00±12.76	53.00±4.36^c	K_1	20~22	183.00±14.42	33.00±3.00^d
E_3	15~17	196.00±14.04	94.33±0.58^a	K_2	19~20	184.33±8.58	45.00±3.00^d
F_1	19~20	205.00±15.53	43.00±3.00^d	K_3	17~19	185.67±8.98	44.33±3.51^d
F_2	16~19	193.33±11.55	45.00±2.00^d				

注：同列中具有相同字母者表示差异不显著（$P>0.05$），具有不同字母者表示差异显著（$P<0.05$）

2.1.1.3 讨论

1. 蛤仔家系生长能力评价及分析

3 日龄、9 日龄、30 日龄各家系壳长遗传方差分析表明，父系间、母系间和父母交互作用的 F 检验均存在极显著差异。说明在发育早期蛤仔家系群体中存在丰富的基因型和较大的遗传变异，通过家系内交配，可以使控制早期生长的基因得到聚合纯化。

比较家系间幼虫和稚贝生长发现，9 日龄幼虫 C_2 生长最快，F_2 生长最慢，前者的平均壳长比后者大 25.03%，D_3 绝对生长最大，比平均值高 37.43%。40 日龄时，I_1 平均壳长比 B_3 平均壳长大 78.19%，I_1 绝对生长也最大，比各家系平均值大 87.61%。B_3 家系在幼虫期生长较快，与生长最快的 C_2 家系差异不显著，但在稚贝期生长最慢，绝对生长也

最小。同样的现象也出现在父系半同胞家系中。以 E 为父本的半同胞家系在幼虫期表现出生长优势，但在稚贝期则表现出生长劣势，以 G 为父本的半同胞家系生长情况与以 E 为父本的半同胞家系正好相反，即幼虫期表现为生长劣势，稚贝期表现为生长优势。蛤仔早期生长的表型值是个体的基因型与其生活、发育所处的环境共同作用的结果。在环境方面，蛤仔生长主要受水环境因子和密度影响。在蛤仔同胞家系培育中，各家系的培育水环境(水温、盐度、光照等)一致，通过定期密度测定、调整，密度也基本保持一致。因此，这种生长差异主要是由遗传差异决定的。控制生长性状的基因为微效基因。根据 Nilsson-Ehle 假说，决定数量性状的是一系列微效基因，没有显隐性区别，这些微效基因对某种性状的作用是相同的，数量性状在遗传与环境的综合作用下表现为连续变异。于飞等(2008)在对大菱鲆群体杂交后代早期生长差异研究中发现，杂交组合家系初孵仔鱼在 25d 和 80d 的生长不一致，并把这种现象归结为自身早期生长速度差异。Rawson 和 Hilbish(1990)采用巢式设计建立了美洲帘蛤 31 个半同胞家系，在同样的水环境和密度下饲养，父系半同胞家系间 9 月龄壳长存在显著差异，并指出这种差异是亲本遗传作用的结果。

由于蛤仔亲本遗传背景不同，单对单交配建立家系使遗传基因频率发生改变，产生家系内个体表型变异现象，因此家系内个体表型变异也是评价家系生长的重要指标。40 日龄时不同规格稚贝在各家系内所占比例不同。D_3、H_2、I_1、K_1 家系中，壳长在 400μm 以上的个体占 50%以上。而 B_1、B_3 家系内个体生长出现衰退现象，个体趋于小型化，壳长 300μm 以下个体分别占整个家系的 83.33%和 90.00%。家系内的个体变异现象进一步说明了家系选择方法的有效性。据报道，海湾扇贝自交系在成体阶段同一家系子代个体间在生长速率方面出现较大分化，该现象可能是部分与生长相关的基因出现纯合的结果(张国范等，2003)。何毛贤等(2007)在同一批马氏珠母贝家系子一代研究中发现，F_{15} 壳高分布范围较小，主要集中在 5～6cm 和 6～7cm，家系内个体大小变异较小，而且其壳高和总重都是所有家系中最大的，其净增长量也是最大的，认为该家系具有较大的生长优势。

2. 蛤仔家系个体发育评价及分析

蛤仔个体发育大体分为细胞分裂期，担轮幼虫期，D 形幼虫期，壳顶前、中、后期，出足变态期，单水管及双水管稚贝期。本研究将受精率、孵化率、变态时间、变态规格、变态率作为评价同胞家系个体发育的指标。各家系受精率均较高，但孵化率有明显差异，为(15.67%±2.08%)～(98.00%±1.00%)。E_2 家系孵化率最高，F_1、F_2 家系孵化率较低。以 H 为父本的 3 个家系孵化率普遍高于其他家系，以 F 为父本的 3 个家系孵化率普遍低于其他家系。在本研究中，孵化率的差异一方面是因为亲本的精卵质量和遗传背景不同，另一方面可能是交配时放置时间过长所致。据报道，随着精卵放置时间的延长，蛤仔受精卵孵化率下降(闫喜武，2005)，原因可能是蛤仔精卵质量和亲和力随着其单独放置时间的延长而下降。

通过家系建立选择存活率高等抗逆性状的报道较少。Lionel 等(2007)的研究表明，长牡蛎(*Crassostrea gigas*)全同胞家系在高温季节存活率不同。经家系逐代筛选，长牡蛎在高温季节存活率得到改良。沈俊宝和刘明华(1988)运用杂交、分离和系统选育的方法，育成了荷包红鲤(*Cyprinus carpio* Red var. *vuyuanensis*)抗寒品系，其抗寒能力从第 1 代的越冬存活率 37.60%，提高到第 4 代的 95.00%以上。本实验蛤仔家系幼虫期存活率明显不同，经过幼虫期的选择淘汰，剩余家系在稚贝期存活率趋于稳定。

蛤仔家系变态时间和变态规格不同，随变态时间延长变态规格变小，各家系变态率也有明显差异，主要原因可能是人工选择改变了群体内的基因频率，是自然界生物本身应对人为选择的结果。这种现象在海湾扇贝中也存在(张国范等，2003)。

2.1.2 蛤仔大连群体家系建立及生长发育

关于贝类家系选育的研究国内外已有一些报道。国外学者对美国东部长牡蛎的选育系和野生群体进行了生长存活比较(Davis，2000)，并建立了长牡蛎的自交家系和杂交家系，同时探明了家系内杂种优势的机理(Hedgecock et al.，1995)。国内，中国科学院海洋研究所建立了海湾扇贝的自交家系和杂交家系，对其自交效应及生长和存活进行了比较，并探讨了杂种优势的机理(张国范等，2003；郑怀平等，2004)；中国科学院南海海洋研究所建立了马氏珠母贝家系子一代并对其生长进行了比较(何毛贤等，2007)；大连海洋大学对蛤仔不同壳色及壳型家系的生长发育进行了研究(闫喜武，2005；闫喜武等，2010a；张跃环等，2008a，2008b，2009)。本研究利用家系选育原理对蛤仔大连野生群体进行家系选育，以期培育出适合北方海区养殖的抗逆性强、生长快的蛤仔优良品种。

2.1.2.1 材料与方法

1. 亲贝来源

2008 年 4 月在大连黑石礁海区随机挖取 500 枚贝壳无损伤、壳型规整、活力强的野生蛤仔作为繁殖群体，在大连庄河贝类养殖场育苗车间人工促熟。

2. 家系建立

2008 年 6 月初蛤仔性腺成熟，在水温 23℃、盐度 28、pH 7.8 的条件下，亲贝经 8h 阴干和流水刺激产卵排精。采用巢式设计(表 2-5)，1 个父本与 3 个母本交配，建立 15 个父系半同胞家系(A, B, …, O)和 45 个母系全同胞家系($A_1, A_2, A_3, …, O_1, O_2, O_3$)。每个家系设置 3 个重复。

表 2-5 巢式设计建立家系的方法

父本	母本	家系子一代	父本	母本	家系子一代
	♀$_1$	A_1		♀$_1$	O_1
♂A	♀$_2$	A_2	♂B, ♂C, … ♂O	♀$_2$	O_2
	♀$_3$	A_3		♀$_3$	O_3

3. 幼虫和稚贝培育

实验用水为砂滤海水，水温 19～23℃，盐度 28～29，pH 7.8～8.0。幼虫和稚贝在 100L 塑料桶中培育，密度为 6～8 个/mL。每 2d 全量换水 1 次，为避免不同家系蛤仔的混杂，每组换水后将筛绢网用淡水冲洗。每天投饵 3 次，饵料为金藻和小球藻(体积比为 1∶1)，浮游期日投喂 2000～5000 个细胞/mL，稚贝期投喂 1 万～2 万个细胞/mL，根据幼虫和稚贝的摄食情况适当增减饵料量，保持水中有足量的饵料。为了消除培育密度的影响，在培育阶段每 3d 对密度进行一次调整，使各个家系密度基本保持一致。各个家系分桶培育，严格隔离。

4. 幼贝养成

当平均壳长达到 1mm 左右时，将各家系从 60L 塑料桶转到对角线<700μm 的筛绢网袋中，每袋数量为 400～500 粒，吊养于生态池中进行中间育成。每 7d 更换一次网袋，随着蛤仔的生长，逐渐更换为对角线为 1mm 的网袋，每袋蛤仔数量调整为 100～150 粒继续在生态池中养成。生态池水温 19～23℃，盐度 28～29，pH 7.8～8.0。

5. 数据测量及分析

用游标卡尺(0.01mm)测量每个家系 3 月龄、4 月龄、5 月龄的壳长及 5 月龄的壳高、壳宽，用电子天平(0.001g)称量每个家系的粒重，每个家系随机测量 30 个个体。变异系数为标准差与平均值的百分率；全同胞家系产量为各家系蛤仔的总鲜重。采用 SPSS13.0 软件对数据进行单因素方差分析(one-way ANOVA)，Excel 作图。

2.1.2.2　结果

1. 全同胞家系表型性状生长比较及相关性

由图 2-5 可见，45 个全同胞家系 3 月龄与 4 月龄、5 月龄壳长生长趋势略有不同，4 月龄和 5 月龄壳长生长的趋势基本一致。5 月龄 F_2、G_2 和 G_3 壳长生长迅速，比各家系平均壳长分别快 28.43%、24.72%和 30.53%，F_2、G_2、G_3 之间壳长差异不显著($P>0.05$)，与其他家系差异显著($P<0.05$)。G_2 与 D_1 差异不显著($P>0.05$)。O_3 壳长最小，与 C_3、K_2、K_3 差异不显著($P>0.05$)，与其他家系差异显著($P<0.05$)。

图 2-6 为各家系 5 月龄壳高比较。F_2、G_2、G_3 5 月龄壳高生长比平均值分别提高了 21.14%、22.3%、25.58%，F_2 与 G_3 壳高差异不显著($P>0.05$)，G_2 与 G_3 壳高差异显著($P<0.05$)，F_2、G_3 与其他家系差异显著($P<0.05$)。E_3 壳高最小。以 E 和 K 为父本的 3 组家系壳高偏小，与 E_3 差异不显著($P>0.05$)。以 G 为父本的 G_1 壳高偏小，与 E_3 差异不显著($P>0.05$)，而同一父本的 G_2、G_3 表现出生长优势。

各全同胞家系 5 月龄壳宽生长见图 2-7。F_2、G_2、G_3 壳宽生长比平均值分别提高了 30.88%、26.96%、25.25%。F_2、G_2、G_3 之间壳宽差异不显著($P>0.05$)，与其他家系差异显著($P<0.05$)。以 E 为父本的家系壳宽偏小，其中 E_3 壳宽最小。

各全同胞家系 5 月龄粒重见图 2-8。F_2、G_3、G_2 粒重比平均粒重分别提高了 50.00%、68.42%、44.12%。F_2 与 G_3 粒重差异显著($P>0.05$)，G_2 与 G_3 差异不显著($P>0.05$)。F_2、G_2、G_3 与其他家系差异显著($P<0.05$)。E_3 粒重最小，与 D_2、K_2、K_3、O_2 差异不显著($P>0.05$)，与其他家系差异显著($P<0.05$)。

5 月龄壳长、壳高、壳宽、粒重相关分析见表 2-6。各性状间均呈正相关关系并且达到显著水平。粒重与壳长、壳宽、壳高相关性均较大。壳长与壳宽相关性最大，壳长与壳高的相关性最小。

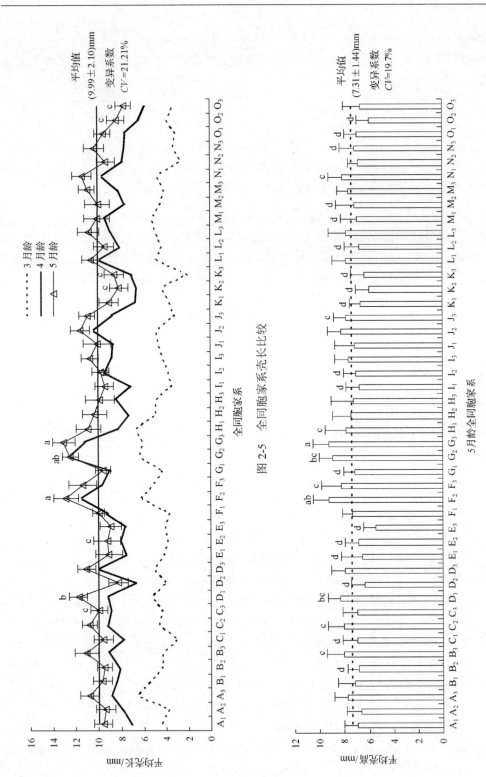

图 2-5　全同胞家系壳长比较

图 2-6　5月龄全同胞家系壳高比较

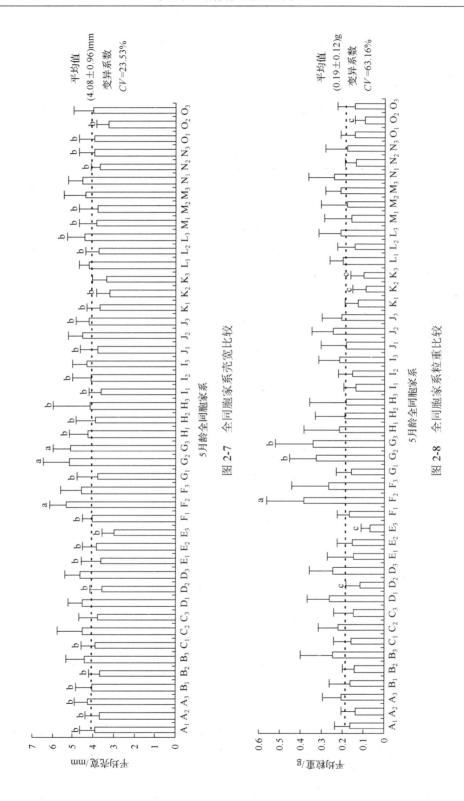

图 2-7 5月龄全同胞家系壳宽比较

图 2-8 5月龄全同胞家系粒重比较

表 2-6 蛤仔北方群体 5 月龄壳长、壳高、壳宽、粒重相关分析

类别	壳长	壳高	壳宽	粒重
壳长	1	—	—	—
壳高	0.933*	1	—	—
壳宽	0.872*	0.895*	1	—
粒重	0.912*	0.923*	0.902*	1

*表示显著相关

2. 全同胞家系产量及数量

各全同胞家系 5 月龄产量比较见图 2-9。45 个全同胞家系中，产量高于平均产量的家系有 23 个，低于平均产量的家系有 22 个，两者接近 1∶1。将家系产量高于平均产量 50%以上的家系定义为高产家系，产量由高到低的顺序为：$N_3>I_1>E_3>C_1>N_1>G_2$，产量分别比平均产量提高了 77.80%、75.61%、75.00%、69.45%、53.96%和 50.19%。

45 个全同胞家系 5 月龄存活数量见表 2-7。高产家系存活数量由高到低顺序为：$E_3>I_1>K_2>K_1>C_1>D_2$，具有生长优势的 F_2 存活数量最少。

2.1.2.3 讨论

1. 家系生长表型性状比较及遗传分析

壳长、壳高、壳宽和粒重均属数量性状。数量性状由一系列微效基因控制，这些基因无显隐性之分，依靠基因的累加作用，使表型性状呈现连续性变异(盛志廉和陈瑶生，2001)。因此，对表型性状进行比较分析，有助于了解各家系生长基因的遗传背景(闫喜武等，2005b)。蛤仔 45 个家系 3 月龄、4 月龄、5 月龄壳长差异趋势基本一致。这一结果说明蛤仔家系在生态池中间育成时期，在环境因素、基因的显性效应和上位效应的综合作用下，各家系生长基因加性效应能够稳定表达。这与作者对蛤仔家系早期生长发育比较研究结果不同。蛤仔家系早期生长差异在不同日龄并不一致，这是由于蛤仔早期要经历浮游期、变态期、单水管期和双水管期等复杂的过程，在这个过程中蛤仔的生长与母本效应、环境因素和遗传因素都有关系(闫喜武等，2009)。何毛贤等(2007)在对马氏珠母贝家系生长比较的研究中发现，马氏珠母贝后期的生长差异基本一致，并评定出一个生长快的家系。张存善等(2008)在对虾夷扇贝(*Patinopecten yessoensis*)33 个全同胞家系 4~12 月龄生长研究发现，5 个家系在各时期各性状上均表现出明显的生长优势，并指出家系遗传背景的差异是导致家系间生长差异的主要原因。

对蛤仔 45 个全同胞家系 5 月龄壳长、壳高、壳宽和粒重生长的方差分析和多重比较表明，各家系生长性能差异较大。F_2、G_2、G_3 具有明显的生长优势，4 个表型性状相对于各自平均值有不同程度的提高，提高程度为 21.14%~68.42%。E_3 的 4 个表型性状在全同胞家系中最小。根据哈迪-温伯格定律，在随机交配的大群体中，群体中基因频率和基因型频率保持不变。采用巢式设计建立蛤仔家系，限制了蛤仔随机交配，通过改变基因频率来改进群体的遗传性，致使各家系的表型性状表现出生长差异。在此基础上人为地

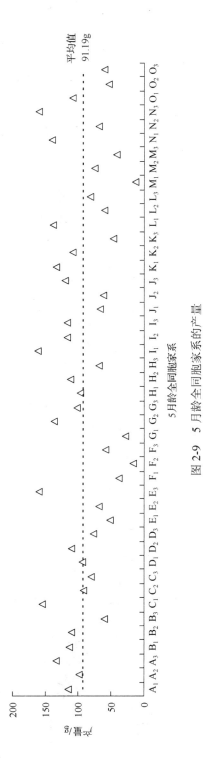

图 2-9 5月龄全同胞家系的产量

表 2-7 全同胞家系 5 月龄个体存活数量

家系	数量/粒	家系	数量/粒	家系	数量/粒	家系	数量/粒
A_1	711	D_1	355	G_1	178	J_1	357
A_2	733	D_2	954	G_2	422	J_2	249
A_3	641	D_3	310	G_3	294	J_3	584
B_1	704	E_1	342	H_1	448	K_1	1045
B_2	784	E_2	458	H_2	586	K_2	1203
B_3	247	E_3	2269	H_3	379	K_3	464
C_1	978	F_1	222	I_1	1204	L_1	695
C_2	413	F_2	43	I_2	764	L_2	413
C_3	537	F_3	215	I_3	532	L_3	396

家系	数量/粒
M_1	87
M_2	422
M_3	203
N_1	577
N_2	493
N_3	893
O_1	765
O_2	554
O_3	424

对优良家系进行有效的选择和选配,促使那些有利基因的频率不断增加,不利基因的频率逐渐减小,最终可获得性状优良的新品种(王金玉等,2004)。

在各家系壳高和壳宽的生长比较中,分别有 17 个和 28 个家系与 E_3 差异不显著,而在各家系壳长和粒重的生长比较中,仅有 4 个家系与 E_3 差异不显著。这种各家系的壳长、壳高、壳宽、粒重差异显著性不同,说明在蛤仔全同胞家系子一代中,壳长和粒重相对于壳宽、壳高遗传改良效果更加显著。蛤仔 5 月龄壳长、壳高、壳宽和粒重间均呈正相关且达到显著水平。粒重与壳长、壳高、壳宽相关性均较大,壳长与壳宽相关性最大,因此在以后的测量中可以通过测定壳长和粒重来了解家系生长情况,加快育种工作进程。以 E 和 K 为父本的 3 组家系壳宽偏小,这可能与其父本的遗传背景有关系。来自于同一父本 G 的 3 个家系生长不同,G_1 生长慢,G_2 和 G_3 生长快,说明 G_2、G_3 母本的生长基因加性效应优于 G_1 的母本。对青蛤家系研究表明,同父异母的家系之间存在的差异显著,同母异父的家系之间存在差异或差异不显著,这种现象应归因于母本效应对青蛤家系早期生长发育的影响(杨凤等,2008)。

2. 全同胞家系产量比较

动物的育种目标在于使动物生产取得最大经济效益。产量作为重要的经济指标一直受到育种工作者的关注。通过家系选择,长牡蛎的产量每代获得了 10%～20%的遗传改进(Langdon et al.,2003)。国外学者利用自交家系间双列杂交的方法建立了长牡蛎杂交家系,计算了各杂交家系的一般配合力和特殊配合力,指出各家系的生长和产量存在显著的差异,牡蛎苗种产量与成体产量相关性显著(Hedgecock and Davis,2007)。国内贝类育种主要以壳长、粒重等生长性状作为选育目标来间接提高贝类的产量。虽然贝类生长性状的改良可以缩短养殖周期,降低产业风险,但实际上贝类产量除与生长性状有关外,还与其产卵量、受精率、孵化率、变态率、存活率等一系列指标有密切关系,其中产卵量、受精率、孵化率反映了亲本的繁殖力;变态率、存活率反映了家系自身的生存力,繁殖力和生存力是家系抗逆性评定的重要指标。

本研究对蛤仔各家系产量的比较,实际上是对蛤仔家系的生长和抗逆性状的综合评定。N_3、I_1、E_3、C_1、N_1、G_2 为高产家系,E_3 4 个生长指标在各家系中虽然最小,但存活数最多(为 2269 粒),所以产量最高,表现出很强的抗逆性。在各家系中,虽然 F_2 生长最快,但存活数最少(仅为 43 粒),所以产量最低,说明其抗逆性差。这可能是单对单交配对蛤仔家系后代稳定性自然选择的结果,这种选择就是把趋于极端的变异淘汰掉,而保留中间变异,使生物类型具有相对稳定性(王金玉等,2004)。表型生长性状的比较,实质是在保证家系培养环境一致条件下,比较各家系生长性状的遗传差异。蛤仔高产家系存活数量由高到低顺序为:$E_3 > I_1 > K_2 > K_1 > C_1 > D_2$。将产量作为多性状选择的总指标,对各家系进行比较,I_1、N_3、C_1、N_1 属于优良家系。

3. 野生群体家系选育意义

以野生群体作为蛤仔家系选育的基础群体,优点在于野生群体基因型丰富,存在较多的经济性状相关基因。通过家系建立及生长比较可以有效地筛选出具有优良经济性状的家系。我国南北海区环境差异巨大,由于长期的地理隔离和适应环境,形成了不同的地理群体。不同地理群体之间在形态、生物学及遗传特性上均可能存在差异；南方群体移到北方后，其本身可能需要某些适应性变化，而大连群体自身的遗传特点更适于北方海区环境(闫喜武，2005)。国外学者报道了 5 个大珠母贝($Pinctada\ maxima$)全同胞家系在不同盐度下生长情况的不同，其生长基因的表达受环境的影响(Kvingedal et al., 2003)。因此，以大连野生蛤仔为基础群体建立家系，来选育适于北方养殖的蛤仔优良品种是一条更为有效的途径。同时本研究所建立的家系也为蛤仔遗传图谱的构建和 QTL 定位提供了宝贵的材料。

2.1.3 生长性状遗传参数估计

遗传参数可以反映数量性状某些遗传规律，常用的遗传参数包括遗传力、重复力和遗传相关。遗传力所反映的是亲代的性状遗传给子代的一种能力，主要包括广义遗传力、狭义遗传力和现实遗传力。广义遗传力是指数量性状基因型方差占总表型方差的比例；狭义遗传力是指数量性状的加性方差占总表型方差的比例；现实遗传力是指对数量性状进行选择时，通过亲代获得的选择进展与子代的选择反应大小所占的比值。以遗传力作为依据可以合理地制定育种计划，加快育种进度。本实验旨在通过蛤仔大连石河野生群体、福建莆田养殖群体的幼虫期及稚贝期生长性状狭义遗传力和大连黑石礁野生群体养成期的生长性状狭义遗传力的估计，制定一套合理的适于蛤仔的育种计划，为蛤仔高产、抗逆优良品种培育提供依据。

2.1.3.1 材料与方法

1. 亲贝来源

于 2007 年 7 月、10 月和 2008 年 5 月分别选取大连石河野生群体、福建莆田养殖群体和大连黑石礁野生群体贝壳无损伤、壳型规整、活力强的蛤仔各 500 枚作为繁殖群体。

2. 实验设计

采用巢式交配设计(Comstock and Robinson，1952) 1 个父本与 3 个母本交配，分别建立大连石河野生群体 10 个父系半同胞家系和 30 个母系全同胞家系，福建莆田养殖群体 11 个父系半同胞家系和 33 个母系全同胞家系，大连黑石礁野生群体 15 个父系半同胞家系和 45 个母系全同胞家系，每个家系设置 3 个重复。

3. 幼虫和稚贝培育

幼虫和稚贝在 100L 塑料桶中培育，密度为 6～8 个/mL，每 2d 全量换水 1 次，为避免不同家系蛤仔的混杂，每组换水后将筛绢网用淡水冲洗。每天投饵 3 次，饵料为金藻和小球藻(体积比为 1∶1)，浮游期日投喂 2000～5000 个细胞/mL，稚贝期投喂 1 万～2 万个细胞/mL。为了消除培育密度的影响，在培育阶段每 3d 对密度进行一次调整，使各个家系密度基本保持一致。各个家系分桶培育，严格隔离。

4. 幼贝养成

幼贝养成在室外生态土池中进行。

5. 数据测量及分析

每个家系随机测量30个个体。用游标卡尺(0.01mm)测量每个家系3月龄、4月龄、5月龄的壳长，以及5月龄的壳宽、壳高。用电子天平(0.001g)称量每个家系个体的粒重。变异系数为标准差与平均值的百分率；全同胞家系产量为各家系的蛤仔总鲜重。采用SPSS13.0软件对数据进行单因素方差分析(one-way ANOVA)，Excel作图。

根据巢式交配设计模型：

$$Y_{ijk} = \mu + s_i + d_{ij} + e_{ijk}$$

式中，Y_{ijk}为第i个雄性与第j个雌性交配产生的第k个后代的生长性状的观察值；μ为总体均数；s_i为第i个雄性组分效应；d_{ij}为第i个雄性内的第j个雌性组分的效应；e_{ijk}为随机效应。

通过SAS软件GLM过程对全同胞和半同胞原因方差组分进行分析(表2-8～表2-10)。

表2-8 表型变量的组分方差分析

变异来源	自由度(df)	平方和(SS)	均方(MS)	期望均方E(MS)
雌性	D–1	SS_D		
雄性	S–1	SS_S	MS_S	$\sigma^2_e + k_2 \times \sigma^2_D + k_3 \times \sigma^2_S$
雄内雌间	D–S	$SS_{S(D)}$	$MS_{S(D)}$	$\sigma^2_e + k_1 \times \sigma^2_D$
后代个体间	N–D	SS_E	MS_e	σ^2_e
总和	N–1	SS_T		

表2-9 表型变量的各个原因方差组分与全同胞和半同胞协方差之间的关系

方差组分	协方差组分	原因组分	方差组分的计算
σ^2_S	COV_{HS}	$1/4V_A$	$\{MS_S[(MS_{S(D)}MS_e)/k_1] \times k_2 MS_e\}/k_3$
σ^2_D	$COV_{FS}-COV_{HS}$	$1/4V_A + 1/4V_{NA} + V_{EC}$	$(MS_{S(D)} - MS_e)/k_1$
σ^2_e	$V_P - COV_{FS}$	$1/2V_A + 3/4V_D + V_{ES}$	MS_e
$\sigma^2_T = \sigma^2_S + \sigma^2_D + \sigma^2_e$	V_P	$V_A + V_{NA} + V_{EC} + V_{FS}$	
$\sigma^2_S + \sigma^2_D$	COV_{FS}	$1/2 V_A + 1/4 V_D + V_{EC}$	

表2-10 表型性状遗传力估计

遗传力估计方法	遗传力的估计公式
父系半同胞	$H_S^2 = 4 \times \sigma^2_S / (\sigma^2_S + \sigma^2_D + \sigma^2_e)$
母系半同胞	$H_D^2 = 4 \times \sigma^2_D / (\sigma^2_S + \sigma^2_D + \sigma^2_e)$
全同胞	$H_{S+D}^2 = 2 \times (\sigma^2_S + \sigma^2_D) / (\sigma^2_S + \sigma^2_D + \sigma^2_e)$

雄性内与配的雌性个体的有效平均后代数 $K_1 = [N - \sum(n_{ij}^2/dn_i)]/(D-S)$；雌性个体的有效平均后代数 $K_2 = [\sum(n_{ij}^2/dn_i)\sum(n_{ij}^2/N)]/(S-1)$；雄性个体的有效平均后代数 $K_3 = (N - \sum dn_i^2/N)/(S-1)$。式中，$n_{ij}^2$为第$i$个雄性第$j$个雌性后代数；$N$为全部后代数总和。遗传力显著性检验公式为：$t = h^2/\sigma^2_h$。根据Becker(1984)的方法计算遗传力标准误差。

2.1.3.2 结果

1. 蛤仔大连石河野生群体、福建莆田养殖群体幼虫期和稚贝期壳长遗传力估计

大连石河野生群体平均有效后代数分别为 $K_{n1}=[N-\sum(n_{ij}^2/dn_i)]/(D-S)=30$、$K_{n2}=[\sum(n_{ij}^2/dn_i)-\sum(n_{ij}^2/N)]/(S-1)=30$、$K_{n3}=(N-\sum dn_i^2/N)/(S-1)=98.59$，福建莆田养殖群体平均有效后代数分别为 $K_{s1}=31.36$、$K_{s2}=27$、$K_{s3}=90.8$。

大连石河野生群体和福建莆田养殖群体壳长的表型组分方差分析见表 2-11。两群体 3 日龄、9 日龄、30 日龄雄性间、雄内雌间和雌性间遗传方差较大，经 F 检验差异极显著。壳长的方差分析结果与期望方差组分的构成可以建立由全同胞和半同胞协方差估计各个原因组分的对应关系，结果见表 2-12。

表 2-11 蛤仔大连石河野生群体和福建莆田养殖群体壳长的表型组分方差分析

变异来源		自由度(df)	3 日龄		9 日龄		30 日龄	
			均方(MS)	F 检验	均方(MS)	F 检验	均方(MS)	F 检验
大连石河野生群体	雄	9	199.14	6.24**	3 417.82	17.37**	429 268.26	27.25**
	雄内雌间	23	223.65	7.01**	1 950.68	9.91**	17 443.67	9.45**
	雌	32	216.75	6.79**	2 363.32	12.01**	246 113.09	13.33**
	后代个体间	957	31.9		196.80		18 464.12	
	总和	989						
福建莆田养殖群体	雄	10	1 106.08	82.63**	3 336.56	27.46**	40 869.05	53.11**
	雄内雌间	22	1 504.70	112.41**	2 845.53	23.42**	13 145.35	17.08**
	雌	32	1 380.13	103.11**	2 998.98	24.68**	21 809.01	28.34**
	后代个体间	957	13.39		121.49		769.59	
	总和	989						

**表示差异极显著($P<0.01$)

表 2-12 表型变量的各个原因方差组分与全同胞和半同胞协方差之间的关系

方差组分		方差组分结果		
		3 日龄	9 日龄	30 日龄
大连石河野生群体	σ^2_S	−0.25	14.88	2 584.60
	σ^2_D	6.39	58.46	5 199.32
	σ^2_e	31.91	196.80	18 464.12
	$\sigma^2_p=\sigma^2_S+\sigma^2_D+\sigma^2_e$	38.05	270.14	26 248.13
福建莆田养殖群体	σ^2_S	−2.10	9.58	324.27
	σ^2_D	47.55	86.86	394.64
	σ^2_e	13.39	121.49	769.58
	$\sigma^2_p=\sigma^2_S+\sigma^2_D+\sigma^2_e$	58.84	217.93	1 488.49

利用父系半同胞、母系半同胞和全同胞家系估计蛤仔大连石河野生群体和福建莆田

养殖群体 3 日龄、9 日龄、30 日龄壳长的遗传力见表 2-13。大连石河野生群体 9 日龄幼虫壳长遗传力为(0.22±0.11)～(0.80±0.27)，稚贝 30 日龄壳长遗传力为(0.39±0.14)～(0.79±0.22)。福建莆田养殖群体 9 日龄壳长遗传力为(0.17±0.09)～1.59，稚贝 30 日龄壳长遗传力为(0.87±0.24)～1.06。父系半同胞遗传力最小，母系半同胞遗传力最大。

表 2-13　蛤仔大连石河野生群体和福建莆田养殖群体 3 日龄、9 日龄、30 日龄壳长的遗传力估计

群体	日龄	父系半同胞(h_s^2)	母系半同胞(h_d^2)	全同胞(h_{s+d}^2)
大连石河野生群体	3	−0.03	0.67±0.22**	0.32±0.10**
	9	0.22±0.11*	0.80±0.27**	0.50±0.16**
	30	0.39±0.14*	0.79±0.22**	0.59±0.22*
福建莆田养殖群体	3	−0.14	3.23	1.54
	9	0.17±0.09*	1.59	0.89±0.26**
	30	0.87±0.24**	1.06	0.97±0.29**

*表示差异显著($P<0.05$)，**表示差异极显著($P<0.01$)

2. 蛤仔大连黑石礁野生群体养成期生长性状遗传力估计

蛤仔 5 月龄壳长遗传力为(0.18±0.04)～(0.99±0.04)，壳宽遗传力为(0.23±0.05)～(0.83±0.05)，壳高遗传力为(0.40±0.07)～(0.63±0.06)，粒重遗传力为(0.16±0.03)～(0.74±0.06)(表 2-14)。经检验所有遗传力的估计均显著($P<0.05$)。其中以母系半同胞遗传力估计值最高，全同胞遗传力估计值次之，父系半同胞的遗传力最低。

表 2-14　蛤仔大连黑石礁野生群体 5 月龄壳长、壳宽、壳高、粒重遗传力估计

遗传力	壳长	壳宽	壳高	粒重
父系半同胞	0.18±0.04*	0.23±0.05*	0.40±0.07*	0.16±0.03*
母系半同胞	0.99±0.04*	0.83±0.05*	0.63±0.06*	0.74±0.06*
全同胞	0.59±0.06*	0.53±0.05*	0.51±0.06*	0.45±0.05*

*表示差异显著($P<0.05$)，**表示差异极显著($P<0.01$)

3. 幼虫期和稚贝期遗传力

各家系 3 日龄、9 日龄、30 日龄壳长比较见图 2-10。30 日龄时，蛤仔壳长差异明显。蛤仔大连石河野生群体和福建莆田养殖群体雄性组分、雌性组分及雄内雌间组分遗传方差经检验都差异显著，说明蛤仔存在较大的遗传变异，因此优良的家系可作为培育蛤仔优良品种的基础群体。

通过半同胞和全同胞组内相关法估计了蛤仔幼虫期和稚贝期壳长的遗传力。蛤仔福建莆田养殖群体的 3 日龄、9 日龄、30 日龄父系内母系半同胞和母系全同胞遗传方差组分大于父系半同胞遗传方差组分。这主要是由于母本效应的影响。因此，使用父系半同胞组分估计蛤仔的狭义遗传力较准确，从而得到大连石河野生群体 9 日龄幼虫和 30 日龄稚贝壳长的狭义遗传力分别为 0.22±0.11、0.39±0.14，福建莆田养殖群体 9 日龄幼虫和 30 日龄稚贝壳长的狭义遗传力为 0.17±0.09、0.87±0.24。大连石河野生群体和福建莆田养殖群体 3 日龄壳长的狭义遗传力小于 1，分别为−0.03 和−0.14。盛志廉和陈瑶生(2001)

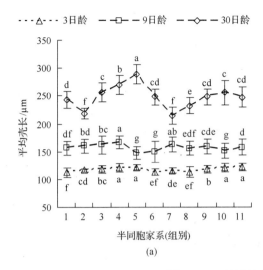
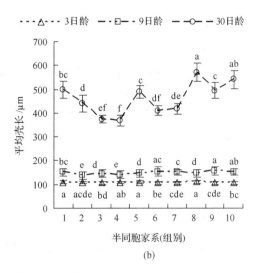

图 2-10 3 种日龄半同胞家系壳长比较

(a) 大连石河野生群体；(b) 福建莆田养殖群体

指出，遗传力估计大于 1 或者小于 1 的结果都无意义。Hilbish 等（1993）使用同样的方法估计美洲帘蛤 2 日龄壳长的遗传力为 1.08±0.29，其结果也大于 1。产生这种结果的主要原因是贝类的壳顶幼虫前期的营养主要来自于卵黄的积累，加性遗传基因对幼虫前期的作用效果并不显著。

4. 养成期壳长、壳宽、壳高、粒重遗传力

本研究采用半同胞和全同胞组内相关法估计蛤仔大连黑石礁野生群体 5 月龄壳长、壳高、壳宽和粒重的遗传力，估计值分别为 (0.18±0.04)～(0.99±0.04)、(0.23±0.05)～(0.85±0.05)、(0.40±0.07)～(0.63±0.06) 和 (0.16±0.03)～(0.74±0.06)，其中以母系半同胞遗传力估计值最高，全同胞遗传力估计值次之，父系半同胞的遗传力为最低，各性状间的表型相关系数差异显著，其估计值为 0.87～0.93。由于母本效应的影响，母系半同胞遗传力估计值较真值偏高，因此，父系半同胞估计的遗传力是蛤仔表型性状遗传力的无偏估计，壳长、壳高、壳宽和粒重的遗传力分别为 0.18±0.04、0.23±0.05、0.40±0.07、0.16±0.03。遗传力估计结果除受母本效应影响外，还与蛤仔自身遗传背景及所处生长环境有关。Lannan（1972）、Hadley 和 Newkirk（1982）、Newkirk 等（1977）和 Losee（1978）等利用牡蛎全同胞和半同胞家系，估计牡蛎的遗传力通常为 0.2～0.5。Hadley 等（1991）、Rawson 和 Hilbish（1990）等利用美洲帘蛤全同胞和半同胞家系，估计美洲帘蛤遗传力为 (0.72±0.32)～(0.91±0.17)。Jonasson 等（1997）采用不平衡设计的原则建立了 100 个红鲍（*Haliotis rufescens*）家系，估计红鲍壳长的遗传力为 0.08～0.30。本研究结果表明，蛤仔养成期生长性状的遗传力属中度遗传力，表型性状的加性遗传方差较大，使用家系选育方法对蛤仔生长性状进行遗传改良具有较大的潜力。

2.1.4 壳形态性状对重量性状影响效果分析

对贝类的壳形态性状（壳长、壳高、壳宽）和重量性状（活体重、软体重）进行通径分

析和多元回归分析，找出形态性状中影响重量性状的主要因素，这是贝类遗传育种的基础工作，有助于科学地优化育种方案，进而高效地改良贝类经济性状。栉孔扇贝（*Chlamys farreri*）（刘小林等，2002；刘志刚等，2009）、长肋日月贝（*Amusium pleuronectes*）（王雨等，2009）、虾夷扇贝（*Patinopecten yessoensis*）（常亚青等，2008）等贝类的壳形态性状对重量性状的影响效果分析已有报道。但对于蛤仔的相关研究尚未见报道。本研究分析了1龄、2龄、3龄蛤仔壳形态性状对各重量性状的影响效果，为制定合理的蛤仔育种计划提供了理论基础。

2.1.4.1 材料与方法

1. 实验材料

于2008年12月分别选取大连养殖群体1龄蛤仔、广东养殖群体2龄和3龄蛤仔作为实验材料。

2. 数据测量及分析

用游标卡尺（0.01mm）测量蛤仔的壳长（SL）、壳高（SH）、壳宽（SW），用电子天平（0.001g）称量蛤仔的活体重（LW）、软体重（MW），每个实验组随机测量60个个体。

用Excel软件对各实验组蛤仔形态性状和重量性状进行统计分析，变异系数为标准差与平均值的百分率；用SPSS13.0软件对各实验组数据进行相关系数计算和多元回归分析，并建立形态性状对各重量性状的回归方程。根据通径分析原理，参照李加纳（1995）方法，见公式(2-2)～(2-5)，计算形态性状对各重量性状的通径系数P_{0i}、相关指数R^2、单性状决定系数d_i、共同决定系数d_{ij}，剖析各形态性状对各重量性状的直接作用P_i和间接影响P_j，r_{ij}为相关系数。

设相关变量y、x_1、x_2、x_3间存在线性关系，回归方程为

$$y=b_0+b_1x_1+b_2x_2+b_3x_3+e \tag{2-2}$$

式中，y为依变量；x_1、x_2、x_3为自变量；b_0为常数项；b_1、b_2、b_3分别为y对x_1、x_2、x_3的偏回归系数；e为剩余项。利用最小二乘法和恒等变形得到通径分析的k个自变量的矩阵形式：

$$\begin{pmatrix} 1 & r_{12} & r_{13} & \cdots & r_{1k} \\ r_{21} & 1 & r_{23} & \cdots & r_{2k} \\ r_{31} & r_{32} & 1 & \cdots & r_{3k} \\ \vdots & \vdots & \vdots & & \vdots \\ r_{k1} & r_{k2} & r_{k3} & \cdots & 1 \end{pmatrix} \begin{pmatrix} P_{01} \\ P_{02} \\ P_{03} \\ \vdots \\ P_{04} \end{pmatrix} = \begin{pmatrix} r_{01} \\ r_{02} \\ r_{03} \\ \vdots \\ r_{04} \end{pmatrix}$$

$$R^2 = \sum r_{x_i,y} \times P_i \tag{2-3}$$

$$d_i = P_i^2 \tag{2-4}$$

$$d_{ij} = 2r_{ij} \times P_i \times P_j \tag{2-5}$$

2.1.4.2 结果

1. 各性状的表型参数统计量

蛤仔壳长(SL)、壳高(SH)、壳宽(SW)、活体重(LW)、软体重(MW)的表型统计量和变异系数见表 2-15。1 龄蛤仔形态性状的变异系数大于重量性状的变异系数，2 龄蛤仔各重量性状的变异系数大于形态性状的变异系数，3 龄蛤仔活体重的变异系数大于形态性状的变异系数，而软体重的变异系数小于形态性状的变异系数。说明不同年龄蛤仔的形态性状和重量性状的变异程度不同。

表 2-15 蛤仔各性状表型统计量

年龄/年	性状	SL/cm	SH/cm	SW/cm	LW/g	MW/g
1	平均值($\pm$SD)	22.08$\pm$1.94	15.57$\pm$1.51	10.01$\pm$1.58	1.94$\pm$0.61	0.47$\pm$0.18
	变异系数 CV/%	11.38	10.30	6.33	3.17	2.56
2	平均值($\pm$SD)	33.07$\pm$1.97	23.20$\pm$1.55	15.20$\pm$0.97	7.67$\pm$1.35	2.16$\pm$0.52
	变异系数 CV/%	5.96	6.68	6.38	17.60	24.07
3	平均值($\pm$SD)	41.52$\pm$2.87	29.81$\pm$2.08	20.36$\pm$1.35	16.30$\pm$2.64	4.42$\pm$1.01
	变异系数 CV/%	6.91	6.98	6.63	16.20	2.29

2. 性状间的相关系数

1 龄蛤仔各性状间表型相关系数见表 2-16。经检验，各性状间的相关性均极显著($P<0.01$)。各形态性状与活体重和软体重相关系数大小顺序均为壳高＞壳长＞壳宽。

表 2-16 1 龄蛤仔各性状间表型相关系数

性状	SL	SH	SW	LW	MW
SL	1	0.944**	0.598**	0.910**	0.897**
SH	—	1	0.609**	0.918**	0.914**
SW	—	—	1	0.726**	0.700**
LW	—	—	—	1	0.987**
MW	—	—	—	—	1

**表示差异极显著($P<0.01$)

2 龄、3 龄蛤仔各性状间表型相关系数见表 2-17。对角线以上为 2 龄蛤仔各性状间相关系数，对角线以下为 3 龄蛤仔各性状间相关系数。经检验，除壳长与壳高，活体重与软体重性状之外，其余各性状间的相关性均极显著($P<0.01$)。2 龄蛤仔各形态性状与活体重和软体重相关系数大小顺序分别为壳宽＞壳长＞壳高、壳长＞壳高＞壳宽。3 龄蛤仔各形态性状与活体重和软体重相关系数大小顺序均为壳宽＞壳长＞壳高。

表 2-17　2 龄、3 龄蛤仔各性状表型相关系数

性状	SL	SH	SW	LW	MW
SL	1	0.762**	0.686**	0.861**	0.686**
SH	0.836	1	0.756**	0.858**	0.631**
SW	0.545**	0.536**	1	0.902**	0.547**
LW	0.779**	0.736**	0.849**	1	0.694**
MW	0.569**	0.460**	0.610**	0.711	1

注：对角线以上为 2 龄蛤仔各性状表型相关系数，对角线以下为 3 龄蛤仔各性状表型相关系数
**表示差异极显著($P<0.01$)

3. 形态性状与各重量性状的通径系数和相关指数

根据通径分析原理计算形态性状与各重量性状的通径系数和相关指数，见表 2-18。通径系数反映自变量对依变量的直接影响。1 龄蛤仔壳高对活体重和软体重的直接影响最大；2 龄、3 龄蛤仔壳宽对活体重的直接影响最大；壳长对软体重的直接影响最大。当相关指数大于或等于 0.85（即 85%）时，表明影响依变量的主要自变量已经找到。本研究相关指数的计算结果表明，1 龄蛤仔形态性状与活体重和软体重的相关指数，以及 2 龄、3 龄蛤仔壳形态性状与活体重的相关指数都大于 0.85，表明 1 龄蛤仔中所列壳形态性状是影响各重量性状的重点性状，2 龄、3 龄蛤仔的壳形态性状是影响活体重的重点性状，但 2 龄和 3 龄蛤仔的壳形态性状与软体重的相关指数小于 0.85，说明除 3 个形态性状对软体重影响外，其他某些条件也是影响软体重的重要因素。

表 2-18　1 龄、2 龄、3 龄蛤仔壳形态性状与重量性状的通径系数和相关指数

年龄/年	性状	通径系数和相关指数			
		P_{01}	P_{02}	P_{03}	R^2
1	LW	0.3451	0.4383	0.2527	0.8999
	MW	0.2677	0.5285	0.2181	0.8871
2	LW	0.3635	0.2045	0.4980	0.9393
	MW	0.4787	0.2357	0.0405	0.4993
3	LW	0.3539	0.1241	0.5896	0.8676
	MW	0.4690	0.1712	0.4460	0.4602

4. 形态性状对各重量性状的作用

将蛤仔形态性状与活体重的相关系数剖分为各性状的直接作用和各性状与其他性状的间接作用两部分（表 2-19）。1 龄蛤仔壳高与活体重的相关系数最大，直接作用也最大，为 0.4383，是影响活体重的主要因素；壳长与活体重的相关系数较大，壳长通过壳高的间接作用是影响活体重的次要因素。2 龄、3 龄蛤仔壳宽与活体重的直接作用最大，分别为 0.4998 和 0.5896，是影响活体重的主要因素。壳长与活体重的相关系数较大，壳长通过壳宽的间接作用是影响活体重的次要因素。

表 2-19 1龄、2龄、3龄蛤仔形态性状对活体重的影响

年龄/年	性状	相关系数 r_{ij}	直接作用 P_i	间接作用 $r_{ij}P_j$			
				总和 Σ	SL	SH	SW
1	SL	0.910**	0.3451**	0.5649	SL	0.4138	0.1511
	SH	0.918**	0.4383**	0.4797	SH	0.3258		0.1539
	SW	0.726**	0.2527*	0.4733	SW	0.2064	0.2669	
2	SL	0.861**	0.3635**	0.4987	SL		0.1558	0.3429
	SH	0.858**	0.2045*	0.6548	SH	0.2770		0.3778
	SW	0.902**	0.4998**	0.404	SW	0.2494	0.1546	
3	SL	0.779**	0.3539**	0.4208	SL		0.1037	0.3213
	SH	0.736**	0.1241	0.6119	SH	0.2959		0.3160
	SW	0.849**	0.5896**	0.2594	SW	0.1929	0.0665	

**表示差异极显著（$P<0.01$）

将蛤仔形态性状与软体重的相关系数剖分为各性状的直接作用和各性状与其他性状的间接作用两部分（表 2-20）。结果表明，1 龄蛤仔壳高与软体重的相关系数最大，壳高的直接作用最大，为 0.5285，是影响软体重的主要因素；壳长与软体重的相关系数较大，壳长通过壳高的间接作用是影响软体重的次要因素。2 龄蛤仔壳长与软体重的相关系数最大，壳长的直接作用最大，为 0.4787，是影响软体重的主要因素；壳高与软体重的相关系数较大，壳高通过壳长的间接作用是影响软体重的次要因素。3 龄蛤仔壳宽与软体重的相关系数最大，但壳长对软体重的直接作用最大，为 0.4690，是影响软体重的主要因素；壳宽对软体重的直接作用较大，为 0.4460，是影响软体重的次要因素；虽然壳高与软体重呈正相关关系，但壳高对软体重起负的直接作用。

表 2-20 1龄、2龄、3龄蛤仔形态性状对软体重的影响

年龄/年	性状	相关系数 r_{ij}	直接作用 P_i	间接影响 $r_{ij}P_j$			
				总和 Σ	SL	SH	SW
1	SL	0.8970**	0.2677*	0.6293	SL		0.4989	0.1304
	SH	0.9140**	0.5285**	0.3855	SH	0.2527		0.1328
	SW	0.7000**	0.2181*	0.4820	SW	0.1601	0.3219	
2	SL	0.6860**	0.4787**	0.2074	SL		0.1796	0.0278
	SH	0.6310**	0.2357*	0.3954	SH	0.3648		0.0306
	SW	0.5470**	0.0405	0.5066	SW	0.3284	0.1782	
3	SL	0.5690**	0.4690**	0.1000	SL		−0.1431	0.2431
	SH	0.4600**	−0.1712	0.6321	SH	0.3921		0.2391
	SW	0.6100**	0.4460**	0.1638	SW	0.2556	−0.0918	

*表示差异显著（$P<0.05$），**表示差异极显著（$P<0.01$）

5. 形态性状对重量性状的决定系数分析

各形态性状及形态性状间对各重量性状的决定系数见表 2-21～表 2-23。对角线上为

每个壳形态性状单独对重量性状的决定系数,对角线以上为两两性状共同对重量性状的决定系数。1 龄蛤仔的壳高对活体重的单独决定程度最大为 19.21%,壳长与壳高对活体重的共同决定程度最大为 28.56%。壳高对软体重的单独决定程度最大为 27.93%,壳长与壳高对软体重的共同决定程度最大为 26.71%。在 2 龄蛤仔中,壳宽对活体重的单独决定程度最大为 24.98%,壳长与壳宽对活体重的共同决定程度最大为 24.93%。壳长对软体重的单独决定程度最大为 22.92%,壳长与壳高对软体重的共同决定程度最大为 17.20%。在 3 龄蛤仔中,壳宽对活体重的单独决定程度最大为 34.76%,壳长与壳高对活体重的共同决定程度最大为 22.74%。壳长对软体重的单独决定程度最大为 21.30%,壳长与壳高对软体重的共同决定程度最大为 22.80%。决定系数与相关指数一样,当决定系数总和大于或等于 0.85(即 85%)时,表明影响依变量的主要自变量已经找到,1 龄、2 龄、3 龄蛤仔形态性状对重量性状的决定系数的总和 $\sum d'$ 与各自的相关指数 $R^{2'}$ 的数值近似相等。因此,所得结果与通径分析和相关指数分析结果一致。

表 2-21 1 龄蛤仔形态性状对各重量性状的决定系数

性状	LW			MW		
	SLX_1	SHX_2	SWX_3	SLX_1	SHX_2	SWX_3
SL	0.1191	0.2856	0.1043	0.0717	0.2671	0.0700
SH		0.1921	0.1349		0.2793	0.1404
SW			0.0639			0.0476
总和 $\sum d'$		0.8999			0.8759	
相关指数 $R^{2'}$		0.8999			0.8871	

表 2-22 2 龄蛤仔形态性状对各重量性状的决定系数

性状	LW			MW		
	SLX_1	SHX_2	SWX_3	SLX_1	SHX_2	SWX_3
SL	0.1321	0.1133	0.2493	0.2292	0.1720	0.0266
SH		0.0418	0.1545		0.0556	0.0144
SW			0.2498			0.0016
总和 $\sum d'$		0.9408			0.4993	
相关指数 $R^{2'}$		0.9393			0.4993	

表 2-23 3 龄蛤仔形态性状对各重量性状的决定系数

性状	LW			MW		
	SLX_1	SHX_2	SWX_3	SLX_1	SHX_2	SWX_3
SL	0.1252	0.0734	0.2274	0.2130	−0.1343	0.2280
SH		0.0154	0.0784		0.0293	−0.0819
SW			0.3476			0.1989
总和 $\sum d'$		0.8676			0.4601	
相关指数 $R^{2'}$		0.8676			0.4602	

6. 多元回归方程的建立

在本研究中，蛤仔各形态性状与各重量性状的相关系数和通径系数均达到差异显著（$P<0.05$）或极显著（$P<0.01$）水平，可以进行回归估计。经偏回归系数的显著性检验，逐步剔除不显著的形态性状（$P>0.05$）。由多元回归统计分析建立 1 龄、2 龄、3 龄蛤仔形态性状壳长为 X_1(cm)、壳高为 X_2(cm)、壳宽为 X_3(cm) 与重量性状活体重为 Y(g) 和软体重为 Z(g) 的多元回归方程。1 龄：$Y=-4.317+0.18X_1+0.147X_2$（$X_1<0.01$，$X_2<0.01$），$Z=-1.011+0.095X_2$（$X_2<0.01$）。2 龄：$Y=-15.119+0.249X_1+0.176X_2+0.688X_3$（$X_1<0.01$，$X_2<0.01$，$X_3<0.01$），$Z=-4.248+0.198X_1$（$X_1<0.05$）。3 龄：$Y=-25.013+0.415X_1+1.184X_3$（$X_1<0.01$，$X_3<0.01$），$Z=-7.082+0.119X_1+0.332X_3$（$X_1<0.05$，$X_3<0.01$）。多元回归关系的显著性检验和各个偏回归系数的显著性检验表明，所选形态性状除 2 龄、3 龄壳长对软体重偏回归系数达到显著（$P<0.05$）水平外，其他回归关系中所选形态性状均达到极显著（$P<0.01$）水平。经回归预测，估计值与实际观察值差异不显著，说明该方程可简便可靠地应用于实际生产中。

2.1.4.3　讨论

在数量遗传学研究中，多个数量性状间关系的分析历来是人们重视的领域。贝类人工苗种繁育过程中，亲本选择非常关键。形态性状、活体重和软体重等指标通常是亲本选择的重要依据，其中活体重是最直接的目标性状。利用通径分析研究蛤仔壳形态性状对重量性状的作用效果，可以在众多形态性状中找出影响重量性状的主要因素，这对蛤仔的育种工作具有重要指导意义。

本研究中，各性状的表型参数统计结果表明，各年龄段蛤仔的生长性状都存在一定程度的变异，这为选种提供了丰富的基础材料。从表型性状统计中发现不同年龄蛤仔的形态性状和重量性状的变异程度不同。邱盛尧等（2006）对美洲帘蛤的年龄与生长的研究表明，美洲帘蛤属均匀生长型，体重的生长拐点在 2.15 龄处，拐点前体重生长逐渐加快，拐点后体重生长速度逐渐减慢而趋近于 0，这说明体重的生长情况在各年龄段不同。作者认为，不同年龄蛤仔的数量性状的生长特性不同，因此只有对不同生长阶段蛤仔的壳形态性状对重量性状的影响效果进行分析，才能全面科学地阐述蛤仔形态性状与重量性状的关系。

对 1 龄、2 龄、3 龄蛤仔壳长、壳高、壳宽、活体重、软体重的相关系数进行计算，得出各性状相关系数均达到极显著水平。如果自变量对依变量的表型相关系数达到显著水平，则自变量可作为通径分析的入选条件，因此可以对本研究各性状进一步进行通径分析。通径分析结果表明，1 龄、2 龄、3 龄蛤仔壳形态性状与活体重的相关指数和决定系数总和的数值近似相等，而且大于 0.85，表明所列壳形态性状是影响各重量性状的重点性状。这与一些学者对栉孔扇贝、长肋日月贝、虾夷扇贝的研究结果一致（刘小林等，2002；刘志刚等，2009；王雨等，2009；常亚青等，2008）。在对 1 龄、2 龄、3 龄蛤仔壳形态性状对软体重的影响效果研究中，1 龄蛤仔相关指数和决定系数总和近似相等且大于 0.85，表明所列壳形态性状是影响软体重的重点性状。但 2 龄和 3 龄蛤仔的壳形态性状与软体重的相关指数和决定系数小于 0.85，说明除 3 个壳形态性状对软体重具有影响外,还有其他条件是影响软体重的重要因素。常亚青等(2008)对1龄虾夷扇贝壳形态性状对重量性状的影响效果分析发现,贝壳形态性状是影响活体重、软体重的重点性状,但壳形态性状对闭壳肌重的决定系数总和仅为0.7369,说明还有其他未测量的形态性状,指出这些性状有可能与贝壳的凹凸性、两壳的绞合角度、表面积及水环境因子等有关。蛤仔软体重可能也受以上因素影响。除此之外,作者认为,蛤仔的性腺重也是影响软体重的主要因素。在繁殖期,蛤仔性腺包围整个内脏团,并延伸至足基部,因此性腺重在软体重中也占有一定的比例,随着季节的变化,性腺发育情况不断变化,软体重也随之受到影响。在本研究中,所测1龄蛤仔刚经历过一次性成熟,蛤仔壳形态性状与软体重的相关指数大于0.85,说明蛤仔在1龄时壳形态性状是影响软体重的重要因素,性腺重并不是影响软体重的主要因素。

Wright(1920,1921)提出的通径分析方法逐渐被遗传育种工作者完善和改进,成为分析性状间关系的有力工具。这种方法有3个优点:①变量标准化,使各自变量对依变量的影响有了可比性;②能对相关系数进行剖分,使人们能区分一个原因性状对目标性状的直接影响和间接影响;③可以做通径图,使人们对性状间的关系得以直观的了解。在本研究中,将蛤仔壳形态性状与重量性状的相关系数剖分为各性状的直接作用和各性状与其他性状的间接作用两部分,结果表明,1龄蛤仔壳高对活体重和软体重的直接作用最大,是影响活体重和软体重的主要因素;2龄、3龄蛤仔壳宽对活体重的直接作用最大,是影响活体重的主要因素,壳长对软体重的直接作用最大,是影响软体重的主要因素。壳形态性状对重量性状的决定系数分析结果与通径分析结果一致。关于贝类的壳性状对活体重影响的研究已有很多报道。刘小林等(2002)对栉孔扇贝的研究表明,壳高是影响重量性状的主要因素;黎筠等(2008)对紫石房蛤(*Saxidomus pupuratus*)的研究表明,壳宽是影响重量性状的主要因素。这些结果说明不同贝类或同一种贝类不同年龄段影响重量性状的形态性状并不相同。在对贝类进行系统选种工作时,应采用通径分析方法对不同年龄段的贝类进行分析,找到影响其重量性状的主要形态性状,将主要形态性状作为选种依据进行选择,这样可以方便快捷地获得目标性状的遗传改良,加快贝类的育种进程。在本研究中,利用多元回归分析建立1龄、2龄、3龄蛤仔壳形态性状对各重量性状的回归方程,经回归预测,估计值与实际观察值差异不显著,说明该方程可简便可靠地应用于蛤仔实际育种工作中。

2.2 蛤仔壳色和壳面花纹

2.2.1 蛤仔莆田群体两个壳色品系的生长发育比较

在蛤仔莆田群体中,斑马蛤在天然群体中约占0.25%,壳面具有2条红色放射条带的彩霞蛤约占1.00%。以往人们认为,蛤仔的壳面颜色和花纹各异、杂乱无章没有规律。作者在对蛤仔大连群体的研究中发现,斑马蛤子一代100%仍为斑马蛤,说明斑马蛤壳面花纹可以稳定地遗传给后代。国外(日本、韩国)市场偏爱某些特定壳色和壳型的蛤仔,因此,以壳色和壳面花纹为遗传标记开展优良壳色品系选育,对于丰富蛤仔养殖品种、提升其商品价值无疑具有重要意义。

2.2.1.1 材料与方法

实验于 2004 年 9 月至 2005 年 10 月在大连庄河贝类养殖场育苗场进行。实验材料为在大连庄河贝类养殖场养成的莆田 2 龄蛤仔。先从群体中选出斑马蛤和彩霞蛤各 500 个，再从中选出壳型规整、壳色和花纹清晰的 20 个个体作为繁殖群体；另从群体中随机抽取 20 个混合壳色个体作为对照。

2.2.1.2 结果

1. 幼虫的生长、存活及变态

斑马蛤、彩霞蛤和对照组 1 龄 D 形幼虫壳长分别为 (103.50 ± 3.15) μm、(101.10 ± 2.11) μm、(102.80 ± 2.80) μm，斑马蛤与彩霞蛤 D 形幼虫大小差异显著（$P<0.05$），彩霞蛤与对照组 D 形幼虫大小差异显著（$P<0.05$，表 2-24）。斑马蛤和彩霞蛤 4 日龄和 7 日龄幼虫的壳长均大于对照组（$P<0.05$），但斑马蛤和彩霞蛤壳长差异不显著（$P>0.05$，表 2-24）。各组之间 4 日龄幼虫的存活率无明显差异（$P>0.05$），但斑马蛤的变态率明显高于对照组（$P<0.05$，表 2-25）。

表 2-24　各实验组蛤仔幼虫的壳长　　　　　　　　（单位：μm）

日龄	斑马蛤	彩霞蛤	对照组
1	103.50 ± 3.15^a	101.10 ± 2.11^b	102.80 ± 2.80^{ac}
4	116.58 ± 6.30^a	115.11 ± 5.67^a	111.75 ± 6.06^b
7	157.07 ± 19.16^a	156.45 ± 17.54^a	151.57 ± 19.25^b

注：同列中具有相同字母者表示差异不显著（$P>0.05$），具有不同字母者表示差异显著（$P<0.05$）

表 2-25　不同发育阶段蛤仔的存活率及幼虫变态率（%）

类别	斑马蛤	彩霞蛤	对照组
4 日龄存活率	53.04 ± 23.91^a	44.36 ± 11.37^a	49.38 ± 8.08^a
变态率	23.40 ± 14.67^a	15.56 ± 7.13^{ab}	2.31 ± 0.31^b
稚贝存活率	7.08 ± 0.24^a	0.38 ± 0.03^b	2.81 ± 0.03^c
养成期存活率	32.91 ± 1.68^a	28.55 ± 1.72^b	31.12 ± 1.12^{ab}

注：同列中具有相同字母者表示差异不显著（$P>0.05$），具有不同字母者表示差异显著（$P<0.05$）

2. 稚贝的生长与存活

对 24 日龄、66 日龄、135 日龄稚贝壳长的测量结果见表 2-26。24 日龄斑马蛤与对照组壳长差异显著（$P<0.05$），其他组间差异均不显著（$P>0.05$）；66 日龄时，斑马蛤和彩霞蛤与对照组壳长差异显著（$P<0.05$），但斑马蛤与彩霞蛤壳长差异不显著（$P>0.05$）；135 日龄时，彩霞蛤壳长明显大于斑马蛤和对照组（$P<0.05$），斑马蛤壳长也明显大于对照组（$P<0.05$）。稚贝存活率以斑马蛤最高，对照组次之，彩霞蛤最低，各组间差异显著（$P<0.05$）（表 2-25）。

表 2-26　蛤仔稚贝期和养成期壳长　　　　　　　　（单位：μm）

日龄	斑马蛤	彩霞蛤	对照组
24	275.70±32.65^a	272.42±37.51^{ab}	265.97±34.68^b
66	553.28±111.41^a	553.29±116.41^a	422.26±108.35^b
135	711.42±84.02^a	734.25±81.38^b	679.71±92.19^c
393	15 240±2 260.00^a	16 380.00±1 430.00^b	14 720.00±1 750.00^a

注：同列中具有相同字母者表示差异不显著($P>0.05$)，具有不同字母者表示差异显著($P<0.05$)

3. 养成期的生长及存活

于 2005 年 10 月 27 日(393 日龄)对蛤仔的壳长进行了测量。结果表明，彩霞蛤壳长明显大于斑马蛤和对照组($P<0.05$)，但斑马蛤和对照组壳长差异不显著($P>0.05$)(表 2-26)；养成期存活率斑马蛤明显高于彩霞蛤($P<0.05$)，但与对照组差异不显著($P>0.05$)(表 2-25)。

2.2.1.3　讨论

本实验结果表明，D 形幼虫大小的顺序为：斑马蛤＞对照组＞彩霞蛤，说明 D 形幼虫大小不仅在不同群体间存在显著差异，还与壳色有关。在幼虫阶段，相同日龄斑马蛤和彩霞蛤的壳长均大于对照组，但斑马蛤和彩霞蛤之间差异不显著；幼虫的存活率，各组之间无明显差异，说明生长、存活等表型性状在生活史的早期尚未表现出来，这与郑怀平等(2003)对不同壳色海湾扇贝的研究结果是一致的。

幼虫变态率、稚贝存活率及养成期存活率均以斑马蛤最高，说明不同壳色品系之间抗逆性存在差异，斑马蛤则表现出更强的抗逆性。在稚贝生长初期 24 日龄及 66 日龄时，斑马蛤与彩霞蛤壳长差异不显著；135 日龄时，彩霞蛤壳长明显大于斑马蛤和对照组，斑马蛤壳长也明显大于对照组；393 日龄时，彩霞蛤壳长明显大于斑马蛤和对照组，这说明随着蛤仔的发育，生长这一表型性状在不同壳色之间的差异越来越明显，彩霞蛤品系生长更快。

与大连群体斑马蛤和红蛤一样，莆田群体的斑马蛤和彩霞蛤 F_1 代 100%保持了亲本壳面花纹，说明蛤仔壳面花纹可以稳定遗传，这与某些双壳类的情形类似。但贝类壳色和壳面花纹作为可遗传的质量性状，除受基因控制外，还与贝类本身生态行为、生长存活、生理特性及生态环境有关。例如，Newkirk(1980)注意到，由于壳色深浅影响对光和热的吸收，不同壳色的贻贝(*Mytilus edulis*)在高温季节生长快慢不同；作者也注意到，南方海区蛤仔壳色比北方要浅些，自然海区的红色蛤仔拿到室内遮光条件下培育一段时间有褪色现象，底播养殖比网袋吊养的蛤仔壳色更深。在天然群体中，斑马蛤仅占 0.20%~0.25%，彩霞蛤所占比例不到 1%，如此稀少的种群密度却能保存下来，且很少与其他壳色和壳面花纹的蛤仔杂交，说明它们有很强的抗逆性和生存能力，这种抗逆性和生存能力可能与它们的壳色和壳面花纹有某种联系。

2.2.2　蛤仔莆田群体不同壳色品系 F_1 的生长发育比较

大多数海洋贝类的壳色都表现出一定的多态性。目前，对这种现象的研究主要集中在腹足类上,对双壳类的研究相对较少。海洋双壳类贝壳的颜色过去仅被作为分泌产物而一直被忽视。事实上双壳类贝壳的颜色不仅与它们的生态和行为有关,还与其生长、存活等表型性状有关。Newkirk(1980)研究了贻贝壳色与生长的关系,发现紫色个体比蓝色个体小10%~20%。Innes 和 Bates(1999)通过单体杂交,研究了贻贝壳色多态的可遗传性,发现少见的棕色个体受一对显性等位基因控制,而常见的黑色个体受另外一对等位基因控制,并且认为壳色主要由基因决定,环境只起次要作用。Peignon 等(1995)通过相同壳色蛤仔的近缘杂交,分析了蛤仔壳色的决定机制,并研究了壳色、壳面花纹的遗传变异和出现壳色纯合的原理。闫喜武(2005)研究发现,不同壳色蛤仔生长、存活存在显著差异,壳色可以稳定地遗传给后代,并通过红蛤与斑马蛤的群体杂交,获得子一代"红斑马蛤"。郑怀平等(2004)通过建立海湾扇贝杂交、自交壳色家系,对其生长与存活进行了比较,发现杂交使表型性状得到了改良,不同壳色个体间在生长、存活上存在差异。蛤仔贝壳形态变化很大,壳面颜色和花纹变化各异,这为蛤仔不同壳色品系的定向选育奠定了基础。

本实验以彩霞蛤(Tr)、月亮蛤(Tw)、黑蛤(Ab)、红蛤(Or)、白蛤(Pw)、斑马蛤(Z)、波纹蛤(W)为材料,进行了7种不同壳色蛤仔品系生长发育的比较,旨在探索蛤仔壳色与生长、存活的关系,为种质改良、培育壳色新品系提供理论依据。

2.2.2.1 材料与方法

2006年7月上旬,在大连庄河贝类养殖场,从莆田养殖群体中选出壳型一致、壳色整齐的彩霞蛤(壳面具有2条红色放射条带)、月亮蛤(壳面具有2条白色放射条带)、黑蛤、红蛤、白蛤、斑马蛤、波纹蛤2龄蛤仔各60个作为繁殖群体。

2.2.2.2 结果

1. 卵径、受精率、孵化率、D形幼虫大小

如表2-27所示,各实验组间卵径、受精率、D形幼虫大小无显著差异;但月亮蛤品系的孵化率显著小于其他实验组($P<0.05$)。

表 2-27 各实验组的卵径、受精率、孵化率、D 形幼虫大小

实验组	卵径/μm	受精率/%	孵化率/%	D 形幼虫壳长/μm
C	70.10±0.85^a	99.17±1.04^a	90.18±6.34^a	100.06±1.34^a
Tr	70.27±0.87^a	98.83±0.76^a	92.52±2.50^a	100.20±1.09^a
Tw	70.24±0.68^a	98.70±1.47^a	30.52±1.84^b	100.73±1.11^a
Ab	70.13±0.90^a	98.90±0.79^a	96.54±3.47^a	100.47±1.02^a
Or	70.42±0.93^a	99.00±0.87^a	95.85±3.22^a	100.60±1.22^a
Pw	70.20±0.81^a	99.03±0.90^a	92.19±2.03^a	100.24±1.25^a
Z	70.07±0.98^a	99.16±0.96^a	95.19±3.38^a	100.40±1.43^a
W	70.40±0.84^a	99.07±0.93^a	91.65±1.12^a	100.63±1.38^a

注:C,对照组;Tr,彩霞蛤;Tw,月亮蛤;Ab,黑蛤;Or,红蛤;Pw,白蛤;Z,斑马蛤;W,波纹蛤;本章下同。同列中具有相同字母者表示差异不显著($P>0.05$),具有不同字母者表示差异显著($P<0.05$)

2. 幼虫的生长、存活及变态

如图 2-11 所示,各实验组 D 形幼虫期(0 日龄)壳长无显著性差异($P>0.05$)。3 日龄时,实验组 Ab、Or、Pw、W 幼虫壳长大于对照组,差异显著($P<0.05$);6 日龄时,实验组 Tw 幼虫壳长超过对照组;9 日龄时,实验组 Tw、Z、W 壳长显著大于对照组($P<0.05$)。如图 2-12 所示,各时期实验组 Tr 与对照组的存活率均无显著差异($P>0.05$),除浮游期外,6 日龄和 9 日龄其他实验组幼虫存活率均显著大于对照组($P<0.05$)。

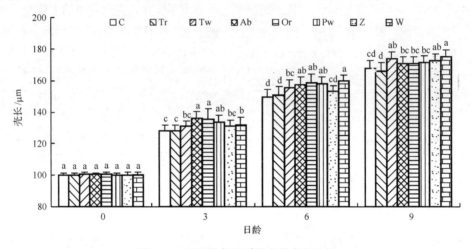

图 2-11 不同壳色品系幼虫的壳长比较

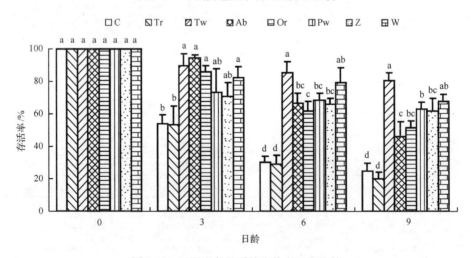

图 2-12 不同壳色品系幼虫的存活率比较

表 2-28 为各实验组幼虫的变态率、变态时间与变态规格。除了 C、Tr 外,其他实验组幼虫的变态率均超过 80%,且 C、Tr 的变态率与其他组差异显著($P<0.05$);各实验组幼虫的变态时间随着变态规格的减小而被延迟。

3. 稚贝的生长与存活

由图 2-13、图 2-14 可知,室内培育期间,Tr、Or 表现出明显的生长优势,Ab、Or、Z、W 的存活率显著高于对照组($P<0.05$)。

表 2-28　各实验组幼虫的变态率、变态时间与变态规格

实验组	变态率/%	变态时间/d	变态规格/μm
C	34.88±2.83^a	19.00±1.00^a	200.38±2.52^a
Tr	41.21±3.34^a	18.00±1.00^a	201.62±2.08^a
Tw	94.19±3.85^b	17.33±0.58^a	203.19±1.73^a
Ab	92.52±6.29^b	20.00±1.00^a	195.30±2.46^a
Or	90.51±3.27^b	17.67±0.58^a	202.00±2.00^a
Pw	85.32±7.51^b	19.33±0.58^a	198.25±1.58^a
Z	98.94±1.08^b	18.33±0.58^a	201.36±2.05^a
W	80.61±3.13^b	19.67±0.58^a	196.50±2.18^a

注：同列中具有相同字母者表示差异不显著($P>0.05$)，具有不同字母者表示差异显著($P<0.05$)

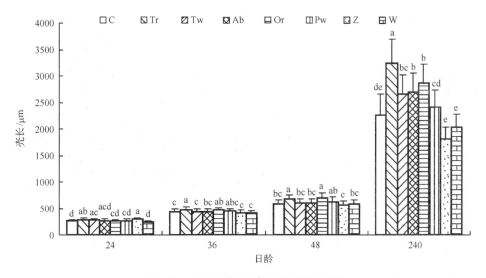

图 2-13　不同壳色品系稚贝的壳长比较

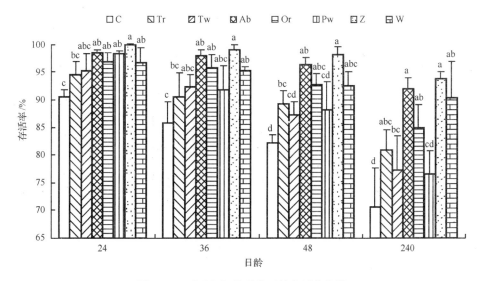

图 2-14　不同壳色品系稚贝的存活率比较

4. 幼贝的生长与存活

由图 2-15 和图 2-16 可知，幼贝壳长与日龄呈现明显的线性关系，幼贝的鲜重与日龄呈现明显的幂指数关系。各日龄实验组 W 与对照组壳长无显著差异($P>0.05$)；除 270 日龄外，其余各日龄实验组 Z 壳长显著小于对照组($P<0.05$)，实验组 Tr、Tw、Pw 壳长显著大于对照组($P<0.05$)。由此可见，蛤仔的生长与壳色相关。图 2-17 表示各实验组幼贝存活率与日龄的关系。实验组 Pw、Z 存活率大于其他实验组；实验组 Ab 存活率较低。360 日龄时，除了实验组 Ab 存活率为 72.95%±4.64%外，其他各实验组的存活率均大于 80%。

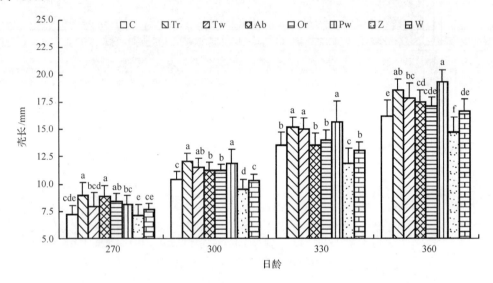

图 2-15　不同壳色品系幼贝的壳长比较

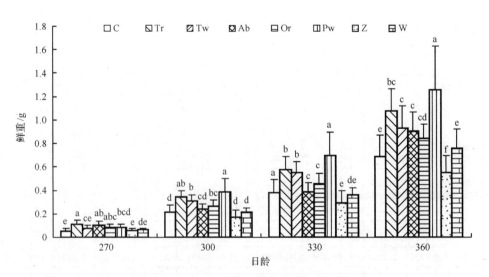

图 2-16　不同壳色品系幼贝的鲜重比较

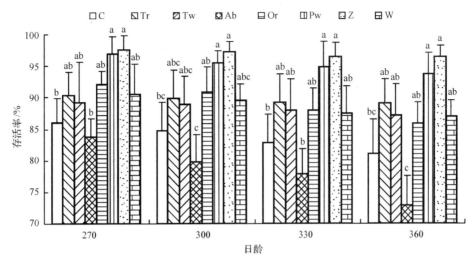

图 2-17 不同壳色品系幼贝的存活率比较

5. 生长速度

不同壳色品系蛤仔不同发育阶段的生长速度如图 2-18 所示。生长速度的大小顺序依次为：幼贝阶段（YP）＞室内中间育成阶段（JIP）＞室外中间育成阶段（JOP），浮游阶段（LP）＞变态阶段（MP）。浮游期间，各个实验组幼虫的生长速度彼此间差异不显著（$P>0.05$）（Tr、W 除外）；变态期间，幼虫生长缓慢，实验组 Ab、W 显著小于其他实验组（$P<0.05$）（Pw 除外）；室内培育期间，实验组 Tr、Or、Pw、W 显著大于对照组（$P<0.05$），实验组 Tw 小于对照组，但与对照组无显著差异（$P>0.05$）；室外中间育成期间，实验组 Tr、Tw、Ab、Or 显著快于对照组（$P<0.05$），实验组 Z、W 显著小于对照组（$P<0.05$）；幼贝阶段，实验组 Or、Pw 显著大于对照组（$P<0.05$）。也就是说，不同发育阶段不同壳色蛤仔的生长速度与壳色有关。

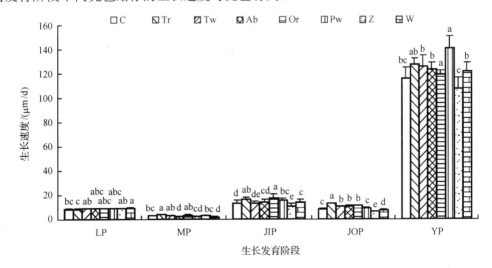

图 2-18 不同发育阶段各品系的生长速度

2.2.2.3 讨论

除了实验组 Tw 孵化率比较低以外,其他各组的卵径、受精率、孵化率、D 形幼虫大小彼此间无显著差异。浮游期间,实验组 Tw、Z、W 幼虫壳长与其他组差异显著,但生长速度各实验组无显著差异。变态期间,实验组 Ab、Pw、W 生长显著慢于其他实验组,但变态时间与变态规格各实验组无显著差异。目前,大多数研究集中在壳色与成体的关系上,对于壳色与幼虫的关系研究得很少,因为影响幼虫生长、存活与变态的因素很多,包括幼虫的培育密度、环境因子等。闫喜武等(2005b)发现,浮游期间 Or 幼虫生长快于对照组,而 Z 幼虫有很高的存活率和变态率,这与本研究的结果一致。

室内稚贝培育期,尽管稚贝尚未出现壳色,但其生长和存活与壳色表现出一定的相关性。在此期间,Or、Tr 生长快,Z 有很高的存活率,近乎 100%,这与闫喜武等(2005b)的报道结果一致。本实验中,幼贝的生长和存活与壳色相关。夏季中间育成期间,Pw 生长快,并且有着较高的存活率;Ab 此时生长慢,而且有较高的死亡率;Or 的生长与存活情况介于以上两个壳色品系之间。这与其他双壳类有着相似的规律。Newkirk(1980)认为,贻贝颜色较深的会吸收光能,所以在冬季其生长得比颜色较浅的贻贝快,而夏季则相反。

2.2.3 蛤仔莆田群体不同壳色品系 F_2 的生长发育比较

蛤仔壳面颜色和花纹变化各异,千差万别,可能是双壳贝类中壳色多态性最复杂的种类之一。Taki(1941)将壳色分成 4 种类型:条带、花纹、白化、杂色,并根据孟德尔遗传定律,对蛤仔壳色的特征提出了一个遗传假设(没有经过证实)。Gerard(1978)研究了蛤仔贝壳条纹的分布。Richardson(1988)研究了条纹形成与潮汐节奏相关的问题。Peignon 等(1995)通过相同壳色蛤仔的近缘杂交,分析了蛤仔壳色的决定机制,并主要研究了壳色、壳面花纹的遗传变异和出现壳色纯合的原理。国内,闫喜武等(2005b)在研究蛤仔壳色时发现,不同壳色蛤仔生长存在显著差异,壳色可以稳定地遗传给后代,并通过红蛤与斑马蛤的群体杂交,获得了红斑马蛤。张跃环(2008)以壳色、放射肋为标记通过对蛤仔的定向选育和杂交,先后获得了蛤仔选育系和杂交系,并通过白蛤、红蛤、黑蛤与斑马蛤的杂交,获得子代白斑马蛤、红斑马蛤、黑斑马蛤。本实验以选育系中的彩霞蛤(Tr)、月亮蛤(Tw)、黑蛤(Ab)、红蛤(Or)、白蛤(Pw)、斑马蛤(Z)、波纹蛤(W)的 F_1 为材料,进行了不同壳色蛤仔品系 F_2 表型性状研究,旨在进一步探索蛤仔壳色与生长、存活等表型性状的关系。

2.2.3.1 材料与方法

1. 亲贝的来源及性腺促熟

亲贝为 2007 年繁育,经三段法养成(Zhang and Yan,2006)得到 1 龄不同壳色蛤仔品系 F_1。其中,对照组(C):壳色各异的品系。彩霞蛤(Tr):壳面具有两条红色放射条带。月亮蛤(Tw):壳面具有两条白色放射条带。黑蛤(Ab):8~10mm 以前背景颜色为黑色,以后为墨绿色。红蛤(Or):背景颜色为红色。白蛤(Pw):背景颜色为白色,左壳背部有一条深色放射条带。斑马蛤(Z):壳面具有斑马状花纹。波纹蛤(W):壳面具有波纹状花纹。2008 年 6 月初,每种壳色品系挑选 1200 个个体,采用 20 目网袋(40cm×60cm),在室外生态土池中采取吊养的方式进行自然促熟,每袋 200 个。其间,水温为 20.4℃—

30.2℃—21.8℃(夏初水温—夏季最高水温—秋初水温),盐度 24~28,pH 7.56~8.96。

2. 催产及孵化

2008 年 9 月下旬,亲贝性腺发育成熟。每组壳色品系随机选取 200 个个体,经阴干 6h、流水 0.5h 的刺激后,分别置于盛有新鲜海水的 60L 塑料桶中进行产卵。卵的孵化密度控制在 30~40 个/mL;多余受精卵放到 80m³ 水泥池中孵化。受精卵大约经过 25h 发育为 D 形幼虫。孵化期间,水温 21.8~22.6℃,盐度 24,pH 7.92。

2.2.3.2 结果

1. 亲贝的壳长、鲜重及产卵量

Pw 的壳长与 Tr 差异不显著,两者鲜重和产卵量显著大于其他壳色品系($P<0.05$)。Z 的壳长、鲜重显著小于其他壳色品系;产卵量与对照组 C 差异不显著,与其他壳色品系均差异显著($P<0.05$,表 2-29)。从 F_1 的壳长、鲜重、产卵量上看,白蛤>彩霞蛤>月亮蛤。在相同的培育条件下,可以排除环境对表型性状的影响,说明不同壳色品系间的差异主要来自于遗传差异。

表 2-29 不同壳色品系亲贝 F_1 的壳长、鲜重及产卵量

类别	C	Tr	Tw	Ab	Or	Pw	Z	W
壳长/mm	16.18±1.47^e	18.56±1.04^{ab}	17.81±1.41^{bc}	17.50±1.11^{cd}	17.12±0.79^{cde}	19.28±1.55^a	14.76±1.30^f	16.68±1.10^{de}
鲜重/g	0.69±0.18^e	1.08±0.19^b	0.93±0.18^c	0.90±0.17^c	0.85±0.11^{cd}	1.25±0.23^a	0.55±0.14^f	0.76±0.16^e
产卵量/(万粒/个)	4.32±0.35^d	8.24±0.93^b	6.82±0.46^c	6.03±0.39^c	5.75±0.45^c	12.58±1.07^a	4.05±0.49^d	6.52±0.71^c

注:1. 同一行具有不同字母表示差异显著($P<0.05$)。2. C,对照组;Tr,彩霞蛤;Tw,月亮蛤;Ab,黑蛤;Or,红蛤;Pw,白蛤;Z,斑马蛤;W,波纹蛤。

2. 卵径、受精率、孵化率及 D 形幼虫壳长

由表 2-30 可知,不同壳色品系 F_2 的卵径、受精率及 D 形幼虫壳长彼此间均无显著差异;C 与 Tw 的孵化率无显著差异,但小于其他壳色品系。

表 2-30 不同壳色品系 F_2 的卵径、受精率、孵化率及 D 形幼虫壳长

实验组	卵径/μm	受精率/%	孵化率/%	D 形幼虫壳长/μm
C	70.02±0.89^a	99.28±0.73^a	90.25±5.32^b	100.23±1.05^a
Tr	70.31±0.84^a	99.38±0.56^a	95.03±2.73^a	100.28±1.16^a
Tw	70.28±0.75^a	98.21±1.04^a	92.86±3.43^{ab}	100.56±1.37^a
Ab	70.09±0.95^a	98.56±0.72^a	96.88±1.95^a	100.08±1.36^a
Or	70.45±0.90^a	98.42±0.64^a	97.85±0.99^a	100.64±1.32^a
Pw	70.29±0.85^a	99.45±0.52^a	94.23±3.02^a	100.35±1.58^a
Z	70.10±0.93^a	99.07±0.55^a	98.75±1.13^a	100.03±1.29^a
W	70.36±0.86^a	99.16±0.68^a	95.54±2.24^a	100.72±1.42^a

注:1. 同一行具有不同字母表示差异显著($P<0.05$)。2. C,对照组;Tr,彩霞蛤;Tw,月亮蛤;Ab,黑蛤;Or,红蛤;Pw,白蛤;Z,斑马蛤;W,波纹蛤

3. 幼虫的生长、存活及变态

由表2-31、图2-19可知,3日龄时,Ab和Or的个体最大,Tr个体最小。9日龄时,W生长最快,个体最大,与Z无显著差异($P>0.05$);Tr生长最慢,个体最小,与C无显著差异($P>0.05$)。就存活来讲,Ab和Z的存活率较高,显著高于其他壳色品系($P<0.05$)(图2-20)。

表2-31　不同壳色品系F_2在不同生长发育阶段的生长速度　　　　（单位：μm/d）

实验组	幼虫期	变态期	稚贝期	越冬期	幼贝期
C	7.59±1.01^{de}	3.59±0.34^{ab}	11.43±1.29^{b}	9.30±1.23^{de}	98.32±8.28^{bc}
Tr	7.30±0.98^{e}	3.92±0.33^{a}	14.87±1.40^{a}	12.72±1.02^{ab}	107.17±8.99^{b}
Tw	8.26±1.04^{cd}	3.21±0.39^{ab}	11.82±1.48^{b}	11.46±1.11^{bc}	101.07±9.52^{bc}
Ab	8.04±0.96^{bc}	2.64±0.29^{c}	12.18±1.32^{b}	14.17±1.60^{a}	92.19±7.15^{d}
Or	7.81±0.93^{cd}	3.58±0.31^{ab}	13.25±1.44^{ab}	12.48±1.32^{ab}	108.36±9.32^{b}
Pw	7.93±1.00^{bcd}	3.33±0.36^{b}	15.20±1.56^{a}	10.64±0.84^{cd}	113.17±0.40^{a}
Z	8.15±1.07^{abc}	3.14±0.35^{b}	10.56±1.09^{c}	7.80±0.81^{e}	94.83±9.42^{d}
W	8.41±1.09^{a}	2.53±0.31^{c}	11.72±1.27^{b}	8.90±0.72^{de}	104.87±7.93^{b}

注:1. 同一行具有不同字母表示差异显著($P<0.05$)。2. C,对照组;Tr,彩霞蛤;Tw,月亮蛤;Ab,黑蛤;Or,红蛤;Pw,白蛤;Z,斑马蛤;W,波纹蛤

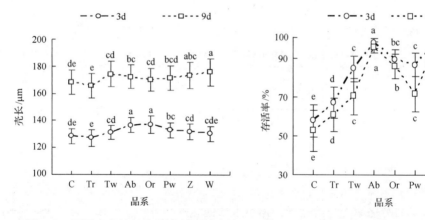

图2-19　不同壳色蛤仔品系幼虫F_2的生长　　　图2-20　不同壳色蛤仔品系幼虫F_2的存活

由表2-31可见,变态期间幼虫生长缓慢,Tr生长最快,Ab和W生长最慢。变态时间和变态规格各壳色品系间无显著差异($P>0.05$);Ab和Z变态率较高,显著高于其他壳色品系($P<0.05$),C变态率显著低于其他壳色品系($P<0.05$)(W除外)(表2-32)。

4. 稚贝的生长与存活

由图2-21、图2-22可见,稚贝室内培育期间,40日龄时,Pw生长最快,个体最大,与Tr和Or无显著差异($P>0.05$);Z生长最慢,个体最小,显著小于其他壳色品系($P<0.05$)。室内越冬期间,240日龄时,Ab生长最快,与Tr和Or差异不显著,显著大于其他壳色品系;Z生长最慢,与C和W无显著差异($P>0.05$)。就存活来讲,40日龄时,各壳色品系稚贝的存活率均在80%以上;经过越冬(240日龄),C、Tr、Tw、Or、Pw存活率有较大幅度的下降,而Ab、Z、W的存活率较高,其大小顺序为:Z(93.51%±4.09%)>

Ab(88.80%±7.85%)＞W(82.96%±9.75%)。

表 2-32 不同壳色品系 F_2 的变态率、变态时间和变态规格

实验组	变态率/%	变态时间/d	变态规格/μm
C	75.43±5.62[e]	18.00±1.00[a]	200.68±2.42[a]
Tr	80.16±4.27[d]	18.00±0.58[a]	200.93±2.35[a]
Tw	92.22±3.64[b]	17.00±1.00[a]	202.33±2.62[a]
Ab	97.35±1.59[a]	19.00±0.58[a]	198.69±2.91[a]
Or	91.68±3.85[b]	18.00±0.58[a]	202.54±2.05[a]
Pw	89.39±3.72[b]	17.33±1.00[a]	199.06±1.87[a]
Z	98.05±1.16[a]	18.00±0.58[a]	201.61±2.26[a]
W	85.26±4.35[c]	18.33±1.00[a]	199.23±2.52[a]

注：1. 同一行具有不同字母表示差异显著($P<0.05$)。2. C, 对照组；Tr, 彩霞蛤；Tw, 月亮蛤；Ab, 黑蛤；Or, 红蛤；Pw, 白蛤；Z, 斑马蛤；W, 波纹蛤

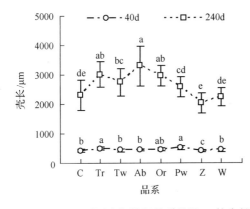

图 2-21 不同壳色蛤仔品系稚贝 F_2 的生长

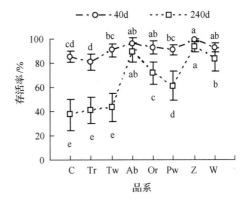

图 2-22 不同壳色蛤仔品系稚贝 F_2 的存活

5. 幼贝的生长、存活及产量

由图 2-23～图 2-25 可见，300 日龄时，Pw 壳长、鲜重最大，与 Tw 和 W 无显著差异，显著大于其他壳色品系($P<0.05$)；360 日龄时，Pw 生长最快，壳长和鲜重显著大

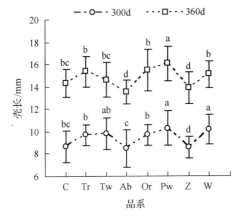

图 2-23 不同壳色品系幼贝 F_2 的生长

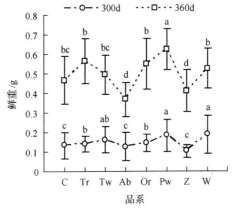

图 2-24 不同壳色品系幼贝 F_2 的鲜重

于其他壳色品系（$P<0.05$），Ab 和 Z 生长较慢，壳长和鲜重显著小于其他壳色品系（$P<0.05$）。各品系存活率均在 80%以上，Ab 和 Z 的存活率较高，C 的存活率最低。

360 日龄时 C 的产量定义为 100%。300 日龄时，Ab 和 W 的产量较高，与 Or 和 Z 无显著差异，显著高于其他壳色品系；360 日龄时，C 的产量最低，Z 的产量最高，与其他壳色品系差异均显著（$P<0.05$）（图 2-26）。不同壳色品系相对产量的大小顺序为 Z（678.63%±56.80%）＞Ab（554.88%±69.42%）＞Or（527.23%±76.21%）＞W（475.97%±90.25%）＞Pw（405.90%±55.19%）＞Tw（224.89%±47.85%）＞Tr（178.50%±34.50%）＞C（100.00%±22.10%）。

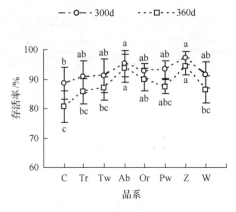

图 2-25　不同壳色品系幼贝 F_2 的存活

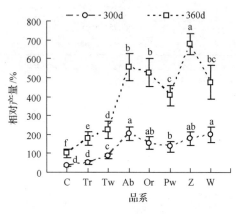

图 2-26　不同壳色品系幼贝 F_2 的相对产量

2.2.3.3　讨论

选择育种是传统的育种方法，在动植物的育种中已有几千年的历史，培育和改良了大量的动植物品种（品系）。它是利用动植物固有的遗传变异，选优淘劣培育新品种的基本措施。理论和实践表明，亲本的遗传差异会在很大程度上影响子代的选择效果。闫喜武等（2005b）对莆田群体 2 个壳色品系生长发育的研究发现，斑马蛤具有很强的抗逆性，彩霞蛤具有生长快的特点。张跃环（2008）在此基础上，对 7 个壳色品系（彩霞蛤、月亮蛤、黑蛤、红蛤、白蛤、斑马蛤、波纹蛤）的 F_1 进行了生长发育比较，进一步证实了斑马蛤具有抗逆性强，白蛤、彩霞蛤具有生长快的特点。从 F_1 的壳长、鲜重、产量上看，白蛤＞彩霞蛤＞月亮蛤。在相同的培育条件下，可以排除环境对表型性状的影响，说明各壳色品系间的差异主要由遗传决定。

对不同壳色蛤仔品系 F_2 的表型性状研究表明，在不同时期壳色与生长、存活、变态等存在密切联系。亲贝的大小不同，产卵量存在差异，这与国外学者对同龄不同壳长鲍的繁殖力研究结果一致（Campbell et al.，2003）。

浮游期间，不同壳色品系幼虫生长速度不同，以波纹蛤最快，彩霞蛤最慢。存活率也不尽相同，以斑马蛤和黑蛤存活率最高，表现出较强的抗逆性；对照组存活率相对较低，这种差异与 F_1 相似。在相同的亲本促熟和幼虫培育条件下，可以排除环境因子对存活性状的影响，说明存活率的高低是由遗传因素决定的。变态期间，变态率和变态规格无显著差异。目前,国内外大多数的研究集中在壳色与成体的关系上,对于壳色与幼虫的关系研究得很少,仅见蛤仔、海湾扇贝和马氏珠母贝,因为影响幼虫生长、存活与变态的因素很多,包括幼虫的培育密度、环境因子等。闫喜武等(2005b)发现浮游期间红蛤幼虫生长快于对照组,而斑马蛤幼虫有很高的存活率。张跃环(2008)在对不同壳色品系 F_1 幼虫进行比较时发现,斑马蛤和黑蛤具有很高的存活率和变态率,与对 F_2 的研究结果一致。对壳色与变态是否相关的研究很少,主要是由于此时贝类幼虫尚未显现出壳色,均为透明或半透明状。至于这种关联是否由遗传基因决定,还有待于进一步探讨。

室内培育期间,尽管稚贝壳色尚未表现出来,但其不同壳色品系生长与存活存在差异。白蛤、彩霞蛤生长快,黑蛤和斑马蛤存活率高,近乎100%,这与闫喜武、张跃环等的研究结果一致。当稚贝生长至2~3mm后,逐渐表现出各品系的壳色差异,且壳色表现一致,此时称为幼贝。夏季中间育成期间,白蛤生长快,并且有着较高的存活率;黑蛤此时生长慢,在 F_1 中间育成时,表现出较高的死亡率,经过一代驯化以后,表现出较高的存活率。这与其他双壳类有着相似的规律,Newkirk(1980)认为贻贝颜色较深的会吸收光能,所以在冬季其生长比颜色较浅的贻贝快,而夏季则相反。目前的研究表明,壳色与生长、存活等性状显著相关。Wolff 和 Garrido(1991)发现,黄色的海湾扇贝明显小于正常的对照组;郑怀平等(2003)发现白壳色的海湾扇贝在夏季生长快于紫色与其他壳色群体;Alfonsi 和 Perez(1998)发现橘色个体海湾扇贝生长快于棕色个体。说明壳色作为一种可遗传的质量性状,不仅与它们的生态和行为有关,还与其生长、存活等性状有关。本研究中,每种壳色品系的个体壳色表现均与 F_1 相同。特别值得一提的是,黑蛤品系在壳长8~10mm以前,背景颜色均为黑色,以后逐渐向黑绿色转化,成体为黑绿色个体,与 F_1 个体的壳色完全一致。其他壳色品系壳色及壳面花纹表现稳定,壳色表现与 $F_1$100%相同。

综合生长、存活等表型性状,用相对产量来衡量每个壳色品系的优劣。发现生长快的壳色品系并不是产量最高的,而是存活率相对较高的品系产量高。其中,白蛤生长快的特点不仅仅在 F_1、F_2 中有所表现,在天然群体中也明显大于其他壳色蛤仔;斑马蛤存活率在 F_1 和 F_2 中均最高,说明生长快及其抗逆性强的特点具有可遗传性。育种时把生长和存活综合考虑是一种新的育种模式,即在选择存活率高的品系的前提下,结合生长进行复合选择,以此来提高产量更有效。这种模式很容易获得5~6倍的产量提高,但若是通过生长来选择,每代产量提高10%~20%是很困难的,尤其是经过3~5代的选择以后更加困难。因此,从某种程度上讲,对存活表型性状即抗逆性的选择比对生长表型性状的选择更为重要。

壳色作为一种稳定遗传的质量性状,可以作为标记,这为水产养殖和新品种的开发提供了新的方向。中国科学院海洋研究所张国范课题组经过多年对贝类遗传育种的研究,先后选育出生长快、抗病力强的'玛瑙鲍'和高产的'中科红'海湾扇贝新品种;中国海洋大学包振民课题组选育出'蓬莱红'栉孔扇贝和'海大金贝'虾夷扇贝新品种;中国科学院南海海洋研究所选育出'南科珍珠红'马氏珠母贝新品系;大连海洋大学闫喜武课题组通过定向选育和杂交,先后成功获得蛤仔选育系(彩霞蛤、月亮蛤、黑蛤、红蛤、白蛤、斑马蛤、波纹蛤)和杂交系(黑斑马蛤、红斑马蛤、白斑马蛤)。由此可见,作为质量性状的壳色，与数量性状密切相关。通过壳色品系的定向选育和杂交，可以得到具有优良经济性状的新品种。

2.2.4　蛤仔大连石河群体不同壳色品系 F_1 生长发育比较

蛤仔壳面颜色和花纹变化各异、千差万别(庄启谦，2001)，可能是双壳贝类中壳色多态性最复杂的种类之一。闫喜武等(2005b)、张跃环(2008)对蛤仔莆田群体壳色研究发现，不同壳色蛤仔生长、存活存在显著差异，壳色可以稳定地遗传给后代。本研究旨在在南方(莆田)群体研究的基础上进一步探讨北方(大连)群体蛤仔壳色与生长、存活等表型性状的关系，旨在为蛤仔种质改良和壳色品种培育提供理论依据。

2.2.4.1　材料与方法

1. 亲贝来源

2009 年 6 月在大连石河海区采捕亲贝，按不同壳色各选取 200 个作为繁殖群体，吊养于庄河贝类养殖场育苗场的生态土池中进行性腺促熟。实验包括：对照组(C)，由各种壳色个体混合而成；彩霞蛤(Tr)，壳面具有两条红色放射条带；月亮蛤(Tw)，壳面具有两条白色放射条带；橙蛤(Or)，背景颜色为橙色；白蛤(Pw)，背景颜色为白色，左壳背部有一条深色放射条带；斑马蛤(Z)，壳面具有斑马状花纹。

2. 催产及促熟

2009 年 8 月上旬，亲贝性腺发育成熟。每种壳色随机选取 50 个，经阴干 8h、流水 0.5h 刺激后，分别置于盛有新鲜海水的 80L 白色聚乙烯塑料桶中产卵排精。受精卵的孵化密度控制在 10～20 个/mL；多余受精卵放到 80m^3 水泥池中孵化。受精卵大约经过 15h 发育为 D 形幼虫。孵化期间，水温 25.8～26.6℃，盐度 24，pH 7.92。

3. 幼虫培育

幼虫培育在 80L 的白色塑料桶中进行，密度为 5～6 个/mL。每 2d 换水一次，每次换水量 100%。每天投喂 2 次，前期饵料为金藻，后期为金藻和小球藻(体积比 1∶1)混合投喂。投饵量根据幼虫摄食情况进行调整。为防止不同实验组幼虫间混杂，各个壳色分桶培养，严格隔离。幼虫培育期间，水温 25.8～28.6℃，盐度 24～26，pH 7.96～8.32。定期对幼虫密度进行调整，使各实验组密度保持一致。

4. 稚贝培育及越冬

稚贝室内培育期间，随着稚贝的生长更换不同网目的换水网箱，并适当加大投饵量，其他管理同幼虫期。当稚贝壳长≥500μm 时，将其移入 80 目网袋，置于 80m^3 的水泥池中进行室内越冬。其间水温由 20～22℃ 逐渐降到最低时的 0℃，盐度 26～30，pH 7.80～8.52。随稚贝生长定期更换网袋(60 目—40 目—20 目)，调整密度，使各实验组密度保持一致。

5. 指标测定

测定指标包括：不同壳色品系 F_1 的壳长，3 日龄、6 日龄、9 日龄幼虫的壳长及存活率，15～20 日龄幼虫的变态率、变态时间及变态规格，30 日龄、60 日龄、90 日龄和 180 日龄稚贝壳长及存活率。

卵径在显微镜下用目微尺(100×)测量,受精率为受精卵密度与受精前卵密度的百分比;孵化率为 D 形幼虫密度与受精卵密度的百分比。

变态规格为初生壳与次生壳交界处壳缘的最小值。幼虫和壳长≤300μm 的稚贝在显微镜下用目微尺(100×)测量;300μm≤壳长≤3000μm 的稚贝在体视显微镜下用目微尺(25×)测量,壳长≥3000μm 后,用游标卡尺(0.01mm)测量。每次测量时,每组随机测量 30 个个体。

幼虫存活率为不同日龄幼虫密度与 D 形幼虫密度的百分比;变态率为出现鳃原基、足、次生壳稚贝数与足面盘幼虫数量的百分比;稚贝存活率为不同日龄稚贝数量与刚刚完成变态稚贝数量的百分比;幼贝存活率为不同日龄幼贝数量与移到室外时稚贝数量的百分比。

6. 数据处理

用 SPSS13.0 统计软件对数据进行分析处理,不同实验组间数据的比较采用单因素方差分析方法(Tukey HSD),差异显著性设置为 $P<0.05$。

2.2.4.2 实验结果

1. 卵径、受精率、孵化率及 D 形幼虫壳长

不同壳色品系 F_1 的卵径、受精率、孵化率及初孵 D 形幼虫大小如表 2-33 所示。方差分析表明,不同壳色品系的卵径、D 形幼虫壳长彼此间差异不显著($P>0.05$)。受精率、孵化率均高于 90%,各组间差异不显著($P>0.05$)。

表 2-33　不同壳色品系 F_1 的卵径、受精率、孵化率及初孵 D 形虫壳长

实验组	卵径/μm	受精率/%	孵化率/%	D 形幼虫壳长/μm
Pw	66.09±0.89^a	98.22±0.81^a	93.32±5.05^a	101.58±1.09^a
Tw	65.31±0.84^a	99.26±0.78^a	92.15±3.75^a	100.68±1.18^a
Or	65.28±0.75^a	98.35±0.73^a	94.76±4.43^a	100.56±1.26^a
Tr	65.27±0.95^a	98.17±0.69^a	91.36±4.68^a	101.23±1.23^a
Z	65.62±0.90^a	98.71±0.66^a	95.65±3.92^a	100.76±1.35^a
C	65.29±0.85^a	99.43±0.72^a	94.40±4.15^a	99.83±1.22^a

注:同一列具有不同字母表示差异显著($P<0.05$)

2. 幼虫的生长、存活及变态

3 日龄时,不同壳色 F_1 幼虫的大小已出现显著性差异,3 日龄、6 日龄时,Pw 和 Tr 幼虫壳长较大,并显著大于其他品系($P<0.05$),Tw、Or、Z、C 之间差异不显著($P>0.05$);9 日龄时,Z 幼虫壳长最小,并显著小于其他品系($P<0.05$),与 C 差异不显著($P>0.05$);Tw、Or、C 彼此间始终无显著性差异($P>0.05$)(表 2-34)。

3 日龄幼虫存活率各实验组之间无显著性差异($P>0.05$);6 日龄时,Z 和 Or 的存活率较高,与 Tr 差异不显著($P>0.05$),但显著高于其他品系($P<0.05$),Tr、Tw、Pw、C 之间无显著性差异($P>0.05$);9 日龄时,Or、Z 的存活率显著高于其他品系($P<0.05$),C

的存活率显著低于其他品系($P<0.05$),Tr、Tw、Pw 之间无显著性差异($P>0.05$)(表 2-35)。

表 2-34 浮游期不同壳色品系幼虫的平均壳长 （单位：μm）

实验组	日龄		
	3	6	9
Pw	138.07±6.64^a	169.50±7.92^a	196.27±9.68^a
Tw	123.03±5.43^b	154.67±6.29^b	185.17±10.95^b
Or	122.53±6.82^b	154.13±7.96^b	185.83±8.31^b
Tr	135.57±6.72^a	165.07±8.59^a	192.50±8.00^a
Z	120.87±4.93^b	150.67±10.61^b	179.83±8.04^c
C	121.50±5.52^b	152.17±9.71^b	181.77±8.78^{bc}

表 2-35 浮游期不同壳色品系幼虫的存活率(%)

实验组	日龄		
	3	6	9
Pw	82.7±3.56^a	76.3±3.92^b	62.3±2.68^b
Tw	84.3±4.43^a	77.6±4.29^b	65.7±2.95^b
Or	85.0±3.82^a	82.0±2.96^a	78.0±3.31^a
Tr	82.7±4.93^a	79.7±3.59^{ab}	63.7±3.00^b
Z	86.3±5.72^a	83.3±4.61^a	80.3±3.04^a
C	81.7±3.24^a	76.0±3.71^b	53.7±2.78^c

不同品系的变态时间和变态规格不同,但彼此间无显著性差异($P>0.05$)。变态率大小为 Z、Or＞Pw、Tw＞Tr、C,彼此间差异显著($P<0.05$)(表 2-36)。

表 2-36 不同壳色品系 F_1 的变态率、变态时间和变态规格

实验组	变态时间/d	变态率/%	变态规格/μm
Pw	16~19	50.42±3.67^b	223.69±2.93^a
Tw	17~20	46.32±5.21^b	220.83±2.76^a
Or	17~19	67.68±4.32^a	222.71±3.62^a
Tr	15~17	40.15±4.98^c	225.18±3.25^a
Z	17~21	70.21±4.18^a	221.41±3.07^a
C	17~20	42.77±5.36^c	223.76±2.91^a

3. 稚贝的生长与存活

30 日龄时,Pw 的壳长最大,并显著大于其他品系($P<0.05$),但与 Tr 差异不显著($P>0.05$);Z 壳长最小,显著小于 Pw、Tr($P<0.05$),但与 Tw、Or、C 差异不显著($P>0.05$),Tr、Tw、Or 间无显著性差异($P>0.05$)。60 日龄、90 日龄、150 日龄稚贝壳长 Pw 与 Tr 显著大于其他品系($P<0.05$),Z、Tw、Or、C 彼此间差异不显著($P>0.05$)(表 2-37)。

表 2-37 室内培育阶段不同壳色稚贝的平均壳长　　　　（单位：μm）

实验组	日龄			
	30	60	90	150
Pw	495.33±56.61^a	872.17±143.49^a	4075.36±578.42^a	6639.12±972.65^a
Tw	452.33±50.04^{bc}	735.33±72.94^b	3278.67±409.35^b	5947.63±679.76^b
Or	446.33±49.65^{bc}	749.33±89.86^b	3307.56±455.67^b	5891.75±756.43^b
Tr	470.67±47.05^{ab}	821.67±95.80^a	3714.33±507.36^a	6457.33±838.67^a
Z	439.33±47.56^c	728.33±92.85^b	3042.67±432.28^b	5652.33±689.97^b
C	442.17±48.06^c	741.53±80.20^b	3169.36±487.66^b	5827.67±778.56^b

各日龄 Z 的存活率始终最高，30 日龄时，Z、Or、Pw 显著高于其他品系（$P<0.05$），Tw、Tr、C 彼此间无显著性差异（$P>0.05$）；60 日龄时，Z 和 Or 显著高于其他品系（$P<0.05$），Pw、Tw、C 彼此差异不显著（$P>0.05$），但显著高于 Tr（$P<0.05$）；150 日龄时，稚贝的存活率大小依次为 Z、Or＞Pw、Tw＞Tr、C，彼此间差异显著（$P<0.05$）（表 2-38）。

表 2-38 室内培育期不同壳色稚贝的存活率（%）

实验组	日龄			
	30	60	90	150
Pw	84.3±2.96^a	70.7±4.27^b	67.0±4.65^b	50.3±4.17^b
Tw	71.7±4.32^b	70.3±3.83^b	64.7±5.21^b	53.3±5.57^b
Or	82.3±3.17^a	76.3±3.58^a	72.7±4.33^a	63.0±3.26^a
Tr	76.0±3.24^b	59.7±4.65^c	40.3±3.76^c	33.7±5.32^c
Z	85.7±4.12^a	79.0±3.42^a	75.3±3.18^a	68.7±3.39^a
C	72.1±3.66^b	66.7±5.13^b	44.7±4.56^c	38.7±4.76^c

2.2.4.3 讨论

1. 壳色与遗传

颜色作为一个可稳定遗传的性状，早已在农业、畜牧业及鱼类的遗传育种中得到应用，并取得了良好的效果。在海洋贝类方面，关于壳色与遗传的关系，国内外许多学者也做过一些研究，主要集中在贻贝（Newkirk，1980）、海湾扇贝（郑怀平等，2003）、马氏珠母贝（何毛贤等，2006）、鲍（赵洪恩等，1999）等方面，并得出了一致的结论，即壳色受遗传变异影响或者是由基因连锁决定的，并能稳定遗传。壳色多态现象主要从贝壳色度、壳面花纹和背景颜色 3 个方面进行划分。从本实验结果来看，不同壳色自交获得的子一代与各自的亲本具有相同的壳色，背景颜色和壳面花纹都得到了稳定的遗传，这也进一步说明了壳色是由基因控制的质量性状，受环境因素的影响较小，也表明蛤仔家系能否培养成功与其壳色无关。这与闫喜武（2005）、张跃环（2008）、郑怀平等（2003）的研究结果一致。

2. 不同壳色品系间的遗传差异

双壳类贝壳的颜色不仅与它们的生态和行为有关，还与其生长、存活等表型性状有关（Newkirk，1980）。本实验结果表明，蛤仔的壳色与生长、存活等表型性状存在密切的联系。不同壳色 F_1 代的卵径、受精率、孵化率、D 形幼虫大小彼此间无显著差异，主要原因是不同壳色品系来自同一个群体，且在同一条件下促熟，所以不存在卵径上的差异；卵径与 D 形幼虫大小相关联，即 D 形幼虫大小也不存在差异；受精率主要表现为精卵的亲和性，蛤仔的精卵亲和性很强，一般均表现出较高的受精率。就生长而言，在整个实验过程中，不同壳色蛤仔的壳长大小不同，并存在显著性差异，其中白蛤生长最快，显著大于除彩霞蛤以外的其他壳色品系，而斑马蛤则生长缓慢，这与张跃环（2008）的实验结果相一致。其中，白蛤生长快的特点不仅仅在实验中有所表现，在天然群体中也明显大于其他壳色蛤仔，说明不同壳色品系之间在生长发育方面的确存在差异。就存活而言，斑马蛤和橙蛤的存活率最高，对照组和彩霞蛤的存活率最低，不同壳色的存活率间存在显著性差异，这也表明不同壳色品系之间抗逆性存在差异，斑马蛤则表现出更强的抗逆性。这与闫喜武（2005）、张跃环（2008）的实验结果一致。表型性状主要由遗传因素和环境因素决定（Reid，1987），本实验是在相同的亲本促熟和幼虫培育条件下进行的，可以排除环境因子对生长、存活等表型性状的影响，因此造成生长、存活差异的主要原因是不同壳色品系的遗传差异。

3. 以壳色为标记为贝类的遗传育种提供了新的方向

壳色作为一个稳定遗传的质量性状，可以作为遗传标记，这为水产养殖和新品种的开发提供了新的方向。中国科学院海洋研究所张国范课题组培育出了生长快、抗病力强的'中科红'海湾扇贝新品种（张国范和郑怀平，2009）；中国海洋大学包振民课题组选育出了'蓬莱红'栉孔扇贝新品种（包振民等，2002）；中国科学院南海海洋研究所选育出了'南科珍珠红'马氏珠母贝新品系（何毛贤等，2006）。由此可见，作为质量性状的壳色，与数量性状密切相关。通过壳色品系的定向选育和杂交，利用壳色与表型性状之间存在的明显相关性，可以得到具有特征壳色和生长优势等经济性状的新品种。

2.2.5 不同壳内面颜色品系生长发育比较

经过细致的观察发现，自然界中的蛤仔不但具有丰富的壳外面颜色和花纹，而且有一定的壳内面颜色多态性，这种多态性大致可分为 3 种：白色（W）、黄色（Y）和紫色（P），着色区域位于左右贝壳内面靠近壳顶的位置。针对此现象，于 2008 年和 2009 年开展了蛤仔不同壳内面颜色品系表型性状研究。目的在于进一步探讨蛤仔壳内面颜色与其生长、存活和变态等表型性状的关系，为下一步的研究奠定基础。

2.2.5.1 材料与方法

1. 亲贝来源与性腺促熟

实验于 2009 年 6~10 月在大连庄河贝类养殖场育苗场进行。亲贝为 2008 年经定向选育得到的蛤仔大连石河野生群体不同壳内面颜色品系的 F_1 代，对照组为不考虑壳内面颜色随机抽取的个体繁育的 F_1 代。白壳内面品系（W）贝壳内面靠近壳顶位置为纯白色，黄壳内面品系（Y）为黄色，紫壳内面品系（P）则为紫色。2009 年 6 月初，随机挑选 3 种品系各 800 粒个体，用 20 目网袋（规格 40cm×60cm）在室外生态土池中采取吊养的方式进行自然促熟，每袋 200 粒左右。促熟期间，水温 20.2~29.6℃，盐度 25~28，pH 7.63~8.56。

2. 催产

2009 年 7 月下旬亲贝性腺成熟，每个品系随机挑选 200 粒个体，经阴干 8h、流水刺激 1h 后，大约经过 3.5h 亲贝开始产卵排精。将不同品系分别置于盛有新鲜海水的 100L 白色聚乙烯塑料桶中孵化。卵的孵化密度控制在 10~15 个/mL。孵化期间，水温 22.5℃，盐度 26，pH7.94。受精卵大约经过 24h 发育为 D 形幼虫。整个操作过程各实验组严格隔离，防止相互混杂。

3. 幼虫及稚贝培育

幼虫和 60 日龄前稚贝培养于 100L 的大白桶中，幼虫密度为 4~5 个/mL，稚贝密度为 2~3 粒/cm^2，微充气。幼虫培育前期饵料为湛江等鞭金藻(*Isochrysis zhangjiangensis*)，中期为金藻和小球藻(*Chlorella vulgaris*)混合(体积比 1∶1)投喂，后期为小球藻，每天投喂两次，投喂量视幼虫和稚贝的摄食情况而定。每 2d 全量换水一次，为避免不同实验组个体混杂，每组换水的筛绢网单独使用。60 日龄后，将稚贝转入 60 目网袋中在室外生态池中吊养，每袋 200~300 粒。随稚贝生长定期更换不同目数的网袋。为了消除养殖密度的影响，定期对密度进行调整，使每个实验组密度保持一致。培育期间，水温 22.5~29.6℃，盐度为 25~28，pH 为 7.63~8.56。

4. 指标测定

测定指标包括：不同壳内面颜色品系亲贝 F_1 壳长、鲜重及产卵量；F_2 代 3 日龄、6 日龄、9 日龄幼虫的壳长及存活率；幼虫的变态率、变态时间及变态规格；30 日龄、60 日龄、90 日龄稚贝的壳长及存活率。

变态规格为初生壳与次生壳交界处壳缘的最小值。幼虫和壳长≤300μm 的稚贝在显微镜下用目微尺(100×)测量；300μm≤壳长≤3000μm 的稚贝在体视显微镜下用目微尺(25×)测量，壳长≥3000μm 后，壳长用游标卡尺(0.01mm)测量。每次测量设 3 个重复，每个重复随机测量 30 个个体。

幼虫存活率为不同日龄幼虫密度与 D 形幼虫密度的百分比；变态率为出现鳃原基、足、次生壳稚贝数与足面盘幼虫数量的百分比；稚贝存活率为不同日龄稚贝数量与刚刚完成变态稚贝数量的百分比。

5. 数据处理

为了减小方差齐性，所有的壳长均转化为对数 lg x(Neter et al.，1985)，所有的存活率均转化为反正弦函数 arcsin(Rohlf et al.，1981)。用 SPSS13.0 统计软件对数据进行分析处理，不同实验组间数据的比较采用单因素方差分析方法(Tukey HSD)，差异显著性设置为 $P<0.05$；用 Excel 作图。

2.2.5.2 结果

1. 亲贝的壳长、鲜重及产卵孵化情况

由表 2-39 可知，亲贝的壳长以 W 品系最大，并且与对照组和其他两个品系差异显著($P<0.05$)，P 品系壳长最小，与对照组差异不显著($P>0.05$)，与 W 和 Y 品系差异显著($P<0.05$)。

鲜重和产卵量均以 W 品系最大，显著大于对照组 C 和 Y、P 品系($P<0.05$)。

表 2-39 不同壳内面颜色品系亲贝 F_1 的壳长、鲜重及产卵量

类别	C（对照组）	W	Y	P
壳长/mm	12.22 ± 1.52^{bc}	14.47 ± 1.22^{a}	12.46 ± 1.15^{b}	11.42 ± 1.43^{c}
鲜重/g	0.48 ± 0.13^{b}	0.57 ± 0.15^{a}	0.42 ± 0.11^{c}	0.40 ± 0.09^{c}
产卵量/(万粒/个)	4.15 ± 0.36^{b}	4.82 ± 0.45^{a}	4.02 ± 0.39^{c}	3.97 ± 0.37^{c}

注：同一行具有不同字母表示差异显著($P<0.05$)。

不同壳内面颜色品系的 F_2 中，卵径、受精率、孵化率及 D 形幼虫大小彼此间均无显著差异($P>0.05$)。

2. 幼虫的生长、存活及变态

如图 2-27 所示，在浮游期（3～9 日龄），3 日龄时 W 品系壳长最大，且与其他 3 组差异显著($P<0.05$, $n=30$)，Y 品系次之，且与对照组（即对照组 F_1 繁育的 F_2）差异显著($P<0.05$, $n=30$)，与 P 品系差异不显著($P>0.05$, $n=30$)，对照组壳长最小，与 P 品系差异显著($P>0.05$, $n=30$)；6 日龄时 W 品系壳长最大，且与对照组差异显著($P<0.05$, $n=30$)，W、Y、P 3 个品系实验组幼虫壳长彼此间差异不显著($P>0.05$, $n=30$)；9 日龄时 P 品系幼虫壳长最大，且与对照组差异显著($P<0.05$, $n=30$)，W、Y、P 3 个品系实验组幼虫壳长彼此间差异不显著($P>0.05$, $n=30$)。

如图 2-28 所示，3 日龄和 6 日龄时，Y 品系幼虫存活率最高，但 3 个品系和对照组幼虫存活率彼此间差异不显著($P>0.05$, $n=30$)；9 日龄时 Y 品系幼虫存活率仍然最高，仅与对照组差异显著($P<0.05$, $n=30$)，W、Y、P 3 个品系实验组幼虫存活率彼此差异不显著($P>0.05$, $n=30$)。

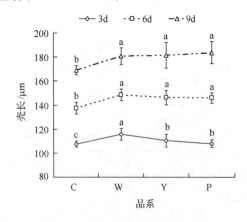

图 2-27 不同壳内面颜色蛤仔品系 F_2 幼虫的生长

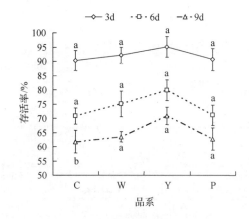

图 2-28 不同壳内面颜色蛤仔品系 F_2 幼虫的存活

由表 2-40 可知，在变态期，P 品系幼虫变态最早，变态时间最短；Y 品系幼虫变态率最高，并与其他 3 组差异显著($P<0.05$, $n=30$)，W、P 品系和对照组幼虫变态率彼此

间差异不显著($P>0.05, n=30$);P 品系幼虫变态规格最大,仅与对照组差异显著($P<0.05, n=30$),W、Y、P 3 个品系实验组幼虫变态规格彼此间差异不显著($P>0.05, n=30$),各组幼虫变态规格大小顺序为 P[(229.00±4.97)μm]>W[(228.93±3.78)μm]>Y[(226.93±1.39)μm]>C[(225.17±1.98)μm]。

表 2-40 不同壳内面颜色品系 F_2 的变态率、变态时间和变态规格

实验组	变态时间/d	变态率/%	变态规格/μm
C	17~20	47.22±1.07[b]	225.17±1.98[b]
W	16~19	52.11±3.47[b]	228.93±3.78[a]
Y	17~19	67.99±1.73[a]	226.93±1.39[ab]
P	15~17	51.70±2.86[b]	229.00±4.97[a]

3. 稚贝的生长与存活

如图 2-29 所示,在稚贝培育期(30~90 日龄),W 品系始终表现出明显的生长优势,其稚贝壳长始终最大,且与 Y、P 品系和对照组差异显著($P<0.05, n=30$),其中 30 日龄时,3 个品系和对照组稚贝壳长彼此间差异显著($P<0.05, n=30$),60 日龄时 Y、P 品系和对照组稚贝壳长彼此间差异不显著,90 日龄时 P 品系稚贝壳长与 Y 品系和对照组差异显著($P<0.05, n=30$),Y 品系稚贝壳长与对照组无显著差异($P>0.05, n=30$)。

如图 2-30 所示,在稚贝培育期,Y 品系始终表现出明显的存活优势,其稚贝存活率始终最高,且与 W、P 品系和对照组差异显著($P<0.05, n=30$),其中 30 日龄和 60 日龄时,W、P 品系和对照组稚贝存活率彼此间差异不显著($P>0.05, n=30$),90 日龄时,W 品系与 P 品系稚贝存活率无显著差异($P>0.05, n=30$),但都与对照组差异显著($P<0.05, n=30$)。

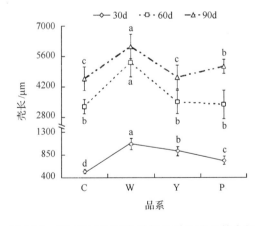

图 2-29 不同壳内面颜色蛤仔品系 F_2 稚贝的生长

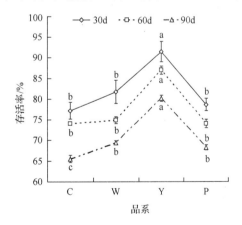

图 2-30 不同壳内面颜色蛤仔品系 F_2 稚贝的存活

2.2.5.3 讨论

1. 不同壳内面颜色品系 F_1 的遗传变异

选择育种是一种传统的育种方法,它是利用动植物固有的遗传变异,选优淘劣培育

新品种的基本措施。理论和实践表明,亲本的遗传变异会在很大程度上影响子代的选择效果(楼允东,2001)。有关以贝壳颜色和花纹为标记的蛤仔品系间的遗传变异研究有过一些报道。例如,闫喜武等(2005b)对莆田群体 2 个壳色品系生长发育的研究发现,斑马蛤具有很强的抗逆性,彩霞蛤具有生长快的特点;而张跃环(2008)在此基础上,对 7 个壳色品系(彩霞蛤、月亮蛤、黑蛤、红蛤、白蛤、斑马蛤、波纹蛤)的 F_1、F_2 进行了生长发育比较,进一步证实了斑马蛤具有抗逆性强,白蛤、彩霞蛤具有生长快的特点。对于本研究所使用的 3 个壳内面颜色品系 F_1,从生长方面来看,白壳内面品系>黄壳内面品系>紫壳内面品系,而从存活方面来看,则黄壳内面品系较优良,其后代 F_2 处在相同的培育条件下,可以排除环境对表型性状的影响,由此可以说明 3 个壳内面颜色品系间的差异主要来自于遗传变异。

2. 壳内面颜色与 F_2 表型性状的关系

从实验结果总体来看,在不同的时期,壳内面颜色均与 F_2 的生长、存活和变态等存在紧密联系。首先,因为不同壳内面颜色品系亲本均来自同一群体,所以其卵径、受精率、孵化率和 D 形幼虫大小彼此间无显著差异。在浮游期,3 个品系的生长和存活方面彼此差异不是很大,但都略优于对照组,而白壳内面品系开始表现出生长优势,黄壳内面品系则开始表现出存活优势。目前,关于贝壳颜色与幼虫生长发育关系的研究较少,仅见于蛤仔(闫喜武等,2005b,2010;闫喜武,2005;张跃环,2008)、海湾扇贝(郑怀平等,2003;Zheng et al.,2005)和马氏珠母贝(王庆恒等,2008)。在稚贝期,白壳内面品系和黄壳内面品系分别表现出生长快和存活率高的特点,这与 F_1 代的表型性状是完全一致的。由此可见,蛤仔壳内面颜色作为一个可遗传的质量性状,与其生长、存活等表型性状是密切相关的,通过壳内面颜色品系的定向选育来开发蛤仔新品种是可行的。

3. 前景展望

近年来,以贝壳颜色作为遗传标记的研究成果已有很多,而以壳内面颜色作为遗传标记的研究尚未见报道。由此可见,借助于壳内面颜色这一稳定遗传的质量性状,通过品系的定向选育和杂交,有希望得到具有优良经济性状的新品种,为蛤仔的种质改良提供科学依据。

2.2.6 不同壳色品系免疫机能的比较

通过对蛤仔天然群体中不同壳色蛤仔相关免疫指标的研究,旨在进一步探讨蛤仔壳色与存活率、抗病力等性状的关系,为种质改良提供参考。

2.2.6.1 材料与方法

1. 材料

实验用蛤仔为福建土池繁育、在庄河海区底播养成的 2 龄蛤仔,体重为 (11.34 ± 0.81) g、壳长为 (39.85 ± 0.81) mm。斑马蛤品系(Zb)壳面具有斑马状花纹;白蛤品系(Pw)背景颜色为白色,左壳背部有一条深色放射条带;彩霞蛤品系(Tr)壳面具有两条红色放射条带;月亮蛤品系(Tw)壳面具有两条白色放射条带;奶牛蛤品系(Co)壳面具有奶牛黑白色花纹。

2. 方法

(1) 实验设计

从每个品系选取 40 枚蛤仔,置于水槽中暂养 7d,养殖用海水盐度为 32,水温为 (22 ± 1) ℃。暂养期间,连续充气,每天全量换水 1 次,每天投喂螺旋藻粉 1 次。

(2) 血淋巴细胞样品的制备

实验开始时,从各品系中分别取样 30 枚,用无菌注射器(1mL)从蛤仔围心腔中抽取血淋巴 200μL 放入样品管中(1.5mL)并置于冰上。将一个品系每 6 枚蛤仔的血淋巴样品混合后用于后续各种指标的测定,每种指标的测定共设 5 个重复。

(3) 总细胞数的测定

从血淋巴混合样品中吸取 30μL 加入等量的 BFC 固定液(包含 NaCl 2%、乙酸钙 1%、甲醛 4%,均为体积分数)中,固定后将样品加到细胞计数板中,在 10 倍光学显微镜下观察并计数。

(4) 血细胞吞噬活性的测定

采用 Hannam 等(2010)的方法。取 50μL 血淋巴混合样品加入 96 孔酶标板中,于 4℃下孵育 1h;用 100μL 贝类生理盐水(包含 0.02mol/L HEPES、0.4mol/L NaCl、0.1mol/L $MgSO_4$、0.01mol/L KCl、0.01mol/L $CaCl_2$,pH 7.4)冲洗 2 次,洗去未黏附的血细胞;加入 50μL 中性红染过的酵母悬液(50×10^7 个/mL),于 20℃下孵育 30min 后,加入 100μL BFC 液终止反应;多余的酵母颗粒用生理盐水洗去,加入 100μL 酸化乙醇(包含乙酸 1%、乙醇 20%,均为体积分数),置于酶标仪中,读取吸光度 OD_{550nm}。吞噬活性表示方法:每毫克蛋白所吞噬的酵母颗粒数。

酵母标准曲线的制备:取 50μL 中性红染色的酵母(密度分别为 100×10^7 个/mL、50×10^7 个/mL、25×10^7 个/mL、12.5×10^7 个/mL、6.25×10^7 个/mL),加入等量酸化乙醇,读取吸光度 OD_{550nm},以酵母密度与吸光度作标准曲线。

(5) 酚氧化酶(PO)活性的测定

采用 Zhang 等(2010)的方法并加以改进。以 L-多巴胺为底物,以胰蛋白酶为诱导因子。取 50μL 血淋巴混合样品加入 96 孔酶标板中,分别加入 50μL CAC 缓冲液(包含 0.01mol/L 二甲基胂酸钠、0.45mol/L NaCl、10mmol/L $CaCl_2\cdot6H_2O$、26mmol/L $MgCl_2\cdot2H_2O$,pH 7.0),混合均匀,于 25℃下孵育 10min;加入 100μL L-多巴胺溶液(将 L-多巴胺溶于 CAC 缓冲液中配成质量浓度为 3mg/mL 的溶液),混合均匀后置于酶标仪中,读取吸光度值 OD_{490nm}。酶活性定义为:在实验条件下,每分钟吸光度增加 0.001 为一个酶活力单位。活性表示方法:每毫克蛋白所具有的酶活力。

(6) 溶菌酶(LYZ)活性的测定

采用 Allam 和 Paillard(1998)的方法并加以改进。以鸡溶菌酶标准品为标准,取 40μL 标准品(质量浓度分别为 40mg/mL、20mg/mL、10mg/mL、5mg/mL、2.5mg/mL、1.25mg/mL、0.6mg/mL)或者血淋巴混合样品加入 96 孔酶标板中;分别向各孔中加入 160μL 溶壁微球菌溶液(细菌 $OD_{600nm}=0.4$,0.06mol/L 磷酸盐缓冲液,pH 6.4);室温下孵育 1h,读取吸光度 OD_{540nm},采用标准曲线计算血淋巴细胞的溶菌酶活性。活性表示方法:每毫克蛋白所具有的酶活力。

(7) 亮氨酸氨基肽酶(LAP)活性的测定

采用 Oubella 等(1994)的方法。取 100μL 血淋巴混合样品加入 96 孔酶标板中,再分别加入 75μL Tris-HCl 缓冲液(0.2mol/L,pH 8.0),混合均匀后分别加入 25μL 10mmol/L L-亮氨酸-4-硝基苯胺(用去离子水配制,Sigma 公司产品),立即置于酶标仪上,记录 20min 内吸光度 OD_{405nm} 的变化情况,每 5min 读数 1 次。酶活力单位定义为:以每毫克蛋白浓度改变吸光度 0.001 为一个酶活力单位。活性表示方法:每毫克蛋白所具有的酶活力。

(8) 超氧化物歧化酶(SOD)活性的测定

使用碧云天生物技术研究所总 SOD 活性检测试剂盒,按照试剂盒说明书操作步骤测定血淋巴 SOD 活性。活性表示方法:每毫克蛋白所具有的酶活力。

(9) 总蛋白浓度的测定

使用碧云天生物技术研究所 Bradford 蛋白浓度测定试剂盒,按照试剂盒说明书操作步骤测定血淋巴总蛋白浓度。

3. 数据处理

实验数据均用平均值±标准差(mean±S.D.)表示,用 SPSS11.5 软件进行单因素方差分析和多重比较。

2.2.6.2 结果

1. 血细胞总数和血细胞吞噬能力

不同壳色蛤仔血细胞总数和血细胞吞噬能力的测定结果见图 2-31。由图 2-31 可见,Tw 品系血细胞总数要稍高于其他品系,但各品系间均无显著差异($P>0.05$);Zb 和 Pw 品系的血细胞吞噬能力显著高于 Co 品系($P<0.05$),Tr 和 Tw 品系的吞噬能力也高于 Co 品系,但差异不显著($P>0.05$)。

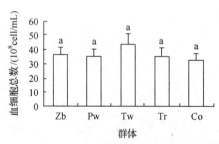
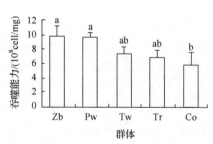

图 2-31 不同壳色蛤仔血细胞总数和血细胞吞噬能力的比较

图中标有不同小写字母者表示不同壳色品系间差异显著($P<0.05$)

2. 溶菌酶和亮氨酸氨基肽酶活性

不同壳色蛤仔血细胞 LYZ 和 LAP 活性的比较结果见图 2-32。由图 2-32 可见,Tr 和 Tw 品系蛤仔的血细胞表现出较强的 LYZ 活性,且显著高于其他 3 组($P<0.05$),而 Zb、Pw 和 Co 品系的 LYZ 活性彼此均无显著差异($P>0.05$);Zb 和 Pw 品系的 LAP 活性高于其他 3 组,但差异不显著($P>0.05$),Tw 品系的 LAP 活性最低,与其他品系差异均不显著($P>0.05$)。

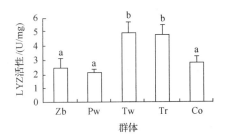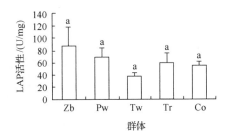

图 2-32 不同壳色蛤仔血细胞 LYZ 和 LAP 活性的比较

图中标有不同小写字母者表示不同壳色品系间差异显著($P<0.05$)

3. 酚氧化酶和超氧化物歧化酶活性

不同壳色蛤仔血细胞 PO 和 SOD 活性的比较见图 2-33。由图 2-33 可见，Co 品系血细胞的 PO 活性最高，但仅显著高于 Tr 品系($P<0.05$)，Pw 品系的 PO 活性次之，虽高于 Zb、Tw、Tr 品系，但差异均不显著($P>0.05$)；Pw 品系血细胞的 SOD 活性最高，显著高于 Tr 和 Co 品系($P<0.05$)，但与 Zb 和 Tw 品系差异不显著($P>0.05$)，Zb 品系的 SOD 活性次之，也显著高于 Tr 品系，但与 Tw、Co 品系差异不显著($P>0.05$)，Tw 品系的 SOD 活性也较 Tr 和 Co 品系高，但差异不显著($P>0.05$)。

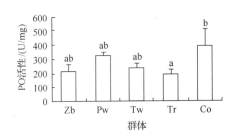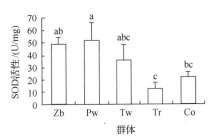

图 2-33 不同壳色蛤仔血细胞 PO 和 SOD 活性的比较

图中标有不同小写字母者表示不同壳色品系间差异显著($P<0.05$)

2.2.6.3 讨论

贝类呈现不同壳色的因素包括物理性和化学性两方面。化学性因素是指由色素沉积产生的颜色，如黑色素产生黑、灰、褐色，脂类色素(包括胡萝卜素和卟啉)则可产生红、紫、黄、橙、绿等颜色。物理性因素主要是通过色素细胞上方无色且有凸凹沟纹的蜡质层，或夹在色素间多角形无色的折光细胞，对光的折射而产生不同的颜色。一些软体动物壳表面有规律的微结构对光干涉和衍射可呈现独特的彩虹色，称为结构性壳色(管云雁和何毛贤，2009)。从已有的研究来看，贝类壳色是可以遗传的，壳色及色素沉积模式都是由孟德尔遗传定律控制的，但很多环境因素，如生长环境的盐度、温度和深度，以及对摄食食物色素的被动吸收等均影响壳色的选择，在不同品系之间或同一品系中产生壳色多态性。例如，滩栖螺(*Batillaria attramentaria*)壳色的多态性与潮汐和环境温度变化有关(Miura et al.，2007)；对玉黍螺(*Littorina obtusata*)和岩栖滨螺(*Littorina saxatilis*)的相关研究也表明，环境温度和水环境盐度对壳色显型的选择均具有较大的贡献

(Sergievsky, 1992, 1984; Phifer-Rixey et al., 2008; Sokolova and Berger, 2000), 皱纹盘鲍壳色除受遗传基因控制外, 还受到食物成分的影响(Qin et al., 2007)。

贝类的免疫能力同样会受环境因子如温度、盐度、溶氧、食物和污染物等的影响(Gagnair et al., 2006a, 2006b; Fisher et al., 1990; Delaporte et al., 2006)。环境温度升高能够抑制栉孔扇贝和海湾扇贝的免疫能力, 从而导致其大规模死亡; 将九孔鲍(*Haliotis diversicolor supertexta*)从28℃的水中转移到32℃的水中时, 其免疫能力降低, 且更易受到弧菌(*Vibrio parahaemolyticus*)的感染(Chen et al., 2007; Cheng and Hsiao, 2004; Liu et al., 2004); 对鸡帘蛤(*Chamelea gallina*)的研究发现, 温度超过25℃时对其生长产生不利的影响, 而温度超过30℃时其免疫能力受到明显的抑制, 此时被病原菌感染的概率会大大增加(Monari et al., 2007)。Lambert等(2007)通过对比夏季高温期低死亡率和高死亡率的长牡蛎家系发现, 牡蛎的血细胞数量、形态、呼吸爆发能力及对病原弧菌的易感性等由遗传控制, 受到环境因素的影响, 并可决定个体在夏季的存活能力。对长牡蛎(Fisher et al., 1990)、紫贻贝(*Mytilus edulis*)等(Bauchau, 2001)的研究发现, 盐度升高和降低都会影响贝类的免疫能力。Soudant等(2004)研究发现, 季节变化及养殖环境能够影响蛤仔的生理和免疫参数, 并且与蛤仔褐环斑病(Brown ring disease)的流行性有关。

环境因子对贝类壳色和免疫能力都具有选择性, 而适应性是自然选择的结果, 只有那些有适应意义的性状才能在进化中被保留下来, 因此, 贝类壳色和免疫能力之间可能具有某种相关性。相关的研究结果也提供了一些间接证据, Brand等(1994)研究发现, 一些壳色的扇贝个体在发育的某一阶段急剧减少, 原因可能是这一壳色的个体虚弱, 对环境的适应能力较低而被淘汰; Bauchau(2001)的假说认为, 贝类生长受神经调控, 贝壳色素作为一种稳定的信号标记能够被神经末梢识别, 并且神经系统对不同色素的识别能力不同, 色素分布的形状能够调节贝壳生长过程以使其获得最佳的结构(如双壳类贝壳的对称性), 而对称性是动物发育稳定的一种标志, 因此, 色素分布可能是影响贝类发育稳定性的一种机制。有研究(Rantala et al., 2000; Møller, 1997)发现, 发育稳定的个体都具有较好的对称性, 并且免疫能力和繁殖力都要远高于不对称的个体。因此, 不同贝类的壳色可能会通过调节贝类的发育过程影响其免疫能力。闫喜武等(2010a, 2010b, 2005)和张跃环等(2009)对蛤仔的相关研究发现, 斑马蛤和黑蛤等壳色品系的子代比彩霞蛤品系具有更高的存活率和更强的抗逆性。本研究发现, 斑马蛤的血细胞吞噬能力, PO、LAP和SOD活性均高于彩霞蛤, 这些参数的差异可能与蛤仔的壳色有一定的相关性。

一些分子生物学的研究结果也表明, 壳色与免疫能力之间可能有一定的相关性。Jackson等(2006)研究发现, Has-sometsuke的转录物主要形成一些壳上的蓝色和红色斑点, 表明基因表达与贝壳的结构之间有直接关系, 这种基因表达与壳色的关联性为进一步研究形成壳结构和壳色的分子机制奠定了基础。Kinoshita等(2011)对珍珠贝(*Pinctada fucata*)外套膜和珍珠囊中壳形成相关基因转录组数据进行分析, 发现多种编码凝集素、蛋白酶、蛋白酶抑制因子等的基因序列; Wang等(2008)研究发现, 皱纹盘鲍体内编码壳形成蛋白perlucin的基因具有典型的C型凝集素结构; Nagai等(2007)在合浦珠母贝体内发现两种与壳黑色素形成相关的基因——*Pfty1*和*Pfty2*, 其编码的蛋白可能具有酚氧化酶的活性, 这些研究表明, 贝类体内的多种免疫基因可能参与贝壳及壳色的形成过程。

Guan 等(2011)采用抑制性消减杂交技术对马氏珠母贝红壳色和非红壳色个体进行了研究，发现多个基因的表达可能与红壳色家系壳色多样性有关。因此，贝类的壳色可能受多个基因调控网络的控制。最新的研究表明，同一基因在不同生物学通路的权重可以不同。本研究采用的蛤仔免疫指标受不同的信号转导途径调控，所表现出的差异性是否与壳色决定基因在不同信号转导途径所发挥的作用不同有关，还有待进一步研究。

2.2.7 蛤仔不同壳色品系营养成分分析

蛤仔的壳色和壳面花纹表现出复杂的多态性。因此，以壳色和壳面花纹为遗传标记开展优良壳色品系选育，对于丰富蛤仔养殖品种、提升其商品价值具有重要意义。目前，国内外尚未见有关不同壳色蛤仔营养成分分析的报道。本研究的目的是通过对不同壳色蛤仔的一般营养成分、氨基酸和脂肪酸组成与含量测定，系统分析其营养价值，以期为蛤仔优良壳色品系选育提供参考。

2.2.7.1 材料与方法

1. 样品采集与制备

彩霞蛤、月亮蛤、白蛤、黑蛤、奶牛蛤、橙蛤、斑马蛤于 2011 年 4 月 18 日采自庄河市蛤仔养殖海区，以各种壳色混合蛤仔为对照组。每种壳色蛤仔随机选取 30 个个体，分别测量其壳长、壳宽、壳高、全湿重和软体部鲜重，选取大小无显著性差异（$P<0.05$）、壳型一致、外表无损伤的个体作为实验材料（表 2-41）。样品在实验室经过砂滤海水暂养 24h 后，用吸水纸吸干壳表面水分，每个实验组随机选取 30 个样本，去壳取软体部混合作为一个样品，磨碎、混匀、称重后于-80℃冰箱保存备用。样品共分成 2 份，1 份做一般营养成分测定，另 1 份做氨基酸和脂肪酸测定。

表 2-41 不同壳色蛤仔壳长、壳宽、壳高、全湿重和软体部鲜重

实验组	壳长/mm	壳宽/mm	壳高/mm	全湿重/g	软体部鲜重/g
月亮蛤	38.72±2.43[a]	16.25±1.58[a]	25.30±1.97[a]	30.14±1.91[a]	8.42±0.67[a]
彩霞蛤	39.31±2.69[a]	16.50±0.98[a]	25.92±1.90[a]	32.03±1.96[a]	11.34±1.38[a]
白蛤	39.56±4.54[a]	17.52±1.99[a]	26.19±1.39[a]	34.13±1.69[a]	9.60±0.93[a]
黑蛤	37.10±2.74[a]	15.62±0.92[a]	24.57±1.79[a]	26.93±1.81[a]	7.82±0.52[a]
奶牛蛤	37.58±2.17[a]	16.54±1.97[a]	25.09±2.00[a]	28.31±2.00[a]	8.01±0.97[a]
橙蛤	37.14±1.09[a]	16.04±1.00[a]	22.59±0.78[a]	26.22±0.99[a]	8.24±0.58[a]
斑马蛤	36.92±1.52[a]	15.99±1.71[a]	24.98±0.73[a]	27.41±1.71[a]	7.80±0.32[a]
对照组	36.75±2.54[a]	15.61±0.84[a]	24.41±1.66[a]	25.15±1.36[a]	8.35±0.52[a]

注：表中同列中具有不同字母者表示差异显著（$P<0.05$）

2. 测定方法

一般营养成分、水分依据 GB 5009.3—2010，用 105℃常压烘干法测定；粗灰分依据 GB 5009.4—2010，用高温灰化法测定；粗蛋白依据 GB 5009.5—2010，用凯氏微量定氮法测定；粗脂肪依据 GB 5009.6—2003，依据索氏提取原理测定；粗多糖依据硫酸-酚法测定（黄如彬等，1995；Dubo et al.，1956）。

氨基酸测定依据 GB/T 5009.124—2003，样品首先用 6mol/L 浓盐酸在(110±1)℃恒温干燥箱内水解 22h 后，吸取水解液 1mL 于 5mL 容量瓶中，用真空干燥器在 40~50℃干燥，残留物用 1mL 蒸馏水溶解后再干燥，反复进行两次，最后蒸干，用 1mL pH 2.2 的柠檬酸钠缓冲液溶解。准确吸取 0.200mL 混合氨基酸标准，用 pH 2.2 的柠檬酸钠缓冲液稀释到 5mL，作为上机测定用的氨基酸标准，用日立 835-50 氨基酸自动分析仪以外标法测定试样测定液的氨基酸含量。

脂肪酸测定按照改进的 Folch 法(Christie，1982)(氯仿与甲醇体积比 2∶1)萃取脂质，将所得脂质用 KOH-甲醇于 70℃下水解后，用 BF_3 催化法(Metcalfe et al.，1996)制取脂肪酸甲酯，最后转移浓缩到石油醚中，在岛津 GC-2010 型气相色谱仪上测定(Ackman，1987)。

色谱测定条件：采用 30m×0.25mm 的 FFAP 抗氧化交联石英毛细管色谱柱。FID 为检测器，线速 17m/min，N 为载气。柱温由 160℃以 2℃/min 的速度升至 230℃，并保持至出峰完毕，进样口温度 260℃。采用部分脂肪酸甲酯标准样品与 ECL 值相结合的方法定性，采用面积归一化法定量(Christie，1988)。

3. 蛤仔营养价值评价方法

根据 1991 年中国预防医学科学院营养与食品卫生研究所提出的鸡蛋蛋白模式和 1973 年 FAO/WHO 提出的人体必需氨基酸均衡模式，进行氨基酸评分(AAS)、化学评分(CS)和必需氨基酸指数(EAAI)的评分。计算公式分别为

$$\text{AAS（氨基酸评分）} = \frac{\text{待评蛋白质氨基酸含量(mg)}}{\text{FAO/WHO评分模式中同种氨基酸含量(mg)}} \quad (2\text{-}6)$$

$$\text{CS（化学评分）} = \frac{\text{待评蛋白质氨基酸含量(mg)}}{\text{鸡蛋蛋白质中同种氨基酸含量(mg)}} \quad (2\text{-}7)$$

$$\text{EAAI（必需氨基酸指数）} = \sqrt[n]{\frac{\text{赖氨酸}^t}{\text{赖氨酸}^s} \times 100 \times \frac{\text{亮氨酸}^t}{\text{亮氨酸}^s} \times 100 \times \cdots \times \frac{\text{缬氨酸}^t}{\text{缬氨酸}^s} \times 100} \quad (2\text{-}8)$$

式中，n 为比较的氨基酸数；t 为待评蛋白质；s 为鸡蛋蛋白质。

2.2.7.2 数据处理

用 SPSS13.0 软件进行数据的分析和处理，采用单因素方差分析(one-way ANOVA)对不同壳色蛤仔可量性状和营养成分性进行分析，差异的显著性设置为 $P<0.05$。

2.2.7.3 实验结果

1. 一般营养成分

不同壳色蛤仔水分含量较为接近，为 72.50%~78.54%，其中黑蛤水分含量最高，为 78.54%；粗灰分含量为 8.86%~15.65%，奶牛蛤粗灰分含量最高，为 15.65%；粗蛋白含量相差较大，依次为彩霞蛤＞对照组＞斑马蛤＞橙蛤＞奶牛蛤＞白蛤＞黑蛤＞月亮蛤，彩霞蛤粗蛋白含量最高，为 87.50%，月亮蛤粗蛋白含量最低，仅为 54.25%；8 种壳色蛤仔粗脂肪含量都较低，为 7.34%~9.24%，月亮蛤粗脂肪含量最高，为 9.24%；糖分含量略有差异，为 2.42%~5.83%，彩霞蛤糖分含量最高，为 5.83%(表 2-42)。

表 2-42 不同壳色蛤仔一般养成分含量/干重（%）

成分	月亮蛤	彩霞蛤	白蛤	黑蛤	奶牛蛤	橙蛤	斑马蛤	对照组
水分	74.94	78.09	76.69	78.54	72.50	74.44	76.21	77.49
粗灰分	11.42	13.66	12.69	8.86	15.65	11.06	14.73	15.13
粗蛋白	54.25	87.50	67.67	66.41	70.96	75.69	80.50	86.19
粗脂肪	9.24	7.34	8.92	9.01	8.75	8.34	7.98	8.52
糖分	5.81	5.83	4.90	2.46	3.50	2.42	3.91	4.51

2. 氨基酸组成与含量

8 种壳色蛤仔水解氨基酸中共测得 16 种常见氨基酸，其中包括 7 种人体必需氨基酸（essential amino acid，EEA），即异亮氨酸 Ile、亮氨酸 Leu、甲硫氨酸 Met、苯丙氨酸 Phe、苏氨酸 Thr、缬氨酸 Val、赖氨酸 Lys；10 种非必需氨基酸（nonessential amino acid，NEAA），即组氨酸 His、天冬氨酸 Asp、胱氨酸 Cys、酪氨酸 Tyr、脯氨酸 Pro、精氨酸 Arg、甘氨酸 Gly、丙氨酸 Ala、丝氨酸 Ser、谷氨酸 Glu；4 种呈味氨基酸（delicious amino acid），即谷氨酸 Glu、甘氨酸 Gly、天冬氨酸 Asp、丙氨酸 Ala（表 2-43）。不同壳色蛤仔测得的

表 2-43 不同壳色蛤仔氨基酸组成和含量 （单位：g/100g）

氨基酸	月亮蛤	彩霞蛤	白蛤	黑蛤	奶牛蛤	橙蛤	斑马蛤	对照组
赖氨酸 Lys*	0.44	0.45	0.56	0.49	0.53	0.47	0.42	0.51
缬氨酸 Val*	1.42	1.50	1.78	1.65	1.76	1.62	1.39	1.65
苯丙氨酸 Phe*	0.22	0.23	0.26	0.24	0.26	0.24	0.21	0.25
甲硫氨酸 Met*	0.12	0.12	0.15	0.14	0.15	0.14	0.12	0.14
亮氨酸 Leu*	0.44	0.23	0.57	0.50	0.55	0.49	0.43	0.52
异亮氨酸 Ile*	0.22	0.23	0.28	0.26	0.27	0.25	0.21	0.26
苏氨酸 Thr*	0.25	0.26	0.31	0.28	0.31	0.28	0.25	0.30
谷氨酸 Glu**	0.46	0.48	0.60	0.52	0.56	0.51	0.44	0.53
甘氨酸 Gly**	0.60	0.62	0.68	0.71	0.69	0.67	0.57	0.78
天冬氨酸 Asp**	0.58	0.60	0.70	0.66	0.68	0.62	0.55	0.66
丙氨酸 Ala**	0.73	0.76	0.96	0.84	0.87	0.82	0.68	0.86
酪氨酸 Tyr	0.19	0.20	0.24	0.22	0.24	0.21	0.19	0.22
丝氨酸 Ser	0.38	0.39	0.46	0.43	0.45	0.41	0.36	0.43
组氨酸 His	0.17	0.17	0.20	0.18	0.20	0.17	0.15	0.17
精氨酸 Arg	0.53	0.55	0.68	0.61	0.65	0.58	0.51	0.62
脯氨酸 Pro	0.11	0.11	0.10	0.11	0.12	0.12	0.11	0.12
必需氨基酸 EAA	3.11	3.02	3.91	3.56	3.83	3.49	3.03	3.63
EAA/TAA	0.45	0.44	0.46	0.45	0.46	0.46	0.46	0.45
非必需氨基酸 NEAA	3.75	3.88	4.62	4.28	4.46	4.11	3.56	4.39
EAA/NEAA	0.83	0.78	0.85	0.83	0.86	0.85	0.85	0.83
呈味氨基酸 DAA	2.37	2.46	2.94	2.73	2.8	2.62	2.24	2.83
DAA/TAA	0.35	0.36	0.34	0.35	0.34	0.34	0.34	0.35
支链氨基酸 BCAA	2.43	1.96	2.41	2.03	2.08	2.63	2.58	2.36
芳香族氨基酸 AAA	0.47	0.43	0.46	0.40	0.41	0.50	0.50	0.45
支/芳	5.17	4.56	5.24	5.08	5.07	5.26	5.16	5.24
总氨基酸 TAA	6.86	6.9	8.53	7.84	8.29	7.6	6.59	8.02

*为人体必需氨基酸；**为呈味氨基酸；支/芳=支链氨基酸总量（缬氨酸+亮氨酸+异亮氨酸）/芳香族氨基酸总量（苯丙氨酸+酪氨酸）

16种常见氨基酸中，缬氨酸含量均最高，为20.57%~21.31%，丙氨酸次之，为10.32%~11.25%，其他含量较高的还有天冬氨酸和谷氨酸，脯氨酸含量均为最低，仅为1.17%~1.67%；7种必需氨基酸含量为氨基酸总量的44%~46%，必需氨基酸与非必需氨基酸比值为78%~86%；4种呈味氨基酸含量基本一致，为34%~36%；支链氨基酸与芳香族氨基酸比值（支/芳值）为4.56~5.26，彩霞蛤的支/芳值（4.56）明显低于其他壳色蛤仔的支/芳值（5.07~5.26）。

3. 脂肪酸组成与含量

蛤仔的脂肪酸含量丰富，测得的主要脂肪酸有22种，不同壳色蛤仔脂肪酸组成和含量相近，差别不大（表2-44）。脂肪酸中均以$C_{16:0}$含量最高，占脂肪酸总量的10.93%~12.14%。不饱和脂肪酸含量占脂肪酸总量的81.35%~82.89%，不饱和脂肪酸中以多不饱和脂肪酸（PUFA）为主，占不饱和脂肪酸含量的63.08%~68.17%。月亮蛤、彩霞蛤、白蛤、黑蛤、奶牛蛤、橙蛤、斑马蛤和对照组饱和脂肪酸（SFA）、单不饱和脂肪酸（MUFA）和多不饱和脂肪酸（PUFA）之比分别为1∶1.00∶2.03、1∶1.01∶1.90、1∶1.00∶1.82、1∶0.92∶1.88、1∶1.02∶1.75、1∶0.94∶1.88、1∶0.91∶1.95。n-6和n-3系列多不饱和脂肪酸含量分别为3.67%~4.41%、34.08%~38.40%，其中，n-3系列PUFA中二十碳五烯酸（EPA）和二十二碳六烯酸（DHA）含量之和高达19.82%~22.21%。

表2-44 不同壳色蛤仔脂肪酸组成和含量（%）

脂肪酸	月亮蛤	彩霞蛤	白蛤	黑蛤	奶牛蛤	橙蛤	斑马蛤	对照组
$C_{14:0}$	1.41	1.79	1.73	1.57	1.73	2.19	1.56	1.62
$C_{16:0}$	15.88	15.86	16.39	17.18	16.27	16.84	15.91	17.68
$C_{16:1}$	8.17	8.35	8.94	7.6	7.77	9.94	8.23	8.4
$C_{16:2}$	0.71	1.21	0.79	0.87	1.05	0.6	0.86	0.68
$C_{17:0}$	0.89	0.96	0.98	0.88	0.91	0.82	0.86	0.76
$C_{17:1}$	1.29	1.07	0.74	1.01	1.18	0.85	1.06	0.75
$C_{18:0}$	6.67	6.93	7.05	7.00	7.24	6.64	7.54	5.89
$C_{18:1}$	9.12	9.37	9.53	8.88	9.07	9.71	9.2	8.65
$C_{18:2n-6}$	1.36	1.29	1.09	1.18	1.1	0.95	1.09	1.22
$C_{18:2n-4}$	1.14	0.84	0.92	0.76	0.76	1.01	0.78	1.01
$C_{18:4n-3}$	1.89	1.70	1.74	1.48	1.56	1.74	1.21	2.06
$C_{20:1}$	6.18	7.13	6.92	6.88	6.67	6.64	7.10	5.77
$C_{20:2n-6}$	1.37	1.54	1.38	1.51	1.35	1.27	1.27	1.33
$C_{20:4n-6}$	2.29	2.27	2.10	2.18	2.38	1.99	2.19	2.05
$C_{20:4n-3}$	0.71	0.71	0.71	0.70	0.63	0.75	0.73	0.72
$C_{20:5n-3}$	15.55	13.43	14.23	15.49	13.65	15.17	14.25	15.87
$C_{22:2}$	4.63	5.60	5.38	3.53	18.18	4.59	5.97	4.33
$C_{21:5n-3}$	1.12	1.03	1.02	1.16	1.03	1.09	1.11	1.24
$C_{22:4n-6}$	0.74	0.79	0.70	0.70	0.84	0.63	0.74	0.64
$C_{22:5n-6}$	0.94	0.92	0.83	0.82	0.96	0.82	0.84	0.84
$C_{22:5n-3}$	2.22	2.19	1.96	2.64	2.31	2.07	2.38	2.06
$C_{22:6n-3}$	15.72	15.02	14.87	14.36	15.77	13.66	15.14	16.45
SFA	24.85	25.54	26.15	26.63	26.15	26.49	25.86	25.95
MUFA	24.77	25.92	26.13	24.37	24.69	27.13	25.59	23.57
PUFA	45.28	43.51	43.18	44.71	44.68	42.06	44.61	45.53

注：SFA，饱和脂肪酸；MUFA，单不饱和脂肪酸；PUFA，多不饱和脂肪酸

2.2.7.4 营养品质评价

将表 2-43 中不同壳色蛤仔氨基酸含量换算成每克氮中含氨基酸毫克数(mg/g N),与鸡蛋蛋白的氨基酸模式和 FAO/WHO 制定的蛋白质评价的氨基酸标准模式进行比较,分别计算出氨基酸评分(AAS)、化学评分(CS)和必需氨基酸指数(EAAI)(表 2-45,表 2-46)。

表 2-45 不同壳色蛤仔必需氨基酸含量比较 (单位:mg/g N)

EAA	月亮蛤	彩霞蛤	白蛤	黑蛤	奶牛蛤	橙蛤	斑马蛤	对照组	FAO/WHO	鸡蛋蛋白
Lys	156.3	162.5	193.8	175.0	193.8	175.0	156.3	187.5	340	441
Val	887.5	937.5	1112.5	1031.3	1100.0	1012.5	868.8	1031.3	310	441
Phe+Met	256.3	268.8	312.5	287.5	312.5	281.3	250.0	293.8	330	565
Leu	275.0	143.8	356.3	312.5	343.8	306.3	268.8	325.0	440	534
Ile	137.5	143.8	175.0	162.5	168.8	156.3	131.3	162.5	250	331
Thr	156.3	162.5	193.8	175.0	193.8	175.0	156.3	187.5	250	292
Sum	1868.9	1818.9	2343.9	2143.8	2312.7	2106.4	1831.5	2187.6	1920	2604

表 2-46 不同壳色蛤仔 AAS、CS 和 EAAI 比较

蛤仔		Lys	Val	Phe+Tyr	Leu	Ile	Thr	Sum	EAAI
月亮蛤	AAS	0.46*	2.86	0.78	0.63	0.55**	0.63	0.95	57.63
	CS	0.35*	2.01	0.45	0.51	0.42**	0.54	0.70	
彩霞蛤	AAS	0.48**	3.02	0.81	0.33*	0.58	0.65	0.92	53.93
	CS	0.37**	2.13	0.48	0.27*	0.43	0.56	0.68	
白蛤	AAS	0.57*	3.59	0.95	0.81	0.70**	0.78	1.19	72.31
	CS	0.44*	2.52	0.55	0.67	0.53**	0.66	0.88	
黑蛤	AAS	0.51*	3.33	0.87	0.71	0.65**	0.70	1.09	66.02
	CS	0.40*	2.34	0.51	0.59	0.49**	0.60	0.80	
奶牛蛤	AAS	0.57*	3.55	0.95	0.78	0.68**	0.78	1.18	71.16
	CS	0.44*	2.49	0.55	0.64	0.51**	0.66	0.87	
橙蛤	AAS	0.51*	3.27	0.85	0.70	0.63**	0.70	1.07	64.79
	CS	0.40*	2.30	0.50	0.57	0.47**	0.60	0.79	
斑马蛤	AAS	0.46*	2.80	0.76	0.61	0.53**	0.63	0.93	56.57
	CS	0.35*	1.97	0.44	0.50	0.40**	0.54	0.69	
对照组	AAS	0.55*	3.33	0.89	0.74	0.65**	0.75	1.11	68.14
	CS	0.43*	2.34	0.52	0.61	0.49**	0.64	0.82	

* 第一限制氨基酸;** 第二限制氨基酸

不同壳色蛤仔必需氨基酸含量为 1768.8~2287.5mg/g N,均低于鸡蛋蛋白标准的 2604mg/g N;除月亮蛤(1825.0mg/g N)、彩霞蛤(1768.8mg/g N)和斑马蛤(1787.5mg/g N)稍低于 FAO/WHO 标准(1920mg/g N)外,其他壳色蛤仔必需氨基酸含量均高于 FAO/WHO 标准(表 2-45)。当以 AAS 和 CS 为标准时,除彩霞蛤第一限制性氨基酸为亮氨酸,第二限制性氨基酸为赖氨酸外,其他 7 种壳色蛤仔第一限制性氨基酸均为赖氨酸,第二限制性氨基酸均为异亮氨酸。以鸡蛋蛋白必需氨基酸为参评标准,8 种壳色蛤仔的必需氨基酸指数(EAAI)为 53.93~72.31,依次为白蛤(72.31)>奶牛蛤(71.16)>对照组(68.14)>

黑蛤(66.02)＞橙蛤(64.79)＞月亮蛤(57.63)＞斑马蛤(56.57)＞彩霞蛤(53.93)。

2.2.7.5 讨论

不同壳色蛤仔蛋白质含量相差较大，彩霞蛤蛋白质含量最高，月亮蛤蛋白质含量最低，平均蛋白质含量占干重的73.65%，低于马氏珠母贝(81.2%)(刁石强等，2009)，高于翡翠贻贝(*Perna viridis*)(52.31%)(庆宁等，2000)、长竹蛏(*Solen gouldii* Conrad)(65.99%)(蔡丽玲，2002)、寻氏肌蛤(*Musculus senhousei*)(65.91%)(佘纲哲和傅明辉，1996)、美洲帘蛤(60.69%)(杨建敏等，2003)、紫贻贝(45.69%)(毛玉英等，1993)。脂肪含量相当低，平均脂肪含量占干重的8.51%，高于马氏珠母贝(6.6%)(刁石强等，2009)、美洲帘蛤(5.60%)(杨建敏等，2003)，低于翡翠贻贝(13.68%)(庆宁等，2000)、长竹蛏(9.32%)(蔡丽玲，2002)、寻氏肌蛤(16.67%)(于刚泽和傅明辉，1996)、紫贻贝(10.04%)(毛玉英等，1993)。相对于蛋白质含量，蛤仔的脂肪含量更低于一般动物性食品。因此，蛤仔是一种典型的"高蛋白、低脂肪"贝类。陈炜等(2004)对壳色呈红色和绿色的鲍营养成分分析发现，2种壳色鲍一般营养成分并无显著性差异，但是无机离子含量差别显著。本实验发现，虽然不同壳色蛤仔灰分颜色均呈红色，但红色深浅差别特别大，这可能与无机离子尤其铁离子含量不同有关。因此，下一步将对不同壳色蛤仔贝壳和不同组织的无机离子含量进行测定，分析壳色与无机离子之间的关系。

蛋白质的营养主要取决于氨基酸的组成与含量，氨基酸的组成与含量决定了蛋白质的结构、性质和品质，同时也决定了贝类可食部分在食品加工、烹饪过程中的风味。根据FAO/WHO推荐的理想蛋白质模式，质量较好的蛋白质其组成氨基酸的必需氨基酸与氨基酸总量的比值(EAA/TAA值)在40%左右，必需氨基酸与非必需氨基酸的比值(EAA/NEAA值)在60%以上。8种壳色蛤仔EAA/TAA值均达到40%以上，为44%～46%，EAA/NEAA值高达78%～86%，均符合理想蛋白质模式，为质量较好的蛋白质。可见，实验选取的8种壳色蛤仔软体部氨基酸组成中不仅必需氨基酸种类齐全，而且必需氨基酸之间的比例适宜，非常有利于人体吸收。

贝类蛋白质的鲜味在一定程度上取决于氨基酸中呈味氨基酸(谷氨酸、甘氨酸、天冬氨酸、丙氨酸)的组成与含量，其中，甘氨酸和天冬氨酸为呈鲜味的特征氨基酸，而谷氨酸和丙氨酸是呈甘味的特征氨基酸(王远红和王聪，2010)，同时谷氨酸还能促进脑细胞代谢，有解氨毒的作用，天冬氨酸能够缓解牙齿和骨骼的损坏(雷霁霖等，2008)。8种壳色蛤仔氨基酸中的呈味氨基酸含量高达34%～36%，这也是蛤仔软体部味道鲜美的主要原因。正常人体和哺乳动物氨基酸支/芳值为3.0～3.5(孙雷等，2008)。刘世禄等(2002)研究发现，当肝受损伤时，氨基酸支/芳值降为1.0～1.5，因此，高支、低芳氨基酸混合物具有保肝作用。8种壳色蛤仔氨基酸支/芳值高达4.56～5.26，远高于近江牡蛎(支/芳值1.87)、波纹巴非蛤(*Paphia undulata*)(支/芳值2.15)、九孔鲍(支/芳值2.15)等贝类氨基酸支/芳值(迟淑艳等，2007)，表明蛤仔是典型的高支、低芳动物，经常食用蛤仔有利于肝病患者的恢复。

脂肪的营养取决于脂肪酸的不饱和度，EPA和DHA属n-3长链高不饱和脂肪酸，是水产品营养价值评价的主要指标(马玉平和李德海，2002)。8种壳色蛤仔EPA+DHA含量高达 19.82%～22.21%。EPA、DHA 等不饱和脂肪酸具有降低血脂、降低血液黏稠度、抑制血小板凝集、提高血液流动性、抗肿瘤、抗炎和免疫调节作用，能显著降低心血管疾病的发病率(张洪涛等，2006)。理想的膳食脂肪构成是饱和脂肪酸(SFA)、单不饱和脂肪酸(MUFA)和多不饱和脂肪酸(PUFA)之比为 1∶1∶1，多不饱和脂肪酸中的 n-6 和 n-3 系列 PUFA 比为(4～6)∶1(孙中武等，2008)。由于现代饮食结构的变化，人体 n-6 和 n-3 系列 PUFA 比值达到(10～30)∶1 的不平衡状态。不同壳色蛤仔的 SFA∶MUFA∶PUFA 与理想的膳食脂肪构成相差不大，n-6 和 n-3 系列 PUFA 比值为 0.10∶1～0.13∶1，高比例的 n-3 PUFA 可以有效改善人体中 n-6 和 n-3 系列 PUFA 的不平衡状态，减少心脑血管疾病和炎症性疾病对健康的影响(孙远明，2006)。蛤仔 n-3 系列不饱和脂肪酸含量高、EPA+DHA 含量高，具有明显的保健和食疗价值。

2.2.8　奶牛蛤家系建立及早期生长发育比较

蛤仔奶牛品系壳表面具有黑白相间斑块，在蛤仔大连石河野生群体中所占比例最高为 11.16%，其他蛤仔所占比例为：白蛤 6.38%、彩霞蛤 1.78%、月亮蛤 1.48%、橙蛤 0.74%、斑马蛤 0.29%、黑蛤 0.11%。本研究对奶牛蛤不同家系生长发育进行了比较，以期为蛤仔新品种培育提供参考。

2.2.8.1　材料与方法

1. 实验材料

2010 年 8 月，以大连石河野生蛤仔奶牛品系为材料，随机选取贝壳无损伤、壳型规整、活力强的奶牛品系 2 龄蛤仔 500 枚作为基础群体进行家系建立。从野外采捕的蛤仔先在室内清洗干净。在水温 23℃、盐度 28、pH 7.8 的条件下，阴干刺激 8h，4h 后开始产卵排精。

2. 实验设计

采用巢式设计，1 个父本与 3 个母本交配(表 2-47)，建立 10 个父系半同胞家系和 30 个母系全同胞家系。每个家系设置 3 个重复。

表 2-47　巢式设计建立家系的方法

父本	母本	家系子一代		父本	母本	家系子一代
♂A	♀1	A$_1$			♀1	J$_1$
	♀2	A$_2$	♂B, ♂C, ♂D, …	♂J	♀2	J$_2$
	♀3	A$_3$			♀3	J$_3$

3. 幼虫和稚贝培育

培育期间，水温为 24.2～30.4℃，盐度为 24～28，pH 为 7.64～8.62。其他同 2.2.5.1(3)。

4. 指标测定

参见 2.2.5.1(4)。

5. 数据分析

1) 采用 SPSS17.0 软件对数据进行统计分析，并用 Excel 作图。

2) 计算各个家系的绝对生长,公式为

$$G=(W_1-W_0)/(t_1-t_0) \qquad (2-9)$$

式中,G 为绝对生长;W_0 为第一次测定的壳长;W_1 为最后一次测定的壳长;t_0 为第一次测定的日龄;t_1 为最后一次测定的日龄。

2.2.8.2 结果

1. 卵径、受精率、孵化率

各家系卵径都在 70μm 左右,受精率均在 90%以上,各家系间无显著差异($P>0.05$)。但不同家系间的孵化率存在着较大变异(图 2-34),其中,A_1 家系孵化率最高,为 88.00%±1.00%;F_1 家系孵化率最低,仅为 40.00%±3.00%,极显著小于其他家系($P<0.01$,$n=9$)。

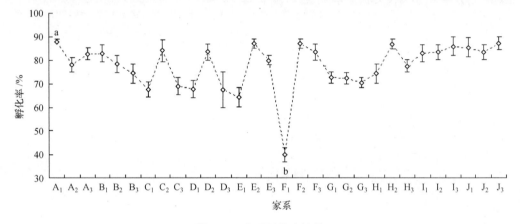

图 2-34 家系孵化率比较

2. 生长

(1)同胞家系的幼虫生长

如图 2-35、图 2-36 所示,3 日龄 E_2 生长最快,比生长最慢的 C_1 平均壳长大 8.98%,且差异显著($P<0.05$,$n=90$);6 日龄 E_2 生长最快,比生长最慢的 E_1 平均壳长大 9.81%,

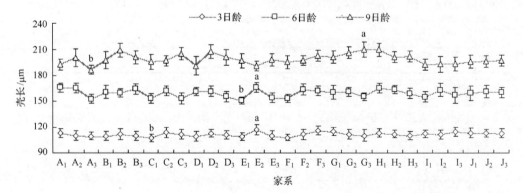

图 2-35 家系 3 日龄、6 日龄、9 日龄壳长比较

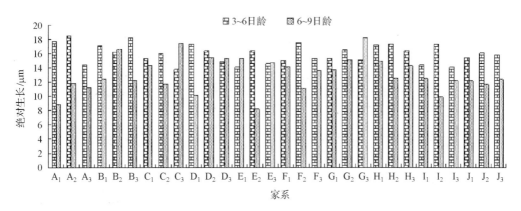

图 2-36 家系幼虫期绝对生长

且差异显著($P<0.05$,$n=90$)。3~6 日龄幼虫的平均绝对生长为 16.00μm,其中 A_2 绝对生长最大,比平均值高 15.45%。9 日龄 G_3 生长最快,比生长最慢的 A_3 平均壳长大 12.74%,且差异极显著($P<0.01$,$n=90$)。6~9 日龄幼虫平均绝对生长为 13.14μm,G_3 绝对生长最大,为 18.2μm,比平均值高 38.51%。

(2)同胞家系稚贝生长

如图 2-37、图 2-38 所示,30 日龄时,C_1 生长最快,比生长最慢的 G_1 平均壳长大 176.06%,且差异极显著($P<0.01$,$n=90$);C_1 绝对生长也最大,比平均值(25.43μm)高 126.12%。60 日龄 H_2 生长最快,比生长最慢的 I_1 平均壳长大 121.19%,且差异极显著($P<0.01$,$n=90$);H_2 绝对生长也最大,比平均值(120.96μm)高 57.34%。90 日龄 H_2 生长最快,比生长最慢的 B_1 平均壳长大 74.17%,且差异极显著($P<0.01$,$n=90$);H_2 绝对生长最大,比平均值(66.1μm)高 52.02%。30~90 日龄稚贝生长速度最快,平均生长 70.83μm。

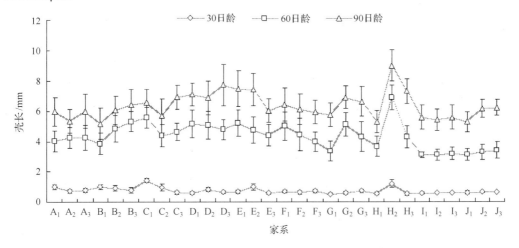

图 2-37 家系 30 日龄、60 日龄、90 日龄壳长比较

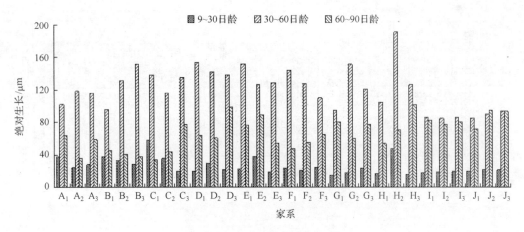

图 2-38　家系稚贝期绝对生长

3. 家系存活与变态

(1) 家系存活率

图 2-39 为全同胞家系幼虫期 9 日龄和稚贝期 30 日龄的存活率。在幼虫期，F_2 存活率最高，为 85.33%±4.73%，比平均存活率 68.46% 高 24.64%，与 A_1、D_2、C_1、B_3、F_3、B_2、B_1 差异不显著（$P>0.05$，$n=90$）。E_1 存活率最低，为 27.67%±2.52%，比平均存活率低 59.58%。方差分析表明，E_1 与其他各组差异都显著（$P<0.05$，$n=90$）。以 E、G、H 为父本的半同胞家系存活率偏低，低于平均存活率。以 B、I、J 为父本的半同胞家系组合存活率较高，均高于平均存活率。30 日龄时，F_3 存活率最高，为 89.67%±3.56%，比平均存活率 60.31% 高 48.68%，与 B_1、E_2、A_1、E_3、C_1 差异不显著（$P>0.05$，$n=90$）。A_3 存活率最低，为 31.00%±3.61%，比平均存活率低 48.60%。方差分析表明，A_3 与 D_1 差异不显著（$P>0.05$，$n=90$），与 F_3、B_1、E_2、A_1 差异极显著（$P<0.01$，$n=90$）。以 G 为父本的半同胞家系组合存活率偏低，均低于平均存活率。以 E、J 为父本的半同胞家系组合存活率较高，均高于平均存活率。

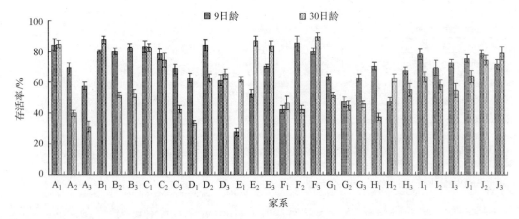

图 2-39　家系 9 日龄、30 日龄的存活率比较

(2) 家系变态时间、变态规格、变态率比较

奶牛蛤品系全同胞家系变态时间、变态规格、变态率比较见表 2-48。各家系幼虫

附着变态时间不同,从第 12 天开始附着变态延迟至 22d 附着变态完毕,变态平均规格为 $(193.42\pm6.31)\mu m$,随着时间的延迟出现变态规格小型化现象,J_1 变态规格最小,为 $(183.67\pm10.66)\mu m$,以 G 为父本的 3 个家系变态规格偏小。各家系变态率有明显差异,为 $(15.67\%\pm4.04\%)\sim(90.00\%\pm2.00\%)$,$C_1$ 家系变态率最高,与 A_1、B_1、C_2、E_2 差异不显著($P>0.05$,$n=90$),与其他家系差异显著($P<0.05$,$n=90$),A_3 家系变态率最低,为 $15.67\%\pm4.04\%$,与 B_2、B_3 家系差异不显著($P>0.05$,$n=90$),与其他家系差异显著($P<0.05$,$n=90$)。

表 2-48 家系附着变态时间、变态规格、变态率比较

家系	变态时间/d	变态规格/μm	变态率/%	家系	变态时间/d	变态规格/μm	变态率/%
A_1	13~16	195.28±17.26	85.33±2.52[a]	F_1	15~20	191.41±17.25	45.33±5.03[f]
A_2	14~18	193.54±16.32	49.33±3.06[e]	F_2	16~22	185.48±16.38	41.67±3.51[f]
A_3	15~20	194.18±12.45	15.67±4.04[g]	F_3	14~18	195.36±13.82	79.00±3.61[b]
B_1	12~17	208.42±14.19	88.33±2.52[a]	G_1	16~21	187.65±14.32	52.33±2.52[d]
B_2	14~19	196.62±17.64	29.00±5.29[g]	G_2	18~20	188.96±16.48	49.67±3.51[d]
B_3	14~18	193.47±14.31	26.67±6.11[g]	G_3	16~22	187.43±13.42	45.67±5.04[d]
C_1	12~15	206.45±13.46	90.00±2.00[a]	H_1	15~21	194.18±18.96	54.00±3.61[d]
C_2	14~16	204.42±16.18	83.67±3.21[a]	H_2	16~19	198.48±14.37	60.33±2.52[d]
C_3	16~20	192.16±14.45	54.00±4.58[d]	H_3	16~21	185.52±14.95	56.00±2.65[b]
D_1	15~20	187.45±16.37	42.33±2.52[f]	I_1	15~19	193.33±11.84	67.67±2.52[c]
D_2	14~19	192.37±13.21	52.67±2.52[e]	I_2	17~21	187.57±10.22	62.33±2.52[c]
D_3	15~21	187.48±13.59	51.33±4.16[e]	I_3	16~20	189.67±19.92	63.67±5.13[c]
E_1	14~20	195.41±14.67	58.67±4.04[d]	J_1	18~20	183.67±10.66	74.33±4.04[c]
E_2	15~20	194.08±14.52	84.33±1.15[a]	J_2	16~20	191.33±10.48	81.67±1.53[b]
E_3	13~18	205.47±18.45	81.33±1.53[b]	J_3	15~19	195.67±10.40	71.67±3.51[c]

注:同列中具有相同字母者表示差异不显著($P>0.05$),具有不同字母者差异显著($P<0.05$)

2.2.8.3 讨论

1. 亲本选择

目前我国北方用于养殖的蛤仔苗种主要来自于南方土池育苗,"南苗北养"已经成为蛤仔养殖的普遍现象。虽然南方苗种价格低廉,但养成后产品品质(主要是口感)不如北方蛤仔,市场价格比北方蛤仔低约 1/3,对北方低温环境适应能力也较差,容易引起大量死亡。因此,以辽宁蛤仔土著群体中的奶牛蛤品系为基础群体,培育适应辽宁特定海域条件的蛤仔良种是目前亟待解决的问题,对蛤仔产业的健康可持续发展有重要意义。

2. 家系个体发育比较

本实验各家系亲本来自石河野生群体,家系间表型方差较大,遗传变异水平高,通过选择方法改良其性状的潜力很大,而且还适于进行高强度选择(张国范和刘晓,2006)。各家系在孵化率、生长和存活等表型性状方面表现出较大差异。幼虫期,G_3 家系生长速

度最快，E_2 家系生长速度最慢；以 G 和 H 为父本的家系生长速度相对较快。稚贝期，H_2 家系生长速度最快，B_1 家系生长速度最慢；以 C、D、G、H 为父本的家系生长速度相对较快，C、D、G、H 家系可以作为优良家系进一步进行选择。存活方面，幼虫期 F_2 家系存活率最高，稚贝期 F_3 家系存活率最高，这两个家系也可以作为优良家系进一步进行选择。

3. 家系的变态时间及变态延迟现象

各家系的变态时间和变态率不同，变态时间由 12d 延续到 22d，以 G、H 为父本的家系表现出变态延迟现象。对变态时间延迟的家系后期生长和存活进行观察发现，变态时间越长其变态率越低，稚贝存活率也就越低。变态时间延长伴随着个体变态规格小型化。变态时间延长意味着浮游期延长，浮游幼虫由于生活在水的上层，要适应夏季高温环境，这对蛤仔的存活也是不利的。生长上，以 H_2 家系为代表稚贝期生长速度最快，可能是环境选择淘汰了不适应环境的个体，使 H_2 家系生长性状优良基因得到最大化的表达。通过对各家系的比较分析，H_2 家系生长抗逆性状最优，可进一步作为高产抗逆优良品种选育的育种材料。

2.2.9 奶牛蛤品系遗传力及遗传参数估计

遗传参数估计是水产动物选择育种中的一项基础工作，主要用来估计育种值，确定选择指数，预测选择反应，比较选择方法，进行育种规划（盛志廉和陈瑶生，2001）。本研究利用巢式设计的全同胞组内相关法建立全同胞家系，通过方差分析法对蛤仔奶牛蛤品系浮游期和稚贝期的壳长遗传力进行估计，旨在为进一步开展蛤仔奶牛蛤品系的选择育种提供必要的基础数据和技术参数。

2.2.9.1 材料与方法

1. 实验材料

2010 年 8 月，以蛤仔大连石河野生群体 2 龄奶牛蛤品系为材料，选取贝壳无损伤、壳型规整、活力强的个体 500 枚作为基础繁殖群进行家系建立。野外采捕的蛤仔先在室内清洗干净，在水温 23℃、盐度 28、pH7.8 的条件下，阴干刺激 8h，4h 后开始产卵排精。

2. 实验设计

采用巢式设计，1 个父本与 3 个母本交配，具体设计方法见表 2-49，建立 10 个父系半同胞家系和 30 个母系全同胞家系。每个家系设置 3 个重复。

表 2-49 巢式设计建立家系的方法

父本	母本	子一代		父本	母本	子一代
	♀1	A_1			♀1	J_1
♂A	♀2	A_2	♂B、♂C、♂D、…	♂J	♀2	J_2
	♀3	A_3			♀3	J_3

3. 幼虫和稚贝培育

幼虫和稚贝培育期间，水温为 24.2~30.4℃，盐度为 24~28，pH 为 7.64~8.62。其他同 2.2.5.1(3)。

4. 数据测定及分析

幼虫、稚贝壳长小于 300μm 的在显微镜下用目微尺(100×)测量，壳长大于 300μm 小于 3.0mm 的稚贝在体视显微镜下用目微尺(20~40×)测量，壳长大于 3.0mm 的用游标卡尺(0.01mm)测量。每次测量设 3 个重复，每个重复随机测量 30 个个体。采用 SPSS17.0 软件对数据进行单因素方差分析(one-way ANOVA)，用 Excel 作图。

根据巢式交配设计模型：$Y_{ijk}=\mu+s_i+d_{ij}+e_{ijk}$，式中，$Y_{ijk}$ 为第 i 个雄性与第 j 个雌性交配产生的第 k 个后代的生长性状的观察值；μ 为总体均数；s_i 为第 i 个雄性组分效应；d_{ij} 为第 i 个雄性内的第 j 个雌性组分的效应；e_{ijk} 为随机效应。通过 SAS 软件 GLM 过程对全同胞和半同胞原因方差组分进行分析(表 2-50，表 2-51)。

表 2-50　全同胞资料表型变量组分的方差分析

变异来源	自由度	平方和	均方	期望均方
雌性	D-1	SS_D		
雄性	S-1	SS_S	MS_S	$\sigma^2_e + k_2 \times \sigma^2_D + k_3 \times \sigma^2_S$
雄内雌间	D-S	$SS_{S(D)}$	$MS_{S(D)}$	$\sigma^2_e + k_1 \sigma^2_D$
后代个体间	N-D	SS_E	MS_e	σ^2_e
总和 T	N-1	SS_T		

表 2-51　表型变量的各个原因方差组分与全同胞和半同胞协方差之间的关系

方差组分	协方差组分	原因组分	方差组分的计算
σ^2_S	COV_{HS}	$1/4 V_A$	$\{MS_S-[(MS_{S(D)}-MS_e)/k_1]\times k_2-MS_e\}/k_3$
σ^2_D	$COV_{FS}-COV_{HS}$	$1/4V_A+1/4V_{NA}+V_{EC}$	$(MS_{S(D)}-MS_e)/k_1$
σ^2_e	V_P-COV_{FS}	$1/2V_A+3/4V_D+V_{ES}$	MS_e
$\sigma^2_T=\sigma^2_S+\sigma^2_D+\sigma^2_e$	V_P	$V_A+V_{NA}+V_{EC}+V_{FS}$	
$\Sigma^2_S+\sigma^2_D$	COV_{FS}	$1/2 V_A+1/4V_{VD}+V_{EC}$	

表 2-52　表型性状遗传力估计

遗传力估计方法	遗传力的估计公式
父系半同胞	$h_s^2 = 4\times\sigma^2_S/(\sigma^2_S+\sigma^2_D+\sigma^2_e)$
母系半同胞	$h_d^2 = 4\times\sigma^2_D/(\sigma^2_S+\sigma^2_D+\sigma^2_e)$
全同胞	$h_{s+d}^2 = 2\times(\sigma^2_S+\sigma^2_D)/(\sigma^2_S+\sigma^2_D+\sigma^2_e)$

雄性内与配的雌性个体的有效平均后代数 $K_1=[N-\sum(n_{ij}^2/d_n_i)]/(D-S)$；雌性个体的有效平均后代数 $K_2=[\sum(n_{ij}^2/d_n_i)-\sum(n_{ij}^2/N)]/(S-1)$；雄性个体的有效平均后代数 $K_3=(N-\sum d_{n_i}^2/N)/(S-1)$。式中，$n_{ij}^2$ 为第 i 个雄性第 j 个雌性后代数；N 为全部后代数总和。遗传力显著性检验公式为：$t=h^2/\sigma^2_h$。根据 Becker(1984)计算遗传力标准误差(表 2-52)。

2.2.9.2 结果

1. 生长性状表型参数

蛤仔奶牛蛤品系幼虫期3日龄、9日龄壳长平均值分别为(111.64±5.58)μm、(199.05±9.63)μm，变异系数分别为 5.00%、4.84%；稚贝期30日龄、90日龄壳长平均值分别为(732.89±240.78)μm、(6344.69±1246.30)μm，变异系数为32.85%、19.64%。由表2-53可知，蛤仔奶牛蛤品系在30日龄时期壳长性状变异系数最大，这可能是由于同胞家系间在变态过程中发育速度不一致而导致家系间的生长变异加大。

表2-53 奶牛蛤品系3日龄、9日龄、30日龄、90日龄壳长及变异系数

日龄	3	9	30	90
壳长/μm	111.64±5.58	199.05±9.63	732.89±240.78	6344.69±1246.30
变异系数(CV)/%	5.00	4.84	32.85	19.64

2. 表型方差分析及协方差分析

平均有效后代数分别为 $K_{n1}=[N-\sum(n_{ij}^2/dn_i)]/(D-S)=30$，$K_{n2}=[\sum(n_{ij}^2/dn_i)-\sum(n_{ij}^2/N)]/(S-1)=30$，$K_{n3}=(N-\sum dn_i^2/N)/(S-1)=90$。

奶牛蛤品系壳长的表型方差组分分析如表2-54所示，结果表明，奶牛品系3日龄遗传方差较小，可能与生长发育期较短、亲本间母本效应有关。30日龄的雄性间、雄内雌间和雌性间遗传方差较大，均方比最大，但是经F检验差异显著。壳长的方差分析结果与期望方差组分的构成可以建立由全同胞和半同胞协方差估计各个原因组分的对应关系（表2-55）。

表2-54 奶牛蛤品系3日龄、9日龄、30日龄、90日龄壳长的表型方差组分分析

日龄	雄性间			雄内雌间			雌性间	
	自由度 df	均方 MS	均方比 F	自由度 df	均方 MS	均方比 F	自由度 df	均方 MS
3	9	73.21	2.38	20	192.40	7.12	870	27.03
9	9	1841.50	24.53	20	766.75	12.96	870	59.16
30	9	1.58	37.18	20	1.21	76.77	870	0.02
90	9	34.21	27.98	20	18.07	21.62	870	0.84

表2-55 3日龄、9日龄、30日龄、90日龄表型性状的方差原因组分分析

方差组分	日龄			
	3	9	30	90
σ_M^2	−1.330	11.940	0.004	0.180
σ_F^2	5.512	23.586	0.040	0.574
σ_W^2	27.030	59.160	0.020	0.840
$\sigma_P^2=\sigma_M^2+\sigma_F^2+\sigma_W^2$	31.218	94.688	0.064	1.594
$\sigma_M^2+\sigma_F^2$	4.188	35.528	0.044	0.754

3. 遗传力估计

奶牛蛤品系 3 日龄、9 日龄、30 日龄、90 日龄壳长遗传力分别为 $-0.17\sim0.71$、$0.50\sim0.99$、$0.26\sim2.49$ 和 $0.45\sim1.44$（表 2-56）。其中以母系半同胞遗传力最高，全同胞遗传力次之，父系半同胞的遗传力最低，彼此差异显著（$P<0.05$）。父系半同胞的遗传力为壳长遗传力的无偏估计。

表 2-56　奶牛蛤品系早期壳长遗传力估计

遗传力	日龄			
	3	9	30	90
父系半同胞（h_s^2）	-0.17^a	0.50^a	0.26^a	0.45^a
母系半同胞（h_d^2）	0.71^b	0.99^b	2.49^b	1.44^b
全同胞（h_{s+d}^2）	0.27^c	0.75^c	1.37^c	0.95^c

注：同列中具有相同字母者表示差异不显著（$P>0.05$），具有不同字母者差异显著（$P<0.05$）

2.2.9.3　讨论

对奶牛蛤品系各家系不同日龄壳长生长比较发现，各家系在各日龄壳长不同。家系雄性组分、雌性组分及雄内雌间组分遗传方差经检验都差异显著，说明家系间存在较大的遗传变异，因此优良的家系可作为培育优良品种的基础品系。通过全同胞组内相关法估计幼虫期和稚贝期壳长生长的遗传力。3 日龄、9 日龄、30 日龄和 90 日龄母系半同胞和全同胞遗传方差组分大于父系半同胞遗传方差组分，这主要是由于母本效应的影响。因此，使用父系半同胞组分估计蛤仔的狭义遗传力较准确，从而得到奶牛蛤品系 3 日龄、9 日龄、30 日龄和 90 日龄壳长生长的狭义遗传力分别为 -0.17、0.50、0.26 和 0.45。3 日龄壳长的狭义遗传力小于 1，为 -0.17。王金玉和陈国宏（2004）指出，遗传力估计大于 1 或者小于 1 的结果都无意义。Hilbish 等（1993）使用同样的方法估计美洲帘蛤 2 日龄壳长的遗传力为 $1.08\%\pm0.29\%$，其结果大于 1。产生这种结果的主要原因是，贝类壳顶幼虫前期的营养主要来自于卵黄的积累，加性遗传基因对幼虫前期的作用效果并不显著。在水产动物选择育种中，利用全同胞组内相关法或者半同胞组内相关法已经获得了美洲牡蛎（Crassostrea virginica）幼体、美洲帘蛤（Mercenaria mercenaria）、淡水虾（Macrobrachium rosenbergii）的生长率遗传力（Newkirk et al.，1977；Malecha et al.，1984；Benzie et al.，1996；Rawson and Hilbish，1990）。已经报道的这些水产动物生长率的遗传力估计值为 $0.12\sim0.17$。蛤仔奶牛蛤品系在 9 日龄和 90 日龄的遗传力较高，分别为 0.50 和 0.45，生长发育早期总体的遗传力在 $0.26\sim0.50$。

遗传力所反映的是亲代性状遗传给子代的一种能力，遗传力高的性状，子代重现亲代性状的可能性就大，选择越易奏效，反之则较难，因此根据性状遗传力的大小，可确定在育种中哪些性状用何种方法选择效果最好。一般认为高遗传力（$h^2>0.4$）性状早代选择有较大的可靠性，适合用于个体或品系表型选择法进行选种，低遗传力（$h^2<0.2$）性状早代选择效果较差，适合用于家系选择或家系内选择。遗传力对水产动物的选择育种工作十分重要，在育种过程中必须发现对生产有益的变异性状，并使其遗传给子代，如果

某一变异性状遗传力高，其子代就有可能保持这种有益的性状。在这一工作中，选择的标准只能依据表型值，而个体的表型不能真正反映出它的基因型。因此，只有采用统计学的方法分析，才能得到一些反映生长的参数，正确反映遗传变异的特点。用同胞家系资料估计遗传力的过程，特别强调各个全同胞家系必须保持相对独立，逐家系检测、记录。生物的各种性状均同时受到基因和环境条件的影响，其中，贝类的数量性状明显受外界环境的影响。环境差异大，遗传力相对降低，环境一致则遗传力的估计值提高（曾聪等，2014）。因此，估计的遗传力只能反映在特定条件下该性状的遗传情况。本实验分析是初步的，由于条件限制，未对养成期壳长、壳宽、壳高、体重的生长进行测定和遗传力的估计，这些尚待进一步研究。本研究结果表明，基于蛤仔奶牛蛤品系体长的加性遗传方差较大，选择育种对于奶牛蛤品系早期生长的改良具有较大的潜力。

2.2.10 白蛤家系的建立及早期生长发育比较

蛤仔白蛤品系壳面背景颜色为白色，左壳背缘有一条纵向深色条带，是生长最快的壳色品系。本研究开展了蛤仔白蛤家系的建立及早期生长发育比较，以期为蛤仔良种培育提供基础数据。

2.2.10.1 材料与方法

1. 亲贝来源

2011 年 6 月，在蛤仔繁殖盛期选取贝壳无损伤、壳型规整、活力强的蛤仔大连石河野生群体 2 龄白蛤 500 枚作为基础繁殖群进行家系建立。

2. 实验设计和处理

将实验用蛤仔先在室内清洗干净，阴干刺激 8h，4h 后开始产卵排精。产卵水温 23℃、盐度 28、pH 7.8。

采用巢式设计，1 个父本与 3 个母本交配（表 2-57），建立 10 个父系半同胞家系和 30 个母系全同胞家系。每个家系设置 3 个重复。

表 2-57 巢式设计建立家系的方法

父本	母本	家系子一代		父本	母本	家系子一代
♂A	♀1	A_1	♂B, ♂C, ♂D, …	♂J	♀1	J_1
	♀2	A_2			♀2	J_2
	♀3	A_3			♀3	J_3

3. 幼虫及稚贝培育

幼虫和前期稚贝培育在 80L 塑料桶中进行，饵料以湛江等鞭金藻和小球藻为主。连续充气培养，每 2d 全量换水 1 次。60d 后将稚贝收集到 60 目网袋中在室外土池中吊养。随稚贝生长定期更换网袋（60 目—40 目—20 目），调整密度，使各实验组密度保持一致。

4. 指标测定

测定卵径大小，3 日龄、6 日龄、9 日龄幼虫的壳长及存活率，幼虫的变态率、变态时间及变态规格，30 日龄、60 日龄、90 日龄稚贝壳长及存活率。

卵径在显微镜下用目微尺(100×)测量，幼虫和壳长<300μm 的稚贝在显微镜下用目微尺(100×)测量；300μm<壳长<3000μm 的稚贝在体视显微镜下用目微尺(25×)测量，壳长>3000μm 的，用游标卡尺(0.01mm)测量。每次测量时，每组随机测量 30 个个体。

5. 数据分析

方差分析用 SPSS17.0 统计分析软件，采用单因素方差分析对不同实验组间数据进行比较，差异显著性设为 $P<0.05$，并用 Excel 作图。

2.2.10.2 结果

1. 孵化率

各家系卵径都在 70μm 左右，彼此无显著差异($P>0.05$)。不同家系间的孵化率存在较大变异(图 2-40)，其中家系 A_1、A_2、A_3、B_1、B_3、C_1、C_2、E_1、G_2、I_2、J_3 孵化率显著高于家系 C_3、D_2、E_3、F_2、F_3、G_3、H_1、H_3、I_3、J_2($P<0.05$)。

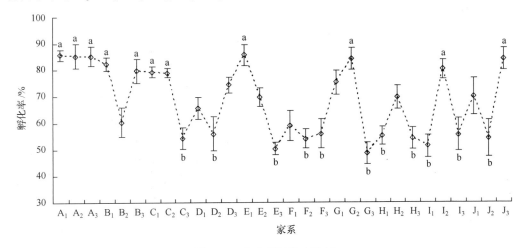

图 2-40 各家系孵化率比较

2. 生长

(1) 同胞家系幼虫的生长

如图 2-41、图 2-42 所示，各家系幼虫生长情况不同。3 日龄时，I_2 生长最快，比生长最慢的 A_3 平均壳长大 6.17%，且差异显著($P<0.05$)。6 日龄时，H_2 生长最快，比生长最慢的 C_2 平均壳长大 9.48%，且差异显著($P<0.05$)。3~6 日龄时，幼虫的平均绝对生长为 25.04μm，其中 H_2 绝对生长最大，比平均值高 23.82%。9 日龄时，A_2 生长最快，比生长最慢的 G_1 平均壳长大 21.75%，且差异显著($P<0.05$)。6~9 日龄幼虫平均绝对生长为 50.97μm，A_3 绝对生长最大，为 67.00μm，比平均值高 31.45%。

(2) 同胞家系稚贝生长

各家系稚贝生长情况如图 2-43、图 2-44 所示。30 日龄时，H_1 生长最快，比生长最慢的 C_2 平均壳长大 115.90%，且差异显著($P<0.05$)。H_1 绝对生长也最大，比平均值(656.36μm)高 61.69%。60 日龄时，B_3 生长最快，比生长最慢的 E_3 平均壳长大 65.96%，

且差异显著($P<0.05$)。B_3 绝对生长也最大，比平均值(5.00mm)高 22.58%。90 日龄时，J_1 生长最快，比生长最慢的 E_3 平均壳长大 42.00%，且差异显著($P<0.05$)。F_3 绝对生长最大。

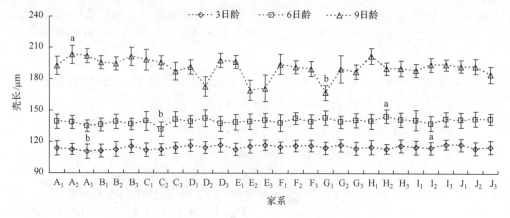

图 2-41　各家系 3 日龄、6 日龄、9 日龄壳长比较

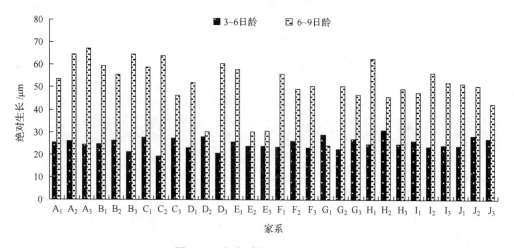

图 2-42　各家系幼虫期绝对生长

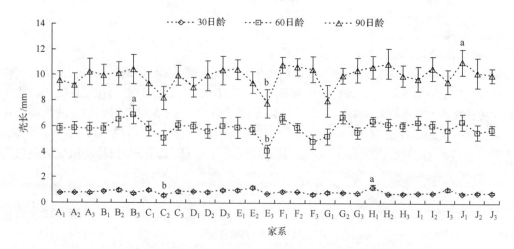

图 2-43　各家系 30 日龄、60 日龄、90 日龄壳长比较

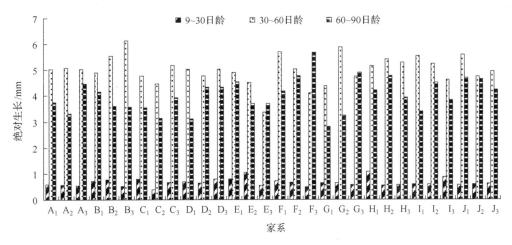

图 2-44　各家系稚贝期绝对生长

3. 存活与变态

(1) 家系存活率

图 2-45 为全同胞家系幼虫期 9 日龄和稚贝期 30 日龄的存活率。在幼虫期，C_3 存活率最高，为 85.00%±2.10%，比平均存活率 72.83%高 16.71%，与 C_1、G_3、H_1 差异不显著（$P>0.05$），与其他家系差异显著（$P<0.05$）。E_3 存活率最低，为 50.00%±4.50%，比平均存活率低 31.35%，与其他家系差异显著（$P<0.05$）。稚贝期（30 日龄），家系 E_2 存活率最高，为 95.00%±0.6%，与家系 C_1、J_3、B_2、A_1、I_3、E_1、B_3、B_1、F_1、D_1、C_3 无显著差异（$P>0.05$），与其他家系差异显著（$P<0.05$）。C_2 存活率最低，为 30%±1.20%，比平均存活率低 64.19%，与其他家系差异显著（$P<0.05$）。

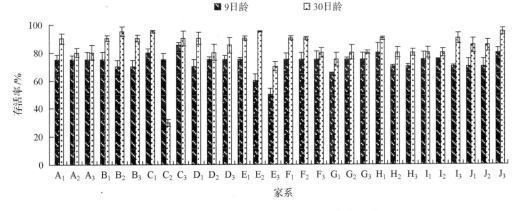

图 2-45　各家系 9 日龄、30 日龄存活率的比较

(2) 各家系变态时间、变态规格、变态率

全同胞家系变态时间、变态规格、变态率见表 2-58。所有家系幼虫附着变态时间从第 8 天开始至 18d 附着变态完毕。平均变态规格为 (200.19±12.01)μm，J_3 变态规格最小，为 (176.00±10.69)μm，E_2 变态规格最大，为 (241.67±26.79)μm。各家系变态率有明显差异，为 (34.33%±4.04%)～(82.00%±2.64%)，J_3 家系变态率最高，与 F_2、J_1、J_2 差异

不显著($P>0.05$)，与其他家系差异显著($P<0.05$)，E_2家系变态率最低，与其他家系差异显著($P<0.05$)。

表 2-58　各家系附着变态时间、变态规格、变态率比较

家系	变态时间/d	变态规格/μm	变态率/%	家系	变态时间/d	变态规格/μm	变态率/%
A_1	10~13	213.00±13.43	58.00±2.00^a	F_1	8~12	177.67±6.79	63.67±3.78^b
A_2	11~16	205.33±11.06	65.66±2.51^b	F_2	8~12	182.33±7.28	78.00±4.35^{cg}
A_3	11~14	211.33±11.96	73.00±2.65^c	F_3	8~14	186.00±7.70	69.00±6.25^{bc}
B_1	10~14	201.00±9.60	72.33±4.04^c	G_1	8~13	182.67±16.80	52.33±5.13^e
B_2	12~16	219.67±28.03	53.67±1.52^{ae}	G_2	11~16	231.33±26.36	54.00±2.00^{ae}
B_3	10~14	205.33±16.56	45.33±2.51^d	G_3	11~15	229.33±9.44	73.00±2.64^c
C_1	12~15	234.66±11.06	52.67±3.05^e	H_1	10~15	217.00±17.65	73.00±1.73^c
C_2	9~13	189.33±5.83	55.67±4.93^e	H_2	11~16	223.00±18.59	62.66±3.21^{ab}
C_3	10~15	201.33±7.30	75.33±1.52^c	H_3	9~12	189.00±7.59	65.00±4.36^b
D_1	10~13	204.00±8.55	62.33±2.51^{ab}	I_1	8~13	185.33±8.19	70.33±0.58^{bc}
D_2	9~14	196.33±7.18	61.00±1.73^a	I_2	8~13	186.00±10.70	61.00±4.36^{ab}
D_3	9~12	185.33±10.08	41.33±1.52^d	I_3	9~13	193.00±7.49	66.33±3.79^b
E_1	8~12	183.33±7.58	53.00±2.64^{ae}	J_1	9~12	196.00±11.63	77.00±2.00^{cg}
E_2	14~18	241.67±26.79	34.33±4.04^f	J_2	8~14	182.67±10.81	81.67±2.08^g
E_3	8~13	176.67±7.58	62.33±3.05^{ab}	J_3	8~13	176.00±10.69	82.00±2.64^g

注：同列中具有相同字母者表示差异不显著($P>0.05$)，具有不同字母者差异显著($P<0.05$)

2.2.10.3 讨论

家系 A_1、A_2、A_3、B_1、B_3、C_1、C_2、E_1、G_2、I_2、J_3 孵化率均超过 77%，但家系 C_3、D_2、E_3、F_2、F_3、G_3、H_1、H_3、I_3、J_2 孵化率偏低，均小于 56.00%。幼虫期，A_3、B_3、D_3、H_1 家系生长速度较快，家系 D_2、E_2、E_3、G_1 生长速度较慢，以 A 和 B 为父本的家系生长速度相对较快。稚贝期，J_1、H_2 家系生长速度较快，家系 C_2、E_3、G_1 生长速度较慢，以 B、F、H、J 为父本的家系生长速度相对较快。存活方面，幼虫期 C_3 家系存活率最高，稚贝期，家系 B_2、C_1、E_2、J_3 存活率较高。以 B 和 J 为父本的家系存活率相对较高。综合生长和存活性状，以 B、J 为父本的家系可以作为优良家系进一步进行选择。本实验建立的白蛤家系早期存在较大的遗传变异，其中存在丰富的基因型，可以进一步进行家系内交配，使控制早期生长和存活的数量性状基因得到聚合纯化。通过不平衡巢式设计建立蛤仔同胞家系是蛤仔家系选育的第一步，为蛤仔优良品种培育提供了重要的育种材料。

家系是指共同亲本繁衍下来的若干世代，它是经典遗传学和育种学研究的材料基础。家系选择是选择育种的一种重要方法（刘庆昌，2007）。在进行家系选择时，首先需建立遗传变异丰富的基础群体，利用全同胞和半同胞家系估算该性状的遗传力，特别是由多个基因的加性效应所产生的遗传力，在此基础上确定选育参数，通过选育每代所获得的

进展称作遗传获得量(吴仲庆，2000)。

利用家系选育技术对水产动物经济性状进行改良已有成功报道。马爱军等(2009)利用大规模家系选育技术对大菱鲆进行了遗传改良。根据对 F_1 不同发育阶段生长性能育种值和表型值的综合评定，筛选出 5 个生长性能良好且稳定的核心家系，即 $E♂1×E♀2$、$F♂4×N♀3$、$F♂2×E♀4$、$E♂2×F♀1$ 和 $F♂1×F♀4$。拟合和分析这 5 个核心家系的体重生长曲线，全面了解其生长发育规律，准确了解大菱鲆不同家系生长模式的差异，为在大菱鲆进一步的选择育种过程中，制定合理的饲养和配种方案，获得最大的经济效益和遗传进展提供了参考依据。张存善等(2008)采用不平衡巢式设计建立虾夷扇贝 10 个父系半同胞家系和 30 个全同胞家系，对其壳长、壳高、壳宽和活体重进行了周年观测，对家系间和家系内的生长变异进行了比较分析。不同家系间在不同性状上显示出显著差异，家系间遗传变异资源丰富，为后期的选育提供了大量选种材料。闫喜武等(2010a)系统开展了蛤仔遗传育种研究，通过定向选育、杂交育种和选择育种培育出了斑马蛤、白斑马蛤、黑斑马蛤、红斑马蛤、橙蛤等壳色新品系。本研究采用不平衡巢式设计建立了蛤仔白蛤品系 10 个父系半同胞家系和 30 个全同胞家系，对各家系早期生长发育进行了比较，其中以 B、J 为父本的家系可以作为优良家系进一步进行选择。

2.2.11 蛤仔白蛤品系早期生长的遗传参数估计

2.2.11.1 材料与方法

1. 亲贝来源

同 2.2.10.1。

2. 实验设计和处理

同 2.2.10.1。

3. 幼虫与稚贝培育

同 2.2.10.1。

4. 指标测定

同 2.2.10.1。

5. 数据分析

同 2.2.10.1。

2.2.11.2 结果

1. 蛤仔白蛤品系生长性状表型参数

由表 2-59 可知，蛤仔白蛤品系 3 日龄、9 日龄壳长分别为 $(114.48±6.10)\mu m$、$(190.49±12.11)\mu m$，变异系数为 5.33%、6.36%；稚贝期 90 日龄壳长平均值为 $(9893.80±1220.25)\mu m$，变异系数为 12.33%。

表 2-59　白蛤品系 3 日龄、9 日龄、90 日龄平均壳长和变异系数

日龄	3	9	90
壳长/μm	114.48±6.10	190.49±12.11	9893.80±1220.25
变异系数(CV)/%	5.33	6.36	12.33

2. 蛤仔白蛤品系生长性状方差组分分析

平均有效后代数分别为 $K_{n1}=[N-\sum(n_{ij}^2/dn_i)]/(D-S)=30$，$K_{n2}=[\sum(n_{ij}^2/dn_i)-\sum(n_{ij}^2/N)]/(S-1)=30$，$K_{n3}=(N-\sum dn_i^2/N)/(S-1)=90$。

白蛤品系壳长的表型方差组分分析见表 2-60。3 日龄、9 日龄、90 日龄雄性间、雄内雌间遗传方差较大，经 F 检验差异显著。壳长的方差分析结果与期望方差组分的构成可以建立由全同胞和半同胞协方差估计各个原因组分的对应关系。

表 2-60　白蛤 3 日龄、9 日龄、90 日龄壳长的表型方差组分分析

日龄	雄性间		雄内雌间		雌性间	
	自由度 df	均方 MS	自由度 df	均方 MS	自由度 df	均方 MS
3	9	142.10	20	74.67	870	35.24
9	9	3818.32	20	2141.33	870	62.75
90	9	25.31	20	17.73	870	0.87

3. 蛤仔白蛤品系遗传力计算

依据表 2-61 计算的雄性组分、雌性组分和后裔个体间遗传方差组分，估计了蛤仔 3 日龄、9 日龄、90 日龄壳长的遗传力（表 2-62）。结果表明，蛤仔 3 日龄壳长遗传力为 0.055~0.141，9 日龄壳长遗传力为 0.041~0.332，90 日龄壳长遗传力为 0.222~1.484。经检验，所有遗传力的估计均极显著（$P<0.01$）。其中以雄性组分遗传力估计值最低，后裔个体间组分遗传力估计值次之，雌性组分遗传力最高。

表 2-61　白蛤 3 日龄、9 日龄、90 日龄表型性状的方差原因组分分析

方差组分	日龄		
	3	9	90
σ^2_S	0.75	18.63	0.084
σ^2_D	1.31	69.29	0.562
σ^2_e	35.24	62.75	0.869
$\sigma^2_T=\sigma^2_S+\sigma^2_D+\sigma^2_e$	37.31	150.67	1.515

表 2-62　白蛤品系早期壳长遗传力估计

遗传力	日龄		
	3	9	90
雄性组分	0.080	0.041	0.222
雌性组分	0.141	0.332	1.484
后裔个体间组分	0.055	0.186	0.853

2.2.11.3 讨论

有关遗传力的估计在其他水产动物上已有大量报道，其中在鱼类和甲壳类方面的研究成果较多。Hetzel 等（2000）得到的日本对虾（*Penaeus japonicus*）生长性状现实遗传力为 0.116~0.131，认为日本对虾生长遗传力属于中度遗传力。Tave 和 Smitherman（1980）估计了尼罗罗非鱼 90d 体重和体长的遗传力分别为 0.104±0.106 和 0.106±0.106。马爱军等（2009）对大菱鲆（*Scophthalmus maximus*）28 个父系半同胞家系和 56 个母系全同胞家系幼鱼生长性状的遗传力进行估计，体长、全长、体高和体重遗传力的估计值分别为 0.282~0.302、0.251~0.425、0.283~0.374 和 0.450~0.514。已经报道的这些水产动物生长率的遗传力估计值大多为 0.1~0.7。本研究蛤仔 3 日龄、9 日龄和 90 日龄雌性遗传方差组分大于雄性遗传方差组分。因此，使用雄性组分估计蛤仔的狭义遗传力较准确，从而得到蛤仔白蛤品系 3 日龄、9 日龄和 90 日龄壳长生长的狭义遗传力分别为 0.080、0.041 和 0.222。性状遗传力的高低是确定性状选育方法的主要依据之一，一般认为高遗传力（$h^2>0.4$）性状适合用于个体或群体表型选择法进行选种，低遗传力（$h^2<0.2$）性状适合用于家系选择或家系内选择。本研究表明蛤仔白蛤品系属于中等偏低遗传力。下一步进行家系内选择和家系间杂交育种较为合理。

黄付友等（2008）对中国对虾'黄海一号'生长性状遗传力估计结果为：雌性组分为 0.48~0.53，雄性组分为 0.44~0.46。王庆志等（2009）得到长牡蛎生长性状雌性组分遗传力为 0.461~0.771，雄性组分遗传力为 0.139~0.398。采用不同的方差组分，获得的遗传力不同，一般以母系方差组分获得的遗传力最高，这表明母系方差组分受非加性遗传效应或共同环境效应影响较大，导致其遗传力估计值较真实值偏高（张庆文等，2008）。本研究所得遗传力的所有估计值中，雄性组分、雌性组分和后裔个体间遗传力的估计值均有差别，其中以雌性组分遗传力估计值最高，这与方差组分的计算结果相一致，表明存在较大的母性效应，这可能是卵细胞质量、上位效应和环境效应共同作用的结果。一般认为，基于全同胞资料估计的遗传力，由于包含显性效应和母性效应，较真实值偏大。本研究采用巢式设计和父系半同胞组内相关分析法，克服了用全同胞资料估计遗传力的缺点，同时采用随机抽样，代表性强，因此可以认为采用父系半同胞组内相关法估计的遗传力是白蛤品系生长性状遗传力的无偏估计值。

2.2.12 斑马蛤家系的建立及生长发育比较

斑马蛤是蛤仔中抗逆性最强的一个品系。本实验通过建立斑马蛤家系，对各家系生长性状进行分析比较，以期选出优良家系，为进一步培育高产抗逆新品种奠定基础。

2.2.12.1 材料与方法

1. 亲贝来源

实验所用斑马蛤亲本为 2011 年繁育的大连石河野生群体 F_1。2012 年 7 月选取 400 枚活力好、无损伤、壳型规整的斑马蛤作为基础繁殖群体。

2. 实验方法

将实验所用斑马蛤亲本阴干 8h 后清洗干净,平铺在事先准备好的容器中等待其产卵排精。当有个体产卵排精时,立即将其取出,用淡水冲洗干净并放入事先准备好的装有干净海水的 2L 塑料桶中,让其继续产卵排精,最后收集各桶卵精备用。

采用不平衡巢式设计,即 1 个父本和 3 个母本交配(表 2-63),建立 27 个斑马蛤全同胞家系。每个家系设置 3 个重复。

表 2-63 巢式设计建立家系的方法

父本	母本	家系子一代		父本	母本	家系子一代
	♀1	A_1			♀1	I_1
♂A	♀2	A_2	♂B, ♂C, … ♂I		♀2	I_2
	♀3	A_3			♀3	I_3

3. 幼虫及稚贝培育

幼虫及稚贝在 60L 塑料桶中充气培养,用水为砂滤海水,浮游期间饵料以湛江等鞭金藻为主,附着变态后饵料以小球藻为主。每 2d 全量换水 1 次,调整密度,使各家系密度基本保持一致,尽量消除密度对其生长的影响,换水时每换一个家系后都要用淡水将筛绢网冲洗干净,防止各家系间混杂。当稚贝长到 1mm 左右时,将其从桶中转移到对角线 500μm 左右的网袋中,使每袋中密度保持一致,挂到室外土池中培养,定期对网袋清洗及更换。

4. 数据测量与处理

1)测量各家系的受精率、孵化率。受精率为受精卵密度与受精前卵密度的百分比;孵化率为 D 形幼虫密度与受精卵密度的百分比。

2)分别测量各斑马蛤家系 3 日龄、6 日龄、9 日龄、30 日龄、60 日龄和 90 日龄的壳长,每个重复随机测量 30 个个体。

3)测定 9 日龄幼虫和 30 日龄稚贝的存活率。9 日龄幼虫存活率为单位体积幼虫数与 D 形幼虫数的百分比;30 日龄稚贝存活率为存活稚贝的总数占变态稚贝数的百分比。

4)幼虫和壳长小于 300μm 的稚贝在显微镜下测量,当壳长大于 3.0mm 后使用游标卡尺(精确度 0.01mm)测量。

5)家系绝对生长值计算公式为

$$G=(L_1-L_0)/(t_1-t_0) \quad (2-10)$$

式中,G 为绝对生长;L_0 为第一次测定的壳长;L_1 为最后一次测定的壳长;t_0 为第一次测定的日龄;t_1 为最后一次测定的日龄。

5. 数据分析

采用 SPSS13.0 统计分析软件,使用单因素方差分析方法对不同家系测得的数据进行比较分析,并用 Excel 作图。

2.2.12.2 结果

1. 孵化率

由表 2-64 可见，不同家系的孵化率存在一定的差异。C_2、E_1 和 I_1 孵化率最高，均为 97.78%，与 A_1、A_2、B_1、B_3、D_1、D_3、E_3、F_2、G_1、G_3、H_1、H_3 和 I_2 家系差异不显著($P>0.05$)，与其他家系差异显著($P<0.05$)，D_2 和 C_3 家系孵化率较低，分别为 41.11% 和 46.67%，其孵化率差异不显著。

表 2-64 家系孵化率比较(%)

家系	孵化率	家系	孵化率	家系	孵化率
A_1	94.44±1.92[ab]	D_1	92.22±1.92[ab]	G_1	92.22±3.85[ab]
A_2	91.11±6.94[ab]	D_2	41.11±1.92[f]	G_2	65.56±10.72[e]
A_3	80.00±0.00[cd]	D_3	91.11±1.92[ab]	G_3	91.11±3.85[ab]
B_1	96.67±3.33[ab]	E_1	97.78±1.92[a]	H_1	94.44±3.85[ab]
B_2	90.00±6.67[b]	E_2	78.89±1.92[cd]	H_2	82.22±1.92[c]
B_3	93.33±3.33[ab]	E_3	93.33±3.33[ab]	H_3	94.44±1.92[ab]
C_1	76.67±3.33[cde]	F_1	80.00±3.33[cd]	I_1	97.78±1.92[a]
C_2	97.78±1.92[a]	F_2	91.11±5.09[ab]	I_2	92.22±5.09[ab]
C_3	46.67±5.77[f]	F_3	74.44±5.09[de]	I_3	81.11±5.09[cd]

注：同列中具有相同字母者表示差异不显著($P>0.05$)，具有不同字母者差异显著($P<0.05$)

2. 各家系生长、存活

(1) 各斑马蛤家系幼虫生长

图 2-46 为斑马蛤各家系 3 日龄、6 日龄、9 日龄幼虫的壳长比较。3 日龄时，所有家系平均壳长为 144.34μm，I_2 壳长最大，为 157.00μm，与 D_1 和 E_1 家系差异不显著($P>0.05$)，A_3 家系壳长最小，为 132.67μm，比 I_2 壳长小 15.5%；6 日龄时，壳长生长较快的是 I_2 和

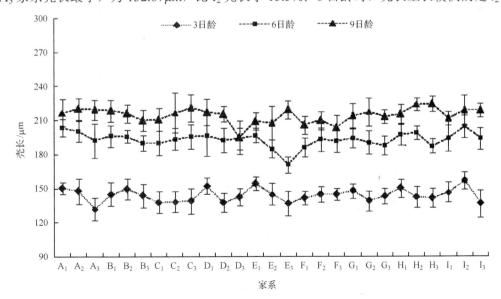

图 2-46 各家系 3 日龄、6 日龄、9 日龄壳长比较

A_1 家系,其平均壳长分别为 204.67μm 和 204.00μm,壳长最小的是 E_3 家系,其平均壳长为 171.00μm,与其他家系差异显著($P<0.05$),比平均壳长 193.43μm 低 11%;9 日龄时,壳长最大的是 H_3 家系,比生长最慢的 D3 家系高出 12.8%,且差异显著($P<0.05$)。

图 2-47 为 3~6 日龄、6~9 日龄各家系斑马蛤壳长的绝对生长值。3~6 日龄时,各家系的平均绝对生长为 49.09μm,最大值为 A_3 家系,其绝对生长为 60μm,3~6 日龄生长最慢的是 E_3 家系,其绝对生长值为 33.67μm,比 A_3 家系低 43.88%,比平均值低 31.41%。6~9 日龄绝对生长最大的是 E_3 家系,其绝对生长值为 48.67μm,6~9 日龄各家系的平均生长值为 21.23μm,生长最慢的是 D_3 家系,其绝对生长值为 1.17μm。

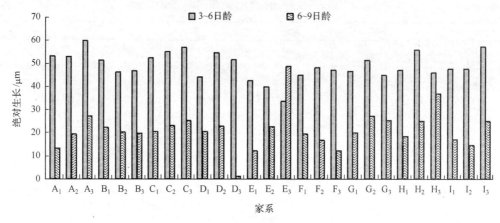

图 2-47 各家系幼虫期绝对生长

(2)各斑马蛤家系稚贝期生长比较

图 2-48 为各家系在稚贝期 30 日龄、60 日龄和 90 日龄的壳长生长。30 日龄时,各家系稚贝平均壳长为 0.74mm,D_2 家系壳长最大,为 1.19mm,F_2 家系的壳长最小,D_2 与 F_2 差异显著($P<0.05$)。60 日龄时,生长最快的家系是 C_2 家系,壳长为 5.56mm,比各家系平均壳长大 18.80%,与 B_3、D_2、E_1 和 E_2 家系差异不显著($P>0.05$),与壳长最小的家系 B_1 差异极显著($P<0.01$)。90 日龄时,E_2 家系的生长速度最快,平均壳长为 10.25mm,比 90 日龄所有家系的平均壳长 8.20mm 高出 25.00%,与壳长最小的 G_1 差异极显著($P<0.01$)。

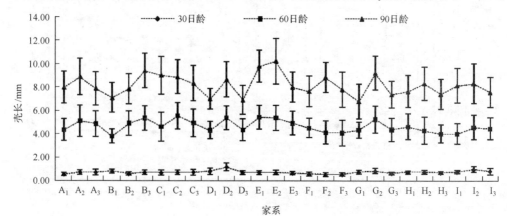

图 2-48 各家系 30 日龄、60 日龄、90 日龄壳长比较

图 2-49 为各家系 30~60 日龄和 60~90 日龄的绝对生长。30~60 日龄，C_2 家系的绝对生长最大，为 4.83mm，与 B_3、E_1、E_2 家系差异不显著，比最小的 B_1 家系高 60.47%，且差异极显著（$P<0.01$）。60~90 日龄，绝对生长值最大的是 E_2 家系，为 4.86mm，比平均值高 38.07%，绝对生长值最小的是 G_1 家系，为 2.45mm，比 E_2 家系低 49.59%，且差异极显著（$P<0.01$）。

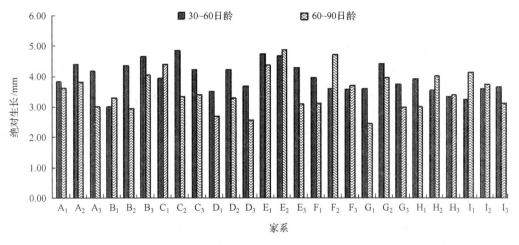

图 2-49　各家系稚贝期绝对生长

(3) 各家系存活率

图 2-50 为各斑马蛤家系幼虫期 9 日龄和稚贝期 30 日龄的存活率。9 日龄时，27 个家系的平均存活率为 69.01%，其中存活率最高的是 I_1 家系，存活率为 88.89%，比平均存活率高 28.81%，其次是 I_2、E_2、B_3、A_2 和 E_1 家系，与 I_1 家系差异不显著（$P>0.05$），D_3 家系的存活率最低，为 48.89%，与 I_1 家系差异极显著（$P<0.01$）。30 日龄时，E_3 家系的存活率最高，为 97.78%，H_3 家系存活率最低，为 61.11%，二者差异极显著（$P<0.01$）；H_3 家系存活率与 B_1、H_1 家系差异不显著（$P>0.05$），与其他家系差异显著（$P<0.05$）。

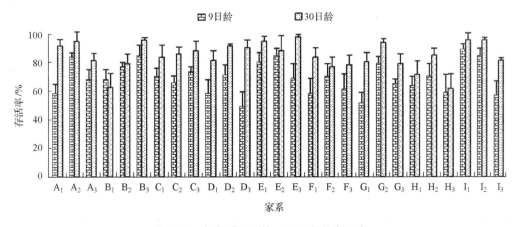

图 2-50　各家系 9 日龄、30 日龄的存活率

2.2.12.3 讨论

通过比较各斑马蛤家系的孵化率，幼虫期和稚贝期的生长和存活发现：在孵化率方面，除了 D_2 和 C_3 家系的孵化率小于 50.00%，G_2 家系存活率为 65.56% 以外，其余家系的孵化率均达到 70.00% 以上，C_2、E_1 和 I_1 家系的孵化率最高。

幼虫期的生长速度较快的家系是 A_2、B_1、E_3、H_2、H_3、I_1 和 I_2 家系，生长较慢的是 D_3 和 F_3 家系；稚贝期生长较快的是 A_2、B_3、C_2、E_1、E_2、F_2、G_2 和 I_1 家系，生长较为迟缓的是 B_1、D_1 和 G_1 家系。存活方面，幼虫期 I_1 家系存活率最高，最低的是 D_3 家系，稚贝期 E_3 家系的存活率最高，其次是 A_2、B_3、E_1 和 G_2 家系，存活率最低的是 H_3、B_1 和 H_1 家系。综合来看，A_2、B_3、C_2、E_1、E_3、G_2、I_1 和 I_2 是比较优良的家系，可以继续作为培育优良蛤仔品系的材料。

家系选择是选择育种的一种重要方法(刘庆昌，2007)。利用家系选育技术对水产动物经济性状进行改良已有成功报道。田永胜等(2009)利用家系选育技术建立了 63 个牙鲆家系，用方差分析对家系的体长、体重及绝对增重率进行了比较分析，发现各家系的生长性能存在明显的差异，成功筛选出了 8 个生长快速的优良家系，为培育生长速度快、抗病能力强的鱼类新品种提供了材料。张存善等(2008)采用不平衡巢式设计建立了虾夷扇贝全同胞家系 33 个，并且对 33 个家系的壳长、壳高、壳宽和活体重进行了周年观测，分析比较了各家系的生长情况，部分家系表现出了优良的生长性状，还有部分家系一直处于生长较慢的状态，各家系间存在明显差异，为优良品系的选育提供了丰富的选种材料。Lionel 等(2007)研究了长牡蛎的抗高温性状，通过对高温时期建立的家系性状的比较，得出长牡蛎各家系间抗高温性状遗传差异显著，存活率也不相同，并且其在高温季节的存活率可以通过家系的逐代筛选进行改良。

本研究采用不平衡巢式设计建立了斑马蛤品系 27 个全同胞家系，对各家系早期生长发育进行比较，成功筛选出了优良斑马蛤家系，为蛤仔优良品种培育提供了重要的育种材料。

2.3 蛤仔的壳型

2.3.1 蛤仔大连石河群体两种壳型品系生长发育比较

蛤仔的壳型随环境变化很大，不同地理群体间也存在明显差异。闫喜武等(2005a)在对蛤仔莆田群体与大连群体生物学比较中发现，大连群体和莆田群体在壳型上存在明显差异；刘仁沿等(1999)探讨了中国沿海 6 个蛤仔群体形态性状与遗传变异的关系，发现不同地理群体蛤仔壳型存在多态性。日韩消费者偏爱壳宽型蛤仔，其出口价格比壳扁型蛤仔高出 1/3。本研究对大连石河群体两种壳型蛤仔生长发育进行了比较，以期为进一步开展消费者喜爱的壳宽型蛤仔的选育提供参考。

2.3.1.1 材料与方法

实验用亲本为大连石河北海滩涂 3 龄野生蛤仔。将放射肋少于 70 条的蛤仔定义为壳宽型，放射肋多于 90 条的定义为壳扁型，选出壳型规整的壳宽型和壳扁型蛤仔各 1600 个个体作为繁殖群体。

2.3.1.2 结果

1. 亲贝的鲜重、性比及产卵量

亲贝的鲜重、性比、产卵量见表 2-65。壳宽型亲贝的鲜重与产卵量均小于壳扁型亲贝；壳宽型亲贝的雌性比高于壳扁型亲贝，但二者都是雄多于雌。

表 2-65 两种亲贝的鲜重、性比及产卵量

类别	壳宽型	壳扁型
鲜重/(g/个)	11.63	15.63
性比(♀:♂)	0.88:1	0.62:1
产卵量/(万粒/个)	124.19	408.50

2. 卵径、受精率、孵化率、D 形幼虫大小

蛤仔两个壳型品系卵径、受精率、孵化率、D 形幼虫大小见表 2-66。方差分析显示，以上指标均无显著差别($P>0.05$)。

表 2-66 两个壳型品系的卵径、受精率、孵化率及 D 形幼虫大小

类别	壳宽型	壳扁型
卵径/μm	70.07 ± 0.82^a	70.12 ± 0.96^a
受精率/%	98.56^a	99.24^a
孵化率/%	99.16^a	99.35^a
D 形幼虫(壳长)/μm	100.33 ± 1.05^a	100.47 ± 1.00^a

注：同行中具有不同字母者表示差异显著($P<0.05$)

3. 幼虫的生长、存活及变态

由图 2-51 可见，在幼虫培育过程中，13 日龄以前，壳宽型亲贝(WS)幼虫的生长速度快于壳扁型亲贝(PS)幼虫，而后 WS 幼虫的生长速度开始慢于 PS 幼虫，但统计分析表明，两种壳型幼虫大小差异不显著($P>0.05$, $n=90$)。在整个浮游期，WS、PS 幼虫的平均生长速度分别为(9.46 ± 1.56)μm/d 和(9.60 ± 0.38)μm/d，差异不显著($P>0.05$, $n=90$)。

如图 2-52 所示，在 12 日龄以前，两种壳型幼虫存活率均在 80%以上，WS 幼虫的存活率虽略高于 PS，但差异不显著($P>0.05$, $n=90$)；到 16 日龄时，幼虫出现大批量死亡，存活率下降，WS 幼虫的存活率显著低于 PS($P<0.05$, $n=3$)。

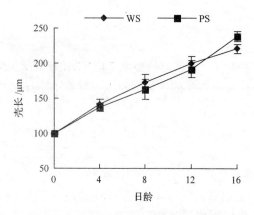
图 2-51　蛤仔两个壳型品系幼虫生长比较

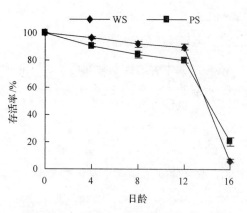
图 2-52　蛤仔两个壳型品系幼虫存活比较

由表 2-67 可知，16 日龄以后，当 WS 和 PS 幼虫壳长分别达到 $(191.73\pm12.38)\mu m$ 和 $(199.78\pm9.71)\mu m$ 时开始附着，进入变态期。在本实验条件下，变态期持续 8～9d。在变态期间，幼虫摄食量减小，生长缓慢。WS 和 PS 幼虫生长速度分别为 $(2.64\pm0.34)\mu m/d$ 和 $(3.91\pm0.67)\mu m/d$，前者显著慢于后者（$P<0.05$，$n=90$）；WS 和 PS 幼虫变态规格分别为 $(220.89\pm6.64)\mu m$ 和 $(239.00\pm7.04)\mu m$，二者差异显著（$P<0.05$，$n=90$）；WS 和 PS 幼虫变态率分别为 $5.32\%\pm1.53\%$ 和 $15.68\%\pm3.06\%$，差异显著（$P<0.05$，$n=3$）（表 2-67）。

表 2-67　两个壳型品系幼虫附着大小、变态率、变态规格、单水管稚贝大小、双水管稚贝大小

类别	壳宽型	壳扁型
附着大小/μm	191.73 ± 12.38^a	199.78 ± 9.71^a
变态率/%	5.32 ± 1.53^a	15.68 ± 3.06^b
变态规格/μm	220.89 ± 6.64^a	239.00 ± 7.04^b
单水管稚贝大小/μm	300.00 ± 8.21^a	318.11 ± 7.63^b
双水管稚贝大小/μm	1399.00 ± 47.62^a	1191.00 ± 32.84^b

注：同行中具有不同字母者表示差异显著（$P<0.05$）

4. 稚贝的生长、存活

由图 2-53 可见，在室内培育阶段，稚贝生长快。PS 稚贝生长速度快于 WS，生长速度分别为 $(37.67\pm2.83)\mu m/d$、$(26.92\pm3.92)\mu m/d$，差异显著（$P<0.05$，$n=90$）（表 2-68）；在生态池中间育成阶段，如图 2-54 所示，PS 稚贝的生长速度明显高于 WS，60～120 日龄生长速度分别为 $(207.93\pm17.15)\mu m/d$、$(179.27\pm17.93)\mu m/d$；120～180 日龄分别为 $(89.94\pm12.52)\mu m/d$、$(81.86\pm15.67)\mu m/d$，差异显著（$P<0.05$，$n=90$）（表 2-68）。

由图 2-55 可见，在室内培育过程中，30～60 日龄 PS 稚贝存活率显著高于 WS（$P<0.05$，$n=90$）。由图 2-56 可知，稚贝由室内转入生态池进行中间育成，60～180 日龄 PS、WS 稚贝存活率分别为 $91.33\%\pm1.15\%$、$82.85\%\pm1.87\%$，差异显著（$P<0.05$，$n=90$）。

表 2-68 蛤仔两个壳型品系幼虫、稚贝生长速度　　　　（单位：μm/d）

发育阶段	壳宽型	壳扁型
浮游期(0～16d)	9.46 ± 1.56^a	9.60 ± 0.38^a
变态期(16～24d)	2.64 ± 0.34^a	3.91 ± 0.67^b
室内培育期(24～60d)	26.92 ± 3.92^a	37.67 ± 2.83^b
室外养成期(60～120d)	179.27 ± 17.93^a	207.93 ± 17.15^b
室外养成期(120～180d)	81.86 ± 15.67^a	89.94 ± 12.52^b

注：同行中具有不同字母者表示差异显著($P<0.05$)

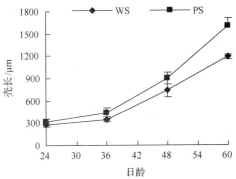

图 2-53 两个壳型品系稚贝室内期间生长比较

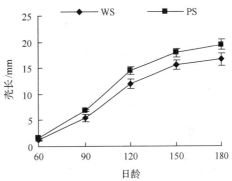

图 2-54 两个壳型品系稚贝中间育期间生长比较

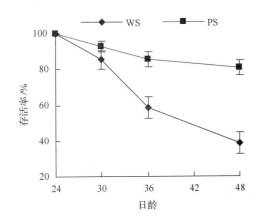

图 2-55 两个壳型品系稚贝室内培育期间存活比较

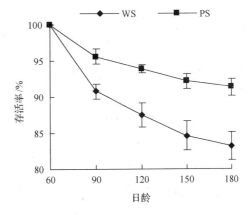

图 2-56 两个壳型品系稚贝中间育成期间存活比较

2.3.1.3 讨论

两种壳型蛤仔雌雄比例、产卵量不同，这与性腺成熟度有关。两品系蛤仔卵径、D形幼虫大小、变态规格无显著差异，单水管、双水管稚贝的大小差异显著。说明壳型与卵径、D形幼虫、变态规格没有必然联系，但与单水管、双水管稚贝的大小存在某种联系。这与闫喜武等(2005b)、郑怀平等(2003)对不同壳色蛤仔、海湾扇贝的研究结果相同。

壳型作为数量性状与生长发育、经济性状的联系可能与贝类的遗传、生理特性及生态环境等有关。幼虫浮游期间(0～16日龄)，两壳型品系幼虫生长差异不显著，12日龄以前幼虫存活率差异也不显著，16日龄时，壳宽型幼虫存活率低于壳扁型，且差异显著；变态期间(16～24日龄)，两壳型品系幼虫生长缓慢，"壳宽型"、"壳扁型"变态率差异极显著。说明壳型对幼虫变态率有影响，这与闫喜武对不同壳色蛤仔生长发育比较的研究结果相一致。稚贝在室内培育期间(24～60日龄)，"壳扁型"稚贝生长速度、存活率均高于"壳宽型"，且差异显著。稚贝在生态池中育成阶段(60～180日龄)，"壳扁型"稚贝生长快，两壳型品系稚贝存活率均在80%以上，以"壳扁型"稚贝较高，差异显著。说明生长、存活等表型性状在生活史的早期尚未表现出来，这与闫喜武、郑怀平等对不同壳色蛤仔、海湾扇贝的研究结果是一致的。随着蛤仔的发育，生长速度、抗逆性在不同壳型之间的差异越来越明显，"壳扁型"品系生长更快、抗逆性更强。经过幼虫、稚贝培育等环节，2006年9月，两品系后代在生长速度、抗逆性等方面存在显著差别。这与郑怀平等(2003)对不同壳色海湾扇贝的研究结果是一致的。说明以壳型作为亲本选择的依据，筛选出与生长发育、经济性状紧密相关的壳型性状对选种是非常必要的。本研究为以壳型为标记的蛤仔遗传育种奠定了初步基础。

2.3.2 蛤仔獐子岛群体两种壳型品系生长发育比较

贝类的壳型与生长、抗逆等经济性状密切相关。张跃环等(2008a)对大连石河群体两种壳型蛤仔生长发育进行了比较，结果表明，蛤仔壳型变异由基因决定，表现形式受环境影响。

獐子岛位于长山群岛南部，距大连103.71km。由于长期的地理隔离，獐子岛蛤仔形成了独特的种群，其壳形态分化明显。本研究将獐子岛品系划分为"壳宽型"及"壳扁型"两种类型，开展了两种壳型蛤仔家系建立及表型性状研究，以期为不同壳型蛤仔的选育提供理论依据。

2.3.2.1 材料与方法

2014年于大连獐子岛生态保护区采集野生蛤仔2000粒。参照Nathalie和Catherine(2012)的方法测量蛤仔的壳长、壳高、壳宽及活体重，以壳宽与壳长的比值为标准，按比值从大到小的顺序，选择前10%个体，作为"壳宽型"蛤仔，选择后10%个体作为"壳扁型"蛤仔(图2-57)。

图2-57 "壳宽型"蛤仔和"壳扁型"蛤仔

1. 表型性状测量

随机取"壳宽型"和"壳扁型"蛤仔各 50 个，测量壳长(X_1)、壳宽(X_2)、壳高(X_3)；用滤纸吸去贝壳表面海水，测量活体重(WL)，然后解剖，用滤纸吸除外套腔液，测量软体重(WM)。

其他测量指标包括：产卵量，D 形幼虫大小，3 日龄、6 日龄、15 日龄、30 日龄、60 日龄、90 日龄和 120 日龄壳长，3 日龄、15 日龄、30 日龄、120 日龄存活率。

2. 两种壳型家系建立

挑选的"壳宽型"及"壳扁型"蛤仔各 50 个，采用阴干刺激催产，采用群体交配的方法分别建立蛤仔两种壳型家系。放于 60L 白色塑料桶中孵化、培育。实验设置 3 个重复。幼虫及稚贝培育期间连续微量充气，每天全量换水 1 次，日投饵 3~4 次，饵料为叉鞭金藻，投饵量视摄食情况及水色而定。各实验组严格隔离，防止混杂。

3. 数据处理

使用 SPSS19.0 统计软件对数据进行处理。

参照 Huo 等(2010)的方法，分别进行各性状间的相关分析及形态性状对重量性状的影响分析。

2.3.2.2 结果

1. 两种壳型蛤仔活体重及软体重比较

由图 2-58 和图 2-59 可见，在相同壳长下，"壳宽型"品系的活体重及软体重均显著大于"壳扁型"品系($P<0.05$)。

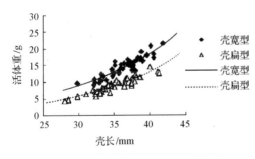
图 2-58 壳长与活体重的相关关系

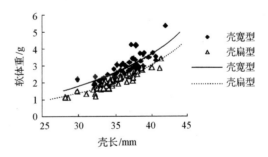
图 2-59 壳长与软体重的相关关系

2. 两种壳型蛤仔形态性状对重量性状的影响效果分析

两种壳型蛤仔各性状间相关系数见表 2-69。对角线以上为"壳宽型"蛤仔各性状间的相关系数，对角线以下为"壳扁型"蛤仔各性状间的相关系数。两种壳型蛤仔所测量的各形态性状与活体重、软体重的表型相关性均达到极显著水平($P<0.01$)。

根据相关系数的组成效应，将形态性状与重量性状的相关系数剖分为各性状的直接作用和各性状通过其他性状的间接作用。表 2-70 为"壳宽型"蛤仔壳形态性状对活体重的影响。结果表明，壳宽的相关系数和直接作用均最大，是影响活体重的主要因素，壳高的间接作用最大，是影响活体重的次要因素；"壳宽型"蛤仔壳形态性状对软体重的影响结果表明，壳长的相关系数和直接作用均大于壳宽，是影响软体重的主要因素，壳宽的间接作用大于壳长，是影响软体重的次要因素。

表 2-69　两种壳型蛤仔各性状间的相关系数

性状	X_1	X_2	X_3	WL	WM
X_1	1	0.845**	0.905**	0.911**	0.754**
X_2	0.821**	1	0.835**	0.936**	0.744**
X_3	0.736**	0.754**	1	0.903**	0.728**
WL	0.927**	0.950**	0.782**	1	0.743**
WM	0.899**	0.823**	0.707**	0.868**	1

**表示有极显著差异（$P<0.01$）

表 2-70　"壳宽型"蛤仔壳形态性状对重量性状的影响

重量性状	形态性状	相关系数	直接作用	间接作用			
				X_1	X_2	X_3	总和 Σd
软体重	X_1	0.754	0.435		0.318		0.318
	X_2	0.744	0.376	0.368			0.368
活体重	X_1	0.911	0.258		0.443	0.211	0.654
	X_2	0.936	0.524	0.218		0.195	0.413
	X_3	0.903	0.233	0.233	0.438		0.671

"壳扁型"蛤仔壳形态性状对活体重的影响见表 2-71。壳宽的相关系数和直接作用均大于壳长，是影响活体重的主要因素，壳长是影响活体重的次要因素。"壳扁型"蛤仔壳形态性状对软体重的影响结果表明，壳长的相关系数和直接作用均大于壳宽，是影响软体重的主要因素，壳宽是影响软体重的次要因素。

表 2-71　"壳扁型"蛤仔壳形态性状对重量性状的影响

重量性状	形态性状	相关系数	直接作用	间接作用		
				X_1	X_2	总和 Σd
软体重	X_1	0.899	0.684		0.214	0.214
	X_2	0.823	0.261	0.562		0.562
活体重	X_1	0.927	0.452		0.475	0.475
	X_2	0.950	0.579	0.371		0.371

3. 两种壳型蛤仔早期生长发育比较

(1) 两种壳型蛤仔产卵量、孵化率及 D 形幼虫大小

由表 2-72 可见，"壳宽型"蛤仔产卵量为 (70.48 ± 0.75) 万粒/个，而"壳扁型"蛤仔的产卵量为 (40.25 ± 0.90) 万粒/个，两者差异显著（$P<0.05$）。两种壳型蛤仔 D 形幼虫大小差异不显著（$P>0.05$）。孵化率差异也不显著（$P>0.05$）。

表 2-72　两种壳型蛤仔产卵量、孵化率及 D 形幼虫大小

壳型	产卵量/(万粒/个)	孵化率/%	D 形幼虫壳长/μm
壳宽型	70.48±0.75^a	94.32±2.03^a	100.55±1.21^a
壳扁型	40.25±0.90^b	96.14±1.59^a	100.27±0.93^a

注：同列中具有相同字母者表示差异不显著($P>0.05$)，具有不同字母者表示差异显著($P<0.05$)

(2) 幼虫生长与存活

由表 2-73 可见，两种壳型蛤仔 3 日龄、6 日龄壳长无显著差异($P>0.05$)，15 日龄"壳扁型"蛤仔壳长显著大于"壳宽型"蛤仔($P<0.05$)。"壳宽型"蛤仔幼虫期各日龄存活率均高于"壳扁型"蛤仔(表 2-74)，且差异显著($P<0.05$)。

表 2-73　两种壳型蛤仔幼虫壳长　　　　　(单位：μm)

壳型	日龄		
	3	6	15
壳宽型	110.5±1.28^a	148.6±1.78^a	186.8±3.67^a
壳扁型	113.3±1.96^a	150.6±2.63^a	200.6±4.69^b

注：同列中具有相同字母者表示差异不显著($P>0.05$)，具有不同字母者表示差异显著($P<0.05$)

表 2-74　两种壳型蛤仔幼虫存活率(%)

壳型	日龄		
	3	6	15
壳宽型	82.9±1.23^a	71.3±1.53^a	61.2±1.27^a
壳扁型	63.4±0.71^b	50.3±1.97^b	33.4±0.91^b

注：同列中具有相同字母者表示差异不显著($P>0.05$)，具有不同字母者表示差异显著($P<0.05$)

(3) 稚贝的生长与存活

由表 2-75、表 2-76 可见，"壳宽型"蛤仔各阶段壳长生长均显著大于"壳扁型"蛤仔($P<0.05$)，"壳宽型"蛤仔各阶段存活率均显著高于"壳扁型"蛤仔($P<0.05$)。

表 2-75　两种壳型蛤仔稚贝壳长　　　　　(单位：mm)

壳型	日龄			
	30	60	90	120
壳宽型	0.35±0.05^a	2.96±0.26^a	8.54±0.71^a	11.32±0.13^a
壳扁型	0.37±0.07^b	2.12±0.14^b	7.83±0.36^b	10.36±0.11^b

注：同列中具有相同字母者表示差异不显著($P>0.05$)，具有不同字母者表示差异显著($P<0.05$)

表 2-76　两种壳型蛤仔稚贝存活率(%)

壳型	日龄	
	60	120
壳宽型	78.7±0.98^a	47.52±1.58^a
壳扁型	61.4±0.73^b	38.24±0.94^b

注：同列中具有相同字母者表示差异不显著($P>0.05$)，具有不同字母者表示差异显著($P<0.05$)

(4) 子代壳型的比较

两种壳型蛤仔幼虫及稚贝期的壳型比较见表 2-77、表 2-78。3 日龄时,"壳扁型"蛤仔幼虫壳高/壳长大于"壳宽型"蛤仔幼虫,15 日龄时,"壳宽型"蛤仔幼虫壳高/壳长大于"壳扁型"蛤仔,但差异均不显著($P>0.05$)。稚贝期,90 日龄及 120 日龄时,"壳宽型"蛤仔的壳宽/壳长均显著大于"壳扁型"蛤仔($P<0.05$)。

表 2-77 幼虫期壳型(壳高/壳长)比较

壳型	日龄	
	3	15
壳宽型	0.802^a	0.883^a
壳扁型	0.808^a	0.877^a

注:同列中具有相同字母者表示差异不显著($P>0.05$),具有不同字母者表示差异显著($P<0.05$)

表 2-78 稚贝期壳型(壳宽/壳长)比较

壳型	日龄	
	90	120
壳宽型	0.381^a	0.431^a
壳扁型	0.354^b	0.409^b

注:同列中具有相同字母者表示差异不显著($P>0.05$),具有不同字母者表示差异显著($P<0.05$)

2.3.2.3 讨论

本研究表明,蛤仔獐子岛群体壳形态分化明显,这种分化为开展不同壳型蛤仔品系选育提供了可能。本研究表明,"壳宽型"蛤仔的活体重和软体重性状显著优于"壳扁型"蛤仔。两种壳型蛤仔中,壳宽均是影响活体重的主要因素,壳长均是影响软体重的主要因素,这一结果为通过蛤仔壳型选育而获得重量性状遗传改良提供了重要参考。

两种壳型蛤仔 3 日龄、6 日龄幼虫壳长生长无显著差异,这与张跃环等(2008a)对大连石河群体两种壳型的蛤仔生长发育比较的研究结果一致。"壳宽型"蛤仔产卵量、幼虫及稚贝存活率均显著高于"壳扁型"蛤仔,稚贝壳长生长明显快于"壳扁型"蛤仔,活体重、软体重及存活率也优于"壳扁型"蛤仔。因此对獐子岛"壳宽型"蛤仔进行逐代选育,对高产、抗逆新品种选育具有重要意义。

Yokogawa(1988)认为不同地理种群蛤仔在壳型上的显著差别可能是表型可塑性与环境适应的特异性选择的结果。在对日本蛤仔 Awazu 种群(特殊)与 Yashima 种群(正常)的形态学与遗传学的比较中发现,前者壳高与壳宽的比例及粒重等参数比后者大得多,Awazu 种群贝壳呈现椭圆形。但同工酶检测发现两个种群无显著差异,这符合哈迪-温伯格定律,故将两个种群定义为简单的孟德尔种群。评估表明,两个种群的遗传特点很接近。虽然两个种群等位基因频率差异显著,但遗传距离(D 值)为 0.0054。故 Awazu 种群不存在特殊的遗传分化,种群的形态特征可能是环境引起的。

目前,大多认为壳型的变异是由环境决定的,但有证据表明壳型变异不仅与环境有关,还受基因控制。Eagar 等(1984)研究发现,英国普利茅斯地区的克莱德河湾 3 个蛤仔

Venerupis rhomboids 种群有显著的壳型变异，依照壳长、盾面和壳厚等对各种群进行数据统计，移植后性成熟不同种群的壳型差异依然存在，说明壳型的差异不单单是环境不同引起的。

庄启谦(2001)将放射肋条数作为区分蛤仔与杂色蛤仔的依据之一，认为蛤仔放射肋条数>90 条，杂色蛤仔为 50~70 条。本研究表明，獐子岛群体"壳宽型"蛤仔放射肋数目均在 50~70 条。据张跃环(2008)对蛤仔大连石河群体的观察，其放射肋数目为 43~130 条，且放射肋数目在群体中呈连续分布。看来，放射肋条数是否能作为区分蛤仔与杂色蛤仔的依据之一还有待进一步商榷。

亲本中"壳宽型"(WW)和"壳扁型"(PP)蛤仔的壳宽与壳长的比值分别为 0.53、0.43，放射肋条数分别为 54~56、96~102。子代中 WW、PP 蛤仔的壳宽与壳长的比值分别为 0.49、0.38，比亲本的比值小，说明壳型在生长过程中是变化的，也就是说，子代在生长过程中，逐渐表现出亲本的特征，类似于高等动物的第二性征，且变化过程逐渐接近亲本的形态。

2.3.3 "壳宽型"蛤仔家系建立及生长性状遗传参数估计

2.3.3.1 材料与方法

1. 材料

同 2.3.2.1。

2. 方法

在水温 22℃、盐度 30、pH 7.8 的条件下，采用阴干流水刺激法对蛤仔进行催产，待亲贝产卵排精时，抓出正在产卵排精的个体，用淡水冲洗干净，放于提前准备好的 3L 塑料桶内，等待继续其产卵，收集单体的精卵。建立家系之前，镜检选用的精子或卵子是否已经受精，将已受精个体精子或卵子舍弃。

3. 家系建立

同 2.1.2.1。

4. 幼虫和稚贝培育

培育期间，实验用水为砂滤海水，水温 20~22℃，盐度 30，pH 7.8。幼虫和稚贝培育在 60L 塑料桶中，密度为 8~10 个/mL，每 2d 全量换水 1 次，为避免混杂，每桶幼虫换水后，将筛绢网置于淡水浸泡。日投饵 2 次，饵料为湛江等鞭金藻，幼虫浮游期投喂 2000~4000 个细胞/mL，稚贝期 1 万~2 万个细胞/mL，根据摄食情况适当调整饵料量。培育阶段每 3d 对密度进行一次调整，保证各家系密度基本一致。实验期间，连续微量充气。为避免家系混杂，各家系严格隔离。

5. 数据分析

同 2.1.3.1。

壳宽型蛤仔壳长的遗传参数估计采用以下公式：

$$Y_{ijk} = \mu + s_i + d_{ij} + e_{ijk} \tag{2-11}$$

式中，Y_{ijk} 为第 i 个雄性与第 j 个雌性交配产生的第 k 个后代的生长性状的测量值；μ 为总体平均数；s_i 为第 i 个雄性组分效应；d_{ij} 为第 i 个雄性内的第 j 个雌性组分效应；e_{ijk} 为随机误差。壳长数据的方差分析，通过 SPSS 软件 GLM（General Linear Model）过程实现。

2.3.3.2 遗传力计算

根据全同胞资料做双因素方差分析，得到 3 个遗传力的估计值。半同胞估计的狭义遗传力是同胞组内相关系数的 4 倍，全同胞估计的狭义遗传力是全同胞组内相关系数的 2 倍。

主要参考文献

包振民，万俊芬，王继业，等. 2002. 海洋经济贝类育种研究进展[J]. 青岛海洋大学学报，32(4)：567-572.
蔡丽玲. 2002. 长竹蛏肉营养成分的分析[J]. 水产科学，21(4)：12-14.
常亚青，张学善，曹学彬，等. 2008. 1 龄虾夷扇贝形态性状对重量性状的影响效应分析[J]. 大连水产学院学报，23(5)：330-334.
陈炜，孟宪治，陶平. 2004. 2 种壳色皱纹盘鲍营养成分的比较[J]. 中国水产科学，11(4)：367-370.
迟淑艳，周岐存，周健斌，等. 2007. 华南沿海 5 种养殖贝类营养成分的比较分析[J]. 水产科学，26(2)：79-83.
刁石强，李好来，陈培基，等. 2009. 马氏珍珠贝营养成分分析及评价[J]. 浙江海洋学院学报，19(1)：42-46.
管云雁，何毛贤. 2009. 海产经济贝类壳色多态性的研究进展[J]. 海洋通报，28(1)：108-114.
何毛贤. 2006. 马氏珠母贝红壳品系"南科珍珠红"的培育[J]. 热带海洋学报，25(2)：58.
何毛贤，管云雁，林岳光，等. 2007. 马氏珠母贝家系的生长比较[J]. 热带海洋学报，26(1)：39-43.
何毛贤，史兼华，林岳光，等. 2006. 马氏珠母贝生长性状的相关分析[J]. 海洋科学，30(11)：1-4.
黄付友，何玉英，李健. 2008. "黄海 1 号"中国对虾体长遗传力的估计[J]. 中国海洋大学学报，38(2)：269-274.
黄如彬，丁昌玉，林厚怡. 1995. 生物化学教程[M]. 北京：世界图书出版公司.
雷霁霖，梁萌青，刘新富，等. 2008. 大菱鲆营养成分与食用价值研究概述[J]. 海洋水产研究，29(4)：112-115.
黎筠，王昭萍，于瑞海，等. 2008. 紫石房蛤壳形状对活体重影响的定量分析[J]. 海洋水产研究，29(6)：60-67.
李加纳. 1995. 数量遗传学概论[J]. 重庆：西南师范大学出版社.
刘庆昌. 2007. 遗传学[M]. 北京：科学出版社：206-207.
刘仁沿，张喜昌，马成东，等. 1999. 菲律宾蛤仔形态性状及与遗传变异的关系研究[J]. 海洋环境科学，18(2)：5-10.
刘世禄，王波，张锡烈，等. 2002. 美国红鱼的营养成分分析与评价[J]. 海洋水产研究，23(2)：25-32.
刘小林，常亚青，相建海，等. 2002. 栉孔扇贝壳尺寸性状对活体重的影响效应分析[J]. 海洋与湖沼，33(6)：673-678.
刘志刚，章启忠，王辉. 2009. 华贵栉孔扇贝主要经济性状对闭壳肌重的影响效应分析[J]. 热带海洋学报，28(1)：61-66.
刘增胜，柳正. 2008. 中国渔业统计年鉴 2008[M]. 北京：中国农业出版社.
楼允东. 2001. 鱼类育种学[M]. 北京：中国农业出版社.

马爱军, 王新安, 雷霁霖. 2009. 大菱鲆(*Scophthalmus maximus*)不同生长阶段体重的遗传参数和育种值估计[J]. 海洋与湖沼, 40(2): 187-194.
马玉平, 李德海. 2002. 多不饱和脂肪酸的生物合成[J]. 中国乳品工业, 30(2): 27-30.
毛玉英, 陈玉新, 冯志哲, 等. 1993. 紫贻贝营养成分分析[J]. 上海水产大学学报, 2(4): 220-223.
庆宁, 林岳光, 金启增. 2000. 翡翠贻贝软体部营养成分的研究[J]. 热带海洋, 19(1): 81-84.
邱盛尧, 吕振波, 魏振华, 等. 2006. 美洲帘蛤的年龄与生长[J]. 水产学报, 30(3): 429-432.
佘纲哲, 傅明辉. 1996. 寻氏肌蛤营养成分分析[J]. 海洋科学, 20(5): 9-11.
沈俊宝, 刘明华. 1988. 荷包红鲤抗寒品系的筛选和培育[J]. 淡水渔业, (3): 14-17.
盛志廉, 陈瑶生. 2001. 数量遗传学[M]. 北京: 科学出版社.
孙雷, 周德庆, 盛晓风. 2008. 南极磷虾营养评价与安全性研究[J]. 海洋水产研究, 29(2): 57-64.
孙远明. 2006. 食品营养学[M]. 北京: 科学出版社.
孙中武, 李超, 尹洪滨, 等. 2008. 不同品系虹鳟的肌肉营养成分分析[J]. 营养学报, 30(3): 298-302.
田永胜, 陈松林, 徐田军, 等. 2009. 牙鲆4不同家系生长性能比较及优良亲本选择[J]. 水产学报, 33(6): 901-911.
王金玉, 陈国宏. 2004. 数量遗传与动物遗传育种[M]. 南京: 东南大学出版社.
王庆恒, 邓岳文, 杜晓东, 等. 2008. 马氏珠母贝4个壳色选系 F_1 幼虫的生长比较[J]. 中国水产科学, 15(3): 488-492.
王庆志, 李琪, 刘士凯, 等. 2009. 长牡蛎幼体生长性状的遗传力及其相关性分析[J]. 中国水产科学, 16(5): 736-743.
王晓清, 王志勇, 何湘蓉. 2010. 大黄鱼40日龄体长和体重遗传力估计[J]. 集美大学学报, 15(1): 7-10.
王雨, 叶乐, 陈旭, 等. 2009. 海南野生长肋日月贝形态形状与重量性状的通径分析[J]. 安徽农业科学, 37(8): 3570-3572.
王远红, 王聪. 2010. 海参科(Holothuriidae)中4种海参的营养成分分析[J]. 中国海洋大学学报(自然科学版), 40(7): 111-114.
吴仲庆. 2000. 水产生物遗传育种学(第三版)[M]. 厦门: 厦门大学出版社.
闫喜武. 2005. 菲律宾蛤仔养殖生物学、养殖技术与品种选育[D]. 青岛: 中国科学院海洋研究所博士学位论文.
闫喜武, 张国范, 杨凤, 等. 2005a. 菲律宾蛤仔莆田群体与大连群体生物学比较[J]. 生态学报, 25(12): 3329-3334.
闫喜武, 张国范, 杨凤, 等. 2005b. 菲律宾蛤仔莆田群体两个壳色品系生长发育的比较[J]. 大连水产学院学报, 20(4): 266-269.
闫喜武, 张跃环, 霍忠明, 等. 2009. 不同地理群体菲律宾蛤仔生长发育比较[J]. 大连水产学院学报, 24(1): 34-39.
闫喜武, 张跃环, 霍忠明, 等. 2010a. 不同壳色蛤仔品系 F_2 表型相关性状的研究[J]. 水产学报, 34(6): 801-809.
闫喜武, 张跃环, 孙焕强, 等. 2010b. 菲律宾蛤仔两道红与白斑马品系的三元杂交[J]. 水产学报, (008): 1190-1197.
杨凤, 张跃环, 赵越, 等. 2008. 青蛤家系建立及早期生长发育比较[J]. 水产科学, 27(8): 390-396.
杨建敏, 邱盛尧, 郑小东, 等. 2003. 美洲帘蛤软体部营养成分分析及评价[J]. 水产学报, 27(5): 495-498.
于飞, 张庆文, 孔杰, 等. 2008. 大菱鲆不同进口群体杂交后代的早期生长发育差异[J]. 水产学报, 32(1): 58-64.
张存善, 杨小刚, 宋坚, 等. 2008. 虾夷扇贝家系的建立及不同家系的早期生长研究[J]. 南方水产, 4(5): 45-50.

张国范, 刘述锡, 刘晓, 等. 2003. 海湾扇贝自交家系的建立与自交效应[J]. 中国水产科学, 10(6): 441-445.

张国范, 刘晓. 2006. 关于贝类遗传改良几个问题的讨论[J]. 水产学报, 30(1): 130-137.

张国范, 闫喜武. 2010. 蛤仔养殖学[M]. 北京: 科学出版社.

张国范, 郑怀平. 2009. 海湾扇贝养殖遗传学[M]. 北京: 科学出版社.

张洪涛, 单雷, 毕玉平. 2006. n-6 和 n-3 多不饱和脂肪酸在人和动物体内的功能关系[J]. 山东农业科学, (2): 115-120.

张庆文, 孔杰, 栾生, 等. 2008. 大菱鲆 25 日龄 3 个经济性状的遗传参数评估[J]. 海洋水产研究, 29(3): 53-56.

张跃环. 2008. 菲律宾蛤仔壳色、壳型的品系选育及其遗传机制研究[D]. 大连: 大连水产学院硕士学位论文.

张跃环, 闫喜武, 王艳, 等. 2009. 不同壳型菲律宾蛤仔杂交家系的建立及早期生长发育比较[J]. 渔业科学进展, 30(2): 71-77.

张跃环, 闫喜武, 杨凤, 等. 2008a. 大连群体两种壳型菲律宾蛤仔家系的生长发育比较[J]. 生态学报, 28(5): 2052-2059.

张跃环, 闫喜武, 杨凤, 等. 2008b. 菲律宾蛤仔大连群体两种壳型家系生长发育比较[J]. 生态学报, 28(9): 4246-4252.

赵洪恩, 张金世, 黄丽红. 1999. 关于玛瑙鲍的探索与研究[J]. 水产科学, 18(12): 3-6.

郑怀平, 张国范, 刘晓, 等. 2003. 不同贝壳颜色海湾扇贝家系的建立及生长发育的研究[J]. 海洋与湖沼, 36(6): 632-639.

郑怀平, 张国范, 刘晓, 等. 2004. 海湾扇贝杂交家系与自交家系生长和存活的比较[J]. 水产学报, 28(3): 265-272.

曾聪, 曹小娟, 高泽霞, 等. 2014. 团头鲂生长性状的遗传力和育种值估计[J]. 华中农业大学学报, 33(2): 89-95.

庄启谦. 2001. 中国动物志, 软体动物门, 双壳纲, 帘蛤科[M]. 北京: 科学出版社.

Ackman R G. 1987. Simplification of analysis of fatty acids in fish lipids and related lipid samples[J]. Journal of Internal Medicine, 222(2): 99-103.

Alfonsi C, Perez J E. 1998. Growth and survival in the scallop *Nodipecten nodosus* as related to self-fertilization and shell colour[J]. Boletin, 37 (1/2). 69-73.

Allam B, Paillard C. 1998. Defense factors in clam extrapallial fluids[J]. Diseases of Aquatic Organisms, 33(2): 123-128.

Bauchau V. 2001. Developmental stability as the primary function of the pigmentation patterns in bivalve shells[J]? Belgian Journal of Zoology, 131(Suppl. 2): 23-28.

Becker W A. 1984. Manual of Quantitative Genetics[M]. Pullman, Washington: Academic Enterprises.

Benzie J A H, Kenway M, Trott L. 1996. Estimates for the heritability of size in juvenile *Penaeus monodon* prawns from half-sib mating[J]. Aquaculture, 152(1): 49-53.

Brand E, Kijima A, Fujio Y. 1994. Shell color polymorphism and growth in the Japanese scallop, *Patinopecten yessoensis*[J]. Tohoku Journal of Agricultural Research, 44(1): 67-76.

Campbell A, Lessard J, Jamieson G S. 2003. Fecundity and seasonal reproduction of northern abalone, *Haliotis kamtschatkana*, in Barkley Sound, Canada[J]. Journal of Shellfish Research, 22(3): 811-818.

Chen M, Yang H, Delaporte M, et al. 2007. Immune responses of the scallop *Chlamys farreri* after air exposure to different temperatures[J]. Journal of Experimental Marine Biology and Ecology, 345(1): 52-60.

Cheng W, Hsiao I. 2004. Change in water temperature on the immune response of Taiwan abalone *Haliotis diversicolor supertexta* and its susceptibility to *Vibrio parahaemolyticus*[J]. Fish and Shellfish Immunology, 17(3): 235-243.

Christie W W. 1982. Lipid Analysis(2nd)[M]. Oxford: Pergamon Press.

Christie W W. 1988. Equivalent Chain-lengths of methyl ester derivatives of fatty acids on gas chromatography. A reappraisal[J]. Journal of Chromatography A, 447: 305-314.

Comstock R E, Robinson H F. 1952. Estimation of Average Dominance of Genes[M]. Ames: Iowa State Coll Press.

Davis C V. 2000. Estimation of narrow-sense heritability for larval and juvenile growth traits in selected and unselected sub-lines of eastern oysters, *Crassostrea virginica*[J]. Journal of Shellfish Research, 19(1): 613.

Delaporte M, Soudant P, Lambert C, et al. 2006. Impact of food availability on energy storage and defense related hemocyte parameters of the Pacific oyster *Crassostrea gigas* during an experimental reproductive cycle[J]. Aquaculture, 254(1-4): 571-582.

Dubo I S M, Glles K A, Hamlton J K, et al. 1956. Colorimetric method for determination of sugars and related substances[J]. Analytical Chemistry, 28: 350-356.

Eagar R M C, Stone N M, Dickson P A. 1984. Correlation between shape, weight and thickness of shell in four populations of *Venerupis rhomboids* (Pennant) [J]. J Molluscan Stud, 50(1): 19-38.

Fang Z, Tian W, Ji H. 2012. A network-based gene-weighting approach for pathway analysis[J]. Cell Research, 22(30): 565-580.

Fisher W S, Wishkovsky A, Chu F L E. 1990. Effects of tributyltin on defense-related activities of oyster hemocytes[J]. Archives of Environmental Contamination and Toxicology, 19(3): 354-360.

Gagnaire B, Frouin H, Moreau K, et al. 2006a. Effects of temperature and salinity on haemocyte activities of the Pacific oyster, *Crassostrea gigas* (Thunberg)[J]. Fish and Shellfish Immunology, 20(4): 536-547.

Gagnaire B, Thomas-Guyon H, Burgeot T, et al. 2006b. Pollutant effects on Pacific oyster, *Crassostrea gigas* (Thunberg), hemocytes: Screening of 23 molecules using flow cytometry[J]. Cell Biology and Toxicology, 22(1): 1-14.

Gerard A. 1978. Etude des garnitures chromosomiues de deux Veneridae: *Ruditapes decussates* (L.) et *Ruditapes philippinarum* (Adama et Reeve)[J]. Haliotis, 9(1): 69-71.

Guan Y, Huang L, He M. 2011. Construction of cDNA subtractive library from pearl oyster (*Pinctada fucata* Gould) with red color shell by SSH[J]. Chinese Journal of Oceanology and Limnology, 29(3): 616-622.

Hadley H N, Dillon Jr R T, Manzi J J. 1991. The realized heritability of growth rate in hard clam *Mercenaria mercenaria*[J]. Aquaculture, 93(2): 109-119.

Hadley L E, Newkirk G F. 1982. The genetics of growth rate *Crassostrea viginica* and *Ostrea edulis*[J]. Malacologia, 22(1-2): 399-401.

Hannam M L, Bamber S D, John Moody A, et al. 2010. Immunotoxicity and oxidative stress in the Arctic scallop *Chlamys islandica*: effects of acute oil exposure[J]. Ecotoxicology and Environmental Safety, 73(6): 1440-1448.

Hedgecock D, Davis J P. 2007. Heterosis for yield and crossbreeding of the Pacific oyster *Crassostrea gigas*[J]. Aquaculture, 272: S17-S29.

Hedgecock D, McGoldrick D J, Bayne B L. 1995. Hybrid vigor in Pacific oysters: an experimental approach using crosses among inbred lines[J]. Aquaculture, 137(1-4): 285-298.

Hetzel J S, Crocos P J, Gerard P D. 2000. Response to selection and heritability for growth in the Kuruma prawn, *Penaeus jiaponicus*[J]. Aquaculture, 181(3): 215-223.

Hilbish T J, Winn E P, Rawson P D. 1993. Genetic variation and covariation during larval and juvenile growth in *Mercenaria mercenaria*[J]. Marine Biology, 115(1): 97-104.

Innes D J, Bates J A. 1999. Morphological variation of *Mytilus edulis* and *Mytilus trossulus* in eastern Newfoundland[J]. Marine Biology, 133(4): 691-699.

Innes D J, Haley L F. 1977. Inheritance of a shell-color polymorphism in the mussel[J]. Journal of Heredity, 68: 203-204.

Jackson D, McDougall C, Green K, et al. 2006. A rapidly evolving secretome builds and patterns a sea shell[J]. BMC Biology, 4(1): 40.

Jonasson J, Stefansson S E, Gudnaso A, et al. 1997. Genetics variation for survival an body size during first life stage of red abalone, *Haliotis rufescens*, in Iceland[Abstract]. Monterey, California: Third International Abalone Symposium.

Kinoshita S, Wang N, Inoue H, et al. 2011. Deep sequencing of ESTs from nacreous and prismatic layer producing tissues and a screen for novel shell formation-related genes in the pearl oyster[J]. Plos One, 6(6): e21238.

Kvingedal R, Evans B S, Taylor J J U, et al. 2003. Family by environment interactions in shell size of 43-day old silver-lip pearl oyster (*Pinctada maxima*), five families reared under different nursery conditions[J]. Aquaculture, 279(1): 23-28.

Lambert C, Soudant P, Dégremont L, et al. 2007. Hemocyte characteristics in families of oysters, *Crassostrea gigas*, selected for differential survival during summer and reared in three sites[J]. Aquaculture, 270(1-4): 276-288.

Langdon C, Evans F, Jacobson D, et al. 2003. Yields of cultured Pacific oysters *Crassostrea gigas* Thunberg improved after one generation of selection[J]. Aquaculture, 220(1-4): 227-244.

Lannan J E. 1972. Estimating heritability and predicting response to selection for the Pacific oyster *Crassostrea gigas*[J]. Proceedings of the National Shellfisheries Association, 62: 62-66.

Lionel D, Ernande B, Bédier E, et al. 2007. Summer mortality of hatchery-produced Pacific oyster spat (*Crassostrea*).I. Estimation of genetic parameters for survival and growth[J]. Aquaculture, 262(1): 41-53.

Liu S, Jiang X, Hu X, et al. 2004. Effects of temperature on non-specific immune parameters in two scallop species: *Argopecten irradians* (Lamarck 1819) and *Chlamys farreri* (Jones & Preston 1904)[J]. Aquaculture Research, 35(7): 678-682.

Losee E. 1978. Influence of heredity on larvae and spat growth in *Crassostrea virginica*[J]. Journal of the World Aquaculture Society, 9(1-4): 101-107.

Malecha S R, Masuno S, Onizuka D. 1984. The feasibility of measuring the heritability of growth pattern variation in juvenile freshwater prawns *Macrobrachium rosenbergii* (De Man) [J]. Aquaculture, 38(4): 347-363.

Metcalfc L D, Schmitz A A, Peaka J R, et al. 1996. Rapid preparation of fatty acids esters from lipids for gas chromatographic analysis[J]. Analytical Chemistry, 38(3): 514-515.

Miura O, Nishi S, Chiba S. 2007. Temperature-related diversity of shell colour in the intertidal gastropod *Batillaria*[J]. Journal of Molluscan Studies, 73(3): 235.

Møller A P. 1997. Developmental stability and fitness: a review[J]. The American Naturalist, 149(5): 916-932.

Monari M, Matozzo V, Foschi J, et al. 2007. Effects of high temperatures on functional responses of haemocytes in the clam *Chamelea gallina*[J]. Fish and Shellfish Immunology, 22(1-2): 98-114.

Nagai K, Yano M, Morimoto K, et al. 2007. Tyrosinase localization in mollusc shells[J]. Comparative Biochemistry and Physiology Part B: Biochemistry and Molecular Biology, 146(2): 207-214.

Nathalie C M, Catherine B. 2012. Shell shape analysis and spatial allometry patterns of Manila Clam (*Ruditapes philippinarum*) in a Mesotidal Coastal Lagoon[J]. Journal of Marine Biology, 28(6): 1-11.

Neter J, Wasserman W, Kutner M H. 1985. Analysis of factor effects[J]. *In*: Kutner M H. Applied Linear Statistical Models. Homewood, IL: Irwin, Inc.: 582-584.

Newkirk G F. 1980. Genetics of shell color in *Mytilus edulis* L. and the association of growth rate with shell color[J]. Journal of Experimental Marine Biology and Ecology, 47(1): 89-94.

Newkirk G F, Haley L E, Waugh D L, et al. 1977. Genetics of larvae and spat growth rate in the oyster *Crassostrea virginica*[J]. Marine Biology, 41(1): 49-52.

Oubella R, Paillard C, Maes P, et al. 1994. Changes in hemolymph parameters in the Manila clam *Ruditapes philippinarum* (Mollusca, Bivalvia) folowing bacterial challenge[J]. Journal of Invertebrate Pathology, 64(1): 33-38.

Peignon J M, Geraed A, Naciri Y, et al. 1995. Analysis of shell colour determinism in the Manila clam *Ruditapes philippinarum*[J]. Aquatic Living Resources, 8(2): 181-189.

Phifer-Rixey M, Heckman M, Trussell G, et al. 2008. Maintenance of clinal variation for shell colour phenotype in the flat periwinkle *Littorina obtusata*[J]. Journal of Evolutionary Biology, 21(4): 966-978.

Qin Y, Liu X, Zhang H, et al. 2007. Identification and mapping of amplified fragment length polymorphism markers linked to shell color in bay scallop, *Argopecten irradians irradians* (Lamarck, 1819)[J]. Marine Biotechnology, (NY), 9(1): 66-73.

Rantala M J, Koskimĭki J, Taskinen J, et al. 2000. Immunocompetence, developmental stability and wingspot size in the damselfly *Calopteryx splendens* L[J]. Proceedings of the Royal Society of London Series B: Biological Sciences, 267(1460): 2453.

Rawson P D, Hilbish T J. 1990. Heritability of juvenile growth for the hard clam *Mercenaria mercenaria*[J]. Marine Biology, 105(3): 429-436.

Reid D G. 1987. Natural selection for apostasy and crypsis acting on the shell colour polymorphism of a mangrove snail, *Littoraria filosa* (Sowerby) (Gastropoda: Littorinidae)[J]. Biological Journal of the Linnean Society, 30(1): 1-24.

Richardson C A. 1988. Exogenous and endogenous rhythms of band formation in the shell of the clam *Tapes philippinarun* (Adams & Reeve, 1850)[J]. Journal of Experimental Marine Biology and Ecology, 122(2): 105-126.

Rohlf F J, Sokal R R. 1981. Comparing numerical taxonomic studies[J]. Systematic Biology, 30(4): 459-490.

Sergievsky S O, Berger V J. 1984. Physiological differences of principal shell-colour phenotypes of the gastropod mollusc *Littorina obtusata*[J]. Biol Moria, 2: 36-44.

Sergievsky S. 1992. A review of ecophysiological studies of the colour polymorphism of *Littorina obtusata* (L.) and *L. saxatilis* (Olivi) in the White Sea[J]. *In*: Grahame J, Mill P, Reid D G. Proceedings of the Third International Symposium on Littorinid Biology. London: The Malacological Society of London: 235-245.

Söderhäll K. 2011. Invertebrate Immunity[M]. Berlin: Springer Verlag.

Sokolova I, Berger V J. 2000. Physiological variation related to shell colour polymorphism in White Sea *Littorina saxatilis*[J]. Journal of Experimental Marine Biology and Ecology, 245(1): 1-23.

Soudant P, Paillard C, Choquet G, et al. 2004. Impact of season and rearing site on the physiological and immunological parameters of the Manila clam *Venerupis* (= *Tapes*,= *Ruditapes*) *philippinarum*[J]. Aquaculture, 229(1-4): 401-418.

Taki I. 1941. On the variation in the colour pattern of a bivalve, *Venerupis philippinarum*, with special reference to its bilateral asymmetry[J]. Venus, 11: 71-87.

Tave D, Smitherman R O. 1980. Predicted response to selection for early growth in *Tilapia nilotica*[J]. Transactions of the American Fisheries Society, 109(4): 439-445.

Toro J E, Newkirk G F. 1990. Divergent selection for growth rate in the European oyster *Ostrea edulis*: response to selection and estimation of genetic parameters[J]. Marine Ecology Progress Series, 62(3): 219-227.

Toro J E, Newkirk G F. 1991. Response to artificial selection and realized heritability estimate for shell height in the Chilean oyster *Ostrea chilensis*[J]. Aquatic Living Resources, 4(2): 101-108.

Wang N, Lee Y H, Lee J. 2008. Recombinant perlucin nucleates the growth of calcium carbonate crystals: molecular cloning and characterization of perlucin from disk abalone, *Haliotis discus discus*[J]. Comparative Biochemistry and Physiology Part B: Biochemistry and Molecular Biology, 149(2): 354-361.

Wolff M, Garrido J. 1991. Comparative study of growth and survival of two color morphs of Chilean scallop *Agopecten purpuratus* (Larmarck) in suspended culture[J]. Journal of Shellfish Research, 10(1): 47-53.

Wright S. 1920. The relative importance of heredity and environment in determining the piebald pattern of guinea-pigs[J]. Proceedings of the National Academy of Sciences, 6(6): 320-332.

Wright S. 1921. Correlation and causation[J]. Agricultural Research, 20(7): 557-585.

Yokogawa K. 1988. Morphological variabilities and genetic features in Japanese common clam *Ruditapes plippinarum*[J]. Japanese Journal of Malacology, 57(2): 121-132.

Zhang G F, Yan X W. 2006. A new three-phase culture method for Manila clam, *Ruditapes philippinarum*, farming in northern China[J]. Aquaculture, 258(1): 452-461.

Zhang Q, Ma H, Mai K, et al. 2010. Interaction of dietary *Bacillus subtilis* and fructooligosaccharide on the growth performance, non-specific immunity of sea cucumber, *Apostichopus japonicus*[J]. Fish and Shellfish Immunology, 29(2): 204-211.

Zheng H P, Zhang G F, Liu X, et al. 2004. Different responses to selection in two stocks of the bay scallop, *Argopecten irradians irradians* Lamarck (1819)[J]. Journal of Experimental Marine Biology and Ecology, 313(2): 213-223.

Zheng H P, Zhang G F, Liu X, et al. 2005. Comparison of growth and survival of larvae among different shell color stocks of bay scallop *Argopecten irradians irradians* (Lamarck 1819)[J]. Chinese Journal of Oceanology and Limnology, 23(2): 183-188.

第3章 蛤仔选择育种

3.1 蛤仔群体选育

3.1.1 不同地理群体蛤仔 F_1 的选择反应及现实遗传力

选择反应和现实遗传力是动植物选择效果评价的重要指标,一般采用混合选择来计算。混合选择又称个体选择,是在一个原有品种的群体中按照选育目标选出多数表型优良的个体,通过自由交配繁殖后代,并以原有品种或当地品种作为对照,进行比较鉴定的方法。由于混合选择操作简便,易于推广,广泛应用在植物和陆生动物的品种改良上。通过混合选择,可以得到生长快、抗逆性强、出肉率高、产量高的养殖良种。目前,水产动物的混合选择主要应用在鱼类育种上,对贝类的研究也有一些报道,如牡蛎(Beatie et al.,1978;Newkirk,1980a;Newkirk and Haley,1982,1983;Gorshkow,2006;Langdon et al.,2003)、海湾扇贝(Heffernan et al.,1992;Ibarra et al.,1999;Zheng et al.,2004,2006)、美洲帘蛤(Hadley et al.,1991;Heffernan et al.,1991)、珍珠贝(Wada,1986;邓岳文等,2008)等。而对菲律宾蛤仔的研究集中在壳色、壳型定向选育、杂交及家系选择上(闫喜武,2005;闫喜武等,2005,2008b,2009,2010b;张跃环,2008;张跃环等,2008a,2008b),本节通过混合选择,计算了菲律宾蛤仔的选择反应和现实遗传力,筛选出了生长快的群体,为菲律宾蛤仔新品系(品种)的选育提供了基础数据和理论依据。

3.1.1.1 材料与方法

1. 亲贝来源及促熟

2005 年 5 月,从莆田(25°23′N,119°09′E)、大连(38°52′N,121°33′E)、东京(35°34′N,139°52′E)采集不同地理群体的 2 龄蛤仔,采用底播的方式放置在大连庄河贝类养殖场育苗场的虾池中进行生态促熟(闫喜武等,2008a)。2006 年 7 月各地群体的 3 龄亲贝性腺同步成熟。

2. 实验设计与处理

利用截头法分别对蛤仔莆田群体、大连群体、东京群体进行混合选择,选择压力均为 10%,选择强度均为 1.755。从每个群体中随机抽取 500 个个体作为基础群体,用游标卡尺进行测量,绘制个体大小的频率分布图(图 3-1)。从每个群体中选择 10%的最大个体(50 个),作为选择组(SG),随机相应抽取 50 个个体作为对照组(CG)(图 3-1)。在混合选择实验中,常规计算现实遗传力的方法不适用于贝类,由于贝类的生长受环境影响很大,其个体大小随着环境的变化而变化,故采用设置对照组的方法,消除环境因子对现实遗传力的影响(Zheng et al.,2004,2006)。

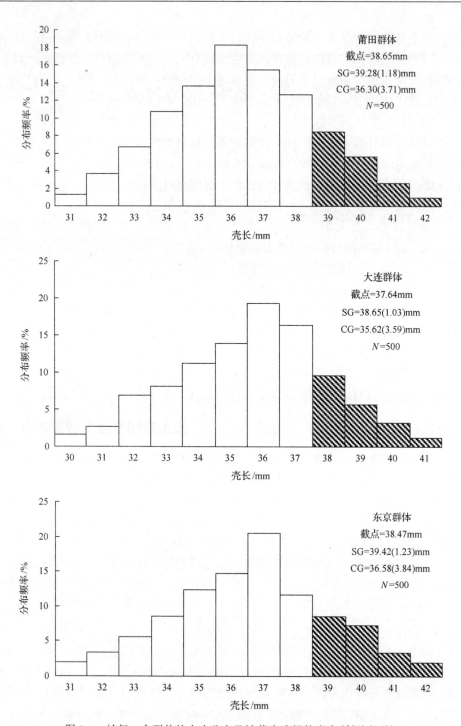

图 3-1　蛤仔 3 个群体的大小分布及被截头选择的亲本(斜纹部分)

将性腺发育成熟(处于临产状态)的亲本移入室内阴干 8h 后,将其放到盛有 100L 新鲜海水的塑料桶中,经过 2～3h 亲本开始产卵排精;分别构建不同地理群体 SG 和 CG(Zheng et al.,2004,2006;Hadley et al.,1991)。亲贝产卵持续 1～2h 后将亲贝取出,用 150 目筛绢网过滤杂质，分桶孵化，受精卵孵化密度控制在 30～40 个/mL，孵化期间连续充气。受精卵大约经过 24h 发育为 D 形幼虫。孵化期间，水温为 23.4～24.8℃，盐度为 25，pH 为 7.86～7.92。操作过程中，各实验组严格隔离，防止混杂。

3. 幼虫培育、稚贝中间育成及幼贝养成

室内培育于 2006 年 7～9 月初在大连庄河贝类养殖场育苗场进行；室外中间育成及养成分别于 2006 年 9～12 月和 2006 年 12 月至 2007 年 6 月在大连庄河贝类育苗场生态虾池中进行。

幼虫培育在 100L 塑料桶中进行，密度为 5～6 个/mL，每个实验组设 3 个重复。每 2d 换 1 次水，换水量为 100%。饵料每天投喂 2 次，前期为绿色巴夫藻(*Pavlova viridis*)，后期为绿色巴夫藻和小球藻(*Chlorella vulgaris*)（体积比 1∶1）混合投喂，投饵量视幼虫摄食情况而定。为防止不同实验组幼虫之间混杂，换水网袋单独使用。幼虫培育期间，水温为 24.4～25.6℃，盐度为 25～28。为了消除培育密度的影响，定期对幼虫密度进行调整，使每个重复密度保持一致。

幼虫变态（以出现次生壳为标志）为稚贝后，日常管理同幼虫培育。随着稚贝的生长，稚贝摄饵量进一步增大，以满足对营养的需求。当稚贝生长至 60 日龄时（壳长>800μm），将各实验组稚贝装入 60 目网袋，每组 3～6 袋，移到室外生态池中进行中间育成，时间为 2007 年 9～12 月，其间水温为 6.2～30.8℃，盐度为 24～28，pH 为 7.64～8.52。在中间育成阶段，随着稚贝生长，定期更换网袋（60 目—40 目—20 目），同时，对密度进行调整，使每个重复密度保持一致。养成阶段，定期清理网袋淤泥及其附着的污损生物。在此期间，各实验组幼贝经历了北方养殖越冬期（12 月至翌年 4 月），此时几乎不生长。至 2007 年 4～6 月，随着水温升高，幼贝开始快速生长，此时要及时清理网袋。其间水温为 6.2℃—0℃—8.4℃—25.6℃，依次对应 12 月—翌年 1 月—翌年 4 月—翌年 6 月，盐度为 26～29，pH 为 7.84～8.76。为了防止密度对生长产生影响，定期调整密度。

4. 测定指标

壳长小于 300μm 的幼虫和稚贝在显微镜下用目微尺(100×)测量，壳长大于 300μm 小于 3.0mm 的稚贝在显微镜下用目微尺(25×)测量，壳长大于 3.0mm 的幼贝和亲贝用游标卡尺(0.01mm)测量。每个重复随机测量 30 个个体。

5. 选择反应和现实遗传力的计算

参照 Zheng 等(2004)使用的方法，将不同地理群体蛤仔的标准选择反应(SR)和现实遗传力(h_R^2)用以下两个公式计算：

$$SR = \frac{X_{SG} - X_{CG}}{S_{CG}} \tag{3-1}$$

$$h_R^2 = \frac{X_{SG} - X_{CG}}{iS_{CG}} \tag{3-2}$$

公式(3-1)和(3-2)中,X_{SG} 和 X_{CG} 分别为上选组(SG)和对照组(CG)个体的平均壳长;S_{CG} 为对照组(CG)的标准差;i 为选择强度。

6. 数据处理

用 SPSS13.0 统计软件对数据进行分析处理,不同实验组间数据的比较采用单因素方差分析方法,差异显著性设置为 $P<0.05$。

3.1.1.2 结果

1. 各实验组壳长

3 个群体的上选组壳长均大于对照组,且存在显著差异($P<0.05$)。在幼虫期和稚贝期,东京群体上选组壳长显著大于大连群体($P<0.05$)。在幼贝期,90 日龄时,东京群体上选组最大,显著大于其他两个群体($P<0.05$);120 日龄时,东京群体显著大于大连群体($P<0.05$),与莆田群体差异不显著;360 日龄时,莆田群体上选组壳长与东京群体无显著差异,均显著大于大连群体($P<0.05$)(表 3-1)。

表 3-1 蛤仔各实验组的壳长

日龄	P_P		D_P		T_P	
	SG	CG	SG	CG	SG	CG
幼虫培育期/μm						
3	136.60±3.28^a	132.96±3.83^b	133.98±3.37^b	129.64±4.15^c	135.43±3.65^a	131.62±4.39^c
6	162.54±7.59^b	153.86±9.75^c	159.12±6.38^b	152.51±8.92^c	167.95±8.46^a	160.25±9.98^b
9	178.85±8.66^b	170.32±10.39^d	175.53±8.95^c	168.75±10.82^d	186.37±9.98^a	178.03±11.34^b
稚贝培育期/mm						
30	0.42±0.06^b	0.34±0.11^c	0.40±0.07^b	0.33±0.10^c	0.51±0.08^a	0.42±0.12^b
45	0.82±0.13^a	0.70±0.17^c	0.75±0.12^b	0.64±0.16^d	0.85±0.14^a	0.72±0.18^c
60	1.35±0.18^b	1.18±0.25^c	1.19±0.16^c	1.03±0.24^c	1.56±0.19^a	1.30±0.37^b
幼贝养成期/mm						
90	7.38±1.24^b	6.12±1.77^d	6.79±1.35^c	5.51±1.89^e	8.04±1.56^a	6.60±1.98^c
120	12.08±2.03^a	10.25±2.68^c	11.42±1.87^b	10.03±2.15^c	12.70±2.14^a	10.85±2.76^b
360	19.12±2.56^a	17.02±3.23^c	18.48±2.34^b	16.53±3.07^d	18.91±2.49^a	16.64±3.45^d

注:SG 表示上选组;CG 表示对照组;P_P 表示莆田群体;D_P 表示大连群体;T_P 表示东京群体

2. 选择反应

从生长发育阶段看,蛤仔的选择反应随着日龄的增大而减小,即幼虫期(0.804±0.084)>稚贝期(0.705±0.039)>幼贝期(0.671±0.024),且幼虫期的选择反应显著大于稚贝期和幼贝期。幼虫期,莆田群体的选择反应显著大于其他两个群体;稚贝期,东京群体的选择反应略大于其他两个群体;养成期,莆田群体的选择反应略大于其他两个群体(表 3-2)。3 个群体蛤仔平均选择反应为 0.727±0.074,莆田群体、大连群体、东京群体的选择反应分别为 0.758±0.101、0.690±0.049、0.732±0.059(表 3-3)。通过一代选择,莆田群体、大连群体、东京群体在最后收获时分别获得了 12.34%、11.80%、13.64%的遗传改进。同其他双壳贝类相比,这一改良水平是相对显著的。

表 3-2 不同地理群体蛤仔的选择反应和现实遗传力

日龄	SR			h_R^2		
	P_P	D_P	T_P	P_P	D_P	T_P
幼虫培育期						
3	0.950	0.805	0.868	0.542	0.459	0.495
6	0.890	0.741	0.772	0.507	0.422	0.440
9	0.821	0.654	0.735	0.468	0.373	0.419
平均值	0.887	0.733	0.792	0.506	0.418	0.451
总平均值	0.804±0.084			0.458±0.051		
稚贝培育期						
30	0.727	0.700	0.750	0.414	0.399	0.427
45	0.706	0.688	0.722	0.402	0.392	0.412
60	0.680	0.667	0.703	0.387	0.380	0.400
平均值	0.704	0.685	0.725	0.401	0.390	0.413
总平均值	0.705±0.039			0.402±0.025		
幼贝养成期						
90	0.712	0.677	0.707	0.406	0.386	0.403
120	0.683	0.647	0.670	0.389	0.368	0.382
360	0.650	0.635	0.658	0.370	0.362	0.375
平均值	0.682	0.653	0.678	0.388	0.372	0.387
总平均值	0.671±0.024			0.382±0.013		

注:P_P 表示莆田群体;D_P 表示大连群体;T_P 表示东京群体

表 3-3 各地理群体的选择反应及现实遗传力

类别	P_P	D_P	T_P	M_P
SR	0.758±0.101	0.690±0.049	0.732±0.059	0.727±0.074
h_R^2	0.432±0.058	0.393±0.028	0.417±0.033	0.414±0.044

注:M_P 表示三个群体的平均值

3. 现实遗传力

遗传力是亲代把加性遗传方差传递给子代的百分率。蛤仔的现实遗传力随着日龄的增大而减小,即幼虫期(0.458±0.051)>稚贝期(0.402±0.025)>幼贝期(0.382±0.013)。幼虫期,莆田群体的现实遗传力显著大于大连群体和东京群体;稚贝期,东京群体的现实遗传力略大于其他两个群体;养成期,莆田群体和东京群体均大于大连群体(表 3-2)。3 个群体蛤仔的现实遗传力平均为 0.414±0.044,莆田群体、大连群体、东京群体的现实遗传力分别为 0.432±0.058、0.393±0.028、0.417±0.033(表 3-3)。

3.1.1.3 讨论

选择的理论和方法是数量遗传学研究的中心内容,也是数量遗传学应用于动植物育种实践的桥梁和手段。在本研究中,3 个不同地理群体蛤仔的选择反应不同,但彼此间的差异不大。从遗传关系上看，亲本基因中的加性效应能够部分稳定地遗传给后代，且选择反应是加性遗传方差与选择压力共同作用的结果(Falconer, 1981)。通常，群体的遗传变异越大，选择越有效。对于3个群体来说，亲贝促熟、幼虫培育、稚贝培养到养成的条件都是相同的，可有效避免环境效应。莆田群体、大连群体、东京群体的选择反应分别为 0.758 ± 0.101、0.690 ± 0.049、0.732 ± 0.059，这一结果略大于海湾扇贝(Zheng et al., 2004, 2006)，与马氏珠母贝早期选择反应一致(邓岳文等，2008)。莆田群体获得了相对较高的选择反应，东京群体次之，大连群体相对最小。分析主要原因，一方面，大连群体、东京群体的蛤仔尚未进行过系统选择，均为野生型群体，其个体间的差异较大，遗传变异程度较大；莆田群体虽然经历了30年的土池育苗，但是尚未对亲本的大小进行选择，每次都是用大量的亲贝(>1000t)在垦区(>1万亩①)进行大群体繁育，相当于自然海区群体产卵排精，甚至比一些小的海湾产卵群体规模还大，所以该群体的基因型丰富，即个体间仍存在较大的遗传差异，与野生型群体几乎没有差异。另一方面，莆田群体和东京群体均为引入群体，经过一年的驯化，可能会表现出对环境的高度适应，即表现出早期的快速生长；大连群体为土著种，在原有环境条件下，尚未表现出较大的遗传差异。总体来讲，3个地理群体的遗传方差较大，这也是获得较高选择反应的主要原因。这与Zheng 等(2004)对两个群体的海湾扇贝一代选择结果中的B群体一致(不同于A群体)，因为B群体引种数量相对较多(406个)，繁殖代数少(3代)；A群体引种数量少(仅为26个)，繁殖代数多(20代)，造成了严重的近交衰退，导致其遗传差异不断降低，最终丢失殆尽。此外，在亲本选择过程中，大连群体的选择组大小显著小于莆田群体和东京群体，这也是造成选择反应不同的原因。

遗传力是亲代把加性遗传方差传递给子代的百分率。如果亲代群体中可遗传的方差大，那么遗传力自然也大；相反，如果亲代群体中可遗传的方差小，那么遗传力自然也小。通常，绝大多数双壳类的遗传力在 $0.2\sim0.5$(Hadley et al., 1991)。本研究中，3个群体蛤仔的现实遗传力不同，但无显著差异。莆田群体、大连群体、东京群体的现实遗传力分别为 0.432 ± 0.058、0.393 ± 0.028、0.417 ± 0.033。这一结果相比于其他双壳类关于现实遗传力的报道(Newkirk and Haley, 1982; Ibarra et al., 1999; Hadley et al., 1991; Wada, 1986)只算是中上等水平，也就是说，这些群体还有很大的改良潜力。

3.1.2 不同地理群体蛤仔 F_2 的选择反应及现实遗传力

在对不同地理群体蛤仔子一代(F_1)选择的基础上，进行子二代(F_2)的连续混合选择，通过计算蛤仔子二代的选择反应、现实遗传力和遗传改进量，进一步研究连续上选的遗传改良效果。

3.1.2.1 材料与方法

1. 亲贝来源及促熟

2005年，从莆田(25°23′N，119°09′E)、大连(38°52′N，121°33′E)、东京(35°34′N，

---

① 1亩≈666.7m²。

139°52′E)采集不同地理群体的菲律宾蛤仔(以下简称蛤仔),在大连庄河贝类养殖场育苗场生态池中经过2年的驯化,于2006年对不同地理群体的蛤仔分别进行了一次混合选择。采用三段法(Zhang and Yan,2006)养成,将子一代放置在虾池中对亲本进行生态促熟(闫喜武等,2008a),于2007年6月上旬,不同地理群体子一代的性腺同步成熟。

2. 基础群体建立

利用截头法分别对莆田群体、大连群体、东京群体蛤仔的子一代进行混合选择,选择压力均为10%,选择强度均为1.755。从每个群体中随机抽取600个个体作为基础群体,用游标卡尺(0.01mm)进行测量,绘制个体大小的频率分布图。从每个群体中选择10%的最大个体(60个)作为二次选择组(SS),随机相应抽取60个个体作为一次选择组(SC),再从一代选择的对照组中随机抽取60个个体作为对照组(CC)(图3-2)。在混合选择实验中,常规计算现实遗传力的方法不适用于贝类,由于贝类生长受环境的影响很大,其个体大小随着环境的变化而变化,故采用设置对照组的方法,消除环境因子对现实遗传力的影响。

3. 选择反应、现实遗传力及遗传改进量的计算

参照Zheng等(2004)使用的方法,将不同地理群体蛤仔的二代选择反应(SR)和现实遗传力(h_R^2)用以下两个公式计算:

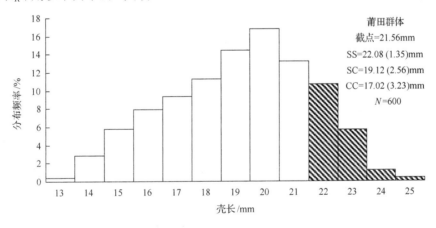

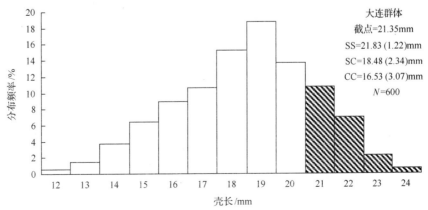

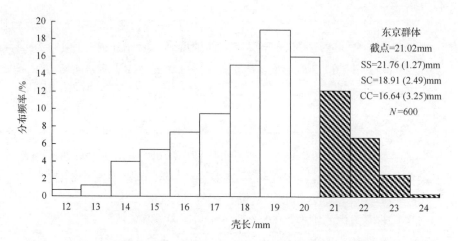

图 3-2 不同群体蛤仔子一代亲本的大小分布及被截头选择的亲本(斜纹部分)

$$SR = \frac{X_{SS} - X_{SC}}{S_{SC}} \tag{3-3}$$

$$h_R^2 = \frac{X_{SS} - X_{SC}}{iS_{SC}} \tag{3-4}$$

公式(3-3)和(3-4)中，X_{SS} 和 X_{SC} 分别为二次选择组(SS)和一次选择对照组(SC)个体的平均壳长；S_{SC} 为一次选择对照组(SC)的标准差；i 为选择强度。

参照 Zheng 使用的方法，将不同地理群体蛤仔的遗传改进量用以下三个公式计算：

$$GG_T = \frac{SS - CC}{CC} \times 100 \tag{3-5}$$

$$GG_S = \frac{SS - SC}{SC} \times 100 \tag{3-6}$$

$$GG_R = \frac{SC - CC}{CC} \times 100 \tag{3-7}$$

公式(3-5)~(3-7)中，SS 为第 2 代选择组的平均表型值；SC 为第 2 代选择对照组的平均表型值；CC 为第 1 代选择对照组的表型值；GG_T 为经过两代选择总的遗传改进量；GG_S 为第 2 代选择的遗传改进量；GG_R 为一代选择后保留的遗传改进量。

3.1.2.2 结果

1. 各实验组子代壳长

9 日龄时，不同地理群体的二代对照组(SC)和一代对照组(CC)的壳长差异不显著($P>0.05$)；20 日龄时，大连群体和东京群体的二代对照组(SC)和一代对照组(CC)的壳长差异显著($P<0.05$)。莆田群体蛤仔的二代上选组(SS)显著大于二代对照组(SC)和一代对照组(CC)(表 3-4)。

表 3-4 不同地理群体蛤仔在不同阶段的壳长

日龄	莆田群体			大连群体			东京群体		
	SS	SC	CC	SS	SC	CC	SS	SC	CC
幼虫期/μm									
3	135.50±3.56[a]	132.83±3.64[b]	129.00±4.06[c]	134.67±3.46[a]	131.50±4.02[a]	127.50±4.41[a]	135.83±3.49[a]	132.50±4.87[b]	127.35±5.68[c]
6	164.33±5.70[a]	158.00±9.18[b]	149.32±10.28[c]	159.00±4.43[a]	153.00±8.28[b]	146.53±9.71[c]	176.00±5.57[a]	170.02±9.07[b]	161.50±11.32[c]
9	179.50±6.22[a]	173.25±10.07[b]	169.50±12.35[c]	177.52±6.56[a]	171.83±8.49[b]	168.17±10.60[c]	186.50±6.27[a]	180.20±9.68[b]	176.50±10.35[c]
稚贝期/μm									
20	292.00±23.98[a]	269.67±38.73[b]	251.00±48.39[b]	291.00±27.69[a]	270.00±33.49[a]	248.00±40.74[a]	327.67±22.54[a]	308.67±32.91[b]	267.65±42.24[c]
30	448.67±60.83[a]	398.67±89.31[b]	345.33±98.50[c]	452.33±48.26[a]	411.00±70.48[b]	367.00±96.75[c]	461.00±59.77[a]	406.33±90.49[b]	320.00±96.01[c]
40	706.67±125.17[a]	626.67±146.84[b]	527.33±161.20[c]	639.00±103.14[a]	577.33±108.96[b]	501.00±126.05[c]	795.33±118.28[a]	710.00±159.25[b]	561.33±187.68[c]
幼贝养成期/mm									
72	4.72±0.93[a]	4.04±1.36[b]	3.29±1.60[c]	4.62±0.84[a]	3.91±1.29[b]	3.44±1.60[c]	5.49±1.06[a]	4.55±1.76[b]	3.56±1.97[c]
96	7.90±1.85[a]	6.62±2.21[b]	5.31±2.40[c]	6.47±1.80[a]	5.37±2.11[b]	4.43±2.42[c]	6.34±1.76[a]	5.15±2.08[b]	4.43±2.13[c]
120	12.57±2.51[a]	10.58±3.10[b]	7.62±3.43[c]	12.47±2.42[a]	10.34±3.15[b]	7.86±3.64[c]	11.18±2.58[a]	9.40±3.43[b]	7.60±3.62[c]
400	20.52±2.87[a]	18.04±3.64[b]	16.09±4.07[c]	19.87±2.77[a]	17.93±3.49[b]	16.36±4.18[c]	19.55±2.72[a]	17.67±3.76[b]	16.16±4.25[c]

注：每个群体的同一行内不同字母表示差异显著（$P<0.05$）

2. 选择反应和现实遗传力

蛤仔的选择反应随着日龄的增大而减小。幼虫期(0.692±0.045)＞稚贝期(0.575±0.025)＞幼贝期(0.568±0.065)。从地理群体水平上看，幼虫期，莆田群体的选择反应(0.682)略高于东京群体(0.666)，均显著小于大连群体(0.728)；稚贝期，东京群体的选择反应(0.572)略高于莆田群体(0.561)，均显著小于大连群体(0.593)；养成期，莆田群体的选择反应(0.598)仍略高于大连群体(0.576)，显著高于东京群体(0.531)(表 3-5)。3 个地理群体选择反应平均值为(0.607±0.072)，莆田群体、大连群体、东京群体的选择总反应分别为 0.612±0.070、0.628±0.082、0.585±0.063(表 3-6)。

蛤仔的现实遗传力随着日龄的增大而减小。幼虫期(0.394±0.026)＞稚贝期(0.328±0.014)＞幼贝期(0.324±0.037)。幼虫期和稚贝期大连群体现实遗传力略高于莆田群体与东京群体；养成期，莆田群体的现实遗传力略高于大连群体，显著大于东京群体(表 3-5)。3 个地理群体现实遗传力平均为 0.346±0.042，莆田群体、大连群体、东京群体的现实遗传力分别为 0.348±0.039、0.358±0.047、0.334±0.036(表 3-6)。

表 3-5 不同地理群体蛤仔子二代的选择反应和现实遗传力

日龄	SR			h_R^2		
	P_P	D_P	T_P	P_P	D_P	T_P
幼虫培育期						
3	0.734	0.789	0.684	0.412	0.449	0.390
6	0.690	0.725	0.664	0.393	0.413	0.378
9	0.621	0.670	0.651	0.354	0.382	0.371
平均	0.682	0.728	0.666	0.386	0.415	0.380
总平均	0.692±0.045			0.394±0.026		
稚贝培育期						
20	0.577	0.627	0.577	0.329	0.357	0.329
30	0.560	0.586	0.604	0.319	0.334	0.344
40	0.545	0.566	0.536	0.310	0.322	0.305
平均	0.561	0.593	0.572	0.319	0.338	0.326
总平均	0.575±0.025			0.328±0.014		
幼贝养成期						
72	0.492	0.549	0.537	0.280	0.312	0.306
96	0.575	0.523	0.569	0.328	0.298	0.324
120	0.643	0.676	0.518	0.366	0.385	0.296
400	0.681	0.556	0.500	0.388	0.317	0.285
平均	0.598	0.576	0.531	0.341	0.328	0.303
总平均	0.568±0.065			0.324±0.037		

注：P_P 表示莆田群体；D_P 表示大连群体；T_P 表示东京群体

表 3-6 不同地理群体蛤仔总的选择反应、现实遗传力和遗传改进量

群体	SR	h_R^2	GG_A /%	GG_C /%	GG_R /%
P_P	0.612±0.070[a]	0.348±0.039[a]	28.68±18.31[a]	10.75±6.16[a]	15.69±10.27[a]
D_P	0.628±0.082[a]	0.358±0.047[a]	24.44±16.67[b]	10.58±6.75[a]	11.99±8.45[b]
T_P	0.585±0.063[a]	0.334±0.036[a]	29.25±17.64[a]	11.34±7.15[a]	15.64±9.69[a]
M_P	0.607±0.072	0.346±0.042	27.46±17.22	10.89±6.52	14.44±9.41

注：M_P 表示三个群体总的平均值

3. 遗传改进量

遗传改进量(genetic gain，GG)也被称为遗传进展(genetic progress)，是对群体进行人工选择时，亲本与后代在所研究的数量性状上的平均值之差，也是选择效应的另外一种表达。为了比较基因的加性遗传效应有多少能够传递给后代，以及在后代中的积累和保留情况，需要引入总遗传改进量(GG_A)、当前遗传改进量(GG_C)和剩余遗传改进量(GG_R)3个概念。从总体水平上看，120日龄以前蛤仔的遗传改进量随着日龄的增大而增大，即幼虫期[GG_A=(7.59±2.12)；GG_C=(3.17±0.73)；GG_R=(4.18±1.70)]＜稚贝期[GG_A=(28.51±8.94)；GG_C=(10.42±2.20)；GG_R=(16.29±6.38)]＜幼贝期[GG_A=(42.51±12.52)；GG_C=(17.44±3.75)；GG_R=(21.16±8.04)]。不同生长阶段(幼虫期、稚贝期、幼贝期)的遗传改进量(GG_A、GG_C、GG_R)差异不显著；与30日龄后相比，400日龄时，遗传改进量有所减小(表3-7)。

表 3-7 不同地理群体蛤仔子二代的遗传改进量

日龄	GG_A /%			GG_C /%			GG_R /%		
	P_P	D_P	T_P	P_P	D_P	T_P	P_P	D_P	T_P
幼虫期									
3	4.67	5.62	7.44	1.66	2.41	3.27	2.97	3.14	4.04
6	10.05	8.51	8.98	4.00	4.12	3.51	5.81	4.12	5.28
9	11.83	5.55	5.67	3.61	2.18	3.50	7.94	2.18	2.10
平均	8.85	6.56	7.36	3.09	2.90	3.43	5.57	3.15	3.81
总平均	7.59±2.12[A]			3.17±0.73[A]			4.18±1.70[A]		
稚贝期									
20	16.33	17.34	22.42	8.28	7.78	6.16	7.44	8.87	15.32
30	29.92	23.25	44.06	12.54	10.06	13.45	15.44	11.99	26.98
40	34.01	27.54	41.69	12.77	10.68	12.02	18.84	15.24	26.48
平均	26.75	22.71	36.06	11.20	9.51	10.54	13.91	12.03	22.93
总平均	28.51±8.94[B]			10.42±2.20[B]			16.29±6.38[B]		
幼贝养成期									
72	42.95	34.42	54.16	16.49	18.07	20.81	22.71	13.84	27.61
96	48.85	46.08	43.06	19.22	20.56	22.93	24.85	21.17	16.38
120	65.03	58.56	47.13	18.86	20.59	18.89	38.85	31.48	23.75
400	27.53	21.44	20.96	11.48	10.82	10.62	14.40	9.58	9.34
平均	46.09	40.13	41.33	16.51	17.51	18.31	25.20	19.02	19.27
总平均	42.51±12.52[C]			17.44±3.75[C]			21.16±8.04[C]		

注："总平均"列中不同大写字母表示差异显著($P<0.05$)

贝类生长的异质性随着日龄增大先增大后减小。幼虫期，每个实验组(SS、SC、CC)幼虫在3日龄、6日龄时，有比较明显的差异；但到9日龄时，蛤仔即将附着变态，在此期间，幼虫生长速度缓慢，出现足原基，故SC与CC实验组的幼虫大小并无显著差异。稚贝期，20日龄时，由于幼虫刚刚完成变态，故生长性状没有得到完全表达，在此期间，SC与CC的幼虫大小并无显著差异；30~40日龄时，不同地理群体的实验组(SS、SC、CC)差异显著。幼贝期，72~120日龄时，幼贝的生长出现明显的差异，表现出生长高峰，故可以计算出明显的遗传改进量；400日龄时，由于不同地理群体的子二代经历了北方越冬期，此时子二代的性腺即将成熟，生殖能量占据了个体总能量的较大比例，导致生长性状并不明显，故在此期间的遗传改进量有所减小。

3.1.2.3 讨论

混合选择的表型性状包括外部性状(体重、体长、外形等)、内部结构特点、生理生化指标及习性等。混合选择一般应用于良种选育。特别是当品种纯度不高时，采用此法易获得显著效果。此外，混合选择能迅速从混型群体中分离出较为理想的类型，并获得大量的后代应用于生产。混合选择的效果取决于所选择性状的选择反应、现实遗传力和控制该性状的基因特点。当选择的性状是由一对或几对基因控制，且选择反应、现实遗传力较高时，选择是有效的，其遗传改进量较大；反之，如果选择的性状是由多对微效基因控制的，且遗传力较低，则选择效果较差，其遗传改进量也较小。混合选择又可分为一次混合选择和多次混合选择。一次混合选择只对原有品种的群体选择一次；如果经过一次混合选择后，后代性状还不能到达一致，就可以采用多次混合选择法，直至性状表现比较一致。本研究中，以蛤仔壳长作为表型性状，通过选择反应、现实遗传力及遗传改进量等参数来综合评价不同地理群体蛤仔的二次混合选择效果，为蛤仔新品种选育提供了基础数据和理论依据。

不同地理群体蛤仔的二代选择反应和现实遗传力在不同生长阶段大小不同，即随着日龄的增大而减小。这一点与Zheng等(2006)对海湾扇贝连续选择的研究结果一致。蛤仔的3个地理群体的选择反应和现实遗传力总体水平及其在不同阶段的水平彼此间无显著差异，这与Zheng等(2004)对两个养殖群体海湾扇贝的选择反应及现实遗传力的研究结果不同。郑怀平认为，两个养殖群体海湾扇贝的选择参数的差异主要是由于引种数量及其在中国繁殖的代数不同。在本研究中，3个群体蛤仔只进行过一次系统选择，在第一次选择中3个群体的选择反应和现实遗传力就比较接近，根据第一次的选择反应来看，子二代还存在较大的选择潜力，这可能是不同地理群体蛤仔的选择反应和现实遗传力无显著差异的主要原因。

对贝类连续选择结果的报道绝大多数都是积极的。Haskin和Ford(1979)对美洲牡蛎(*Crassostrea virginica*)进行连续4代的抗单孢子虫病(MSX)选择，使其抗病能力比野生群体提高了8~9倍；Paynter和Dimichele(1990)报道，经过18代选择的美洲牡蛎生长明显快于未经选择的群体；Zheng等(2006)通过对海湾扇贝连续两代的选择，获得了总遗传改进量GG_A为17.56%±5.30%，当前遗传改进量GG_C为10.63%±2.46%和剩余遗传改进量GG_R为6.25%±3.13%。本研究中，经过两代的连续选择，蛤仔总遗传改进量GG_A

为 27.46%±17.22%,为海湾扇贝的 1.56 倍;当前遗传改进量 GG_C 为 10.89%±6.52%,与海湾扇贝相近;剩余遗传改进量 GG_R 为 14.44%±9.41%,为海湾扇贝的 2.31 倍。

在相同的选择压力和选择强度下,不同地理群体蛤仔的遗传改进量不同。大连群体总的遗传改进量 GG_A(24.44%±16.67%)显著小于莆田群体(28.68%±18.31%)和东京群体(29.25%±17.64%);莆田群体、大连群体和东京群体当前遗传改进量(GG_C)分别为 10.75%±6.16%、10.58%±6.75%、11.34%±7.15%,彼此间无显著差异($P>0.05$);大连群体的剩余遗传改进量(GG_R)为 11.99%±8.45%,显著小于莆田群体 15.69%±10.27%和东京群体 15.64%±9.69%(表 3-6)。蛤仔总遗传改进量(GG_A)为 27.46%±17.22%,二代遗传改进量(GG_C)为 10.89%±6.52%,一代选择后剩余遗传改进量(GG_R)为 14.44%±9.41%(表 3-7)。由选择引起的群体平均值的改变是通过影响被选择性状位点上的基因频率变化实现的。群体的遗传方差取决于群体的基因频率,而当不存在效应巨大的基因时,基因频率的变化是缓慢的(Falconer and Mackay,1996)。在选择的基础群体较大时,最初的几个世代基因频率变化都会比较小,对群体遗传方差的改变也不会造成较大的影响。因此,3 个群体经过一代选择后,依然存在着较大的遗传方差。大的遗传方差暗示着群体蕴藏着大的选择反应和现实遗传力。在一定的选择强度下,现实遗传力越大,遗传改进量也越大,这也正是莆田群体比大连群体和东京群体能够有较大的总遗传获得、当前遗传获得和剩余遗传获得的原因,这与 Zheng 等(2006)对海湾扇贝的研究结果一致。

3.2 蛤仔不同壳色群体选育

3.2.1 不同品系斑马蛤选择反应及现实遗传力

闫喜武等(2005,2010b)以壳色为标记,通过定向选育获得了壳色美观、抗逆性强的斑马蛤。在此基础上,张跃环等(2008b)以斑马蛤为核心种质,通过与生长快的白蛤杂交,获得了生长快、抗性强的白斑马蛤;与抗性较强的黑蛤杂交,获得了抗性更强的黑斑马蛤。为了进一步提高斑马蛤各品系的生长性能,以 3 个品系的斑马蛤作为基础群体,通过歧化选择,研究它们的选择反应和现实遗传力。

3.2.1.1 材料与方法

1. 亲贝来源及促熟

2010 年 9 月,以蛤仔莆田群体斑马蛤、黑蛤和白蛤为材料,通过群体自繁和群体杂交的方法获得了斑马蛤、黑斑马蛤和白斑马蛤。经室内中间育成及越冬后,底播在大连庄河贝类养殖场育苗场的室外生态土池中进行生态促熟。2011 年 9 月下旬,3 个斑马蛤品系性腺同步成熟。

2. 实验设计与处理

从每个品系中随机选取 300 个个体作为基础群体,用游标卡尺进行测量(精确度 0.01mm),绘制壳长频数分布直方图(图 3-3)。按 10%的留种率,选择最大的 30 个个体作为选择组(SG)，在此之前从群体中随机抽取 30 个个体作为对照组(CG)。表 3-8 是 3 个品系的选择截点和选择强度。由于贝类生长受环境影响很大，故采用设置对照组的方法，消除环境因子对现实遗传力的影响(Zheng et al., 2004，2006)。

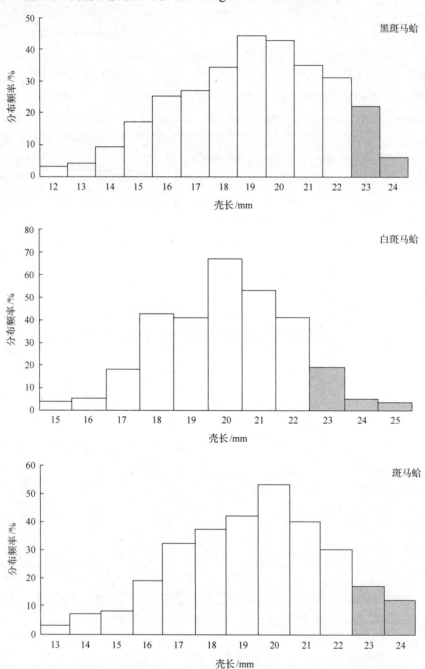

图 3-3 蛤仔斑马蛤 3 个品系的大小分布及被截头选择的亲本(灰色部分)

表 3-8 3 个品系选择组和对照组亲本的大小、截头选择的截点和选择强度

品系	选择组壳长/mm	截点/mm	对照组壳长/mm	选择强度
斑马蛤	22.95±0.58	22.12	18.44±2.50	1.755
黑斑马蛤	21.88±0.67	21.62	17.51±2.65	1.755
白斑马蛤	23.94±0.72	22.43	19.51±2.47	1.755

3. 受精和孵化

将性腺成熟的亲贝阴干 12h 后，分别置于 80L 白色塑料桶中加入新鲜海水待产，大约 4h 后亲贝开始产卵排精。产卵过程持续 1~2h，镜检受精情况后开始洗卵，除掉杂质和多余的精子。将受精卵分桶孵化，约 24h 后发育为 D 形幼虫。整个过程中，各实验组严格分离，防止混杂。其间水温为 21.5~22.3℃，盐度为 22~24，pH 为 7.85~7.93。

4. 幼虫培育、稚贝育成及越冬

幼虫培育在 80L 的白色塑料桶中进行，密度为 3~4 个/mL，各实验组分别设置 3 个重复。每 2d 换一次水，换水量 100%。饵料每天投喂 2 次，前期为金藻，后期为小球藻，投饵量视幼虫摄食情况而定。为防止不同实验组幼虫混杂，换水网箱单独使用。幼虫培育阶段，水温为 18.5~22.0℃，盐度为 22~24，pH 为 7.88~8.52。在幼虫期，定期对密度进行调整，使各组之间密度保持一致。

稚贝培育阶段，随着稚贝的生长，投饵量视稚贝摄食情况而定，其他同幼虫期管理。由于进入深秋季节，水温逐渐降低，当稚贝壳长≥400μm 时，将其装入 80 目网袋，放到 60m³ 的水泥池中进行室内越冬。其间水温为 -1.0~15.2℃，盐度为 26~30，pH 为 7.80~8.28。定期更换网袋，调整密度，使其保持一致。

5. 幼贝养成

从 2012 年 5 月开始，将稚贝从室内转移至室外生态池中进行中间育成。其间水温为 15.6~30.6℃，盐度为 22~26，pH 为 7.64~8.56。其间定期更换不同目数的网袋（60 目—20 目），同时，不断降低密度并保持各组密度一致。

6. 测定指标

幼虫和壳长小于 300μm 的稚贝在显微镜下用目微尺(100×)测量，壳长大于 300μm 小于 3.0mm 的稚贝在显微镜下用目微尺(25×)测量，壳长大于 3.0mm 的幼贝和亲贝用游标卡尺(0.01mm)测量。每次测量设 3 个重复，每个重复随机测量 30 个个体。

7. 数据处理

参照 Zheng 等(2004，2006)使用的方法，选择反应(SR)和现实遗传力(h_R^2)用以下两个公式计算：

$$SR = \frac{X_{SG} - X_{CG}}{S_{CG}} \tag{3-8}$$

$$h_R^2 = \frac{X_{SG} - X_{CG}}{iS_{CG}} \tag{3-9}$$

公式(3-8)和(3-9)中，X_{SG} 和 X_{CG} 分别为上选组(SG)和对照组(CG)个体的平均壳长；S_{CG} 为对照组(CG)的标准差；i 为选择强度。

用 SPSS19.0 统计软件对数据进行分析处理，不同实验组间数据的比较采用单因素方差分析方法，差异显著性设置为 $P<0.05$。

3.2.1.2 结果

1. 各品系壳长

由表 3-9 可知，斑马蛤除 3 日龄外，其他日龄上选组壳长均显著大于对照组($P<0.05$)；黑斑马蛤上选组壳长在 6 日龄、240 日龄、300 日龄、360 日龄显著大于对照组($P<0.05$)，其他日龄与对照组无显著差异($P>0.05$)；各日龄白斑马蛤上选组壳长均显著大于对照组($P<0.05$)。说明各品系上选效果不同，存在品系间差异，对斑马蛤和白斑马蛤的选择比较有效。

表 3-9 不同品系斑马蛤各实验组壳长

日龄	斑马蛤		黑斑马蛤		白斑马蛤	
	SG	CG	SG	CG	SG	CG
幼虫期/μm						
3	135.00±11.96[a]	130.67±10.48[a]	124.00±11.63[b]	121.00±8.05[b]	138.67±11.37[a]	130.33±9.86[b]
6	189.33±10.48[b]	178.00±14.24[c]	172.67±11.43[c]	160.67±15.47[d]	197.00±9.52[a]	183.67±15.58[c]
9	197.00±6.02[b]	189.32±9.73[c]	193.80±12.97[bc]	189.41±8.34[c]	202.00±9.97[a]	192.02±12.15[c]
稚贝期/mm						
30	0.47±0.09[b]	0.42±0.08[c]	0.41±0.07[c]	0.39±0.04[c]	0.51±0.08[a]	0.47±0.06[b]
60	0.70±0.17[b]	0.62±0.13[c]	0.72±0.15[b]	0.67±0.09[b]	0.85±0.16[a]	0.72±0.11[b]
90	1.14±0.27[b]	1.04±0.21[c]	1.10±0.31[b]	1.02±0.23[b]	1.21±0.21[a]	1.12±0.19[b]
幼贝养成期/mm						
240	5.41±0.79[a]	4.64±0.89[c]	5.01±1.00[b]	4.39±0.98[c]	5.67±1.03[a]	5.09±0.81[b]
300	7.77±1.27[b]	6.97±1.14[c]	7.56±1.43[b]	7.02±1.02[c]	8.37±1.12[a]	7.46±1.25[b]
360	13.60±1.16[b]	12.98±1.05[c]	12.94±1.39[b]	12.25±1.42[c]	14.28±1.35[a]	13.20±1.44[c]

注：SG 表示上选组，CG 表示对照组；每一行标有不同字母表示差异显著($P<0.05$)

2. 选择反应和现实遗传力

由表 3-10 可见，幼虫期、稚贝期和养成期选择反应大小顺序均为白斑马蛤>斑马蛤>黑斑马蛤。就现实遗传力而言，幼虫期、稚贝期及养成期均为白斑马蛤>斑马蛤>黑斑马蛤。斑马蛤、黑斑马蛤及白斑马蛤在整个养殖期选择反应的平均值分别为 0.655、0.525、0.782，3 个品系的平均值为 0.654；白斑马蛤的现实遗传力最高(0.445)，黑斑马蛤最低(0.300)，斑马蛤居中(0.372)，3 个品系的平均值为 0.372(表 3-11)。

表 3-10　不同品系斑马蛤的选择反应和现实遗传力

日龄	SR			h_R^2		
	斑马蛤	黑斑马蛤	白斑马蛤	斑马蛤	黑斑马蛤	白斑马蛤
幼虫期						
3	0.413	0.373	0.846	0.235	0.212	0.482
6	0.796	0.776	0.855	0.453	0.442	0.487
9	0.789	0.526	0.821	0.450	0.300	0.468
平均	0.666	0.558	0.841	0.379	0.318	0.479
稚贝期						
30	0.625	0.500	0.667	0.356	0.285	0.380
60	0.615	0.556	1.182	0.351	0.317	0.673
90	0.476	0.348	0.474	0.271	0.198	0.270
平均	0.572	0.468	0.774	0.326	0.267	0.441
养成期						
240	0.865	0.633	0.716	0.393	0.361	0.409
300	0.728	0.529	0.728	0.400	0.302	0.415
360	0.590	0.486	0.750	0.336	0.277	0.427
平均	0.728	0.549	0.731	0.376	0.313	0.417

表 3-11　不同斑马蛤品系的选择反应和现实遗传力

类别	斑马蛤	黑斑马蛤	白斑马蛤	平均
SR	0.655±0.155	0.525±0.116	0.782±0.170	0.654±0.179
h_R^2	0.372±0.042	0.300±0.028	0.445±0.031	0.372±0.070

3.2.1.3　讨论

在选择育种过程中，采用理想的选择群体是非常重要的。群体存在较高的遗传变异水平，是群体选育的前提(马爱军等，2012)。邓岳文等(2008)通过建立遗传变异程度较高的马氏珠母贝群体，得到选系 F_2 早期的选择反应为 0.63～0.89。郑怀平(2005)选用海湾扇贝北方亚种 2 个不同养殖群体的亲本构建了一个基础群体，这一群体可以被看作一个基因库，结果表明，选择不仅显著提高了生长速度和存活率，而且缩短了附着变态时间，与对照组相比，选择组具有更大的潜在优势。在本研究中，3 个斑马蛤品系在整个阶段选择反应的平均值与海湾扇贝 1998～1999 年引种的野生群体大小比较接近，但略小于早期的马氏珠母贝及不同地理群体的菲律宾蛤仔(Zheng et al.，2004；邓岳文等，2008；闫喜武等，2010a)。3 个斑马蛤品系的选择反应不同，且存在一定的差异，但 3 个群体的选择反应还是处于较高水平，其中，以白斑马蛤群体的选择反应最大，斑马蛤群体次之，黑斑马蛤群体的选择反应最小。本次实验所用斑马蛤源自莆田群体，其比例仅为 0.25%，且经过了几代的定向纯化而成(闫喜武等，2005)；白斑马蛤群体最初是由斑马蛤和白蛤通过群体杂交所得，后来经过连续几代的定向选育，其基因型相对丰富，所以其选择反应较高也是合理的。然而用同样方法获得的黑斑马蛤群体的选择反应明显低于白斑马蛤群体。一方面，斑马蛤、黑蛤的生长速度在蛤仔中均较慢，通过杂交得到的黑斑马蛤并未表现出杂种优势（苏家齐，2012），无论是上选组还是对照组在生长速度上基本都不存在显著差异，黑斑马蛤亲本的上选组壳长也是最小的，说明黑斑马蛤群体生长性状的遗传变异程度较低，导致其选择反应相对较小。另一方面，选择反应是加性遗传方差与选择强度共同作用的结果（Falconer and Mackay，1996），黑斑马蛤的选择强度在3个品系中最小，可能也是导致选择反应较小的原因。此外，在幼贝养成期，无论是上选组还是对照组，斑马蛤壳面花纹都是可以稳定遗传的，但白斑马蛤和黑斑马蛤壳色分离情况还有待进一步研究。

一般而言，某一性状的遗传力越大，其加性遗传效应可能就越明显（Toro et al.，1995；Falconer and Mackay，1996），选择越有效，而现实遗传力与选择反应是两个不同数量遗传学的概念，但在某种程度上二者具有一定的相关性（Falconer and Mackay，1996；Crenshaw et al.，1991）。斑马蛤、黑斑马蛤和白斑马蛤的现实遗传力为 0.30～0.45。与其他双壳类关于现实遗传力的报道（Newkirk et al.，1983；Wada，1986；Hadley et al.，1991；Ibarra et al.，1999）相比，斑马蛤和黑斑马蛤现实遗传力的估测结果只是中等，但白斑马蛤的估测结果相对较高。总体来说，斑马蛤与白斑马蛤具有一定的选择潜力，尤其是白斑马蛤。由此可见，通过选择对其进行遗传改良是提高产量的一种可行方法。

3.2.2 奶牛蛤两个世代群体上选

奶牛蛤壳顶为白色或浅黄色，壳面有黑色、深墨绿色或深褐色不规则斑块，外观类似黑白花奶牛的毛色。调查发现，大连石河海区野生蛤仔中奶牛蛤占 11.16%，白蛤占 6.38%，彩霞蛤占 1.78%，月亮蛤占 1.48%，橙蛤占 0.74%，斑马蛤占 0.29%，黑蛤占 0.11%。奶牛蛤是石河海区野生群体中所占比例最高的蛤仔。

本研究采用 1% 的选择压力对蛤仔大连石河群体奶牛蛤进行两代连续混合选择，计算并分析了选择反应、现实遗传力和遗传获得，以期为蛤仔新品种选育提供参考。

3.2.2.1 材料与方法

1. 材料来源及实验设计

2010 年 8 月，从辽宁省大连市石河海区采捕的蛤仔中挑选贝壳完整的 2 龄奶牛蛤约 500 枚，采用巢式设计建立 8 个父系半同胞家系和 24 个全同胞家系。2011 年 7 月，将各家系子一代混合，得到蛤仔奶牛蛤品系的 F_1 基础选择群体约 5 万粒。在此群体中随机取 500 粒，用数显游标卡尺测量壳长并记录，绘制壳长频率分布图（图 3-4）。用随机抽取的这 500 粒蛤仔作为对照组（CG_1）。根据频率分布图，利用截头法，以壳长最大的 1% 截点处壳长为标准，在 F_1 基础群体中筛选出壳长大于或等于该截点处壳长的个体 500 粒作为选择组（SG_1）。

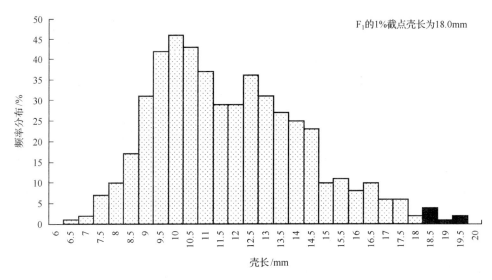

图 3-4 蛤仔奶牛蛤品系 F_1 基础群体壳长分布频率及被选择的亲本(黑色部分)

将性腺发育成熟、处于临产状态的对照组和选择组亲贝移入室内,阴干 8h 后,分别放入两个盛有新鲜砂滤海水的 60L 白色聚乙烯桶中,经 2~3h,亲贝开始产卵排精,以随机交配的方式构建子一代对照组 CG_1 和选择组 SG_1。亲贝产卵 1~2h 后,移出亲贝,将桶中受精卵分入若干桶中进行孵化,孵化密度为 30~40 个/mL。经 24h,受精卵全部发育为 D 形幼虫,再次分桶进行幼虫培育,密度为 4~5 个/mL。每 2d 调整各家系幼虫密度,保持每个桶中幼虫密度基本相同。每天投饵 2 次,饵料为湛江等鞭金藻和小球藻(体积比为 1∶1);每 2d 全量换水 1 次。为避免不同家系个体混杂,每个家系换水的筛绢网单独使用。幼虫变态后,适当加大投饵量。待稚贝平均壳长大于 500μm 后,装入 60 目网袋,移入室外土池吊养。根据生长情况,定期更换网袋和调整每袋密度,保证每袋密度基本一致。天冷后移入温室大棚中越冬。2012 年春天重新移入土池中吊养。

2012 年 6 月底,以选择组 SG_1 的后裔(即 F_2)约 1.3 万粒蛤仔作为子二代选择群体,随机抽取 130 粒作为同一世代内对照组(CG_2),同时从上一世代对照组 CG_1 群体中随机抽取 130 粒作为世代间对照组(CC)。采取与上一个世代相同的方法,绘制壳长频率分布图(图 3-5),在 F 基础群体中筛选出壳长大于或等于 1%截点处壳长的个体 130 粒作为选择组(SG_2),以随机交配方式构建子三代的对照组 CG_2、CC 和选择组 SG_2。幼虫孵化、培育,稚贝及幼贝养成方法均与上一世代相同。

2. 壳长测定及数据处理

在幼虫及室内稚贝培育阶段,对照组和选择组均随机挑选 3 个桶,从每个桶中随机取 30 个个体,用目微尺(显微镜下)或数显游标卡尺测量壳长。在幼贝室外土池培育阶段,从每组随机取 3 个网袋,每个网袋中随机取 30 个个体,用数显游标卡尺测量壳长。

采用 SPSS 18.0 软件进行数据处理和方差分析,用 Excel 作图。

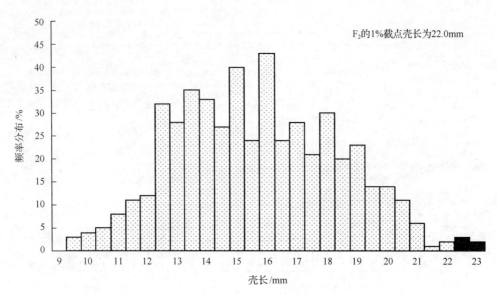

图 3-5　蛤仔奶牛蛤品系 F_2 被选择群体壳长分布频率及被选择的亲本(黑色部分)

3. 选择反应、现实遗传力和遗传获得的计算方法

选择反应是选择前后群体平均值的改变，通常用符号 R 表示，它是选择亲本的子代与选择前整个亲代平均表型值之差。但对于贝类，由于养殖环境存在年度差异，必须建立一个相当于亲代的对照组，选择组与对照组的表型值之差与对照组标准差的比值称为选择反应(SR)。通过选择反应，可对不同年份、不同遗传背景的选择反应进行比较。选择反应(SR)的计算公式如下：

$$SR = \frac{O_S - O_C}{S_O} \tag{3-10}$$

式中，O_S 和 O_C 分别为选择组和对照组子代的平均壳长；S_O 为对照组子代的标准差。

现实遗传力(h_R^2)指亲本经人工选择后，子代实际能够获得的选择反应与亲本选择差的比值。现实遗传力的计算公式如下：

$$h_R^2 = \frac{O_S - O_C}{is_O} \tag{3-11}$$

式中，i 为选择强度，即标准化的选择差，在被选择的基础群体表型性状服从正态分布时，在 1%的选择压力下，i 的值为 2.6652；在被选择的基础群体表型性状不服从正态分布时，选择强度 i 的计算公式如下：

$$i = \frac{P_{SG} - P_{CG}}{S_P} \tag{3-12}$$

式中，P_{SG} 和 P_{CG} 分别为选择组和对照组亲本的平均壳长；S_P 为对照组亲本的标准差(翟虎渠和王建康，2007)。

遗传获得(GG)也称遗传进展,是群体受人工选择后,子代群体相对于亲本群体表型平均值的百分增量,其计算公式如下:

$$GG = \frac{O_S - O_C}{O_C} \times 100\% \tag{3-13}$$

总遗传改进量(GG_A)是连续选择后产生的子代相对于第 1 代对照组的表型平均值的百分增量,其计算公式如下:

$$GG_A = \frac{O_S - O_{CC}}{O_{CC}} \times 100\% \tag{3-14}$$

式中,O_{CC} 是从第 1 代对照组后代中随机挑选的、与选择组 O_S 有相同亲本数的对照组随机交配所产生的后代数。

3.2.2.2 结果与分析

1. 对照组、选择组亲本群体的数据描述性统计、截点壳长及选择强度

表 3-12 显示了 F_1 及 F_2 两个世代对照组 CG、CC 和选择组 SG 平均壳长,对照组 CG 的变异系数,选择截点处壳长以及选择强度。F_1 的对照组 CG_1 和 F_2 的对照组 CC 来自同一群体随机交配产生的两个世代,在对壳长进行选择时均为 11 月龄,但两者壳长存在显著差异($P<0.05$),可知环境因素对两个世代生长的影响较大。由 F_2 对照组 CG_2 和对照组 CC 的平均壳长可初步判定,对 F_1 的混合选择使群体壳长平均值提高了 16.99%,然而选择也使群体变异系数降低了 35%。用 SPSS 18.0 软件对从两个世代基础群体中随机抽取的 500 个个体壳长进行 KS 检验,结果 F_1 群体不服从正态分布,选择强度通过计算公式(3-12)求得,为 4.5524;F_2 群体服从正态分布,选择强度查表得到,为 2.6652。

表 3-12 两个世代对照组、选择组亲本平均壳长、截点壳长及选择强度

世代	CG 平均壳长/mm	CC 平均壳长/mm	CG 变异系数/%	截点壳长/mm	SG 平均壳长/mm	选择强度
F_1	11.59±2.48[a]	15.42±2.68[b]	21.40	18.0	22.88±2.04[b]	4.5524
F_2	18.04±2.51[a]	15.42±2.68[b]	13.91	22.0	22.47±0.35[c]	2.6652

注:同一行中上标字母相同者表示差异不显著($P>0.05$)

2. 各生长阶段平均壳长

由表 3-13 可见,在 F_2 世代中,除 60 日龄选择组 SG_1 平均壳长大于对照组 CG_1,但差异不显著($P>0.05$)外,其他各日龄选择组 SG_1 的平均壳长均显著大于对照组 CG_1 ($P<0.05$)。在 F_3 世代中,除 30 日龄和 60 日龄选择组 SG_2 平均壳长大于对照组 CG_2 和 CC,但差异不显著($P>0.05$)外,其他各日龄选择组 SG_2 的平均壳长均显著大于对照组 CG_2 和 CC($P<0.05$)。由于生长环境的年固定效应,在各个生长阶段,F_2 生长均优于 F_3 世代。

表 3-13　两个世代对照组和选择组在各生长阶段平均壳长

日龄	F$_2$		F$_3$		CC
	SG$_1$	CG$_1$	SG$_2$	CG$_2$	
幼虫期/μm					
3	129.00±3.05^a	125.33±5.07^b	136.33±12.73^a	128.67±14.56^b	118.00±14.24^c
6	204.67±13.06^a	189.33±3.65^b	196.33±16.91^a	181.00±7.59^b	179.67±12.99^c
9	243.33±7.58^a	232.00±8.87^b	198.67±6.81^a	190.33±11.59^b	183.33±11.24^c
12	245.00±5.09^a	237.33±4.50^b	210.33±10.33^a	203.00±6.51^b	191.67±3.79^c
稚贝期/μm					
15	325.00±68.52^a	284.00±53.47^b	237.67±5.04^a	225.67±10.40^b	202.67±14.84^c
30	526.67±87.78^a	434.67±140.04^b	490.67±106.96^a	475.33±75.37^a	431.00±111.68^a
稚贝及幼贝养成期/mm					
60	5.47±1.35^a	4.85±1.41^a	5.38±1.35^a	4.86±1.27^a	4.64±0.93^a
120	10.12±2.28^a	8.77±1.70^b	7.35±1.16^a	6.03±1.24^b	5.15±0.65^c
270	10.22±2.21^a	8.92±2.30^b	—	—	—
330	18.04±2.51^a	16.35±2.22^b	—	—	—

注：表中数值为平均壳长±SD；每一行标有不同字母表示差异显著($P<0.05$)

3. 选择反应、现实遗传力和遗传获得

表 3-14 为各生长阶段蛤仔奶牛蛤壳长的选择反应、现实遗传力和遗传获得。选择反应大小顺序为幼虫期＞幼贝期＞稚贝期，最大值在两个世代均出现在 6 日龄，F$_2$ 世代选

表 3-14　选择反应、现实遗传力和遗传获得

日龄	SR		h_R^2		GG/%		
	SR$_1$	SR$_2$	$h_R^2{}_1$	$h_R^2{}_2$	GG$_1$	GG$_2$	GG$_A$
幼虫期							
3	0.72	0.53	0.16	0.20	2.93	5.95	15.53
6	4.20	2.02	0.92	0.76	8.10	8.47	9.27
9	1.28	0.72	0.28	0.27	4.88	4.38	8.37
12	1.70	1.13	0.37	0.42	3.23	3.61	9.74
平均值	1.98	1.10	0.43	0.41	4.79	5.60	10.73
稚贝期							
15	0.77	1.15	0.17	0.43	14.44	5.32	17.27
30	0.66	0.20	0.14	0.08	21.17	3.23	13.84
平均值	0.72	0.68	0.16	0.26	17.81	4.28	15.56
稚贝及幼贝养成期							
60	0.44	0.41	0.10	0.15	12.78	10.70	15.95
120	0.79	1.06	0.17	0.40	15.39	21.89	42.72
270	0.57		0.13		14.57		
330	0.76		0.17		10.34		
平均值	0.64	0.74	0.14	0.28	13.27	16.30	29.34
总平均值	1.19	0.90	0.26	0.34	10.78	7.94	16.59

注：SR$_1$ 和 SR$_2$ 分别表示 F$_2$ 和 F$_3$ 的选择反应；$h_R^2{}_1$ 和 $h_R^2{}_2$ 分别表示两代选择后 F$_2$ 和 F$_3$ 的现实遗传力；GG$_1$、GG$_2$ 和 GG$_A$ 分别表示 F$_2$ 和 F$_3$ 的遗传获得和两代选择的总遗传获得

择反应总平均值(1.19)大于 F_3 世代(0.90)。现实遗传力(h_R^2)大小顺序也是幼虫期>幼贝期>稚贝期，与选择反应趋势相同。F_2 世代现实遗传力为 0.10~0.92，在幼虫期、稚贝期和幼贝期平均值分别为 0.43、0.16 和 0.14；F_3 世代现实遗传力为 0.08~0.76，在幼虫期、稚贝期和幼贝期平均值分别为 0.41、0.26 和 0.28。两个世代现实遗传力的峰值也同样出现在 6 日龄，在幼虫期 F_2 世代现实遗传力略大于 F_3 世代，而稚贝期和幼贝期，F_3 世代现实遗传力均大于 F_2 世代，总均值也是 F_3 世代(0.34)大于 F_2 世代(0.26)。两个世代遗传获得(GG)在幼虫期均较小，F_2 和 F_3 世代的平均值分别为 4.79%和 5.60%；稚贝期 F_2 世代的平均值(17.81%)大于 F_3 世代(4.28%)，而在幼贝期 F_2 世代的平均值(13.27%)小于 F_3 世代(16.30%)；F_2 世代遗传获得总平均值(10.78%)大于 F_3 世代(7.94%)。F_3 世代相对于 F_1 世代，壳长在幼虫期、稚贝期和幼贝期的遗传获得分别为 10.73%、15.56%和 29.34%，总遗传获得均值为 16.59%。

3.2.2.3 讨论

对数量性状进行选育的本质是通过人工选择改变控制某性状的微效基因的基因频率。在选育过程中，中选群体后代经一代选择性状未达到一致，就可通过连续多代混合选择，使该性状逐步稳定一致。在本研究中，F_1 壳长的变异系数为 21.40%，经第 1 代选择后，F_2 群体获得了 1.19 的选择反应和 10.78%的遗传获得，现实遗传力为 0.26。F_2 壳长的变异系数为 13.91%，虽然有一定程度的降低，但仍存在遗传改良的空间，有必要进行第 2 代混合选择。经第 2 代选择后，F_3 的总平均选择反应为 0.90，平均遗传获得为 7.94%，总遗传获得为 16.59%，现实遗传力为 0.34。由于条件的限制，对 F_3 群体仅跟踪测量到 120 日龄，若补齐 270 日龄及 330 日龄壳长测量结果，则 F_3 的选择反应、现实遗传力、遗传获得和总遗传获得可能存在一定范围的波动。在对其他双壳贝类的研究中，欧洲牡蛎(*Ostrea edulis*)的生长性状选择，选择一代的平均选择反应为 23%(Newkirk and Haley, 1982)；对悉尼岩牡蛎(*Saccostrea commercialis*)的体重进行选择，选择一代的平均选择反应为 4%(Nell et al., 1996)，选择二代的平均选择反应为 17.8%(Nell et al., 1999)；对海湾扇贝(*Argopecten irradians*)进行连续混合选择，选择一代选择反应和遗传获得分别为 0.650 和 10.98%，选择二代的选择反应、现实遗传力、遗传获得和总遗传获得分别为 0.612、0.349、10.63%和 17.56%(Zheng et al., 2006)；对蛤仔 3 个不同地理群体进行两代连续混合选择，大连群体选择一代的选择反应、现实遗传力和遗传获得分别为 0.690、0.393 和 11.80%，大连群体选择二代的选择反应、现实遗传力、遗传获得和总遗传获得分别为 0.628、0.358、10.58%和 24.44%(闫喜武，2010a)。本研究结果中选择反应显著高于对蛤仔大连群体的研究结果，是由于本研究中采用了较大的选择压力，选择强度较大；两代选择的遗传获得和总遗传获得均低于对蛤仔大连群体的研究结果，这是由于在亲本遗传效应中，只有加性遗传效应能够稳定遗传给后代，选择反应是加性遗传效应和选择压力共同作用的结果(Falconer and Mackay, 1996)，而本研究的基础群体遗传力低于其报道中的大连群体，这就造成了遗传获得低的结果。本研究中第 2 代的遗传获得虽然低于 10%，但相差不多，两代得到总遗传获得为 16.59%的结果仍是比较理想的。经两代连续选择后，F_3 群体仍有 0.34 的高现实遗传力和 13.91%的变异系数，说明这个群体仍具有一定的改良潜力。

3.2.3 奶牛蛤的家系内上选

家系内选育是动植物育种中遗传改良的有效方法,该方法实际上是对控制所选性状的基因进行选择,家系内累代近交,可以积累优良显性基因,减少隐性基因,加快基因纯化速率,提高育种效率(盛志廉和陈瑶生,2001)。通过家系内连续的近交(同胞或半同胞)方式,最终选育出理想的近交系,然后利用这些纯系或近交系来组配产生性状优良的杂交系(张国范,2006)。这种方法在玉米、小麦和水稻的遗传改良中已经取得显著效果。海洋贝类遗传育种的研究起步较晚。对海湾扇贝自交家系进行歧化选择,结果上选组的选择反应、现实遗传力和遗传获得分别比下选组高 0.148%、0.186%和 2.93%(Zheng et al.,2008)。对菲律宾蛤仔两个全同胞家系进行了家系内歧化选择,家系 A 上选组与下选组的选择反应、现实遗传力和遗传获得分别为 0.351、0.202、12.49%和 0.412、0.236、11.99%;家系 B 上选组与下选组的选择反应、现实遗传力和遗传获得分别为 0.330、0.189、8.04% 和 0.349、0.200、7.69%(霍忠明,2009)。对蛤仔家系内大小两种规格进行了双列杂交,结果表明,大规格自交组后代生长情况优于大小两种规格杂交组和小规格自交组(桑士田等,2012)。本研究在已建立的 24 个蛤仔奶牛蛤全同胞家系中选择 3 个家系,以壳长为选择指标进行家系内上选,跟踪测量了各实验组在不同生长阶段的壳长,计算并分析了各组选择反应、现实遗传力、遗传获得等遗传参数和近交衰退率。

3.2.3.1 材料和方法

1. 材料来源及实验设计

2010 年 8 月,从辽宁省大连市石河海区采捕的蛤仔中挑选贝壳完整的 2 龄奶牛蛤约 500 枚,采用巢式设计建立 8 个父系半同胞家系(A~H)和 24 个母系全同胞家系(A_1,A_2,A_3,B_1,B_2,…,H_3)。2011 年 7 月,选择其中的 A_1、C_2 和 E_3 家系进行家系内选育。将 24 个家系子一代混合构成蛤仔奶牛蛤品系基础选择群体,从中随机取 200 粒作为近交家系对照组 CC。分别从 A_1、C_2 和 E_3 家系中随机抽取 500 个个体,用数显游标卡尺测量壳长并记录,绘制壳长分布频率图(图 3-6)。使用截头法,选择壳长最大的 10%作为上选组。

将 3 个家系上选组分别单独装袋,待其性腺成熟,将处于临产状态的 3 个家系亲贝移入室内,阴干 8h 后,分别放入 3 个盛有新鲜砂滤海水的 60L 白色聚乙烯桶中,经 2~3h,各组开始产卵排精,将装有 3 个家系的上选组亲贝的网袋分别从桶中取出,用淡水冲洗干净,杀死亲贝及网袋上黏附的卵和精子,将 3 个上选组分别置于另外 3 个盛有新鲜砂滤海水的 60L 白色聚乙烯桶中,这 3 个上选组子代分别标注为 UA_1、UC_2 和 UE_3,原有 3 个白色聚乙烯桶中亲贝所产子代分别标注为 CA_1、CC_2 和 CE_3,作为 3 个上选组的对照组。将从上述蛤仔奶牛蛤基础群体中随机抽取的 200 粒亲贝置于单独桶中,所产子代作为近交家系对照组 CC。

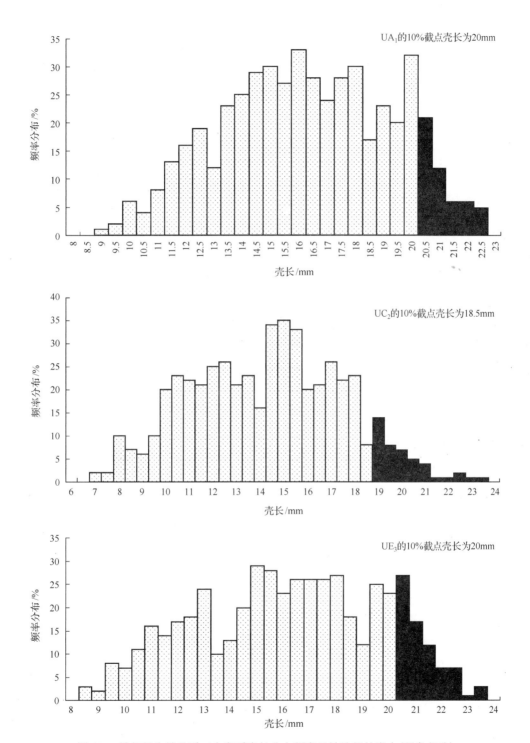

图 3-6　蛤仔奶牛蛤品系三个家系壳长分布频率及被选择的亲本（黑色部分）

亲贝产卵 1~2h 后，移出亲贝，将桶中含受精卵的海水经洗卵等操作后分入若干桶中进行孵化，孵化密度为 30~40 个/mL。经 24h，受精卵全部发育为 D 形幼虫，再次分桶进行幼虫培育，幼虫密度为 4~5 个/mL。每 2d 调整各家系幼虫密度，保持每个桶中幼虫密度基本相同。根据生长阶段，每天适量投饵 2 次，饵料为湛江等鞭金藻(*Isochrysis zhangjiangensis*)和小球藻(*Chlorella vulgaris*)(体积比为 1∶1)；每 2d 全量换水 1 次，为避免不同实验组个体混杂，每组换水的筛绢网单独使用。幼虫变态后，进入稚贝培育期，适当加大投饵量。待稚贝平均壳长大于 500μm 后，装入 60 目网袋移入室外土池吊养。根据生长情况，定期更换网袋和调整每袋中幼贝密度，保证每袋幼贝密度基本一致。天冷后移入温室大棚中越冬。2012 年春天重新移入土池中吊养。

2. 壳长测定及数据处理

同 3.2.2.1。

3. 选择反应、现实遗传力、遗传获得及近交衰退率的计算方法

选择反应是选择前后群体平均值的改变，通常用符号 R 表示，它是选择亲本的子代与选择前整个亲代平均表型值之差。但对于贝类，由于养殖环境的年度差异，可造成亲本与子代较大的年度差异，因此，必须建立一个相当于亲代的对照组，选择组与对照组的表型值之差与对照组标准差的比值称为选择反应(SR)。通过选择反应，可对不同年份、不同遗传背景的选择反应进行比较。选择反应(SR)的计算如下：

$$SR = \frac{O_S - O_C}{S_O} \tag{3-15}$$

式中，O_S 和 O_C 分别为选择组和对照组子代的平均壳长；S_O 为对照组子代的标准差。

现实遗传力(h_R^2)指亲本经人工选择后，子代实际能够获得的选择反应与亲本选择差的比值。现实遗传力的计算公式如下：

$$h_R^2 = \frac{O_S - O_C}{is_O} \tag{3-16}$$

式中，i 为选择强度，即标准化的选择差，在被选择的基础群体表型性状服从正态分布时，在 10%的选择压力下，i 值为 1.7550；在被选择的基础群体表型性状不服从正态分布时，选择强度 i 的计算公式如下：

$$i = \frac{P_{SG} - P_{CG}}{S_P} \tag{3-17}$$

式中，P_{SG} 和 P_{CG} 分别为选择组和对照组亲本的平均壳长；S_P 为对照组亲本的标准差。

遗传获得(GG)也称遗传进展，是群体受人工选择后，子代群体相对于亲本群体表型平均值的百分增量，其计算公式如下：

$$GG = \frac{O_S - O_C}{O_C} \times 100\% \tag{3-18}$$

全同胞的近交系数可用下面的公式求出：

$$F_x = \sum \left[\left(\frac{1}{2}\right)^{(n_1+n_2+1)} (1+F_A) \right] \tag{3-19}$$

式中，F_x 为近交系数；n_1 为共同祖先与该个体父本间的世代间隔数；n_2 为共同祖先与该个体母本间的世代间隔数；F_A 为共同祖先本身的近交系数。在全同胞家系子二代近交家系中，$n_1=1$、$n_2=1$、$F_A=0$，由公式得 $F_x=0.25$。

利用下面的公式计算近交衰退率 δ_x（%）：

$$\delta_x = \left(1 - \frac{S_x}{P_x}\right) \times 100\% \tag{3-20}$$

式中，S_x 为近交组的壳长平均值；P_x 为对照组 CC 的壳长平均值。

3.2.3.2 结果与分析

1. 3 个家系上选组与对照组的描述性统计、截点壳长及选择强度

表 3-15 为 3 个家系上选组 UA_1、UC_2、UE_3 和对照组 CA_1、CC_2、CE_3 亲本的平均壳长，选择前的变异系数，截点壳长和选择强度。上选组亲本平均壳长 UE_3 最大，UA_1 次之，UC_2 最小；对照组亲本平均壳长 CA_1 最大，CE_3 次之，CC_2 最小。近交家系对照组 CC 亲贝平均壳长为 (11.59 ± 2.48) mm，小于各家系上选组及对照组。变异系数以家系 C_2 最大，家系 E_3 次之，家系 A_1 最小。截点壳长家系 A_1 和家系 E_3 相同，均为 20mm，家系 C_2 最小，为 18.5mm。用 SPSS 18.0 软件对从两个世代基础群体中随机抽取的 500 个个体壳长进行 KS 检验，结果显示 3 个家系 KS 值均大于 0.05，即 3 个家系壳长均服从正态分布，所以选择强度均为 1.7550。

表 3-15 三个家系上选组与对照组平均壳长、截点壳长及选择强度

家系	上选组平均壳长/mm	对照组平均壳长/mm	变异系数/%	截点壳长/mm	选择强度
A_1	21.27 ± 0.58	16.10 ± 2.98	18.51	20	1.7550
C_2	20.31 ± 1.13	14.04 ± 3.24	23.08	18.5	1.7550
E_3	21.36 ± 0.73	15.99 ± 3.44	21.51	20	1.7550

2. 各生长阶段平均壳长

由表 3-16 可知，在不同生长阶段，3 个家系上选组均大于其对照组，而除了 3 日龄和 30 日龄，3 个家系上选组和对照组平均壳长均小于对照组 CC。对于 A_1 家系的子代，除 30 日龄和 90 日龄外，其他日龄上选组和对照组均差异显著（$P<0.05$）；对于 C_2 家系子代，幼虫培育期上选组和对照组差异不显著，但稚贝培育期和幼贝养成期均差异显著（$P<0.05$）；对于 E_3 家系子代，在 3 日龄、9 日龄、30 日龄、90 日龄，上选组和对照组壳长差异显著（$P<0.05$），其他阶段差异均不显著。

3. 选择反应、现实遗传力和遗传获得

由表 3-17 可见，在幼虫培育期、稚贝培育期和幼贝养成期，A_1、C_2、E_3 选择反应平均值分别为 1.20、0.71、0.79，0.38、1.82、1.41，1.92、0.63、0.78，整个生长期平均值

表 3-16 三个家系上选组与对照组各生长阶段平均壳长

日龄	UA$_1$	CA$_1$	UC$_2$	CC$_2$	UE$_3$	CE$_3$	CC
幼虫期/μm							
3	138.00±6.64^a	123.67±8.90^b	125.33±13.58^a	123.33±4.79^a	123.33±7.79^a	113.33±4.79^b	125.33±5.07^a
6	178.67±11.96^a	162.00±19.19^b	157.00±20.37^a	151.15±28.33^a	144.67±8.60^a	141.25±14.84^a	189.33±3.65^c
9	205.00±13.33^a	197.33±6.91^b	201.11±18.05^a	191.11±19.65^a	193.33±10.28^a	171.25±6.41^b	232.00±8.87^c
稚贝期/μm							
15	238.44±23.84^a	227.81±11.84^b	283.79±38.86^a	231.88±24.28^b	235.79±9.02^a	233.33±25.78^a	284.00±53.47^c
30	458.33±90.81^a	420.00±74.10^b	634.17±90.61^a	498.33±90.96^b	561.67±73.62^a	468.33±81.46^b	434.67±140.04^c
稚贝及幼贝养成期/mm							
60	1.12±0.22^a	0.97±0.15^b	1.42±0.47^a	1.11±0.23^b	1.33±0.36^a	1.21±0.25^a	4.85±1.41^c
90	2.22±0.46^a	2.09±0.44^a	2.93±0.81^a	2.51±0.72^b	3.00±0.47^a	2.13±0.53^b	8.77±1.70^c
330	10.26±1.58^a	8.97±1.22^b	15.37±1.63^a	10.72±2.01^b	12.02±1.31^a	11.77±1.14^b	16.35±2.22^c

注：同一行中上标字母相同者表示差异不显著（$P>0.05$）

分别为 0.90、1.20 和 1.11。在幼虫培育期、稚贝培育期和幼贝养成期，A_1、C_2 和 E_3 现实遗传力平均值分别为 0.68、0.41、0.45、0.22、1.04、0.81、1.09、0.36、0.44，整个生长期平均值分别为 0.51、0.69、0.63。在幼虫培育期、稚贝培育期和幼贝养成期，家系 A_1、C_2 和 E_3 的遗传获得平均值分别为 8.59%、6.90%、12.04%，3.57%、24.85%、29.33%，8.04%、10.49%、17.63%，整个生长期平均值分别为 9.17%、19.25%、12.05%。

表 3-17 选择反应、现实遗传力和遗传获得

日龄	SR			h_R^2			GG/%		
	A_1	C_2	E_3	A_1	C_2	E_3	A_1	C_2	E_3
幼虫期									
3	1.61	0.42	2.09	0.92	0.24	1.19	11.60	1.62	8.82
6	0.87	0.21	0.23	0.50	0.12	0.13	10.30	3.87	2.42
9	1.11	0.51	3.44	0.63	0.29	1.96	3.89	5.23	12.89
稚贝期									
15	0.90	2.14	0.10	0.51	1.22	0.06	4.67	22.4	1.05
30	0.52	1.49	1.15	0.30	0.85	0.66	9.13	27.30	19.93
稚贝及幼贝养成期									
60	1.00	1.35	0.48	0.57	0.77	0.27	15.5	27.9	9.92
90	0.30	0.58	1.64	0.17	0.33	0.93	6.22	16.70	40.85
330	1.06	2.31	0.22	0.60	1.32	0.13	14.40	43.40	2.12

三个家系子代整个生长期的选择反应为 0.90~1.20，A_1 和 E_3 家系在幼虫期最大，稚贝期最小，而 C_2 家系稚贝期最大，幼虫期最小。由于 3 个家系某个阶段选择反应较高，现实遗传力出现了大于 1 的值，但整个生长阶段平均值为 0.59~0.69，为高等遗传力。三个家系子代遗传获得在幼虫阶段较小，随着生长，在后期稚贝及幼贝生长阶段逐渐增大，在 11 月龄可进行下一个世代繁育时，A_1、C_2 和 E_3 的遗传获得分别为 14.40%、43.40% 和 2.12%。

4. 近交衰退率

上选组家系 A_1 在幼虫培育期、稚贝培育期和幼贝养成期的近交衰退率平均值分别为 2.39%、5.30% 和 62.95%，整个生长期平均值为 23.55%；家系 C_2 上选组在幼虫培育期、稚贝培育期和幼贝养成期的近交衰退率平均值分别为 10.13%、−22.92% 和 47.77%，整个生长期平均值为 11.66%；家系 E_3 上选组在幼虫培育期、稚贝培育期和幼贝养成期的近交衰退率平均值分别为 13.95%、−6.24% 和 54.95%，整个生长期平均值为 20.89%（表 3-18）。

对照组家系 A_1 在幼虫培育期、稚贝培育期和幼贝养成期的近交衰退率平均值分别为 10.24%、11.59% 和 67.10%，整个生长期平均值为 29.64%；家系 C_2 在幼虫培育期、稚贝培育期和幼贝养成期的近交衰退率平均值分别为 13.13%、1.80% 和 60.98%，整个生长期平均值为 25.30%；家系 E_3 在幼虫培育期、稚贝培育期和幼贝养成期的近交衰退率平均值分别为 20.39%、5.05% 和 59.59%，整个生长期平均值为 28.34%。

表 3-18 近交衰退率(%)

日龄	上选组			对照组		
	A_1	C_2	E_3	A_1	C_2	E_3
幼虫期						
3	−10.11	0	1.60	1.33	1.60	9.58
6	5.63	17.08	23.59	14.44	20.17	25.40
9	11.64	13.32	16.67	14.94	17.63	26.19
稚贝期						
15	16.04	0.07	16.75	19.79	18.35	17.84
30	−5.44	−45.90	−29.22	3.38	−14.75	−7.74
稚贝及幼贝养成期						
60	76.91	70.72	72.58	80.00	77.11	75.05
90	74.69	66.59	65.79	76.17	71.38	75.71
330	37.25	5.99	26.48	45.14	34.44	28.01

3.2.3.3 讨论

1. 选择反应、现实遗传力和遗传获得

本研究中 A_1、C_2 和 E_3 3 个家系子代在整个生长阶段选择反应的平均值分别为 0.90、1.20 和 1.11，整个生长阶段平均遗传获得分别为 9.17%、19.25%和 12.05%，此结果高于霍忠明(2009)对蛤仔两个家系歧化选择的研究结果。由于两个研究选择压力均为 10%，因此整个生长阶段选择反应和平均遗传获得的差异可能是由选择差不同导致的。在霍忠明的研究中，家系 A 和家系 B 上选组的选择差分别为 3.82 和 4.36，本研究中 A_1、C_2 和 E_3 3 个家系上选组的选择差分别为 5.17、6.27 和 5.37。选择差变化趋势与选择反应和遗传获得变化趋势相同。在 3.2.2 中，以 1%选择压对两个世代连续选择时，两个世代选择差分别为 11.29 和 4.43，选择反应分别为 1.19 和 0.90，两个世代的遗传获得分别为 10.78%和 7.94%，总遗传获得为 16.59%。本研究中 3 个家系平均选择差为 5.60，平均选择反应为 1.07，平均遗传获得为 13.09%。选择差平均值小于第 1 代而大于第 2 代，选择反应平均值位于两代之间，平均遗传获得大于第 1 代选择和第 2 代选择，而低于两代总遗传获得。这样的结果说明，以壳长为标准，家系内上选的效率优于混合选择。从遗传学角度分析，全同胞家系内近交加快了杂合子纯化的速度，改变了控制生长性状的微效基因的基因频率，在加快有利基因聚合的同时，也加快了有害隐性基因的聚合，使其暴露出来。结合人工选择，保留生长性状优良的个体，淘汰生长性状差的个体，使有利于生长的微效基因不断积累，加大其基因频率。由此可见，家系内选育是加快有利基因纯化速度、提高培育优良品种效率的有效方法。

2. 近交衰退

本研究中 3 个家系均存在严重近交衰退现象，幼贝期最大，幼虫期次之，稚贝期最小，近交衰退率平均值分别为 62.56%、14.59%和 6.15%。近交几乎普遍是有害的，近交导致基因趋向于纯合、群体基因频率的变化和稀有基因的丢失。然而，近交也有其有利的方面，连续近交结合人工选择，能够清除群体中有害的隐性基因而保留有利的等位基因，从而培育出优良的纯系或近交系(张国范和郑怀平，2009)。本研究中，近交系有着较大的近交衰退率，但3个家系上选组的平均近交衰退率在幼虫期、稚贝期和幼贝期分别为8.82%、−7.95%和55.22%，与对照组相比近交衰退有很大程度的降低。

本研究3个家系上选组在330日龄时近交衰退率分别为37.25%、5.99%和26.48%，家系C_2上选组的近交衰退率较小，但有较大的遗传获得(43.40%)。若对其子代进行连续选择，可在较少世代内消除近交衰退。因此，通过大规模建立家系，按一定选择压力进行家系内选育，再在每个世代选择其中近交衰退率小、遗传获得大的家系保留，进行连续家系内上选，这种选育方法能在一定程度上提高生长性状优良的近交系及纯系的培育速度。

3.2.4 蛤仔橙色品系3个世代上选的壳形态指标分析

蛤仔橙色品系是2007年从通过蛤仔大连石河野生群体建立的128个家系中选出的优良家系，具有生长快、存活率高的优点，其壳面背景颜色为橙色，且具有4条点状放射条带。本研究旨在通过对经过3代选育的蛤仔橙色品系壳形态指标的比较，分析3代之间形态性状的变化规律及遗传潜力，为进一步制定合理的蛤仔橙色新品系育种方案提供参考。

3.2.4.1 材料与方法

1. 实验材料

分别于2009年、2010年和2012年从经过10%壳长上选个体选择的9月龄和16月龄蛤仔橙色品系子代中，随机选取100个个体进行壳形态学的测量。

2. 数据测量和分析

用数显游标卡尺(精确度0.01mm)测量蛤仔的壳长、壳高和壳宽。用电子天平(精确度0.01g)测量蛤仔的活体重。

采用Excel统计各个指标平均值、标准差，进行性状之间的相关分析。采用SPSS17.0软件对峰度、偏度进行计算，同时通过Shapiro.Wilk函数对各性状进行正态分布检验。

3.2.4.2 结果

1. 蛤仔橙色品系群体遗传分析

蛤仔橙色品系个体选择第1代的壳长(L)、壳高(H)、壳宽(Wi)、活体重(We)指标的分布情况见表3-19，除活体重(We)指标偏度为正值外，其余指标偏度均为负值，即分布曲线峰值偏右，左侧更为扩展，说明有少数变量值较小。活体重(We)指标的峰度为正值，其余指标的峰度均为负值。从Shapiro.Wilk函数检验所得的P值可以看出，壳长(L)、壳高(H)、壳宽(Wi)指标完全符合正态分布($P>0.05$)，而活体重(We)指标则略偏离正态分布($P<0.05$)。

表 3-19　橙色品系个体选育第 1 代的各性状分析及正态分布检验

类别	平均值±标准差	最小值	最大值	偏度	峰度	P 值	显著性
壳长/mm	9.62±1.90	4.46	13.88	−0.118	−0.291	0.449	0.001
壳高/mm	7.09±1.36	2.98	10.36	−0.179	−0.024	0.263	0.001
壳宽/mm	3.80±0.79	1.48	5.42	−0.170	−0.262	0.293	0.001
活体重/g	0.16±0.09	0.02	0.43	0.756	0.062	0.005	0.001

橙色品系个体选择第 2 代的壳长(L)、壳高(H)、壳宽(Wi)、活体重(We)指标的分布情况见表 3-20，4 个指标的偏度计算值均为正值，即分布曲线峰值偏左，右侧更为扩展，说明群体中较大个体的数量居多。对 4 个指标的峰度进行计算，得到的结果和第 1 代结果相似，活体重(We)指标的峰度为正值，其余指标的峰度均为负值。Shapiro.Wilk 函数检验壳长(L)、壳高(H)、壳宽(Wi)指标完全符合正态分布($P>0.05$)，而活体重(We)指标则略偏离正态分布($P<0.05$)。

表 3-20　橙色品系个体选育第 2 代的各性状分析及正态分布检验

类别	平均值±标准差	最小值	最大值	偏度	峰度	P 值	显著性
壳长/mm	21.16±2.82	14.32	27.87	0.083	−0.423	0.880	0.001
壳高/mm	14.94±1.99	9.92	19.80	0.100	−0.301	0.923	0.001
壳宽/mm	9.60±1.44	5.38	13.24	0.124	−0.120	0.435	0.001
活体重/g	2.19±0.84	0.53	4.89	0.712	0.225	0.005	0.001

橙色品系个体选择第 3 代的壳长(L)、壳高(H)、壳宽(Wi)、活体重(We)指标的分布情况见表 3-21，4 个指标的偏度计算结果与第 2 代的结果相类似，4 个指标的偏度计算值均为正值，即分布曲线峰值偏左，平均值右侧的个体数量较多，说明群体中较大个体的数量居多。壳高(H)和活体重(We)指标的峰度为正值，其余指标的峰度均为负值。Shapiro.Wilk 函数检验壳长(L)、壳高(H)、壳宽(Wi)指标完全符合正态分布($P>0.05$)，而活体重(We)指标则略偏离正态分布($P<0.05$)。

表 3-21　橙色品系个体选育第 3 代的各性状分析及正态分布检验

类别	平均值±标准差	最小值	最大值	偏度	峰度	P 值	显著性
壳长/mm	8.85±1.57	5.51	12.87	0.369	−0.093	0.442	0.001
壳高/mm	6.13±0.99	3.81	8.67	0.295	0.008	0.620	0.001
壳宽/mm	2.91±0.54	1.77	4.33	0.438	−0.181	0.135	0.001
活体重/g	0.14±0.06	0.03	0.32	0.751	0.501	0.003	0.001

2. 橙色品系形态性状之间相关性分析

橙色品系个体选择第 1 代各形态性状之间的相关性见图 3-7～图 3-12。各指标两两之间均显著相关($P<0.05$)，壳长与活体重的相关系数最大。壳长与壳高、壳长与壳宽、壳长与活体重、壳高与壳宽、壳高与活体重、壳宽与活体重的相关系数分别为 0.918、0.912、0.950、0.894、0.929、0.925。

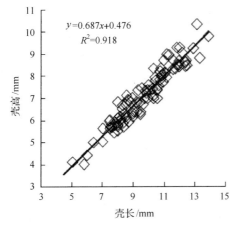

图 3-7 壳长与壳高相关关系

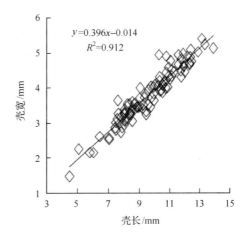

图 3-8 壳长与壳宽相关关系

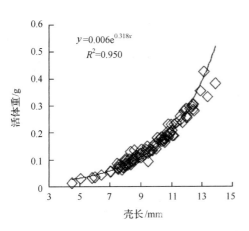

图 3-9 壳长与活体重相关关系

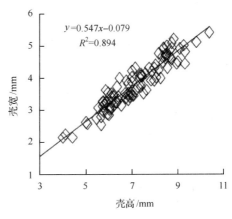

图 3-10 壳高与壳宽相关关系

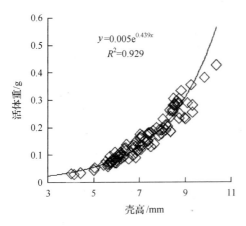

图 3-11 壳高与活体重相关关系

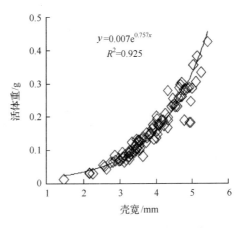

图 3-12 壳宽与活体重相关关系

橙色品系个体选择第 2 代各形态性状之间的相关性见图 3-13～图 3-18。各指标两两之间均显著相关（$P<0.05$），壳长（L）与壳高（H）的相关系数最大。壳长（L）与壳高（H）、壳长（L）与壳宽（Wi）、壳长（L）与活体重（We）、壳高（H）与壳宽（Wi）、壳高（H）与活体重（We）、壳宽（Wi）与活体重（We）回归关系式和相关系数分别为：$H=0.703L+0.046$，$R^2=0.996$；$Wi=0.428L+0.541$，$R^2=0.707$；$We=0.128e^{0.130L}$，$R^2=0.879$；$Wi=0.614H+0.417$，$R^2=0.724$；$We=0.125e^{0.186H}$，$R^2=0.892$；$We=0.168e^{0.259Wi}$，$R^2=0.899$。

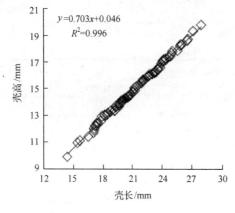

图 3-13　壳长与壳高相关关系

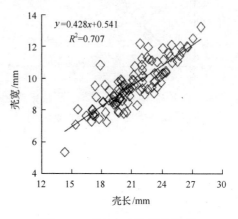

图 3-14　壳长与壳宽相关关系

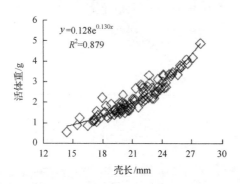

图 3-15　壳长与活体重相关关系

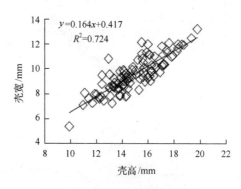

图 3-16　壳高与壳宽相关关系

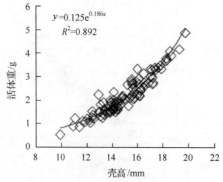

图 3-17　壳高与活体重相关关系

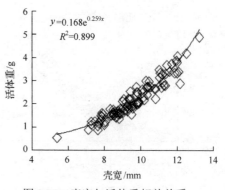

图 3-18　壳宽与活体重相关关系

橙色品系个体选择第 3 代各形态性状之间的相关性见图 3-19~图 3-24。各指标两两之间均显著相关（$P<0.05$），壳长（L）与壳高（H）的相关系数最大。壳长（L）与壳高（H）、壳长（L）与壳宽（Wi）、壳长（L）与活体重（We）、壳高（H）与壳宽（Wi）、壳高（H）与活体重（We）、壳宽（Wi）与活体重（We）回归关系式和相关系数分别为：$H=0.638L+0.475$，$R^2=0.958$；$Wi=0.343L-0.128$，$R^2=0.934$；$We=0.008e^{0.302L}$，$R^2=0.895$；$Wi=0.521H-0.290$，$R^2=0.920$；$We=0.007e^{0.459H}$，$R^2=0.877$；$We=0.010e^{0.830Wi}$，$R^2=0.847$。

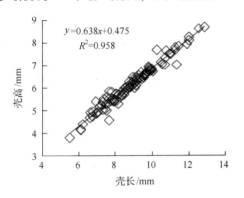

图 3-19　壳长与壳高相关关系

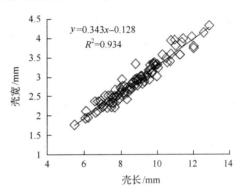

图 3-20　壳长与壳宽相关关系

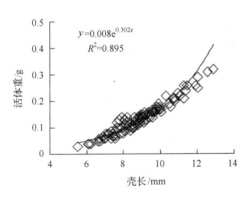

图 3-21　壳长与活体重相关关系

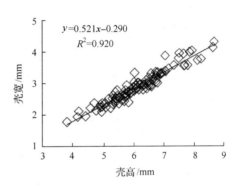

图 3-22　壳高与壳宽相关关系

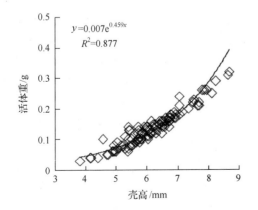

图 3-23　壳高与活体重相关关系

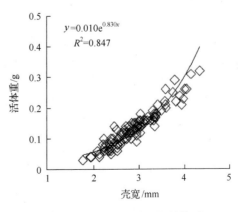

图 3-24　壳宽与活体重相关关系

3.2.4.3 讨论

通过对橙色品系3代个体选择子代的壳形态指标进行Shapiro. Wilk函数正态分布检验,得出这3代橙色品系群体的壳长(L)、壳高(H)、壳宽(Wi)、活体重(We)均为连续变异,长度指标(壳长、壳高、壳宽)为正态分布,而质量指标(活体重)略偏离正态分布,其中第3代的偏离程度要略大于上两代。这与秦艳杰等(2007)对海湾扇贝正反交家系壳形态的研究结果相反。海湾扇贝正反交的质量指标均呈正态分布,而长度指标略偏离正态分布。这可能是由于不同种类的贝类壳形态生长特性和遗传变异不同,因此对不同种类的贝壳形态学的研究是有一定意义的。许多学者对不同贝类进行了研究,例如,Toro和Newkirk(1990)研究了欧洲牡蛎(*Ostrea edulis*)壳长与壳高的关系;Sousa等(2007)分析了葡萄牙两个河口区河蚬(*Corbicula fluminea*)的贝壳形态差异;Guerra-Varela 等(2007)分析了两种生态型海螺(*Nuella lapillus*)贝壳形态的遗传进化机制;王爱民等(2004)研究了不同地理群体马氏珠母贝(*Pinctada martensii*)杂交子一代的形态参数;郑汉丰等(2005)研究了三角帆蚌(*Hyriopsis cumingii*)与池蝶蚌(*Hyriopsis schlegeli*)早期杂交子一代的形态差异。

对橙色品系3代个体选择子代的壳形态指标偏度进行计算,得到个体选择第1代长度指标的偏度均为负值,而2、3代均为正值,且第3代要大于第2代,总体呈现出随着个体选择的进行偏度值由负值变为正值并逐渐增加的趋势,而质量指标的偏度值基本保持不变。这说明,第1代个体选择子代的群体分布曲线峰值偏右,左侧较为宽阔,表现出群体中存在较多的小型个体。而随着个体选择的进行,橙色品系群体的分布曲线峰值转为左偏,右侧变得更为宽阔,表明群体中大型个体数量居多,对橙色品系进行连续个体选择是有成效的。从峰度计算值来看,3个世代群体的长度指标均为负值,而质量指标均为正值。这说明,长度指标的正态分布较为分散,分布为低峰态;而质量指标的正态分布更为集中在峰值周围,分布呈尖峰态;这表明橙色品系还具有继续选择的可能。

贝类壳长、壳宽、壳高、活体重的遗传相关是由微效基因控制的,这是相关的本质。性状的表现型相关、遗传相关和环境相关三者之间存在紧密关系,性状的表型相关是遗传因素和环境条件共同作用的结果。肖露阳等(2012)研究了中国蛤蜊数量性状的相关性,结果显示各数量性状之间的相关关系均极显著。王年斌等(1992)对黄海北部凸镜蛤(*Dosinia derupta*)的生物学特性进行研究发现,体重与壳长呈幂函数相关,统计回归表明,该物种属于均匀生长类型。闫喜武等(2007)对宽壳全海笋(*Barnea dilatata*)成体的体重与壳长、自然状态下水管长相关性进行研究发现,海笋的体重与自然状态下水管长、壳长均成正比。杨鸣等(2007)调查研究了胶州湾移植底播蛤仔面盘幼虫的形态特征,结果表明移植底播蛤仔的面盘幼虫壳长与壳高呈线性相关。闫喜武等(2011)在四角蛤蜊形态性状对重量性状的影响效果研究中发现,各性状间的相关系数均达到了极显著水平,壳宽是影响活体重和软体重的主要因素。本研究中,3个世代中各性状之间的相关性均显著,长度指标之间最为紧密的相关性存在于壳长与壳高之间。在第1、3世代中长度指标对质量指标影响的顺序依次是壳长>壳高>壳宽,而第2世代中正好相反,顺序为壳宽>壳高>壳长。出现这种现象的原因可能是测量的蛤仔群体日龄不同。霍忠明(2009)对蛤仔形态性状对重量性状的通径和多元回归分析中指出，影响蛤仔重量指标的重要因素在不同日龄中是不同的。他认为性腺重也是影响质量指标的重要因素。本研究中，第1、3世代的群体均为270日龄的蛤仔，其性腺还未成熟甚至未发育，因此大型个体表现在壳长、壳高较大，直接影响活体重。而第2世代的群体为480日龄蛤仔，其性腺已经发育成熟处于繁殖期，包围整个内脏团，并延伸到足基部，因此，壳宽越大的个体，为性腺发育提供的空间越大，表现出壳宽变成影响活体重的主要因素。

本研究所得到的壳形态性状间的相关公式，有助于了解橙色品系群体遗传特点，并可作为评估橙色品系个体选择效果的参考依据。橙色品系壳形态性状之间相关显著，个体选择导致群体中大型个体的数量增加，可作为培育橙色优良新品种的基础材料。

3.3 蛤仔家系选择

3.3.1 家系内歧化选择

目前，通过从多个家系中选择优良性状家系，在优良性状家系内进行歧化选择的研究报道很少。家系内歧化选择方法与家系选择和混合选择相比具有一定的优势。一方面家系内近亲繁殖加快了生长性状基因的纯化速度；另一方面使一些隐性有害基因暴露，使个体出现小型化现象。结合人工选择的方法，淘汰小型个体，使家系内具有优良生长性状的个体相互交配，加快了优良品种选育进程。

3.3.1.1 材料与方法

1. 基础群体

从2007年采用巢式设计（Comstock and Robinson，1952）建立的33个全同胞家系中选取存活率最高家系A和生长速度最快家系B作为歧化选择的基础群体。从两家系中分别随机选取200粒进行测量，壳长分布如图3-25、图3-26所示。对两家系进行上选和下

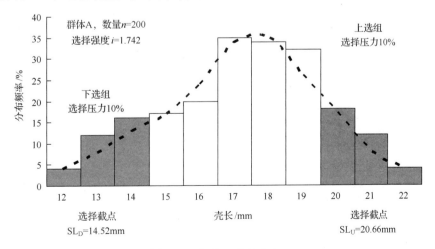

图3-25 家系A壳长分布

SL_D为下选组选择截点；SL_U为上选组选择截点

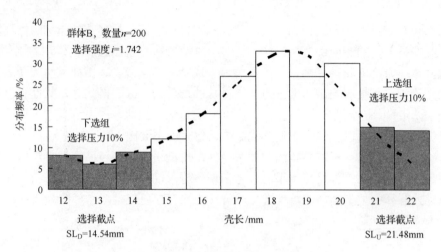

图 3-26 家系 B 壳长分布

SL_D 为下选组选择截点；SL_U 为上选组选择截点

选，留种率为 10%，选择强度为 i=1.742，家系 A 上选的选择截点为 20.66mm，下选的选择截点为 14.52mm。家系 B 上选的选择截点为 21.48mm，下选的选择截点为 14.54mm。再分别从两家系中选取与选择组相同数量的个体作为对照组（NC）。将家系 A 的上选组记为 AU，下选组记为 AD，对照组记为 AC；家系 B 的上选组记为 BU，下选组记为 BD，对照组记为 BC。

2. 参数分析方法

各实验组的壳长比较使用单因素方差分析及多重检验（LSD 方法）。采用 GLM 过程（最小二乘法拟合广义线性模型）和均方 TypeIII 对生长和存活的各原因组分进行分析。原因组分包括选择组间和家系间组分。

在进行歧化选择时，计算现实遗传力最常用的方法是在同一年龄时对选择后代与亲本进行比较。然而，贝类不适合应用这种方法来估测现实遗传力，因为环境条件的变化会影响贝类的年生长。但通过设置对照组，就可以消除这种环境的影响。因此，在每个选择实验中都在选择前随机取出与选择组相等数目的个体作为对照组，用来计算选择反应（SR）与现实遗传力（h_R^2）及遗传改进量（GG_S），公式如下（Ibarra，1999；Zheng，2004，2006）：

$$SR = \frac{x_s - x_c}{s_c} \quad (3\text{-}21)$$

$$h_R^2 = \frac{x_s - x_c}{is_c} \quad (3\text{-}22)$$

$$GG_S = \frac{x_s - x_c}{x_s} \times 100\% \quad (3\text{-}23)$$

式（3-21）～（3-23）中，x_s 和 x_c 分别为选择组和对照组的平均壳长；s_c 为对照组的标准差；

i 为选择强度。

使用 Excel 作图。实验数据处理使用 SAS 软件,所有分析的差异显著性都设置为 $P<0.05$。

3.3.1.2 结果

1. 歧化选择对生长的影响

对各实验组卵径和 D 形幼虫大小方差分析结果表明,各实验组卵径和 D 形幼虫大小差异不显著($P>0.05$)(表 3-22)。对壳长的原因组分方差分析结果表明,家系间组分对生长的影响不显著($P>0.05$);9 日龄、30 日龄和 100 日龄家系间各选择组分对生长的影响极显著($P<0.01$)(表 3-23)。

表 3-22 各选组卵径和 D 形幼虫大小

类别	AU	AC	AD	BU	BC	BD
卵径/μm	70.00±1.26^a	69.40±0.91^a	69.40±0.92^a	70.40±1.50^a	70.00±1.26^a	70.20±1.40^a
D 形幼虫大小/μm	94.5±5.99^a	94.6±4.12^a	95.2±3.16^a	96.2±2.90^a	97.6±3.98^a	94.2±4.26^a

注:同行中字母相同者差异不显著($P>0.05$)

表 3-23 各选择组幼虫期、稚贝期、养成期壳长原因方差组分分析

日龄	家系间组分对生长的影响			家系间各选择组对生长的影响		
	自由度 df	均方 MS	F	自由度 df	均方 MS	F
幼虫期						
3	1	135.997 7	1.69	3	138.712 3	1.72
6	1	410.375 1	0.86	3	1 703.226 3	3.57
9	1	2 244.456 25	2.53	3	6 800.611 5	7.65**
稚贝期						
30	1	59 751.692 5	3.21	3	261 216.065	14.05***
60	1	705 735.763	2.16	3	4 283 642.36	4.37
养成期						
100	1	12 440 151.00	4.57	3	19 600 640	7.19**

表示 $P<0.01$;*表示 $P<0.001$

3 日龄、6 日龄、9 日龄幼虫生长情况见图 3-27。选择的效果在 3 日龄和 6 日龄时没有显现出来,9 日龄以后,两个家系壳长大小顺序分别为 AU>AC>AD,BU>BC>BD。方差分析结果显示,9 日龄时,家系 A 中 AU 与 AD 壳长差异显著($P<0.05$),AU 与 AC、AD 与 AC 壳长差异不显著($P>0.05$);家系 B 中 BU 与 BD 壳长差异显著($P<0.05$),BU 与 BC、BD 与 BC 壳长差异均不显著($P>0.05$)。两家系上选组间、下选组间和对照组间壳长差异均不显著($P>0.05$)。由图 3-28 可见,30 日龄时,家系 A 与家系 B 内各选择组壳长差异不显著($P>0.05$),BU 与 AU、BC 与 AC、BD 与 AD 壳长差异显著($P<0.05$),壳长大小顺序为 BU>BC>BD>AU>AC>AD。60 日龄时,家系 AU 与 AC、AU 与

AD壳长差异显著($P<0.05$),AD与AC差异不显著;家系B各组间差异不显著($P>0.05$)。100日龄时,家系A中AU与AD壳长差异显著($P<0.05$),AU与AC、AD与AC壳长差异不显著($P>0.05$);家系B中BU与BD差异显著($P<0.05$),BU与BC、BD与BC差异不显著($P>0.05$),壳长大小顺序为BU>BC>AU>BD>AC>AD。

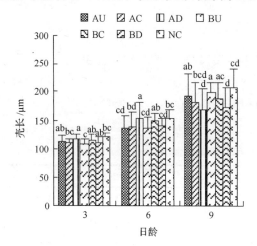

图3-27 幼虫期各选择组壳长比较
同一日龄字母相同者壳长差异不显著($P>0.05$)

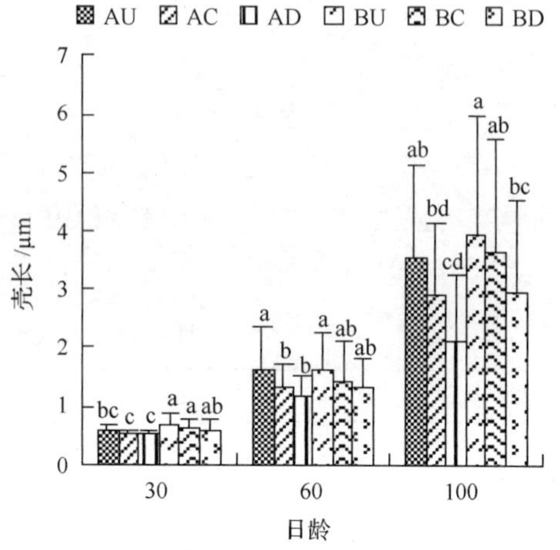

图3-28 稚贝期及养成期各选择组壳长比较
同一日龄字母相同者壳长差异不显著($P>0.05$)

2. 养成期各实验组的遗传变异及遗传相关

从100日龄壳长及壳宽分布情况(图3-29,图3-30)可以看出,选择使各实验组生长出现了差异。在壳长分布图中,两上选组AU和BU壳长在5mm以上的个体分别占总个体数的17%和33%,明显高于对照组和下选组。而两下选组AD和BD壳长3mm以下的个体分别占总体的80%和57%,明显高于对照组和上选组。壳宽的分布情况与壳长相似。两

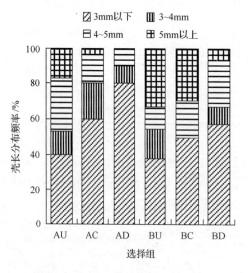

图3-29 100日龄各选择组壳长分布

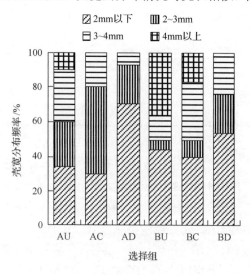

图3-30 100日龄各选择组壳宽分布

上选组 AU 和 BU 壳宽在 4mm 以上的个体占 10%和 37%，高于对照组和上选组。而两下选组 AD 和 BD 壳宽 2mm 以下的个体分别占总体的 70%和 53%。

100 日龄壳长与壳宽的变异系数和壳长与壳宽的相关性见表 3-24。各实验组壳长和壳宽存在较大的变异程度。家系 B 的各实验组变异系数普遍大于相对的家系 A 的各实验组的变异系数。壳长与壳宽相关性极显著。

表 3-24 各选择组 100 日龄壳长、壳宽变异系数及表型相关

类别	AU	AC	AD	BU	BC	BD
壳长/mm	3.54±1.57	2.92±1.21	2.13±1.12	3.93±2.00	3.65±1.93	2.94±1.57
变异系数/%	44.41	41.13	52.52	50.88	52.94	53.30
壳宽/mm	2.64±1.06	2.27±0.84	1.72±0.76	3.06±1.66	2.76±1.30	2.11±0.89
变异系数/%	40.24	37.20	44.22	54.18	47.04	42.00
壳长与壳宽表型相关	0.981**	0.978**	0.972**	0.991**	0.994**	0.837**

** 表示 $P<0.01$

3. 选择反应、现实遗传力和遗传获得

由图 3-31～图 3-33 可以看出，在幼虫期，9 日龄选择反应和现实遗传力 BU>BD>AD>AU。在稚贝期，家系内上选组和下选组的选择强度和留种率相同，但相同日龄选择反应、现实遗传力和遗传改进并不对称。两上选组的 3 个选择参数 AU>BU，两下选组的 3 个选择参数 AD>BD。从两家系上选组及下选组的选择反应、现实遗传力和遗传改进来看，选择效果显著(表 3-25)。上选组和下选组选择反应、现实遗传力和遗传获得差异不显著($P>0.05$)，3 个选择参数的数值基本对称。家系 A 的上选组 AU 选择反应、现实遗传力和遗传改进量分别比家系 B 的上选组 BU 大 0.021%、0.013%和 3.54%。家系 A 的下选组 AD 选择反应、现实遗传力和遗传改进量分别比家系 B 的下选组 BD 大 0.063%、

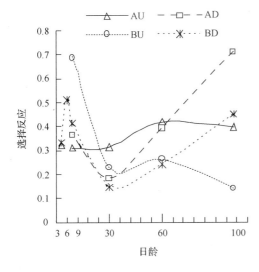

图 3-31 两家系上选组和下选组的选择反应

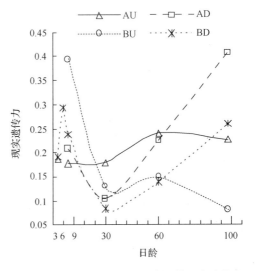

图 3-32 两家系上选组和下选组的现实遗传力

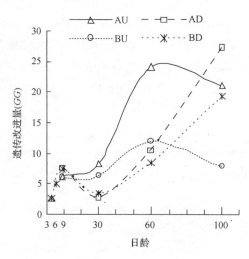

图 3-33 两家系上选组和下选组遗传改进量

0.036%和 4.3%。对家系 A、B 壳长进行歧化选择的同时，对壳宽也有一定的间接选择作用。养成期 100 日龄壳宽的选择反应、现实遗传力和遗传改进量见表 3-25。两家系内上选组 3 个选择参数明显小于下选组的选择参数。

表 3-25 两家系上选组、下选组壳长及 100 日龄壳宽选择反应、现实遗传力及遗传改进量

类别		AU	AD	BU	BD
壳长选择	SR	0.351 ± 0.025^a	0.412 ± 0.110^a	0.330 ± 0.121^a	0.349 ± 0.068^a
	h_R^2	0.202 ± 0.014^a	0.236 ± 0.063^a	0.189 ± 0.069^a	0.200 ± 0.040^a
	GG/%	12.49 ± 1.92^a	11.99 ± 2.13^a	8.04 ± 0.56^a	7.69 ± 1.23^a
壳宽选择	SR	0.44	0.65	0.16	0.50
	h_R^2	0.26	0.37	0.09	0.29
	GG/%	16.85	28.5	5.4	18.19

注：同行中字母相同者差异不显著（$P>0.05$）

3.3.1.3 讨论

1. 歧化选择对蛤仔生长的作用

以壳长为标准对 A、B 家系进行歧化选择，留种率为 10%，选择强度 $i=1.742$。两家系各选择组的卵径、D 形幼虫大小差异不显著（$P>0.05$），而且选择的效果在 3 日龄和 6 日龄时没有显现出来，这主要是由于亲本效应的影响，其中包括母本效应和父本效应，这种效应并不遗传给后代，主要体现在亲本对后代早期生长发育的影响（Hilbish et al.，1993）。但随着日龄的增加，选择的效果逐渐显现出来，原因方差组分分析表明，9 日龄以后，两家系内各选择组对生长的影响显著。在全同胞家系内进行个体上选和下选，实际上是对控制生长的微效基因进行选择。家系近交繁殖，加快了控制生长的基因型纯合速度，一方面使生长快的显性基因纯合从而使个体趋于大型化；另一方面也使生长慢的有害隐性基因纯合，引起生长近交衰退导致个体小型化。因此，结合人工选择，增加大

个体间交配的概率，能加快生长快的显性基因聚合纯化速度，有效淘汰小型化个体。本研究对各实验组生长的比较初步证明了生长加性基因的累加作用及对生长性状选择的有效性。

2. 家系内遗传变异

对养成期100日龄蛤仔壳长、壳宽变异系数、遗传相关性及个体分布情况分析表明，经过一代的家系内选择后生长性状仍然有较大的遗传变异，可以对两家系生长性状继续上选，纯化生长快的基因。壳长与壳宽有显著的遗传相关性。选择改变了家系内不同规格个体的分布情况，两家系上选组大个体所占比例明显高于对照组和下选组，而两家系下选组小个体所占比例明显高于对照组和上选组。这些结果说明，对蛤仔生长的歧化选择可以改变蛤仔基因型频率，向上选择加快了控制生长的显性基因聚合速度，增加了蛤仔优良生长性状基因型频率，而向下选择则使生长的隐性基因聚合，导致蛤仔生长性能降低。

3. 选择反应、现实遗传力和遗传获得

歧化选择能够提高现实遗传力估测的精确性(Falconer，1981)。本研究结果表明，家系内选择可以改进蛤仔生长性状，这与一些学者对其他贝类的研究结果一致。Toro 等(1994)对欧洲牡蛎(*Ostrea edulis*)进行歧化选择，获得上选选择反应为 0.69±0.11，现实遗传力为 0.43±0.18，获得下选的选择反应为 0.35±0.08，现实遗传力 0.24±0.06。Heffernan 等(1993)估计了海湾扇贝第 2 代选择的现实遗传力为 0.368。Hadley(1991)估计美洲帘蛤的现实遗传力为0.42±0.10和0.43±0.06，类似的实验还有Newkirk等(1977)、Hadley 等(1991)、Rawson 和 Hilbish(1990)、Ibarra 等(1999)、Zheng 等(2004，2006)。本研究中，家系 A 的 3 个选择参数高于家系 B，但是家系 B 的壳长生长的遗传变异系数高于家系 A，说明家系 B 中仍然存在较大的遗传变异。而且在同样选择强度的基础上，家系 A 上选的遗传获得为 12.49%±1.92%，这与双壳类每代可以获得10%~20%的遗传改进结果是一致的(Newkirk，1980)。而家系 B 上选仅获得 8.04%±0.56%的遗传改进。因此，对家系 B 的选择实验，可以适当提高选择强度，来增加家系 B 生长性状的遗传获得。

本研究中，对壳宽的间接选择作用也很明显，壳长与壳宽的遗传相关性显著。两家系上选组和下选组壳在 100 日龄都得到了一定的选择反应、现实遗传力和遗传获得。这说明在对蛤仔壳长进行直接选择的同时，壳宽也可以得到一定程度的遗传改良。Ibrra 等(1999)对墨西哥湾扇贝的研究表明，对壳重的直接选择效果比对壳宽的直接选择效果要好，而壳宽对壳重的间接选择效果不显著，壳重对壳宽的间接选择效果比对壳宽的直接选择效果要好。壳宽和壳重有显著的相关性，这是由生长性状基因多效性引起的，即控制生长的是一系列微效基因，对壳重生长基因进行选择的同时，壳宽生长基因也被选择。同时指出对壳宽的选择效果不明显的原因主要是环境方差对壳宽选择的影响很大。

歧化选择往往表现出在两个方向上选择反应的不对称性(Toro et al.，1994；Zheng et al.，2008)。本研究发现各日龄壳长的选择反应并不对称，100日龄壳宽的间接选择反应也不对称，而且两家系内上选组选择反应明显小于下选组。这可能是由于家系内近交改变了蛤仔生长性状遗传基因频率。这种近交衰退在选择的两个方向上经常是不一致的，因此可引起反应的不对称性。除近交衰退原因外，Falconer(1981)把产生这种不对称性的原因还归结为选择差的影响。自然选择可能在一个方向上辅助了人工选择，而在另一个方向上对人工选择起负作用。另外，基因频率的不对称性也是选择反应不对称的重要原因之一。当显著基因频率等于0.5时，加性基因对遗传力的贡献最大，而当隐性等位基因频率等于0.75时，隐性基因对遗传力的贡献最大，这时的基因频率被称为"对称"基因频率。因此，如果基础群体涉及的基因频率不在加性方差最大点上，就会产生不对称性。随机漂变、母本效应及巨效基因等也是产生选择反应不对称的原因。

家系内近交与歧化选择相结合加快了蛤仔优良品种的选育进程。有的学者提出小群体可能导致被迫近交，再加上选择的作用，群体的遗传变异会逐渐消失，产生所谓的"瓶颈效应"。但在本研究中，家系内壳长遗传方差和变异系数及选择参数分析结果表明，家系内存在较大的遗传变异，可以进一步进行上选。

3.3.2 家系间合并选择

选择育种技术应用于养殖贝类的历史较短但发展很快。由于贝类为体外受精，怀卵量大，生长快，繁殖周期短，而且常见的养殖贝类几乎全部来自野生群体，具有较高的遗传变异，因此，对绝大多数贝类选择育种均取得了明显效果(张国范，2006)。近20年来，有关贝类遗传参数和选择反应的报道已经很多，这些研究主要集中在牡蛎(Ruzzante and Newkirk，1990；Toro et al.，1996；Jarayabhand and Thavomyutikam，1995；Newkirk and Haley，1983)、扇贝(Ibarra et al.，1999)、珠母贝、美洲帘蛤(Hadley et al.，1991；Crenshaw et al.，1991)、蛤仔(霍忠明，2009)等。

在选择育种过程中，选用含有丰富遗传变异的基础群体是非常关键的。上述常见养殖贝类之所以取得令人满意的选择效果，也正是基于此原因(张国范和郑怀平，2009)。目前，基础群体的建立主要采取不同地理群体混交的方法，混交群体由于结合了不同地理群体的遗传信息，因而所含有的遗传变异更为丰富，对其进行选择容易获得较大的选择反应(盛志廉和陈瑶生，2001)。但不同地理群体之间存在较大的环境方差组分，容易使选择形成较大的误差，影响选择效果。家系作为培育优良品种(系)的重要育种材料，同一批次家系间和家系内个体之间可以认为存在相同的环境方差组分。因此，通过建立家系，然后采取家系间混交的方法来建立育种基础群体就可以最大限度地规避由于环境因素造成的选择误差(Falconer，1981)。本节以蛤仔大连石河野生群体F_1家系为材料，培育18个月后，采取家系间混交的方法建立了基础群体，并对其进行了上选和下选两个方向的歧化选择，估计了选择反应、现实遗传力和遗传获得，以期为蛤仔遗传改良和品种培育提供参考。

3.3.2.1 材料与方法

1. 亲贝来源和促熟

实验用蛤仔亲贝选自2007年建立的石河野生群体15个家系，养殖18个月后，2009年4月将所有家系在大连庄河海洋贝类养殖场育苗场室外生态池自然促熟，性腺发育成熟后,进行截头选择。为了保持家系间及家系内丰富的遗传变异,在所有培育阶段,均未进行任何优选或淘汰。

2. 实验设计及处理

2009年7月,从各家系中随机选取30个,共计450个亲本组成了实验所需的选择群体。选择前,对所有亲本都用游标卡尺(精确度0.01mm)进行了测量。从选择群体中随机选取45个亲本作为对照组并测量其壳长,然后确定上选和下选的比例均为10%,选择强度均为1.755,截点分别为31.78mm和19.68mm,上选和下选亲本总数均为44个(图3-34)。

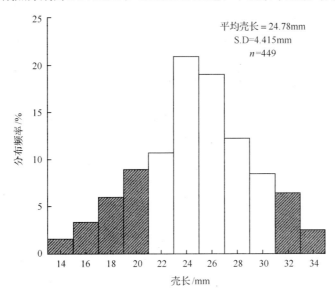

图3-34 选择前亲贝个体的大小分布及歧化选择后的留种亲贝(阴影部分)

按照实验设计,对性腺已经发育成熟的亲本进行催产。将亲本阴干8h后,放入盛有新鲜过滤海水的60L聚乙烯桶中待产,约40min后,精、卵开始陆续排放。排放结束后,加大充气量并及时洗卵,用200目筛网滤出杂质后将受精卵放入60L聚乙烯桶中,按照30～50个/mL密度进行孵化,孵化过程中微量充气。操作过程中,各实验组严格隔离,避免受到外源精、卵和幼虫污染。上选和下选及对照组亲本分别放在不同的聚乙烯桶中,共形成了3个实验组。

3. 幼虫、稚贝培育和中间育成

受精后经过23～25h,胚胎发育至D形幼虫,将幼虫转移至60L聚乙烯桶中进行培育,密度为5～6个/mL,各实验组分别设置3个重复。幼虫培育前3d,投喂等鞭金藻,第4天起按照等鞭金藻和小球藻1:1混合投喂。随着幼虫生长发育,日投饵量逐渐增加。每隔1d全量换水一次,换水过程中及时调整幼虫密度,保持各实验组幼虫密度一致,以消除密度因素对试验结果的影响。在整个培育过程中,采取隔离措施避免各实验组相互交叉污染。稚贝经过40d室内培育后,采取挂养方式转入室外生态池中进行中间育成。挂养用网袋规格为40cm×30cm。根据稚贝规格,定期更换大网眼网袋,网眼规格从60

目逐渐增大至 18 目。每隔 7d 清洗一次网袋，清除淤泥和附着生物，保持袋内水流畅通。

4. 取样、测量

幼虫阶段，1 日龄、3 日龄、6 日龄、9 日龄及附着前随机取样一次，每个家系随机取样 30 个幼虫测量壳长，同时测定幼虫密度。幼虫存活率为各日龄幼虫密度与初孵 D 形幼虫密度的百分比。变态期间，记录附着幼虫开始变态时间和全部完成变态的时间，测量各实验组幼虫变态规格及变态率。变态率为完成变态的稚贝数量占附着幼虫总量的百分比。稚贝阶段，30 日龄、60 日龄和 90 日龄取样测量并统计空壳率，通过空壳率计算出稚贝不同日龄的存活率。

5. 选择反应、现实遗传力、遗传获得计算

参照 Ibarra 等（1999）和 Zheng 等（2004，2006）使用的方法，采用式（3-21）～（3-23）计算选择反应（SR）、现实遗传力（h_R^2）和遗传获得（GG）。

$$SR = \frac{x_s - x_c}{s_c} \qquad (3-24)$$

$$h_R^2 = \frac{x_s - x_c}{is_c} \qquad (3-25)$$

$$GG = \frac{x_s - x_c}{x_c} \times 100\% \qquad (3-26)$$

式中，x_s 和 x_c 分别为选择组和对照组的平均壳长；s_c 为对照组的标准差；i 为选择强度。

6. 数据处理

用 SPSS 13.0 软件对数据进行分析和处理，采用单因素方差分析（one-way ANOVA）对各实验组生长和存活的差异性进行分析，差异的显著性设置为 $P<0.05$；Excel 作图。

3.3.2.2 结果

1. 幼虫的生长与存活

如图 3-35 所示，在浮游幼虫期，上选组（SU）、下选组（SD）和对照组（CC）初孵 D 形幼虫大小并没有显著性差异（$P>0.05$）。随着幼虫的生长发育，幼虫大小开始出现分化，3 日龄、6 日龄、9 日龄和 12 日龄上选组幼虫壳长显著大于下选组和对照组，下选组幼虫壳长显著小于对照组（$P<0.05$）。由图 3-36 可见，下选组幼虫存活率明显低于上选组和对照组（$P<0.05$），但上选组和对照组幼虫存活率并无显著性差异（$P>0.05$）。

2. 稚贝的生长与存活

各实验组稚贝生长与存活如图 3-37 和图 3-38 所示。30 日龄和 60 日龄为室内育成阶段，稚贝生长速度较慢，90 日龄为室外生态池育成阶段，稚贝生长速度明显快于室内育成阶段。由图 3-37 可见，30 日龄、60 日龄和 90 日龄时，下选组稚贝壳长显著小于对照组（$P<0.05$）。90 日龄时，下选组稚贝壳长仅为上选组的 53.84%，为对照组的 40.68%，下选组与上选组和对照组差异极显著（$P<0.01$）。如图 3-38 所示，90 日龄时，下选组稚贝存活率明显低于上选组和对照组（$P<0.05$），而 30 日龄和 60 日龄时，各实验组稚贝存活率则无显著差异（$P>0.05$）。

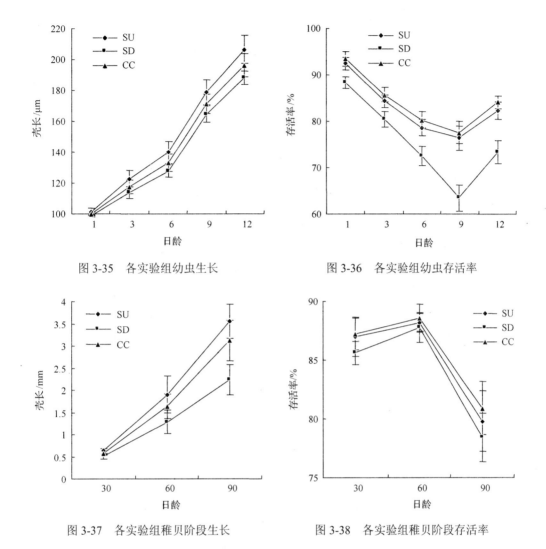

图 3-35 各实验组幼虫生长   图 3-36 各实验组幼虫存活率

图 3-37 各实验组稚贝阶段生长   图 3-38 各实验组稚贝阶段存活率

3. 选择反应、现实遗传力和遗传获得

图 3-39～图 3-41 分别表示上选组(SU)和下选组(SD)在不同日龄时的选择反应(SR)、现实遗传力(h_R^2)和遗传获得(GG)。浮游幼虫期上选组获得的 SR、h_R^2 和 GG 均比下选组大,而稚贝培育期下选组获得的 SR、h_R^2 和 GG 则比上选组大。上选组和下选组的 SR、h_R^2 和 GG 均随着日龄的增加而增加,浮游幼虫期上选组和下选组 SR、h_R^2 和 GG 均值分别为 0.71±0.23 和 0.57±0.22、0.40±0.13 和 0.33±0.12、4.05±1.52 和 3.27±1.32;稚贝期上选组和下选组 SR、h_R^2 和 GG 均值分别为 0.89±0.05 和 1.47±0.44、0.51±0.03 和 0.84±0.25、12.97±4.04 和 21.15±17.51。方差分析显示,浮游幼虫期上选组的 SR、h_R^2 和 GG 均显著大于下选组($P<0.05$);而稚贝期上选组的 SR、h_R^2 和 GG 却显著小于下选组($P<0.05$);上选组浮游幼虫期所获得的 SR 和 h_R^2 与稚贝期无显著性差异($P>0.05$),而稚贝期所获得的 GG 则显著大于浮游幼虫期($P<0.05$);下选组在稚贝期所获得的 SR、h_R^2 和 GG 显著大于浮游幼虫期($P<0.05$)。

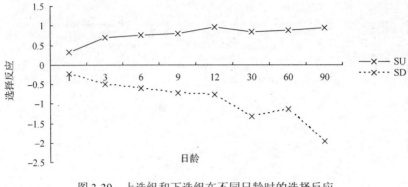

图3-39　上选组和下选组在不同日龄时的选择反应

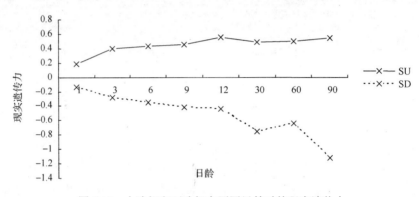

图3-40　上选组和下选组在不同日龄时的现实遗传力

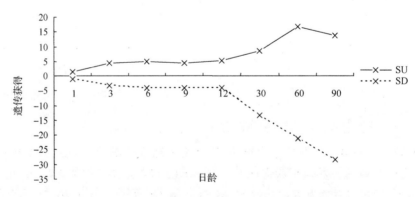

图3-41　上选组和下选组在不同日龄时的遗传获得

3.3.2.3　讨论

选择的目的就是在较短时间内得到人们所需要的基因型，一般是通过表现型来认识基因型，但是因为许多数量性状的遗传力不够强，且很容易受到环境的影响，所以个体的表现型并不能很好地代表基因型(盛志廉和陈瑶生，2001)。选择的效果取决于育种群体中的遗传变异程度，如果没有变异也就无从选择，所以待选性状在亲代群体中变异愈大，则选择效果愈好。而且，如果是环境造成的非遗传性变异，则不仅不能增强选择效果，反而会造成遗传力降低，影响选择效果(Falconer，1996)。可见，在选择过程中，选择遗传变异大的基础群体是选择取得理想效果的必要前提。张国范等(2009)以海湾扇贝北方亚种两个不同养殖群体为材料，采取混交策略建立了海湾扇贝两个养殖群体的混交基础群体，然后对其进行了选择，取得了明显成效，并获得了 0.911±0.417 的选择反应和 0.52±0.24 的现实遗传力。Hussain 等(2002)以爪哇四须鲃(*Barbodes gonionotus*) 3 个遗传结构不同的群体为材料，采用 3×3 双列杂交建立了一个育种基础群体，对其进行了连续 3 代的选择，结果非常令人振奋，选择组的体重比对照组的体重每代平均增长了 7.2%。

歧化选择是估测选择反应和现实遗传力非常有效的实验设计，其可将选择反应和遗传力的变异程度降至最低(Falconer and Mackay，1996)。Jarayabhand 和 Thavomyutikam (1995)等使用歧化选择实验设计方法，估测了僧帽牡蛎(*Saccostrea cucullata*)上选和下选的现实遗传力分别为 0.38±0.1 和 0.19±0.04，一代选择反应差异显著。张国范和郑怀平(2009)对海湾扇贝自交家系进行了歧化选择，对于雌雄同体的海湾扇贝来说，应用自交系对个体的大小或生长进行选择也是有效的，上选组的选择反应达到 0.407±0.100，下选组的选择反应虽然显著小于上选组，但也达到了 0.255±0.139，经过一代选择，遗传获得在上选组达到 9.98%，下选组为 7.05%。本节采取歧化选择试验设计，估测了蛤仔上选组和下选组在浮游幼虫期和稚贝期的选择反应、现实遗传力和遗传获得，获得了较大的选择反应、现实遗传力和遗传获得，效果明显。这也说明，采取家系间混交交配策略建立育种基础群体并对其进行选择是蛤仔遗传改良和良种培育的有效手段之一。

主要参考文献

邓岳文, 符韶, 杜晓东. 2008. 马氏珠母贝选系 F_2 早期选择反应和现实遗传力估计[J]. 广东海洋大学学报, 28(4): 26-29.

霍忠明. 2009. 菲律宾蛤仔菲律宾蛤仔数量遗传和家系育种研究[D]. 大连: 大连水产学院硕士学位论文.

马爱军, 王新安, 黄智慧, 等. 2012. 大菱鲆(*Scophthalmus maximus*)家系选育 F_2 早期选择反应和现实遗传力估计[J]. 海洋与湖沼, 43(1): 57-61.

秦艳杰, 刘晓, 张海滨, 等. 2007. 海湾扇贝正反交两个家系形态学指标比较分析[J]. 海洋科学, 31(3): 22-27.

桑士田, 闫喜武, 霍忠明, 等. 2012. 家系内大、小两种规格菲律宾蛤仔的双列杂交[J]. 水产学报, 6: 832-837.

盛志廉, 陈瑶生. 2001. 数量遗传学[M]. 北京: 科学出版社.

苏家齐. 2012. 蛤仔斑马蛤品系复合杂交育种研究[D]. 大连: 大连海洋大学硕士学位论文.

王爱民, 石耀华, 周志刚. 2004. 马氏珠母贝不同地理种群内繁和种群间杂交子一代形态性状参数及相关性分析[J]. 海洋水产研究, 25(3): 39-45.

王年斌, 马志强, 桂思真. 1992. 黄海北部凸镜蛤生物学及其生态的调查[J]. 水产学报, 3: 319-323.

肖露阳, 马贵范, 郭文学, 等. 2012. 不同性别中国蛤蜊数量性状的相关与通径分析[J]. 中国农学通报, 28(29): 115-119.

闫喜武. 2005. 菲律宾蛤仔养殖生物学、养殖技术和品种选育[D]. 青岛: 中国科学院海洋研究所博士学位论文.

闫喜武, 王琰, 郭文学, 等. 2011. 四角蛤蜊形态性状对重量性状影响效果分析[J]. 水产学报, 35(10): 75-80.

闫喜武, 杨凤, 张国范, 等. 2008a. 常见滩涂贝类亲本生态促熟的方法[P]. 授权专利号 ZL 200810013425.

闫喜武, 张国范, 杨凤, 等. 2005. 菲律宾蛤仔莆田群体两个壳色品系生长发育的比较[J]. 大连水产学院学报, 20(4): 266-269.

闫喜武, 张跃环, 霍忠明, 等. 2008b. 不同壳色菲律宾蛤仔品系间的双列杂交[J]. 水产学报, 32(6): 878-889.

闫喜武, 张跃环, 霍忠明, 等. 2010a. 不同地理群体菲律宾蛤仔的选择反应及现实遗传力[J]. 水产学报, 34(5): 704-710.

闫喜武, 张跃环, 霍忠明, 等. 2010b. 不同壳色蛤仔品系 F_2 表型相关性状的研究[J]. 水产学报, 34(6): 801-809.

闫喜武, 张跃环, 金晶宇, 等. 2009. 大连群体两种壳型菲律宾蛤仔的双列杂交[J]. 水产学报, 33(3): 389-395.

闫喜武, 张跃环, 左江鹏, 等. 2007. 宽壳全海笋人工育苗技术的初步研究[J]. 渔业现代化, 2: 18-21.

杨鸣, 任一平, 李旭杰. 2007. 胶州湾移植底播菲律宾蛤仔面盘幼虫生物学特性研究[J]. 齐鲁渔业, 5: 23-24.

翟虎渠, 王建康. 2007.应用数量遗传(第二版)[M].北京: 中国农业科学技术出版社.

张国范, 郑怀平. 2009. 海湾扇贝养殖遗传学[M]. 北京: 科学出版社: 103-122.

张国范. 2006. 海洋贝类遗传育种 20 年[J]. 厦门大学学报(自然科学版), 45(A02): 190-194.

张跃环. 2008. 菲律宾蛤仔壳色、壳型的品系选育及其遗传机制研究[D]. 大连: 大连水产学院硕士学位论文.

张跃环, 闫喜武, 杨凤, 等. 2008a. 大连群体两种壳型菲律宾蛤仔家系的生长发育比较[J]. 生态学报, 28(5): 2052-2059.

张跃环, 闫喜武, 姚托, 等. 2008b. 菲律宾蛤仔 2 个壳色品系群体杂交的研究[J]. 南方水产, 4(3): 27-32.

郑怀平. 2005. 海湾扇贝两个养殖群体数量性状及壳色遗传研究[D]. 青岛: 中国科学院海洋研究所博士学位论文.

郑汉丰, 张根芳, 李家乐, 等. 2005. 三角帆蚌、池蝶蚌及其杂交 F1 代早期形态差异分析[J]. 上海水产大学学报, 14(3): 225-230.

Beatie J H, Hershberger W K, Chew K K, et al. 1978. Breeding for Resistance to Summertime Mortality in the Pacific Oyster (*Crassostrea gigas*) [M]. WSG: Washington Sea Grant Rep: 780-813.

Comstock R E, Robinson H F. 1952. Estimation of Average Dominance of Gene[M]. Amer: Iowa State Press.

Crenshaw J W, Heffernan P B, Walker R L.1991. Heritability of growth rate in the southern Bay scallop, *Argopecten irradians concentricus*[J]. Journal of Shellfish Research, 10(1): 55-63.

Falconer D S. 1981. Introduction to Quantitative Genetics [M]. Second edition. London: Longman Press.

Falconer D S, Mackay T F C. 1996. Introduction to Quantitative Genetics (Fourth edition)[M]. Essex: Longman Group.

Gorshkow S. 2006. Practical genetics in Israeli mariculture: history and present status[J]. Isr J Aquacult.e, 58(4): 238.

Guerra-Varela J, Colson I, Backeljau T, et al. 2009. The evolutionary mechanism maintaining shell shape and molecular differentiation between two ecotypes of the dogwhelk *Nucella lapillus*[J]. Evolutionary Ecology, 23(2): 261-280.

Hadley N H, Dillon J R T, Manzi J J. 1991. Realized heritability of growth rate in the hard clam *Mercenaria mercenaria*[J]. Aquaculture, 93(2): 109-119.

Haskin L E, Ford S E. 1979. Development of resistance to *Minchinia nelsoni* (MSX) mortality in laboratory reared and native oyster stocks in Delaware Bay[J]. Marine Fisheries Review, 41 (1-2): 54-63.

Heffernan P B, Walker R L, Crenshaw J W. 1991. Negative larval response to selection for increased growth rate in the northern quahog, *Mercenaria mercenaria*[J]. Journal of Shellfish Research, 10(1): 199-202.

Heffernan P B, Walker R L, Crenshaw J W. 1992. Embryonic and larval responses to selection for increased rate of growth in adult bay scallop, *Argopecten irradians concentricu*s (Say, 1822)[J]. Journal of Shellfish Research, 11(1): 21-25.

Heffernan P B, Walker R L, Ryan M. 1993. Second heritability estimateof growth rate in the southern bay scallop, *Argopecten irradians* concentricus (Say, 1822)[J]. Journal of Shellfish Research, 12(1): 151.

Hilbish T J, Winn E P, Rawson P D. 1993.Genetic variation and covariation during larval and juvenile growth in *Mercenaria mercenaria*[J]. Marine Biology, 115(1): 97-104.

Hussain M G, Islam M S, Hossain M A, et al. 2002. Stock improvement of silver barb (*Barbodes gonionotus Bleeker*) through several generations of genetic selection[J]. Aquaculture, 204(3): 469-480.

Ibarra A M, Ramirez J L, Ruiz C A, et al. 1999. Realized heritabilities and genetic correlation after dual selection for total weight and shell width in catarina scallop *Argopecten circularis*[J]. Aquaculture, 175(3): 227-241.

Jarayabhand P, Thavornyutikam M.1995. Realized heritability estimation on growth rate of oyster, S*accostrea cucullata* (Born, 1778)[J]. Aquaculture, 138(1-4): 111-118.

Langdon C, Evans F, Jacobson D, et al. 2003. Yields of cultured Pacific oysters *Crassostrea gigas* Thunberg improved after one generation of selection[J]. Aquaculture, 220(1), 227-244.

Nell J A, Sheridan A K, Smith I R. 1996. Progress in a Sydney rock oyster, Saccostrea commercialis (Iredale and Roughley), breeding program[J]. Aquaculture, 144(4): 295-302.

Nell J A, Smith I R, Sheridan A K. 1999. Third generation evaluation of Sydney rock oyster *Saccostrea commercialis* (Iredale and Roughley) breeding lines[J]. Aquaculture, 170(1-4), 195-203.

Newkirk G F. 1980. Review of the genetics and the potential for selective breeding of commercially important bivalves[J]. Aquaculture, 19(3): 209-228.

Newkirk G F, Haley L E. 1982. Progress in selection for growth rate in the European oyster *Ostrea edulis*[J]. Marine Ecology Progress Series, 10(1): 77-79.

Newkirk G F, Haley L E. 1983. Selection for growth rate in the European oyster *Ostrea edulis*: response of second generation groups[J]. Aquaculture, 33(1-4): 149-155.

Newkirk G F, Haley L E, Wuagh D L, et al. 1977. Genetics of larvae and spat growth rate in the oyster, *Crassostrea virginica*[J]. Marine Biology, 41(1): 49-52.

Paynter K T, Dimichele L. 1990. Growth of tray-cultured oysters (*Crassostrea virginica* Gmelin) in Chesapeake Bay[J]. Aquaculture, 87(3-4): 289-297.

Rawson P D, Hilbish T J. 1990. Heritability of juvenile growth for the hard clam *Mercenaria mercenaria*[J]. Marine Biology, 105(3): 429-436.

Ruzzante D E, Newkirk G F. 1990. Selection for growth rate in the European oyster, *Ostrea edulis*: a multivariate approach[J]. Aquaculture, 85(1-4): 333.

Sousa R, Freire R, Rufina M, 2007. Genetic and shell morphological variability of the invasive bivalve Corbicula Fluminea (Muller, 1774) in two Portuguese eatuaries[J]. Estuarine, Coastal and Shelf Science, 74(1): 166-174.

Toro J E, Aguila P, Vergara A M. 1994. Realised heritability estimates for growth from data tagged Chilean native oysters (*Ostrea chilensis*)[J]. World Aquaculture, 25(2): 29-30.

Toro J E, Aguila P, Vergara A M. 1996a. Spatial variation in response to selection for live weight and shell length from data on individually tagged Chilean native oysters *Ostrea chilensis* Philippi[J]. Aquaculture, 146(1-2): 27-36.

Toro J E, Newkirk G F, 1990. Divergent selection for growth rate in the European oyster *Ostrea edulis*: response to selection and estimation of genetic parameters[J]. Marine Ecology Progress Series, 62(3): 219-227.

Toro J E, Sanhueza M A, Winter J E, et al. 1996b. Selection response and heritability estimates for growth in the Chilean Oyster *Ostrea chilensis* (Philippi, 1845)[J]. Oceanographic Literature Review, 3(43): 301.

Wada K T. 1986. Genetic selection for shell traits in the Japanese pearl oyster, *Pinctada fucata martensii*[J]. Aquaculture, 57(1-4): 171-176.

Wada K T. 1986. Genetic variability at four polymorphic loci in Japanese pearl oyster *Pinctada fucata martensii* selected for six generations[J]. Aquaculture, 59(2): 139-146.

Zhang G F, Yan X W. 2006. A new three-phase culture method for Manila clam, *Ruditapes philippinarum*, farming in northern China[J]. Aquaculture, 258(1): 452-461.

Zheng H P, Zhang G F, Guo X M. 2008. Inbreeding depression for various traits in two cultured populations of the American bay scallop, *Argopecten irradians irradians* Lamarck(1819) introduced into China[J]. Journal of Experimental Marine Biology and Ecology, 364(1): 42-47.

Zheng H P, Zhang G F, Liu X, et al. 2006. Sustained response to selection in an introduced population of the hermaphroditic bay scallop *Argopecten irradians irradians* Lamarck (1819)[J]. Aquaculture, 255(1): 579-585.

Zheng H P, Zhang G F, Liu X. 2004. Different responses to selection in two stocks of the bay scallop *Argopecten irradians irradians* Lamarck(1819)[J]. Journal of Experimental Marine Biology and Ecology, 313(2): 213-223.

第4章 蛤仔杂交育种

4.1 蛤仔不同地理群体的杂交

我国地域辽阔，南北海区环境差异巨大，由于长期的地理隔离和适应环境的结果，形成了不同的蛤仔地理群体，它们在形态、生物学及遗传特性上均可能存在差异。目前，我国北方每年从南方购进的蛤仔苗种数以千亿粒。南方群体移到北方后，对当地群体结构可能产生影响，其本身也可能产生某些适应性变化。开展不同群体间的杂交，利用杂交优势，培育适应性广、抗病力强、生长快的新品种对推动我国蛤仔养殖业健康可持续发展无疑具有重要意义。

4.1.1 蛤仔莆田群体与庄河群体的群体杂交

4.1.1.1 材料与方法

实验于2002年5月至2003年11月在大连庄河贝类养殖场育苗场进行。亲贝分别为福建莆田群体(P)和大连庄河群体(Z)。亲贝在室外土池中进行生态促熟。当亲贝性腺发育成熟后，对亲本进行性别鉴定。

采用双列杂交法，分别从庄河群体和莆田群体中选取大的和小的个体(分别以 LZ、SZ、LP 和 SP 表示大的庄河群体、小的庄河群体、大的莆田群体、小的莆田群体，下同)雌雄各50个分别放在不同容器中产卵排精。产卵排精后，不同组合以等量精卵混合，按同样密度孵化、培养。孵化和幼虫培养均在微量充气条件下进行。由于庄河群体小个体雌雄产卵排精推迟，只获得 LP 自交、LZ 自交、LZ♀×LP♂、LZ♂×LP♀、SP 自交、LZ♀×SP♂和 LZ♂×SP♀7个组合。

4.1.1.2 结果

1. 亲本的形态测量

由表4-1可知，大的庄河群体与大的莆田群体差异不显著($P>0.05$)。庄河群体与莆田群体内的大小个体差异显著($P<0.05$)。

表4-1 杂交亲本形态测量　　　　　　　　　(单位：mm)

形态指标	庄河群体		莆田群体	
	大(LZ)	小(SZ)	大(LP)	小(SP)
壳长	42.80±1.39[a]	34.17±1.48[b]	40.35±1.26[a]	33.52±1.21[b]
壳高	28.80±1.17[a]	22.77±0.92[b]	26.68±0.83[a]	22.32±1.05[b]
壳宽	18.47±1.07[a]	14.03±0.94[b]	17.45±0.92[a]	14.35±0.77[b]

注：同行中不同字母者差异显著($P<0.05$)

2. 卵径、D 形幼虫大小及幼虫的生长、存活和变态

由表 4-2 可知，莆田群体蛤仔卵径大于庄河群体，D 形幼虫大小杂交组合介于两个群体之间。统计分析表明，莆田群体的卵径显著大于庄河群体的卵径（$P<0.05$），群体内大小个体之间（LP 与 SP）卵径和 D 形幼虫大小差异显著（$P<0.05$）。浮游期幼虫生长以 LZ♂×SP♀最快，LZ 自交次之，LP 和 SP 自交较慢；浮游期幼虫存活率以 LZ♂×LP♀最高，LZ♀×SP♂次之，SP 自交最低；幼虫变态率以 LZ♀×LP♂最高，LZ 自交次之，LP 和 SP 自交较低（表 4-3）。

表 4-2 不同杂交组合卵径和 D 形幼虫大小

杂交组合	卵径/μm	D 形幼虫大小/μm
LZ 自交	66.44±2.85[c]	93.60±3.21[e]
SP 自交	72.25±3.43[a]	106.33±4.54[b]
LP 自交	71.00±3.08[b]	108.83±5.20[a]
LP♀×LZ♂	72.89±3.03[a]	105.69±3.95[b]
LZ♀×LP♂	66.00±2.05[c]	101.50±2.67[c]
SP♀×LZ♂	71.75±2.44[a]	98.33±3.03[d]
LZ♀×SP♂	66.25±2.75[c]	103.39±4.52[c]

注：同一列中不同字母表示差异显著（$P<0.05$）

表 4-3 不同杂交组合幼虫生长、存活和变态

杂交组合	幼虫生长(壳长×壳高)/(μm/d)	幼虫存活率/%	幼虫变态率/%
LP 自交	2.63×4.06	47.2	7.0
LZ 自交	11.24×12.28	40.0	13.1
LZ♀×LP♂	8.00×7.58	42.1	36.0
LZ♂×LP♀	6.18×5.68	100	9.3
SP 自交	5.80×6.20	39.3	3.4
LZ♀×SP♂	5.46×5.25	64.0	8.0
LZ♂×SP♀	12.88×12.74	50.0	7.5

3. 稚贝的生长与存活

由表 4-4、表 4-5 可见，变态后绝对生长在低温（4.2~11.9℃）条件下以 LZ♂×SP♀和 SP 自交较快，LP 自交和 LZ 自交次之；在水温 21~24℃条件下，庄河雄与莆田雌杂交的两个组合 LZ♂×LP♀与 LZ♂×SP♀生长较快，平均比其他组合快 14%。

4.1.1.3 讨论

卵径大小取决于母本，因此凡以莆田群体为母本杂交组合的卵径均大于以庄河群体为母本的组合。群体内大小个体之间 D 形幼虫大小（LP 与 SP，LZ 与 SZ）差异不显著，说明 D 形幼虫大小与亲贝规格无关，但与群体有关，不仅与母本有关，还与父本有关。幼虫生长以 LZ♂×SP♀最快，LZ 自交次之，LP 自交最慢。幼虫存活率以 LZ♂×LP♀最

表 4-4 不同杂交组合稚贝在低温(4.2~11.9℃)条件下的生长及存活

杂交组合	日生长/(μm/d)	存活率/%
LP 自交	$(21.00\pm1.10)\times(23.70\pm0.20)$	100
LZ 自交	$(21.80\pm1.60)\times(24.90\pm2.70)$	100
LZ♀×LP♂	$(18.20\pm2.70)\times(19.90\pm0.90)$	100
LZ♂×LP♀	$(0.10\pm1.20)\times(20.20\pm0.70)$	100
SP 自交	$(24.4\pm2.40)\times(24.90\pm2.00)$	100
LZ♀×SP♂	$(1.70\pm0.63)\times(8.50\pm3.70)$	100
LZ♂×SP♀	$(22.8\pm1.50)\times(24.70\pm0.10)$	100

表 4-5 不同杂交组合稚贝在 21~24℃下的生长及存活

杂交组合	日生长/(μm/d)	存活率/%
LP 自交	$(121.04\pm41.13)\times(86.76\pm28.59)$	75
LZ 自交	$(115.50\pm31.40)\times(83.22\pm33.42)$	75
LZ♀×LP♂	$(121.84\pm36.47)\times(83.54\pm37.85)$	75
LZ♂×LP♀	$(128.76\pm45.01)\times(86.90\pm36.72)$	80
SP 自交	$(106.90\pm36.72)\times(70.56\pm27.55)$	55
LZ♀×SP♂	$(111.1\pm35.80)\times(75.40\pm31.68)$	80
LZ♂×SP♀	$(133.46\pm48.37)\times(92.50\pm20.32)$	80

高,SP 自交最低。幼虫变态率也以 LZ♀×LP♂最高,SP 自交最低。这说明,杂交组合在幼虫生长存活及变态率方面表现出杂种优势。

低温(4.2~11.9℃)条件下 SP 自交组生长最快,LZ♂×SP♀次之,LZ♀×SP♂最慢。在水温 21~24℃条件下,LZ♂×SP♀生长最快,LZ♂×LP♀和 LP 自交次之,SP 自交最慢。稚贝存活率杂交组合普遍高于自交组合。

4.1.2 蛤仔莆田群体和大连石河群体间的群体杂交

4.1.2.1 材料与方法

1. 亲贝来源

实验用蛤仔亲贝分别为大连石河野生 3 龄蛤仔和福建莆田土池繁育的苗种在庄河养成的 3 龄蛤仔。2010 年 6 月,将采集的蛤仔放在庄河海洋贝类养殖场育苗场室外土池中进行促熟。

2. 实验设计和处理

2010 年 10 月选取性腺成熟的蛤仔大连石河群体(S)和福建莆田群体(P)各 500 个作为实验用亲贝。采用阴干加流水刺激进行催产,分别收集 S♀、S♂、P♀、P♂各 30 个亲本的精子或卵子,采用双列杂交法建立自交组和杂交组。得到 4 个实验组的 F_1 代,即杂交组:S♀×P♂(SP),P♀×S♂(PS);自交组 S♀×S♂(SS),P♀×P♂(PP)。每组设置 3 个重复。

3. 子代培育

幼虫和稚贝培育在 50L 塑料桶中进行,饵料以等边金藻和小球藻为主。连续充气培养,每 2d 全量换水一次。幼虫培育密度为 8~10 个/mL,稚贝培育密度为 2~4 个/mL。将 60 日龄稚贝收集到 60 目网袋中在室内水泥池中吊养,120 日龄时转移到室外土池中吊养。随稚贝生长定期更换网袋(60 目—40 目—20 目),调整密度,使各实验组密度保持一致。

4. 指标测定

测定 3 日龄、6 日龄、9 日龄幼虫的壳长及存活率,幼虫的变态率、变态时间及变态规格,30 日龄、60 日龄、90 日龄稚贝壳长及存活率,240 日龄、300 日龄、360 日龄幼贝壳长及存活率。幼虫和壳长<300μm 的稚贝在显微镜下用 100×目微尺测量,300μm<壳长<3.0mm 的稚贝用 25×目微尺测量,壳长大于 3.0mm 的用游标卡尺(精确度 0.01mm)测量。每次每组随机测量 30 个个体。幼虫存活率为单位体积存活幼虫数占最初孵化的 D 形幼虫数的百分比;稚贝存活率为不同日龄存活稚贝的数量占变态稚贝数的百分比;幼贝存活率为不同日龄幼贝数量占移到室外时稚贝数量的百分比。

5. 杂种优势计算

按照 Cruza 和 Ibarra(1997)的方法,用公式(4-1)~(4-3)计算杂种优势:

$$H(\%) = \frac{(SP + PS) - (SS + PP)}{SS + PP} \times 100 \qquad (4\text{-}1)$$

$$H_{SP}(\%) = \frac{SP - SS}{SS} \times 100 \qquad (4\text{-}2)$$

$$H_{PS}(\%) = \frac{PS - PP}{PP} \times 100 \qquad (4\text{-}3)$$

式中,SS、SP、PS、PP 分别为 4 个实验组的 F_1 在同一日龄时的表型值(生长、存活),公式(4-1)中 H 表示双亲杂种优势,公式(4-2)中 H_{SP}、公式(4-3)中 H_{PS} 分别表示双列杂交中正反交组的单亲杂种优势。

6. 数据分析

方差分析用 SPSS17.0 统计分析软件,采用单因素方差分析方法对不同实验组间数据进行比较,差异显著性设为 $P<0.05$。

4.1.2.2 结果

1. 幼虫的生长、存活及杂种优势

幼虫在 3 日龄、6 日龄、9 日龄的平均壳长、生长速度及杂种优势列于表 4-6。3 日龄时,SS 和 PS 平均壳长显著大于 SP 和 PP($P<0.05$);6 日龄时,4 个实验组间幼虫平均壳长均差异显著($P<0.05$),大小顺序为 PS>SS>PP>SP;9 日龄时,PS 和 PP 平均壳长较大,且两组间无显著差异($P>0.05$),但显著大于 SS($P<0.05$),与 SP 组无显著

差异($P>0.05$)。从生长速度上看，SP 实验组幼虫具有生长优势；与此相反，PS 实验组表现出生长劣势，总体上杂交组较自交组具有生长优势。

表 4-6 各实验组幼虫的平均壳长、生长速度及杂种优势

项目		日龄			生长速度/(μm/d)
		3	6	9	
平均壳长/μm	SS	118.7 ± 3.7^b	170.3 ± 4.7^c	192.9 ± 6.4^a	12.4
	SP	112.7 ± 6.1^a	164.3 ± 5.5^a	195.2 ± 6.7^{ab}	13.8
	PS	120.2 ± 5.3^b	173.3 ± 3.8^d	197.8 ± 7.0^b	12.9
	PP	114.7 ± 5.7^a	167.7 ± 6.1^b	197.3 ± 10.8^b	13.8
杂种优势/%	H	−0.21	−0.10	0.73	—
	H_{SP}	−5.06	−3.52	1.21	—
	H_{PS}	4.80	3.38	0.25	—

注：同一列具有不同字母上标表示差异显著($P<0.05$)

表 4-7 为幼虫在 3 日龄、6 日龄、9 日龄的存活率及杂种优势。3 日龄时，PS 幼虫存活率最低，为 51.66%，显著小于 SS 和 SP($P<0.05$)；SS 幼虫存活率最高，为 71.33%，显著大于 PS 和 PP($P<0.05$)。6 日龄时，4 个实验组幼虫的存活率均差异显著($P<0.05$)，且从大到小依次为 SS>SP>PP>PS。9 日龄时，SS 和 SP 幼虫的存活率显著大于 PS 和 PP($P<0.05$)，PP 幼虫的存活率显著大于 PS($P<0.05$)。SP、PS 未表现出杂种优势，PS 表现出微弱的存活杂种劣势。总体而言，SS 和 SP 幼虫的存活率大于 PS 和 PP。在幼虫阶段，SP 和 PS 的生长和杂种优势表现出明显的正负不对称性。

表 4-7 各实验组幼虫的存活率和杂种优势

项目		日龄		
		3	6	9
存活率/%	SS	71.33 ± 1.15^c	49.22 ± 1.00^d	41.34 ± 2.08^c
	SP	63.00 ± 5.29^{bc}	47.67 ± 1.15^c	41.78 ± 1.76^c
	PS	51.66 ± 5.03^a	27.72 ± 1.53^a	20.80 ± 1.73^a
	PP	57.00 ± 2.89^{ab}	32.30 ± 1.53^b	26.70 ± 1.45^b
杂种优势/%	H	−10.65	−7.52	−8.02
	H_{SP}	−11.68	−3.15	1.06
	H_{PS}	−9.37	−14.18	−22.10

注：同一列具有不同字母上标表示差异显著($P<0.05$)

2. 稚贝的生长、存活及杂种优势

表 4-8 为各实验组稚贝的平均壳长、生长速度及杂种优势。30 日龄时，SS 和 SP 稚贝平均壳长显著大于 PS 和 PP($P<0.05$)；60 日龄时，4 个实验组稚贝壳长均差异显著($P<0.05$)，从大到小依次为 SS>SP>PS>PP；90 日龄时，SP 稚贝壳长显著大于其他三组($P<0.05$)，PS 稚贝壳长显著大于 SS 和 PP($P<0.05$)，SS 和 PP 无显著差异($P>0.05$)。

从生长速度上看，SP 和 PS 均表现出生长优势，其大小分别为 24.89%、15.12%，总的生长优势为 19.93%。

表 4-8 各实验组稚贝的平均壳长、生长速度和杂种优势

项目		日龄			生长速度 /(μm/d)
		30	60	90	
平均壳长/μm	SS	458.3 ± 26.3^b	622.0 ± 29.1^d	2546.3 ± 199.3^a	34.8
	SP	457.7 ± 23.0^b	607.0 ± 23.1^c	3065.3 ± 221.4^c	43.5
	PS	355.7 ± 13.3^a	553.7 ± 36.6^b	2833.3 ± 189.5^b	41.3
	PP	360.0 ± 12.9^a	481.0 ± 22.0^a	2512.3 ± 183.9^a	35.9
杂种优势/%	H	-0.61	5.23	16.61	—
	H_{SP}	-0.15	-2.41	20.38	—
	H_{PS}	-1.20	15.11	12.78	—

注：同一列具有不同字母上标表示差异显著($P<0.05$)

表 4-9 为各实验组稚贝的存活率及存活优势。30 日龄时，SS 和 SP 稚贝存活率显著高于 PS 和 PP($P<0.05$)；60 日龄、90 日龄时，SP 稚贝存活率显著高于其他 3 组($P<0.05$)，SS 稚贝存活率显著高于 PS 和 PP($P<0.05$)，而 PS 和 PP 无显著差异($P>0.05$)。总体来看，杂交组较自交组具有存活优势，其大小为 3.04%。SP 和 PS 稚贝生长速度和存活率虽然较 SS 和 PP 具有杂种优势，但杂种优势平均值的大小表现出不对称性。

表 4-9 各实验组稚贝的存活率和杂种优势

项目		日龄		
		30	60	90
存活率/%	SS	81.00 ± 2.65^b	73.98 ± 0.58^b	73.98 ± 0.46^b
	SP	82.33 ± 2.52^b	78.21 ± 2.00^c	78.21 ± 1.65^c
	PS	73.00 ± 3.00^a	70.81 ± 1.73^a	70.81 ± 1.21^a
	PP	73.33 ± 1.53^a	70.64 ± 1.15^a	70.64 ± 0.81^a
杂种优势/%	H	0.65	3.04	3.04
	H_{SP}	1.64	5.72	5.72
	H_{PS}	-0.45	0.24	0.24

注：同一列具有不同字母上标表示差异显著($P<0.05$)

3. 幼贝的生长、存活及杂种优势

表 4-10 为各实验组幼贝的平均壳长、生长速度及杂种优势。240 日龄时，幼贝壳长 SS、SP、PS 和 PP 相互之间均差异显著($P<0.05$)，从大到小依次为 SP>PS>SS>PP；300 日龄时，SP 壳长显著大于其他三组($P<0.05$)，而其他三组无显著差异；360 日龄时，SP 和 PS 壳长显著大于 SS 和 PP($P<0.05$)。从生长速度上看，幼贝期间杂交组生长速度杂种优势为-9.62%，S 群体生长速度杂种优势为-14.39%，P 群体生长杂种优势为 -5.00%，幼贝期间 SP 和 PS 生长速度较 SS 和 PP 慢，但 SP 和 PS 幼贝平均壳长大于 SS 和 PP($P>0.05$)。各实验组幼贝存活率均在 95%以上。

表 4-10　各实验组幼贝的平均壳长、生长速度和杂种优势

项目		日龄			生长速度 /(μm/d)
		240	300	360	
平均壳长/mm	SS	9.20 ± 0.65^a	16.43 ± 1.34^a	19.63 ± 1.26^a	86.92
	SP	13.41 ± 0.94^b	20.18 ± 1.65^b	22.34 ± 1.39^b	74.41
	PS	11.74 ± 1.19^c	17.22 ± 1.89^a	21.99 ± 1.09^b	85.41
	PP	8.39 ± 0.79^d	15.74 ± 1.23^a	19.18 ± 1.22^a	89.91
杂种优势/%	H	42.98	16.26	14.22	—
	H_{SP}	45.76	22.82	13.81	—
	H_{PS}	39.93	9.40	14.65	—

注：同一列具有不同字母上标表示差异显著($P<0.05$)。

4.1.2.3　讨论

闫喜武等(2005a)发现蛤仔莆田群体与大连群体在壳型、性腺发育的生物学零度、产卵的有效积温、繁殖期、产卵量、卵径、D 形幼虫大小、变态时间、生长速度等方面均存在明显差异。本研究结果显示，在不同发育阶段莆田群体自交组壳长均小于石河群体自交组。造成这种差异的根本原因是两群体在遗传上的差异。杂交正是利用了不同群体在形态和生理生态上的优势互补来获得杂种优势，且差异越大，获得的杂种优势也可能越大(李大林等，2009)。郑怀平等(2004a)通过对 2 个海湾扇贝养殖群体进行比较，发现两群体的商品贝规格、肉柱得率、存活率、生长速度等都存在显著差异。对两群体进行杂交的结果显示，杂交提高了后代的生长速度和存活率。李红蕾等(2002)用不同群体栉孔扇贝进行杂交，杂交 F_1 表现出显著的杂种优势；采用随机扩增多态性 DNA(RAPD)技术对 F_1 群体的遗传多样性和遗传结构进行分析，结果表明群体之间存在遗传分化，其杂种优势与群体的遗传分化相关。本研究结果与以上研究结果类似，正交组 SP 在幼虫期和稚贝期获得显著生长优势，反交组 PS 在稚贝期获得显著生长优势。在本研究中，自交组和杂交组的受精率都很高，而且在胚胎发育时间上也基本一致，证明了蛤仔南北方群体杂交并不存在受精时配子间不亲和及胚胎发育障碍等问题。

根据性状，杂种优势表现为存活优势与生长优势；按照亲本类型，杂种优势表现为双亲杂种优势与单亲杂种优势。郑怀平等(2004a)对 2 个不同地理群体海湾扇贝(A 和 B)进行杂交，结果显示，幼虫期 AB 的单亲生长优势为 35.13%，养成阶段为 43.32%；BA 幼虫期和养成阶段的单亲生长优势则分别为 35.53%和 12.34%；AB 幼虫期和养成阶段的单亲存活优势分别为 13.11%和 27.32%，BA 幼虫期和养成阶段的单亲存活优势分别为 3.59%和 21.92%。由此可见，杂交正交组 AB 获得了比反交组 BA 更显著的杂种优势，表现出明显的不对称性。闫喜武等(2010)报道了彩霞蛤(R)与白斑马蛤(WZ)的三元杂交，结果显示，RWZ 幼虫期和养成阶段的单亲生长优势分别为 1.70%和 9.71%，WZR 幼虫期和养成阶段的单亲生长优势分别为-2.92%和-6.57%；RWZ 幼虫期和养成阶段的单亲存活优势分别为 4.47%和 13.09%，WZR 幼虫期和养成阶段的单亲存活优势分别为 3.05%和 7.30%。由上可见，杂交后代杂种优势表现出了明显的正负不对称性或大小不对称性。本实验中，SP 幼虫期、稚贝期和幼贝期的单亲生长优势分别为 11.23%、24.89%

和−14.39%，PS 相应的值为−6.05%、15.12%和−5.00%；SP 幼虫期和稚贝期的单亲存活优势分别为−4.59%和 4.36%，PS 相应的值分别为−15.22%和 0.01%。SP 和 PS 杂种优势具有明显的不对称性。这种正反交子代的杂种优势不对称现象在杂交育种中是广泛存在的。本实验中正交组 SP 获得的杂种优势比反交组 PS 大（稚贝期尤为明显），出现这种现象的原因可能是多方面的。首先，许多研究表明，贝类群体杂合度与其生长和适合度有正相关关系（English et al.，2000）。本实验用蛤仔石河群体分布仅限于大连石河，由于经过很多代群体内自繁，遗传多样性较差，杂合度低，杂交使其杂合度得到了更大的提高，获得了更好的杂交改良效果。其次，与莆田群体相比，石河群体更适应较低的水温条件，而本实验是在较低水温下进行的，变态期水温为 11.3℃。

4.2　不同壳色蛤仔的杂交

蛤仔壳色表现出复杂的多态性，许多学者发现了这个问题，但没有进行过仔细研究。闫喜武等（2005b）发现，不同壳色蛤仔的生长存活存在显著差异，壳色可以稳定地遗传给后代。这为开展不同壳色蛤仔间的杂交提供了理论依据。

4.2.1　红蛤、白蛤和斑马蛤的 3×3 双列杂交

4.2.1.1　材料与方法

1. 亲贝来源

2006 年 7 月上旬在大连庄河贝类养殖场，从莆田群体土池繁育的苗种养成的 2 龄蛤仔中选出壳色一致、壳型规整的红蛤、白蛤和斑马蛤各 60 个作为繁殖亲本。将其装入扇贝笼中，每层 10 个，吊养在该场的生态土池中进行自然促熟。

2. 实验设计

2006 年 9 月下旬，亲贝性腺成熟。经阴干 8h、流水 1h 刺激，4h 后亲贝开始产卵排精。将正在产卵排精的个体用自来水冲洗干净，放到盛有新鲜海水的 2.0L 塑料桶中，经过 5～15min，单独放置的个体会继续产卵排精。选取红蛤（R）、白蛤（W）、斑马蛤（Z）雌雄各 1 个，建立了 3 个杂交组合 R×Z、W×Z、W×R，3 个自交组合 R×R、W×W、Z×Z，即 6 个正反交组合 RZ、ZR、WZ、ZW、WR、RW，实现 3×3 的双列杂交。受精前检查卵子是否已经受精，已受精的卵子弃掉，换取未受精的进行杂交，将获得的精卵按照表 4-11 组合受精。用 150 目筛绢网过滤杂质，转入 10L 红色塑料桶中孵化，密度

表 4-11　不同壳色蛤仔品系 3×3 双列杂交的实验设计

亲本	R ♂ (34.86mm)	W ♂ (34.76mm)	Z ♂ (33.78mm)
R ♀ (34.42mm)	RR	RW	RZ
W ♀ (34.56mm)	WR	WW	WZ
Z ♀ (33.90mm)	ZR	ZW	ZZ

注：表格中括号内数据表示亲本壳长

为 5~6 个/mL，微量充气。约经过 25h，受精卵发育为 D 形幼虫。整个操作过程中，各实验组严格隔离，防止混杂。

3. 杂种优势的计算

参照 Cruz 和 Ibarra(1997)使用的方法，用公式(4-4)~(4-7)计算杂种优势(heterosis)：

$$H(\%) = \frac{(RZ+ZR)+(WR+RW)+(WZ+ZW)-2(RR+WW+ZZ)}{2(RR+WW+ZZ)} \times 100 \quad (4\text{-}4)$$

$$H_{R \times Z}(\%) = \frac{(RZ+ZR)-(RR+ZZ)}{RR+ZZ} \times 100 \quad (4\text{-}5)$$

$$H_{RZ}(\%) = \frac{RZ-RR}{RR} \times 100 \quad (4\text{-}6)$$

$$H_{ZR}(\%) = \frac{ZR-ZZ}{ZZ} \times 100 \quad (4\text{-}7)$$

式中，R、W、Z 分别代表红蛤、白蛤和斑马蛤，用 RR、WW、ZZ、RZ、ZR、WZ、ZW、WR、RW 表示各实验组的 F_1 在同一日龄的表型值(生长、变态、存活)。公式(4-4)表示 3 个双列杂交的总杂种优势，公式(4-5)表示每个双列杂交组合的杂种优势，公式(4-6)、公式(4-7)分别表示每个双列杂交组合中正反交各自的杂种优势。

4.2.1.2 结果

1. 浮游期幼虫的杂种优势

由表 4-12、表 4-13 可知，杂交组幼虫生长的杂种优势随日龄而增大。3 个杂交组生长的杂种优势彼此间差异极显著($P<0.01$)，其大小顺序为：W×Z>R×Z>W×R。6 个正反交组合中，RZ 与 ZR，WR 与 RW 的正反交组幼虫生长的杂种优势差异不显著($P>0.05$)，WZ 与 ZW 的正反交组幼虫生长的杂种优势差异显著($P<0.05$)，其顺次为：WZ>ZW>RZ>ZR>RW>WR。各杂交组幼虫的存活率及其杂种优势见表 4-14、表 4-15。将 D 形幼虫的存活率定义为 100%，3~9 日龄时，3 个杂交组间幼虫存活的杂种优势差异极显著($P<0.01$)；6 个正反交组中，WZ 与 ZW，WR 与 RW 的正反交的杂种优势差异显著($P<0.05$)，RZ 与 ZR 的正反交间差异不显著($P>0.05$)。由此可见，在浮游期，幼虫生长的杂种优势与日龄密切相关，但存活的杂种优势与日龄几乎无关。3 个杂交组表现出不同程度的杂种优势，总的杂种优势为 $Hg=6.20\%\pm2.43\%$，$Hs=14.83\%\pm0.28\%$(Hg 表示生长的杂种优势；Hs 表示存活的杂种优势)；W×Z 杂交组表现出明显的杂种优势，其值分别为 $Hg_{(W \times Z)}=8.50\%\pm2.79\%$，$Hs_{(W \times Z)}=20.59\%\pm0.98\%$，与 R×Z、W×R 杂交组差异极显著($P<0.01$)；6 个正反交组中，WZ 组杂种优势最明显，其值分别为 $Hg_{(WZ)}=9.48\%\pm3.04\%$，$Hs_{(WZ)}=29.72\%\pm3.96\%$。

表 4-12　浮游期各实验组幼虫的平均壳长　　　　　　　　　　（单位：μm）

实验组	日龄		
	3	6	9
RR	130.17±4.16	154.17±6.40	174.16±7.37
WW	130.00±5.19	153.83±6.25	173.33±7.58
ZZ	128.68±5.38	157.50±7.16	172.67±6.40
RZ	134.67±6.48	167.50±8.06	186.83±7.40
ZR	132.16±6.11	168.00±5.81	187.67±6.81
WZ	138.00±5.63	169.50±8.02	194.33±6.01
ZW	135.17±7.73	169.00±6.90	190.33±5.83
WR	132.00±6.07	160.50±7.51	181.60±6.52
RW	132.60±7.40	162.66±6.53	183.83±5.62

表 4-13　浮游期幼虫壳长生长的杂种优势（%）

实验组	日龄			平均值
	3	6	9	
RZ	3.46	8.64	7.27	6.46±2.68[a]
ZR	2.70	6.67	8.68	6.02±3.04[a]
WZ	6.15	10.18	12.11	9.48±3.04[b]
ZW	5.04	7.30	10.22	7.52±2.60[a]
WR	1.54	4.34	4.77	3.55±1.75[c]
RW	1.87	5.51	5.55	4.31±2.11[c]
R×Z	3.08	7.65	7.75	6.16±2.67[A]
W×Z	5.60	8.72	11.17	8.50±2.79[B]
W×R	1.70	4.92	5.16	3.93±1.93[C]
H	3.46	7.05	8.10	6.20±2.43

注：同列中小写字母不同表示差异显著（$P<0.05$），大写字母不同表示差异极显著（$P<0.01$）

表 4-14　浮游期各实验组幼虫的存活率（%）

实验组	日龄		
	3	6	9
RR	83.05±2.46	80.88±2.40	77.55±3.92
WW	74.48±1.94	71.16±6.13	67.83±4.23
ZZ	83.73±2.27	83.07±1.35	82.07±1.81
RZ	90.64±2.20	89.31±3.44	88.31±4.09
ZR	92.41±2.25	90.41±2.04	88.74±1.26
WZ	93.55±2.62	92.55±2.06	90.55±1.88
ZW	95.44±3.27	94.11±1.71	91.25±3.25
WR	90.98±2.01	87.65±3.86	82.64±2.07
RW	89.57±4.51	86.23±1.95	81.90±3.19

表 4-15 浮游期幼虫存活率的杂种优势(%)

实验组	日龄			平均值
	3	6	9	
RZ	9.14	10.42	13.87	11.14±2.45^a
ZR	10.37	8.84	8.12	9.11±1.15^a
WZ	25.60	30.06	33.50	29.72±3.96^b
ZW	13.98	13.29	11.19	12.82±1.45^a
WR	22.15	23.17	21.83	22.38±0.70^b
RW	7.85	6.61	5.61	6.69±1.12^c
R×Z	9.76	9.62	10.92	10.10±0.71^A
W×Z	19.46	21.02	21.28	20.59±0.98^B
W×R	14.61	14.36	14.16	14.38±0.23^C
H	14.52	14.90	15.06	14.83±0.28

注：同列中小写字母不同表示差异显著($P<0.05$)，大写字母不同表示差异极显著($P<0.01$)

2. 变态期幼虫的杂种优势

如表 4-16 所示，杂交组 R×Z、W×Z、W×R 幼虫的变态时间分别为 15d、14d、14.5d，自交组 R×R、Z×Z、W×W 幼虫的变态时间分别为 16d、16d、17d。可见，杂交使变态速度加快，变态时间缩短 2d 左右。杂交使幼虫的变态率提高，6 个正反交组中，除 WR、RW 外，其他正反交组的变态率与自交组差异显著($P<0.05$)。

表 4-16 变态期各杂交组幼虫的变态时间、变态率及其杂种优势

实验组	变态时间/d	变态率/%
RR	16	60.42±4.07^a
WW	17	58.66±1.65^a
ZZ	16	64.69±3.47^a
RZ	15	69.93±2.27^b
ZR	15	72.43±3.16^b
WZ	14	74.80±3.91^b
ZW	14	79.43±1.94^b
WR	15	63.98±3.43^a
RW	14	65.02±3.03^a

注：同列中小写字母不同表示差异显著($P<0.05$)

3. 稚贝的杂种优势

室内培育期间，各杂交组稚贝生长优势随着日龄而增大，但在 25~40 日龄时，杂种优势变化不大。如表 4-17、表 4-18 所示，各杂交组间稚贝的生长优势差异极显著($P<$

0.01);每组内的相应正反交组合差异不显著($P>0.05$),但各组的 3 对正反交组合间差异显著($P<0.05$)。3 个杂交组生长的总杂种优势为 $8.98\%\pm2.91\%$,略高于浮游期幼虫;W×Z 杂交组的杂种优势为 $15.93\%\pm6.47\%$,高于浮游期时的 $8.50\%\pm2.79\%$。稚贝存活率及存活的杂种优势见表 4-19、表 4-20。20~25 日龄期间,存活的杂种优势没有表现出来;但到 40 日龄时,各杂交组均表现出较高的存活杂种优势。由于不同阶段稚贝的存活率差异较大,故杂种优势平均值所携带的标准离差较大,不利于结果分析。稚贝存活的总杂种优势为 $8.11\%\pm8.18\%$,平均水平低于浮游期幼虫的 $14.83\%\pm0.28\%$;杂交组 W×R 与 R×Z、W×Z 间差异极显著($P<0.01$),R×Z、W×Z 间无显著差异($P>0.05$);6 个正反交组合中,RZ 和 WZ、ZR 和 ZW 及 WR 和 RW 三者间差异显著($P<0.05$)。

表 4-17　室内培育期各实验组稚贝的平均壳长　　　　　　(单位:μm)

实验组	日龄		
	20	25	40
RR	230.17±14.99	279.33±40.16	448.30±59.23
WW	225.63±14.76	278.36±29.02	439.63±62.13
ZZ	219.67±14.26	272.68±21.96	434.52±48.26
RZ	237.33±17.94	307.32±40.76	494.66±52.04
ZR	232.33±15.07	290.33±32.96	473.33±45.74
WZ	242.54±19.85	335.33±46.14	532.27±67.87
ZW	240.65±16.60	319.72±40.80	520.33±63.86
WR	235.12±12.87	288.65±31.37	468.00±44.84
RW	239.10±17.91	291.64±29.84	457.68±60.44

表 4-18　室内培育期各实验组稚贝壳长生长的杂种优势(%)

实验组	日龄			平均值
	20	25	40	
RZ	3.11	10.02	10.34	7.82±4.09[a]
ZR	5.76	6.47	8.93	7.05±1.66[a]
WZ	7.49	20.47	21.07	16.34±7.67[b]
ZW	9.55	17.25	19.75	15.52±5.32[b]
WR	4.21	3.69	6.45	4.78±1.47[c]
RW	3.88	4.41	2.09	3.46±1.22[c]
R×Z	4.41	8.27	9.65	7.44±2.72[A]
W×Z	8.51	18.87	20.41	15.93±6.47[B]
W×R	4.04	4.05	4.25	4.11±0.12[C]
H	5.64	10.37	10.94	8.98±2.91

注:同列中小写字母不同表示差异显著($P<0.05$),大写字母不同表示差异极显著($P<0.01$)

表 4-19 室内培育期各实验组稚贝存活率(%)

实验组	日龄		
	20	25	40
RR	87.68±2.05	84.67±4.32	65.52±4.18
WW	88.40±2.77	84.00±2.94	71.44±2.88
ZZ	90.90±1.56	87.83±1.65	73.53±3.15
RZ	91.57±4.11	90.33±3.68	78.48±3.56
ZR	93.00±1.63	90.56±3.30	85.90±3.77
WZ	92.88±2.29	89.25±2.94	87.10±2.91
ZW	92.57±2.58	89.49±2.05	86.59±3.86
WR	90.10±1.76	86.03±2.62	81.43±4.03
RW	89.60±2.59	87.05±3.74	75.33±3.22

表 4-20 室内培育期各实验组稚存活的杂种优势(%)

实验组	日龄			平均值
	20	25	40	
RZ	4.44	6.68	19.78	10.30±8.29[a]
ZR	2.31	3.11	16.82	7.41±8.16[b]
WZ	5.07	6.25	21.92	11.08±9.41[a]
ZW	1.84	1.90	17.76	7.17±9.17[b]
WR	1.92	2.42	13.98	6.11±6.82[c]
RW	2.19	2.81	14.97	6.66±7.21[c]
R×Z	3.35	4.86	18.21	8.81±8.18[A]
W×Z	3.43	4.02	18.89	8.78±8.76[A]
W×R	2.18	2.61	14.46	6.42±6.97[B]
H	2.95	3.84	17.54	8.11±8.18

注:同列中小写字母不同表示差异显著($P<0.05$),大写字母不同表示差异极显著($P<0.01$)

4. 幼贝的杂种优势

养成阶段,幼贝生长与存活的杂种优势几乎与日龄无关,表现出稳定的杂种优势。如表 4-21 和表 4-22 所示,总的生长优势为 12.77%±1.20%,高于稚贝的 8.98%±2.91% 和幼虫的 6.20%±2.43%。各杂交组幼贝彼此间差异极显著($P<0.01$),杂交组 W×Z 表现出较高的生长优势(20.92%±1.98%);正反交组合(RZ、RZ)、(WZ、ZW)及(WR、RW)三者间差异显著($P<0.05$),组内对应的正反交组合无显著差异($P>0.05$)。如表 4-23 和表 4-24 所示,养成期间,幼贝总的存活优势为 50.62%±1.93%,远高于稚贝的 8.11%±8.18%和幼虫的 14.83%±0.28%。杂交组 W×R 与 R×Z、W×Z 间差异极显著($P<0.01$),R×Z 和 W×Z 间无极显著差异。6 个正反交组合中,WR 与 RW 差异显著($P<0.05$),二者与其他 4 个正反交组合间也差异显著($P<0.05$)。

表 4-21 各实验组幼贝的平均壳长 （单位：mm）

实验组	日龄		
	240	300	360
RR	8.02±1.14	12.06±1.34	16.62±2.72
WW	7.83±1.45	11.86±1.56	16.33±2.13
ZZ	7.70±2.01	11.60±2.48	16.12±2.39
RZ	8.84±1.54	13.38±1.89	18.37±2.42
ZR	8.69±1.26	13.05±1.95	18.03±2.45
WZ	9.26±1.31	14.16±1.58	20.36±2.38
ZW	9.18±0.94	14.33±1.32	19.42±2.96
WR	8.12±1.12	12.65±1.43	17.48±2.83
RW	8.38±1.05	12.87±1.76	17.90±2.55

表 4-22 各实验组幼贝壳长生长的杂种优势(%)

实验组	日龄			平均值
	240	300	360	
RZ	10.22	10.95	10.53	10.57±0.37[a]
ZR	12.86	12.50	11.85	12.40±0.51[a]
WZ	18.26	19.39	24.68	20.78±3.43[b]
ZW	19.22	23.53	20.47	21.07±2.22[b]
WR	3.70	6.66	7.04	5.80±1.83[c]
RW	4.49	6.71	7.70	6.30±1.64[c]
R×Z	11.51	11.71	11.18	11.47±0.27[A]
W×Z	18.73	21.44	22.59	20.92±1.98[B]
W×R	4.10	6.69	7.37	6.05±1.73[C]
H	11.40	13.23	13.67	12.77±1.20

注：同列中小写字母不同表示差异显著($P<0.05$)，大写字母不同表示差异极显著($P<0.01$)

表 4-23 各实验组幼贝存活率(%)

实验组	日龄		
	240	300	360
RR	26.40±3.16	24.42±4.45	24.42±4.45
WW	30.52±3.87	27.98±5.38	27.98±5.38
ZZ	32.63±4.06	29.54±4.17	29.54±4.17
RZ	41.89±5.28	39.62±5.36	39.62±5.36
ZR	50.17±5.75	47.53±5.02	47.53±5.02
WZ	48.64±6.08	45.46±5.84	45.46±5.84
ZW	52.83±6.43	48.28±4.23	48.28±4.23
WR	40.10±5.69	38.57±4.97	38.57±4.97
RW	31.57±4.57	28.96±4.52	28.96±4.52

表 4-24 各实验组幼贝存活的杂种优势(%)

实验组	日龄			平均值
	240	300	360	
RZ	58.67	62.24	62.24	61.05±1.79[a]
ZR	53.75	60.90	60.90	58.52±3.65[a]
WZ	59.37	62.47	62.47	61.44±1.69[a]
ZW	61.91	63.44	63.44	62.93±1.35[a]
WR	31.39	37.85	37.85	35.70±3.39[b]
RW	19.58	18.59	18.59	18.92±2.40[c]
R×Z	55.95	61.51	61.51	59.66±2.81[A]
W×Z	60.68	63.18	63.18	62.35±1.38[A]
W×R	25.91	28.87	28.87	27.88±1.60[B]
H	48.07	51.90	51.90	50.62±1.93

注：同列中小写字母不同表示差异显著($P<0.05$)，大写字母不同表示差异极显著($P<0.01$)

4.2.1.3 讨论

1. 不同阶段生长速度的杂种优势

不同阶段各杂交组、正反交组合生长速度的杂种优势不同(图 4-1)。幼虫、稚贝、幼贝生长速度的杂种优势分别为 15.06%、17.40%、15.77%，彼此间无显著差异，大小顺序为 Jp>Yp>Lp；杂交组 R×Z 生长速度的杂种优势与总体水平相符，W×Z 生长速度的杂种优势较高，分别为 $H_{Lp}=21.98\%$、$H_{Jp}=32.79\%$、$H_{Yp}=26.12\%$，但 W×R 与总体水平有所差异，其顺序为 Lp>Yp>Jp；6 个正反交组合中，ZR、ZW 生长速度的杂种优势变化趋势相同，WZ、RZ 变化趋势为 Jp>Lp>Yp，WR 与 W×R 变化趋势相同，RW 比较特殊，在室内培育期间，稚贝没有表现出杂种优势，其值为 0.20%。

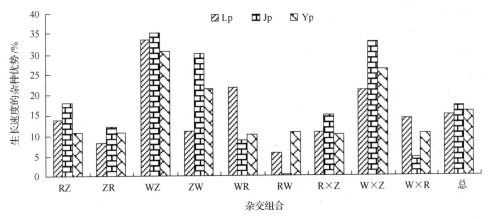

图 4-1 不同阶段各杂交组生长速度的杂种优势
Lp 表示幼虫阶段(浮游期)；Jp 表示稚贝阶段(室内培育期)；Yp 表示幼贝阶段(养成期)

2. 母本效应对杂交的影响

母本效应广泛存在于动植物的杂交育种中，尤其在杂交个体的早期生长发育阶段表现特别明显,而后母本效应减弱或消失,杂种优势得到充分表达。目前,对鱼类、两栖类的报道较多,对贝类的报道相对较少。母本效应受诸多环境因素的影响,由遗传基因决定。国外学者在对牡蛎种间、群体间及海湾扇贝群体间杂交时发现,杂交个体的生长与存活在幼虫期间存在显著的母本效应,而后随着个体生长而消失。本实验未发现明显的母本效应,但存在显著的亲本效应,使得各杂交组合生长、存活优势彼此间差异显著。亲本效应存在的原因在于,亲本来自于同一群体,养殖与促熟环境条件一致,故亲本的营养积累、繁殖力等几乎无差异;各亲本的卵径大小均为70μm,说明不存在卵内营养物质分布不均的情况,这不同于种间、群体间杂交。在种间或同种的不同群体间杂交时,杂交个体在不同环境下的遗传变异程度很难确定(Laugen et al., 2005),由于不同种间、群体间个体的营养积累程度、卵径大小、携带的卵内营养物质多少均不同,故在胚胎发育早期,表现出显著的母本效应。亲本效应是由父本与母本的共同作用引起的,与精卵的质量及亲和度有关。本实验中,亲本的精卵亲和度很高,受精率、孵化率均接近100%,故在生长发育过程中表现出显著的亲本效应,即杂种优势。

3. 杂种优势

从实验结果来看,杂交使得各杂交组个体在生长、变态、存活方面表现出不同程度的杂种优势。就生长而言,杂种优势的平均水平在不同阶段表现不同,随着个体发育,生长这一表型性状在不同壳色之间差异越来越明显,生长优势不断增大,养成期(12.77%±1.20%)＞室内培育期(8.98%±2.91%)＞幼虫期(6.20%±2.43%)。对于杂交是否会提高变态率,目前未见报道,可能是由于杂交时精卵亲和性不同,幼虫的变态率尚未表现出杂种优势,本实验开展的是同一地理群体不同壳色蛤仔的双列杂交,不存在精卵亲和性问题。变态期间,杂交有效地提高了变态率,缩短了变态时间;变态率的杂种优势为 Hm =15.84,平均缩短变态时间2d。就存活而言,杂种优势在幼虫期和养成期表现稳定,且幼虫期(14.83%±0.28%)＜养成期(50.62%±1.93%);室内培育期间,刚刚变态的稚贝前期存活率很高,杂种优势尚未表现出来,而后表现出杂种优势,故平均水平携带了较大的标准离差,其值为 8.11%±8.18%。幼虫、稚贝、幼贝生长速度的杂种优势分别为15.06%、17.40%、15.77%,彼此间无显著差异。其他一些贝类不同遗传群体或品系间的杂交表明,不同的杂交组合表现出不同的杂种优势。综合生长、变态、存活的杂种优势,3 个杂交组的杂种优势大小为:W×Z＞R×Z＞W×R。

4.2.2 红蛤与斑马蛤 F_1 的群体杂交

以 2006 年获得的蛤仔莆田群体 F_1 代红蛤、斑马蛤为材料,开展了两个壳色品系间的群体杂交。旨在评价 F_2 代杂种优势,为种质改良、培育红斑马蛤新品系及杂种优势利用提供依据。

4.2.2.1 材料与方法

1. 亲贝来源

亲贝为 2006 年 10 月繁育的苗种,在大连庄河贝类养殖场育苗场生态土池中养成。

2. 实验设计

2007 年 10 月初，将临产状态的 F_1 代红蛤、斑马蛤各 100 个作为繁殖群体。亲贝阴干 12h，4h 后开始产卵排精，将正在产卵排精的个体取出，用自来水冲洗干净，单独放到盛有新鲜海水的 2.0L 红色塑料桶中继续产卵排精。分别选取海洋红(R)、斑马蛤(Z)雌雄各 25 个，收集的精卵分别单独放置，采用双列杂交法，建立 RR、ZZ 两个自交组，RZ、ZR 两个正反交组，共 4 个实验组(表 4-25)。受精前检查卵子是否已经受精，已受精的卵子弃掉，换取未受精的卵子进行杂交，将获得的精卵按照表 4-25 组合受精，在事先处理好的 100L 白色塑料桶中迅速混合，搅拌均匀，调整密度为 10~12 个/mL，充气孵化。在水温 20.8~21.6℃、盐度 25、pH 7.96 的条件下，大约经过 25h，受精卵发育为 D 形幼虫。整个操作过程中，各实验组严格隔离，防止混杂。

表 4-25　实验设计

亲本	R ♂(25 个)	Z ♂(25 个)
R ♀(25 个)	RR	RZ
Z ♀(25 个)	ZR	ZZ

3. 杂种优势的计算

参照 Cruz 和 Ibarra(1997)使用的方法，用公式(4-8)~(4-10)计算杂种优势。

$$H(\%) = \frac{(RZ + ZR) - (RR + ZZ)}{RR + ZZ} \times 100 \tag{4-8}$$

$$H_{RZ}(\%) = \frac{RZ - RR}{RR} \times 100 \tag{4-9}$$

$$H_{ZR}(\%) = \frac{ZR - ZZ}{ZZ} \times 100 \tag{4-10}$$

式中，R、Z 分别表示 F_1 代红蛤、斑马蛤；*RR*、*RZ*、*ZR*、*ZZ* 分别表示各实验组的 F_2 代在同一日龄的表型值(生长、存活)。公式(4-8)表示双列杂交的杂种优势；公式(4-9)、(4-10)分别表示双列杂交中正反交组的杂种优势。

4.2.2.2　结果

1. 亲贝的形态、壳色表现及产卵量

如表 4-26 所示，红蛤与斑马蛤亲贝的壳长、重量及产卵量差异显著($P<0.05$)。红蛤经过一代的纯化，背景颜色全部为红色，斑马蛤的壳面花纹均为斑马条纹，且纹路间距一致。

表 4-26 红蛤与斑马蛤亲贝形态及产卵量

类别	R	Z
壳长/mm	17.12±0.79^a	14.76±1.30^b
重量/(g/个)	0.85±0.11^a	0.55±0.14^b
产卵量/(万粒/个)	4.5^a	3.6^b

注：同行不同小写字母表示差异显著（$P<0.05$）

2. 卵径、受精率、孵化率及 D 形幼虫大小

如表 4-27 所示，2 个壳色品系的卵径无显著差异（$P>0.05$）；自交组与杂交组间的受精率近乎 100%，无显著差异（$P>0.05$），但杂交组 RZ、ZR 的孵化率显著高于自交组（$P<0.05$）；D 形幼虫大小各实验组间无显著差异（$P>0.05$）。

表 4-27 各实验组卵径、受精率、孵化率、D 形幼虫大小比较

实验组	卵径/μm	受精率/%	孵化率/%	D 形幼虫大小/μm
RR	70.23±0.56^a	99.96±0.28^a	85.67±5.27^a	100.15±1.20^a
RZ	70.23±0.56^a	99.82±0.32^a	90.28±4.65^b	100.09±1.11^a
ZR	70.08±0.63^a	99.67±0.19^a	92.95±3.88^b	100.28±1.05^a
ZZ	70.08±0.63^a	99.89±0.25^a	80.54±6.15^a	100.32±1.94^a

注：同列中小写字母不同表示差异显著（$P<0.05$）

3. 幼虫的生长、存活优势

各实验组幼虫在 3 日龄、6 日龄、9 日龄的平均壳长、生长速度和杂种优势见表 4-28、表 4-29。在浮游期，幼虫生长尚未表现出明显的生长优势和母本效应。0～3 日龄，各实验组幼虫大小无显著差异，杂种优势值为 0；6～9 日龄，杂交组 RZ、ZR 的幼虫大小显著大于相应自交组（$P<0.05$），其生长的杂种优势分别为 1.63%±0.81%和 2.58%±0.67%。RZ、ZR 的生长速度分别为（8.64±0.32）μm/d 和（8.67±0.31）μm/d，显著高于自交组 5.10%和 4.96%。

表 4-28 浮游期各实验组幼虫的平均壳长和生长速度

实验组	平均壳长/μm			生长速度/(μm/d)
	3 日龄	6 日龄	9 日龄	
RR	130.17±2.45^a	155.67±4.87^a	174.00±3.57^a	8.22±0.40^a
RZ	130.00±3.22^a	157.33±5.68^b	177.83±2.84^b	8.64±0.32^b
ZR	130.33±2.25^a	158.00±3.85^b	178.00±2.82^b	8.67±0.31^b
ZZ	130.83±2.65^a	153.33±4.22^a	174.33±3.88^a	8.26±0.43^a

注：同列中小写字母不同表示差异显著（$P<0.05$）

表 4-29 浮游期各实验组幼虫平均壳长和生长速度的杂种优势（%）

项目	平均壳长杂种优势			生长速度杂种优势
	3 日龄	6 日龄	9 日龄	
H	0	1.40	2.15	5.04
H_{RZ}	0	1.06	2.20	5.10
H_{ZR}	0	3.05	2.10	4.96

4个实验组幼虫在3日龄、6日龄、9日龄的存活及杂种优势分别见表4-30、表4-31。D形幼虫的存活率定义为100%，3～9日龄，幼虫的存活率均在60%以上，RZ、ZR存活率显著高于相应的自交组（$P<0.05$），其杂种优势平均值分别为10.30%±1.92%和16.30%±1.04%。

表4-30　浮游期各实验组幼虫的存活率(%)

实验组	日龄		
	3	6	9
RR	65.52±3.47[a]	63.50±4.18[a]	60.35±2.22[a]
RZ	72.66±2.27[b]	68.68±3.92[b]	67.50±1.57[b]
ZR	80.62±2.34[b]	72.30±2.22[b]	70.57±1.93[b]
ZZ	69.69±2.86[a]	62.47±2.74[a]	60.04±2.34[a]

注：同列中小写字母不同表示差异显著（$P<0.05$）

表4-31　浮游期各实验组幼虫存活率的杂种优势(%)

项目	日龄		
	3	6	9
H	13.36	11.92	14.69
H_{RZ}	10.90	8.15	11.84
H_{ZR}	15.68	15.73	17.50

4. 稚贝的生长、存活优势

各实验组稚贝的平均壳长、生长速度和杂种优势见表4-32、表4-33。室内培育期间，杂交组稚贝表现出明显的生长优势。24～40日龄，RZ、ZR的生长优势平均值分别为11.25%±2.98%和20.31%±2.10%；RZ、ZR的生长速度分别为(9.88±1.45)μm/d和(10.79±1.32)μm/d，其杂种优势为25.86%和30.16%，显著高于对照组（$P<0.05$）。

表4-32　室内培育期各实验组稚贝的平均壳长和生长速度

实验组	平均壳长/μm			生长速度/(μm/d)
	24日龄	32日龄	40日龄	
RR	246.33±17.12[a]	340.08±25.23[a]	372.00±45.14[a]	7.85±1.41[a]
RZ	266.33±18.85[b]	379.46±27.52[b]	424.33±46.36[b]	9.88±1.45[b]
ZR	296.00±28.84[c]	415.07±40.41[c]	468.67±42.08[c]	10.79±1.32[c]
ZZ	249.33±12.02[a]	347.23±26.90[a]	382.00±46.94[a]	8.29±2.93[a]

注：同列中小写字母不同表示差异显著（$P<0.05$）

表4-33　室内培育期各实验组稚贝平均壳长和生长速度的杂种优势(%)

项目	平均壳长杂种优势			生长速度杂种优势
	24日龄	32日龄	40日龄	
H	13.45	15.60	18.44	28.07
H_{RZ}	8.12	11.58	14.06	25.86
H_{ZR}	18.72	19.53	22.69	30.16

各实验组稚贝的存活率和杂种优势见表 4-34、表 4-35。将刚刚完成变态的稚贝存活率定义为 100%,此时的存活优势值为 0。24~40 日龄,RZ、ZR 稚贝表现出较高的存活率(约 90%),显著高于自交组($P<0.05$);其存活优势平均值分别为 40.85%±9.90% 和 57.08%±11.98%,且 ZR>RZ。

表 4-34 室内培育期各实验组稚贝的存活率(%)

实验组	日龄		
	24	32	40
RR	75.55±4.21[a]	68.48±3.27[a]	60.44±3.37[a]
RZ	99.29±4.45[b]	95.85±4.87[b]	91.37±4.40[b]
ZR	90.48±2.76[b]	90.06±3.51[b]	89.58±2.72[b]
ZZ	62.30±2.52[a]	57.42±2.82[a]	52.95±2.15[a]

注:同列中小写字母不同表示差异显著($P<0.05$)

表 4-35 室内培育期各实验组稚贝存活率的杂种优势(%)

项目	日龄		
	24	32	40
H	37.66	47.66	52.95
H_{RZ}	31.42	39.97	51.17
H_{ZR}	45.23	56.84	69.18

4.2.2.3 讨论

杂种优势是一种复杂的生物学现象。亲本间的遗传差异无疑是产生杂种优势的重要原因之一,如果两个基础群体的基因频率不同,那么它们之间的杂交有可能表现出杂种优势。当采用同一个种的不同群体进行人工杂交时,必须评估两个群体间是否有足够的差异。蛤仔由于壳色和壳面花纹各异,曾经被分类学家定义为许多不同的种。闫喜武等(2005a)发现,在蛤仔天然群体中,斑马蛤比例仅占 0.20%~0.25%,红蛤占 0.40%~0.43%。对不同壳色蛤仔品系生长发育研究结果表明,虽然不同壳色蛤仔的产卵期相同,但是产卵的时间段不同,这可能是其自然杂交很难发生的原因。红蛤与斑马蛤在生长、存活上存在差异。从生长上看,红蛤个体大于斑马蛤,尤其到成体阶段,彼此间个体大小差异极显著;从存活上看,斑马蛤的存活率高于红蛤,且彼此间差异显著。说明红蛤与斑马蛤两品系间存在遗传差异,这奠定了不同壳色品系间群体杂交的基础。在实验条件相同的情况下,可以排除环境对表型性状的影响,不同壳色品系间的差异主要来自于遗传差异。

两个或两个以上不同遗传类型的物种、品种、品系或自交系杂交产生的子一代,在生长、生活力、抗病力、产量和质量方面超过双亲的现象,称为杂种优势。从实验结果上看,杂交使得各杂交组个体在生长、存活方面表现出不同程度的杂种优势。就生长而言,杂种优势的平均水平在不同阶段表现不同,随着个体发育,生长这一表型性状在不同壳色之间差异越来越明显,生长优势不断增大,幼虫期(1.78%±0.53%)<稚贝期(15.83%±2.50%),这与闫喜武等(2005b)对不同壳色蛤仔生长发育的研究结果一致。受精率和孵化率的高低不仅反映精卵质量,还反映精卵之间的亲和力。精卵不熟或过熟都

会影响受精率和孵化率及以后的发育。由于杂交时精卵亲和性不同,卵的受精率和孵化率一般不会表现出杂种优势,本实验中卵的受精率没有表现出杂种优势,但孵化率表现出一定的杂种优势,其原因尚待进一步探讨。就存活而言,在幼虫期和室内培育期表现出明显的杂种优势,且幼虫期($13.32\% \pm 1.39\%$)<稚贝期($46.09\% \pm 7.76\%$)。综合生长、存活的杂种优势,正、反杂交组的杂种优势大小为:ZR>RZ。由于不同壳色蛤仔间存在着一定的遗传差异,其杂交后代必定会表现出不同程度的杂种优势。

4.2.3 斑马蛤杂交系 F_2 的生长发育比较

本实验利用定向选育得到的莆田群体斑马蛤和杂交获得的黑斑马蛤(黑蛤×斑马蛤)、红斑马蛤(红蛤×斑马蛤)、白斑马蛤(白蛤×斑马蛤)F_1 为材料,进行了斑马蛤不同品系 F_2 生长发育比较。旨在进一步探索蛤仔壳色与经济性状的关系,阐述壳色遗传机制,为蛤仔种质改良和培育壳色新品种提供理论依据。

4.2.3.1 材料与方法

1. 亲贝来源

亲贝为 2007 年 10 月经过定向选育和杂交得到的 F_1 代斑马蛤、黑斑马蛤、红斑马蛤、白斑马蛤,在大连庄河贝类养殖场育苗场室外土池中进行生态促熟。

2. 催产

2008 年 10 月,亲贝性腺成熟。分别选取各杂交系 F_1 30 个个体作为繁殖群体。通过阴干 8h、流水 1h 的刺激后,将各杂交系亲贝分别放置于 60L 的塑料桶中,加入新鲜海水,4~5h 后亲贝开始产卵排精。受精卵经过 24h 发育至 D 形幼虫。整个操作过程中,各实验组严格隔离,以免混淆。孵化期间水温为 21.2~21.8℃,盐度为 24,pH 为 7.92。

3. 幼虫培育

幼虫培育在 80L 的白色塑料桶中进行,密度为 3~4 个/mL,各实验组分别设置 3 个重复。每 2d 换一次水,换水量 100%。饵料每天投喂 2 次,前期为绿色巴夫藻,后期为绿色巴夫藻和小球藻混合投喂(1:1),投饵量视幼虫摄食情况而定。为防止不同实验组幼虫间混杂,换水网箱单独使用。幼虫培育期间,水温为 19.2~21.8℃,盐度为 24~28,pH 为 7.92~8.24。在幼虫期,定期调整幼虫密度,使每个重复组间密度保持一致。

4. 稚贝培育及越冬

稚贝室内培育期间,随着稚贝的生长,投饵量视稚贝摄食情况而定,其他同幼虫期管理。由于进入深秋季节,水温逐渐降低,当稚贝壳长≥500μm 时,将其装入 80 目网袋,放到 60m³ 的水泥池中进行室内越冬。其间水温为 0~19.2℃,盐度为 26~30,pH 为 7.80~8.36。定期更换网袋,调整密度,使密度保持一致。

5. 幼贝育成

2009 年 6 月,将室内稚贝转移至室外土池中进行中间育成。其间水温为 18.6~30.6℃,盐度为 24~28,pH 为 7.64~8.62。定期更换不同目数的网袋(60 目—40 目—20 目),同时,调整密度,使每个重复密度保持一致。

6. 指标测定

指标测定同 4.1.2.1。

7. 数据处理

用 SPSS13.0 统计软件对数据进行分析处理，不同实验组间数据的比较采用单因素方差分析方法，差异显著性设置为 $P<0.05$；Excel 作图。

4.2.3.2 结果

1. 亲本壳长、鲜重、产卵量

由表 4-36 可知，斑马蛤杂交系亲本的壳长、鲜重及产卵量彼此间差异显著（$P<0.05$）。

表 4-36 斑马蛤杂交系亲本壳长、鲜重、产卵量

类别	CZ	BZ	RZ	WZ
壳长/mm	15.12 ± 1.61^a	14.68 ± 1.35^b	16.94 ± 1.54^c	17.90 ± 1.31^d
鲜重/(g/个)	0.62 ± 0.20^a	0.56 ± 0.19^b	0.78 ± 0.23^c	1.02 ± 0.28^d
产卵量/(万粒/个)	50^a	63^b	72^c	85^d

注：同行中具有不同字母者表示差异显著（$P<0.05$）。

2. 卵径、受精率、孵化率、D 形幼虫大小

每个斑马蛤杂交系的卵径、受精率、孵化率、D 形幼虫大小均无显著差异（$P>0.05$），且表现出较高的受精率和孵化率（表 4-37）。

表 4-37 斑马蛤杂交系的卵径、受精率、孵化率、D 形幼虫大小

类别	CZ	BZ	RZ	WZ
卵径/μm	70.10 ± 0.45^a	70.02 ± 0.42^a	70.36 ± 0.57^a	70.24 ± 0.51^a
受精率/%	99.96^a	99.84^a	99.92^a	99.90^a
孵化率/%	99.25^a	99.63^a	99.80^a	99.47^a
D 形幼虫大小/μm	100.20 ± 1.28^a	100.43 ± 1.38^a	100.35 ± 1.33^a	100.59 ± 1.45^a

注：同行中具有不同字母者表示差异显著（$P<0.05$）。

3. 幼虫生长、存活及变态

幼虫培育期间，相同日龄斑马蛤杂交系间的幼虫生长速度、大小和存活率差异均不显著（$P>0.05$）（表 4-38，图 4-2，图 4-3）。变态期间，幼虫的附着规格、变态率、变态规格及变态时间具有较高的一致性，彼此间差异不显著（$P>0.05$）（表 4-39）。

表 4-38 斑马蛤杂交系幼虫、稚贝、幼贝的生长速度　　　　（单位：μm/d）

类别	CZ	BZ	RZ	WZ
幼虫期	9.09 ± 0.89^a	9.11 ± 0.83^a	9.28 ± 0.64^a	9.37 ± 0.86^a
变态期	11.07 ± 2.28^a	11.30 ± 2.67^a	13.40 ± 1.93^b	14.74 ± 2.70^b
稚贝培育期	3.29 ± 0.61^a	3.41 ± 0.83^a	3.12 ± 0.86^a	3.69 ± 0.98^a
稚贝越冬期	7.95 ± 0.54^a	6.78 ± 0.62^b	11.80 ± 0.45^c	9.42 ± 0.57^d
幼贝养成期	105.02 ± 8.90^a	99.53 ± 8.32^b	112.91 ± 9.59^c	118.95 ± 12.80^d

注：同行中具有不同字母者表示差异显著（$P<0.05$）。

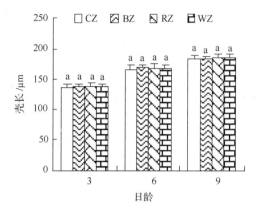

图 4-2 斑马蛤杂交系幼虫生长

不同小写字母表示差异显著($P<0.05$)

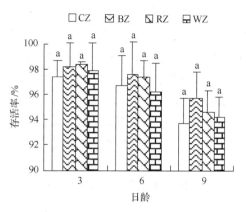

图 4-3 斑马蛤杂交系幼虫存活

不同小写字母表示差异显著($P<0.05$)

表 4-39 斑马蛤杂交系幼虫的附着规格、变态率、变态规格及变态时间

类别	CZ	BZ	RZ	WZ
附着规格/μm	190.64 ± 10.25^a	192.28 ± 9.57^a	191.86 ± 11.92^a	192.80 ± 10.36^a
变态率/%	98.52 ± 2.16^a	99.16 ± 0.59^a	98.05 ± 1.54^a	99.01 ± 0.68^a
变态规格/μm	200.60 ± 8.56^a	202.85 ± 9.75^a	201.83 ± 9.97^a	203.15 ± 10.07^a
变态时间/d	12^a	12^a	12^a	12^a

注：同行中具有不同字母者表示差异显著($P<0.05$)

4. 稚贝生长与存活

20 日龄时，CZ 壳长与 RZ、WZ 差异显著($P<0.05$)；30 日龄时，CZ 壳长仅与 WZ 差异显著($P<0.05$)；40 日龄时，CZ 壳长与 BZ 差异不显著($P>0.05$)，与 RZ、WZ 差异显著($P<0.05$)（图 4-4）。稚贝培育期间，稚贝生长速度各杂交系间差异不显著($P>0.05$)（表 4-38），存活率彼此间差异也不显著($P<0.05$)（图 4-5）。稚贝越冬期间（40~240 日龄），

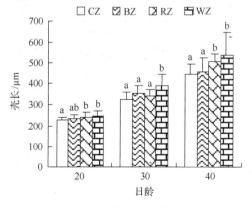

图 4-4 斑马蛤杂交系稚贝生长

不同小写字母表示差异显著($P<0.05$)

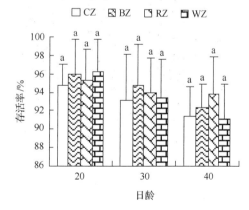

图 4-5 斑马蛤杂交系稚贝存活

不同小写字母表示差异显著($P<0.05$)

各杂交系稚贝间的生长速度差异显著（$P<0.05$）（表 4-38）；存活率大小顺序依次为 BZ($91.20\%\pm3.25\%$)＞RZ($90.45\%\pm2.76\%$)＞CZ($89.96\%\pm4.08\%$)＞WZ($89.60\%\pm3.83\%$)，彼此间差异不显著（$P>0.05$）。

5. 幼贝生长、存活及产量

幼贝育成期间，240 日龄时，CZ 壳长与 RZ、WZ 差异显著（$P<0.05$）；300～360 日龄，斑马蛤杂交系间的壳长差异显著（$P>0.05$）（图 4-6）。在此期间，斑马蛤杂交系间幼贝的生长速度、鲜重彼此间差异显著（$P<0.05$）（表 4-38，图 4-7）；存活率近乎 100%，彼此间无显著差异（$P>0.05$）（图 4-8）。由图 4-9 可知，相对产量大小顺序为：WZ＞RZ＞CZ＞BZ，且彼此间差异显著（$P>0.05$）。

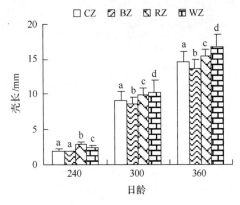

图 4-6　斑马蛤杂交系幼贝生长
不同小写字母表示差异显著（$P<0.05$）

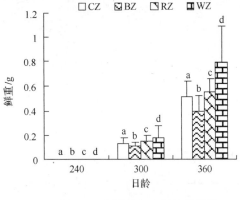

图 4-7　斑马蛤杂交系幼贝鲜重
不同小写字母表示差异显著（$P<0.05$）

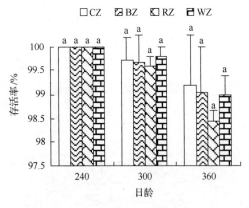

图 4-8　斑马蛤杂交系幼贝存活
不同小写字母表示差异显著（$P<0.05$）

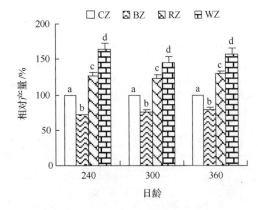

图 4-9　斑马蛤杂交系幼贝相对产量
不同小写字母表示差异显著（$P<0.05$）

4.2.3.3　讨论

1. 斑马蛤 F_2 的生长发育特点

斑马蛤杂交系亲本的产卵量不同，这也许与怀卵量和性腺发育程度及规格不同有关。

不同杂交系斑马蛤的卵径、受精率、孵化率、D形幼虫大小、附着规格、变态规格、变态率、变态时间差异不显著,说明壳色与以上指标没有必然联系。这与闫喜武等(2005b)、张跃环(2008)、郑怀平等(2004a)对不同壳色蛤仔及海湾扇贝的研究结果一致。

幼虫和变态期间,斑马蛤杂交系间尚未表现出生长、存活等方面的差异。幼虫外观上均为透明或半透明状,壳色和壳面花纹尚未形成。在稚贝期,生长差异逐渐增大。在幼贝育成期,随着日龄增长,不同杂交系间的个体大小、鲜重逐渐呈现出显著的差异。其中,以白斑马蛤生长最快,红斑马蛤次之,黑斑马蛤最慢。这极可能与 F_1 的自身遗传基因的频率有关,因为 F_2 的生长性状与 F_1 表现出高度的一致性;也可能与养殖环境有关,在相同的培养条件下,壳色品系间的差异更可能是生理与生态协同引起的。在七八月高温季节,由于采用吊养的养殖方式,故白斑马蛤背景颜色为白色,容易散热,更容易适应高温。

2. 斑马蛤 F_2 壳色表现

本研究斑马蛤杂交系 F_2 与 F_1 壳色表现一致,即黑斑马蛤是黑色斑马条纹,墨绿色背景颜色,红斑马蛤是红色斑马条纹,白斑马蛤除具有斑马花纹外,左壳背缘有一条纵向深色条带。说明经过杂交得到的斑马蛤品系壳色可以稳定遗传给后代,即杂交得到的 F_2 不会发生性状分离,这为斑马蛤杂交系新品种的开发奠定了良好的基础。

4.2.4 黑蛤与白斑马蛤的三元杂交

三元杂交是指利用两个品种(品系)进行一次杂交,然后选用 F_1 代杂交种与第 3 个品种进行第二次杂交,将不同品种的优良性状综合到杂交子代上,再结合定向选育、同质选配等技术培育综合多个优良性状新品种的方法。三元杂交因为更大限度地利用了遗传互补性和基因的多样性,所以被广泛采用。目前国内外尚无贝类三元杂交育种的相关报道。本研究开展了黑蛤与白斑马蛤的三元杂交,旨在为蛤仔的遗传改良及三元杂交新品系的培育奠定基础。

4.2.4.1 材料与方法

1. 亲贝的来源与促熟

实验用的亲贝来源于 2007 年由蛤仔莆田群体培育的 F_2 代黑蛤(B)和白斑马蛤(Wz),其中白斑马蛤为白蛤(W)和斑马蛤(Z)的二元杂交系。将亲贝装入网袋中吊养,在大连庄河贝类养殖场的室外土池中进行自然促熟。

2. 实验设计和处理

2009 年 8 月下旬,将性腺成熟的亲贝阴干 8h、流水刺激 0.5h,大约 3h 后开始产卵排精,将正在产卵排精的个体抓出来,用淡水冲洗干净,然后放入装有新鲜海水的 2L 塑料桶中,经过 5~15min,单独放置的个体会继续产卵排精。共选取 4 个亲本,黑蛤、白斑马蛤雌雄各一个,每个亲贝产的卵均分为两份,一份卵用作自交,另一份用作杂交,采用 2×2 双列杂交的方法建立 4 个实验组:BB(♀B×♂B)、BWz(♀B×♂Wz)、WzB(♀Wz×♂B)、WzWz(♀Wz×♂Wz),如图 4-10 所示。受精前检查卵子是否已经受精,已受精的卵子弃掉。受精后,转入 60L 的塑料桶中进行充气孵化,密度大约为 10 个/mL。整个操作过程中,各实验组严格隔离,使其不受外来精卵的影响。

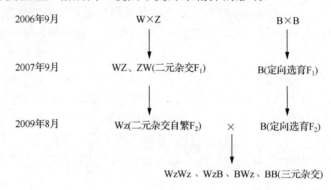

图 4-10　菲律宾蛤仔黑蛤与白斑马蛤三元杂交的实验设计

3. 幼虫的培育

幼虫培养于 60L 塑料桶中,密度为 8~10 个/mL,微充气,幼虫培育前期饵料以金藻为主,后期金藻与小球藻混合(1∶1)投喂,每天投喂 2 次,投喂量视幼虫的摄食情况而定,每 2d 换水 1 次,每次 100%,为防止不同实验组之间混杂,换水网箱单独使用。幼虫培育期间,水温为 25.6~27.4℃,盐度为 26~27。为了消除密度的影响,在幼虫期,定期对密度进行调整,使每个实验组密度保持一致。

4. 稚贝的中间育成

当稚贝在室内长到 500μm 左右时,将稚贝装入 80 目的网袋,吊养于室外土池进行中间育成,并定期更换网袋和调整密度,消除密度对生长的影响。

5. 指标测定

幼虫和稚贝(壳长<300μm)在显微镜下用目微尺(100×)测量,300μm<壳长<3.0mm 的稚贝在体视显微镜下用目微尺(25×)进行测量,壳长>3.0mm 的幼贝和成体用游标卡尺(0.01mm)测量。每次测量设 3 个重复,每个重复随机测量 30 个个体。

6. 数据处理

(1)杂种优势的计算

为了减小方差齐性,所有的壳长均转化为对数 $\lg x$ (Neter et al.,1985),所有的存活率均转化为反正弦函数 arcsin(Rohlf and Sokal,1981),用 SPSS13.0 统计软件对数据进行分析处理,不同实验组间数据的比较采用单因素方差分析方法(Tukey HSD),差异显著性设置为 $P<0.05$。

参照 Cruz 和 Ibarra(1997)使用的方法,用公式(4-11)~(4-13)来计算杂种优势(heterosis):

$$H(\%) = \frac{(BWz + WzB) - (BB + WzWz)}{BB + WzWz} \times 100 \quad (4\text{-}11)$$

$$H_{\mathrm{BWz}}(\%) = \frac{BWz - BB}{BB} \times 100 \tag{4-12}$$

$$H_{\mathrm{WzB}}(\%) = \frac{WzB - WzWz}{WzWz} \times 100 \tag{4-13}$$

式中，B、Wz 分别代表黑蛤和白斑马蛤，BB、BWz、WzB、WzWz 分别表示各实验组在同一日龄的表型值(生长、存活)。

(2) 母本效应的计算

参照 Cruz 和 Ibarra(1997)，利用双因子分析模型检测母本效应及配对策略对杂交组幼虫生长与存活的影响：

$$Y_{ijk} = u + EO_i + MS_j + (EO \times MS)_{ij} + e_{ijk}$$

式中，Y_{ijk} 为第 k 个重复第 i 个卵源第 j 种配对方式下的壳长(或存活率)；u 为常数；EO_i 为壳长(或存活率)的卵源效应(或母本效应)($i=1, 2$)；MS_j 为壳长(或存活率)的配对效应($j=1, 2$)；$(EO \times MS)_{ij}$ 为卵源与配对策略的交互作用；e_{ijk} 为随机误差($k=1, 2, 3$)。

4.2.4.2 结果

1. 幼虫生长、存活及杂种优势

BB、BWz、WzB 和 WzWz 4 个实验组幼虫在 3 日龄、6 日龄、9 日龄的平均壳长及杂种优势列于表 4-40。3 日龄、6 日龄幼虫的平均壳长在 BB、BWz、WzB 和 WzWz 4 个组间没有显著差异($P>0.05$)，杂交组并没有表现出明显的生长优势。9 日龄时，WzWz 组的壳长最大，显著大于 BB 组($P<0.05$)，与其他实验组间无显著差异。生长速度的杂种优势为 0.92%。

表 4-40 浮游期幼虫的壳长及其杂种优势

类别		日龄			平均值
		3	6	9	
平均壳长/μm	BB	145.07±5.67^a	200.17±6.09^a	210.03±8.77^b	—
	BWz	147.17±6.70^a	200.33±6.15^a	214.50±11.55^{ab}	—
	WzB	148.00±7.32^a	197.17±7.03^a	215.83±9.29^a	—
	WzWz	145.60±5.16^a	196.17±6.52^a	216.67±10.28^a	—
杂种优势/%	H_{BWz}	1.45	0.08	2.13	1.22
	H_{WzB}	1.88	0.51	−0.38	0.67
	H	1.64	0.29	0.85	0.92

注：同列中小写字母不同表示差异显著($P<0.05$)

各实验组幼虫在 3 日龄、6 日龄、9 日龄的存活率及存活优势列于表 4-41。将刚刚孵化的 D 形幼虫存活率定义为 100%。3 日龄时，杂交组 WzB 的存活率最高，显著高于自交组 BB($P<0.05$)，与其他实验组间差异不显著($P>0.05$)。6 日龄时，各组间无显著性差异；9 日龄时杂交组的存活率均高于相对应的自交组，杂交组 WzB 的存活率仍最高，且显著高于自交组 BB($P<0.05$),与其他实验组间无显著性差异($P>0.05$)。

表 4-41 浮游期幼虫的存活率及杂种优势

类别		日龄			平均值
		3	6	9	
存活率/%	BB	84.50 ± 2.18^b	82.17 ± 2.36^a	78.73 ± 3.10^b	—
	BWz	88.63 ± 1.58^{ab}	85.27 ± 4.84^a	84.03 ± 2.59^a	—
	WzB	90.77 ± 3.04^a	86.73 ± 3.41^a	85.53 ± 2.25^a	—
	WzWz	87.87 ± 2.20^{ab}	85.37 ± 3.00^a	82.17 ± 2.75^{ab}	—
杂种优势/%	H_{BWz}	4.89	3.77	6.73	5.13
	H_{WzB}	3.30	1.60	4.10	3.00
	H	4.08	2.67	5.39	4.04

注:同列中小写字母不同表示差异显著($P<0.05$)。

表 4-42 所示为卵源与配对策略对浮游期幼虫生长与存活的方差分析,从中可以看出,配对策略(MS)对幼虫早期的生长和存活起了主要作用,其次为卵源(EO),即在幼虫的生长发育早期并未显示出明显的母本效应。

表 4-42 卵源与配对策略对浮游期幼虫生长与存活的方差分析

来源		df	壳长		存活率	
			均方	P	均方	P
3 日龄	EO	1	3.02E-0.005	0.772	0.010	0.075
	MS	1	0.002	0.032	0.017	0.032
	EO×MS	1	5.58E-0.005	0.694	0.000	0.792
6 日龄	EO	1	0.003	0.000	0.006	0.293
	MS	1	0.000	0.188	0.006	0.286
	EO×MS	1	4.63E-0.005	0.631	0.001	0.684
9 日龄	EO	1	0.005	0.001	0.006	0.154
	MS	1	0.000	0.445	0.018	0.023
	EO×MS	1	0.003	0.010	0.001	0.602

2. 稚贝生长、存活及杂种优势

BB、BWz、WzB 和 WzWz 4 个实验组在 30 日龄、60 日龄、90 日龄的平均壳长及杂种优势列于表 4-43。各日龄自交组 BB 的平均壳长始终最小,且显著小于其他实验组,而自交组 WzWz 的平均壳长始终最大。30 日龄、60 日龄时 WzWz 与两杂交组间差异不显著,到 90 日龄时,自交组 WzWz 的平均壳长显著大于杂交组 BWz,与 WzB 始终无显著性差异。生长速度由大到小依次为 WzWz>WzB>BWz>BB。就生长而言,杂交组 BWz 表现出了明显的杂种优势,其大小为 12.54%,而杂交组 WzB 则表现为一定的生长劣势,其大小为 −3.97%。

第4章 蛤仔杂交育种

表 4-43 室内培育期稚贝的壳长及其生长的杂种优势

类别		日龄			平均值
		30	60	90	
平均壳长/μm	BB	404.50±36.16^b	1098.33±285.34^b	2863.67±269.46^c	—
	BWz	444.83±57.36^a	1276.67±372.66^a	3123.67±286.47^b	—
	WzB	442.83±52.09^a	1264.17±346.20^a	3239.33±312.26^{ab}	—
	WzWz	451.83±77.60^a	1340.00±346.20^a	3383.90±295.75^a	—
杂种优势/%	H_{BWz}	9.97	16.24	11.41	12.54
	H_{WzB}	−1.99	−5.66	−4.27	−3.97
	H	3.53	4.03	2.76	3.44

注：同列中小写字母不同表示差异显著（$P<0.05$）

由表 4-44 和表 4-45 可知，在室内培育阶段两个杂交组的存活率均高于各自对应的自交组，其中自交组 BB 的存活率始终最低。90 日龄时，杂交组 WzB 的存活率显著高于对应的自交组 WzWz，其他日龄差异不显著。两杂交组始终无显著性差异，4 个实验组的平均存活率高低依次为 WzB>BWz>WzWz>BB，就存活而言，各杂交组均表现出显著的杂种优势，且随日龄的增加杂种优势得到了进一步的提高，BWz、WzB 的杂种优势分别为 26.96%、9.70%。

表 4-44 室内培育期稚贝的存活及其杂种优势

类别		日龄			平均值
		30	60	90	
存活率/%	BB	65.43±3.50^b	53.23±3.04^b	48.30±2.13^c	—
	BWz	74.53±3.01^a	70.03±2.61^a	65.40±2.42^{ab}	—
	WzB	76.70±3.16^a	72.73±3.95^a	71.27±3.61^a	—
	WzWz	71.40±2.95^{ab}	68.43±2.89^a	61.77±4.00^b	—
杂种优势/%	H_{BWz}	13.91	31.56	35.40	26.96
	H_{WzB}	7.42	6.28	15.38	9.70
	H	10.52	17.34	24.17	17.34

注：同列中小写字母不同表示差异显著（$P<0.05$）

表 4-45 稚贝生长与存活的方差分析

日龄	df	生长		存活	
		均方	P	均方	P
30	3	0.012	0.012	0.015	0.013
60	3	0.085	0.000	0.038	0.000
90	3	0.037	0.000	0.045	0.000

3. 子代的壳色表现

黑蛤自交组后代仍为黑蛤，白斑马蛤自交组后代仍为白斑马蛤，未出现壳色分离现象，杂交组的后代综合了两亲本的壳色特点，均表现为壳底面颜色为浅黑色的白斑马蛤，且正反交组壳色表现一致。

4.2.4.3 讨论

1. 亲本的遗传差异

双壳贝类由于移动性差和喜群居的生活习性，群体间的基因流较弱，近交现象严重。大多数贝类群体间的遗传差异都比较显著，与其他海洋无脊椎动物相比，贝类的遗传多样性也较高，平均杂合度大多在 0.15 以上，即使是群体内部个体间的遗传多样性也很高。闫喜武等 (2005b) 发现，蛤仔存在壳色多态现象，并对不同壳色蛤仔生长发育进行了比较，结果表明，不同壳色蛤仔在生长存活上存在差异，这为开展蛤仔不同壳色品系的杂交奠定了基础。黑蛤生长缓慢，但是存活率高；二元杂交品系白斑马蛤不仅生长快，而且抗逆性强，是经过杂交获得的最具前景的新品系。本实验两亲本的表型差异主要来源于遗传差异。比较自交组生长和存活可以看出，无论在任何阶段，BB 自交组始终小于 WzWz 自交组，且在养成后期 BB 自交组显著小于 WzWz 自交组，这也进一步证明了亲本间存在遗传差异。

2. 母本效应对杂交的影响

母本效应是指子代的某些外貌特征、生理性状和生产性能受其母本直接影响的一种生理现象。母本效应的表现不仅受其自身遗传基础的影响，还与其生活环境有着十分密切的关系。母本效应广泛存在于动植物的杂交育种中，尤其在杂交个体的早期生长发育阶段表现特别明显，而后母本效应减弱或消失，杂种优势得到充分表达。在幼虫的生长发育早期，配对策略对幼虫的生长和存活起主要作用，卵源未起到显著性的作用，即在杂交幼虫的发育早期，并未表现出明显的母本效应。原因可能是亲贝来自同一群体，养殖与促熟条件基本一致，故亲本的营养积累及繁殖力基本无差异，各亲本的卵径大小也没有差异，说明不存在卵内营养物质分布不平均的情况，这不同于种间、群体间杂交。由于不同生活环境及自身生理条件的差异，不同种间、群体间个体的营养积累程度、卵径大小、携带的卵内营养物质多少均不同，故在胚胎发育早期表现出显著的母本效应。

3. 杂交对不同壳色品系的影响

杂种优势是指两个遗传背景不同的亲本杂交产生的杂种 F_1 在生长势、生活力、生殖力、抗逆性、产量和品质上比亲本的一方或双亲优越的现象 (楼允东，2001)。杂种优势是普遍存在的一种重要生物学现象，对改良生物的生产性能有重要作用。不同种群之间杂交，通常会表现杂种优势。杂种优势的产生，主要是由于优良显性基因的互补作用和群体中杂合子频率的增加，从而抑制和减弱了不良基因的作用，提高了整个群体的平均显性效应和上位效应。张跃环 (2008) 发现，不同壳色蛤仔的杂交产生了杂种优势，并且不同时期杂种优势的表现程度不同。从本实验结果可以看出，杂交使生长和存活都得到了改良。就生长而言，在浮游阶段，幼虫尚未表现出明显的生长优势，其值大小为 0.92%，但随日龄的增加，杂交组的生长优势逐渐显现，并且正反交呈现明显的不对称性。室内培育期，BWz 的平均壳长显著大于自交组 BB，其生长优势平均值为 12.54%，WzB 则表现出一定程度的生长劣势，平均值为 -3.97%，这可能与亲本自身的杂合度有关，黑蛤的杂合度比较低，生长较慢，它与杂合度高的白斑马蛤杂交后，杂交种 BWz 的杂合度比亲本黑蛤高、生长也加快，因而获得的单亲杂种优势为正值；白斑马蛤的杂合度比较高、生长较快，它与杂合度较低的黑蛤杂交后，推测杂交种 WzB 的杂合度可能减小、生长减慢，因而获得的单亲杂种优势为负值。就存活性状而言，两杂交组的存活率都高于对应的自交组，杂种优势在幼虫期和室内培养期的平均值分别为 4.04%、17.34%，其中 BWz 的杂种优势为 5.13%(幼虫期)和 26.96%(室内培养期)；WzB 的杂种优势为 3.00%(幼虫期)和 9.70%(室内培养期)，比 BWz 的小。两个杂交组的生长和存活率比较发现，杂交子代遗传力偏向母本，即母系遗传占主导地位。

4.2.5 白蛤与白斑马蛤的二次级进杂交

4.2.5.1 实验设计

白蛤(W)与白斑马蛤(Wz)的 2×2 双列杂交包括 2 个自交组(WzWz、WW)和 2 个正反交组(WWz 和 WzW)，如图 4-11 和表 4-46 所示。

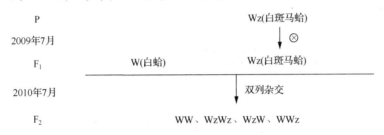

图 4-11　蛤仔斑马蛤品系间的双列杂交实验设计

表 4-46　蛤仔不同品系 2×2 双列杂交的实验设计

亲本	W♂	Wz♂
W♀	WW	WWz
Wz♀	WzW	WzWz

4.2.5.2 材料与方法

2010 年 6 月上旬，从蛤仔莆田群体中挑选 1 龄白蛤和白斑马蛤各 300 个作为繁殖群体，用 20 目网袋(40cm×60cm)吊养在大连庄河贝类养殖场育苗场的室外土池中进行自然促熟。

2010 年 10 月上旬，亲贝性腺成熟。通过阴干 8h、流水 1h 的刺激，4h 后亲贝开始产卵排精，将正在产卵排精的个体抓出来，用自来水冲洗干净，放到盛有新鲜海水的 2.0L 塑料桶中，经过 5~15min，单独放置的个体会继续产卵排精。随机选取白斑马蛤(Wz)和白蛤(W)雌雄各 1 个，采用双列杂交法，建立 2 个白斑马蛤自交组 WzWz、白蛤自交组 WW，正交组 WzW、反交组 WWz，共 4 个实验组。用 150 目筛绢网过滤杂质，转入 60L 塑料桶中孵化，受精卵孵化密度为 10~15 个/mL，孵化期间连续充气。受精卵大约经过 24h 发育为 D 形幼虫。操作过程中，各实验组严格隔离，防止混杂。

幼虫和稚贝培育在 30 日龄以前于 60L 的白桶中进行，幼虫培育密度为 4~5 个/mL，各实验组分别设 3 个重复,每 3d 全量换水 1 次。幼虫培育期间,水温为 16.0~19.5℃,盐度为 25~28。为了消除密度的影响,定期调整幼虫的密度。每天投饵 2 次,幼虫期饵料为湛江等鞭金藻和小球藻(体积比为 1∶1),稚贝期饵料为小球藻,根据幼虫和稚贝的摄食情况适当增减饵料量,保持水中有足量的饵料。为避免不同实验组个体混杂,每组换水的筛绢网单独使用。

30 日龄以后,稚贝在 20L 塑料桶中在进行控温培养,水温为 16~18℃,每天投饵 2 次,饵料为小球藻。

测量 3 日龄、6 日龄、9 日龄、30 日龄、90 日龄壳长。幼虫和壳长<300μm 的稚贝在显微镜下用目微尺(100×)测量,300μm<壳长<3.0mm 的稚贝在体视显微镜下用目微尺(25×)测量,壳长>3.0mm 的稚贝用游标卡尺(0.01mm)测量。每次测量设 3 个重复,每个重复随机测量 30 个个体。幼虫存活率为不同日龄幼虫数量占 D 形幼虫数量的百分比;室内培育期稚贝存活率为不同日龄的稚贝数与变态稚贝数的比值。

参照张国范和郑怀平(2009)使用的方法,用公式(4-14)~(4-16)计算杂种优势(heterosis):

$$H(\%) = \frac{(WzWz + WW) - (WzW + WWz)}{WzWz + WW} \times 100 \tag{4-14}$$

$$H_Z(\%) = \frac{WzW - WzWz}{WzWz} \times 100 \tag{4-15}$$

$$H_F(\%) = \frac{WWz - WW}{WW} \times 100 \tag{4-16}$$

式中,Wz、W 分别代表白斑马蛤、白蛤,用白斑马蛤自交组 $WzWz$、白蛤自交组 WW、正交组 WzW、反交组 WWz 分别表示各实验组的 F_1 在同日龄的表型值(生长、存活)。公式(4-14)表示双列杂交的杂种优势;公式(4-15)中 H_Z、(4-16)中 H_F 分别表示聚合杂交中正反交组的杂种优势。

为了减小方差齐性,所有的壳长均转化为对数 lg$x$(Neter et al.,1985),所有的存活率均转化为反正弦函数 arcsin(Rohlf and Sokal,1981)。用 SPSS18.0 统计软件对数据进行分析处理,不同实验组间数据的比较采用单因素方差分析方法(Tukey HSD),差异显著性设置为 $P<0.05$。

4.2.5.3 结果

由表 4-47 可知,3 日龄时,各组幼虫壳长差异不显著($P>0.05$);6 日龄时,WzWz 生长最快,与 WWz 组差异显著($P<0.05$);9 日龄时,WW 与 WzW 生长较快,与其他各组差异显著($P<0.05$)。在浮游期,杂交组 WzW 表现出了微弱的杂种优势。浮游期幼虫的生长总体表现为杂种劣势。

表 4-47　浮游期各实验组幼虫的平均壳长、生长速度及杂种优势

项目		日龄			生长速度/(μm/d)
		3	6	9	
平均壳长/μm	WW	117.50±5.69[a]	169.50±7.35[ab]	195.83±13.90[a]	13.06±2.36[a]
	WWz	118.33±4.97[a]	166.67±5.77[b]	189.50±9.32[a]	11.86±1.57[b]
	WzW	117.83±6.78[a]	168.33±6.61[ab]	197.67±10.56[a]	13.31±2.32[a]
	WzWz	120.33±5.07[a]	170.67±6.66[a]	190.17±9.69[b]	11.64±1.85[b]
杂种优势/%	H_{WWz}	0.71	−1.67	−3.23	—
	H_{WzW}	−2.08	−1.37	3.94	—
	H	−0.70	−1.52	0.30	—

注：同列中小写字母不同表示差异显著（$P<0.05$）

由表 4-48 可知，30 日龄时，WWz 组生长最快，与 WW 和 WzW 组差异不显著（$P>0.05$），与 WzWz 组差异显著（$P<0.05$）；60 日龄时，WW 组生长最快，WzWz 组次之，其余各组与 WW 组差异显著（$P<0.05$）；90 日龄时，WzWz 组生长最快，与 WzW 组差异不显著（$P>0.05$），与其余各组差异显著（$P<0.05$）。在培育期，各组均表现为杂种劣势。

表 4-48　稚贝培育期各实验组稚贝的平均壳长、生长速度及杂种优势

项目		日龄			生长速度/(μm/d)
		30	60	90	
平均壳长/μm	WW	476.00±35.39[ab]	1063.33±114.61[a]	1265.00±200.60[b]	13.15±3.23
	WWz	482.67±60.28[a]	780.00±177.92[c]	1214.17±209.00[b]	12.19±3.62
	WzW	468.00±79.41[ab]	825.83±134.15[bc]	1307.90±157.17[ab]	14.00±3.08
	WzWz	447.33±61.19[b]	866.67±173.65[b]	1395.42±176.30[a]	15.80±3.05
杂种优势/%	H_{WWz}	2.96	−16.80	−5.20	—
	H_{WzW}	1.40	−26.65	−4.02	—
	H	2.96	−16.80	−5.20	—

注：同列中小写字母不同表示差异显著（$P<0.05$）

由表 4-49 可知，浮游期 WWz 组始存活率最高，并且和其他各组差异显著（$P<0.05$）；3 日龄时，WzW 组存活率最低，与其余各组差异显著（$P<0.05$）；6 日龄时，WW 组存活

表 4-49　浮游期各实验组幼虫的存活率及其杂种优势

类别		日龄			平均值
		3	6	9	
存活率/%	WW	46.33±1.52[b]	12.05±0.79[c]	7.96±0.63[b]	—
	WWz	57.67±2.52[a]	20.41±1.73[a]	13.56±1.54[a]	—
	WzW	33.67±3.51[c]	15.90±1.30[b]	10.08±0.33[b]	—
	WzWz	46.00±1.01[b]	16.43±3.02[b]	9.47±2.17[b]	—
杂种优势/%	H_{WWz}	24.48	69.38	70.35	54.74
	H_{WzW}	−26.80	−3.23	6.44	−7.86
	H	−1.07	27.49	35.63	20.68

注：同列中小写字母不同表示差异显著（$P<0.05$）

率最低，与其余各组差异显著($P<0.05$)。正交组 WWz 为杂种优势，反交组 WzW 为杂种劣势。实验组在各时期总体上表现为杂种优势。

由表 4-50 可知，30 日龄时，WWz 存活率最高，与其余各组差异显著($P<0.05$)；90 日龄时，WW 组存活率最高，WWz 组次之，其余各组与 WW 组差异显著($P<0.05$)。在培育期，正交组 WWz 为微弱的杂种优势，反交组 WzW 为杂种劣势。实验组在各时期总体上表现为杂种劣势。

表 4-50 中间育成期稚贝的存活率及其杂种优势

项目		日龄			平均值
		30	90	270	
存活率/%	WW	7.14 ± 0.22^b	7.00 ± 0.18^a	6.79 ± 0.26^a	—
	WWz	11.38 ± 2.44^a	6.00 ± 1.37^a	3.79 ± 0.71^b	—
	WzW	8.20 ± 0.56^b	3.63 ± 0.38^b	1.91 ± 0.20^c	—
	WzWz	8.34 ± 1.74^b	3.90 ± 0.52^b	2.28 ± 0.26^c	—
杂种优势/%	H_{WWz}	59.38	−14.29	−44.18	0.31
	H_{WzW}	−1.68	−6.92	−16.23	−8.28
	H	26.49	−11.65	−37.16	−7.44

注：同列中小写字母不同表示差异显著($P<0.05$)

4.2.5.4 讨论

杂种优势的产生，主要是由于优良显性基因的互补作用和群体中杂合子频率的增加，从而抑制和减弱了不良基因的作用，提高了整个群体的平均显性效应和上位效应。从整个有机体来看，主要表现在生活力、耐受力、抗病力和繁殖性能提高，饵料转化率和生长速度加快；但个别情况下，由于某些等位基因间的互作会产生负的显性效应，在个别性状上表现出杂种群体均值低于双亲均值或双亲中的任何一方的现象，即所谓的"劣势"。在斑马蛤与白蛤二元杂交中，白斑马蛤表现出非常显著的杂种优势。从本实验结果看，不同杂交组合在不同阶段表现出的杂种优势不同，有的表现为杂种优势，有的则表现为杂种劣势。就生长而言，在浮游期并未表现出明显的生长优势或劣势。在室内培育阶段，自交组 WzWz 的平均壳长最大，说明二元杂交种 Wz 的优良性状得到了稳定遗传，且正反交组的杂种优势大小差异不显著($P>0.05$)，均为微弱的杂种劣势。这也说明，随着杂交次数的增加，可开发利用的杂种优势越来越小。在存活方面，WWz 组表现出明显的杂种优势，说明不同壳色品系间的杂交有效提高了存活率。正交、反交结果的不同为杂交育种过程中采用特定的亲本提供了理论依据。

4.2.6 蛤仔白斑马蛤家系间双列杂交的研究

4.2.6.1 材料与方法

本研究以 2011 年对蛤仔大连石河群体进行双列杂交所建立的 18 个白斑马蛤家系为基础材料，从中选出 3 个性状优良的家系(记为 A、B、C)并开展家系间的完全双列杂交。

旨在探索不同家系间的杂交效果，准确评价杂种优势，为种质改良、培育壳色新品系及杂种优势的充分利用提供理论依据。

1. 催产、孵化

2012年7月上旬，亲贝性腺成熟。将亲贝阴干8h后流水刺激，大约2h后亲贝陆续排精产卵。将正在排精产卵的个体迅速抓出来，用淡水洗去壳表面残余的精卵，放到事先准备好盛有新鲜海水的塑料桶(2L)中，经过5~15min，单独放置的个体会继续产卵排精。按照表4-51的交配方式，建立6个杂交组合(A♀×B♂、B♀×A♂、A♀×C♂、C♀×A♂、B♀×C♂、C♀×B♂)和3个自交组合(A♀×A♂、B♀×B♂、C♀×C♂)。交配之前检查卵子是否已经受精，弃掉已受精的卵，换取未受精的进行杂交。受精30min后开始洗卵，除去杂质和多余的精子。最后把受精卵转入60L塑料桶中孵化，孵化密度为15~20个/mL，孵化过程中充气。大约经过22h受精卵发育为D形幼虫。整个操作过程中，各杂交组合严格隔离，以免混杂。

表4-51 3个全同胞家系双列杂交实验设计

亲本	A♂	B♂	C♂
A♀	AA	AB	AC
B♀	BA	BB	BC
C♀	CA	CB	CC

2. 幼虫培育

幼虫培育在60L的塑料桶中进行，密度为4~5个/mL，各实验组分别设3个重复。每2d换1次水，换水量为100%。饵料每天投喂2次，前期为金藻，后期为小球藻，投饵量视幼虫摄食情况而定。为防止不同实验组幼虫之间混杂，换水网袋单独使用。幼虫培育期间，水温为22~26℃，盐度为25~28。为了消除养殖密度的影响，在幼虫期定期对密度进行调整，使每个重复密度保持一致。

3. 稚贝培育

幼虫变态之后，稚贝附着于桶底，前期稚贝的培育方法同4.2.5.2。30日龄后，分别将各家系蛤仔从80L塑料桶中转入对角线为500μm的尼龙网袋，每袋数量为400~500粒，挂于生态虾池中进行中间培育。每5d更换一次网袋，随着蛤仔的生长，逐渐更换为对角线为1mm的网袋，每袋蛤仔数量调整为100~150粒继续在生态池中养成。生态池水温为20~25℃，盐度25~29，pH为7.2~8.0。

4. 数据测定及分析

幼虫大小和稚贝(壳长<300μm)在显微镜下用目微尺(100×)测量，300μm<壳长<3.0mm的稚贝在体视显微镜下用目微尺(25×)测量，壳长>3.0mm的幼贝用游标卡尺(0.01mm)测量。每次测量设3个重复，每个重复随机测量30个个体。

杂种优势的计算参照Cruz和Ibarra(1997)使用的方法，用公式(4-17)~(4-19)计算杂种优势(heterosis)：

$$H_{A\times B}(\%) = \frac{(AB+BA)-(AA+BB)}{AA+BB} \times 100 \qquad (4\text{-}17)$$

$$H_{AB}(\%) = \frac{AB-AA}{AA} \times 100 \qquad (4\text{-}18)$$

$$H_{BA}(\%) = \frac{BA-BB}{BB} \times 100 \qquad (4\text{-}19)$$

式中，A、B 分别代表两个家系。公式(4-17)表示每个双列杂交组合的杂种优势；公式(4-18)、公式(4-19)分别表示每个双列杂交组合中正反交各自的杂种优势。

5. 数据处理

用 Excel 软件统计每个组合在各阶段指标的平均数和标准差，并采用 SPSS19.0 统计分析软件进行单因素方差分析(one-way ANOVA)及 Tukey 多重比较分析，数据分析以 $P<0.05$ 作为差异显著性水平。为了分析卵源和交配方式对幼虫生长和存活的影响，采用以下模型进行双因子方差分析：$Y_{ijk} = u + EO_i + MS_j + (EO \times MS)_{ij} + e_{ijk}$，式中，$Y_{ijk}$ 为第 i 种卵源及第 j 种交配方式下，第 k 次重复时的壳长(或存活率)；u 为总体均值；EO_i 为第 i 种卵源对壳长或存活的影响($i=1, 2, 3$)；MS_j 为第 j 种交配方式对壳长或存活的影响($j=1, 2, 3$)；$(EO \times MS)_{ij}$ 为第 i 种卵源和第 j 种交配方式的交互影响，e_{ijk} 为随机观察误差($k=1, 2, 3$)。

4.2.6.2 结果

1. 各实验组生长情况的比较

各实验组的生长情况见表 4-52。在浮游幼虫期，CB 一直生长最快；3 日龄时，BB 壳长最小；6 日龄、9 日龄时，BA 壳长最小。6 个正反交组合中，BA 和 BC 的生长速度

表 4-52 幼虫期和稚贝期各实验组的平均壳长

实验组	幼虫平均壳长/μm			稚贝平均壳长/mm		
	3 日龄	6 日龄	9 日龄	30 日龄	60 日龄	90 日龄
AA	143.17±8.86[b]	191.83±12.63[b]	207.33±9.07[cd]	0.75±0.15[de]	3.65±0.41[f]	7.93±1.02[cd]
BB	132.50±9.72[c]	183.67±11.89[c]	205.67±10.06[d]	0.76±0.15[de]	3.54±0.37[f]	7.24±0.78[de]
CC	143.83±8.06[b]	189.33±13.11[bc]	212.33±11.65[b]	0.81±0.14[d]	4.47±0.55[b]	8.00±0.97[bc]
AB	145.33±5.71[ab]	197.00±11.79[a]	211.33±7.76[bc]	0.90±0.20[ab]	3.99±0.48[de]	7.77±1.12[cd]
BA	135.33±10.08[c]	182.00±14.24[cd]	200.67±8.28[e]	0.76±0.14[de]	3.63±0.46[f]	7.49±0.74[d]
AC	145.33±7.06[ab]	194.00±10.37[a]	213.00±5.96[b]	0.89±0.21[ab]	4.39±0.48[b]	8.45±0.99[ab]
CA	142.83±5.83[b]	197.00±7.94[a]	211.00±8.45[bc]	0.84±0.20[bd]	4.20±0.54[cd]	8.12±1.00[bc]
BC	135.67±7.40[c]	187.33±11.43[c]	205.00±9.00[d]	0.71±0.11[e]	3.95±0.38[e]	7.84±1.30[c]
CB	148.33±8.06[a]	198.00±8.05[a]	218.67±8.99[a]	0.98±0.22[a]	4.73±0.39[a]	8.77±0.81[a]

注：同一列中上标具有不同字母表示差异显著($P<0.05$)

一直较慢,且与其他杂交组合差异显著($P<0.05$),但 BA 和 BC 差异不显著;3 个自交组合中,除 6 日龄外,其生长速度都是 CC>AA>BB。在稚贝期,仍然是 CB 组合生长最快;30 日龄时,BC 壳长最小;60 日龄、90 日龄时,BB 壳长最小。3 个自交组合中,生长速度总的趋势是 CC>AA>BB。方差分析表明,幼虫培育期生长受卵源的影响比较显著($P<0.05$);卵源对生长的影响一直延续到稚贝期,此外稚贝期的生长还受到卵源和交配方式的交互影响(表 4-53)。

表 4-53 幼虫期与稚贝期卵源(EO)和交配方式(MS)对壳长和存活率影响的方差分析

来源		df	壳长		存活率	
			均方	P	均方	P
3d	EO	2	3189.537	0.000	0.100	0.000
	MS	2	62.315	0.353	0.001	0.004
	EO×MS	4	166.481	0.027	0.002	0.000
6d	EO	2	3123.426	0.000	0.130	0.000
	MS	2	208.981	0.205	0.008	0.000
	EO×MS	4	445.370	0.610	0.005	0.000
9d	EO	2	2434.444	0.000	0.330	0.000
	MS	2	724.444	0.000	0.008	0.000
	EO×MS	4	127.222	0.175	0.022	0.000
30d	EO	2	0.414	0.000	0.021	0.000
	MS	2	0.214	0.001	0.006	0.000
	EO×MS	4	0.124	0.003	0.005	0.000
60d	EO	2	64.583	0.000	0.024	0.000
	MS	2	21.269	0.000	0.010	0.000
	EO×MS	4	7.618	0.000	0.004	0.000
90d	EO	2	13.788	0.000	0.026	0.000
	MS	2	1.821	0.155	0.010	0.000
	EO×MS	4	5.149	0.000	0.006	0.000

2. 各实验组存活情况的比较

各实验组合存活情况见表 4-54。在浮游幼虫期,CA 的存活率最高,除 3 日龄外,其他日龄 CA 与其他组差异显著($P<0.05$),自交组 BB 的存活率一直最低,除 9 日龄外,其他日龄 BB 与其他组差异显著($P<0.05$);3 个自交组中,存活率总体上是 AA>CC>BB,6 个正反交组合存活率的总体情况是 CA>CB>AC>AB>BC>BA。方差分析表明,卵源和交配方式对存活均有显著影响($P<0.05$),不同卵源幼虫存活率有显著差异(表 4-53),其中以家系 C 为母本的幼虫成活率较高。

表 4-54　幼虫期和稚贝期各实验组的存活率(%)

实验组	幼虫期			稚贝期		
	3 日龄	6 日龄	9 日龄	30 日龄	60 日龄	90 日龄
AA	82.40±1.97^c	73.40±0.85^c	61.67±0.93^d	90.63±1.72^b	86.53±1.96^b	83.47±1.50^b
BB	67.40±1.55^e	51.53±1.07^e	32.83±1.91^f	78.60±2.01^e	72.63±2.32^d	71.30±2.34^d
CC	87.70±1.12^b	72.50±1.25^c	57.67±0.93^e	83.67±1.21^c	80.73±2.43^c	75.83±1.26^c
AB	81.12±1.91^c	70.77±0.87^c	54.43±1.22^e	86.53±1.33^c	81.90±1.41^c	75.43±3.97^c
BA	70.63±0.64^d	58.13±0.55^d	33.73±1.39^f	81.87±1.86^d	78.47±1.79^c	71.53±1.72^d
AC	87.48±1.00^b	77.63±2.44^b	68.63±0.68^c	94.53±1.06^a	90.93±1.29^a	88.43±0.87^a
CA	92.13±1.32^a	84.53±0.81^a	79.43±0.70^a	94.67±1.62^a	89.67±1.53^{ab}	84.80±1.93^{ab}
BC	70.43±1.21^d	56.30±0.61^d	33.38±3.97^f	83.60±2.03^c	78.33±2.21^c	72.41±1.47^d
CB	90.50±0.95^a	76.43±1.39^b	72.38±0.75^b	86.87±2.76^c	81.10±2.91^c	74.47±1.86^c

注：同一列中上标具有不同字母表示差异显著($P<0.05$)

3. 杂种优势

各正反交组合的杂种优势率见表 4-55。就生长情况而言，CB、AC、AB 在幼虫期表现出一定的杂种优势，其杂种优势率分别为 3.00%～4.59%、1.52%～2.74% 和 1.51%～2.70%；它们的反交组 BC 只在 3 日龄、6 日龄有微弱的杂种优势，CA 只在 6 日龄表现为杂种优势，其优势率为 4.06%，而 BA 基本上未表现出杂种优势。在稚贝期，CB 和 AC 的生长优势较明显，其壳长的优势率分别为 5.82%～20.99% 和 6.54%～20.27%。杂交组 BA 的杂种优势率为 0.02%～3.45%，AB 在 90 日龄未表现出杂种优势。BC 在 30 日龄、CA 在 60 日龄也未表现出杂种优势。

表 4-55　各杂交组生长和存活的杂种优势(%)

杂交组	性状	杂种优势					
		3 日龄	6 日龄	9 日龄	30 日龄	60 日龄	90 日龄
AB	壳长	1.51	2.70	1.93	10.0	9.32	-2.02
	存活率	-1.55	-3.58	-11.74	-4.52	-5.35	-1.08
BA	壳长	2.14	-0.91	-2.44	0.02	2.54	3.45
	存活率	4.79	12.80	2.74	4.16	8.04	0.32
AC	壳长	1.52	1.57	2.74	18.67	20.27	6.54
	存活率	6.17	5.76	11.29	4.30	5.08	6.54
CA	壳长	-0.70	4.06	-0.47	3.70	-6.04	1.50
	存活率	5.09	16.71	37.71	13.15	7.51	11.87
BC	壳长	2.39	1.99	-0.33	-6.58	11.58	8.28
	存活率	5.12	9.80	1.67	6.36	8.33	1.56
CB	壳长	3.15	4.59	3.00	20.99	5.82	9.63
	存活率	4.02	6.15	25.36	3.61	1.38	-1.81

就存活率而言，整个阶段 CA 存活优势最明显，存活的杂种优势率为 5.09%～37.71%，其反交组 AC 的杂种优势率为 4.30%～11.29%。杂交组 BC 和 CB 在整个阶段的杂种优势率为 1.56%～9.80% 和 1.38%～25.36%。杂交组 AB 未表现出杂种优势，其反交组 BA 的杂种优势率为 0.32%～12.80%。

4.2.6.3 讨论

本研究采用家系选育和杂交育种相结合的方法，开展了 3 个优良家系间的完全双列杂交，得到 3 个自交组合和 6 个杂交组合。3 个自交组生长为 CC＞AA＞BB，存活为 AA＞CC＞BB。由此可以看出 CC 表现出生长优势，AA 表现出存活优势。由它们相互杂交所获得的两个杂交组合生长快、存活率高，杂种优势明显，其生长和存活的平均杂种优势率分别为 8.89% 和 21.86%。其他杂交组合在生长和存活方面也大多表现出杂种优势。本实验利用双因素分析法对生长和存活的卵源作用进行分析，结果表明，母本效应贯穿于整个浮游幼虫期和稚贝期。这也正好能解释 CB 组的生长速度是最快的，但是其杂种优势率并不是最高的，母本效应在一定程度上会掩盖杂种优势。Manzi 等（1991）报道，美洲帘蛤两种选育群体杂种后代，幼虫期母本效应掩盖了杂种优势的存在；Cruz 和 Ibarra（1997）发现墨西哥湾扇贝（*Argopecten irradians concentricus*）的 2 个种群杂交幼虫在 11 日龄时幼虫生长杂种优势为 0，17 日龄时达到 6.8%。本实验中 AA 自交组表现出较高的存活优势，但母本效应完全掩盖了杂种优势，使得杂交组 AB 未表现出杂种优势，这一结果也进一步证实了上述结论。

4.2.7 彩霞白斑马蛤、彩霞斑马蛤及白蛤的育成杂交

4.2.7.1 材料与方法

亲贝为 2009 年繁育的莆田群体 1 龄白蛤、彩霞斑马蛤与彩霞白斑马蛤。其中，白蛤（W）两壳面为白色，左壳背缘有 1 条纵向深色条带；彩霞斑马蛤（TrZ）为彩霞蛤（Tr）与斑马蛤（Z）的二元正反杂交子，壳面具有两条红色放射条带和斑马状花纹；彩霞白斑马蛤（TrWz）为白蛤（W）与彩霞斑马蛤（TrZ）的三元正反杂交子，其左壳背缘有一条黑色条带，壳面具有斑马状花纹与两条红色放射条带。2010 年 6 月上旬，选出壳型规整、壳色一致的白蛤、彩霞斑马蛤与彩霞白斑马蛤各 300 个作为亲贝。采用 20 目网袋（40cm×60cm），在大连庄河贝类养殖场的生态池中进行自然促熟。实验的处理、幼虫和稚贝的培育及指标测定同 4.2.5.2。

参照张国范和郑怀平（2009）使用的方法，用公式（4-20）～（4-23）计算杂种优势（heterosis）：

$$H(\%)=[(TrWzW+WTrWz)+(TrWzTrZ+TrZTrWz)+(TrZW+WTrZ) \\ -2(TrWzTrWz+WW+TrZTrZ)]/2(TrWzTrWz+WW+TrZTrZ)\times100 \quad (4\text{-}20)$$

$$H_{\text{TrZ}\times\text{W}}(\%)=\frac{(TrZW+WTrZ)-(WW+TrZTrZ)}{(WW+TrZTrZ)}\times100 \quad (4\text{-}21)$$

$$H_{\text{TrZW}}(\%) = \frac{TrZW - TrZTrZ}{TrZTrZ} \times 100 \qquad (4\text{-}22)$$

$$H_{\text{WTrZ}}(\%) = \frac{WTrZ - WW}{WW} \times 100 \qquad (4\text{-}23)$$

式中，TrWz、TrZ、W 分别代表彩霞白斑马蛤、彩霞斑马蛤和白蛤，用 *TrWzTrWz*、*WW*、*TrZTrZ*、*TrWzW*、*WTrWz*、*TrWzTrZ*、*TrZTrWz*、*TrZW*、*WTrZ* 分别表示各实验组的 F_1 在同日龄的表型值(生长、存活)。公式(4-20)表示 3 个双列杂交的总杂种优势；公式(4-21)表示每个双列杂交组合的杂种优势；公式(4-22)、公式(4-23)分别表示每个双列杂交组合中正反交各自的杂种优势。

为了减小方差齐性，所有的壳长均转化为对数 lg*x*(Neter et al.，1985)，所有的存活率均转化为反正弦函数 arcsin(Rohlf and Sokal，1981)。用 SPSS18.0 统计软件对数据进行分析处理，不同实验组间数据的比较采用单因素方差分析方法(Tukey HSD)，差异显著性设置为 $P<0.05$。

4.2.7.2 结果

由表 4-56 可知，3 日龄时，TrWzW 组生长最快，与 WTrWz、TrZTrZ 和 WTrZ 组差异不显著($P>0.05$)，与其他各组差异显著($P<0.05$)；6 日龄时，WW 组生长最快，与 WTrWz、TrWzTrWz、TrZW 组无显著差异($P>0.05$)，与其他各组差异显著($P<0.05$)；9 日龄时，TrWzTrWz 组生长最慢，与 TrWzW、TrZW 组差异不显著($P>0.05$)，与其他各组差异显著($P<0.05$)。在浮游期，3 个双列杂交组合中仅 TrWz×W 组表现出微弱的杂种优势，其值为 1.55%，其他 2 个组合 TrZ×W 和 TrWz×TrZ 表现为杂种劣势；在 6 个正反交组中 TrZTrWz、TrZW 组表现出杂种劣势，其余各组表现为不同程度的杂种优势。浮游期幼虫的生长总体表现为杂种劣势，其值为-3.39%。

表 4-56 浮游期各实验组幼虫的平均壳长及杂种优势

项目		日龄			平均值
		3	6	9	
平均壳长/μm	TrWzTrWz	118.67±6.94[bc]	182.17±8.38[abc]	185.67±6.26[c]	—
	TrWzTrZ	115.50±4.22[c]	179.83±9.78[bc]	197.33±10.06[a]	—
	TrZTrWz	114.83±4.04[c]	177.50±13.31[c]	195.33±10.98[a]	—
	WTrWz	123.67±9.37[ab]	184.17±12.04[ab]	192.83±8.48[ab]	—
	TrWzW	124.17±8.72[a]	182.00±15.35[bc]	188.17±8.56[bc]	—
	TrZTrZ	121.17±6.39[ab]	180.83±8.91[bc]	195.00±14.38[a]	—
	WTrZ	121.23±7.86[ab]	180.67±12.44[bc]	196.17±12.98[a]	—
	WW	116.00±4.81[c]	188.00±12.15[a]	194.83±12.00[a]	—
	TrZW	120.23±7.72[b]	184.17±9.57[ab]	188.50±9.21b[c]	—

续表

项目		日龄			平均值
		3	6	9	
杂种优势/%	$H_{TrWzTrZ}$	−2.67	−1.28	6.28	0.77
	$H_{TrZTrWz}$	−5.23	−1.84	0.17	−2.30
	H_{WTrWz}	6.61	−2.04	−1.03	1.18
	H_{TrWzW}	4.63	−0.09	1.35	1.96
	H_{WTrZ}	4.51	−3.90	0.69	0.43
	H_{TrZW}	3.65	−2.04	−3.25	−0.55
	$H_{TrWz \times W}$	5.61	−1.08	0.13	1.55
	$H_{TrZ \times W}$	1.81	−1.08	−1.32	−0.20
	$H_{TrWz \times TrZ}$	−3.97	−1.56	3.15	−0.79
	H	−4.04	−3.92	−3.84	−3.39

注：同一列中上标具有不同字母表示有显著性差异（$P<0.05$）

由表 4-57 可知，30 日龄时，TrWzW 组生长最快，与 TrZTrWz、TrZW 组差异不显著（$P>0.05$），与其他各组差异显著（$P<0.05$）；60 日龄时，WW 组生长最快，与 TrZTrWz

表 4-57　稚贝培育期各实验组稚贝的平均壳长及杂种优势

实验组		日龄			平均值
		30	60	90	
平均壳长/μm	TrWzTrWz	353.00±41.76^c	721.67±150.25^e	1238.50±247.79^{de}	—
	TrWzTrZ	318.67±18.89^d	601.67±136.45^f	1264.17±150.96^{bcd}	—
	TrZTrWz	463.67±42.51^a	933.33±223.54^{ab}	1247.08±194.36^{cd}	—
	WTrWz	398.33±55.81^{bc}	769.58±148.25^{de}	1359.17±237.49^{ab}	—
	TrWzW	464.33±90.37^a	840.83±217.99^{cd}	1262.50±211.50^{bcd}	—
	TrZTrZ	407.33±30.79^b	855.00±246.82^{bc}	1381.67±276.91^a	—
	WTrZ	372.00±46.08^c	765.83±113.43^{de}	1138.33±160.38^e	—
	WW	389.07±37.63^{bc}	957.92±84.36^a	1351.67±228.09^{abc}	—
	TrZW	451.83±69.88^a	707.92±79.36^e	1334.17±175.49^{abcd}	—
杂种优势/%	$H_{TrWzTrZ}$	−9.73	−16.63	2.07	−8.09
	$H_{TrZTrWz}$	13.83	9.16	−9.74	4.42
	H_{WTrWz}	2.38	−19.66	0.55	−5.58
	H_{TrWzW}	31.54	16.51	1.94	16.66
	H_{WTrZ}	−4.39	−20.05	−15.78	−13.41
	H_{TrZW}	16.13	−26.10	−1.29	−3.75
	$H_{TrWz \times W}$	16.25	−4.12	1.22	4.45
	$H_{TrZ \times W}$	3.44	−18.71	−9.54	−8.27
	$H_{TrWz \times TrZ}$	2.89	−2.64	−4.16	−1.30
	H	−3.78	−3.12	−3.54	−3.48

注：同一列中上标具有不同字母表示有显著性差异（$P<0.05$）

组无显著差异($P>0.05$),与其他各组差异显著($P<0.05$);90 日龄时,WTrZ 组生长最慢,与 TrWzTrWz 组差异不显著($P>0.05$),与其他各组差异显著($P<0.05$)。在稚贝期,3 个双列杂交组合中仅 TrWz×W 组表现出了微弱的杂种优势,其值为 4.45%,其他 2 个组合表现为杂种劣势;在 6 个正反交组中 TrWzW、TrZTrWz 组表现出杂种优势,其余各组表现为不同程度的杂种劣势。浮游期幼虫的生长总体表现为杂种劣势,其值为 −3.48%。

由表 4-58 可知,3 日龄时,TrWzTrWz 组存活率最高,与 TrZW 组无显著差异($P>0.05$),与其他各组差异显著($P<0.05$);6 日龄和 9 日龄时,TrZW 组存活率最高,与其他组差异显著($P<0.05$)。在浮游期,3 个双列杂交组合中仅 TrZ×W 组表现出了杂种优势,其值为 17.34%,其他 2 个组合表现为杂种劣势;在 6 个正反交组中仅 TrZW 组表现出杂种优势,其余各组表现为不同程度的杂种劣势。浮游期幼虫生长总体表现为杂种劣势,其值为−4.11%。

表 4-58 游期各实验组幼虫的存活率及其杂种优势

实验组		日龄			平均值
		3	6	9	
存活率/%	TrWzTrWz	31.00 ± 1.10^a	11.03 ± 1.40^{cd}	6.87 ± 0.80^c	—
	TrWzTrZ	24.67 ± 2.52^b	9.50 ± 1.61^d	6.79 ± 1.03^c	—
	TrZTrWz	24.00 ± 2.65^{bc}	5.84 ± 0.81^e	2.77 ± 0.53^d	—
	WTrWz	16.00 ± 1.20^e	10.32 ± 1.28^{cd}	6.44 ± 0.93^c	—
	TrWzW	16.33 ± 1.53^e	5.87 ± 0.77^e	0.79 ± 0.19^d	—
	TrZTrZ	20.00 ± 2.10^{cde}	16.97 ± 1.50^b	10.66 ± 1.34^b	—
	WTrZ	18.00 ± 3.61^{de}	13.40 ± 3.27^c	9.75 ± 2.72^b	—
	WW	21.00 ± 3.00^{bcd}	17.95 ± 3.60^b	11.79 ± 3.24^b	—
	TrZW	29.67 ± 2.52^a	27.86 ± 2.23^a	16.65 ± 0.41^a	—
杂种优势/%	$H_{TrWzTrZ}$	−20.43	−13.90	−1.12	−11.81
	$H_{TrZTrWz}$	20.00	−65.60	−73.98	−39.86
	H_{WTrWz}	−23.81	−42.51	−45.33	−37.22
	H_{TrWzW}	−47.31	−46.83	−88.55	−60.90
	H_{WTrZ}	−14.29	−25.37	−17.31	−18.99
	H_{TrZW}	41.27	55.23	41.23	45.91
	$H_{TrWz\times W}$	−37.82	−44.15	−61.25	−47.74
	$H_{TrZ\times W}$	16.26	18.17	17.60	17.34
	$H_{TrWz\times TrZ}$	−4.58	−45.23	−45.42	−31.74
	H	−7.43	−2.52	−2.39	−4.11

注:同一列中上标具有不同字母表示有显著性差异($P<0.05$)

由表 4-59 可知,在稚贝培育期,TrZW 组存活率显著高于其他实验组($P<0.05$);3 个双列杂交组合中仅 TrZ×W 组表现出了杂种优势,其值为 14.55%,其他 2 个组合表现

为杂种劣势；在 6 个正反交组中仅 TrZW 组表现出杂种优势，其余各组表现为不同程度的杂种劣势。稚贝生长总体表现为杂种劣势，其值为-1.90%。

表 4-59 中间育成期稚贝的存活率及其杂种优势

实验组		日龄			平均值
		30	60	90	
存活率/%	TrWzTrWz	4.55 ± 0.41^{cd}	1.40 ± 0.20^{cd}	0.57 ± 0.09^{cd}	—
	TrWzTrZ	4.32 ± 0.84^{cd}	0.55 ± 0.11^{d}	0.34 ± 0.07^{d}	—
	TrZTrWz	1.79 ± 0.42^{ef}	1.03 ± 0.20^{d}	0.44 ± 0.09^{d}	—
	WTrWz	3.09 ± 0.47^{d}	0.99 ± 0.12^{d}	0.67 ± 0.11^{cd}	—
	TrWzW	0.34 ± 0.08^{f}	0.15 ± 0.03^{d}	0.12 ± 0.02^{d}	—
	TrZTrZ	5.60 ± 0.98^{c}	2.72 ± 0.31^{c}	1.79 ± 0.15^{c}	—
	WTrZ	3.17 ± 1.01^{de}	1.02 ± 0.33^{d}	0.63 ± 0.23^{cd}	—
	WW	10.18 ± 3.20^{b}	8.63 ± 2.48^{b}	7.79 ± 2.19^{b}	—
	TrZW	14.09 ± 0.31^{a}	12.36 ± 0.62^{a}	10.54 ± 0.40^{a}	—
杂种优势/%	$H_{TrWzTrZ}$	-5.06	-60.86	-40.00	-35.31
	$H_{TrZTrWz}$	-68.04	-62.30	-75.46	-68.60
	H_{WTrWz}	-69.66	-88.57	-91.40	-83.21
	H_{TrWzW}	-92.52	-89.50	-78.24	-86.75
	H_{WTrZ}	-68.90	-88.15	-91.96	-83.00
	H_{TrZW}	38.40	43.13	35.24	38.92
	$H_{TrWz\times W}$	-76.71	-88.70	-90.51	-85.31
	$H_{TrZ\times W}$	9.36	17.82	16.48	14.55
	$H_{TrWz\times TrZ}$	-39.82	-61.81	-66.95	-56.19
	H	-2.19	-1.81	-1.71	-1.90

注：同一列中上标具有不同字母表示有显著性差异（$P<0.05$）

4.2.7.3 讨论

从实验结果来看，在浮游期，TrWzW 组在生长方面获得了较显著的杂种优势；存活方面，杂交的效果没有明显地体现出来，其中，TrZW 表现出显著的杂种劣势。可能是因为在浮游期幼虫的性状容易受到母本效应的影响，杂种优势得不到充分的表达。

进入稚贝培育期后，自交组 TrZTrZ 和 WW 生长较快。相对来说，育成杂交没有获得明显的效果，仅 TrWz×W 组具有微弱的杂种优势，其他两个杂交组合基本都体现为杂种劣势。存活方面，除了 TrZW 组外，其余各组均表现为明显的杂种劣势。原因之一可能是回交的世代数较少，理想的杂交子还没有出现。

总的来看，各实验组生长优势表达不稳定，并未表现出明显的生长优势或劣势；存活方面仅 TrZW 组表现出明显的杂种优势。这可能是子代分离的结果，所得的子代为一个复杂的混合体。根据畜牧养殖方面的经验，获得的育成杂交子应继续与相应的亲本群体回交，代数视后代具体表现而定，一般 3~4 代会出现理想的杂交子，之后便可以选择优良的个体进行横交固定、扩繁提高，从而获得优良群体和品系。此方法可以用来解决蛤仔等海洋贝类因长期封闭繁殖而出现的近交衰退和种质退化等现象。

4.2.8 白斑马蛤与彩霞蛤杂交

4.2.8.1 材料与方法

亲贝为 2009 年繁育的白斑马蛤和彩霞蛤。其中，白斑马蛤(Wz)为莆田群体白蛤(W)与斑马蛤(Z)的二元正反杂交子，左壳背缘有一条深色的条带，壳面具有斑马状花纹；彩霞蛤(Tr)壳面具有两条红色放射条带。2010 年 6 月上旬，选出壳型规整、壳色一致的 1 龄彩霞蛤与白斑马蛤各 300 个作为繁殖用亲贝。采用 20 目网袋(40cm×60cm)吊养在大连庄河贝类养殖场的生态池中进行自然促熟。实验的处理、幼虫和稚贝的培育及指标测定同 4.2.5.2。

参照张国范和郑怀平(2009)使用的方法，用公式 (4-24)~(4-26) 计算杂种优势 (heterosis)：

$$H(\%) = \frac{(TrWz + WzTr) - (WzWz + TrTr)}{WzWz + TrTr} \times 100 \qquad (4\text{-}24)$$

$$H_Z(\%) = \frac{WzTr - WzWz}{WzWz} \times 100 \qquad (4\text{-}25)$$

$$H_F(\%) = \frac{TrWz - TrTr}{TrTr} \times 100 \qquad (4\text{-}26)$$

式中，用白斑马蛤自交组 $WzWz$、彩霞蛤自交组 $TrTr$、正交组 $WzTr$、反交组 $TrWz$ 分别表示各实验组在同日龄的表型值(生长、存活)。公式(4-24)表示双列杂交的杂种优势；公式(4-25)、公式(4-26)分别表示聚合杂交中正反交组的杂种优势。

为了减小方差齐性，所有的壳长均转化为对数 $\lg x$(Neter et al., 1985)，所有的存活率均转化为反正弦函数 arcsin (Rohlf and Sokal, 1981)。用 SPSS18.0 统计软件对数据进行分析处理，不同实验组间数据的比较采用单因素方差分析方法(Tukey HSD)，差异显著性设置为 $P<0.05$。

4.2.8.2 结果

由表 4-60 可知，3 日龄时，WzTr 组生长最快，与 WzWz 组差异不显著($P>0.05$)，与其余各组差异显著($P<0.05$)；6 日龄与 9 日龄时，WzWz 组生长最快，与其他组差异显著($P<0.05$)。在浮游期，正交组 6 日龄和 9 日龄表现为微弱的杂种劣势，反交组 3 日龄和 9 日龄表现为微弱的杂种优势，总体 3 日龄表现为微弱的杂种优势。

表 4-60 浮游期各实验组幼虫的平均壳长、生长速度及杂种优势

项目		日龄			生长速度/(μm/d)
		3	6	9	
平均壳长/μm	WzWz	118.00±4.47^a	159.67±4.54^a	180.27±6.77^a	10.38±1.20
	TrTr	104.67±5.86^b	148.83±8.27^c	173.77±6.15^b	11.52±1.33
	WzTr	119.83±5.17^a	156.17±5.97^b	173.93±4.43^b	9.02±1.05
	TrWz	105.17±4.25^b	147.83±6.78^c	174.80±9.33^b	11.61±1.83
杂种优势/%	H	10.78	−1.47	−1.50	
	H_Z	1.55	−2.19	−3.52	
	H_F	0.55	−0.69	0.59	

注：同一列中上标具有不同字母表示有显著性差异($P<0.05$)

由表 4-61 可知，30 日龄时，WzWz 组生长最快，与 TrWz 组差异不显著($P>0.05$)，与其余各组差异显著($P<0.05$)；60 日龄时，WzWz 组生长最快，其余各组与其差异显著($P<0.05$)；90 日龄时，TrWz 组生长最快，与其余各组差异显著($P<0.05$)。在稚贝培育期，各组均表现为微弱的杂种劣势。

表 4-61 稚贝培育期各实验组稚贝的平均壳长、生长速度及杂种优势

项目		日龄			生长速度/(μm/d)
		30	60	90	
平均壳长/μm	WzWz	388.33±34.57^a	886.67±182.98^a	1286.67±172.42^b	14.97±2.91
	TrTr	334.67±43.77^c	725.83±112.86^b	1229.17±194.21^b	14.91±3.30
	WzTr	346.67±43.60^{bc}	769.17±124.86^b	1026.67±147.82^c	11.33±2.65
	TrWz	366.67±62.34^{ab}	704.58±175.94^b	1394.17±201.90^a	17.13±3.55
杂种优势/%	H	−8.37	−6.13	5.46	
	H_Z	5.06	−16.67	3.55	
	H_F	−21.14	8.36	7.50	

注：同一列中上标具有不同字母表示有显著性差异($P<0.05$)

由表 4-62 可知，浮游期 WzWz 组存活率始终最高，并且和其他各组差异显著($P<0.05$)；各组总体上表现为杂种劣势。

表 4-62 游期各实验组幼虫的存活率及其杂种优势

项目		日龄			平均值
		3	6	9	
存活率/%	WzWz	87.67±2.52^a	72.48±3.48^a	58.99±4.03^a	—
	TrTr	50.67±3.06^c	23.09±1.74^c	14.73±11.08^c	—
	WzTr	70.33±2.52^b	45.68±3.19^b	40.10±3.85^b	—
	TrWz	37.67±2.52^d	12.39±0.48^d	10.20±0.15^c	—
杂种优势/%	H	−21.93	−39.24	−31.77	−30.98
	H_Z	−19.77	−36.97	−32.02	−20.59
	H_F	−25.66	−46.35	−30.79	−34.27

注：同一列中上标具有不同字母表示有显著性差异($P<0.05$)

由表 4-63 可知，在稚贝培育期，WzWz 组存活率始终最高，WzTr 组次之，并且和其他各组差异显著（$P<0.05$）。正交组 WzTr 为杂种劣势，反交组 TrWz 为杂种优势。实验组在各时期总体上表现为杂种劣势。

表 4-63 中间育成期稚贝的存活率及其杂种优势

项目		日龄			平均值
		30	60	90	
存活率/%	WzWz	44.20 ± 3.05^a	29.83 ± 3.64^a	13.32 ± 0.93^a	—
	TrTr	3.06 ± 2.33^d	0.66 ± 0.50^c	0.30 ± 0.24^c	—
	WzTr	16.03 ± 1.64^b	15.71 ± 1.53^b	10.35 ± 1.64^b	—
	TrWz	7.17 ± 0.25^c	2.36 ± 0.07^c	1.07 ± 0.14^c	—
杂种优势/%	H	−50.91	−40.73	−16.20	−35.95
	H_Z	−63.72	−47.35	−22.32	−44.46
	H_F	133.95	259.90	255.56	216.47

注：同一列中上标具有不同字母表示有显著性差异（$P<0.05$）

4.2.8.3 讨论

在动物早期生长发育阶段，母本效应是一个非常重要的影响因素。个体在其生活史的早期阶段，比较容易受到母本效应的影响，而后母本效应减弱或消失，杂种优势得到充分表达。母本效应包括细胞质遗传、母本的营养环境等多个方面。本实验中，正反交幼虫的生长与存活主要受到母本效应与配对策略交互作用。在斑马蛤与白蛤二元杂交中，白斑马蛤获得了非常显著的杂种优势。从实验结果看，WzWz 组与 WzTr 组在生长和存活上有比较明显的杂种优势，TrWz 组较 Tr 组具有单亲生长优势。经加性效应，二元杂交效应可能会超过多元杂交效应 2 倍以上；如果考虑显性效应及上位效应，二元杂交的杂种优势也很有可能会超过多元杂交。本研究中，三元杂交的生长优势不如白斑马蛤二元杂交，主要是因为二元杂交亲本彩霞蛤与白斑马蛤间的差异不够大，所以导致三元杂交效应在生长优势上不如二元杂交，这与玉米育种上的多元杂交效应分析相吻合（Hallauer et al.，2007）。

4.2.9 彩霞斑马蛤与白蛤杂交

4.2.9.1 材料与方法

亲贝为 2009 年繁育的莆田群体白蛤和彩霞斑马蛤。其中，白蛤（W）左壳背缘具有一条黑色条带，两壳面为白色；彩霞斑马蛤（TrZ）为彩霞蛤（Tr）与斑马蛤（Z）的二元正反杂交子，壳面具有两条红色放射条带，且壳面具有斑马状花纹。2010 年 6 月上旬，选出壳型规整、壳色一致的 1 龄彩霞斑马蛤与白蛤各 300 个作为亲贝。采用 20 目网袋（40cm×60cm）吊养在大连庄河贝类养殖场的生态池中进行自然促熟。实验的处理、幼虫和稚贝的培育及指标测定同 4.2.5.2。

参照张国范和郑怀平（2009）使用的方法，用公式（4-27）～（4-29）计算杂种优势

(heterosis)：

$$H(\%) = \frac{(TrzW + WTrz) - (WW + TrzTrz)}{TrzTrz + WW} \times 100 \quad (4\text{-}27)$$

$$H_Z(\%) = \frac{TrzW - WW}{WW} \times 100 \quad (4\text{-}28)$$

$$H_F(\%) = \frac{WTrz - WW}{WW} \times 100 \quad (4\text{-}29)$$

式中，用彩霞斑马蛤自交组 $TrZTrZ$、白蛤自交组 WW、正交组 $TrZW$、反交组 $WTrZ$ 分别表示各实验组在同日龄的表型值(生长、存活)。公式(4-27)表示双列杂交的杂种优势；公式(4-28)、公式(4-29)分别表示聚合杂交中正反交组的杂种优势。

为了减小方差齐性，所有的壳长均转化为对数 $\lg x$ (Neter et al.，1985)，所有的存活率均转化为反正弦函数 arcsin (Rohlf and Sokal，1981)。用 SPSS18.0 统计软件对数据进行分析处理，不同实验组间数据的比较采用单因素方差分析方法(Tukey HSD)，差异显著性设置为 $P<0.05$。

4.2.9.2 结果

由表 4-64 可知，3 日龄时，TrZW 组生长最快，TrZTrZ 组次之，与其余各组差异显著($P<0.05$)；6 日龄时，TrZTrZ 组生长最快，与 TrZW 组差异不显著($P>0.05$)，与其余各组差异显著($P<0.05$)；9 日龄时，TrZW 组生长最快，与 TrZTrZ 组差异显著($P<0.05$)，与其余组差异不显著($P>0.05$)。在浮游期，正交组表现为微弱的杂种优势，反交组表现为微弱的杂种劣势，总体表现为微弱的杂种劣势。

表 4-64 浮游期各实验组幼虫的平均壳长、生长速度及杂种优势

项目		日龄			生长速度/(μm/d)
		3	6	9	
平均壳长/μm	WW	116.00±4.98[b]	160.33±7.65[b]	188.33±7.23[ab]	12.06±1.34
	WTrZ	112.00±5.35[c]	161.50±6.32[b]	187.00±5.19[ab]	12.50±1.26
	TrZW	119.50±6.61[a]	162.00±7.38[ab]	190.17±9.24[a]	11.78±1.88
	TrZTrZ	119.33±5.52[a]	165.33±7.65[a]	185.50±4.42[b]	11.03±1.07
杂种优势/%	H	−1.63	−0.66	−0.85	
	H_F	−3.45	0.73	−0.71	
	H_Z	0.14	−2.01	2.52	

注：同一列中上标具有不同字母表示有显著性差异($P<0.05$)

由表 4-65 可知，30 日龄时，WTrZ 组生长最快，与 TrZW 组差异不显著($P>0.05$)，与其余各组差异显著($P<0.05$)；60 日龄时，WW 组生长最快，与其余各组差异显著($P<0.05$)；90 日龄时，TrZW 组生长最快，与 WTrZ 组差异显著($P<0.05$)，与其他组

差异不显著（$P>0.05$）。在稚贝培育期，反交组表现为微弱的杂种劣势。

表 4-65　稚贝培育期各实验组稚贝的平均壳长、生长速度及杂种优势

项目		日龄			生长速度/(μm/d)
		30	60	90	
平均壳长/μm	WW	402.00±24.09^b	1145.00±137.78^a	1315.83±189.88^{ab}	15.23±3.09
	WTrZ	422.50±30.73^a	832.91±105.48^c	1233.33±173.25^b	13.51±2.80
	TrZW	422.33±35.88^a	954.17±196.45^b	1362.50±234.50^a	15.67±4.11
	TrZTrZ	333.17±51.17^c	902.50±86.19^{bc}	1325.83±300.47^{ab}	16.54±4.84
杂种优势/%	H	14.92	−12.72	−1.73	
	H_F	4.98	−27.26	−6.27	
	H_Z	26.76	5.73	0.73	

注：同一列中上标具有不同字母表示有显著性差异（$P<0.05$）

由表 4-66 可知，3 日龄时，TrZW 组存活率最高，WTrZ 组次之，与其余各组差异显著（$P<0.05$）；6 日龄时，TrZW 组存活率最高，与其余各组差异显著（$P<0.05$）；9 日龄时，TrZW 组存活率最高，与其余各组差异显著（$P<0.05$）。在浮游期，各组幼虫存活表现为杂种优势。

表 4-66　浮游期各实验组幼虫的存活率及其杂种优势

项目		日龄			平均值
		3	6	9	
存活率/%	WW	67.67±2.520^c	50.04±2.02^c	44.83±0.73^c	—
	WTrZ	84.67±2.52^a	58.95±3.45^b	52.71±4.53^b	—
	TrZW	85.00±2.10^a	68.90±4.67^a	63.15±4.26^a	—
	TrZTrZ	74.67±1.53^b	48.48±2.76^c	44.95±3.21^c	—
杂种优势/%	H	19.20	29.77	29.05	26.01
	H_F	25.12	17.81	17.57	20.17
	H_Z	13.84	42.10	40.49	32.14

注：同一列中上标具有不同字母表示有显著性差异（$P<0.05$）

由表 4-67 可知，稚贝培育期 TrZW 组存活率始终最高，TrZTrZ 组存活率始终最低，并且和其他各组差异显著（$P<0.05$）。在稚贝培育期，各实验组总体上表现为杂种优势。

表 4-67　稚贝的存活率及其杂种优势

项目		日龄			平均值
		30	60	90	
存活率/%	WW	42.44±0.58^b	41.74±0.81^b	40.06±0.98^b	—
	WTrZ	47.39±3.50^b	46.12±3.20^b	45.19±3.01^b	—
	TrZW	57.89±4.10^a	56.16±4.24^a	55.02±4.00^a	—
	TrZTrZ	29.54±3.07^c	22.21±3.19^c	18.83±3.02^c	—

续表

项目		日龄			平均值
		30	60	90	
杂种优势/%	H	46.26	59.95	70.15	58.79
	H_F	11.67	10.51	12.80	11.66
	H_Z	95.96	152.88	192.16	147.00

注：同一列中上标具有不同字母表示有显著性差异（$P<0.05$）

4.2.9.3 讨论

杂种优势是指两个遗传背景不同的亲本杂交产生的杂种 F_1 在生长势、生活力、生殖力、抗逆性、产量和品质上比亲本的一方或双亲优越的现象（张国范等，2004）。杂种优势是普遍存在的一种重要生物学现象，对改良生物的生产性能有重要作用。不同种群之间杂交，通常会产生杂种优势。杂种优势的产生，主要是由于优良显性基因的互补作用和群体中杂合子频率的增加，从而抑制和减弱了不良基因的作用，提高了整个群体的平均显性效应和上位效应（张国范和郑怀平，2009）。从本实验结果可以看出，杂交使实验组的生长存活性状得到改良，从而得到了生长较快、存活率高的 TrZW 组。就存活性状而言，两杂交组的存活率都高于对应的自交组；从生长优势上看，正反交组表现出明显的正负不对称性；而且存活优势大于生长优势，这与长牡蛎（Hedgecock et al., 1995）、海湾扇贝（Zheng et al., 2006；郑怀平等，2004b）、栉孔扇贝的杂交结果相似。在杂交育种中，正反交子代的杂种优势不对称现象是广泛存在的。造成这种现象的原因可能是本研究中的白蛤生长较快，但抗逆性较差，而彩霞斑马蛤为二元杂交品系，有生长、存活优势，亲本间的这种遗传差异对于三元杂交的杂种优势不对称性可能有一定的影响。

4.2.10 彩霞白斑马蛤与黑蛤的四元杂交

四元杂交是指利用 4 个品种或品系，先进行 2 品种或 2 品系二元杂交，产生 2 个杂种，然后 2 个杂种间再进行杂交（双杂交，二二杂交）；或者利用三元杂种第 3 个品种进行第二次杂交（三一杂交），生产四元子代，再结合定向选育、同质选配等技术获得综合多个优良性状的新品种的方法。四元杂交的优点是比二元、三元杂交遗传基础更广，可能有更多的显性优良基因互补和更多的互作类型，从而有望获得较大的杂种优势；既可以利用杂种母本的优势，又可以利用杂种父本的优势。

本实验开展了菲律宾蛤仔黑蛤（Ab）与三元杂交子彩霞白斑马蛤的四元杂交，旨在为蛤仔的种质遗传改良及四元杂交新品系的培育提供参考。

4.2.10.1 材料和方法

1. 亲本来源

亲贝为 2009 年繁育的莆田群体彩霞白斑马蛤与黑蛤。其中，彩霞白斑马蛤（TrWz）为彩霞蛤（Tr）与白斑马蛤（Wz）的三元正反杂交子，具有双亲的壳色特征，即左壳背部有一条深色条带，且壳面具有斑马状花纹与两条红色放射条带；黑蛤（Ab）：壳长 8~10mm

以前壳面背景颜色为黑色，以后为墨绿色。

2010 年 6 月上旬，选出壳型规整、壳色一致的 1 龄彩霞白斑马蛤与黑蛤各 30 个作为亲贝。采用 20 目网袋(40cm×60cm)吊养在大连庄河贝类养殖场育苗场的生态池中进行自然促熟。

2. 实验设计及处理

实验采用 2×2 双列杂交，共有 4 个实验组，包括 2 个自交组(TrWzTrWz、AbAb)和 2 个正反交组(AbTrWz、TrWzAb)，如图 4-12 和表 4-68 所示。

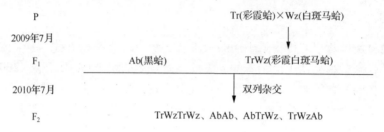

图 4-12　菲律宾蛤仔斑马蛤品系四元杂交的实验设计

表 4-68　蛤仔不同品系 2×2 双列杂交的实验设计

亲本	Ab ♂	TrWz ♂
Ab ♀	AbAb	AbTrWz
TrWz ♀	TrWzAb	TrWzTrWz

3. 幼虫和稚贝培育

幼虫和稚贝培育方法及指标测定同 4.2.5.2。

4. 杂种优势及计算

参照张国范和郑怀平(2009)使用的方法，用公式(4-30)～(4-32)计算杂种优势(heterosis)：

$$H(\%) = \frac{(TrWzAb + AbTrWz) - (TrWzTrWz + AbAb)}{TrWzTrWz + AbAb} \times 100 \quad (4\text{-}30)$$

$$H_Z(\%) = \frac{AbTrWz - TrWzTrWz}{AbAb} \times 100 \quad (4\text{-}31)$$

$$H_F(\%) = \frac{TrWzAb - TrWzTrWz}{TrWzTrWz} \times 100 \quad (4\text{-}32)$$

式中，用彩霞白斑马蛤自交组 *TrWzTrWz*、黑蛤自交组 *AbAb*、正交组 *AbTrWz*、反交组 *TrWzAb* 分别表示各实验组的 F_1 在同日龄的表型值(生长、存活)。公式(4-30)表示双列杂交的杂种优势；公式(4-31)、公式(4-32)分别表示聚合杂交中正反交组的杂种优势。

为了减小方差齐性，所有的壳长均转化为对数 lg*x*(Neter et al.，1985)，所有的存活率均转化为反正弦函数 arcsin(Rohlf and Sokal，1981)。用 SPSS18.0 统计软件对数据进行分析处理，不同实验组间数据的比较采用单因素方差分析方法（Tukey HSD），差异显著性设置为 $P<0.05$。

4.2.10.2 结果

1. 幼虫生长、存活及杂种优势

由于亲本均来自于同一群体，其卵径及 D 形幼虫大小彼此间无显著差异，故将此时的生长优势定义为 0。表 4-69 为幼虫在 3 日龄、6 日龄、9 日龄的平均壳长及其生长的杂种优势。在浮游期，黑蛤自交组平均壳长最小，显著小于其他 3 个实验组（$P<0.05$）。在生长上正反交组杂种优势具有不对称性，即正交组表现出杂种优势，但反交组表现出微弱的杂种劣势。

表 4-69 浮游期幼虫的平均壳长、生长速度及杂种优势

项目		日龄		
		3	6	9
平均壳长/μm	AbAb	103.50 ± 3.75^b	139.67 ± 5.24^c	170.97 ± 4.07^c
	AbTrWz	119.50 ± 4.22^a	186.00 ± 4.03^a	188.50 ± 5.11^a
	TrWzAb	119.33 ± 3.14^a	173.67 ± 4.72^b	186.00 ± 8.03^a
	TrWzTrWz	121.17 ± 4.86^a	173.33 ± 7.58^b	186.50 ± 8.52^a
杂种优势/%	H	6.31	14.91	4.77
	H_Z	15.46	33.17	10.26
	H_F	-1.51	0.19	-0.27

注：同一列中上标具有不同字母表示有显著性差异（$P<0.05$）

将孵化出的 D 形幼虫存活率定义为 100%，存活优势定义为 0。表 4-70 为幼虫在 3 日龄、6 日龄、9 日龄的存活率及其存活优势。在浮游期，黑蛤自交组存活率最低，正交组次之，二者差异显著（$P<0.05$），且显著低于其他 2 个实验组（$P<0.05$）。从其存活优势上看，其总体上呈杂种优势，且正反交组杂种优势具有不对称性，即正交组表现出杂种优势，但反交组表现出微弱的杂种劣势。

表 4-70 浮游期幼虫的存活率及其杂种优势

项目		日龄			平均值
		3	6	9	
存活率/%	AbAb	51.00 ± 1.73^c	12.10 ± 2.43^c	9.87 ± 1.92^c	—
	AbTrWz	67.33 ± 3.06^b	31.04 ± 3.76^b	28.41 ± 2.96^b	—
	TrWzAb	81.67 ± 3.51^a	60.35 ± 1.03^a	53.70 ± 1.50^a	—
	TrWzTrWz	85.00 ± 2.00^a	62.89 ± 3.01^a	52.90 ± 4.75^a	—
杂种优势/%	H	9.56	21.87	30.81	20.75
	H_Z	32.03	156.46	187.78	125.42
	H_F	-3.92	-4.03	1.51	-2.15

注：同一列中上标具有不同字母表示有显著性差异（$P<0.05$）

2. 稚贝生长、存活及杂种优势

由表 4-71 可见，30 日龄时，黑蛤自交组平均壳长最小，显著小于其他 3 个实验组（$P<0.05$）；60 日龄时，杂交组稚贝壳长较大，显著大于其他实验组（$P<0.05$）；90 日龄时，反交组壳长最大，显著大于其他实验组（$P<0.05$），稚贝表现出了显著的中亲及单亲杂种优势。

表 4-71 培育期各实验组稚贝的平均壳长、生长速度及杂种优势

项目		日龄		
		30	60	90
平均壳长/μm	AbAb	332.67±24.49[b]	630.00±118.84[b]	947.50±129.21[b]
	AbTrWz	386.33±58.84[a]	725.83±73.47[a]	1157.50±164.15[c]
	TrWzAb	406.00±58.17[a]	732.92±121.44[a]	1304.17±247.10[a]
	TrWzTrWz	402.67±70.61[a]	551.25±115.14[c]	999.17±154.88[b]
杂种优势/%	H	7.75	23.49	26.46
	H_Z	16.13	15.21	22.16
	H_F	0.83	32.96	30.53

注：同一列中上标具有不同字母表示有显著性差异（$P<0.05$）

将刚完成变态的稚贝存活率定义为 100%。表 4-72 为稚贝在 30 日龄、60 日龄、90 日龄的平均存活率及其杂种优势。存活率大小为：彩霞白斑马蛤自交组＞反交组＞正交组＞黑蛤自交组，且彼此间差异显著（$P<0.05$）。从存活优势上看，正反交组杂种优势具有不对称性，即正交组可以产生杂种优势，但是反交组产生了杂种劣势。

表 4-72 中间育成期稚贝的存活率及其杂种优势

项目		日龄			平均值
		30	60	90	
存活率/%	AbAb	3.91±0.72[d]	2.02±0.36[d]	1.66±0.33[d]	—
	AbTrWz	19.99±2.07[c]	15.07±1.79[c]	10.57±1.46[c]	—
	TrWzAb	33.48±1.85[b]	29.35±1.88[b]	24.54±1.12[b]	—
	TrWzTrWz	45.91±5.32[a]	40.21±4.35[a]	35.05±2.83[a]	—
杂种优势/%	H	7.33	5.20	-4.38	2.72
	H_Z	411.17	647.26	535.29	531.24
	H_F	-27.07	-27.00	-29.99	-28.02

注：同一列中上标具有不同字母表示有显著性差异（$P<0.05$）

4.2.10.3 讨论

通常情况下，四元杂交是在三元杂交基础上将控制优良性状的基因聚合到某一群体或者某一品种或品系上面，从而达到增强该杂交群体抗逆性、提高产量等目的。从本研究结果看，杂交使品系的生长性状得到了改良。由此可见，通过选择适当的三元杂交子和自交品系作为亲本进行多元杂交育种，可以有效地改良现有的蛤仔品系，从而培育出聚合了多种优良性状的新品种（系）。

4.2.11 彩霞白斑马蛤与红白斑马蛤的聚合杂交

聚合杂交(convergent cross 或 polymerization hybridization 或 gathering hybridization)是指利用多个基因型不同的亲本通过多次、多向杂交,将所需亲本的微效基因集中到一个或多个杂种群体中的一种杂交方式。

4.2.11.1 材料与方法

1. 亲本来源

亲贝为2009年繁育的彩霞白斑马蛤与红白斑马蛤。彩霞白斑马蛤(TrWz)为白斑马蛤(Wz)与彩霞蛤(Tr)的三元正反杂交子,左壳背部有一条深色条带,且壳面具有斑马状花纹与两条红色放射条带;红白斑马蛤(RzW)为红斑马蛤(Rz)与白蛤(W)的三元正反杂交子,具有双亲的壳色特征:左壳背部有一条深色条带,且壳面具有橘红色的斑马状花纹。

2010年6月上旬,选出壳型规整、壳色一致的1龄彩霞白斑马蛤与红白斑马蛤各300个作为繁殖个体。采用20目网袋(40cm×60cm)吊养在大连庄河贝类养殖场的生态池中进行自然促熟。

2. 实验设计与处理

2010年10月上旬,亲贝性腺成熟。通过阴干8h、流水1h的刺激,4h后亲贝开始产卵排精,将正在产卵排精的个体抓出来,用自来水冲洗干净,放到盛有新鲜海水的2.0L红色塑料桶中,经过5~15min,单独放置的个体会继续产卵排精。随机选取彩霞白斑马蛤(TrWz)和红白斑马蛤(RzW)雌雄各3个,采用双列杂交法,按照图4-13所示,建立两个自交组彩霞白斑马蛤自交组TrWzTrWz、红白斑马蛤自交组RzWRzW、正交组TrWzRzW、反交组RzWTrWz,共4个实验组。用150目筛绢网过滤杂质,转入60L白色塑料桶中孵化,受精卵孵化密度为10~15个/mL,孵化期间连续充气。受精卵大约经过24h发育为D形幼虫。操作过程中,各实验组严格隔离,防止混杂。

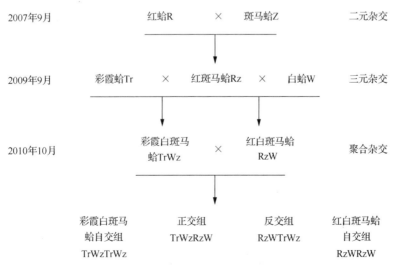

图4-13 蛤仔彩霞白斑马蛤与红白斑马蛤聚合杂交实验设计

3. 幼虫和稚贝培育

幼虫和稚贝的培育及指标测定同 4.2.5.2。

4. 杂种优势及计算

参照张国范和郑怀平(2009)使用的方法,用公式(4-33)～(4-35)计算杂种优势(heterosis):

$$H(\%) = \frac{(TrWzRzW + RzWTrWz) - (TrWzTrWz + RzWRzW)}{TrWzTrWz + RzWRzW} \times 100 \quad (4\text{-}33)$$

$$H_Z(\%) = \frac{TrWzRzW - TrWzTrWz}{TrWzTrWz} \times 100 \quad (4\text{-}34)$$

$$H_F(\%) = \frac{RzWTrWz - RzWRzW}{RzW} \times 100 \quad (4\text{-}35)$$

式中,用彩霞白斑马蛤自交组 $TrWzTrWz$、红白斑马蛤自交组 $RzWRzW$、正交组 $TrWzRzW$、反交组 $RzWTrWz$ 分别表示各实验组在同日龄的表型值(生长、存活)。公式(4-33)表示双列杂交的杂种优势;公式(4-34)、公式(4-35)分别表示聚合杂交中正反交组的杂种优势。

5. 数据处理

为了减小方差齐性,所有的壳长均转化为对数 $\lg x$(Neter et al.,1985),所有的存活率均转化为反正弦函数 arcsin(Rohlf and Sokal,1981)。用 SPSS18.0 统计软件对数据进行分析处理,不同实验组间数据的比较采用单因素方差分析方法(Tukey HSD),差异显著性设置为 $P<0.05$。

4.2.11.2 结果

1. 幼虫生长、存活及杂种优势

由于亲本均来自于同一群体,其卵径及 D 形幼虫大小彼此间无显著差异,故将此时的生长优势定义为 0。表 4-73 为各实验组幼虫在 3 日龄、6 日龄、9 日龄的平均壳长及其生

表 4-73 各实验组幼虫的平均壳长及其生长的杂种优势

项目		日龄			平均值
		3	6	9	
平均壳长/μm	TrWzTrWz	113.67 ± 3.70^b	171.67 ± 9.03^a	192.67 ± 13.63^b	—
	TrWzRzW	116.17 ± 4.86^{ab}	170.00 ± 8.51^{ab}	193.00 ± 8.67^b	—
	RzWTrWz	117.00 ± 5.19^a	165.83 ± 7.44^b	201.50 ± 9.02^a	—
	RzWRzW	119.33 ± 5.53^a	171.00 ± 8.24^{ab}	189.50 ± 9.41^b	—
杂种优势/%	H	0.07	−2.00	3.23	0.43
	H_Z	2.20	−0.97	0.17	0.47
	H_F	−1.95	−3.02	6.33	−0.45

注:同一列中含有不同字母表示差异显著($P<0.05$)

长优势。3 日龄时,彩霞白斑马蛤自交组壳长最小,显著小于 RzWTrWz、RzWRzW 实验组($P<0.05$);6 日龄时,反交组幼虫壳长最小,显著小于彩霞白斑马蛤自交组($P<0.05$),但是与另外 2 个实验组无显著差异($P>0.05$);9 日龄时,反交组幼虫壳长最大,显著大于其他 3 个实验组($P<0.05$)。从其总的生长优势上看,聚合杂交有微弱的杂种优势,且正反交组杂种优势具有不对称性,即正交组具有杂种优势,但反交组具有杂种劣势。

将刚刚孵化出的 D 形幼虫存活率定义为 100%,存活优势定义为 0。表 4-74 为各实验组幼虫在 3 日龄、6 日龄、9 日龄的平均存活率及其存活优势。3 日龄时,红白斑马蛤自交组存活率最高,显著高于其他实验组($P<0.05$),反交组存活率最低,显著小于其他实验组($P<0.05$);6 日龄时,红白斑马蛤自交组存活率最高,彩霞白斑马蛤自交组次之,均显著高于正反交组($P<0.05$);9 日龄时,仍然是红白斑马蛤自交组存活率最高,反交组存活率最低,彼此间差异显著($P<0.05$)。从其存活优势上看,无论是中亲杂种优势还是单亲杂种优势,该聚合杂交组幼虫均没有获得杂种优势,相反出现了明显的杂种劣势。

表 4-74 各实验组幼虫的存活率及其杂种优势

项目		日龄			平均值
		3	6	9	
存活率/%	TrWzTrWz	55.00 ± 5.00^b	37.03 ± 6.43^b	33.33 ± 4.36^b	—
	TrWzRzW	50.67 ± 4.04^b	28.71 ± 7.64^c	25.27 ± 4.58^{bc}	—
	RzWTrWz	32.00 ± 4.36^c	24.00 ± 5.00^c	20.81 ± 4.52^c	—
	RzWRzW	67.67 ± 6.81^a	53.24 ± 4.16^a	46.32 ± 2.00^a	—
杂种优势/%	H	-32.61	-41.61	-42.15	-38.79
	H_Z	-7.87	-22.47	-24.18	-18.17
	H_F	-52.71	-54.92	-55.07	-54.23

注:同一列中含有不同字母表示差异显著($P<0.05$)

2. 稚贝生长、存活及杂种优势

30 日龄时,彩霞白斑马蛤自交组稚贝平均壳长最大,显著大于其他实验组($P<0.05$);90 日龄时,彩霞白斑马蛤自交组壳长最小,显著小于其他实验组($P<0.05$),反交组及红白斑马蛤自交组稚贝壳长较大,显著高于另外 2 个实验组($P<0.05$);270 日龄时,正交组稚贝壳长最大,彩霞白斑马蛤自交组壳长最小,彼此间差异显著($P<0.05$)(表 4-75)。从其杂种优势看,总体水平上表现为微弱的杂种劣势,正交组表现杂种优势,而反交组则表现为杂种劣势。

表 4-75 各实验组稚贝的平均壳长及其杂种优势

项目		日龄			平均值
		30	90	270	
平均壳长/ (30 日龄/μm、 90 日龄/μm、 270 日龄/mm)	TrWzTrWz	503.00 ± 63.14^a	1178.33 ± 115.54^c	7.37 ± 0.72^b	—
	TrWzRzW	441.33 ± 46.44^b	1320.00 ± 228.98^b	8.05 ± 1.43^a	—
	RzWTrWz	439.67 ± 70.10^b	1523.33 ± 206.44^a	7.77 ± 1.64^{ab}	—
	RzWRzW	437.33 ± 55.14^b	1616.25 ± 197.76^a	7.91 ± 1.06^{ab}	—

续表

项目		日龄			平均值
		30	90	270	
杂种优势/%	H	−6.31	1.74	3.53	−0.34
	H_Z	−12.26	12.02	9.23	3.00
	H_F	0.54	−5.75	−1.77	−2.33

注：同一列中含有不同字母表示差异显著（$P<0.05$）

将刚完成变态的稚贝存活率定义为100%。表4-76为各实验组在30日龄、90日龄、270日龄的平均存活率及其存活优势。30日龄时，正交组稚贝存活率最高，显著大于其他实验组（$P<0.05$），2个自交组稚贝存活率较低，显著小于正反交组（$P<0.05$）；90日龄时，正交组存活率仍最高，且显著大于其他实验组（$P<0.05$）；270日龄时，依然是正交组存活率最高，显著大于其他实验组（$P<0.05$），彩霞白斑马蛤自交组存活率最低，显著小于其他实验组（$P<0.05$）。从存活优势上看，稚贝表现出了显著的中亲及单亲杂种优势。

表4-76 各实验组稚贝的存活率及其杂种优势

项目		日龄			平均值
		30	90	270	
存活率/%	TrWzTrWz	74.41±6.73^c	55.31±3.62^c	52.89±3.72^c	—
	TrWzRzW	90.35±3.05^a	80.41±6.03^a	75.18±5.31^a	—
	RzWTrWz	81.82±7.67^b	70.10±1.53^b	68.34±2.57^b	—
	RzWRzW	73.38±6.80^c	67.75±3.61^{bc}	66.40±4.28^b	—
杂种优势/%	H	16.50	22.30	20.33	19.71
	H_Z	21.42	45.39	42.16	36.32
	H_F	11.50	3.46	2.93	5.96

注：同一列中含有不同字母表示差异显著（$P<0.05$）

3. 壳色遗传分离规律

270日龄时，蛤仔壳色已经清晰可见。随机选取的660粒彩霞白斑马蛤中，有134粒彩霞蛤、325粒彩霞白斑马蛤、201粒白斑马蛤，3种壳色子代分离比约为1：3：2，这与孟德尔遗传定律的1：2：1虽有差异，但是比较接近，这种比例差异主要原因可能是子代培育过程中分离出的不同壳色品系(彩霞蛤、彩霞白斑马蛤、白斑马蛤)存活力不同。红白斑马蛤自交组子代均为红白斑马蛤，其斑马条纹几乎仍为橘红色，但斑马纹的颜色不是很鲜艳，进一步说明白斑马蛤壳色可以稳定遗传，但是由于红白斑马蛤斑马纹颜色不鲜艳，很难统计其是否发生了壳色分离，这个结果有待于进一步研究。正反交组均为彩霞白斑马蛤，不同的是，正交组子代壳面的彩霞蛤放射条带比较明显，而反交组的两条红色条带较浅，不是很明显，也就是说，正反交子代壳面的彩霞蛤所具有的放射条带表现出明显的母本效应，但是其壳色表现形式比较一致，说明壳色为非伴性遗传(表4-77)。

表 4-77　各实验组稚贝的壳色遗传分离规律

亲本	彩霞白斑马蛤 TrWz♂	红白斑马蛤 RzW♂
彩霞白斑马蛤 TrWz♀	彩霞蛤(134)：彩霞白斑马蛤(325)： 白斑马蛤(201)≈1：3：2	彩霞白斑马蛤：斑马纹橘红色较浅， 彩霞蛤色明显
红白斑马蛤 RzW♀	彩霞白斑马蛤：斑马纹为橘红色，彩霞蛤色较浅	白斑马蛤：斑马纹颜色全部为红色

4.2.11.3　讨论

1. 聚合杂交效应分析

通常情况下，聚合杂交是在二元杂交基础上进行的，目的是将控制优良性状的基因聚合到某一群体或者某一品种(系)上，从而达到增强该杂交群体抗逆性、提高产量等的目的。在此之前，闫喜武团队获得了具有生长快、抗逆性强的白斑马蛤，生长较快、抗逆性强的彩霞白斑马蛤及红斑马蛤，抗逆性极强的黑斑马蛤等二元杂交品系。而且，为了进一步探讨多元杂交是否可以产生杂种优势，开展了以白斑马蛤为核心的多元制种工艺，获得了彩霞白斑马蛤、红白斑马蛤及黑白斑马蛤等三元杂交品系。三元杂交研究显示，多元杂交未必会获得很好的表型性状优势，但会获得一个全新壳色品系。

在本实验中，以具有优良表型性状的彩霞白斑马蛤与红白斑马蛤为亲本开展了聚合杂交，目的是获得杂种优势。但从结果看，除了正反交组在稚贝阶段具有一定程度的杂种优势以外，其他组未产生明显的杂种优势，有的甚至产生杂种劣势。也就是说，聚合杂交中，由于亲本选配不同，子代表达形式也不同，杂种优势表达为正向或者负向均很正常。这一点已经在不同世代蛤仔杂交(闫喜武等，2011a，2011b)及其壳内面颜色蛤仔三元杂交中有所体现(张跃环等，2012)。在斑马蛤与白蛤二元杂交中，白斑马蛤获得了非常显著的杂种优势；在白斑马蛤与彩霞蛤三元杂交中，彩霞白斑马蛤获得了较弱的杂种优势。而在本研究中，三元杂交子的聚合杂交子几乎未获得显著杂种优势。这也说明，随着杂交次数的增加，可开发利用的杂种优势空间已经越来越小，因此可以选择二元或者三元杂交子中具有显著杂种优势的组合进行利用。

2. 壳色遗传分离机制

由于蛤仔壳色具有复杂的多态性，早在 1941 年，Taki 就将蛤仔壳色分为 4 种类型：条带、花纹、白化和杂色。至 1995 年，Peignon 等再次将蛤仔的壳色定义为壳面花纹、放射条带、背景颜色。至 2008 年，张跃环在前人研究的基础上，将蛤仔壳色划分为两壳是否对称、壳面花纹、放射条带、背景颜色、壳面斑块 5 种情况。

在本研究中，三元杂交子彩霞白斑马蛤自交组子代壳色出现了分离，出现白斑马蛤、彩霞白斑马蛤及彩霞蛤 3 种壳色，其分离比为 2：3：1，与孟德尔遗传的 1：2：1 有所差异。原因可能是分离出来的不同壳色个体在生长过程中存活力不同，即每种壳色品系子代数目不同，这与 Peignon 等(1995)研究蛤仔壳色遗传机制得到的结果相似。其中，白斑马蛤并未出现分离现象，这可能是由于壳面花纹超优先表达，白蛤左壳深色条带也是优先表达造成的，也可能是由于控制这两对性状的基因位于非同源染色体上，发生了基因连锁。红白斑马蛤自交子代均为红白斑马蛤，且斑马纹几乎仍为红色，但是由于颜色比较模糊，很难辨认是否发生了花纹颜色分离，有待于进一步研究。正反交子代均为彩霞白斑马蛤，正交组即以彩霞白斑马蛤为母本的彩霞蛤颜色更为明显，但是斑马状花纹比较浅；而以红白斑马蛤为母本的反交组彩霞蛤所具有的两条红色放射条带颜色较浅，斑马纹相对比较明显，说明壳色表达量与母本相关，表现出明显的母本效应。但是，正反交组壳色表达比较一致，与性别无关，说明壳色表达为非伴性遗传。

4.2.12 奶牛蛤与橙蛤间的双列杂交

4.2.12.1 材料与方法

1. 亲贝来源

亲贝分别为从大连石河野生群体中经过群体选育的奶牛蛤 $F_2(C)$ 和家系选育的橙蛤 $F_4(O)$。奶牛蛤壳面具有类似于奶牛体表的黑色斑块，橙蛤壳面为橙色且具有 4 条点状放射条带。实验开始前选取贝壳无损伤、壳型规整的 1 龄奶牛蛤和橙蛤各 200 枚吊养在庄河贝类养殖场育苗场的室外土池中进行生态促熟。

2. 实验设计和处理

2011 年 8 月上旬，亲贝性腺成熟，采用阴干加流水法刺激种贝产卵排精。选取奶牛蛤、橙蛤雌雄各 2 个进行 2×2 双列杂交（表 4-78），包括 2 个自交组 CC、OO，2 个杂交组，即正交组 CO、反交组 OC，每组设置 3 个重复。完全受精后用 150 目筛绢网过滤掉杂质，转入 80L 大白桶中连续充气孵化，密度为 8~10 个/mL。

表 4-78 奶牛蛤与橙蛤 2×2 双列杂交的实验设计

亲本	C♂	O♂
C♀	CC	CO
O♀	OC	OO

3. 幼虫培育

幼虫培育在 60L 的白色塑料桶中进行，密度为 5~6 个/mL。每 2d 换水一次，每次换水量 100%。每天投喂 2 次，前期饵料为湛江等鞭金藻，后期为湛江等鞭金藻和小球藻（体积比 1∶1）混合投喂。投饵量根据幼虫摄食情况进行调整。为防止不同实验组幼虫间混杂，各实验组严格隔离。定期对幼虫密度进行调整，使各实验组密度保持一致。幼虫培育期间，水温为 25.8~28.6℃，盐度为 24~26，pH 为 7.96~8.32。

4. 稚贝培育及越冬

稚贝室内培育期间，随着稚贝的生长更换不同网目的换水网箱，并适当加大投饵量，其他管理同幼虫培育。当稚贝壳长≥1000μm 时，将其移入 80 目网袋，置于室外生态池中吊养；待室外水温降至 0℃以下时，移到室内 80m³ 的水泥池中进行室内越冬。其间水温由 20℃左右逐渐降到 0℃，盐度为 26~30，pH 为 7.80~8.52。随稚贝生长定期更换不同网目网袋（60 目—40 目—20 目），调整密度使各实验组密度保持一致。

5. 测定指标

测定指标包括：亲贝壳长，3日龄、6日龄、9日龄幼虫的壳长及存活率，30日龄、90日龄稚贝和270日龄幼贝壳长及存活率。变态规格为初生壳与次生壳交界处壳缘的最小值。幼虫和壳长≤300μm的稚贝在显微镜下用目微尺(100×)测量；300μm≤壳长≤3000μm的稚贝在体视显微镜下用目微尺(25×)测量，壳长≥3000μm后，用游标卡尺(0.01mm)测量。每次测量时，每个重复随机测量30个个体。

幼虫存活率为不同日龄幼虫密度与D形幼虫密度的百分比；稚贝存活率为不同日龄稚贝数量与刚刚完成变态稚贝数量的百分比；幼贝存活率为不同日龄幼贝数量与移到室外时稚贝数量的百分比。

6 杂种优势和双因子模型的计算

参照Cruz和Ibarra(1997)使用的方法，用公式计算杂种优势(heterosis)：

$$H(\%) = \frac{(CC+OO)-(CO+OC)}{CC+OO} \times 100 \tag{4-36}$$

$$H_{CO}(\%) = \frac{CO-CC}{CC} \times 100 \tag{4-37}$$

$$H_{OC}(\%) = \frac{OC-OO}{OO} \times 100 \tag{4-38}$$

式中，CC、CO、OC、OO分别表示各实验组的子代在同一日龄的表型值(生长、存活)。公式(4-36)表示双列杂交的杂种优势；公式(4-37)、公式(4-38)分别表示双列杂交中正反交组的单亲杂种优势。

参照Cruz和Ibarra(1997)，利用双因子分析模型检测母本效应及配对策略对杂交组幼虫生长与存活的影响：$Y_{ijk} = u + EO_i + MS_j + (EO \times MS)_{ij} + e_{ijk}$，式中，$Y_{ijk}$为$k$个重复$i$个卵源$j$种配对方式下的壳长(或存活率)($i=1$, 2; $j=1$, 2; $k=1$, 2, 3)；u为常数；EO_i为壳长(或存活率)的卵源效应(母本效应)($i=1$, 2)；MS_j为壳长(或存活率)的配对效应($j=1$, 2)；$(EO \times MS)_{ij}$为卵源与配对策略的交互作用；e_{ijk}为随机误差($i=1$; $j=1$, 2; $k=1$, 2, 3)。

7. 数据处理

用SPSS17.0统计软件对数据进行分析处理，不同实验组间数据的比较采用单因素方差分析方法(Tukey HSD)，差异显著性设置为$P<0.05$。

4.2.12.2 结果

1. 幼虫生长、存活

卵径及D形幼虫大小彼此间无显著差异，将此时的生长优势定义为0。表4-79为各实验组幼虫在3日龄、6日龄、9日龄的平均壳长及其杂种优势。3日龄时，CC、OC组壳长显著大于OO组($P<0.05$)，CO与OO组幼虫大小差异不显著($P>0.05$)；6日龄时，

OC 幼虫平均壳长最大,与 OO 组差异显著($P<0.05$),与 CC、CO 组无显著差异($P>0.05$);9 日龄时,OC 组平均壳长最大,与 CO、OO 组差异显著($P<0.05$),与 CC 组差异不显著($P>0.05$),CO 与 OO 组差异不显著($P>0.05$)。OC 组幼虫表现出单亲生长优势,其杂种优势为 6.07%;与此相反,CO 组表现出单亲生长劣势,其大小为-1.62%;总体上表现出生长优势,其大小为 1.56%。

表 4-79 浮游期幼虫平均壳长及生长的杂种优势

项目		日龄			平均值
		3	6	9	
平均壳长/μm	CC	133.56 ± 8.91^a	202.33 ± 9.72^a	240.22 ± 11.3^a	—
	CO	131.22 ± 8.1^{ab}	203.44 ± 8.37^a	232.00 ± 30.8^b	—
	OC	134.44 ± 8.89^a	204.11 ± 9.93^a	247.00 ± 21.4^a	—
	OO	129.89 ± 7.72^b	194.11 ± 12.3^b	225.44 ± 12.9^b	—
杂种优势/%	H_{CO}	−1.75	0.30	−3.42	−1.62
	H_{OC}	3.50	5.15	9.56	6.07
	H	−0.84	2.67	2.86	1.56

注:同一列中含有不同字母表示差异显著($P<0.05$)

将刚孵化的 D 形幼虫存活率定义为 100%,存活杂种优势定义为 0。表 4-80 为各实验组幼虫在 3 日龄、6 日龄、9 日龄的平均存活率及杂种优势。3 日龄和 6 日龄时,4 个实验组幼虫存活率无显著差异($P>0.05$);9 日龄时,CO 幼虫存活率最低,为 57.61%,显著小于其他实验组($P<0.05$)。从存活上看,CO、OC 存活率基本在 80%以上,比相应的自交组低,其单亲存活劣势平均值分别为-12.67%和-3.43%;总体上为存活劣势(-8.06%)。

表 4-80 浮游期幼虫的存活及其杂种优势

项目		日龄			平均值
		3	6	9	
存活率/%	CC	92.55 ± 6.03^a	95.14 ± 3.37^a	84.99 ± 6.86^a	—
	CO	96.75 ± 4.43^a	85.30 ± 8.93^a	57.61 ± 4.24^b	—
	OC	82.22 ± 8.55^a	94.85 ± 1.69^a	82.83 ± 1.14^a	—
	OO	91.68 ± 8.06^a	88.08 ± 4.14^a	89.21 ± 1.77^a	—
杂种优势/%	H_{CO}	4.54	−10.34	−32.22	−12.67
	H_{OC}	−10.32	7.69	−7.66	−3.43
	H	−2.86	−1.68	−19.64	−8.06

注:同一列中含有不同字母表示差异显著($P<0.05$)

由此可见,浮游期杂交组幼虫总体上表现出生长优势,其大小主要受卵源与配对策略交互作用影响,其次为配对策略的影响,而卵源基本没有起到作用;浮游期幼虫在存活上表现出杂种劣势,其大小主要受配对策略的影响,其次为卵源和卵源与配对策略交互作用的影响(表 4-81);正反交组的单亲杂种优势大小表现出明显的不对称性。

表 4-81　卵源与配对策略对浮游期幼虫生长及存活影响的方差分析

来源		df	壳长		存活	
			均方	P	均方	P
3 日龄	EO	1	4.82E-0.005	0.804	0.008	0.078
	MS	1	0.001	0.218	0.001	0.534
	EO×MS	1	0.011	0.000	0.005	0.134
6 日龄	EO	1	0.007	0.000	0.000	0.655
	MS	1	0.014	0.000	0.000	0.664
	EO×MS	1	0.009	0.000	0.008	0.034
9 日龄	EO	1	5.69E-0.005	0.843	0.035	0.005
	MS	1	0.009	0.011	0.048	0.002
	EO×MS	1	0.074	0.000	0.019	0.022

2. 稚贝生长、存活

表 4-82 为各实验组稚贝的平均壳长及生长优势。30 日龄时，4 个实验组之间差异不显著($P>0.05$)。90 日龄时，OO 实验组稚贝壳长最大，与其他实验组差异显著($P<0.05$)；270 日龄时，OO 实验组平均壳长仍最大，显著大于 CC、OC 实验组($P<0.05$)，与 CO 实验组差异不显著($P>0.05$)。CO 实验组表现出一定的单亲生长优势，其大小为 4.79%，而 OC 实验组则表现出单亲生长劣势，其大小为-13.80%。

表 4-82　各实验组稚贝壳长及其杂种优势

项目		日龄			平均值
		30	90	270	
平均壳长/mm	CC	2.99±0.67^a	8.53±1.33^b	10.47±1.52^b	—
	CO	2.98±0.60^a	8.61±1.56^b	11.91±1.09^{ab}	—
	OC	2.86±0.62^a	8.46±1.87^b	10.61±1.75^b	—
	OO	2.96±0.97^a	11.02±1.30^a	12.45±1.97^a	—
杂种优势/%	H_{CO}	-0.33	0.94	13.75	4.79
	H_{OC}	-3.38	-23.23	-14.78	-13.80
	H	-1.85	-12.69	-1.75	-5.43

注：同一列中含有不同字母表示差异显著($P<0.05$)

表 4-83 为各实验组稚贝的存活率及存活优势。将刚刚完成变态的稚贝存活率定义为 100%，30 日龄时，OC 实验组稚贝存活率最高，显著大于 OO 实验组($P<0.05$)，与其他 2 个实验组无显著差异($P>0.05$)；90 日龄时，CC 实验组稚贝存活率最高，与其他实验组无显著差异($P>0.05$)；270 日龄时，OO 实验组存活率最高，显著大于 CC 和 CO 实验组($P<0.05$)，与 OC 实验组无显著差异($P>0.05$)。从存活优势上看，CO 实验组稚贝表现出微弱的单亲存活劣势，其大小为-0.77%，OC 实验组表现出一定的单亲存活优势，其大小为 0.48%；总体上杂交稚贝表现出存活劣势，其大小为-0.40%。

表 4-83 各实验组的存活及其杂种优势

项目		日龄			平均值
		30	90	270	
存活率/%	CC	95.41±1.99^a	92.69±1.64^a	70.11±1.99^b	—
	CO	93.85±2.77^{ab}	89.12±0.99^a	72.33±4.15^b	—
	OC	98.91±0.99^a	88.63±2.19^a	79.92±1.82^a	—
	OO	88.77±2.24^b	90.64±1.11^a	86.56±1.64^a	—
杂种优势/%	H_{CO}	−1.64	−3.85	3.17	−0.77
	H_{OC}	11.42	−2.22	−7.76	0.48
	H	4.66	−3.04	−2.82	−0.40

注：同一列中含有不同字母表示差异显著（$P<0.05$）

3. 子代的壳色表现

奶牛蛤自交组后代仍为奶牛蛤，橙蛤后代仍为橙蛤，说明奶牛蛤与橙蛤的壳色可以稳定遗传。CO 杂交组子代壳色表现为：背景颜色为浅橙色（比橙蛤原来的背景颜色浅），同时在橙蛤原来的壳色背景上有更深的橙色斑块出现（表 4-84）；OC 杂交组子代壳色表现为奶牛蛤壳面上原来的黑色斑块被相同形状的橙色斑块取代（表 4-84）。

表 4-84 杂交、自交子代的壳色表现

亲本	C♂	O♂
C♀	CC（黑色斑块）	CO（橙色斑块）
O♀	OC（橙色斑块）	OO（橙色）

4.2.12.3 讨论

杂交组幼虫生长与存活受到母本效应及配对策略的影响。母本效应是指子代的某些外部特征、生理性状和生产性能受其母本直接影响的一种生理现象。本实验中浮游期杂交组幼虫总体上表现出生长优势，其大小主要受卵源与配对策略交互作用的影响，其次为配对策略的影响，而卵源基本没有产生影响；但幼虫在存活上表现出杂种劣势，其大小主要受配对策略的影响，其次为卵源和卵源与配对策略交互作用的影响。

贝类壳色是可以遗传的，壳色及色素沉积模式符合孟德尔遗传定律，但很多环境因素，如环境的盐度、温度和栖息深度，以及摄食的被动色素吸收和防止被捕食（如保护色和隐蔽色等）对壳色的选择都有影响。如果将蛤仔的壳色划分为放射条带、壳面花纹、背景颜色、壳面斑块的话，本节主要研究了背景颜色与壳面斑块蛤仔间杂交的效果。奶牛蛤自交组后代仍为奶牛蛤，橙蛤自交组后代仍为橙蛤，说明奶牛蛤与橙蛤品系的壳色可以 100%稳定遗传。正交组子代壳色表现为：背景颜色为浅橙色（比橙蛤原来的背景颜色浅），同时在橙蛤原来的壳色背景上有更深的橙色斑块出现；反交组子代壳色表现为奶牛蛤壳面上原来的黑色斑块被相同形状的橙色斑块取代；两个杂交组子代壳面背景颜色的不同说明，杂交子代的壳色表现与性别有关，在某种程度上表现为母本效应。

4.2.13 橙蛤与奶牛蛤及橙色斑块品系间的育成杂交

育成杂交(grading cross)是培育新品种的一种重要杂交方式,包括简单育成杂交、级进育成杂交、引入育成杂交和综合育成杂交。其中级进育成杂交是指将简单育成得到的杂交子(F_1)再与改良品种回交若干代,使后代在生产性能上显著地向改良品种方面发展,并适当地保留本地品种原有的某些优点。

育成杂交已经被广泛地应用于畜牧业的品种改良上,而在海洋贝类的育种研究方面还未见报道。

4.2.13.1 材料与方法

1. 亲本来源与促熟

亲贝为 2010 年繁育的奶牛蛤 F_2、橙蛤 F_4 及橙色斑块品系 F_1。橙色斑块品系 F_1(简称橙色斑块)(OC)为橙蛤与奶牛蛤的杂交子代,壳面具有红色斑块,背景色为白灰色或浅橙色(比橙色斑块的颜色浅)。2011 年 8 月初,每种壳色品系随机挑选 200 个个体,采用 20 目网袋(40cm×60cm)吊养在庄河市海洋贝类养殖场苗种场的室外生态土池中进行生态促熟,每袋 100 粒。其间,水温为 25.8~27.6℃,盐度为 25~28,pH 为 7.64~8.62。

2. 实验设计及处理

2011 年 8 月下旬,将性腺发育成熟的亲本移入室内阴干 8h,4h 后开始产卵排精。随机选取奶牛蛤(C)、橙蛤(O)和红奶牛蛤(OC)雌雄各 3 个,分别收集精卵,采用双列杂交法,将获得的精卵组合受精,建立 3 个自交组 OO、CC、OCOC,两个正反交组 OC、OOC、CO、COC、OCO、OCC,共 6 个实验组(表 4-85)。用 150 目筛绢网过滤杂质,转入 60L 塑料桶中孵化,受精卵孵化密度为 5~6 个/mL,孵化期间连续充气。受精卵大约经过 24h 发育为 D 形幼虫。操作过程中,各实验组严格隔离,防止混杂。

表 4-85 蛤仔壳色品系 3×3 双列杂交的实验设计

亲本	O♂	C♂	OC♂
O♀	OO	OC	OOC
C♀	CO	CC	COC
OC♀	OCO	OCC	OCOC

3. 幼虫和稚贝培育

幼虫和稚贝在 60 日龄以前培育在 100L 塑料桶中,幼虫密度为 4~5 个/mL,稚贝密度为 2~3 粒/cm²;每天投饵 2 次,饵料为湛江等鞭金藻和小球藻(体积比为 1:1),浮游期日投喂 2000~5000 个细胞/mL,稚贝期日投喂 1 万~2 万个细胞/mL,根据幼虫和稚贝的摄食情况适当增减饵料量,保持水中有足量的饵料;每 2d 全量换水 1 次,为避免不同实验组个体混杂,每组换水的筛绢网单独使用。60 日龄以后,稚贝转入 60 目的网袋(40cm×60cm)中在室外生态池中吊养,每袋 200~300 粒。培育期间,水温为 24.2~30.4℃,盐度为 24~28,pH 为 7.64~8.62。为了消除培育密度的影响,在培育阶段每 3d

对密度进行一次调整,使各个实验组密度基本保持一致。各个实验组个体分桶培育,严格隔离。随稚贝生长定期更换网袋,调整密度,使各实验组密度保持一致。

4. 测定指标

幼虫和壳长小于 300μm 的稚贝在显微镜下用目微尺(100×)测量,壳长大于 300μm 小于 3.0mm 的稚贝在体视显微镜下用目微尺(20~40×)测量,壳长大于 3.0mm 后用游标卡尺(0.01mm)测量。测定指标包括:3 日龄、6 日龄、9 日龄幼虫的壳长及存活率;30 日龄、60 日龄、90 日龄稚贝的壳长及存活率。每个重复随机测量 30 个个体。幼虫存活率为单位体积幼虫数与 D 形幼虫数的百分比;稚贝存活率为不同日龄存活稚贝的数量与变态稚贝数的百分比。

5. 数据处理

为了减小方差齐性,所有的壳长均转化为对数 lg$x$(Neter et al.,1985),所有的存活率均转化为反正弦函数 arcsin(Rohlf and Sokal,1981)。用 SPSS13.0 统计软件对数据进行分析处理,不同实验组间数据的比较采用单因素方差分析方法(Tukey HSD),差异显著性设置为 $P<0.05$。

参照 Cruz 和 Ibarra(1997)使用的方法,用公式(4-39)~(4-45)计算杂种优势(heterosis):

$$H(\%) = \frac{(OC+CO)+(OOC+OCO)+(COC+OCC)-2(OO+CC+OCOC)}{2(OO+CC+OCOC)} \times 100 \quad (4\text{-}39)$$

$$H_{OC}(\%) = \frac{OC-CC}{CC} \times 100 \quad (4\text{-}40)$$

$$H_{CO}(\%) = \frac{CO-OO}{OO} \times 100 \quad (4\text{-}41)$$

$$H_{OOC}(\%) = \frac{OOC-OCOC}{OCOC} \times 100 \quad (4\text{-}42)$$

$$H_{OCO}(\%) = \frac{OCO-OO}{OO} \times 100 \quad (4\text{-}43)$$

$$H_{COC}(\%) = \frac{COC-OCOC}{OCOC} \times 100 \quad (4\text{-}44)$$

$$H_{OCC}(\%) = \frac{OCC-OCOC}{OCOC} \times 100 \quad (4\text{-}45)$$

式中,用 OO、CC、OC、CO 等表示各实验组在同一日龄的表型值(生长、变态、存活)。公式(4-39)表示整个 3×3 双列杂交的总杂种优势;公式(4-40)~(4-45)分别表示每个双列杂交组合中正反交各自的单亲杂种优势。

参照 Cruz 和 Ibarra(1997)，利用双因子分析模型检测母本效应及配对策略对杂交组幼虫生长与存活的影响：$Y_{ijk} = u + EO_i + MS_j + (EO \times MS)_{ij} + e_{ijk}$，式中，$Y_{ijk}$ 为 k 个重复 i 个卵源 j 种配对方式下的壳长(或存活率)($i=1, 2; j=1, 2; k=1, 2, 3$)；$u$ 为常数；EO_i 为壳长(或存活率)的卵源效应(母本效应)($i=1, 2$)；MS_j 为壳长(或存活率)的配对效应($j=1, 2$)；$(EO \times MS)_{ij}$ 为卵源与配对策略的交互作用；e_{ijk} 为随机误差($i=1, 2; j=1, 2; k=1, 2, 3$)。

4.2.13.2 结果

1. 浮游期幼虫的生长、存活和杂种优势

各实验组卵径及 D 形幼虫大小彼此间无显著差异，故将此时的生长优势定义为 0。表 4-86 为各实验组幼虫在 3 日龄、6 日龄、9 日龄的平均壳长及其生长优势。3 日龄时，CC 实验组幼虫壳长最大，与其他实验组之间差异显著($P<0.05$)，OC 实验组幼虫壳长最小；6 日龄时，OCC 实验组幼虫壳长最大，与 CC 实验组差异不显著($P>0.05$)，与其他实验组之间差异显著($P<0.05$)；9 日龄时，OCC 实验组壳长最大，与 CO 和 COC 实验组差异不显著($P>0.05$)，与其他实验组之间差异显著($P<0.05$)。杂交组合中，OOC 实验组的生长优势最大，为 7.16%。浮游期幼虫的生长总体表现为微弱的杂种劣势，其值为 −0.40%。

表 4-86 浮游期各实验组幼虫的平均壳长及杂种优势

项目		日龄			平均值
		3	6	9	
平均壳长/μm	OO	131.67±5.92[bc]	195.67±8.58[cd]	228.00±8.47[c]	—
	OC	114.67±5.71[f]	174.33±6.79[f]	231.33±6.29[c]	—
	OOC	136.33±8.50[b]	200.00±6.95[bc]	232.33±6.79[c]	—
	CO	125.33±6.29[d]	189.33±7.40[d]	240.67±5.83[ab]	—
	CC	144.33±6.26[a]	204.67±5.71[ab]	230.67±5.21[c]	—
	COC	130.67±5.83[c]	193.00±8.77[d]	240.33±5.56[ab]	—
	OCO	129.67±7.18[cd]	195.67±8.17[cd]	228.33±7.47[c]	—
	OCC	134.00±7.24[bc]	210.67±6.91[a]	241.00±4.81[a]	—
	OCOC	120.00±4.55[e]	182.33±7.28[e]	236.67±8.84[bc]	—
杂种优势/%	H_{OC}	−20.55	−14.82	0.29	−11.69
	H_{CO}	−4.82	−3.24	5.56	−0.83
	H_{OOC}	13.61	9.69	−1.83	7.16
	H_{OCO}	−1.52	0	0.14	−0.46
	H_{COC}	8.89	5.85	1.55	5.43
	H_{OCC}	−7.16	2.93	−4.48	−2.90
	H	−2.69	−0.20	1.68	−0.40

注：同一列中含有不同字母表示差异显著($P<0.05$)

将刚刚孵化出的 D 形幼虫存活率定义为 100%，存活优势定义为 0。表 4-87 为各实验组幼虫在 3 日龄、6 日龄、9 日龄的平均存活率及其存活优势。3 日龄时，COC 实验组的存活率最高，与 OO、OC、CO 实验组差异显著（$P<0.05$），与其他实验组差异不显著（$P>0.05$）；6 日龄和 9 日龄时，OCO 实验组的存活率最高，6 日龄时，与 OO、OC、OOC 实验组差异显著（$P<0.05$），与其他实验组差异不显著（$P>0.05$），9 日龄时，与 OCOC 实验组差异显著（$P<0.05$），与其他实验组差异均不显著（$P>0.05$）。杂交组合中，OCO 实验组存活的杂种优势最大，为 2.51%。浮游期幼虫的生长总体表现为微弱的杂种优势，其值为 0.47%。

由此可见，浮游期杂交组幼虫总体上表现出生长劣势，其大小主要受卵源与配对策略的交互作用影响，其次为配对策略的影响，而卵源基本没有影响；但在存活上表现出杂种优势，其大小主要受卵源与配对策略交互作用的影响，其次为卵源的影响，配对策略的影响最小（表 4-88）；正反交组的单亲杂种优势大小在生长上大都表现为明显的不对称性，而在存活方面则表现为正反交对称性。

表 4-87 浮游期各实验组幼虫的存活率及杂种优势

项目		日龄			平均值
		3	6	9	
存活率/%	OO	92.75±1.53[bc]	93.60±1.46[c]	90.25±0.69[a]	—
	OC	91.08±1.02[c]	94.56±0.96[bc]	90.02±1.36[a]	—
	OOC	93.53±1.85[ab]	93.94±1.66[c]	90.43±0.54[a]	—
	CO	89.87±0.33[c]	95.16±1.54[abc]	90.30±0.52[a]	—
	CC	95.02±2.01[ab]	96.96±0.90[ab]	88.77±1.92[ab]	—
	COC	96.71±1.67[a]	95.73±1.01[abc]	89.01±0.41[ab]	—
	OCO	95.55±0.59[ab]	97.45±0.45[a]	90.61±1.03[a]	—
	OCC	95.08±0.41[ab]	96.87±0.88[ab]	89.31±1.74[ab]	—
	OCOC	93.11±0.98[ab]	95.53±2.73[abc]	87.82±1.21[b]	—
杂种优势/%	H_{OC}	−4.15	−2.48	1.41	−1.74
	H_{CO}	−3.11	1.67	0.06	−0.46
	H_{OOC}	0.45	−1.67	2.97	0.58
	H_{OCO}	3.02	4.11	0.40	2.51
	H_{COC}	1.78	0.21	1.36	1.12
	H_{OCC}	0.06	−0.09	0.61	0.19
	H	0.01	0.27	1.12	0.47

注：同一列中含有不同字母表示差异显著（$P<0.05$）

表 4-88　卵源与配对策略对幼虫生长与存活影响的方差分析

日龄	来源	df	壳长		存活	
			均方	P	均方	P
3	EO	1	0.008	0.002	7.407E-8	0.991
	MS	1	0.049	0.000	0.001	0.588
	EO×MS	1	0.090	0.000	0.003	0.115
6	EO	1	7.3060E-5	0.714	3.834E-5	0.652
	MS	1	0.010	0.000	0.001	0.043
	EO×MS	1	0.070	0.000	0.003	0.004
9	EO	1	0.003	0.000	0.001	0.053
	MS	1	0.006	0.000	0.000	0.227
	EO×MS	1	0.005	0.000	0.001	0.080

2. 培育期稚贝的生长、杂种优势和存活

表 4-89 为各实验组稚贝的平均壳长及生长优势。30 日龄时，CO 实验组平均壳长最大，与 COC、OCO 实验组差异显著($P<0.05$)，与其他实验组之间差异不显著($P>0.05$)；90 日龄和 270 日龄时，OCOC 实验组的平均壳长最大，90 日龄时，与 OC、OOC 实验组之间差异不显著($P>0.05$)，与其他实验组之间差异显著($P<0.05$)，270 日龄时，与 OC 实验组差异不显著($P>0.05$)，与其他实验组之间差异均显著($P<0.05$)。杂交组合中，OC 实验组的杂种优势最大，为 17.13%，整体表现为杂种优势，其值为 1.75%。

表 4-89　室内培育期各实验组的平均壳长及其生长的杂种优势

项目		日龄			平均值
		30	90	270	
平均壳长/mm	OO	1.86±0.27^a	4.61±0.76^c	4.77±0.52^d	—
	OC	1.93±0.16^a	5.52±0.71^{ab}	6.17±0.81^{ab}	—
	OOC	1.96±0.35^a	5.69±1.45^{ab}	5.71±0.82^{bc}	—
	CO	1.97±0.19^a	5.06±0.70^{bc}	5.64±0.67^{bc}	—
	CC	1.83±0.17^{ab}	4.61±0.38^c	4.89±0.58^d	—
	COC	1.67±0.17^b	4.41±0.78^c	5.11±0.88^{cd}	—
	OCO	1.66±0.14^b	4.91±0.98^{bc}	5.81±0.92^b	—
	OCC	1.87±0.19^a	4.78±0.41^{bc}	5.68±0.73^{bc}	—
	OCOC	1.80±0.33^{ab}	5.95±1.78^a	6.68±1.16^a	—
杂种优势/%	H_{OC}	5.46	19.74	26.18	17.13
	H_{CO}	5.91	9.76	18.24	11.30
	H_{OOC}	8.89	−4.37	−14.52	−3.33
	H_{OCO}	−10.75	6.51	21.80	5.85
	H_{COC}	−7.22	−25.88	−23.50	−18.87
	H_{OCC}	2.19	3.69	16.16	7.35
	H	0.73	0.10	4.41	1.75

注：同一列中含有不同字母表示差异显著($P<0.05$)

30日龄时，CO实验组的存活率最高，为89.82%，OCO实验组的存活率最低，为84.13%；90日龄时，OOC实验组的存活率最高，为86.89%，CO实验组的存活率最低，为81.65%；270日龄时，OCOC实验组的存活率最高，为79.94%，CC实验组的存活率最低，为69.72%。

3. 子代的壳色表现

橙蛤自交组后代仍为橙蛤，奶牛蛤自交组后代仍为奶牛蛤，橙色斑块品系自交后代壳色发生了分离，分别为奶牛蛤、橙色斑块品系和橙蛤，比例为1：9.94：5.26。橙蛤和奶牛蛤的正反交后代均为橙色斑块品系；橙色斑块品系和橙蛤正反交后代为橙色斑块品系和橙蛤，比例约为1：1；橙色斑块品系和奶牛蛤的正反交后代为橙色斑块品系和奶牛蛤，比例约为1：1。

4.2.13.3 讨论

在幼虫浮游阶段，橙蛤和奶牛蛤的正反交组在生长和存活方面均表现为双亲杂种劣势，而且以橙蛤为母本的正交组OC的杂种劣势更大，存活方面正反交组均表现为杂种劣势；橙蛤和橙色斑块品系的杂交组中，正交组OOC壳长生长表现为杂种优势，反交组OCO表现为杂种劣势，存活方面正反交组均表现为杂种优势；奶牛蛤和橙色斑块品系杂交组中，正交组COC壳长生长表现为杂种优势，反交组OCC表现为杂种劣势，存活方面正反交组均表现为杂种优势。生长方面总的表现为微弱的杂种劣势，其值为-0.40%，存活方面表现为微弱的杂种优势，其值为0.47%。从以上看来，以橙色斑块品系为母本与橙蛤或奶牛蛤杂交时，后代均表现为生长劣势，反之以橙色斑块品系为父本与橙蛤或奶牛蛤杂交时后代均表现为生长优势。

在稚贝培育阶段，橙蛤和奶牛蛤的正反交组在生长方面均表现为双亲杂种优势；橙蛤和橙色斑块品系的杂交中正反交在生长方面均表现为双亲杂种劣势；奶牛蛤和橙色斑块的杂交中正交组COC壳长生长表现为杂种劣势，反交组OCC表现为杂种优势。生长方面总的表现为杂种优势，其值为1.75%。本实验中橙色斑块品系为橙蛤和奶牛蛤的杂交子代，再与橙蛤和奶牛蛤杂交，除OCC实验组表现为杂种优势外，其他实验组表现为较大的杂种劣势。利用具有杂交优势的杂交子与相应的亲本进行育成杂交，可获得具有优良品质的蛤仔品系，也可以避免近交衰退带来的种质退化。

本实验主要研究了不同背景颜色与壳面斑块蛤仔间杂交的效果。橙蛤和奶牛蛤的自交后代和杂交后代的壳色表现前面已进行了分析。橙色斑块品系自交后代发生了壳色分离现象，随机选取2000粒子代进行统计，分离比为橙蛤：橙色斑块品系：奶牛蛤=5.26：9.94：1；橙色斑块品系和奶牛蛤的杂交后代为奶牛蛤和橙色斑块品系，比例约为1：1；橙色斑块品系和橙蛤的杂交后代为橙蛤和橙色斑块品系，比例为1：1。这说明壳色的遗传受到基因的控制，与亲本的性别无关，这与闫喜武等(2008a)研究不同壳色品系菲律宾蛤仔双列杂交的结果一致。本节中的壳色为外在的表现，对于遗传基因的确立还需进一步的研究。壳色作为一个明显的表型性状，以壳色作为遗传标记，通过定向选育和杂交育种，有可能培育出抗逆性强、产量高、种质好的新品种。

4.2.14 橙蛤和白蛤的 2×2 双列杂交

本实验开展了橙蛤和白蛤两个壳色品系的 2×2 双列杂交，通过杂种优势的计算，评估了杂交效果，对杂交后代的壳色分离情况进行了统计，分析了壳色遗传机制，以期为蛤仔的种质改良、新品种培育提供理论依据。

4.2.14.1 材料与方法

1. 亲贝来源

亲贝为从大连石河野生群体中通过家系选育的橙蛤 F_4 和群体选育的白蛤 F_5。2012年 4 月将两种壳色的亲贝装入 20 目网袋(40cm×60cm)中，在大连庄河贝类养殖场育苗场的生态池中采用吊养的方式进行促熟。其间水温为 11~24℃，盐度为 26~29，pH 为 7.65~8.65。

2. 实验设计

2012 年 7 月，将性腺成熟的亲贝移入室内阴干 8h，经流水刺激 1h 后放入新鲜的海水中，3h 后亲贝开始产卵排精。将正在产卵排精的亲贝抓出，用淡水洗净壳表面的精卵，再放到盛有 1.0L 新鲜海水的塑料桶中，10~15min 后小桶中单独放置的亲贝会再次产卵排精。分别收集橙蛤(O) 3 个个体的卵子和 3 个个体的精子。同样分别收集白蛤(W) 3 个个体的卵子和精子。采用 2×2 双列杂交建立 4 个实验组(表 4-90)。

表 4-90　2×2 双列杂交实验设计

亲本	O♀[(27.75±2.26)mm]	W♀[(24.40±2.51)mm]
O♂[(23.60±2.10)mm]	OO	WO
W♂[(26.15±3.07)mm]	OW	WW

注：表中括号内为亲贝壳长，彼此间无显著差异($P>0.05$)

3. 幼虫和稚贝的培育

培育期间，实验用水为砂滤海水，水温为 24~29℃，盐度为 26~28，pH 为 7.68~8.62。每隔 1d 全量换水 1 次，为防止不同实验组之间混杂，换水用的筛绢网单独使用。每天投饵 2 次，浮游期饵料为等鞭金藻(*Isochrysis galbana*)，附着后改为等鞭金藻和小球藻(*Chlorella vulgaris*)混合投喂(体积比为 1:1)，浮游期投喂量为 2000~5000 个细胞/mL，附着后投喂量为 1 万~2 万个细胞/mL，并根据实际的摄食情况适当增减投喂量，保证水中有足够的饵料。浮游期幼虫的培育密度为 6~8 个/mL，逐渐减少为 2~3 个/mL。为了减小培育密度的影响，定期对密度进行调整，保持各个实验组密度基本一致。当稚贝生长到 40 日龄时，将各实验组蛤仔按每袋 500 粒的数量分装入 80 目网袋(40cm×60cm)，做好标签挂养于生态池中进行中间育成，水温为 25~19℃，盐度为 27~29，pH 为 7.8~8.4。在稚贝中间育成阶段，随着壳长生长定期更换不同网目网袋(60 目—40 目—20 目)，同时调整密度，使各实验组的密度保持一致。

4. 数据测量及分析

分别测量各实验组 3 日龄、6 日龄、9 日龄、12 日龄、15 日龄、30 日龄、60 日龄、90 日龄的壳长和存活率。幼虫和壳长小于 300μm 的稚贝在 100 倍显微镜下测量,稚贝壳长大于 300μm 小于 2.0mm 时在 40 倍显微镜下测量,壳长大于 2.0mm 后用游标卡尺(精确度 0.01mm)测量。每次每个重复随机测量 30 个个体。幼虫存活率为单位体积内幼虫数与 D 形幼虫数的百分比;稚贝存活率为不同日龄存活稚贝的数量与变态稚贝数的百分比。

为了减小方差齐性的影响,所有的壳长均转化为对数 $\lg x$(Neter et al.,1985),所有的存活率均转化为反正弦函数 arcsin(Rohlf and Sokal,1981)。利用 SPSS17.0 统计软件对数据进行处理分析,采用单因素方差分析(one-way ANOVA)对各实验组数据进行差异性检验($P<0.05$)。

参照郑怀平等(2004b)对杂种优势(heterosis)进行计算:

$$H(\%) = \frac{(OW + WO) - (OO + WW)}{OO + WW} \times 100 \quad (4\text{-}46)$$

$$H_{OW}(\%) = \frac{OW - OO}{OO} \times 100 \quad (4\text{-}47)$$

$$H_{WO}(\%) = \frac{WO - WW}{WW} \times 100 \quad (4\text{-}48)$$

式中,OO、OW、WW、WO 分别代表各实验组在相同日龄的表型值(壳长、存活)。中亲杂种优势的计算为公式(4-46);双列杂交中正反交组的单亲杂种优势的计算分别为公式(4-47)、公式(4-48)。

参照 Cruz 和 Ibarra(1997)、Zhang 等(2007),采用双因子分析模型检测卵源效应及配对策略对杂交组幼虫表型性状的影响:$Y_{ijk} = u + EO_i + MS_j + (EO \times MS)_{ij} + e_{ijk}$,式中,$Y_{ijk}$ 为 k 个重复 i 个卵源 j 种配对方式下的表型值($i=1, 2; j=1,2; k=1, 2, 3$);u 为常数;EO_i 为表型值的卵源效应(母本效应)($i=1, 2$);MS_j 为表型值的配对效应($j=1, 2$);$(EO \times MS)_{ij}$ 为卵源与配对策略的交互作用;e_{ijk} 为随机误差($i=1, 2; j=1, 2; k=1, 2, 3$)。

4.2.14.2 结果

1. 浮游期幼虫的杂种优势

浮游期各实验组幼虫的壳长和生长优势见表 4-91。实验组 WO 的壳长最大,实验组 OO 的壳长最小,彼此差异显著($P<0.05$);实验组 OW 和 WW 幼虫的壳长居中。浮游期间,幼虫表现出一定的中亲生长优势,正反交组的幼虫也表现出了较强的单亲生长优势,其中 WO 的单亲生长优势更加明显。

表 4-91　各实验组浮游期幼虫的壳长及其杂种优势

项目		日龄			平均值
		3	6	9	
平均壳长/μm	OO	150.33±6.15^b	188.33±9.50^b	206.67±10.61^b	—
	OW	153.00±6.00^{ab}	189.33±8.68^b	212.33±8.98^{ab}	—
	WW	152.00±8.87^b	198.00±14.95^a	208.67±15.02^b	—
	WO	156.00±7.70^a	200.00±8.30^a	218.00±10.64^a	—
杂种优势/%	H_{OW}	1.78	0.53	2.74	1.68
	H_{WO}	2.63	1.01	4.47	2.70
	H	2.21	0.78	3.61	2.20

注：同一列中具有不同字母表示单因素方差分析差异性显著($P<0.05$)

浮游期各实验组幼虫的存活率和存活优势见表 4-92。实验组 WW 的存活率最低，显著低于实验组 OO 和 OW($P<0.05$)，除 9 日龄外，其他日龄与实验组 WO 的差异不显著($P>0.05$)。在此期间，幼虫存活率表现出中亲存活优势，且实验组 WO 表现出一定程度的单亲存活优势，但实验组 OW 在 3 日龄和 6 日龄表现为存活劣势，在 9 日龄时才表现出微弱的单亲存活优势。

表 4-92　各实验组浮游期幼虫的存活率及其杂种优势

项目		日龄			平均值
		3	6	9	
存活率/%	OO	96.68±2.04^a	95.37±0.06^a	92.86±3.12^a	—
	OW	95.29±0.04^a	94.80±0.31^a	94.38±0.98^a	—
	WW	88.16±3.56^b	83.95±2.46^b	80.51±0.38^c	—
	WO	92.92±3.40^{ab}	87.90±3.65^b	85.16±0.15^b	—
杂种优势/%	H_{OW}	−1.44	−0.60	1.64	−0.13
	H_{WO}	5.40	4.71	5.78	5.30
	H	1.82	1.88	3.56	2.42

注：同一列中具有不同字母表示单因素方差分析差异性显著($P<0.05$)

卵源(EO)与配对策略(MS)对浮游期幼虫生长与存活影响的方差分析结果见表 4-93。幼虫生长的杂种优势主要受卵源和交配策略交互作用的影响，卵源的影响次之，交配策略的影响最小。幼虫存活的杂种优势主要受卵源的影响，交配策略影响作用次之，影响最小的为卵源与交配策略的交互作用。

表 4-93　卵源与配对策略对浮游期幼虫生长与存活影响的方差分析

日龄	类别	df	壳长			存活率		
			均方	F 检验	P	均方	F 检验	P
3	EO	1	0.006	2.792	0.097	0.046	8.589	0.043
	MS	1	0.001	0.254	0.615	0.015	2.780	0.171
	EO×MS	1	0.015	6.393	0.013	0.002	0.336	0.593

续表

日龄	类别	df	壳长			存活率		
			均方	F检验	P	均方	F检验	P
6	EO	1	0.080	25.946	0.000	0.096	47.639	0.002
	MS	1	0.000	0.104	0.748	0.005	2.363	0.199
	EO×MS	1	0.002	0.745	0.390	0.002	0.921	0.391
9	EO	1	0.009	2.819	0.096	0.113	55.186	0.002
	MS	1	0.002	0.762	0.384	0.001	0.468	0.532
	EO×MS	1	0.040	12.719	0.001	0.007	3.673	0.128

2. 变态期幼虫的生长和存活

变态期各实验组幼虫的平均壳长和生长优势见表 4-94。实验组 WO 的平均壳长最大，显著大于实验组 OO（$P<0.05$）。由于幼虫进入变态阶段，各日龄之间的壳长基本没有变化。期间幼虫表现出一定程度的中亲生长优势，且正反交组也显现出较强的单亲生长优势。

表 4-94 各实验组变态期幼虫的平均壳长及其生长的杂种优势

项目		日龄		平均值
		12	15	
平均壳长/μm	OO	216.33±9.64^b	216.67±8.02^b	—
	OW	220.67±14.38^{ab}	227.33±12.30^b	—
	WW	222.33±13.57^{ab}	248.67±16.97^a	—
	WO	224.33±9.71^a	259.33±40.68^a	—
杂种优势/%	H_{OW}	2.01	4.92	3.47
	H_{WO}	0.90	4.29	2.60
	H	1.45	4.58	3.02

注：同一列中具有不同字母表示单因素方差分析差异性显著（$P<0.05$）

变态期各实验组幼虫的存活和存活优势见表 4-95。实验组 OW 存活率最高，实验组 WW 存活率最低，二者差异显著（$P<0.05$）。幼虫的中亲存活优势和正反交组的单亲存活优势均为正值。

表 4-95 各实验组变态期幼虫的存活率及其杂种优势

项目		日龄		平均值
		12	15	
存活率/%	OO	88.42±1.87^a	85.53±1.28^a	—
	OW	92.38±1.52^a	86.96±4.60^a	—
	WW	77.70±0.61^c	76.14±1.29^b	—
	WO	83.23±1.57^b	82.31±1.38^a	—
杂种优势/%	H_{OW}	4.48	1.67	3.08
	H_{WO}	7.12	8.1	7.61
	H	5.71	4.7	5.21

注：同一列中具有不同字母表示单因素方差分析差异性显著（$P<0.05$）

变态期各实验组幼虫的变态时间、变态率及其杂种优势结果见表4-96。变态时间基本在18d左右，各实验组的变态率之间并无显著差异($P>0.05$)，幼虫变态率的中亲杂种优势和正反交组的单亲杂种优势分别为10.57%、10.74%和10.41%，表现出较强的杂种优势。

表4-96 各实验组变态期幼虫的变态时间、变态率和杂种优势

实验组	变态时间/d	变态率/%	杂种优势/%	
OO	18	76.10±6.60^a	H_{OW}	10.74
OW	19	84.27±9.06^a	H_{WO}	10.41
WW	17	82.67±1.20^a	H	10.57
WO	18	91.28±1.46^a	—	—

注：同一列中具有不同字母表示单因素方差分析差异性显著($P<0.05$)

卵源(EO)与配对策略(MS)对变态期幼虫生长与存活影响的方差分析结果见表4-97。幼虫生长与存活的杂种优势主要影响因素是卵源效应，其次是卵源与交配策略的交互作用，交配策略几乎未起到任何作用。

表4-97 卵源与配对策略对变态期幼虫生长与存活影响的方差分析

日龄	类别	df	壳长			存活率		
			均方	F检验	P	均方	F检验	P
12	EO	1	0.015	4.980	0.028	0.076	74.832	0.001
	MS	1	0.001	0.205	0.652	1.03E-06	0.000	0.992
	EO×MS	1	0.006	2.115	0.149	0.017	17.100	0.014
15	EO	1	0.502	68.451	0.000	0.032	12.187	0.025
	MS	1	0.001	0.191	0.663	0.002	0.928	0.390
	EO×MS	1	0.049	6.699	0.011	0.009	3.414	0.138

3. 稚贝的生长与存活

稚贝期各实验组稚贝的壳长和生长优势见表4-98。其间稚贝表现出一定程度的中亲生长优势，且实验组WO的单亲生长优势为正值，但实验组OW并未表现出单亲生长优势。稚贝的中亲生长优势和WO的单亲生长优势随日龄的增加呈现出下降的趋势。

表4-98 各实验组稚贝的壳长及其生长优势

项目		日龄			平均值
		30	60	90	
平均壳长/ (30日龄/μm、 60日龄/mm、 90日龄/mm)	OO	268.00±74.02^{bc}	3.77±1.11^a	6.71±1.51^a	—
	OW	251.00±45.06^c	3.65±0.85^a	6.60±1.29^a	—
	WW	288.67±68.16^b	3.14±0.83^b	6.86±1.51^a	—
	WO	326.00±73.93^a	3.40±0.86^{ab}	7.08±1.43^a	—
杂种优势/%	H_{OW}	-6.34	-3.18	-1.64	-3.72
	H_{WO}	12.93	8.28	3.21	8.14
	H	3.78	2.03	0.81	2.21

注：同一列中具有不同字母表示单因素方差分析差异性显著($P<0.05$)

稚贝期各实验组稚贝的存活和存活优势见表4-99。各日龄中存活率最高的依然为实验组OW，最低的为实验组WW，它们之间差异显著($P<0.05$)。稚贝的中亲存活优势和正反交组的单亲存活优势均为正值。WO的单亲存活优势最高，平均值为9.07%。

表4-99 各实验组稚贝的存活率及其杂种优势

项目		日龄			平均值
		30	60	90	
存活率/%	OO	83.47 ± 1.56^a	80.59 ± 0.78^a	76.78 ± 0.61^a	—
	OW	84.22 ± 2.93^a	81.78 ± 1.78^a	77.64 ± 0.88^a	—
	WW	74.54 ± 1.03^b	72.77 ± 1.97^b	69.45 ± 1.58^b	—
	WO	81.45 ± 0.98^a	79.78 ± 1.75^a	75.23 ± 2.52^a	—
杂种优势/%	H_{OW}	0.90	1.48	1.12	1.17
	H_{WO}	9.27	9.63	8.32	9.07
	H	4.85	5.35	4.54	4.91

注：同一列中具有不同字母表示单因素方差分析差异性显著($P<0.05$)

卵源(EO)与配对策略(MS)对稚贝期稚贝生长与存活影响的方差分析结果见表4-100。稚贝生长与存活的杂种优势主要影响因素是卵源效应。交配策略是影响稚贝生长的次要因素，卵源与交配策略的交互作用对稚贝生长的影响最小。而稚贝的存活率正好相反，卵源与交配策略的交互作用为次要因素，交配策略的影响最小。

表4-100 卵源与配对策略对稚贝期幼虫生长与存活的方差分析

日龄	类别	df	壳长			存活率		
			均方	F检验	P	均方	F检验	P
30	EO	1	0.829	16.728	0.000	0.019	18.049	0.013
	MS	1	0.210	4.243	0.042	0.005	4.286	0.107
	EO×MS	1	0.044	0.894	0.346	0.008	7.291	0.054
60	EO	1	0.459	8.405	0.004	0.012	17.393	0.014
	MS	1	0.080	1.353	0.247	0.004	5.538	0.078
	EO×MS	1	0.022	0.374	0.542	0.008	11.957	0.026
90	EO	1	0.057	1.326	0.252	0.01	18.709	0.012
	MS	1	0.014	0.317	0.574	0.002	4.468	0.102
	EO×MS	1	0.005	0.109	0.741	0.005	8.532	0.043

4. 各实验组稚贝的壳色分离

各实验组稚贝的壳色及其个数见表4-101。2个橙蛤自交组出现了2种不同的壳色(图4-14)，主要表现在壳面背景颜色上，出现了橙色和白色的分离，分离比(橙色：白色)OO_1为3.11:1，OO_2为3.15:1，符合3:1的分离比，说明橙色对白色为显性，而橙蛤所特有的 4 条点状条带并未出现分离。白蛤的 2 个自交组后代的壳面背景颜色均为白色，WW_1 出现不规则的条带，而 WW_2 均带有白蛤所特有的一条纵向深色条带。说明在壳面背景颜色方面两实验组的亲本为纯合子，在壳面花纹或条带方面实验组 WW_1 的亲本为杂合子。

表 4-101　各实验组稚贝的壳色及其个数

实验组	橙色 四条点状条带	橙色 一条深色放射条带	白色 一条深色放射条带	白色 四条点状条带	白色 不规则条带
OO_1	495	0	0	159	0
OO_2	448	0	0	142	0
OW_1	105	623	505	213	0
OW_2	65	212	161	126	0
WW_1	0	0	383	0	65
WW_2	0	0	543	0	0
WO_1	197	327	219	272	0
WO_2	11	475	5	287	0

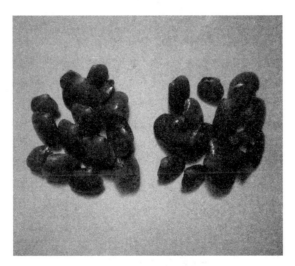

图 4-14　橙蛤 2 个自交组壳色分离(见文后彩图)

从壳面背景颜色上分析正反交组的后代，表现出橙色和白色这 2 种不同的壳色(图 4-15～图 4-20)，实验组 OW_1、OW_2 及 WO_1 的壳色分离比(橙色∶白色)分别为 1.01∶1、0.97∶1、1.07∶1，符合 1∶1 的分离比。从壳面花纹或条带上分析，正反交组后代表现出 2 种条带类型：一条纵向深色条带(同白蛤)和四条点状条带(同橙蛤)，但各实验组之间的分离比并不相同且差异很大，说明壳面花纹或条带的遗传机制比较复杂。

图 4-15　白蛤(见文后彩图)

图 4-16　橙蛤(见文后彩图)

图 4-17　实验组 OW_1 的壳色(见文后彩图)
1. 白色四条点状条带；2. 白色一条深色放射条带；3. 橙色一条深色放射条带；4. 橙色四条点状条带

图 4-18　实验组 OW_2 的壳色(见文后彩图)
1. 白色四条点状条带；2. 白色一条深色放射条带；3. 橙色一条深色放射条带；4. 橙色四条点状条带

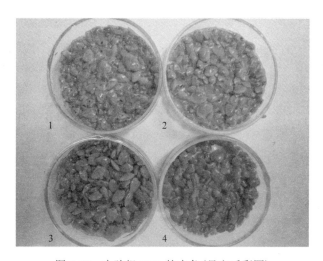

图 4-19 实验组 WO_1 的壳色（见文后彩图）
1. 白色四条点状条带；2. 白色一条深色放射条带；3. 橙色一条深色放射条带；4. 橙色四条点状条带

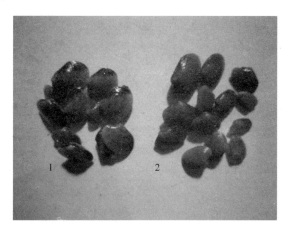

图 4-20 实验组 WO_2 的壳色（见文后彩图）
1. 白色一条深色放射条带；2. 橙色一条深色放射条带

4.2.14.3 讨论

杂种优势主要是由于优良显性基因互补作用和群体中杂合子频率的增加，导致不良基因的作用得到抑制和减弱，从而使整个群体的平均显性效应和上位效应得到提高（包振民等，2002）。在动植物中主要表现在生活力、耐受力、抗病力和繁殖力等性能的提高，饵料转化率和生长速度等方面优于亲本。但有时某些等位基因间的互作可能产生负的显性效应，导致基因所控制的性状表现出杂交群体表型值低于双亲表型值或双亲中一方的现象，即表现出"劣势"。闫喜武等（2005a，2005b）、霍忠明（2009）对不同壳色品系的蛤仔研究发现，其生长和存活存在一定的差异，橙蛤存活率较高，经过两个世代的选择，其生长性状也得到了显著提高；白蛤最大的优点是生长快，但其存活性状较差，抗性较弱。从本实验结果看，杂交组 WO 获得了一定程度的单亲生长优势，杂交组 OW 在浮游定程度的中亲生长优势。这种正反交组之间及同一实验组不同日龄之间的生长优势表现程度不同的现象，与其他贝类不同遗传群体或品系间的杂交结果相同(Hedgecock，1996；Cruz and Ibarra，1997；Manzi et al.，1991)。在存活率方面，正反交组的中亲存活优势和杂交组 WO 的单亲存活优势均表现出积极的一面。杂交组 OW 除了在 3 日龄和 6 日龄时表现出一定的单亲存活劣势，其他日龄均表现为存活优势。在变态期，正反交组的变态率表现出了一定的中亲及单亲杂种优势。综合生长、存活及变态，正反交组的杂种优势 OW＞OW。通过杂交有效提高了杂交后代的存活率、变态期的变态率，增强了其对环境的抗性，进而为高产抗逆品种选育提供了参考。

卵源效应即母本效应，是指子代的某些外貌特征、生理性状和生产性能受到其母本直接影响的一种现象，其表现不仅受到自身遗传基础的影响，还与其生活环境有着十分密切的关系。在动物早期生长和存活方面，母本效应是一个非常重要的影响因素(张国范和郑怀平，2009)。母本效应包括细胞质遗传、母本营养环境等多个方面。母本营养环境主要影响个体的早期发育，这是由于母本营养积累程度、卵径大小、携带的卵内营养物质多少不同，这种影响会随着个体的发育逐渐减弱或消失。国外学者对比目鱼(Solemdal，1997)、长牡蛎(Soletchnick et al.，2002；Hedgecock，1996)及海湾扇贝(Cruz and Ibarra，1997)的研究发现，杂交个体生长和存活的母本效应在幼虫期显著存在，但随个体生长而消失。在本实验中，杂交组生长和存活的杂种优势主要受到母本效应的影响，且母本效应不仅存在于幼虫期，还存在于变态期和稚贝期，说明杂交组的母本效应主要受细胞质遗传所控制，这也与蛤仔其他杂交实验的结果相类似(闫喜武等，2011a)。本实验所用亲本中，橙蛤存活率高，白蛤生长快，并且它们都已经过了多代的自繁，相关的优良基因得到了一定的纯化，因此亲本把优良基因传递给子代并表达出来的可能性就大，子代杂种优势得到充分表达，并且这种由基因控制的杂种优势会伴随着生物体整个生活史。

在本实验中，2 个橙蛤自交组出现了 2 种不同的壳面背景颜色，即橙色和白色，分离比(橙色：白色)OO_1 为 3.11：1，OO_2 为 3.15：1，符合 3：1 的分离比，说明橙色对白色为显性，亲本的基因型为 Ow。白蛤的 2 个自交组后代的壳面背景颜色均为白色，说明其亲本为隐性纯合子，基因型为 ww。这两个品系的杂交后代的壳面背景颜色分离比(橙色：白色)基本上是 1：1，这种结果正好符合孟德尔遗传定律，Ow(橙色)×ww(白色)的后代基因型为 Ow(橙色)和 ww(白色)，表型性状分离比(橙色：白色)为 1：1，壳面背景颜色是由简单的遗传基因控制的。从壳面花纹或条带的分离情况看，杂交后代的条带分离比例并没有规律可循，这可能是由于壳面花纹或条带的遗传机制比较复杂，通过一代的杂交并不能分析出规律，需要对其进行更加深入的研究。但通过对杂交后代出现白色四条点状条带、白色一条深色条带、橙色四条点状条带、橙色一条深色条带四种表型可以看出，壳面背景颜色和壳面花纹或条带的控制基因并不处于同一对同源染色体上，彼此之间不存在基因连锁或其他联系。

4.3 蛤仔不同壳内面颜色品系间的杂交

4.3.1 蛤仔不同壳内面颜色品系间的 3×3 双列杂交

蛤仔壳内面颜色大致可分为 3 种，即白色、黄色和紫色。2009 年 7 月，以 2008 年繁育的 3 种壳内面颜色蛤仔的 F_1 为实验材料，开展了壳内面白色(W)、黄色(Y)和紫色(P)品系间的 3×3 双列杂交，旨在探索蛤仔不同壳内面颜色品系间的杂交效果，准确评价杂种优势，为种质改良、培育新品系及杂种优势的充分利用提供依据。

4.3.1.1 实验设计

实验采用 3×3 双列杂交，共有 9 个实验组，包括 3 个自交组(WW、YY、PP)和 3 个正反交组(WY 和 YW、WP 和 PW、YP 和 PY)(图 4-21，表 4-102)。

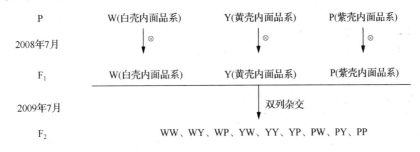

图 4-21 蛤仔壳内面颜色品系间的双列杂交实验设计

表 4-102 蛤仔不同壳内面颜色品系 3×3 双列杂交的实验设计

亲本	W♂	Y♂	P♂
W♀	WW	WY	WP
Y♀	YW	YY	YP
P♀	PW	PY	PP

4.3.1.2 材料与方法

1. 亲贝来源与促熟

亲本为 2008 年繁育的 1 龄蛤仔。2009 年 7 月上旬，从 3 种壳内面颜色品系的 F_1 代中随机各选出 600 个作为繁殖个体，采用 20 目网袋(40cm×60cm)吊养在大连庄河贝类养殖场育苗场室外生态土池中进行自然促熟，每袋 100 粒左右。促熟期间，水温为 22.2～29.6℃，盐度为 25～28，pH 为 7.74～8.52。

2. 催产及受精

2009 年 8 月中旬，亲贝性腺成熟。经阴干 8h、流水 1h 刺激，大约 4h 后亲贝开始产卵排精。将正在产卵排精的亲贝抓出，用自来水冲洗干净，单独放到盛有新鲜海水的 2.0L 塑料桶中，经过 5～15min，单独放置的个体会继续产卵排精。按照表 4-102 的实验设计进行受精,受精前检查卵是否受精,将已受精个体的卵子弃掉,换取未受精个体精卵进行杂交。受精后使用 150 目筛绢网过滤杂质,转入 100L 白桶中孵化,孵化密度为 6~8 个/mL,孵化期间连续充气。受精卵大约经过 25h 发育为 D 形幼虫。整个操作过程各实验组严格隔离,防止精卵混杂。

3. 幼虫、稚贝及幼贝的培育

60 日龄之前幼虫和稚贝培养于 60L 塑料桶中,幼虫密度为 3~4 个/mL,稚贝密度为 2~3 粒/cm^2,微充气。幼虫培育前期饵料为湛江等鞭金藻,中期湛江等鞭金藻和小球藻混合(1:1)投喂,后期为小球藻,每天投喂两次,投喂量视幼虫和稚贝的摄食情况而定。每 2d 全量换水一次,为避免不同实验组混杂,每组换水的筛绢网单独使用。60 日龄以后,稚贝转入 60 目的网袋中在室外生态池中吊养,每袋 200~300 粒。定期更换不同目数的网袋,并对密度进行调整,使每个实验组密度保持一致。幼虫及稚贝培育期间,水温为 20.4~26.4℃,盐度为 25~27,pH 为 7.76~8.52。

幼贝培育期已进入深秋季节,室外水温逐渐下降,将各实验组幼贝转到室内越冬,其间盐度为 26~27,pH 为 7.66~8.52。2010 年 5~8 月,在室外生态土池中继续育成,此时水温为 18~30.2℃,盐度为 25~27,pH 为 7.68~8.34。

4. 指标测定和数据处理

测定指标包括:F$_2$ 代 3 日龄、6 日龄、9 日龄幼虫的壳长,幼虫的变态率和变态时间,15 日龄、30 日龄、60 日龄稚贝壳长,180 日龄、360 日龄幼贝壳长,9 日龄、60 日龄、360 日龄各实验组的存活率。

为了减小方差齐性,所有的壳长均转化为对数 lg$x$(Neter et al.,1985),所有的存活率均转化为反正弦函数 arcsin(Rohlf and Sokal,1981)。用 SPSS13.0 统计软件对数据进行分析处理,不同实验组间数据的比较采用单因素方差分析方法(Tukey HSD),差异显著性设置为 $P<0.05$。

参照 Cruz 和 Ibarra(1997)与国内郑怀平等(2004a)使用的方法,用公式(4-49)~(4-52)计算杂种优势(heterosis):

$$H(\%) = \frac{(WY + YW) + (WP + PW) + (YP + PY) - 2(WW + YY + PP)}{2(WW + YYY + PP)} \times 100 \quad (4-49)$$

$$H_{W \times O}(\%) = \frac{(WY + YW) - (WW + YY)}{WW + YY} \times 100 \quad (4-50)$$

$$H_{WO}(\%) = \frac{WY - WW}{WW} \times 100 \quad (4-51)$$

$$H_{OW}(\%) = \frac{YW - YY}{YY} \times 100 \quad (4-52)$$

式中,用 WW、YY、PP、WY、YW、WP、PW、YP、PY 表示各实验组的 F$_2$ 在同一日龄

的表型值(生长、变态、存活)。公式(4-49)表示 3 个双列杂交的总杂种优势；公式(4-50)表示每个双列杂交组合的双亲杂种优势；公式(4-51)、公式(4-52)分别表示每个双列杂交组合中正反交各自的单亲杂种优势。

4.3.1.3 结果

1. 浮游期幼虫的生长和杂种优势

由表 4-103 可知，3 日龄时，WY 组生长最快，与 WW、YW、PP 组差异不显著($P>0.05$)，与其余各组差异显著($P<0.05$)；6 日龄时，WW 组生长最快，与 WY 组无显著差异($P>0.05$)，与其余各组差异显著($P<0.05$)；9 日龄时，WY 组生长最快，与 WW 组差异不显著($P>0.05$)，与其他各组差异显著($P<0.05$)。在浮游期，3 个杂交组合中仅 W×Y 组表现出了微弱的杂种优势，其值为 0.28%，其他 2 个组合表现为杂种劣势。在 6 个正反交组中，仅 YW 组表现出杂种优势，其值为 1.25%，其余各组表现为不同程度的杂种劣势。浮游期幼虫的生长总体表现为杂种劣势，其值为-3.17%。

表 4-103　浮游期各实验组幼虫的平均壳长及杂种优势

项目		日龄			平均值
		3	6	9	
平均壳长/μm	WW	123.03 ± 4.95^{ab}	173.60 ± 9.72^{a}	210.33 ± 8.70^{a}	—
	WY	124.10 ± 5.18^{a}	167.73 ± 8.99^{ab}	211.67 ± 8.24^{a}	—
	WP	118.83 ± 4.72^{bcde}	156.00 ± 8.48^{cd}	187.33 ± 9.86^{de}	—
	YW	120.33 ± 8.12^{abcd}	163.17 ± 8.59^{bc}	196.90 ± 7.31^{bc}	—
	YY	117.07 ± 7.76^{de}	160.50 ± 7.92^{bc}	198.27 ± 8.35^{b}	—
	YP	109.77 ± 3.48^{f}	151.90 ± 8.47^{d}	191.17 ± 7.84^{cd}	—
	PW	117.97 ± 5.63^{cde}	150.97 ± 9.28^{d}	183.17 ± 9.87^{e}	—
	PY	115.17 ± 4.86^{e}	157.77 ± 9.73^{cd}	185.07 ± 9.71^{de}	—
	PP	121.67 ± 2.62^{abc}	156.10 ± 9.67^{cd}	191.67 ± 8.84^{bcd}	—
杂种优势/%	H_{WY}	0.87	-3.38	0.63	-0.63
	H_{YW}	2.79	1.66	-0.69	1.25
	H_{WP}	-3.41	-10.14	-10.94	-8.16
	H_{PW}	-3.04	-3.29	-4.43	-3.59
	H_{YP}	-6.24	-5.36	-3.58	-5.06
	H_{PY}	-5.34	1.07	-3.44	-2.57
	$H_{W\times Y}$	1.80	-0.96	-0.01	0.28
	$H_{W\times P}$	-3.23	-6.90	-7.84	-5.99
	$H_{Y\times P}$	-5.78	-2.19	-3.51	-3.83
	H	-2.40	-3.35	-3.77	-3.17

注：同一列中含有不同字母表示差异显著($P<0.05$)

2. 变态期幼虫的杂种优势

由表 4-104 可知,YP 组幼虫变态率最高,YY 组次之,二者无显著差异($P>0.05$)。PP 组和 PY 组最早开始变态,完成变态时间最短。3 个双列杂交组合均表现为杂种劣势;6 个正反交组中 WY 组和 YP 组表现为杂种优势,其值分别为 4.72% 和 1.12%,其余各组为杂种劣势。幼虫的变态总体上表现为杂种劣势,其值为 -5.31%。

表 4-104 变态期各杂交组幼虫的变态时间、变态率及其杂种优势

实验组	变态时间/d	变态率/%	杂种优势/%	
			H_{WY}	4.72
WW	9~13	60.90±1.55^{cd}	H_{YW}	-15.28
WY	10~12	63.77±0.39^{bc}	H_{WP}	-6.63
WP	10~12	56.86±1.49^{ef}	H_{PW}	-6.36
YW	10~13	56.75±1.56^{ef}	H_{YP}	1.12
YY	10~13	66.99±1.02^{ab}	H_{PY}	-9.23
YP	9~12	67.74±1.40^{a}	$H_{W×Y}$	-5.76
PW	10~12	55.11±1.17^{f}	$H_{W×P}$	-6.49
PY	9~11	53.42±1.00^{f}	$H_{Y×P}$	-3.72
PP	9~11	58.85±1.23^{de}	H	-5.31

3. 稚贝的生长和杂种优势

由表 4-105 可知,在稚贝期,WY 组始终生长最快,除在 30 日龄与 WW 组差异不显著($P>0.05$)外,与其他各组均差异显著($P<0.05$)。3 个双列杂交组合中仅 W×Y 组表现出杂种优势,其值为 5.30%,其他 2 个组合表现为杂种劣势;在 6 个正反交组中仅 WY 组表现出杂种优势,其值为 17.39%,其余各组表现为不同程度的杂种劣势。稚贝的生长总体表现为杂种劣势,其值为 -5.91%。

表 4-105 各实验组稚贝的平均壳长及杂种优势

项目		日龄			平均值
		15	30	60	
平均壳长/μm	WW	252.67±15.30^{b}	555.33±82.49^{ab}	1622.50±411.93^{b}	—
	WY	267.67±17.55^{a}	593.33±90.26^{a}	2261.67±496.83^{a}	—
	WP	240.50±15.56^{bcd}	493.67±90.53^{bcd}	1055.83±266.50^{cd}	—
	YW	246.00±14.53^{bc}	497.00±96.39^{bcd}	1325.83±387.38^{bc}	—
	YY	251.67±13.22^{b}	507.50±75.30^{bc}	1595.83±386.24^{b}	—
	YP	246.00±15.45^{bc}	495.00±88.70^{bcd}	1120.00±374.76^{cd}	—
	PW	229.00±16.26^{d}	429.00±58.74^{d}	874.33±287.78^{d}	—
	PY	238.83±14.95^{cd}	472.33±73.75^{cd}	997.50±266.55^{cd}	—
	PP	245.67±16.75^{bc}	494.00±93.20^{bcd}	1086.67±324.09^{cd}	—

续表

项目		日龄			平均值
		15	30	60	
杂种优势/%	H_{WY}	5.94	6.84	39.39	17.39
	H_{YW}	−2.25	−2.07	−16.92	−7.08
	H_{WP}	−4.82	−11.10	−34.93	−16.95
	H_{PW}	−6.78	−13.16	−19.54	−13.16
	H_{YP}	−2.25	−2.46	−29.82	−11.51
	H_{PY}	−2.78	−4.39	−8.21	−5.12
	$H_{W \times Y}$	1.85	2.59	11.47	5.30
	$H_{W \times P}$	−5.79	−12.07	−28.75	−15.54
	$H_{Y \times P}$	−2.51	−3.41	−21.06	−9.00
	H	−2.13	−4.28	−11.32	−5.91

注：同一列中含有不同字母表示差异显著($P<0.05$)

4. 养成期幼贝的生长和杂种优势

由表 4-106 可知，在养成期 WY 组始终生长最快，并且和其他各组差异显著($P<0.05$)。3 个双列杂交组合中 W×Y 组仍表现出杂种优势，其值为 7.51%，其他 2 个组合表现为杂种劣势；在 6 个正反交组中 WY 组和 YP 组表现出杂种优势，其值分别为 16.59% 和 1.48%，其余各组表现为不同程度的杂种劣势。养成期幼贝的生长总体表现为杂种劣势，其值为 −4.10%。

表 4-106　各实验组幼贝的平均壳长及其生长的杂种优势

项目		日龄		平均值
		180	360	
平均壳长/mm	WW	5.03±0.52^b	14.24±1.53^b	—
	WY	6.15±1.08^a	15.77±1.60^a	—
	WP	3.68±0.91^{de}	12.46±1.15^c	—
	YW	4.57±0.74^{bc}	13.25±1.83^{bc}	—
	YY	4.77±0.82^{bc}	13.25±1.29^{bc}	—
	YP	4.84±0.72^{bc}	13.45±1.60^{bc}	—
	PW	3.41±0.70^e	12.36±1.77^c	—
	PY	3.53±0.91^e	12.39±1.33^c	—
	PP	4.33±0.92^{cd}	12.70±1.48^c	—
杂种优势/%	H_{WY}	22.45	10.72	16.59
	H_{YW}	−4.28	0.05	−2.11
	H_{WP}	−26.79	−12.48	−19.63
	H_{PW}	−21.19	−2.70	−11.95
	H_{YP}	1.43	1.54	1.48
	H_{PY}	−18.49	−2.43	−10.46
	$H_{W \times Y}$	9.44	5.58	7.51
	$H_{W \times P}$	−24.20	−7.87	−16.03
	$H_{Y \times P}$	−8.05	−0.41	−4.23
	H	−7.34	−0.86	−4.10

注：同一列中含有不同字母表示差异显著($P<0.05$)

5. 各时期的存活率及杂种优势

由表 4-107 可知，在 9 日龄浮游期结束时，YY 组存活率最高，与 WY 组无显著差异（$P>0.05$），与其余各组均差异显著（$P<0.05$）；在 60 日龄稚贝期结束时，YP 组存活率最高，与 WY 组差异不显著（$P>0.05$），与其他各组差异显著（$P<0.05$）；360 日龄时，YP 组存活率仍最高，与其他各组差异显著（$P<0.05$）。3 个双列杂交组合均表现为杂种劣势；6 个正反交组中仅 WY 组和 YP 组表现为杂种优势，其值分别为 7.00% 和 3.38%，其余各组为杂种劣势。各时期存活率总体上表现为杂种劣势 −5.64%。

表 4-107 各实验组的存活及其杂种优势

项目		日龄			平均值
		9	60	360	
存活率/%	WW	66.79 ± 1.07^{bc}	68.07 ± 1.67^{c}	55.55 ± 1.39^{c}	—
	WY	70.06 ± 2.09^{ab}	74.86 ± 1.03^{ab}	58.95 ± 1.00^{b}	—
	WP	60.88 ± 1.02^{d}	60.07 ± 1.01^{f}	43.72 ± 1.44^{g}	—
	YW	61.79 ± 0.70^{d}	63.69 ± 1.53^{e}	50.79 ± 1.07^{de}	—
	YY	71.66 ± 1.52^{a}	74.45 ± 1.38^{b}	59.11 ± 0.85^{b}	—
	YP	67.19 ± 0.73^{bc}	77.96 ± 0.95^{a}	65.99 ± 0.99^{a}	—
	PW	63.78 ± 1.07^{cd}	64.47 ± 0.50^{de}	47.79 ± 1.58^{ef}	—
	PY	62.45 ± 1.27^{d}	63.78 ± 1.07^{e}	45.28 ± 0.63^{fg}	—
	PP	66.94 ± 0.92^{bc}	67.71 ± 0.61^{cd}	53.74 ± 1.28^{cd}	—
杂种优势/%	H_{WY}	4.90	9.97	6.11	7.00
	H_{YW}	−13.78	−14.46	−14.08	−14.11
	H_{WP}	−8.85	−11.75	−21.30	−13.97
	H_{PW}	−4.73	−4.78	−11.07	−6.86
	H_{YP}	−6.23	4.71	11.65	3.38
	H_{PY}	−6.71	−5.80	−15.73	−9.42
	$H_{W\times Y}$	−4.77	−2.79	−4.29	−3.95
	$H_{W\times P}$	−6.79	−8.28	−16.27	−10.44
	$H_{Y\times P}$	−6.46	−0.30	−1.39	−2.72
	H	−6.00	−3.72	−7.21	−5.64

注：同一列中含有不同字母表示差异显著（$P<0.05$）

6. 杂交子一代的壳内面颜色表现

如表 4-108 所示，自交组个体保留了亲本的壳内面颜色，这与 F_0 经定向选育到 F_1 的壳内面颜色一致，说明壳内面颜色是可以稳定遗传的。而杂交后代 F_2 则表现为颜色叠加效果，W×Y 的正反交后代都为壳内面颜色浅黄的个体，W×P 的正反交后代都为壳内面颜色浅紫的个体，Y×P 的正反交后代都为壳内面颜色黄紫的个体，说明壳内面颜色遗传与性别无关，为非伴性遗传，这与 Peignon 等（1995）、闫喜武等（2008a）的研究结果相一致。

表 4-108 自交、杂交子一代的壳内面颜色表现

亲本	W♂	Y♂	P♂
W♀	WW(白色)	WY(浅黄)	WP(浅紫)
Y♀	YW(浅黄)	YY(黄色)	YP(黄紫)
P♀	PW(浅紫)	PY(黄紫)	PP(紫色)

4.3.1.4 讨论

1. 杂种优势和杂种劣势

杂种优势是一种复杂的生物学现象，亲本间的遗传差异是重要的原因之一。如果两个基础群体的基因频率不同，那么它们之间的杂交有可能表现出杂种优势(张国范等，2002；Falconer and Mackay，1996)。杂种优势的产生，主要是由于优良显性基因的互补作用和群体中杂合子频率的增加抑制和减弱了不良基因的作用，提高了整个群体的平均显性效应和上位效应(包振民等，2002)。从整个有机体来看，杂种优势主要表现在生活力、耐受力、抗病力和繁殖性能的提高，饵料转化率和生长速度加快，但个别时候，由于某些等位基因间的互作会产生负的显性效应，在个别性状上表现出杂交群体均值低于双亲均值或双亲中的任何一方的现象，即所谓的"杂种劣势"。就本实验结果来看，各时期的杂交后代在生长、存活和变态方面表现出了不同程度的杂种优势和劣势，推测可能是由于 P 品系的生长和存活性状不如 W 和 Y 品系，杂交后某些基因产生了负效应，影响了这些后代的表型性状；同时 3 个品系经过自交之后仍然保持了较高的生长速度、存活率和变态率，但有些杂交后代的生长、存活等性状没有得到明显的改良，甚至有所退化，导致杂交整体表现为杂种劣势。事实上，许多研究证明贝类的生长速度与其杂合度呈正相关关系，如 Singh 和 Zouros(1978)通过对自然群体的个体适合度与酶的杂合度之间相关性的研究首次提出了双壳贝类的杂种优势；Hedgecock 等(1995)、Hedgecock(1996)利用雌雄同体的长牡蛎的近交系间的杂交首次对双壳类数量性状的杂种优势进行了计算，获得的杂种优势也是有正有负。

2. 杂交对不同壳内面颜色品系的影响

在浮游期，黄壳内面和白壳内面的杂交组 YW 表现为杂种优势，但随着日龄的增加，杂种优势逐渐缩小甚至转为杂种劣势，可能是培育前期受到了卵源效应的影响。此外，在稚贝期和幼贝期，白壳内面和黄壳内面杂交子代始终表现出明显的生长杂种优势，在幼贝期黄壳内面和紫壳内面的杂交子代也表现出了微弱的杂种优势。从存活方面来看，白壳内面和黄壳内面杂交子代始终都表现出稳定的存活杂种优势，黄壳内面和紫壳内面的杂交子代在浮游期结束时表现为存活杂种劣势，但是稚贝期和幼贝期则转为稳定的存活杂种优势。从变态方面看，杂交组均表现出变态杂种优势，杂交也缩短了幼虫的变态时间。总体来看，杂交有效地综合了 3 个品系的优良性状，表型性状较亲本有了明显的改良。

4.3.2 蛤仔白、黄壳内面颜色品系间的育成杂交

2009 年通过不同壳内面颜色蛤仔双列杂交获得了生长快、存活率和变态率较高、杂种优势明显的简单育成杂交子代。2010 年 7 月，以白壳内面颜色品系(W)和黄壳内面颜色品系(Y)F_1，以及它们的 F_2 代——白、黄壳内面颜色杂交子(WY)作为亲本，开展了蛤仔白、黄壳内面颜色品系间的育成杂交，目的在于探索蛤仔壳内面颜色间的育成杂交方法，准确评价杂交效果，为进一步开展新品系开发奠定基础。

4.3.2.1 实验设计

实验采用了 3×3 双列杂交的实验设计，共有 9 个实验组，其中包括 4 个级进育成杂交实验组(YY、YWY、WYY、WYWY)和 4 个引入育成杂交实验组(WW、WWY、WYW、WYWY)，如图 4-22、表 4-109 所示。

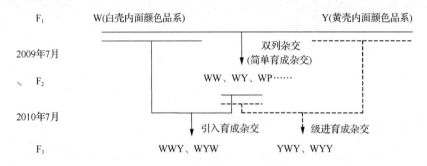

图 4-22 蛤仔白、黄内面颜色品系间的育成杂交实验设计

表 4-109 蛤仔白、黄内面颜色品系 3×3 双列杂交的实验设计

亲本	W♂	Y♂	WY♂
W♀	WW[2]	WY	WWY[2]
Y♀	YW	YY[1]	YWY[1]
WY♀	WYW[2]	WYY[1]	WYWY[1,2]

注：上标 1 代表级进育成杂交实验组；上标 2 代表引入育成杂交实验组

4.3.2.2 材料与方法

1. 亲贝的来源与性腺促熟

亲本为 2009 年经过双列杂交得到的 F_2 代杂交子 WY，以及 WY 的亲本——白、黄壳内面颜色品系 F_1 代。2010 年 6 月初，每种亲本随机挑选出 300~400 粒作为繁殖个体，在大连庄河贝类养殖场育苗场室外生态土池中用 20 目网袋(规格 40cm×60cm)吊养自然促熟，每袋 100 粒左右。促熟期间，水温为 19.7~21.7℃，盐度为 26，pH 为 7.81~8.48。

2. 实验的处理

2010 年 7 月中旬，亲贝性腺成熟。通过阴干 8h、流水 1h 的刺激，大约 5.5h 后亲贝开始产卵排精，按照表 4-109 的实验设计进行受精。孵化密度为 5~6 个/mL，受精卵大

约经过 24h 发育为 D 形幼虫。整个操作过程各实验组严格隔离,防止精卵混杂。

3. 幼虫和稚贝的培育

幼虫培育密度为 4~5 个/mL,稚贝密度为 2~3 粒/cm², 微充气。60 日龄之后,稚贝转入 60 目的网袋中在室外生态土池中吊养,每袋 200 粒左右。定期更换不同目数的网袋,并对密度进行调整,使每个实验组密度保持一致。幼虫和稚贝培育期间,水温为 22.6~30.4℃,盐度为 25~27,pH 为 7.64~8.62。

4. 指标测定

测定指标包括:F_3 代 3 日龄、6 日龄、9 日龄幼虫的壳长及存活率;幼虫的变态率和变态时间;30 日龄、60 日龄、90 日龄稚贝的壳长及存活率。

5. 数据处理

为了减小方差齐性,所有的壳长均转化为对数 lgx(Neter et al., 1985),所有的存活率均转化为反正弦函数 arcsin(Rohlf and Sokal, 1981)。用 SPSS13.0 统计软件对数据进行分析处理,不同实验组间数据的比较采用单因素方差分析方法(Tukey HSD),差异显著性设置为 $P<0.05$。

参照 Cruz 和 Ibarra(1997)与郑怀平等(2004a)使用的方法,用公式(4-53)~(4-56)计算杂种优势(heterosis):

$$H(\%) = \frac{(WY+YW)+(WWY+WYW)+(YWY+WYY)-2(WW+YY+WYWY)}{2(WW+YY+WYWY)} \times 100 \quad (4\text{-}53)$$

$$H_{级进}(\%) = \frac{(WYY+YWY)-(WYWY+YY)}{WYWY+YY} \times 100 \quad (4\text{-}54)$$

$$H_{引入}(\%) = \frac{(WYW+WWY)-(WYWY+WW)}{WYWY+WW} \times 100 \quad (4\text{-}55)$$

$$H_{WYY}(\%) = \frac{WYY-WYWY}{WYWY} \times 100 \quad (4\text{-}56)$$

式中,用 WW、YY、WY、YW 等表示各实验组的 F_3 在同一日龄的表型值(生长、变态、存活)。公式(4-53)表示整个 3×3 双列杂交的总杂种优势;公式(4-54)表示级进育成杂交的双亲杂种优势;公式(4-55)表示引入育成杂交的双亲杂种优势;公式(4-56)表示每个双列杂交组合中正交的单亲杂种优势。

参照 Cruz 和 Ibarra(1997),利用双因子分析模型检测母本效应及配对策略对杂交组幼虫生长与存活的影响:$Y_{ijk} = \mu + EY_i + MS_j + (EY \times MS)_{ij} + e_{ijk}$,式中,$Y_{ijk}$ 为 k 个重复 i 个卵源 j 种配对方式下的壳长(或存活率)($i=1, 2; j=1, 2; k=1, 2, 3$);$\mu$ 为常数;EY_i 为壳长(或存活率)的卵源效应(母本效应)($i=1, 2$);MS_j 为壳长(或存活率)的配对效应($j=1, 2$);$(EY \times MS)_{ij}$ 为卵源与配对策略的交互作用;e_{ijk} 为随机误差($i=1, 2; j=1, 2; k=1, 2, 3$)。

4.3.2.3 结果

1. 浮游期幼虫的生长、存活和杂种优势

生长方面：由表 4-110 可知，在浮游期(3~9日龄)，WYWY 始终生长最快，3日龄时与 WYW、WYY 差异不显著($P>0.05$)，与其余各组差异显著($P<0.05$)，6 日龄、9 日龄时与各组均差异显著($P<0.05$)。在浮游期，6 个正反交组中引入育成杂交的 WWY 杂种优势最大，为 15.75%，3 个杂交组合中 W×Y 杂种优势最大，为 5.97%。浮游期幼虫的生长总体表现为杂种优势，其值为 1.46%。

表 4-110 浮游期各实验组幼虫的平均壳长及杂种优势

项目		日龄			平均值
		3	6	9	
平均壳长/μm	WW	115.67±4.87^{cd}	133.63±6.19^{e}	151.33±11.96^{e}	—
	WY	116.33±4.14^{bcd}	150.43±7.03^{c}	184.00±12.83^{c}	—
	WWY	118.00±7.02^{bcd}	156.27±6.01^{b}	194.17±9.01^{b}	—
	YW	114.17±5.74^{de}	147.00±7.90^{cd}	179.33±13.31^{cd}	—
	YY	110.50±5.31^{e}	145.67±5.56^{cd}	180.50±9.68^{cd}	—
	YWY	115.33±4.14^{cd}	145.10±5.90^{d}	174.33±11.94^{d}	—
	WYW	119.67±6.01^{abc}	148.33±7.04^{cd}	176.67±13.79^{cd}	—
	WYY	120.33±5.40^{ab}	157.93±5.17^{b}	195.17±10.30^{b}	—
	WYWY	122.83±5.20^{a}	166.27±4.14^{a}	209.33±9.35^{a}	—
杂种优势/%	H_{WY}	0.58	12.57	21.59	11.58
	H_{YW}	3.32	0.92	-0.65	1.20
	H_{WWY}	2.02	16.94	28.30	15.75
	H_{WYW}	-2.58	-10.79	-15.61	-9.66
	H_{YWY}	4.37	-0.39	-3.42	0.19
	H_{WYY}	-2.04	-5.01	-6.77	-4.60
	$H_{W×Y}$	1.92	6.49	9.49	5.97
	$H_{引入}$	-0.35	1.57	2.82	1.35
	$H_{级进}$	1.00	-2.85	-5.22	-2.36
	H	0.84	1.56	1.97	1.46

注：同一列中含有不同字母表示差异显著($P<0.05$)。

存活方面：由表 4-111 可知，在浮游期，3 日龄和 9 日龄时 YY 存活率最高，且仅与 WWY 组差异显著($P<0.05$)，与其他各组差异不显著($P>0.05$)；6 日龄时级进育成杂交的 YWY 组存活率最高，与 WW、WWY 组差异显著($P<0.05$)，与其他各组差异不显著($P>0.05$)。在浮游期，6 个正反交组中 WY 杂种优势最大，为 3.66%，3 个杂交组合中 W×Y 杂种优势最大，为 0.56%。浮游期幼虫的存活总体表现为微弱的杂种劣势，其值为-0.61%。

表 4-111 浮游期各实验组幼虫的存活率及杂种优势

项目		日龄			平均值
		3	6	9	
存活率/%	WW	88.33±1.52^{ab}	77.52±0.50^{b}	67.06±0.92^{ab}	—
	WY	90.74±0.65^{ab}	80.42±0.52^{ab}	70.08±0.88^{ab}	—
	WWY	86.44±1.50^{b}	76.23±1.57^{b}	64.41±3.91^{b}	—
	YW	90.19±0.32^{ab}	80.41±0.72^{ab}	70.41±0.72^{ab}	—
	YY	92.44±3.40^{a}	81.85±2.40^{a}	72.51±3.52^{a}	—
	YWY	91.52±0.90^{a}	82.23±1.57^{a}	71.83±1.90^{a}	—
	WYW	90.05±0.09^{ab}	80.35±0.61^{ab}	70.02±0.03^{ab}	—
	WYY	92.41±2.44^{a}	82.19±2.06^{a}	71.74±1.28^{a}	—
	WYWY	92.19±1.59^{a}	81.85±1.88^{a}	71.53±2.26^{a}	—
杂种优势/%	H_{WY}	2.74	3.74	4.51	3.66
	H_{YW}	−2.44	−1.76	−2.90	−2.36
	H_{WWY}	−2.14	−1.66	−3.94	−2.58
	H_{WYW}	−2.32	−1.83	−2.11	−2.09
	H_{YWY}	−1.00	0.46	−0.95	−0.49
	H_{WYY}	0.24	0.42	0.29	0.31
	$H_{W×Y}$	0.09	0.91	0.66	0.56
	$H_{引入}$	−2.23	−1.75	−3.00	−2.33
	$H_{级进}$	−0.38	0.44	−0.33	−0.09
	H	−0.84	−0.13	−0.88	−0.61

注：同一列中含有不同字母表示差异显著($P<0.05$)

由此可见，浮游期幼虫总体表现出了微弱的生长优势和存活劣势。通过分析卵源与配对策略对幼虫生长与存活的影响得知（表 4-112），生长方面主要受卵源的影响，其次为交配策略的影响；存活方面卵源的影响起到了主要作用。

表 4-112 卵源与配对策略对幼虫生长与存活影响的方差分析

	来源	df	壳长		存活	
			均方	P	均方	P
3 日龄	EY	1	0.018	0.000	0.014	0.006
	MS	1	0.003	0.001	0.009	0.033
	EY×MS	1	0.001	0.115	0.002	0.414
6 日龄	EY	1	0.031	0.000	0.010	0.000
	MS	1	0.033	0.000	0.003	0.031
	EY×MS	1	0.012	0.000	0.001	0.164
9 日龄	EY	1	0.046	0.000	0.010	0.001
	MS	1	0.081	0.000	0.003	0.059
	EY×MS	1	0.031	0.000	0.001	0.229

2. 变态期幼虫的杂种优势

由表 4-113 可知，级进育成杂交的 YWY 组幼虫变态率最高，并且与其他各组差异显著($P<0.05$)，WW 组幼虫变态率最低。6 个正反交组中级进育成杂交的 YWY 组杂种优势最大，为 34.48%，3 个杂交组中 W×Y 的杂种优势最大，为 9.11%，幼虫变态总体表现为杂种优势，其值为 4.29%。由表 4-114 可知，卵源、配对策略及其交互作用均对幼虫的变态产生了显著影响。

表 4-113　变态期各杂交组幼虫的变态时间、变态率及其杂种优势

实验组	变态时间/d	变态率/%	杂种优势/%	
WW	15～18	55.11±3.47^d	H_{WY}	15.85
WY	16～19	63.84±5.03^{cd}	H_{YW}	3.21
WWY	15～18	61.75±3.93^{cd}	H_{WWY}	12.06
YW	14～17	65.07±2.52^c	H_{WYW}	−11.89
YY	14～17	63.05±2.59^{cd}	H_{YWY}	34.48
YWY	15～18	84.79±4.68^a	H_{WYY}	−18.34
WYW	13～16	65.90±2.47^{bc}	$H_{W×Y}$	9.11
WYY	14～17	61.07±1.11^{cd}	$H_{引入}$	−1.73
WYWY	13～16	74.79±2.33^b	$H_{级进}$	5.82
			H	4.29

注：同一列中含有不同字母表示差异显著($P<0.05$)

表 4-114　卵源与配对策略对幼虫变态影响的方差分析

	来源	df	变态率	
			均方	P
变态期	EY	1	0.054	0.000
	MS	1	0.085	0.000
	EY×MS	1	0.028	0.000

3. 培育期稚贝的生长、存活和杂种优势

生长方面：由表 4-115 可知，在室内培育期(30～90 日龄)，级进育成杂交的 WYY 始终生长最快，除 60 日龄与 WYWY 组差异不显著外，与其他各组差异显著($P<0.05$)。6 个正反交组中 YW 杂种优势最大，为 20.57%，3 个杂交组合中级进育成杂交组 Y×WY 杂种优势最大，为 17.50%，培育期稚贝总体表现为生长优势，其值为 5.41%。

存活方面：由表 4-116 可知，在室内培育期，级进育成杂交的 YWY 存活率始终最高，30 日龄时与 YW、WYW 组差异不显著($P>0.05$)，与其他各组差异显著($P<0.05$)；60 日龄和 90 日龄时，与其他各组差异均显著($P<0.05$)。6 个正反交组中级进育成杂交的 YWY 杂种优势最大，为 19.23%，3 个杂交组合中级进育成杂交组 Y×WY 的杂种优势最大，为 9.26%，培育期稚贝总体表现为存活优势，其值为 3.81%。

表 4-115 室内培育期各实验组稚贝的平均壳长及其杂种优势

实验组		日龄 30	日龄 60	日龄 90	平均值
平均壳长/μm	WW	1242.50±195.66^{cd}	4325.33±745.48^b	6810.00±551.62^{cd}	—
	WY	1463.57±196.23^b	4319.67±481.19^b	7108.00±537.25^c	—
	WWY	1081.27±96.75^{de}	3713.67±458.67^c	6862.67±560.27^c	—
	YW	1165.83±186.79^{de}	3918.00±385.96^{bc}	6883.33±608.77^c	—
	YY	1058.33±279.57^e	3012.00±399.00^d	5666.33±383.45^e	—
	YWY	1004.17±170.58^e	3899.00±739.01^{bc}	7256.00±634.71^{bc}	—
	WYW	1350.00±196.19^{bc}	3581.00±673.65^c	6401.00±517.30^d	—
	WYY	1875.83±311.45^a	5288.00±477.50^a	8228.33±500.28^a	—
	WYWY	1357.50±181.84^{bc}	4891.67±411.98^a	7561.33±684.07^b	—
杂种优势/%	H_{WY}	17.79	−0.13	4.38	7.35
	H_{YW}	10.16	30.08	21.48	20.57
	H_{WWY}	−12.98	−14.14	0.77	−8.78
	H_{WYW}	−0.55	−26.79	−15.35	−14.23
	H_{YWY}	−5.12	29.45	28.05	17.46
	H_{WYY}	38.18	8.10	8.82	18.37
	$H_{W×Y}$	14.28	12.27	12.14	12.90
	$H_{引入}$	−6.49	−20.86	−7.71	−11.68
	$H_{级进}$	19.21	16.24	17.06	17.50
	H	8.53	1.07	6.65	5.41

注：同一列中含有不同字母表示差异显著($P<0.05$)

表 4-116 室内培育期各实验组稚贝的存活及其杂种优势

项目		日龄 30	日龄 60	日龄 90	平均值
存活率/%	WW	85.05±4.28^b	75.16±4.08^b	64.16±4.08^b	—
	WY	88.71±3.13^b	78.76±3.06^b	67.44±3.60^b	—
	WWY	84.08±4.45^b	73.20±5.91^b	62.05±6.17^b	—
	YW	89.71±0.50^{ab}	79.95±0.09^b	67.53±2.55^b	—
	YY	87.16±2.91^b	80.15±0.79^b	65.75±6.52^b	—
	YWY	96.41±1.43^a	92.80±2.44^a	86.32±2.32^a	—
	WYW	89.10±1.56^{ab}	78.74±2.18^b	67.37±2.82^b	—
	WYY	87.82±0.75^b	78.90±3.64^b	67.23±4.80^b	—
	WYWY	88.38±0.54^b	78.68±6.78^b	68.09±6.09^b	—
杂种优势/%	H_{WY}	4.31	4.79	5.12	4.74
	H_{YW}	2.93	−0.25	2.71	1.80
	H_{WWY}	−1.13	−2.61	−3.29	−2.35
	H_{WYW}	0.81	0.07	−1.06	−0.06
	H_{YWY}	10.62	15.79	31.29	19.23
	H_{WYY}	−0.63	0.27	−1.26	−0.54
	$H_{W×Y}$	3.61	2.19	3.90	3.23
	$H_{引入}$	−0.14	−1.24	−2.14	−1.18
	$H_{级进}$	4.95	8.10	14.73	9.26
	H	2.81	3.07	5.54	3.81

注：同一列中含有不同字母表示差异显著($P<0.05$)

4.3.2.4 讨论

1. 母本效应

母本效应广泛存在于动植物的杂交育种中，尤其在杂交个体的早期生长发育阶段表现特别明显，而后母本效应减弱或消失，杂种优势得到充分表达(Solemdal, 1997)。目前，对鱼类(Solemdal, 1997)、两栖类(Laugen et al., 2005)的报道较多，对贝类(Soletchnick et al., 2002; Hedgecock, 1996; Mallet and Halev, 1984)的报道相对较少。在动物早期的生长和存活等方面，母本效应是一个非常重要的影响因素(张国范和郑怀平, 2009)。个体在其生活史的早期阶段，比较容易受到母本效应的影响，而后母本效应减弱或消失，杂种优势得到充分表达(Solemdal, 1997)。在本实验中，浮游期幼虫的生长和存活受到了卵源不同程度的影响，存在一定的母本效应，但是随着日龄的推进，母本效应逐渐减弱，杂种优势得到了充分的表达，与 Newkirk 等(1977)、张国范和郑怀平(2009)的研究结果一致。可能与亲本自身的营养积累及在成熟过程中的其他环境均有关系，故在发育早期表现出显著的母本效应(张国范和郑怀平, 2009)。

2. 育成杂交效果

从实验结果来看，在浮游期，引入育成杂交的 WWY 组在生长方面获得了较显著的杂种优势，但是生长速度却始终不及 WYWY 组；存活方面，育成杂交的效果没有明显体现出来，仅有在 6 日龄时级进育成杂交的 YWY 组获得了相对高的存活率，除此之外均是 YY 组存活率最高，且总体表现为微弱的杂种劣势。推测原因如下：一方面是在浮游期幼虫的性状容易受到母本效应的影响，杂种优势得不到充分的表达；另一方面自交组 WYWY 和 YY 在浮游期仍然保持了很高的生长速度和存活率，高于部分杂交组，两个原因导致了浮游期育成杂交实验整体没有明显的效果。

进入变态期以后，级进育成杂交效果开始出现，YWY 组获得了相对高的变态率和明显的杂种优势。而进入培育期之后，级进育成杂交效果更加显著，WYY 和 YWY 组分别获得了高的生长速度和存活率，并且杂种优势十分显著。相对来说，引入育成杂交却没有获得明显的实验效果，两个杂交组 WWY 和 WYW 在生长和存活方面基本都体现为杂种劣势，推测可能是由于回交的世代数较少，理想的杂交种还没有出现。

总的来看，实验获得了生长快的 WYY 组，变态率和存活率高的 YWY 组；级进育成杂交在生长、变态和存活方面获得的总杂种优势分别为 15.14%、5.82%和 9.17%，引入育成杂交在三个方面获得的总杂种优势分别为 -10.33%、-1.73%和-3.51%。按照畜牧养殖方面的经验来看，获得的育成杂交子应继续与相应的亲本群体回交，代数视后代具体表现而定，一般 3~4 代会出现理想型的杂交子，之后便可以选择优良的个体进行横交固定、扩繁提高，从而获得优秀群体和品系，此方法可以用来解决蛤仔等海洋贝类因长期封闭繁殖而出现的近交衰退和种质退化等问题。

4.3.3 蛤仔两种壳内面颜色二元杂交子的聚合杂交

聚合杂交(convergent cross)育种是指通过人工杂交的方法，把分散在不同亲本上的优良基因组合到杂种中,再对杂种分离后代进行选择,选育聚合较多优良基因的后代群体(李爱民等,2006),也称多系杂交育种。聚合杂交在培育农作物经济品种方面已经得到了广泛的应用,如高抗稻瘿蚊水稻(秦学毅等,2006)、高产油菜(李爱民等,2006)、高产优质棉花(熊玉东等,1996)、多抗基因聚合体小麦(董建力等,2008)等。而在海洋贝类育种方面仅见闫喜武等(2008b)的滩涂贝类聚合杂交育种。于是在2010年7月,选用两种壳内面颜色的二元杂交子——WY(生长快、存活率和变态率较高、杂种优势明显)和YP(存活率和变态率高、杂种优势较明显),进行了二元杂交子间的聚合杂交研究,目的在于探索蛤仔不同壳内面颜色品系的聚合杂交效果。

4.3.3.1 实验设计

采用 2×2 双列杂交的实验设计,共有 4 个实验组,包括 2 个自交组(WYWY 和 YPYP)、一个正交组(WYYP)和一个反交组(YPWY),如图4-23、表4-117所示。

图 4-23 蛤仔 WY 和 YP 品系聚合杂交的实验设计

表 4-117 蛤仔 WY 和 YP 品系 2×2 双列杂交的实验设计

亲本	WY ♂	YP ♂
WY ♀	WYWY	WYYP
YP ♀	YPWY	YPYP

4.3.3.2 材料与方法

1. 亲贝的来源与性腺促熟

亲本使用 2009 年经过双列杂交得到的 F_2 代二元杂交子——WY 和 YP。2010 年 6 月初,每种亲本随机挑选出 300~400 粒作为繁殖个体,在大连庄河贝类养殖场育苗场室外生态土池中采用 20 目网袋(40cm×60cm)吊养自然促熟,每袋 100 粒左右。促熟期间,水温为 19.7~21.7℃,盐度为 26,pH 为 7.81~8.48。

2. 实验的处理

实验的处理同 4.3.2.2。

3. 幼虫和稚贝的培育

幼虫和稚贝的培育同 4.3.2.2。

4. 指标测定

指标测定同 4.3.2.2。

5. 数据处理

为了减小方差齐性,所有的壳长均转化为对数 $\lg x$ (Neter et al.,1985),所有的存活率均转化为反正弦函数 arcsin(Rohlf and Sokal,1981)。用 SPSS13.0 统计软件对数据进行分析处理,不同实验组间数据的比较采用单因素方差分析方法(Tukey HSD),差异显著性设置为 $P<0.05$。

参照 Cruz 和 Ibarra(1997)与郑怀平等(2004b)使用的方法,用公式(4-57)~(4-59)计算杂种优势(heterosis):

$$H(\%) = \frac{(WYYP + YPWY) - (WYWY + YPYP)}{WYWY + YPYP} \times 100 \quad (4\text{-}57)$$

$$H_{WYYP}(\%) = \frac{WYYP - WYWY}{WYWY} \times 100 \quad (4\text{-}58)$$

$$H_{YPWY}(\%) = \frac{YPWY - YPYP}{YPYP} \times 100 \quad (4\text{-}59)$$

式中,用 WYWY、YPYP、WYYP、YPWY 表示各实验组的 F_3 在同一日龄的表型值(生长、变态、存活)。公式(4-57)表示整个 2×2 双列杂交的总杂种优势;公式(4-58)表示 WYYP 组的单亲杂种优势;公式(4-59)表示 YPWY 组的单亲杂种优势。

母本效应及配对策略的影响,计算方法同 4.3.2.2(5)。

4.3.3.3 结果

1. 浮游期幼虫的生长、存活和杂种优势

由表 4-118 可知,在浮游期(3~9 日龄),自交组 WYWY 始终生长最快,3 日龄时与各组差异不显著($P>0.05$),6 日龄时与各组差异均显著($P<0.05$),9 日龄时仅与 YPWY 组差异显著($P<0.05$),与其余各组差异不显著($P>0.05$)。浮游期正反交组均表现出杂种劣势,分别为-2.27%和-2.15%,幼虫生长总体表现为杂种劣势,其值为-2.21%。

表 4-118 浮游期幼虫的壳长及其杂种优势

项目		日龄			平均值
		3	6	9	
平均壳长/μm	WYWY	127.33±4.30^a	163.17±5.80^a	185.50±5.31^a	—
	WYYP	124.50±4.80^a	157.00±4.66^b	184.03±4.37^a	—
	YPWY	125.47±7.55^a	151.00±6.87^c	178.73±8.82^b	—
	YPYP	126.00±4.03^a	156.00±6.49^b	183.93±5.38^a	—
杂种优势/%	H_{WYYP}	-2.23	-3.78	-0.79	-2.27
	H_{YPWY}	-0.42	-3.21	-2.83	-2.15
	H	-1.33	-3.50	-1.80	-2.21

注:同一列中含有不同字母表示差异显著($P<0.05$)。

由表4-119可知,在浮游期,3日龄时,自交组YPYP存活率最高,各组无显著差异($P>0.05$);6日龄时,YPYP存活率仍最高,与WYWY、WYYP组差异显著($P<0.05$);9日龄时,YPWY组存活率最高,仅与WYWY组差异显著($P<0.05$)。6日龄和9日龄时2个二元杂交组的自交组差异显著($P<0.05$),浮游期正反交组中仅WYYP始终表现为杂种优势,为3.05%,总体表现为杂种优势,为1.03%。

表4-119 浮游期幼虫的存活及其杂种优势

项目		日龄			平均值
		3	6	9	
存活率/%	WYWY	89.12 ± 1.18^a	75.85 ± 2.02^c	63.90 ± 2.71^b	—
	WYYP	91.50 ± 1.32^a	76.42 ± 1.94^{bc}	67.55 ± 2.22^{ab}	—
	YPWY	90.23 ± 0.68^a	80.41 ± 0.70^{ab}	72.33 ± 2.32^a	—
	YPYP	91.79 ± 3.09^a	81.07 ± 1.11^a	72.32 ± 0.55^a	—
杂种优势/%	H_{WYYP}	2.67	0.74	5.72	3.05
	H_{YPWY}	−1.70	−0.82	0.01	−0.83
	H	0.46	−0.06	2.69	1.03

注:同一列中含有不同字母表示差异显著($P<0.05$)

从卵源与配对策略对幼虫生长与存活影响的方差分析结果(表4-120)可知,在浮游期,幼虫的生长主要受卵源效应的影响,其次为卵源与交配策略交互作用的影响;幼虫的存活方面则是卵源效应起主要作用。

表4-120 卵源与配对策略对幼虫生长与存活影响的方差分析

来源		df	壳长		存活	
			均方	P	均方	P
3日龄	EY	1	2.178E-5	0.809	0.001	0.522
	MS	1	0.000	0.295	0.007	0.109
	EY×MS	1	0.001	0.083	0.000	0.819
6日龄	EY	1	0.010	0.000	0.016	0.001
	MS	1	4.434E-5	0.690	0.000	0.496
	EY×MS	1	0.007	0.000	5.383E-6	0.926
9日龄	EY	1	0.002	0.003	0.025	0.001
	MS	1	0.001	0.089	0.002	0.190
	EY×MS	1	0.002	0.004	0.002	0.182

2. 变态期幼虫的杂种优势

由表4-121可知,自交组YPYP变态率最高,与WYWY组差异显著($P<0.05$),但与正反交组差异不显著($P>0.05$),正反交组中仅WYYP表现为杂种优势,为2.64%,总体表现为杂种优势,为1.18%;各实验组中自交组YPYP变态最早,变态时间最短。由表4-122可知,幼虫的变态受卵源效应影响显著。

表 4-121　变态期各杂交组幼虫的变态时间、变态率及其杂种优势

实验组	变态时间/d	变态率/%	杂种优势/%	
WYWY	15~20	54.00±2.00[b]		
WYYP	14~19	55.42±0.52[ab]	H_{WYYP}	2.64
YPWY	13~18	60.12±3.26[a]	H_{YPWY}	−0.12
YPYP	13~17	60.19±2.07[a]	H	1.18

注：同一列中含有不同字母表示差异显著（$P<0.05$）

表 4-122　卵源与配对策略对幼虫变态影响的方差分析

			变态率	
来源		df	均方	P
变态期	EY	1	0.013	0.003
	MS	1	0.000	0.588
	EY×MS	1	0.000	0.617

3. 稚贝的生长、存活和杂种优势

如表 4-123 所示，在室内培育期（30~90 日龄），WYYP 始终生长最快，30 日龄时与 YPWY 组和 YPYP 组差异显著（$P<0.05$），60 日龄和 90 日龄时与其他各组差异均显著（$P<0.05$），并表现出明显的杂种优势，为 15.37%。培育期稚贝生长方面总体表现为杂种优势，其值为 10.26%。

表 4-123　室内培育期稚贝的壳长及其杂种优势

项目		日龄			平均值
		30	60	90	
平均壳长/μm	WYWY	886.67±215.73[a]	3145.30±449.74[b]	5623.00±773.93[b]	—
	WYYP	944.17±158.62[a]	3791.53±438.56[a]	6696.00±669.05[a]	—
	YPWY	722.50±112.83[b]	2829.40±387.57[c]	4714.33±765.39[c]	—
	YPYP	667.13±128.13[b]	2713.27±366.12[c]	4703.67±724.52[c]	—
杂种优势/%	H_{WYYP}	6.48	20.55	19.08	15.37
	H_{YPWY}	8.30	4.28	0.23	4.27
	H	7.26	13.01	10.49	10.26

注：同一列中含有不同字母表示差异显著（$P<0.05$）

如表 4-124 所示，在室内培育期，自交组 YPYP 存活率始终最高，30 日龄时仅与自交组 WYWY 差异显著（$P<0.05$），与其他组无显著差异（$P>0.05$），60 日龄和 90 日龄时与其他各组均有显著差异（$P<0.05$），WYYP 组继续表现为杂种优势，为 6.96%。培育期稚贝存活方面总体表现为杂种优势，其值为 0.78%。

表 4-124　室内培育期稚贝的存活及其杂种优势

项目		日龄			平均值
		30	60	90	
存活率/%	WYWY	75.56 ± 1.25^b	70.06 ± 1.09^c	66.52 ± 0.50^c	—
	WYYP	80.93 ± 1.01^a	75.18 ± 0.32^b	70.82 ± 0.32^b	—
	YPWY	81.45 ± 1.73^a	75.80 ± 1.39^b	71.00 ± 1.00^b	—
	YPYP	84.49 ± 1.82^a	79.86 ± 1.79^a	75.05 ± 0.93^a	—
杂种优势/%	H_{WYYP}	7.10	7.31	6.46	6.96
	H_{YPWY}	-3.59	-5.08	-5.40	-4.69
	H	1.45	0.71	0.18	0.78

注：同一列中含有不同字母表示差异显著（$P<0.05$）

4.3.3.4　讨论

本实验通过聚合杂交增加杂交次数来获得蛤仔表型性状的遗传改良，对基础亲本材料进行了有效的筛选，使用了生长快的二元杂交子 WY 及存活率、变态率高的二元杂交子 YP 进行聚合杂交，获得了两个聚合杂交后代——WYYP 和 YPWY。其中，WYYP 在各方面都获得了相对较高的杂种优势，特别是在生长方面，要远优于两个亲本，同时 YPWY 在稚贝期生长方面也表现出杂种优势；就变态率和存活率来说，自交组 YPYP 始终保持较高的水平，这种优良性状在聚合杂交后代 YPWY 也有所体现。总体来看，两个聚合杂交后代在生长、变态和存活的杂种优势方面表现出了一定的大小、正负不对称性，后代在一定程度上累加了双亲的优良性状，但是还未达到理想效果，推测可能是由于杂交亲本类型相对较单一，杂交次数较少，聚合程度不够高，造成亲本的优良性状没有完全集中于杂交子代中，可以尝试将获得的 4 交后代进一步聚合杂交为 8 交后代，或与其他优良品系杂交，以获得更高的杂合度。从农业上的聚合杂交经验来看，亲本基因型越复杂，杂交次数越多，聚合程度越容易提高，并且能够有效地打破有利基因与不利基因之间的连锁，产生遗传上的超亲效应，使产量及主要产量组分的遗传增益不断上升，并且达到显著或极显著水平的增加(熊玉东等，1996)。

聚合杂交育种是传统育种方法的灵魂，它克服了以往单交只有两个亲本、分离后代中保留较多单一亲本性状、遗传基础狭窄等缺点。采用聚合杂交的方法培育新品系，开发高产抗逆新品种，为海洋贝类的育种工作开辟了一条新的途径(李爱民等，2006；秦学毅等，2006；熊玉东等，1996)。

4.3.4　蛤仔壳内面颜色品系间的三元杂交

三元杂交(three way crosses)是将具有优良性状的 2 个品系的二元杂交子一代与另一个具有优良性状的品系再一次杂交，将不同品种的优良性状综合到杂交一代上的杂交方法，再结合定向选育、同质选配等技术可获得综合多个优良性状的新品种。本实验利用生长快的白壳内面颜色品系 W，存活率和变态率高的黄紫壳内面颜色品系 YP，变态早、变态时间短、变态规格大的紫壳内面颜色品系 P 和生长存活性状优良的白黄壳内面颜色品系 WY 进行了两种类型的三元杂交,旨在获得蛤仔三种壳内面颜色品系的三元杂交子并研究其表型性状及杂种优势。

4.3.4.1 实验设计

实验分为两组,均采用 2×2 双列杂交的实验设计,如图 4-24 所示。实验一有 4 个实验组,包括 2 个自交组(WW 和 YPYP)、1 个正交组(WYP)和 1 个反交组(YPW)(表 4-125);实验二有 4 个实验组,包括 2 个自交组(PP 和 WYWY)、1 个正交组(PWY)和 1 个反交组(WYP)(表 4-126)。

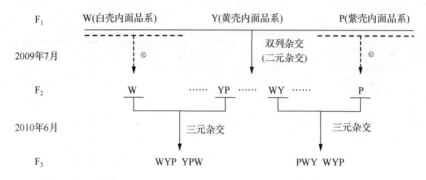

图 4-24 蛤仔壳内面颜色品系的三元杂交实验设计

表 4-125 蛤仔白壳内面颜色和黄紫壳内面颜色品系三元杂交的实验设计

亲本	W ♂	YP ♂
W ♀	WW	WYP
YP ♀	YPW	YPYP

表 4-126 蛤仔紫壳内面颜色和白黄壳内面颜色品系三元杂交的实验设计

亲本	P ♂	WY ♂
P ♀	PP	PWY
WY ♀	WYP	WYWY

4.3.4.2 材料与方法

1. 亲贝的来源

亲本为 2009 年繁育的 F_2 代白壳内面颜色品系(W)和 F_2 紫壳内面颜色品系(P),以及双列杂交得到的 F_2 代二元杂交子——WY 和 YP。2010 年 6 月初,每种亲本随机挑选出 300~400 粒作为繁殖个体,在大连庄河贝类养殖场育苗场室外生态土池中采用 20 目网袋(40cm×60cm)吊养自然促熟,每袋 100 粒左右。促熟期间,水温为 19.7~21.7℃,盐度为 26,pH 为 7.81~8.48。

2. 实验处理

实验的处理同 4.3.2.2。

3. 幼虫和稚贝的培育

幼虫和稚贝的培育同 4.3.2.2。

4. 指标测定

指标测定同 4.3.2.2。

5. 数据处理

为了减小方差齐性,所有的壳长均转化为对数 $\lg x$(Neter et al., 1985),所有的存活率均转化为反正弦函数 arcsin(Rohlf and Sokal, 1981)。用 SPSS13.0 统计软件对数据进行分析处理,不同实验组间数据的比较采用单因素方差分析方法(Tukey HSD),差异显著性设置为 $P<0.05$。

参照 Cruz 和 Ibarra(1997)与郑怀平等(2004b)使用的方法,用公式(4-60)~(4-64)计算杂种优势(heterosis):

$$H_1(\%) = \frac{(WYP + YPW) - (WW + YPYP)}{WW + YPYP} \times 100 \tag{4-60}$$

$$H_2(\%) = \frac{(PWY + WYP) - (PP + WYWY)}{PP + WYWY} \times 100 \tag{4-61}$$

$$H_{WYP}(\%) = \frac{WYP - WYWY}{WYWY} \times 100 \tag{4-62}$$

$$H_{YPW}(\%) = \frac{YPW - YPYP}{YPYP} \times 100 \tag{4-63}$$

$$H_{PWY}(\%) = \frac{PWY - PP}{PP} \times 100 \tag{4-64}$$

式中,WW、YPYP 等分别表示各实验组的 F_3 在同一日龄的表型值(生长、存活)。公式(4-60)、公式(4-61)分别表示两个实验各自的双亲杂种优势;公式(4-62)~(4-64)分别表示双列杂交中正反交组的单亲杂种优势。

母本效应及配对策略的影响,计算方法同 4.3.2.2(5)。

4.3.4.3 实验一结果

1. 浮游期幼虫的生长、存活和杂种优势

如表 4-127 所示,在浮游期(3~9 日龄),3 日龄时各组无显著差异($P>0.05$),6 日龄和 9 日龄时 2 个三元正反交组生长加快,与自交组 YPYP 差异显著($P<0.05$),与自交组 WW 无显著差异($P>0.05$),2 组都获得了不同程度的生长杂种优势,分别为 0.32%和 2.43%。浮游期幼虫生长总体表现为杂种优势,其值为 1.36%。

表 4-127 浮游期幼虫的壳长及其杂种优势

项目		日龄			平均值
		3	6	9	
平均壳长/μm	WW	122.50 ± 6.12^a	156.33 ± 7.30^{ab}	184.40 ± 7.37^{ab}	—
	WYP	122.37 ± 6.74^a	157.07 ± 6.15^a	185.53 ± 6.59^a	—
	YPW	122.83 ± 4.68^a	157.83 ± 8.87^a	185.17 ± 4.82^a	—
	YPYP	122.00 ± 4.28^a	151.20 ± 8.25^b	181.17 ± 4.09^b	—
杂种优势/%	H_{WYP}	−0.11	0.47	0.61	0.32
	H_{YPW}	0.68	4.39	2.21	2.43
	H	0.29	2.40	1.40	1.36

注：同一列中含有不同字母表示差异显著（$P<0.05$）。

如表 4-128 所示，在浮游期，自交组 YPYP 存活率始终最高，仅与自交组 WW 差异显著，三元杂交子 WYP 表现为存活杂种优势，为 7.15%。浮游期幼虫存活总体表现为杂种优势，其值为 2.04%。

表 4-128 浮游期幼虫的存活及其杂种优势

项目		日龄			平均值
		3	6	9	
存活率/%	WW	87.30 ± 1.22^b	73.53 ± 1.76^b	66.19 ± 1.59^b	—
	WYP	90.53 ± 1.85^{ab}	80.82 ± 0.75^a	71.38 ± 1.47^a	—
	YPW	90.37 ± 2.58^{ab}	81.08 ± 0.89^a	71.38 ± 0.54^a	—
	YPYP	94.19 ± 1.92^a	81.11 ± 0.84^a	74.12 ± 1.52^a	—
杂种优势/%	H_{WYP}	3.70	9.92	7.84	7.15
	H_{YPW}	−4.06	−0.04	−3.69	−2.60
	H	−0.33	4.70	1.75	2.04

注：同一列中含有不同字母表示差异显著（$P<0.05$）。

从卵源与配对策略对幼虫生长和存活影响的方差分析可知（表 4-129），在浮游期，卵源与配对策略的交互作用对幼虫的生长有显著性影响；幼虫的存活方面则是卵源和配对策略都起主要作用。

表 4-129 卵源与配对策略对幼虫生长与存活影响的方差分析

	来源	df	壳长		存活	
			均方	P	均方	P
3 日龄	EO	1	1.860E-6	0.945	0.021	0.018
	MS	1	9.262E-5	0.628	0.022	0.016
	EO×MS	1	3.977E-5	0.751	0.001	0.628
6 日龄	EO	1	0.001	0.102	0.012	0.000
	MS	1	0.002	0.038	0.010	0.000
	EO×MS	1	0.003	0.009	0.010	0.001
9 日龄	EO	1	0.001	0.114	0.009	0.001
	MS	1	0.000	0.193	0.009	0.001
	EO×MS	1	0.001	0.019	0.001	0.192

2. 变态期幼虫的杂种优势

由表 4-130 可知，在变态方面，自交组 YPYP 变态率最高，与其他各组差异显著（$P<0.05$），并且变态最早，变态时间最短；其中三元杂交子 WYP 表现出了杂种优势，为 7.53%。幼虫在变态期间总体表现为微弱的杂种劣势，其值为-0.77%。由表 4-131 可知，在变态期幼虫主要受到卵源效应和配对策略两方面的影响。

表 4-130 变态期各杂交组幼虫的变态时间、变态率及其杂种优势

实验组	变态时间/d	变态率/%	杂种优势/%	
WW	15~21	55.45±0.51^c		
WYP	15~20	59.63±1.19^b	H_{WYP}	7.53
YPW	14~19	60.08±0.13^b	H_{YPW}	-7.83
YPYP	13~17	65.18±1.28^a	H	-0.77

注：同一列中含有不同字母表示差异显著（$P<0.05$）

表 4-131 卵源与配对策略对幼虫变态影响的方差分析

	来源	df	变态率	
			均方	P
变态期	EO	1	0.012	0.000
	MS	1	0.010	0.000
	EO×MS	1	0.000	0.315

3. 稚贝的生长、存活和杂种优势

由表 4-132 可知，在室内培育期（30~90 日龄），30 日龄时自交组 WW 生长最快，与其他各组差异显著（$P<0.05$），60 日龄和 90 日龄时 WYP 生长变为最快，与其他各组差异显著（$P<0.05$），2 个三元正反交组都表现出了明显的杂种优势，分别为 26.19% 和 27.25%。室内培育期稚贝的生长总体表现为杂种优势，其值为 26.53%。

表 4-132 室内培育期稚贝的壳长及其杂种优势

项目		日龄			平均值
		30	60	90	
平均壳长/μm	WW	995.83±123.02^a	2957.10±383.57^c	4918.00±751.51^c	—
	WYP	892.53±114.53^b	4122.57±389.05^a	7353.33±762.99^a	—
	YPW	827.50±169.73^b	3716.67±389.58^b	6661.33±662.40^b	—
	YPYP	803.33±187.51^b	2734.13±312.68^c	4664.67±634.31^c	—
杂种优势/%	H_{WYP}	-10.37	39.41	49.52	26.19
	H_{YPW}	3.01	35.94	42.80	27.25
	H	-4.40	37.74	46.25	26.53

注：同一列中含有不同字母表示差异显著（$P<0.05$）

由表 4-133 可知，在室内培育期，自交组 YPYP 存活率始终最高；三元杂交子 WYP 在室内培育期始终表现为杂种优势，为 2.61%。培育期稚贝的存活总体表现为杂种优势，其值为 0.31%。

表 4-133 室内培育期稚贝的存活及其杂种优势

项目		日龄			平均值
		30	60	90	
存活率/%	WW	80.42±0.72[a]	75.12±0.21[a]	68.42±1.94[b]	—
	WYP	80.71±1.22[a]	76.71±0.61[a]	72.07±1.11[a]	—
	YPW	80.68±1.17[a]	76.11±0.84[a]	72.56±0.51[a]	—
	YPYP	81.79±0.70[a]	78.08±2.13[a]	73.81±1.60[a]	—
杂种优势/%	H_{WYP}	0.36	2.11	5.34	2.61
	H_{YPW}	−1.36	−2.53	−1.69	−1.86
	H	−0.51	−0.25	1.69	0.31

注：同一列中含有不同字母表示差异显著($P<0.05$)

4.3.4.4 实验二结果

1. 浮游期幼虫的生长、存活和杂种优势

由表 4-134 可知，3 日龄时，WYP 组幼虫壳长显著大于其他三组($P<0.05$)；6 日龄时，WYP 组幼虫壳长大于其他三组，与 PP 和 PWY 组差异显著($P<0.05$)，与 WYWY 组差异不显著($P>0.05$)；9 日龄时，PWY、WYP 和 WYWY 三组幼虫壳长无显著差异($P>0.05$)，但与 PP 组差异显著($P<0.05$)。在生长优势方面，PWY 和 WYP 两组均表现出了单亲生长优势，分别为 4.90%和 2.12%。浮游期幼虫生长总体也表现为杂种优势，其值为 3.43%。

表 4-134 浮游期幼虫的壳长及其杂种优势

项目		日龄			平均值
		3	6	9	
平均壳长/μm	PP	108.50±4.18[b]	143.70±3.72[c]	178.33±6.99[b]	—
	PWY	109.83±4.64[b]	149.50±7.06[b]	195.17±6.76[a]	—
	WYP	114.00±4.43[a]	155.77±4.74[a]	197.00±8.67[a]	—
	WYWY	109.67±3.70[b]	152.73±4.28[ab]	196.17±5.83[a]	—
杂种优势/%	H_{PWY}	1.23	4.04	9.44	4.90
	H_{WYP}	3.95	1.99	0.42	2.12
	H	2.60	2.98	4.72	3.43

注：同一列中含有不同字母表示差异显著($P<0.05$)

由表 4-135 可知，3 日龄时，各组幼虫存活无显著差异($P>0.05$)；6 日龄和 9 日龄时 PWY、WYP 和 WYWY 三组幼虫存活率无显著差异($P>0.05$)，PP 组幼虫存活率始终最低，与其他各组差异显著($P<0.05$)。在存活优势方面，PWY 组表现出了单亲存活优势，为 7.26%，而 WYP 组表现出了微弱的单亲存活劣势，为−0.16%。浮游期幼虫总体表现为双亲存活优势，其值为 3.33%。

表 4-135 浮游期幼虫的存活及其杂种优势

项目		日龄			平均值
		3	6	9	
存活率/%	PP	90.48±0.83[a]	75.12±0.21[b]	62.85±2.39[b]	—
	PWY	90.79±1.36[a]	80.55±0.51[a]	71.78±2.67[a]	—
	WYP	92.05±0.08[a]	80.90±1.55[a]	71.81±2.33[a]	—
	WYWY	92.07±1.86[a]	80.52±1.84[a]	72.49±1.50[a]	—
杂种优势/%	H_{PWY}	0.34	7.23	14.20	7.26
	H_{WYP}	−0.03	0.47	−0.93	−0.16
	H	0.15	3.73	6.10	3.33

注：同一列中含有不同字母表示差异显著（$P<0.05$）

由此可见，在浮游期幼虫总体上表现出微弱的生长和存活优势，通过分析卵源与配对策略对幼虫生长与存活的影响得知（表 4-136），生长方面主要受卵源与配对策略交互作用的影响；存活方面卵源的影响起到了主要作用。

表 4-136 卵源与配对策略对幼虫生长与存活影响的方差分析

来源		df	壳长		存活	
			均方	P	均方	P
3 日龄	EO	1	0.003	0.001	0.004	0.086
	MS	1	0.001	0.060	8.123E-5	0.782
	EO×MS	1	0.004	0.000	1.994E-5	0.891
6 日龄	EO	1	0.015	0.000	0.006	0.005
	MS	1	0.001	0.126	0.005	0.011
	EO×MS	1	0.005	0.000	0.006	0.005
9 日龄	EO	1	0.015	0.000	0.013	0.007
	MS	1	0.011	0.000	0.013	0.007
	EO×MS	1	0.013	0.000	0.009	0.016

2. 变态期幼虫的杂种优势

由表 4-137 可知，PP 组变态最早，变态时间最短；PWY、WYP 和 WYWY 组幼虫变态率无显著差异（$P>0.05$），PP 组幼虫变态率最低，与其他三组差异显著（$P<0.05$）；在杂种优势方面 PWY 组幼虫表现出单亲杂种优势，为 9.80%，而 WYP 组幼虫则表现出微弱的单亲杂种劣势，为 −0.05%；两个三元正反交组表现出杂种优势的不对称性，变态期间幼虫总体表现为杂种优势，其值为 4.64%。由表 4-138 可知，卵源、配对策略及其交互作用均对幼虫的变态影响显著。

表 4-137 变态期各杂交组幼虫的变态时间、变态率及其杂种优势

实验组	变态时间/d	变态率/%	杂种优势/%	
PP	13~17	59.18±0.74[b]		
PWY	14~19	64.98±0.98[a]	H_{PWY}	9.80
WYP	15~20	65.04±1.06[a]	H_{WYP}	−0.05
WYWY	15~20	65.07±1.01[a]	H	4.64

注：同一列中含有不同字母表示差异显著（$P<0.05$）

表 4-138　卵源与配对策略对幼虫变态影响的方差分析

来源		df	变态率	
			均方	P
变态期	EO	1	0.004	0.001
	MS	1	0.004	0.001
	EO×MS	1	0.004	0.001

3. 培育期稚贝的生长、存活和杂种优势

如表 4-139 所示,在整个稚贝培育期(30～90 日龄),WYP 组稚贝壳长始终最大并且与其他三组差异显著($P<0.05$)。在生长优势方面,WYP 组表现出了明显的单亲生长优势,为 14.87%;PWY 组则只表现出微弱的单亲生长优势,为 0.36%。培育期稚贝总体表现为双亲生长优势,其值为 8.18%。

表 4-139　培育期稚贝的壳长及其杂种优势

项目		日龄			平均值
		30	60	90	
平均壳长/μm	PP	1 280.83±212.40^c	4 484.00±428.88^c	8 220.67±747.23^c	—
	PWY	1 286.67±235.23^c	4 478.00±490.85^c	8 282.67±678.52^c	—
	WYP	1 760.83±219.59^a	5 902.33±731.12^a	11 088.60±839.22^a	—
	WYWY	1 478.33±222.23^b	5 314.33±696.82^b	9 689.00±749.46^b	—
杂种优势/%	H_{PWY}	0.46	−0.13	0.75	0.36
	H_{WYP}	19.11	11.06	14.45	14.87
	H	10.45	5.94	8.16	8.18

注:同一列中含有不同字母表示差异显著($P<0.05$)。

如表 4-140 所示,30 日龄时,WYWY 组稚贝存活率最高,与 PP、PWY 组差异显著($P<0.05$),与 WYP 组差异不显著($P>0.05$);60 日龄时,WYP 组稚贝存活率转为最高,与 PP、PWY 组差异显著($P<0.05$),与 WYWY 组差异不显著($P>0.05$);90 日龄时,WYP 组稚贝存活率仍保持最高,并且与其他三组差异显著($P<0.05$)。在存活优势方面,

表 4-140　培育期稚贝的存活及其杂种优势

项目		日龄			平均值
		30	60	90	
存活率/%	PP	81.79±1.58^b	78.10±0.85^b	74.13±1.51^b	—
	PWY	81.04±1.80^b	78.18±0.74^b	73.18±1.91^b	—
	WYP	86.41±1.51^a	84.22±1.95^a	80.20±0.34^a	—
	WYWY	87.08±1.60^a	83.26±2.05^a	75.74±1.41^b	—
杂种优势/%	H_{PWY}	−0.92	0.10	−1.28	−0.70
	H_{WYP}	−0.77	1.16	5.88	2.09
	H	−0.84	0.65	2.34	0.72

注:同一列中含有不同字母表示差异显著($P<0.05$)。

WYP 组表现出了单亲存活优势,为 2.09%;而 PWY 组则表现出微弱的单亲存活劣势,为-0.70%。培育期稚贝总体表现为微弱的双亲存活优势,其值为 0.72%。由此可见,在培育期稚贝的生长和存活均获得了不同程度的杂种优势,随着日龄的增加,母本效应对稚贝生长和存活的影响逐渐减弱,继而转为杂种优势的影响不断扩大。

4.3.4.5 讨论

多元杂交在以往的杂交育种上已经发挥了重要的作用,学者先后通过多元杂交培育出了具有优良性状的多元杂交水稻、小麦、大豆、猪、羊、鱼等。对于贝类而言,目前仅见于蛤仔中的三元杂交子——彩霞白斑马蛤。但有关不同壳内面颜色品系蛤仔间的多元杂交尚未见报道。本研究结果表明,杂交使生长和存活性状得到了改良,特别是三元杂交子 WYP 在浮游期和稚贝培育期表型性状较亲本得到了明显的提高,这在前面实验结果中已有叙述。本研究还发现,实验一中自交组 YPYP 虽然生长性状不如 WYP 组,但其变态率和存活率始终最高,推测可能是由于 YP 组具有变态存活优势,经过自交之后其有利基因进一步纯化。在实验二中,浮游期 PWY 组生长和存活优势要大于 WYP 组,而进入养成期后 WYP 组生长和存活优势则大于 PWY 组。造成这一现象的原因可能是 WY 为白黄壳内面颜色品系的二元杂交品系,与 P 品系相比具有较高的杂合度,经过自繁后仍然保持着较高的生长和存活优势且表型性状优良,而 P 为紫壳内面颜色 F_2 选育系,生长和存活方面的性状不如 WY,经过杂交后其杂合度得到了很大的提高,所以前期 WYP 组杂种优势不明显,PWY 组杂种优势略大,而在后期三元杂交的作用得到了充分的表达,P 品系的不利性状被掩盖,两个品系的生长、存活方面的优良性状得到聚合和表达,所以 WYP 组的杂种优势凸显,高于杂交组 PWY。

多元杂交效应是众多育种学家关注的热点,为了探讨多元杂交效应,学者在育种过程中先后利用了单杂交、三元杂交、四元杂交等技术手段,对现有品种进行遗传改良。从本研究的结果看,三元杂交效应有效地改良了二元杂交子——黄白壳内面颜色品系和黄紫壳内面颜色品系。由此可见,通过选择适当的二元杂交子和自交品系作为亲本,进行多元杂交育种可以有效改良现有的蛤仔品系,从而培育出聚合了多种优良性状的新品系,为蛤仔杂交育种增添了一种新的改良技术。

4.4 蛤仔不同壳型品系杂交

4.4.1 大连石河群体两种壳型蛤仔的双列杂交

本实验的目的在于探索两种壳型菲律宾蛤仔的杂交效果,准确评价杂种优势,分析壳型的遗传机制,为种质改良、培育壳型新品系及杂种优势的充分利用提供依据。

4.4.1.1 材料与方法

1. 亲贝的来源

实验用亲贝为采自辽宁省大连金州区石河镇北海滩涂的 3 龄蛤仔,该群体未经过人工选育。以壳宽为标准,从该群体中选出壳型规整的壳宽型(W)(放射肋<70条)和壳扁型(P)(放射肋>90条)各100个作为繁殖群体。

2. 实验的设计和处理

2007年6月上旬,将处于临产状态的亲贝阴干8h,4h后亲贝开始产卵排精,将正在产卵排精的个体捞出,用自来水冲洗干净,放到盛有新鲜海水的2.0L塑料桶中,经过5~15min,单独放置的个体会继续产卵排精。选取壳宽型和壳扁型蛤仔雌雄各1个进行双列杂交,建立4个实验组(PP、WW、PW、WP)。受精前检查卵子是否已经受精,已受精的卵子弃掉,换取未受精的卵子进行杂交,将获得的精卵按照表4-141组合受精,在事先处理好的备用塑料桶中迅速混合均匀。用150目筛绢网过滤杂质,转入10L塑料桶中孵化,密度为6~8个/mL,孵化过程中充气。大约经过25h受精卵发育为D形幼虫。整个操作过程中,各实验组严格隔离,防止混杂。

表4-141 两种壳型蛤仔双列杂交的实验设计

亲本	P♂	W♂
P♀	PP	PW
W♀	WP	WW

3. 幼虫培育

幼虫培育在10L的红桶中进行,密度为3~4个/mL,每个实验组设3个重复。每2d换1次水,换水量为100%。饵料每天投喂2次,前期为绿色巴夫藻(*Pavlova viridis*),后期为绿色巴夫藻、小球藻(*Chlorella vulgaris*)(1:1)混合投喂,投饵量视幼虫摄食情况而定。为防止不同实验组幼虫之间混杂,换水网袋单独使用。幼虫培育期间,水温为20.4~22.8℃,盐度为25~28,pH为7.8~8.0。为了消除养殖密度的影响,在幼虫期定期对密度进行调整,使每个重复密度保持一致。

4. 稚贝中间育成

幼虫变态后至40日龄以前,培育方法同幼虫培育。当稚贝生长至40日龄时,将各实验组稚贝装入60目网袋,每个实验组装3~6袋,并保持密度一致。于2007年7~11月在室外生态池中进行中间育成,其间水温为8~30℃,盐度为24~28,pH为7.56~8.68。在稚贝中间育成阶段,定期更换不同目数的网袋,对密度进行调整,使每个重复密度保持一致。

5. 指标测定

卵径、幼虫大小和壳长<300μm的稚贝在显微镜下用目微尺(100×)测量,300μm<壳长<3.0mm的稚贝在体视显微镜下用目微尺(20~40×)测量,壳长>3.0mm的稚贝和成体用游标卡尺(0.01mm)测量。每次每个重复随机测量30个个体。

幼虫存活率为单位体积幼虫数与刚刚孵化出单位水体D形幼虫数的百分比;室内阶段稚贝存活率为转移到室外生态池进行中间育成时测得的稚贝数与变态稚贝数的比值;中间育成阶段稚贝存活率为最后收获时的幼贝数量与转移到室外生态池进行中间育成时稚贝数的比值。

6. 杂种优势的计算

参照 Cruz 和 Ibarra(1997)与郑怀平等(2004b)使用的方法,用公式(4-65)~(4-67)计算杂种优势(heterosis):

$$H(\%) = \frac{(PW+WP)-(PP+WW)}{PP+WW} \times 100 \tag{4-65}$$

$$H_{PW}(\%) = \frac{PW-PP}{PP} \times 100 \tag{4-66}$$

$$H_{WP}(\%) = \frac{WP-WW}{WW} \times 100 \tag{4-67}$$

式中,用 PP、PW、WP、WW 表示各实验组的 F_1 在同一日龄的表型值(生长、存活)。公式(4-65)表示双列杂交的杂种优势;公式(4-66)、公式(4-67)分别表示双列杂交中正反交组的杂种优势。

7. 数据处理

用 SPSS13.0 统计软件对数据进行分析处理,不同实验组间数据的比较采用单因素方差分析方法,差异显著性设置为 $P<0.05$。

4.4.1.2 结果

1. 浮游期幼虫的生长与存活

各实验组幼虫在 3 日龄、6 日龄、9 日龄的平均壳长、生长速度和杂种优势见表 4-142。浮游期间,幼虫未表现出生长杂种优势,幼虫大小存在母本效应,且彼此间差异显著。3~9 日龄,PW 表现出杂种优势,其平均值为 1.73%;WP 表现出杂种劣势,为 -1.66%,幼虫大小表现出显著的母本效应($P<0.05$,$n=30$)。PW、WP 的生长速度分别为 (9.55 ± 0.30) μm/d、(10.31 ± 0.44) μm/d,差异显著($P<0.05$,$n=30$),杂种优势分别为 1.27%、-0.10%。

表 4-142 浮游期各实验组幼虫的平均壳长、生长速度和杂种优势

项目		日龄			生长速度/(μm/d)
		3	6	9	
平均壳长/μm	PP	133.33 ± 3.79^a	172.00 ± 4.28^a	185.50 ± 4.02^a	9.43 ± 0.32^a
	PW	136.17 ± 4.49^a	176.16 ± 4.68^a	186.67 ± 3.82^a	9.55 ± 0.30^a
	WP	123.50 ± 3.52^b	167.33 ± 3.41^b	189.83 ± 2.92^b	10.31 ± 0.44^b
	WW	124.83 ± 3.85^b	172.83 ± 5.03^a	191.33 ± 3.86^b	10.32 ± 0.41^b
杂种优势/%	H	0.58	-0.55	-0.12	—
	H_{PW}	2.13	2.42	0.63	—
	H_{WP}	-1.07	-3.12	-0.78	—

注:同一列中上标具有不同字母表示有显著性差异($P<0.05$),来自于单因素方差分析

4个实验组幼虫在3日龄、6日龄、9日龄的存活及杂种优势见表4-143。将D形幼虫的存活率定义为100%,3～9日龄,幼虫表现出较高的存活率,均在80%以上,PW、WP存活率比相应的自交组高,其杂种优势平均值分别为3.43%、4.21%。

表4-143 浮游期各实验组幼虫的存活率和杂种优势

项目		日龄		
		3	6	9
存活率/%	PP	91.89±4.54^a	90.20±5.01^a	87.50±2.66^a
	PW	95.13±4.01^b	92.77±2.11^a	90.93±3.27^a
	WP	93.52±1.50^b	90.33±3.51^a	85.67±4.04^b
	WW	90.24±4.15^a	86.62±3.25^b	81.81±3.48^b
杂种优势/%	H	3.58	3.55	4.31
	H_{PW}	3.53	2.85	3.92
	H_{WP}	3.63	4.28	4.72

注:同一列中上标具有不同字母表示有显著性差异($P<0.05$),来自于单因素方差分析

2. 室内培育期稚贝的生长与存活

各实验组稚贝的平均壳长和杂种优势见表4-144。室内培育期间,稚贝表现出明显的生长杂种优势,母本效应逐渐减弱,彼此间无显著差异。20～40日龄,P×W、PW、WP的生长优势平均值分别为9.53%、10.76%、8.28%。PW、WP的生长速度分别为(25.29±3.88)μm/d、(23.60±3.56)μm/d,其杂种优势为15.90%、14.00%,显著高于相应自交组($P<0.05$,$n=30$)。

表4-144 室内培育期各实验组稚贝的平均壳长和杂种优势

项目		日龄			平均值
		20	30	40	
平均壳长/μm	PP	261.34±20.19^a	435.00±52.09^a	742.00±87.36^a	—
	PW	282.67±20.99^b	487.00±73.54^b	832.30±93.15^b	—
	WP	258.33±11.67^a	473.33±59.76^b	795.00±78.24^b	—
	WW	242.54±23.44^a	438.00±46.55^a	721.00±81.08^a	—
杂种优势/%	H	7.37	10.00	11.23	9.53
	H_{PW}	8.16	11.95	12.17	10.76
	H_{WP}	6.51	8.07	10.26	8.28

注:同一列中上标具有不同字母表示有显著性差异($P<0.05$),来自于单因素方差分析

室内培育期各实验组稚贝的存活率和杂种优势见表4-145。将刚刚完成变态的稚贝存活率定义为100%。20～40日龄,稚贝存活率均在80%以上,大小顺序为PW>WP>PP>WW。P×W、PW、WP存活的杂种优势平均值分别为8.17%、5.53%、11.10%,且WP>PW。

表 4-145 室内培育期各实验组稚贝的存活率和杂种优势

项目		日龄		
		20	30	40
存活率/%	PP	94.62±2.51^a	92.36±3.21^a	89.78±4.51^a
	PW	99.20±1.06^a	97.61±1.21^a	95.31±1.58^b
	WP	95.87±2.80^a	94.30±3.42^a	90.17±4.25^a
	WW	88.45±3.32^b	83.43±3.63^b	80.60±5.92^{ab}
杂种优势/%	H	6.55	9.12	8.86
	H_{PW}	4.84	5.68	6.06
	H_{WP}	8.39	13.03	11.87

注：同一列中上标具有不同字母表示有显著性差异（$P<0.05$），来自于单因素方差分析

3. 各实验组养成期的生长与存活

各实验组养成期的平均壳长、生长速度和杂种优势见表 4-146。养成期间，杂交组表现出稳定的生长优势，母本效应消失，彼此间无显著性差异。90～150 日龄，P×W、PW、WP 的生长优势平均值分别为 15.53%、16.22%、14.80%；PW、WP 生长速度分别为 (210.84±42.65)μm/d、(189.17±28.57)μm/d，其杂种优势分别为 16.27%、16.05%。

表 4-146 养成期各实验组的平均壳长、生长速度和杂种优势

项目		日龄			生长速度/(μm/d)
		90	120	150	
平均壳长/mm	PP	7.26±1.02^a	13.96±1.69^a	18.14±2.32^a	181.33±30.26^a
	PW	8.45±1.48^b	16.19±2.26^b	21.10±2.65^b	210.84±42.65^b
	WP	7.83±1.27^a	14.34±2.07^a	19.18±2.53^a	189.17±28.57^a
	WW	6.78±1.36^{ab}	12.68±1.54^a	16.56±1.87^{ab}	163.00±25.68^{ab}
杂种优势/%	H	15.95	14.60	16.03	—
	H_{PW}	16.40	15.97	16.30	—
	H_{WP}	15.49	13.09	15.82	—

注：同一列中上标具有不同字母表示有显著性差异（$P<0.05$），来自于单因素方差分析

养成期间各实验组的存活率和杂种优势见表 4-147。存活率大小顺序为 PW＞WP＞PP＞WW。存活的杂种优势相当稳定，P×W、PW、WP 的存活优势平均值分别为 14.71%、12.30%、17.45%，WP＞PW，与稚贝期间表现相同。

表 4-147 养成期各实验组的存活率和杂种优势

项目		日龄		
		90	120	150
存活率/%	PP	80.35±5.98^a	78.85±6.21^a	76.18±6.03^a
	PW	89.37±4.58^b	88.17±4.87^b	86.73±4.37^b
	WP	82.28±4.64^a	81.25±4.72^a	80.36±4.85^a
	WW	70.28±5.42^{ab}	69.46±5.35^{ab}	67.92±5.83^{ab}
杂种优势/%	H	13.95	14.23	15.96
	H_{PW}	11.23	11.82	13.85
	H_{WP}	17.07	16.97	18.32

注：同一列中上标具有不同字母表示有显著性差异（$P<0.05$），来自于单因素方差分析

4.4.1.3 讨论

1. 两种壳型蛤仔的遗传差异

不同性状的杂种优势表现往往不同。所以,只有正确选择杂交亲本才能充分利用杂种优势,这是杂交育种的关键。不同亲本间具有一定的遗传差异是亲本选择的必要条件之一。就同一物种而言,群体内的基因纯合程度越高,群体间的基因频率差异就越大,遗传距离也就越远,当这样的群体间进行杂交时,就会产生较大的杂种优势(楼允东,2001)。蛤仔壳型随环境变化很大,根据壳型等参数的变化程度,刘仁沿等(1999)认为不同壳型蛤仔之间存在遗传变异。庄启谦(2001)认为菲律宾蛤仔存在两种生态型:一种是生活在潮间带中上部,特别是砾石、粗沙底质中的蛤仔,贝壳较厚,壳高与壳长大致相等,放射肋粗而隆起,壳内面颜色后部常呈紫色;另一种是生活在潮间带下部和浅海的蛤仔,贝壳通常较薄,壳长明显大于壳高,放射肋较细而平,壳面多呈白色。这样,造成了在同一海域的蛤仔,分布区域不同,久而久之,导致生殖隔离,若干世代后,形成了遗传差异显著的两个群体(楼允东,2001)。张跃环等(2009)在大连群体两种壳型蛤仔生长发育比较中发现,两种壳型的蛤仔在生长速度、抗逆性上存在显著差异,壳扁型具有生长快、抗逆性强的特点;在相同的培育条件下,两种壳型蛤仔的子代贝壳形态存在显著差异,故认为壳型是可以稳定遗传的,这为开展两者间的杂交奠定了基础。

2. 生长优势的变化规律

杂交是提高生物产量的一种有效方法。通常生产上都依据杂交后代是否显示杂种优势来评估不同的杂交方案是否可行。杂种优势是一种普遍存在的重要生物学现象。王亚馥和戴灼华(1999)认为,杂种优势是指两个遗传基础不同的亲本(如不同品系,不同品种,甚至不同种属)杂交所得到的杂种一代在生长势、生活力、抗逆性等方面均要优于双亲的现象。利用杂种优势使贝类的生长、存活等表型性状获得改良,国内外都有报道。在本实验中,PW、WP 在 0 日龄、3 日龄、6 日龄、9 日龄时生长杂种优势差值为 0、3.20%、5.54%、1.41%,与幼虫生长的一般规律相符。主要是由于 D 形幼虫及发育至 D 形幼虫以后的 2~3d,由内源性营养提供部分能量;即将变态的幼虫需要长时间积累营养,而各组幼虫的变态规格几乎相同,导致生长优势无法得到表达(Cruz and Ibarra,1997)。稚贝期间,刚刚完成变态的稚贝,其大小比变态规格略大,也尚未表现出生长优势,杂种优势值近乎为 0;随着稚贝生长,个体间异质性逐渐增大,生长的杂种优势得到表现。但是,由于自交组与杂交组的异质性均在增大,故杂种优势可以得到比较稳定的表达。PW、WP 在 15 日龄、20 日龄、30 日龄、40 日龄的生长优势差值为 0.64%、1.56%、3.88%、1.19%。养成期间,由于各组幼贝生长快,故生长的杂种优势可以得到稳定表达;幼贝成活率高,几乎无死亡,使得存活的杂种优势表达稳定。PW、WP 在 90 日龄、120 日龄、150 日龄的生长优势为 16.22%、14.80%。由此可见,生长的杂种优势的变化规律为"0—出现—0—出现—稳定",依次对应的是 D 形幼虫—壳顶幼虫—变态幼虫—稚贝—幼贝。

4.4.2 獐子岛群体两种壳型蛤仔的双列杂交

4.4.2.1 材料与方法

1. 材料

本实验以獐子岛群体壳宽型(壳宽/壳长值在前10%的个体)及壳扁型(壳宽/壳长值在后10%的个体)蛤仔为材料,开展两品系间的双列杂交实验,旨在发现不同壳型蛤仔间的杂交效应,分析杂种优势及壳型的遗传机制,为蛤仔的种质改良提供理论和实践依据。

2. 方法

2014年7月底,采用阴干流水刺激法对蛤仔亲贝进行催产,捞出正在产卵排精的个体,用淡水冲洗干净,放于提前准备好的2.0L塑料桶内,等待继续产卵,收集单体的精卵。杂交之前,镜检选用的精子或卵子是否已经受精,将已受精个体精子或卵子舍弃。按照表4-148,选取壳宽型和壳扁型蛤仔雌雄各1粒,采用双列杂交法建立自交组和杂交组,得到4个实验组的F_1代,即杂交组W♀×P♂、P♀×W♂,自交组W♀×W♂、P♀×P♂。每组设置3个重复。各实验组间严格隔离,避免相互混淆。培育方法同4.4.1.1。

表4-148 两种壳型蛤仔双列杂交的实验设计

亲本	W♂	P♂
W♀	WW	WP
P♀	PW	PP

4.4.2.2 指标测定与数据分析

1. 指标测定

指标测定同4.4.1.1。

2. 数据分析

1) 采用Excel作图,用SPSS19.0软件对数据进行统计分析。

2) 参照Cruz和Ibarra(1997)与郑怀平等(2004b)使用的方法,用公式(4-68)~(4-70)计算杂种优势(heterosis):

$$H(\%) = \frac{(PW+WP)-(PP+WW)}{PP+WW} \times 100 \quad (4\text{-}68)$$

$$H_{WP}(\%) = \frac{WP-WW}{WW} \times 100 \quad (4\text{-}69)$$

$$H_{PW}(\%) = \frac{PW-PP}{PP} \times 100 \quad (4\text{-}70)$$

式中,WP、WW、PP、PW表示各实验组F_1在同一日龄的表型值(生长及存活率)。公式(4-68)为双列杂交的杂种优势，公式(4-69)、公式(4-70)分别为双列杂交中正反交组的杂种优势。

4.4.2.3 结果

1. 幼虫的生长与存活

各实验组幼虫在 3 日龄、6 日龄及 15 日龄的平均壳长及杂种优势见表 4-149。3 日龄时，PP 组和 PW 组平均壳长显著大于 WW 组和 WP 组（$P<0.05$）；6 日龄时，WW 组和 PW 组平均壳长显著大于 WP 组和 PP 组；15 日龄时，WP 组幼虫平均壳长最小，PW 组最大，且两者差异显著（$P<0.05$）。从生长优势来看，PW 组幼虫期表现出单亲生长优势，均值为 1.61%；相反的是，WP 组表现出生长劣势，大小为 -0.82%；总体表现为生长优势，大小为 0.25%。

表 4-149　浮游期幼虫壳长及其生长的杂种优势

项目		日龄			平均值
		3	6	15	
平均壳长/μm	WW	109.13±6.35^a	153.97±7.68^b	189.13±12.13^{ab}	—
	WP	109.80±4.42^a	150.56±6.79^a	187.52±13.38^a	—
	PW	112.90±4.50^b	153.67±8.12^b	195.88±11.39^c	—
	PP	111.81±6.52^b	150.43±9.36^a	192.61±15.21^{bc}	—
杂种优势/%	H_{WP}	0.61	-2.21	-0.85	-0.82
	H_{PW}	0.97	2.15	1.70	1.61
	H	0.80	-0.06	0.02	0.25

注：同列不同小写字母表示差异显著（$P<0.05$）

表 4-150 为浮游期幼虫各日龄平均存活率及存活优势。3 日龄时，WW、WP 组存活率较高，两者差异不显著（$P>0.05$），显著大于 PP、PW 组（$P<0.05$）。6 日龄时，PW 存活率最低，显著低于 WW、WP 和 PP 组（$P<0.05$），WP 组存活率最高。15 日龄时，WP 组存活率最高，显著高于其他三组（$P<0.05$）。从整个浮游期存活率来看，WP 组具有一定的存活优势，其值为 9.53%，而 PW 组则表现为存活劣势，为 -6.01%，总体则表现为存活优势。

表 4-150　浮游期幼虫的存活及其杂种优势

项目		日龄			平均值
		3	6	15	
存活率/%	WW	80.4±3.07^c	61.1±5.32^b	49.6±2.43^b	—
	WP	81.3±4.12^c	68.4±4.78^c	57.3±1.65^c	—
	PW	59.6±3.90^a	53.9±6.21^a	36.4±1.99^a	—
	PP	66.5±3.15^b	57.2±4.13^b	37.1±1.18^a	—
杂种优势/%	H_{WP}	1.12	11.95	15.52	9.53
	H_{PW}	-10.38	-5.77	-1.87	-6.01
	H	-4.14	3.38	17.09	5.44

注：同列不同小写字母表示差异显著（$P<0.05$）

2. 稚贝的生长与存活

表 4-151 为各实验组稚贝平均壳长及其生长优势。室内培育 30 日龄时，各实验组间差异不显著（$P>0.05$）；60 日龄时，WP 组稚贝平均壳长最大，与其他组差异显著（$P<0.05$）；室外培育（90 日龄）时，仍然是 WP 组稚贝平均壳长最大，且与其他组均存在显著差异（$P<0.05$），60 日龄与 90 日龄时，各实验组具有相似的生长趋势，即 WP 组平均壳长最大，PP 组最小。

表 4-151　稚贝的壳长及杂种优势

项目		日龄			平均值
		30	60	90	
平均壳长/mm	WW	0.59 ± 0.03^a	3.06 ± 0.64^b	6.04 ± 1.02^b	—
	WP	0.64 ± 0.04^a	3.39 ± 0.44^c	6.92 ± 1.33^c	—
	PW	0.60 ± 0.07^a	2.33 ± 0.25^a	5.78 ± 0.99^b	—
	PP	0.62 ± 0.06^a	2.23 ± 0.09^a	5.22 ± 1.19^a	—
杂种优势/%	H_{WP}	8.48	10.78	14.57	11.28
	H_{PW}	−3.23	4.48	10.73	3.99
	H	2.48	8.13	12.79	7.80

注：同列不同小写字母表示差异显著（$P<0.05$）

表 4-152 为各组在稚贝期的存活率及存活优势。30 日龄时，WW 和 WP 组存活率较高，与 PW 和 PP 组差异显著（$P<0.05$）。60 日龄时，也是 WW 和 WP 组存活率较高，但两者差异不显著（$P>0.05$）。90 日龄时，PP 和 PW 组存活率较低，与存活率最高的 WP 组差异显著（$P<0.05$）。就稚贝期来看，WP 组表现为杂种优势，而 PW 组表现为微弱的杂种劣势，总体上杂交后代稚贝表现为杂种优势。

表 4-152　稚贝的存活及其杂种优势

项目		日龄			平均值
		30	60	90	
存活率/%	WW	86.2 ± 3.49^c	76.6 ± 3.12^b	58.4 ± 2.23^b	—
	WP	88.1 ± 4.87^c	79.4 ± 4.26^b	66.3 ± 1.92^c	—
	PW	73.6 ± 4.21^a	63.4 ± 3.29^a	50.1 ± 3.28^a	—
	PP	76.4 ± 5.10^b	62.3 ± 2.29^a	49.6 ± 2.58^a	—
杂种优势/%	H_{WP}	2.20	3.66	13.53	6.46
	H_{PW}	−3.66	1.77	1.01	−0.29
	H	−0.55	2.81	7.85	3.37

注：同列不同小写字母表示差异显著（$P<0.05$）

4.4.2.4　讨论

蛤仔壳型随环境变化很大，刘仁沿等（1999）认为它们之间存在遗传变异。张跃环（2008）认为蛤仔壳型可以稳定遗传。本研究发现，蛤仔獐子岛野生群体壳形态分化明显，在壳长相等的条件下，重量性状也出现显著差异。实验结果表明，杂交后代在幼虫期及稚贝期总体均表现为杂种优势,但杂种优势表现不稳定,幼虫期及稚贝期差异较大,说明两种亲本间存在遗传差异,具有丰富的基因型,可供选择的机会较大。因此,两种壳型品系是蛤仔杂交育种的良好材料。

杂交后代的生长与存活受到母本效应或配对方式即正反交的影响,母本效应是指杂交后代的表型性状、生存状况和生产性能受其母本直接影响的一种现象。这种现象在水产动物中广泛存在。本实验中,杂交组总体表现出杂种优势。在浮游期,以壳扁型蛤仔为母本的杂交后代表现为单亲生长优势,以壳宽型蛤仔为母本的杂交后代表现为单亲存活的优势。稚贝期,以壳宽型蛤仔为母本的杂交后代均表现出杂种优势,以壳扁型蛤仔为母本的杂交后代表现为微弱的生长优势。

4.5 蛤仔家系间的杂交

4.5.1 两个全同胞家系间的双列杂交

在2007年7月培育的30个全同胞家系中,选取表型性状优良的两个全同胞家系进行杂交,通过家系间杂种优势和配合力的计算评定出最优杂交组合。

4.5.1.1 材料与方法

1. 亲本来源

于2007年7月在大连庄河海洋贝类养殖场育苗场,采用巢式设计(♂:♀=1:5)建立蛤仔大连石河群体14个父系半同胞家系和70个全同胞家系。以蛤仔家系幼虫期、稚贝期、养成期的存活率及壳长生长为指标,对蛤仔家系进行阶段性选择淘汰,选留了生长、抗逆性状优良的30个蛤仔全同胞家系。

选留家系在2008年8月性腺成熟,从中挑选生长性状优良的两个全同胞家系作为亲本。选留每个家系中壳长较大(D、G)和壳长较小(d、g)的两种蛤仔(表4-153)作为亲本。以蛤仔的壳色和壳面花纹作为遗传标记,以确保所选亲本来自同一个家系。

表 4-153　两全同胞家系双列杂交亲本规格

亲贝	壳长/mm	亲贝	壳长/mm
♂D	23.34	♂d	14.38
♀D	24.28	♀d	13.64
♂G	23.96	♂g	13.82
♀D	22.88	♀g	13.98

2. 实验设计

两全同胞家系亲贝经阴干8h、流水刺激0.5h后分别放于60L塑料桶中,在水温为25℃、盐度28、pH 8.0的海水中产卵排精。从两家系中分别抓取壳长较大和壳长较小的两种蛤仔作为亲本,分别收集精卵于5L塑料桶中,按表4-154的实验设计进行家系间杂交。

表 4-154　两全同胞家系双列杂交实验设计

亲贝	♀D	♀G	亲贝	♀d	♀g
♂D	♂D×♀D	♂D×♀G	♂d	♂d×♀d	♂d×♀g
♂G	♂G×♀D	♂G×♀G	♂g	♂g×♀d	♂g×♀g

3. 苗种培育、稚贝中间育成及海上养成

将收集的受精卵转移到 60L 塑料桶中，并设置 3 个重复，保持密度一致单独培养。培育期间，实验用水为砂滤海水，水温为 24~30℃，盐度为 28~29，pH 为 7.8~8.0。每 2d 全量换水 1 次。为避免不同实验组蛤仔的混杂，每组换水后将筛绢网用淡水冲洗干净。每天投饵 3 次，饵料为金藻和小球藻(体积比为 1:1)，浮游期投喂 2000~5000 个细胞/mL，稚贝期投喂 1 万~2 万个细胞/mL，根据幼虫和稚贝的摄食情况适当增减饵料量，保持水中有足量的饵料。幼虫期初始培育密度为 6~8 个/mL，随着幼虫生长，逐渐减少为 2~3 个/mL。为了消除培育密度的影响，在培育阶段每 3d 对密度进行调整，保持各个实验组密度基本一致。室内培育 60d 后，将实验组蛤仔按每袋 500 粒的数量装入 60 目网袋(40cm×60cm)，做好标记，挂养于大连庄河海洋贝类养殖场育苗场室外生态池中进行中间育成。其间水温为 24~19℃，盐度为 28~29，pH 为 7.8~8.0。

4. 数据测量及分析

分别测量各实验组 3 日龄、6 日龄、9 日龄、30 日龄、60 日龄、100 日龄的壳长，每个重复随机测量 30 个个体。

杂种优势的计算参照张海滨(2005)的方法，公式如下：

$$杂种优势(\%) = (F_1 - M_P)/M_P \times 100\% \tag{4-71}$$

式中，F_1 为杂交组合的表型值；M_P 则为亲本子代的平均值。

双列杂交分析按 Griffing(1956)的方法Ⅰ计算，包括两个步骤，先检测亲本、F_1 和反交组合间是否存在基因型差异，当差异显著时进一步进行配合力方差分析。

检验基因型差异，按以下模型进行随机区组分析：

$$Y_{ijkl} = \mu + g_{ij} + b_k + (bg)_{ijk} + e_{ijkl} \tag{4-72}$$

式中，Y_{ijkl} 为第 $i \times j$ 基因型在第 k 小区内的第 l 观测值；μ 为总平均值；g_{ij} 为第 $i \times j$ 基因型效应；b_k 为第 k 区组效应；$(bg)_{ijk}$ 为第 i 个和第 j 个基因型与第 k 个区组间的交互作用；e_{ijkl} 为随机误差。

配合力分析按以下模型：

$$Y_{ij} = \mu + g_i + g_j + s_{ij} + r_{ij} + \frac{1}{b}\sum_k b_k + \frac{1}{b}\sum_k (bg)_{ijk} + \frac{1}{b}\sum_k \sum_l e_{ijkl} \tag{4-73}$$

式中，Y_{ij} 为第 $i \times j$ 基因型效应；g_i 为第 i 个亲本的一般配合力效应(GCA)；g_j 是第 j 个亲本的一般配合力效应(GCA)；s_{ij} 为特殊配合力效应(SCA)；r_{ij} 是反交效应；$\frac{1}{b}\sum_k b_k$ 为第

k 区组效应；$\frac{1}{b}\sum_{k}(bg)_{ijk}$ 为第 i 个和第 j 个基因型与第 k 个区组间的交互效应；$\frac{1}{b}\sum_{k}\sum_{l}e_{ijkl}$ 为随机误差效应。

4.5.1.2 结果

1. 各杂交组幼虫生长比较

各杂交组幼虫生长比较如图 4-25 和图 4-26 所示。3 日龄时，D×G 组中♂D×♀G 生长最快，与♂G×♀D 差异不显著($P>0.05$)，与♂G×♀G、♂D×♀D 差异显著($P<0.05$)；d×g 组中♂d×♀d 生长最快，与♂d×♀g、♂g×♀d 差异不显著($P>0.05$)，与♂g×♀g 差异显著($P<0.05$)。6 日龄时，D×G 组中♂G×♀D 生长最快，与♂D×♀G 差异不显著($P>0.05$)，与♂G×♀G、♂D×♀D 差异显著($P<0.05$)；d×g 组中♂d×♀d 生长最快，与♂g×♀d 差异不显著($P>0.05$)，与♂g×♀d、♂g×♀g 差异显著($P<0.05$)。9 日龄时，D×G 组中♂D×♀D 生长最快，与♂G×♀D、♂D×♀D、♂G×♀G 差异显著($P<0.05$)；d×g 组中♂d×♀d 生长最快，与♂g×♀d、♂g×♀d、♂g×♀g 差异显著($P<0.05$)。

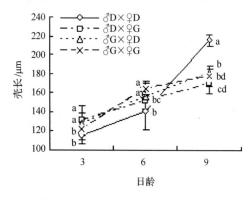 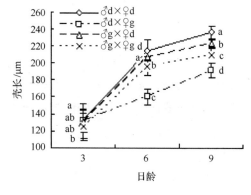

图 4-25　D×G 杂交组幼虫期生长比较　　　图 4-26　d×g 杂交组幼虫期生长比较
图中字母相同者差异不显著，字母不同者差异显著　　图中字母相同者差异不显著，字母不同者差异显著

2. 各杂交组稚贝期和养成期生长比较

各杂交组稚贝期和养成期生长如图 4-27 和 4-28 所示。30 日龄时，D×G 组中♂D×♀G 生长最快，与♂G×♀D、♂G×♀G、♂D×♀D 差异显著($P<0.05$)；d×g 组中♂d×♀d 生长最快，与♂g×♀d、♂g×♀g 差异不显著($P>0.05$)，与♂d×♀g 差异显著($P<0.05$)。60 日龄时，D×G 组中♂D×♀G 生长最快，与♂G×♀D、♂G×♀G、♂D×♀D 差异显著($P<0.05$)；d×g 组中♂d×♀d 生长最快，与♂g×♀g 差异不显著($P>0.05$)，与♂g×♀d、♂g×♀d 差异显著($P<0.05$)。养成期 100 日龄时，D×G 组中♂D×♀G 生长最快，与♂G×♀D、♂D×♀D、♂G×♀G 差异显著($P<0.05$)；d×g 组中♂d×♀d 生长最快，与♂g×♀d、♂g×♀d、♂g×♀g 差异显著($P<0.05$)。由此可见，在 D×G 组中♂D×♀G 的生长在各日龄一直最快，♂G×♀G 的生长在各日龄一直最慢。在 d×g 组中♂d×♀d 的生长在各日龄一直最快。

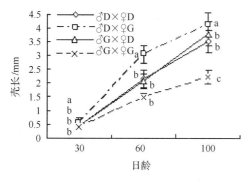

图 4-27 D×G 杂交组稚贝和养成期生长比较
图中字母相同者差异不显著，字母不同者差异显著

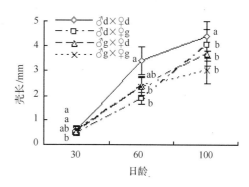

图 4-28 d×g 杂交组稚贝和养成期生长比较
图中字母相同者差异不显著，字母不同者差异显著

3. 家系间双列杂交组合生长的方差分析

D×G 杂交组合生长的方差分析见表 4-155。3 日龄、6 日龄、9 日龄、30 日龄、60 日龄、100 日龄时，各组间和组合内差异均显著（$P<0.05$）。因此，需要进一步进行配合力方差分析。

表 4-155　D×G 杂交组合生长的方差分析

日龄	组别	df	均方	F	P
3	组合间	3	469.722	18.891	0.001
	组合内	116	248.448		
6	组合间	3	17 512.431	40.019	<0.001
	组合内	116	437.608		
9	组合间	3	5 643.056	22.187	<0.001
	组合内	116	254.339		
30	组合间	3	53 665.556	8.946	0.001
	组合内	116	18 214.943		
60	组合间	3	12.447	7.943	0.001
	组合内	116	4.23		
100	组合间	3	10.485	23.326	0.001
	组合内	116	7.907		

d×g 杂交组合生长的方差分析见表 4-156。结果表明，3 日龄、6 日龄、9 日龄、30 日龄、60 日龄、100 日龄时各组合间和组合内差异均显著（$P<0.05$）。因此，需要进一步进行配合力方差分析。

4. 一般配合力、特殊配合力、反交效应方差分析

D×G 和 d×g 杂交组一般配合力、特殊配合力和反交效应方差分析分别见表 4-157 和表 4-158。结果表明，一般配合力、特殊配合力、反交效应的方差分析均显著。

表 4-156　d×g 杂交组合生长的方差分析

日龄	组别	df	均方	F	P
3	组合间	3	1 438.653	10.409	<0.001
	组合内	116	138.326		
6	组合间	3	3 099.078	4.423	0.001
	组合内	116	700.717		
9	组合间	3	12 736.319	47.484	<0.001
	组合内	116	268.226		
30	组合间	3	210 477.297	14.281	<0.001
	组合内	116	14 738.472		
60	组合间	3	12.438	6.856	<0.001
	组合内	116	1.814		
100	组合间	3	18.376	4.463	0.001
	组合内	116	4.118		

表 4-157　D×G 杂交组一般配合力、特殊配合力和反交效应的方差分析

日龄	一般配合力(GCA)			特殊配合力(SCA)			反交效应(RC)			误差	
	df	均方	F	df	均方	F	df	均方	F	df	F
3	1	18.18	3.94*	1	122.1	26.49*	1	3.05	0.66*	116	4.61
6	1	300.13	12.85*	1	0.53	0.02*	1	9.25	0.40*	116	23.36
9	1	757.27	84.71*	1	451.56	50.51*	1	67.98	7.60*	116	8.94
30	1	700.5	1.43*	1	6568.29	13.37*	1	1377.8	2.80*	116	491.28
60	1	0.21	3.50*	1	0.06	1.00*	1	1.97	32.83*	116	0.06
100	1	0.85	6.07*	1	1.2	8.57*	1	0.06	0.43*	116	0.14

*表示 F 检验显著

表 4-158　d×g 杂交组一般配合力、特殊配合力和反交效应的方差分析

日龄	一般配合力(GCA)			特殊配合力(SCA)			反交效应(RC)			误差	
	df	均方	F	df	均方	F	df	均方	F	df	F
3	1	60.5	7.31*	1	156.13	18.86*	1	0.224	0.03*	116	8.28
6	1	174.10	11.93*	1	480.27	32.92*	1	1096.52	75.16*	116	14.59
9	1	131.22	15.47*	1	115.89	13.67*	1	533.66	62.93*	116	8.48
30	1	10.9	0.10*	1	4138.35	38.62*	1	1216.72	11.35*	116	107.16
60	1	0.57	4.04*	1	0.53	3.76*	1	0.133	0.94*	116	0.141
100	1	0.96	3.69*	1	0.03	0.12*	1	0.06	0.23*	116	0.26

*表示 F 检验显著

5. 家系间双列杂交生长的杂种优势估计

家系间双列杂交生长的杂种优势估计见表 4-159 和表 4-160。结果表明，各日龄 D×G 杂交组的杂种优势都大于 d×g 杂交组。两杂交组中稚贝期和养成期的杂种优势都大于幼虫期。D×G 杂交组中，♂D×♀G 从幼虫期 3 日龄到稚贝期 60 日龄的杂种优势都大

于♂G×♀D。养成期100日龄♂D×♀G的杂种优势有所降低，小于♂G×♀D。d×g杂交组中♂d×♀g杂种优势在各日龄都为负值，杂种优势不明显。♂g×♀d各日龄小于♂D×♀G（9日龄、100日龄除外）和♂G×♀D（6日龄、30日龄除外）。

表4-159 D×G家系间双列杂交生长的杂种优势估计（%）

杂种优势	3日龄	6日龄	9日龄	30日龄	60日龄	100日龄
$H_{D×G}$	9.35	0.48	−10.80	19.56	41.21	34.60
$H_{♂D×♀G}$	13.28	7.71	−21.51	33.56	42.93	11.47
$H_{♂G×♀D}$	5.62	−5.68	2.25	4.24	38.76	71.40

表4-160 d×g家系间双列杂交生长的杂种优势估计（%）

杂种优势	3日龄	6日龄	9日龄	30日龄	60日龄	100日龄
$H_{d×g}$	3.74	−6.85	−1.44	−3.75	9.69	23.33
$H_{♂d×♀g}$	−1.24	−25.45	−19.14	−15.56	−44.86	−7.92
$H_{♂g×♀d}$	5.3	5.52	−6.5	6.51	2.61	23.22

6. 家系间双列杂交一般配合力效应

对双列杂交一般配合力计算见表4-161。D×G杂交组和d×g杂交组亲本的一般配合力效应大小和方向都不相同。♂D×♀G除3日龄的一般配合力效应为负向作用外，其余各日龄均为正向作用，一般配合力效应优势明显。♂G×♀D一般配合力效应从6日龄以后均为负向作用。d×g杂交组中，♂d×♀g一般配合力效应除6日龄和30日龄为负向作用以外，其余各日龄为正向作用，相对于♂g×♀d一般配合力效应优势明显。

表4-161 家系间双列杂交一般配合力

项目	3日龄	6日龄	9日龄	30日龄	60日龄	100日龄
♂D×♀G	−1.5	4.665	9.71	9.357 5	0.160 5	0.325 5
♂G×♀D	1.5	−4.665	−9.71	−9.357 5	−0.160 5	−0.325 5
$LSD_{0.05}$	2.98	6.70	4.14	30.72	0.34	0.52
♂d×♀g	2.25	−6.125	4.05	−1.167 5	0.267	0.346 25
♂g×♀d	−2.25	6.125	−4.05	1.167 5	−0.267	−0.346 25
$LSD_{0.05}$	3.99	5.299	4.04	14.35	0.52	0.71

7. 家系间双列杂交特殊配合力

家系间双列杂交特殊配合力见表4-162。结果表明，D×G在3日龄、30日龄、60日龄、100日龄的特殊配合力大于d×g组，杂交优势明显。

表4-162 家系间双列杂交特殊配合力

项目	3日龄	6日龄	9日龄	30日龄	60日龄	100日龄
D×G	5.54	−10.957 5	−10.625	40.522 5	0.373 9	0.548 25
$LSD_{0.05}$	2.98	6.70	4.14	30.72	0.34	0.52
d×g	1.22	0.365	−5.382 5	−32.165	−0.365 5	0.087
$LSD_{0.05}$	3.99	5.29	4.04	14.35	0.52	0.71

8. 家系间双列杂交反交效应

由表 4-163 可见，D×G 的特殊配合力普遍高于反交效应。d×g 组特殊配合力普遍高于其反交效应。因此蛤仔壳长的遗传变异在受加性或非加性基因效应控制的同时，也受组合正反交配方式的影响。

表 4-163　家系间双列杂交反交效应

项目	3 日龄	6 日龄	9 日龄	30 日龄	60 日龄	100 日龄
G×D	−1.25	23.415	5.83	−83	−0.491 25	−0.172 5
$LSD_{0.05}$	4.21	9.47	5.86	43.44	0.48	0.73
g×d	−0.39	2.15	16.335	24.665	0.258	−0.168 5
$LSD_{0.05}$	5.64	7.49	5.71	20.29	0.74	1.00

4.5.1.3　讨论

在本研究中，选取两个全同胞家系中较大规格的蛤仔进行家系间双列杂交产生 D×G 杂交组；再选取这两个全同胞家系中较小规格的蛤仔进行家系间双列杂交产生 g×d 杂交组。在 D×G 杂交组合中，♂D×♀G 的生长优势明显，除 9 日龄外，壳长生长在各日龄一直最快。♂G×♀G 家系内近交组的生长在稚贝期和养成期一直最慢。在 d×g 组中，♂d×♀d 生长优势明显，在各日龄生长一直最快。这些结果表明，全同胞家系间规格较大的蛤仔杂交，子代中杂交组生长优势明显；而全同胞家系间规格较小的蛤仔杂交，子代中近交组生长优势明显。近交对养殖群体遗传改良具有明显的促进作用，使我们能够选择理想的基因型，加快纯化速度，从而培育出不同的家系(纯系或近交系)，然后通过纯系或近交系间的杂交来充分利用杂种优势(张海滨，2005)。在本研究中，虽然大小规格蛤仔来自同样的两个全同胞家系，但蛤仔子代表现出的生长优势的组合不一致，应该与蛤仔亲本的遗传背景有关。同一家系中不同规格蛤仔蕴藏的加性基因不同，可能规格较大的蛤仔蕴藏的加性基因较多，在表型性状中表现为个体较大。相对而言，同一家系中个体较小的蛤仔蕴藏的加性基因较少。因此在家系间大规格蛤仔杂交，子一代的生长基因的累加主要依靠两家系生长基因的杂合累加；而家系间小规格蛤仔杂交，子一代的生长基因的累加应主要依靠家系内近交，使生长基因得到进一步累加纯化。

双列杂交在动植物育种中一直被广泛应用，其主要意义是发现具有高一般配合力和特殊配合力的亲本，从中选择出最优良的组合，从而充分利用 F_1 杂种优势。一般而言，只有当两亲本或其中之一的一般配合力较高，且组合特殊配合力也高时，才具有较高的潜力。倘若利用两个一般配合力都低的亲本配组，即使其具有较高的特殊配合力效应，有较强的超亲优势，也难具有较强的竞争优势，在生产上不一定有实用意义。从这一意义上说，杂种优势利用，亲本一般配合力高是前提和基础，特殊配合力高是关键。合理利用一般配合力高的亲本，是提高组合总配合力、获得强优势杂种的有效途径(张海滨，2005)。在本研究中，通过杂种优势的计算比较得出，D×G 杂交组的杂种优势明显，杂交效果最好。♂D×♀G 除 3 日龄的一般配合力效应为负向作用外，其余各日龄均为正向作用，其一般配合力效应高于其他各组合。D×G 在 3 日龄、30 日龄、60 日龄和 100 日龄的特殊配合力大于 d×g 组，而且 D×G 的特殊配合力普遍高于其反交效应。因此，通过一般配合力和特殊配合力的计算更进一步说明了♂D×♀G 杂交组合的杂交效果最好。

4.5.2 奶牛蛤 2 个家系 F_1 与橙蛤 F_3 的 3×3 双列杂交

4.5.2.1 材料与方法

1. 实验材料

2011 年 8 月,以已建立的生长快、存活率高的 2 个大连石河野生蛤仔奶牛蛤品系子一代家系(C_{31}、C_{32})及橙蛤子三代(O_3)为亲本,开展了 3×3 完全双列杂交。奶牛蛤品系为壳面具有黑白相间斑块的蛤仔品系,橙蛤品系壳面为橙色并具有 4 条点状放射性条带。实验采用随机选取方法,在每个家系中选取贝壳无损伤、壳型规整、活力强的雌雄个体各 3 个作为亲本。实验采捕的蛤仔先在室内清洗干净,阴干 8h,4h 后开始采卵排精。水温为 23℃,盐度为 28,pH 为 7.8。

实验采用 3×3 完全双列杂交方式,共建立 9 个实验组,实验设计如表 4-164 所示。

表 4-164 蛤仔双列杂交设计

亲本来源	C_{31}(♀)	C_{32}(♀)	O_3(♀)
C_{31}(♂)	$C_{31}C_{31}$	$C_{32}C_{31}$	O_3C_{31}
C_{32}(♂)	$C_{31}C_{32}$	$C_{32}C_{32}$	O_3C_{32}
O_3(♂)	$C_{31}O_3$	$C_{32}O_3$	O_3O_3

2. 幼虫和稚贝培育

幼虫和 60 日龄前稚贝培育在 60L 塑料桶中进行,幼虫密度为 4~5 个/mL,稚贝密度为 2~3 个/cm^2;每天投饵 2 次,饵料为湛江等鞭金藻(*Isochrysis zhangjiangensis*)和小球藻(*Chlorella vulgaris*)(体积比为 1:1),浮游期日投喂 2000~5000 个细胞/mL,稚贝期投喂 1 万~2 万个细胞/mL,根据幼虫和稚贝的摄食情况适当增减饵料量,保持水中有足量的饵料;每 2d 全量换水 1 次,为避免不同实验组个体混杂,每组换水的筛绢网单独使用。30 日龄以后,稚贝在室外生态池中吊养,每袋 200~300 个。培育期间,水温为 24.2~30.4℃,盐度为 24~28,pH 为 7.64~8.62。为了消除培育密度的影响,在培育阶段每 3d 对密度进行一次调整,使各个实验组密度基本保持一致。各实验组个体分桶培育,严格隔离。随稚贝生长定期更换网袋,调整密度,使各实验组密度保持一致。

3. 指标测定

1)测量各家系的孵化率,将 D 形幼虫数量与受精卵数量的百分比定义为孵化率,每个家系测量 3 次。

2)分别测量各个群体 3 日龄、6 日龄、9 日龄、30 日龄、60 日龄、90 日龄的壳长,每个重复随机测量 30 个个体。

3)测定 9 日龄和 40 日龄存活率,每个家系测定 3 组重复。9 日龄幼虫存活率为单位体积幼虫数占 D 形幼虫数的百分比;40 日龄稚贝存活率为存活稚贝的数量占变态稚贝数的百分比。

4)蛤仔变态以附着幼虫出现鳃原基、足、次生壳为标志。变态率为完成变态幼虫总数占幼虫总数的百分比。

幼虫和壳长小于 300μm 的稚贝在显微镜下用目微尺(100×)测量，壳长大于 300μm 小于 3.0mm 的稚贝在体视显微镜下用目微尺(20~40×)测量，壳长大于 3.0mm 后用游标卡尺(精确值 0.01mm)测量。

4. 数据分析

1)采用 SPSS17.0 软件对数据进行统计分析，并用 Excel 作图。

2)计算各个家系的绝对生长，公式为

$$G=(W_1-W_0)/(t_1-t_0) \tag{4-74}$$

式中，G 为绝对生长；W_0 为第一次测定的壳长；W_1 为最后一次测定的壳长；t_0 为第一次测定的日龄；t_1 为最后一次测定的日龄。

3)Kung 育种值及配合力

双列杂交分析按 Griffing(1956)的方法 I 计算，包括两个步骤，先检测亲本、F_1 和反交组合间是否存在基因型差异，当差异显著时进一步进行配合力方差分析。

配合力分析按以下模型：

$$Y_{ij}=\mu+g_i+g_j+s_{ij}+r_{ij}+\frac{1}{b}\sum_k b_k+\frac{1}{b}\sum_k (bg)_{ijk}+\frac{1}{b}\sum_k\sum_l e_{ijkl} \tag{4-75}$$

式中，Y_{ij} 为第 $i\times j$ 基因型效应；g_i 为第 i 个亲本的一般配合力效应(GCA)；g_j 为第 j 个亲本的一般配合力效应(GCA)；s_{ij} 为特殊配合力效应(SCA)；r_{ij} 为反交效应；$\frac{1}{b}\sum_k b_k$ 为第 k 区组效应；$\frac{1}{b}\sum_k (bg)_{ijk}$ 为第 i 个和第 j 个基因型与第 k 个区组间的交互效应；$\frac{1}{b}\sum_k\sum_l e_{ijkl}$ 为随机误差效应。

分别计算所有家系的 Kung 育种值、一般配合力、特殊配合力和杂种优势，对家系进行评价。

Kung 育种值(Z)的计算公式(谷龙春等，2010)如下：

$$Z=\bar{y}+C(y-\bar{y}) \tag{4-76}$$

式中，$\bar{y}$ 为所有实验家系的总体观测均值；y 为各家系的观测均值；C 为校正值，其值为 $C=1-1/F$（F 为方差分析的 F 值）。

一般配合力计算公式为

$$GCA(i)=\frac{1}{m}\sum_{j=1}^{m}\left[\frac{M_{F(ij)}+M_{F(ji)}}{2}\right] \tag{4-77}$$

式中，GCA(i)为一般配合力；m 为假设有 m 个群体，$M_{F(ij)}$ 为第 i 种群与第 j 种群杂交子一代的群体均值；$M_{F(ji)}$ 为第 j 种群与第 i 种群杂交子一代的群体均值。

特殊配合力计算公式为

$$SCA(ij)=\frac{1}{2}\left[M_{F(ij)}+M_{F(ji)}-GCA(i)-GCA(j)\right] \tag{4-78}$$

平均母本效应$[m.e.(i)]$计算公式为

$$m.e.(i) = GCAD_i - GCAS_i \tag{4-79}$$

式中，$GCAD_i$ 和 $GCAS_i$ 分别为第 i 种群作为母本和父本的一般配合力，$GCAD_i = \frac{1}{m}\sum_{j=1}^{m} M_{F(ij)}$，$GCAS_i = \frac{1}{m}\sum_{j=1}^{m} M_{F(ji)}$。

杂种优势计算公式为

$$H = \frac{1}{2}\left(M_{F_1} + M'_{F_1} - M_{P_1} - M_{P_2}\right) \tag{4-80}$$

式中，M_{F_1} 和 M'_{F_1} 表示正反交两家系观测均值，M_{P_1} 和 M_{P_2} 表示亲本纯繁家系观测均值。

配合力方差分析及均值使用 Excel 和 SAS 8.0 软件统计计算，所需程序参照林德光（1999）所设计步骤。

4.5.2.2 结果

1. 各家系受精率、孵化率及变态率

各家系受精率均在 96% 以上，且无显著性差异（$P>0.05$，$n=9$）（表 4-165）。不同混合家系间孵化率存在较大的差异，其中，以 C_{32} 和 O_3 为母本的家系孵化率较高，均在 90% 以上，尤其以 O_3 为母本的家系，孵化率均在 96% 以上，表现出较明显的母本效应，而以 C_{31} 为母本的孵化率均显著低于其他各组（$P<0.05$，$n=9$），尤其以 C_{31} 纯繁组最低，且与其他各组差异显著（$P<0.05$，$n=9$）。以 O_3 和 C_{32} 为母本的各组合普遍有较高的变态率，其中以 $C_{32}O_3$ 和 $C_{31}C_{32}$ 变态率较高，显著高于其他实验组（$P<0.05$，$n=9$），也表现出较明显的母本效应，同时，C_{31} 纯繁家系变态率又显著低于其他各组（$P<0.05$，$n=9$）。$C_{31}C_{32}$ 组变态率较高的原因可能是在幼虫期死亡率较高导致大量弱小个体被淘汰，存活的个体均生存适应能力较强。

表 4-165 不同蛤仔混合家系受精率、孵化率及变态率比较

实验组	受精率/%	孵化率/%	变态率/%
$C_{31}C_{32}$	97.00 ± 0.58^a	75.33 ± 2.03^a	87.00 ± 2.08^c
$C_{32}C_{32}$	97.33 ± 0.67^a	93.00 ± 1.00^{bc}	82.66 ± 6.36^a
O_3C_{31}	96.33 ± 0.33^a	96.33 ± 0.33^{bc}	62.23 ± 4.26^b
O_3C_{32}	97.00 ± 1.00^a	97.00 ± 1.00^{bc}	81.00 ± 1.53^{ad}
O_3O_3	97.67 ± 0.33^a	97.67 ± 0.33^c	84.00 ± 2.65^a
$C_{32}O_3$	96.67 ± 1.20^a	90.33 ± 2.97^b	87.00 ± 2.52^c
$C_{32}C_{31}$	96.33 ± 1.20^a	91.67 ± 1.20^b	48.00 ± 5.29^a
$C_{31}O_3$	97.00 ± 0.58^a	70.33 ± 1.67^d	61.67 ± 2.19^{bd}
$C_{31}C_{31}$	97.00 ± 0.58^a	60.00 ± 1.15^e	31.00 ± 2.08^e

注：同列不同小写字母表示差异显著（$P<0.05$）

2. 生长

(1) 各家系幼虫期生长比较

如图4-29、图4-30所示，幼虫期，除3日龄外，其他日龄各家系壳长生长存在较大差异。6日龄时，家系$C_{32}O_3$壳长生长最大[$(200.00\pm2.57)\mu m$]，极显著大于其他各组壳长（$P<0.01$，$n=30$），比总体平均壳长[$(184.59\pm1.07)\mu m$]大8%，比壳长最小的$C_{31}O_3$家系[$(163.67\pm2.60)\mu m$]大22%，3~6日龄各家系绝对生长均值为$25\mu m$，$C_{32}O_3$家系绝对生长最大（$31\mu m$），高于均值24%，O_3C_{32}、O_3C_{31}和O_3O_3三家系分列其后，而$C_{31}O_3$家系绝对生长最小（$18\mu m$），比均值低28%；9日龄时，$C_{31}C_{31}$家系壳长生长最大[$(228.67\pm2.48)\mu m$]，极显著大于其他各组（$P<0.01$，$n=30$），这可能也是由于这一期间该组幼虫大量死亡，留下生长能力极强的个体，而混合家系O_3C_{31}、O_3O_3和O_3C_{32}分别位居其后，且家系O_3C_{31}壳长[$(225.33\pm2.98)\mu m$]极显著高于除$C_{31}C_{31}$外的其他各组（$P<0.01$，$n=30$），比总体壳长均值[$(211.41\pm1.26)\mu m$]高7%，6~9日龄绝对生长均值为$9\mu m$，$C_{31}C_{31}$家系绝对生长最大（$14\mu m$），比均值高56%。

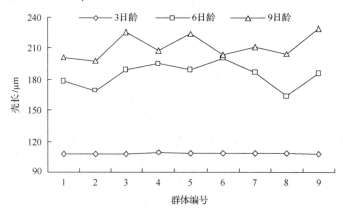

图4-29 蛤仔幼虫期壳长生长比较

图中序号1~9，分别为$C_{31}C_{32}$、$C_{32}C_{32}$、O_3C_{31}、O_3C_{32}、O_3O_3、$C_{32}O_3$、$C_{32}C_{31}$、$C_{31}O_3$、$C_{31}C_{31}$

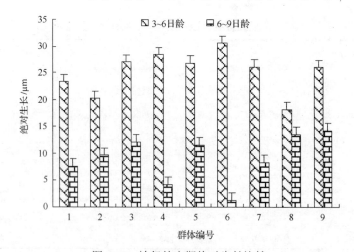

图4-30 蛤仔幼虫期绝对生长比较

图中序号1~9，分别为$C_{31}C_{32}$、$C_{32}C_{32}$、O_3C_{31}、O_3C_{32}、O_3O_3、$C_{32}O_3$、$C_{32}C_{31}$、$C_{31}O_3$、$C_{31}C_{31}$

(2) 各混合家系稚贝期生长差异分析

如图4-31、图4-32所示，稚贝期各混合家系壳长存在不同程度的差异。30日龄时，所有家系壳长均值为$(347.19\pm5.09)\mu m$，壳长生长最大的家系为$C_{31}C_{32}[(415.00\pm16.90)\mu m]$，比总体平均值大20%，家系$C_{32}C_{32}$次之，这两个家系壳长极显著大于其他各组($P<0.01$，$n=30$)。60日龄和90日龄时，$C_{31}C_{32}$家系$[(3.74\pm0.22)mm、(5.05\pm0.22)mm]$均表现出最好的生长性状，为各组中最大，且均以$C_{32}O_3[(3.46\pm0.41)mm、(5.00\pm0.26)mm]$次之。而两个时期均以$C_{31}C_{31}$家系壳长最小，且其与其他家系壳长差异显著($P<0.05$，$n=30$)。30~60日龄时，各家系绝对生长以$C_{31}C_{32}$家系($111\mu m$)最高，比总体绝对生长均值($84\mu m$)高32%，$C_{31}C_{31}$群体($28\mu m$)最低，低于平均值67%；60~90日龄阶段，总体绝对生长均值为$50\mu m$，$C_{31}C_{31}$家系($83\mu m$)最高，高于均值66%，$C_{31}O_3$和O_3C_{31}两家系为较低的两组。对比蛤仔幼虫期和稚贝期壳长绝对生长量，稚贝期要远远大于幼虫期，可能是生长环境差异造成的，蛤仔在幼虫期于塑料桶中培育，而稚贝期则在室外生态池中养殖，有足够的饵料种类和数量保证稚贝快速生长。

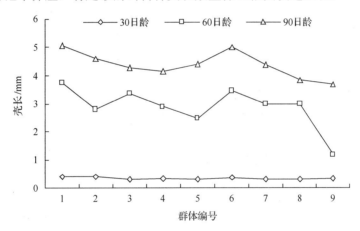

图4-31 蛤仔稚贝期壳长生长比较

图中序号1~9分别为$C_{31}C_{32}$、$C_{32}C_{32}$、O_3C_{31}、O_3C_{32}、O_3O_3、$C_{32}O_3$、$C_{32}C_{31}$、$C_{31}O_3$、$C_{31}C_{31}$

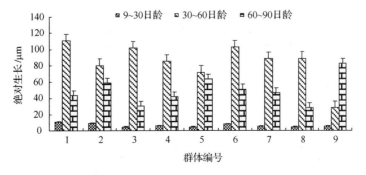

图4-32 蛤仔稚贝期壳长绝对生长比较

图中序号1~9分别为$C_{31}C_{32}$、$C_{32}C_{32}$、O_3C_{31}、O_3C_{32}、O_3O_3、$C_{32}O_3$、$C_{32}C_{31}$、$C_{31}O_3$、$C_{31}C_{31}$

(3) 存活率

各家系 9 日龄和 40 日龄存活率如表 4-166 所示。9 日龄时，家系 O_3O_3 存活率最高，而母本为 O_3 和 C_{32} 的个家系存活率分居前六位，且它们之间没有显著差异（$P>0.05$，$n=3$），而母本为 C_{31} 的各个群体存活率显著低于其他各组（$P<0.05$，$n=3$），而 $C_{31}C_{31}$ 成活率更是显著（$P<0.05$，$n=3$）低于其他所有混合家系，如此低的存活率可能也是造成 9 日龄时该家系壳长均值大型化趋势的原因；40 日龄时，各家系存活率无显著性差异（$P>0.05$，$n=3$），均在 94% 左右。

表 4-166　蛤仔 9 日龄和 40 日龄存活率比较（%）

实验组	日龄	
	9	40
$C_{31}C_{32}$	61.67 ± 1.67^a	93.00 ± 1.76^a
$C_{32}C_{32}$	87.00 ± 1.52^b	94.00 ± 0.58^a
O_3C_{31}	90.33 ± 0.88^b	94.67 ± 0.88^a
O_3C_{32}	89.67 ± 3.28^b	93.33 ± 1.33^a
O_3O_3	91.67 ± 0.88^b	94.67 ± 1.45^a
$C_{32}O_3$	89.00 ± 2.31^b	95.00 ± 0.58^a
$C_{32}C_{31}$	87.33 ± 2.96^b	94.00 ± 0.58^a
$C_{31}O_3$	72.00 ± 1.45^c	94.00 ± 1.54^a
$C_{31}C_{31}$	16.33 ± 1.86^d	94.00 ± 1.54^a

注：同列不同小写字母表示差异显著（$P<0.05$）

3. 各家系蛤仔壳长性状 Kung 育种值及配合力

(1) Kung 育种值

15 日龄后各双列杂交群体壳长性状的 Kung 育种值见表 4-167。结果显示，15 日龄时，$C_{32}O_3$ 的 Kung 育种值最高（454.88μm），$C_{32}C_{31}$ 次之（369.48μm），$C_{31}C_{32}$ 最低（247.66μm）；30 日龄时，$C_{31}C_{32}$ 的 Kung 育种值最高（401.15μm），$C_{32}O_3$ 次之（378.88μm），$C_{31}O_3$ 最低（317.96μm）；60 日龄和 90 日龄时，$C_{31}C_{32}$ 的 Kung 育种值均最高（3.60mm、4.91mm），而家系 $C_{31}C_{31}$ 均为最低（1.35mm、3.82mm）。

表 4-167　蛤仔各家系壳长性状的 Kung 育种值

家系	日龄			
	15	30	60	90
$C_{31}C_{32}$	247.66μm	401.15μm	3.60mm	4.91mm
$C_{32}C_{32}$	266.91μm	378.18μm	2.80mm	4.55mm
O_3C_{31}	265.52μm	318.31μm	3.32mm	4.30mm
O_3C_{32}	260.62μm	330.49μm	2.88mm	4.19mm
O_3O_3	329.93μm	328.75μm	2.52mm	4.40mm
$C_{32}O_3$	454.88μm	378.88μm	3.46mm	4.87mm
$C_{32}C_{31}$	369.48μm	324.23μm	2.99mm	4.38mm
$C_{31}O_3$	263.07μm	317.96μm	2.98mm	3.93mm
$C_{31}C_{31}$	316.63μm	337.10μm	1.35mm	3.82mm

(2) 各群体组合生长的方差分析

各混合家系组合生长的方差分析见表4-168。方差分析表明，3日龄时，各混合家系生长无显著差异（$P>0.05$），从6日龄起，各生长阶段各群体均有极显著差异（$P<0.01$），因此，需从6日龄起做进一步的配合力分析。

表4-168 各混合家系组合生长方差分析

日龄	组别	df	均方	F	P
3	组间	8	8.495	0.295	0.978
	组内	261	32.816		
6	组间	8	4 904.81	28.660	0.000
	组内	261	171.12		
9	组间	8	4 031.48	12.554	0.000
	组内	261	321.124		
30	组间	8	44 334.259	7.730	0.000
	组内	261	5 735.581		
60	组间	8	16.304	10.198	0.000
	组内	261	1.599		
90	组间	8	6.55	4.864	0.000
	组内	261	1.347		

(3) 一般配合力、特殊配合力和反交效应的方差分析

一般配合力、特殊配合力和反交效应的方差分析见表4-169。6日龄时，一般配合力差异极显著（$P<0.01$），而特殊配合力无显著性差异，这说明此时期，幼虫生长发育主要受加性基因影响；从6日龄开始，除60日龄时特殊配合力差异不显著外，其他各阶段一般配合力、特殊配合力和反交效应差异都显著（$P<0.05$），这说明6日龄后蛤仔幼虫及稚贝生长是由加性基因和非加性基因共同影响的，而反交效应从30日龄起出现极显著差异（$P<0.01$），表明正交及反交的交配方式对杂交组合的表现也有极显著影响。

表4-169 一般配合力、特殊配合力和反交效的方差分析

日龄	一般配合力(GCA)			特殊配合力(SCA)			反交效应(RC)			误差	
	df	均方	F	df	均方	F	df	均方	F	df	均方
6	2	73.18	4.28**	3	244.22	1.28	3	134.34	2.33	269	311.92
9	2	224.68	3.12*	3	105.55	6.64**	3	190	3.69*	269	700.80
30	2	2 017.56	3.39*	3	74.57	91.62**	3	1 830	3.74**	269	6 833.79
60	2	0.24	8.50**	3	1.24	1.65	3	0.27	7.56**	269	2.04
90	2	0.4	3.78*	3	0.08	18.88*	3	0.23	6.57**	269	1.51

* 代表F检验显著（$P<0.05$）；** 代表F检验极显著（$P<0.01$）

(4) 各家系间一般配合力、特殊配合力、杂种优势及母本效应估计

各杂交群体，一般配合力、母本效应、特殊配合力及杂种优势等见表4-170和表4-171。

在亲本一般配合力方面，15 日龄时，由大至小为 $C_{31}>C_{32}>O_3$，30 日龄、60 日龄及 90 日龄时，由大至小顺序均为 $C_{32}>C_{31}>O_3$；而平均母本效应方面，15 日龄时，由大至小为 $C_{32}>C_{31}>O_3$，30 日龄、60 日龄及 90 日龄时，由大至小顺序均为 $C_{31}>C_{32}>O_3$，其中 90 日龄时 C_{31} 和 C_{32} 的平均母本效应大致相等，C_{31} 略大，而在 30 日龄和 60 日龄时，亲本 C_{32} 和 O_3 的平均母本效应表现为负值。

表 4-170　蛤仔双列杂交各混合家系一般配合力和母本效应

日龄	一般配合力			平均母本效应		
	C_{31}	C_{32}	O_3	C_{31}	C_{32}	O_3
9	138.43	137.23	138.32	−14.26	2.23	12.04
15	381.31	222.45	207.39	−60.27	107.50	−65.23
30	226.27	240.27	223.20	29.40	−10.94	−18.40
60	2.18	2.19	2.13	0.10	−0.01	−0.09
90	2.93	3.10	2.88	0.07	0.06	−0.13

表 4-171　蛤仔双列杂交家系特殊配合力和平均杂种优势

日龄	特殊配合力			平均杂种优势/%		
	$C_{31}C_{32}$	$C_{32}O_3$	$C_{31}O_3$	$C_{31}C_{32}$	$C_{32}O_3$	$C_{31}O_3$
9	68.17	67.90	70.90	−7.17	−5.00	−16.90
15	6.79	143.83	−30.96	34.29	117.11	9.00
30	131.73	124.07	−223.07	5.80	1.40	−17.00
60	1.16	1.04	1.02	1.35	0.56	1.33
90	1.70	1.59	1.15	0.79	0.08	0.02

15 日龄时，特殊配合力顺序为 $C_{32}O_3>C_{31}C_{32}>C_{31}O_3$，30 日龄、60 日龄及 90 日龄时大小顺序均为 $C_{31}C_{32}>C_{32}O_3>C_{31}O_3$；而在平均杂种优势方面，15 日龄时，亲本为 C_{32} 和 O_3 及亲本为 C_{32} 和 C_{31} 的子代表现出明显的杂种优势，而 $C_{31}C_{32}$ 的子代优势最明显，到 30 日龄时，亲本为 C_{31} 和 C_{32} 的子代群体平均杂种优势逐渐明显，并在此后各时期均为三种组合中优势最明显的组合。

4.5.2.3　讨论

从孵化开始，各家系出现一定程度差异。O_3O_3 家系孵化率最高，来自不同母本受精卵孵化率大小顺序为 $O_3>C_{32}>C_{31}$，以 C_{31} 为母本的家系孵化率显著低于以 O_3 和 C_{32} 为母本的家系，表现出母本效应。9 日龄时，以 O_3 和 C_{32} 为母本的家系存活率显著高于以 C_{31} 为母本的各家系，也表现出一定的母本效应；而 $C_{31}C_{31}$ 存活率最低，只有 16.33%，这可能是近交衰退所致。近交衰退的原因，目前主要有两种假设，即显性假说(Crow, 1952; Davenport, 1908)和超显性假说(Crow, 1952; Davenport, 1908; East, 1908; Shull, 1908)。前者认为近交时产生大量的隐性或者近隐性有害基因，从而导致近交衰退；而后者认为杂合位点具有杂合优势，近交所导致的杂合子减少是性状衰退的原因。有学者认为近交产生的隐性或近隐性有害基因的增加可能是近交衰退的最重要因素(Charlesworth D and Charlesworth B，1987)。在鱼类研究中，鱼类近亲交配过程中会出现生长变慢、繁殖性能和存活率降低等现象。

蛤仔幼虫生长也表现出一定的母本效应。母本家系壳长均值由大到小呈现出 $O_3 > C_{32} > C_{31}$ 的趋势，这说明以 O_3 和 C_{32} 为母本的各家系在幼虫期表现出了生长优势。

各家系幼虫存活也表现出一定的母本效应。以 O_3 和 C_{32} 为母本的各家系存活率高于以 C_{31} 为母本的家系。

在生长方面，母本效应在此时期已经无显著影响。家系 $C_{31}C_{32}$ 生长最快，表现出杂种优势，而自交家系 $C_{32}C_{32}$、$C_{31}C_{31}$ 和 O_3O_3 壳长均显著小于其他实验组，表现出一定程度的近交效应。壳长是数量性状，很多学者提出了数量性状的遗传假说(Mather，1943)，这些假说指出数量性状由多个微效基因控制，这些微效基因统称为多基因系统，其中每个基因称为多基因(polygene)。根据微效多基因假说，生长性状是由一系列独立遗传的微效基因共同决定的。因此，在本实验中各杂交群体生长状况优于纯繁群体的原因可能就是不同来源的亲本拥有和生长有关的不同微效基因，杂交后这些微效基因叠加，表现出较好的生长性状，$C_{31}C_{32}$ 家系中叠加的促生长微效基因可能多于其他杂交组合，所以表现出最大的壳长和绝对生长量，而自交组亲本微效基因大致相同，叠加后生长性状表型值要稍差些，同时，自交使有害隐性基因纯化影响性状表型值也是重要原因之一。

稚贝期各实验组存活率均很高。从遗传角度来说，各群体亲本皆从生长存活性状优良的家系中挑选，各家系继承了亲代的优良基因；从生理生态方面说，蛤仔在稚贝期对环境适应能力加强，且在室外挂养，饵料充足。

选择育种作为一种重要的遗传改良方法，在水产动物选育中有广泛的应用。水产动物选择育种所重视的许多经济性状都是数量性状，如生长率、体重、体长、产蛋量、泌乳量等。数量性状的表型值是基因和环境共同影响的结果，而基因存在三种不同效应，即基因加性效应(additive effect)、等位基因间的显性效应(dominance effect)和非等位基因间的上位效应(epistatic effect)(盛志廉和陈瑶生，2001)。在遗传关系上，显性效应和上位效应只存在于特定的基因型组合中，不能稳定遗传，而亲本基因效应中能稳定遗传给后代的只有加性效应部分，即育种值，其是育种工作的重要指标。在同等条件下，育种值越高越好。谷龙春等(2010)对3个群体合浦珠母贝杂交的家系进行了 Kung 育种值估计，为进一步的育种研究奠定了基础。栾生等(2008)在表型值和育种值基础上对中国对虾生长和抗逆性状进行了分析，制定了培育综合性状优良的中国对虾新品种的育种策略；另外，对大西洋鲑(*Salmo salar*)(Gjerde，1999)、罗非鱼(*Oreochromis niloticus*)(Longalong et al.，1999)、南美白对虾(*Penaeus vannamei*)(Fjalestad et al.，1997；Hetzel et al.，2000)、长牡蛎(*Crassostrea gigas*)(Ward et al.，2000)等水产动物的选择育种也有较多研究。

在本实验中，$C_{31}C_{32}$ 家系和 $C_{32}O_3$ 家系在30日龄和60日龄时 Kung 育种值较高，其中 $C_{31}C_{32}$ 家系从30日龄开始便是各混合家系中最高的。这表明，$C_{31}C_{32}$ 表现出良好的加性效应，这一家系和 $C_{32}O_3$ 家系将成为以后继续选育的重要材料来源。

动物育种工作的目的是获得稳定遗传的优良性状,即固定并遗传优良性状的基因型。而杂交是培育优良品种的重要手段之一,亲本的选择对杂交成功与否具有重要影响。但不是任意两个种群杂交都能获得好的杂种优势,因此,考察亲本性状遗传能力就显得尤为重要。优良品种不一定是优良的亲本(张淑霞等,2007),亲本交配组合不同,其子代性状表现出现差异,不同亲本间有不同的组合能力,这种能力就是配合力(张淑霞等,2007)。一个种群的一般配合力主要由基因的加性效应所致,而两种群杂交的特殊配合力是基于杂交的显性、超显性和上位偏差,利用一般配合力高的种群杂交可望获得好的杂交效果,而两种群的特殊配合力则是选取好的杂交组合的依据之一。所以,杂种优势利用,亲本一般配合力高是前提和基础,特殊配合力好是关键。合理利用一般配合力高的亲本,是提高组合总配合力、获得强杂种优势的有效途径(张海滨,2005)。因此,配合力的测定是利用杂种优势的必要前提。王炳谦等(2009)利用配合力和微卫星标记预测了虹鳟品系间的杂种优势,谷龙春等(2010)通过配合力比较发现北海群体合浦珠母贝作为亲本有较好的杂种优势。

本实验蛤仔幼虫及稚贝一般配合力、特殊配合力和反交效应差异显著($P<0.05$),说明蛤仔生长受加性效应和非加性效应共同影响。一般配合力方面,30日龄时,C_{31}和C_{32}表现出较高的效应值,同时也表现出明显优于O_3的母本效应,表明这两个群体存在较多的加性效应基因可以遗传给子代,促进子代生长,且雌性个体作为亲本对蛤仔后期生长发育有较大的促进作用,而幼虫期以C_{32}和O_3为母本的各群体有良好的生长存活表现也是C_{32}和O_3母本效应的结果。在特殊配合力方面,$C_{31}C_{32}$、$C_{32}O_3$的总体表现优于$C_{31}O_3$的组合,而这也体现在良好的杂种优势上,尤其是$C_{31}C_{32}$,从9日龄前后开始,壳长生长就显著高于其他各组合。综合对各实验组生长发育的比较,C_{31}和C_{32}、C_{32}和O_3组合有较高的特殊配合力,适宜作为杂交亲本,而C_{31}和C_{32}两家系由于有较高的一般配合力并表现出较好的母本效应,更加适合被选作杂交组合中的母本。本实验中$C_{31}C_{32}$家系表现出最显著的生长优势。

4.5.3 奶牛蛤2个速生家系大个体间的杂交

4.5.3.1 材料和方法

1. 亲贝来源

2008年以蛤仔大连石河野生群体中的奶牛蛤为材料建立了126个全同胞家系,从中选出生长最快的2个家系C_{31}和C_{32}。2011年8月,从C_{31}和C_{32}中挑选壳型规整、无损伤个体作为亲贝,挂于大连庄河贝类养殖场育苗场室外生态池中促熟。

2. 实验设计

以壳长为标准分别在C_{31}和C_{32}两家系内进行上选,选取大规格雌、雄蛤仔各一枚。经阴干流水刺激后,蛤仔产卵排精,采用单体双列杂交方式进行交配,建立杂交家系,如表4-172所示。每个家系设3个重复。

表 4-172 杂交家系的建立

亲本	♀C_{31} (30.07mm)	♀C_{32} (30.46mm)
♂C_{31} (32.10mm)	$C_{31}C_{31}$	$C_{32}C_{31}$
♂C_{32} (29.59mm)	$C_{31}C_{32}$	$C_{32}C_{32}$

注：括号内数据为亲本壳长

3. 幼虫和稚贝的培育

幼虫在 60L 塑料桶中培育，密度为 3～4 个/mL。每 2d 换水 1 次，换水量为 100%。饵料每天投喂 2 次，前期为绿色巴夫藻（*Pavlova viridis*），后期为绿色巴夫藻、小球藻（*Chlorella vulgaris*）(1∶1) 混合投喂，投饵量视幼虫摄食情况而定。为防止不同实验组幼虫之间混杂，换水网箱单独使用。幼虫培育期间，水温为 18.2～0.6℃，盐度为 25～28，pH 为 7.96～8.04。为了消除培育密度的影响，在幼虫期定期对密度进行调整，使每个重复密度保持一致。幼虫变态后，稚贝培育水温为 16.4～18.2℃，投饵量随着稚贝摄食量增大而增加，其他管理同幼虫培育。

4. 数据测量

1) 分别测量各个家系 3 日龄、6 日龄、9 日龄、30 日龄、60 日龄、90 日龄的壳长，每个重复随机测量 30 个个体。

2) 测量各家系的变态率，变态率为出现鳃原基、足、次生壳稚贝数占足面盘幼虫数量的百分比。

3) 计算各日龄蛤仔配合力方差、杂种优势及单亲杂种优势。

5. 数据分析

采用 SPSS17.0 软件对数据进行单因素方差统计分析，用 Excel 作图。

使用 SAS 8.0 软件计算配合力方差，软件运行程序参照林德光（1999）的方法。

杂种优势（heterosis）参照 Zheng 等（2006）：

$$H(\%) = \frac{(LS + SL) - (LL + SS)}{LL + SS} \times 100 \quad (4-81)$$

$$H_{LS}(\%) = \frac{LS - LL}{LL} \times 100 \quad (4-82)$$

$$H_{SL}(\%) = \frac{SL - SS}{SS} \times 100 \quad (4-83)$$

式中，LL、LS、SL、SS 分别表示各实验组的 F_3 在同一日龄的表型值（生长、存活）。公式 (4-81) 表示中亲杂种优势；公式 (4-82) H_{LS}、(4-83) H_{SL} 分别表示双列杂交中正反交组的单亲杂种优势。

4.5.3.2 结果

1. 幼虫期各家系壳长生长

幼虫期各家系壳长生长比较见表 4-173 和图 4-33。3 日龄时各家系壳长均值差异不显著($P>0.05$),6 日龄时,壳长由大至小为 $C_{32}C_{32}=C_{32}C_{31}>C_{31}C_{32}>C_{31}C_{31}$,但前三者之间差异不显著($P>0.05$),$C_{31}C_{31}$ 最小,且与前三者有显著差异($P<0.05$);9 日龄时,壳长由大至小为 $C_{31}C_{32}>C_{31}C_{31}>C_{32}C_{32}>C_{32}C_{31}$,$C_{31}C_{32}$ 最大,与其他家系差异显著($P<0.05$),后三者差异不显著($P>0.05$)。

表 4-173　蛤仔家系幼虫期壳长　　　　　　　　(单位:μm)

日龄	$C_{31}C_{31}$	$C_{31}C_{32}$	$C_{32}C_{32}$	$C_{32}C_{31}$
3	107.00±0.85[a]	108.67±0.86[a]	108.00±1.06[a]	107.17±0.71[a]
6	115.50±0.73[a]	124.33±1.60[b]	125.50±1.86[b]	125.50±0.81[b]
9	137.17±2.18[a]	144.17±2.01[b]	137.00±1.19[a]	135.33±1.47[a]

注:同一行中不同小写字母表示差异显著($P<0.05$)

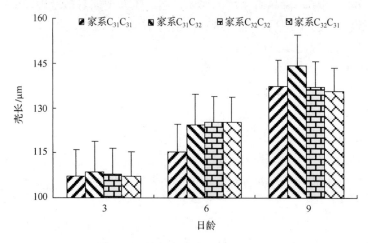

图 4-33　蛤仔家系幼虫期壳长比较

2. 稚贝期各家系壳长生长比较

稚贝期各家系壳长生长比较见表 4-174 和图 4-34。30 日龄时,各家系壳长由大至小为 $C_{31}C_{32}>C_{32}C_{31}>C_{32}C_{32}>C_{31}C_{31}$,$C_{31}C_{32}$ 壳长最大,且与其他各家系差异显著($P<0.05$),$C_{31}C_{31}$ 壳长最小,与其他各家系壳长差异显著($P<0.05$),而处于中间位置的两个家系壳长无显著差异($P>0.05$);60 日龄和 90 日龄时,各家系壳长由大至小顺序也为 $C_{31}C_{32}>C_{32}C_{31}>C_{32}C_{32}>C_{31}C_{31}$,$C_{31}C_{32}$ 壳长最大,与其他各家系有显著差异($P<0.05$),其他三个家系间无显著差异($P>0.05$),但 $C_{31}C_{31}$ 仍最小。

表 4-174　蛤仔家系幼虫期壳长比较　　　　　　　(单位:mm)

日龄	$C_{31}C_{31}$	$C_{31}C_{32}$	$C_{32}C_{32}$	$C_{32}C_{31}$
30	0.67±0.02[a]	1.01±0.04[b]	0.84±0.04[c]	0.89±0.04[c]
60	4.26±0.08[a]	6.08±0.16[b]	4.40±0.09[a]	4.57±0.08[a]
90	8.24±0.19[a]	9.25±0.25[b]	8.26±0.27[a]	8.85±0.15[a]

注:同一行中不同小写字母表示差异显著($P<0.05$)

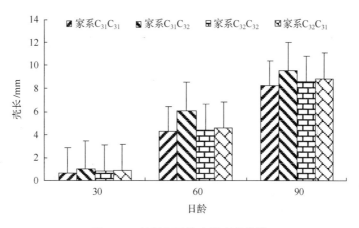

图 4-34 蛤仔家系幼虫期壳长比较

3. 各家系不同日龄配合力及杂种优势分析

对不同日龄各杂交家系生长的方差分析见表 4-175。3 日龄时，各家系间生长无显著性差异（$P>0.05$）。从 6 日龄起，各家系间生长差异极显著（$P<0.01$）。因此，需从 6 日龄起进一步进行配合力方差分析。

表 4-175 各家系组合方差分析

日龄	组别	df	均方	F	P
3	组间	3	17.986	0.775	0.510
	组内	116	23.197		
6	组间	3	701.875	12.946	0.000
	组内	116	54.217		
9	组间	3	461.389	4.995	0.003
	组内	116	92.371		
30	组间	3	576 687.500	18.058	0.000
	组内	116	31 934.454		
60	组间	3	21.282	58.320	0.000
	组内	116	0.365		
90	组间	3	9.213	6.360	0.000
	组内	116	1.449		

各家系配合力方差分析结果见表 4-176。6 日龄时，各家系特殊配合力差异显著（$P<0.05$），一般配合力差异不显著（$P>0.05$），表明这时壳长生长主要受非加性效应基因的影响，而自 9 日龄起，各家系一般配合力差异显著（$P<0.05$）或极显著（$P<0.01$），特殊配合力差异不显著（$P>0.05$），这表明 9 日龄以后壳长生长主要受加性效应基因的影响。而除 9 日龄外，反交效应呈现显著或极显著差异，这说明杂交家系正交和反交两种交配方式产生的结果是有显著差异的。

表 4-176　各家系一般配合力、特殊配合力和反交效的方差分析

日龄	一般配合力(GCA)			特殊配合力(SCA)			反交效应(RC)			误差	
	df	均方	F	df	均方	F	df	均方	F	df	均方
6	1	50.00	1.42	1	16.00	4.41*	1	2.00	35.28**	119	70.55
9	1	18.00	5.65*	1	30.25	3.37	1	40.50	2.51	119	101.68
30	1	0.013 4	4.02*	1	0.038	1.42	1	0.006 46	8.37**	119	0.054 1
60	1	0.019 6	202.04**	1	1.13	3.50	1	0.99	4.00*	119	3.96
90	1	0.072	22.91**	1	0.593	2.78	1	0.245	6.73*	119	1.65

* 表示 F 检验显著($P<0.05$)；** 表示 F 检验极显著($P<0.01$)

杂交家系杂种优势及单亲杂种优势分析见表 4-177。各杂交家系存在杂种优势，而 $C_{31}C_{32}$ 的单亲杂种优势要明显高于 $C_{32}C_{31}$，这也说明以 C_{31} 为母本、C_{32} 为父本进行杂交取得的杂交效果更好。

表 4-177　不同日龄各杂交家系生长杂种优势及单亲杂种优势

杂种优势/%	日龄				
	6	9	30	60	90
H	4	2	26	22.97	9.13
$H_{C_{31}C_{32}}$	8	6	49.63	42.72	15.89
$H_{C_{32}C_{31}}$	0	-2	6.25	3.86	2.67

4.5.3.3　讨论

个体选择(individual selection)有时也称为大群选择(mass selection)，由于其只需要根据个体本身表型值选择，非常简单易行，而且在大部分情况下可以获得较大的选择反应，因此在实际育种工作中常采用这种方法(盛志廉，2001)。

本实验所用亲本来源于已建立的 126 个家系中生长存活性状最优秀的两个家系中上选最大个体。对家系的选择和个体大小的上选，使实验用亲本具有良好的遗传背景，经过杂交可以积累更多的有利于生长的基因，产生杂种优势。

在本实验中，一般配合力表现出显著差异，而特殊配合力差异不显著。两家系杂交后，壳长生长主要由加性效应基因控制，而加性效应基因可以稳定遗传，这说明 C_{32} 和 C_{31} 两个家系是适合作为杂交亲本的，而杂交家系表现出了比较好的杂种优势，说明用 C_{31} 和 C_{32} 两个家系上选最大个体杂交效果是比较好的。同时，配合力和反交效应的方差分析表明，杂交组合正交和反交两组之间壳长有显著差异，而 $C_{31}(♀)C_{32}(♂)$ 这一交配方式表现出了比其反交方式更加明显的单亲杂种优势，所以这一组合是两个家系间最好的交配方式。

家系选择实际是对基因型的选择，是一个逐代纯化的过程。Hedgecock(1996)建立了长牡蛎的杂交家系，通过对不同家系间的比较，分析了杂种优势的原因，首次提到杂交家系。郑怀平等(2004b)在海湾扇贝杂交家系与自交家系生长与存活的比较中，再次提到杂交家系，并利用杂交家系分析了杂种优势。闫喜武等(2008a)对不同壳色蛤仔的生长发

育进行了比较,并建立了不同壳色蛤仔的自交家系与杂交家系。张跃环(2008)对大连群体两种壳型蛤仔生长发育进行了比较,并建立了不同壳型蛤仔杂交家系,分析了杂交对子代影响的原因。杂交家系突破了以往家系选择的初衷,而是以配合力作为衡量杂交效果的一种有力手段。通常进行贝类单体间的杂交实验时,大多采用 4 个个体作为亲本,进行正反交及自交,建立单一的杂交组合。这样,由于杂交组合少,彼此间的重复性差,难免会发生杂交效果与真实值的偏离,因为单一的杂交组合很难代表物种总体水平的杂交效果。而群体杂交,由于是多个雌雄亲本间的交配,活力强的精子与优质的卵具有很强的亲和性,而一些活力弱的精子与劣质的卵得不到受精的机会或受精后会被淘汰,导致群体杂交效果偏离真实值。

从现代遗传学理论分析,杂交家系的建立丰富了同一物种的基因库,杂交效果应理解为两性生殖细胞在受精过程中生物学特性的适应性。这种适应性实质是两性生殖细胞在受精过程中对新陈代谢的生化过程相互催化的作用能力和新陈代谢的相互协调性。杂交效果表现在结合子及由其所发育起来的后代的生活力和遗传特性上。选用亲本的两性生殖细胞在受精过程中如相互有良好的生物学特性的适应性,就表现出良好的亲和力,即表现出高的生活力及良好的遗传性,也就表现出高的受精率、孵化率、存活率和后代良好的生长发育趋势及高的生产力等。建议建立多个真重复实验,并对其杂交效果进行综合评价,充分弥补了单体杂交与群体杂交的不足,其杂交效果与真实值更为接近。

4.5.4 奶牛蛤品系父系半同胞家系间的双列杂交

本实验以 2 个奶牛蛤父系半同胞家系为亲本,采用双列杂交方法,研究家系内的近交和家系间的杂交,分析不同近交水平的近交衰退和近交系内是否具有杂种优势。

4.5.4.1 材料与方法

1. 亲本来源

亲贝为 2008 年采用巢式设计(1 个父本与 3 个母本进行交配)建立的奶牛蛤家系中的 2 个优良家系,分别用 C_{31}、C_{32} 表示。2010 年 5 月初,每个家系随机挑选 200 个个体,采用 20 目网袋(40cm×60cm),在大连庄河贝类养殖场育苗场的室外生态土池中采取吊养的方式进行生态促熟。其间,水温为 12.8~30.6℃,盐度为 25~28,pH 为 7.64~8.62。

2. 实验设计与处理

2010 年 7 月上旬,将性腺发育成熟的亲本移入室内阴干 8h,4h 后开始产卵排精。随机选取 C_{31} 和 C_{32} 家系中雌雄各 2 个,分别收集精卵,将获得的精卵按照图 4-35 组合受精,建立近交组合 $C_{31}C_{31}$、$C_{32}C_{32}$ 和杂交组合 $C_{31}C_{32}$、$C_{32}C_{31}$ 共 4 个家系。为了测算两个家系近交衰退率,采用 CC 作为对照组来计算近交效应。其中,CC 为与家系建立同步的对照组子一代个体的混交自繁。之后将受精卵转入 60L 塑料桶中孵化,孵化密度为 10~12 个/mL,孵化期间连续充气。受精卵大约经过 24h 发育为 D 形幼虫。操作过程中,各实验组严格隔离,防止混杂。

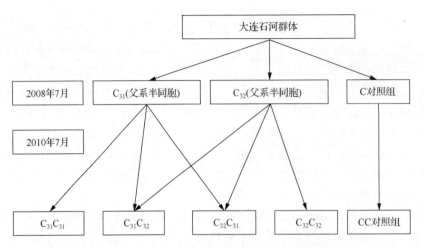

图 4-35 奶牛蛤品系父系半同胞家系杂交与近交的实验设计

3. 幼虫和稚贝培育

幼虫和稚贝在 60 日龄以前在 100L 塑料桶中培育,幼虫密度为 7~8 个/mL,稚贝密度为 4~5 粒/cm^2;每天投饵 2 次,饵料为湛江等鞭金藻(*Isochrysis zhangjiangensis*)和小球藻(*Chlorella vulgaris*)(体积比为 1∶1),浮游期日投喂 3000~8000 个细胞/mL,稚贝期投喂 1 万~2 万个细胞/mL,根据幼虫和稚贝的摄食情况适当增减饵料量,保持水中有足量的饵料;每 2d 全量换水 1 次,为避免不同实验组个体混杂,每组换水的筛绢网单独使用。60 日龄以后,稚贝转入 60 目的网袋(40cm×60cm)中在室外生态池中吊养,每袋 800~900 粒。培育期间,水温为 24.2~30.4℃,盐度为 24~28,pH 为 7.64~8.62。为了消除培育密度的影响,在培育阶段每 3d 对密度进行一次调整,使各个实验组密度基本保持一致。各个实验组分桶培育,严格隔离。随稚贝生长定期更换网袋,调整密度,使各实验组密度保持一致。

4. 测定指标

测定指标包括亲本的壳长及其产卵量、各实验组卵径大小、孵化率、幼虫存活率,幼虫和壳长小于 300μm 的稚贝在显微镜下用目微尺(100×)测量,壳长大于 300μm 小于 3.0mm 的稚贝在体视显微镜下用目微尺(20~40×)测量,壳长大于 3.0mm 后用游标卡尺(0.01mm)测量。每次测量设 3 个重复,每个重复随机测量 30 个个体。幼虫存活率为单位体积幼虫数占 D 形幼虫数的百分比;稚贝存活率为不同日龄存活稚贝的数量占变态稚贝数的百分比。

5. 数据处理

为了减小方差齐性,所有的壳长均转化为对数 $\lg x$,所有的存活率均转化为反正弦函数 $\arcsin$。用 SPSS17.0 统计软件对数据进行分析处理,不同实验组间数据的比较采用单因素方差分析方法(Tukey HSD),差异显著性设置为 $P < 0.05$。

参照 Cruz 和 Ibarra(1997)使用的方法,用公式(4-84)~(4-86)计算杂种优势(heterosis):

$$H(\%) = \frac{(C_{31}C_{32} + C_{32}C_{31}) - (C_{31}C_{31} + C_{32}C_{32})}{C_{31}C_{31} + C_{32}C_{32}} \times 100 \qquad (4\text{-}84)$$

$$H_{C_{31}C_{32}}(\%) = \frac{C_{31}C_{32} - C_{31}C_{31}}{C_{31}C_{31}} \times 100 \qquad (4\text{-}85)$$

$$H_{C_{32}C_{31}}(\%) = \frac{C_{32}C_{31} - C_{32}C_{32}}{C_{32}C_{32}} \times 100 \qquad (4\text{-}86)$$

式中，$C_{31}C_{31}$、$C_{31}C_{32}$、$C_{32}C_{31}$、$C_{32}C_{32}$ 分别表示各实验组的 F_1 在同一日龄的表型值(生长、存活)。公式(4-84)表示中亲杂种优势；公式(4-85)、公式(4-86)分别表示双列杂交中正反交组的单亲杂种优势。

参照 Cruz 和 Ibarra(1997)，利用双因子分析模型检测母本效应及配对方式对杂交组个体的生长与存活的影响：

$$Y_{ijk} = \mu + EO_i + MS_j + (EO \times MS)_{ij} + e_{ijk} \qquad (4\text{-}87)$$

式中，Y_{ijk} 为 k 个重复 i 个卵源 j 种配对方式下的壳长(或存活率)($i=1, 2; j=1, 2; k=1, 2, 3$)；$\mu$ 为常数；EO_i 为壳长(或存活率)的卵源效应(母本效应)($i=1, 2$)；MS_j 为壳长(或存活率)的配对效应($j=1, 2$)；$(EO \times MS)_{ij}$ 为卵源与配对策略的交互作用；e_{ijk} 为随机误差($i=1, 2; j=1, 2; k=1, 2, 3$)。

参照张国范和郑怀平(2009)使用的方法，利用公式(4-88)计算近交衰退率：

$$\delta_x(\%) = \left(1 - \frac{S_x}{P_x}\right) \times 100 \qquad (4\text{-}88)$$

式中，δ_x 为 $C_{31}C_{31}$ 或 $C_{32}C_{32}$ 实验组的近交衰退率；S_x 为 $C_{31}C_{31}$ 或 $C_{32}C_{32}$ 实验组的表型值；P_x 表示混交对照组 CC 的表型值。

4.5.4.2 结果

1. 亲贝规格及产卵量

由表 4-178 可见，建立家系的亲本，G♀2 壳长、壳高、壳宽、活体重、产卵量均最小；G♀1 与 G♂1 在活体重和产卵量方面差异显著($P<0.05$)，其他指标差异不显著($P>0.05$)。

表 4-178 亲贝规格及产卵量的比较

亲本	壳长/mm	壳高/mm	壳宽/mm	活体重/g	产卵量/(万粒/个)
G♂1	23.40[ab]	17.57[ab]	11.39[a]	5.38[b]	62[b]
G♂2	24.25[ab]	17.91[ab]	11.48[a]	5.35[bc]	65[b]
G♀1	24.63[a]	18.95[a]	12.12[a]	5.67[a]	80[a]
G♀2	22.25[b]	16.72[b]	10.61[b]	5.18[c]	40[c]

注：同一列字母相同表示差异不显著($P>0.05$)

2. 各家系卵径、受精率、孵化率、D形幼虫大小比较

由表 4-179 可见，2 个母本的卵径大小不同，但差异不显著（$P>0.05$）。受精率与母本密切相关，高低依次为 $C_{31}C_{31}>C_{32}C_{32}>C_{31}C_{32}>C_{32}C_{31}$；孵化率与交配方式密切相关，高低依次为 $C_{31}C_{31}>C_{32}C_{32}>C_{31}C_{32}>C_{32}C_{31}$，不同交配方式的家系差异显著（$P<0.05$）。D 形幼虫的大小不同，说明 D 形幼虫的大小与父母本及交配方式有关。

表 4-179 各家系的卵径、受精率、孵化率、D 形幼虫大小比较

家系	卵径/μm	受精率/%	孵化率/%	D 形幼虫大小/μm
$C_{31}C_{31}$	68.33±1.53^a	93.33±1.53^a	88.33±1.53^a	103.67±1.15^a
$C_{31}C_{32}$	68.33±1.53^a	91.67±1.52^a	83.33±1.53^b	101.67±1.52^{ab}
$C_{32}C_{31}$	65.33±0.58^a	87.33±2.52^b	81.00±1.00^b	96.67±1.53^c
$C_{32}C_{32}$	65.33±0.58^a	92.33±2.52^a	87.00±1.00^a	100.33±1.53^b

注：同一列字母相同表示差异不显著（$P>0.05$）

3. 幼虫的生长与存活

浮游期，$C_{32}C_{31}$ 实验组幼虫的壳长最小；CC 实验组的幼虫壳长最大（表 4-180）。在此期间，幼虫表现出杂种劣势，$C_{31}C_{32}$、$C_{32}C_{31}$ 实验组的单亲杂种优势分别为 -2.21%、-3.34%；$C_{31}C_{31}$、$C_{32}C_{32}$ 实验组生长表现出一定程度的近交衰退。幼虫的存活状况见表 4-181，$C_{32}C_{31}$ 实验组存活率在 3 日龄最低，杂交实验组总体上存活率低于自交组。幼虫在整个浮游期的中、单亲存活优势均为负值，说明杂交并未能改良两个家系存活性状，反而可能由于杂交后父母本之间亲和度较差，存活率下降；与生长情况相似，$C_{31}C_{31}$、$C_{32}C_{32}$ 实验组存活表现出微弱的近交衰退。

表 4-180 幼虫的壳长、生长优势及近交衰退率

项目		日龄			平均值
		3	6	9	
平均壳长/μm	$C_{31}C_{31}$	117.53±4.04^b	159.47±6.04^a	203.40±7.01^{ab}	—
	$C_{31}C_{32}$	115.17±4.25^{bc}	154.87±6.04^b	199.90±7.92^b	—
	$C_{32}C_{31}$	114.43±4.58^c	148.80±6.24^c	187.87±8.63^d	—
	$C_{32}C_{32}$	117.37±4.12^b	155.27±5.49^b	194.37±6.77^c	—
	CC	122.90±7.21^a	160.80±7.69^a	205.43±7.18^a	—
生长优势/%	$H_{C_{31}C_{32}}$	-2.01	-2.89	-1.72	-2.21
	$H_{C_{32}C_{31}}$	-2.50	-4.17	-3.34	-3.34
	H	-2.26	-3.52	-2.51	-2.76
近交衰退率/%	$\delta_{C_{31}C_{31}}$	4.57	0.84	1.00	2.14
	$\delta_{C_{32}C_{32}}$	4.71	3.56	5.69	4.65

注：同一列字母相同表示差异不显著（$P>0.05$）

表 4-181 幼虫的存活率、存活优势及近交衰退率

项目		日龄			平均值
		3	6	9	
存活率/%	$C_{31}C_{31}$	85.00 ± 2.00^{ab}	75.67 ± 4.04^{b}	72.33 ± 2.52^{ab}	—
	$C_{31}C_{32}$	81.00 ± 3.61^{b}	70.33 ± 2.52^{b}	65.67 ± 4.04^{b}	—
	$C_{32}C_{31}$	74.33 ± 4.04^{c}	71.67 ± 1.53^{b}	71.67 ± 1.53^{ab}	—
	$C_{32}C_{32}$	88.00 ± 3.61^{a}	83.67 ± 4.04^{a}	75.67 ± 6.03^{a}	—
	CC	87.33 ± 2.52^{a}	84.33 ± 4.04^{a}	76.33 ± 1.53^{a}	—
存活优势/%	$H_{C_{31}C_{32}}$	-4.71	-7.04	-9.22	-6.99
	$H_{C_{32}C_{31}}$	-15.53	-14.34	-5.29	-11.72
	H	-10.21	-10.88	-7.21	-9.43
近交衰退率/%	$\delta_{C_{31}C_{31}}$	2.75	11.45	5.53	6.58
	$\delta_{C_{32}C_{32}}$	-0.76	0.80	0.88	0.31

注:同一列字母相同表示差异不显著($P>0.05$)

在幼虫期,幼虫生长和存活主要受到交配方式的影响,母本效应为次要影响因素,卵源与交配方式的交互作用影响最小(表 4-182)。交配方式主要表现为亲本的近交和杂交间的差异,实验结果显示杂交组合表现出生长和存活等性状的不适应,两种表型值均低于近交组合,这与生物的杂交、近交理论相悖。分析其原因,可能是由于亲本间亲缘关系较近,为两个共有父本的家系,近交系数为 0.5,杂交在此时不再表现为杂种优势,而表现为上位效应的负效应。而幼虫生长性状的近交衰退由于是近交家系再进行近交,并且近交仅进行了一代,子代表现出明显的近交衰退现象(表 4-182)。

表 4-182 卵源与配对方式对幼虫及稚贝生长的方差分析

幼虫期					稚贝期				
日龄	来源	df	均方	P	日龄	来源	df	均方	P
3	EO	1	8.924E-5	0.557	30	EO	1	0.211	0.000
	MS	1	0.003	0.001		MS	1	0.592	0.000
	EO×MS	1	3.630E-5	0.708		EO×MS	1	0.001	0.762
6	EO	1	0.006	0.000	60	EO	1	0.329	0.000
	MS	1	0.007	0.000		MS	1	0.104	0.000
	EO×MS	1	0.000	0.340		EO×MS	1	0.010	0.114
9	EO	1	0.016	0.000	90	EO	1	0.101	0.000
	MS	1	0.004	0.000		MS	1	0.000	0.760
	EO×MS	1	0.000	0.236		EO×MS	1	1.276E-6	0.987

4. 稚贝的生长与存活

表 4-183 为稚贝的壳长、生长优势及近交衰退率。稚贝培育期,$C_{32}C_{31}$ 实验组稚贝壳长最小,仅在 90 日龄与 $C_{32}C_{32}$ 实验组无显著差异($P>0.05$,$n=90$),在其他阶段显著小于其他实验组($P<0.05$,$n=90$);在稚贝生长阶段,与浮游期相似,两个杂交实验组

均表现为生长性状的杂种劣势。稚贝期，$C_{31}C_{31}$ 实验组未表现出明显的近交衰退，$C_{32}C_{32}$ 实验组则一直都表现为近交衰退。

表 4-183　稚贝的壳长、生长优势及近交衰退率

项目		日龄			平均值
		30	60	90	
平均壳长/μm	$C_{31}C_{31}$	679.17±98.72^a	2168.33±353.00^a	5049.67±849.22^a	—
	$C_{31}C_{32}$	513.33±149.10^c	1965.00±240.11^b	5001.00±803.92^a	—
	$C_{32}C_{31}$	414.17±113.84^d	1478.33±173.17^d	4377.67±684.72^b	—
	$C_{32}C_{32}$	571.67±109.81^b	1783.33±323.79^c	4399.00±623.35^b	—
	CC	604.67±82.78^b	2241.00±407.32^a	4784.67±660.86^a	—
生长优势/%	$H_{C_{31}C_{32}}$	−24.41	−9.38	−0.96	−11.58
	$H_{C_{32}C_{31}}$	−27.55	−17.10	−0.49	−15.05
	H	−25.85	−12.86	−0.74	−13.15
近交衰退率/%	$\delta_{C_{31}C_{31}}$	−10.97	3.35	−5.25	−4.29
	$\delta_{C_{32}C_{32}}$	5.77	25.66	8.77	13.40

注：同一列字母相同表示差异不显著($P>0.05$)。

表 4-184 为稚贝的存活率、存活优势及近交衰退率。$C_{32}C_{31}$ 存活率最低，3 日龄时显著小于对照组和其他实验组($P<0.05$，$n=90$)；$C_{32}C_{32}$ 实验组在稚贝期表现为较高的存活率，在 30 日龄、60 日龄[除与 $C_{31}C_{31}$ 差异不显著($P>0.05$)外]显著高于其他近交、杂交实验组，在 90 日龄与近交组 $C_{31}C_{31}$、对照组 CC 差异不显著($P>0.05$，$n=90$)。在此期间，稚贝表现为中、单亲存活劣势。

表 4-184　稚贝的存活率、存活优势及近交衰退率

项目		日龄			平均值
		30	60	90	
存活率/%	$C_{31}C_{31}$	75.00±3.00^b	82.33±2.52^{ab}	86.67±1.53^a	—
	$C_{31}C_{32}$	71.33±3.06^b	78.33±3.51^b	79.00±3.61^b	—
	$C_{32}C_{31}$	64.33±3.21^c	78.00±2.00^b	77.67±2.52^b	—
	$C_{32}C_{32}$	83.33±4.16^a	84.67±4.16^a	84.33±3.21^a	—
	CC	73.67±3.21^b	85.33±2.52^a	84.67±2.08^a	—
存活优势/%	$H_{C_{31}C_{32}}$	−4.89	−4.86	−8.85	−6.20
	$H_{C_{32}C_{31}}$	−22.80	−7.87	−7.91	−12.86
	H	−14.32	−6.39	−8.38	−9.70
近交衰退率/%	$\delta_{C_{31}C_{31}}$	−1.78	3.64	−2.31	−0.15
	$\delta_{C_{32}C_{32}}$	−11.6	0.79	0.40	−3.47

注：同一列字母相同表示差异不显著($P>0.05$)。

在稚贝培育期，稚贝生长性状主要受到卵源效应的影响，次要影响因素是交配方式，

卵源与交配方式交互作用几乎未起到影响作用；对存活起主要影响作用的为交配方式，卵源与交配方式的交互作用为次要影响因素，卵源效应几乎未起到影响作用(表4-185)。

表4-185 卵源与交配方式对幼虫及稚贝存活的方差分析

幼虫期					稚贝期				
日龄	来源	df	均方	P	日龄	来源	df	均方	P
3	EO	1	0.002	0.319	30	EO	1	1.893E-6	0.977
	MS	1	0.036	0.002		MS	1	0.072	0.000
	EO×MS	1	0.011	0.039		EO×MS	1	0.033	0.004
6	EO	1	0.011	0.037	60	EO	1	0.000	0.613
	MS	1	0.039	0.001		MS	1	0.013	0.019
	EO×MS	1	0.005	0.126		EO×MS	1	0.001	0.507
9	EO	1	0.013	0.068	90	EO	1	0.001	0.302
	MS	1	0.017	0.043		MS	1	0.023	0.002
	EO×MS	1	0.002	0.490		EO×MS	1	9.041E-5	0.792

4.5.4.3 讨论

本研究两个家系拥有相同的父本，使得两个家系遗传距离较近，近交水平为0.5。采用双列杂交方法建立了近交组合 $C_{31}C_{31}$、$C_{32}C_{32}$ 和杂交组合 $C_{31}C_{32}$、$C_{32}C_{31}$，同时设立对照组CC。通过对各个组合生长、存活数据分析发现，近交组合表现出一定水平的近交衰退；杂交组合未能在早期生长和存活性状中表现出杂种优势。原因可能在于父母本存在较近的亲缘关系，亲本间的遗传差异较小，两个杂交组合也就不一定能够表现出杂种优势。根据近交衰退部分显性假说，由于自然选择对有害基因的淘汰，近交衰退率将随着近交率的增大而减小。本实验结果与这一假说相吻合，支持了杂合度高的群体有大的近交衰退、杂合度低的群体有相对小的近交衰退的理论。

母本效应是指交配子代的某些外貌特征、生理性状和生产性能受其母本直接影响的一种生理现象。研究认为，生物体的母本效应一般是影响生物早期生长发育的主要因素。本研究结果显示，幼虫期交配方式对生长和存活性状起主要作用，稚贝期的生长反而由母本效应所控制，起次要作用的为母本效应与交配方式的联合作用。这与前期的研究不相符。考虑到本次实验的亲本具有特定的亲缘关系，可能是来自两个亲本的精卵杂交显示出近交效应，而这种交配方式显著地影响了子代的生长和存活，使它们的表型值降低；而这与大多数理论研究和实验结果所证实近交衰退率随着近交率的增大而减小相一致(Lande and Schemske, 1985; Charlesworth D and Charlesworth B, 1990; Husband and Schemske, 1996)。

主要参考文献

包振民, 万俊芬, 王继业, 等. 2002. 济贝类育种研究进展[J]. 青岛海洋大学学报, 32(4): 567-572.
董建力, 惠红霞, 王敬东, 等. 2008. 小麦聚合杂交早代Dx5优质基因的分子标记选择[J]. 甘肃农业科技, 11: 8-10.

谷龙春, 李金碧, 喻达辉, 等. 2010. 合浦珠母贝双列杂交家系的建立与遗传分析[J]. 水产学报, 34(1): 26-31.
霍忠明. 2009. 菲律宾蛤仔数量遗传及家系育种研究[D]. 大连: 大连水产学院硕士学位论文.
李爱民, 张永泰, 惠飞虎, 等. 2006. 聚合杂交育种在"扬油系列"新品种选育中的应用[J]. 中国农学通报, 55(8): 220-224.
李大林, 陈奇, 林建国, 等. 2009. 杂种优势的进化意义探析——以适合度对随机交配群体遗传多样性的贡献为依据[J]. 安徽农业科学, 37(14): 6305-6317.
李红蕾, 宋林生, 刘保忠, 等. 2002. 栉孔扇贝不同种群的遗传结构及其杂种优势[J]. 海洋与湖沼, 33(2): 188-195.
林德光. 1999. 双列杂交育种法配合力分析的 SAS 实施[J]. 热带作物学报, 20(2): 44-52.
刘仁沿, 张喜昌, 马成东, 等. 1999. 菲律宾蛤仔形态性状及与遗传变异的关系研究[J]. 海洋环境科学, 18(2): 5-10.
楼允东. 2001. 鱼类育种学[M]. 北京: 中国农业出版社.
栾生, 孔杰, 张天时, 等. 2008. 基于表型值和育种值的中国对虾生长、抗逆性状相关分析[J]. 海洋水产研究, 29(3): 14-20.
秦学毅, 韦素美, 朱汝财, 等. 2006. 采用聚合杂交创新稻瘿蚊抗性育种材料[J]. 西南农业学报, 19(6): 1054-1057.
盛志廉, 陈瑶生. 1999. 数量遗传学. 北京: 科学出版社.
王炳谦, 谷伟, 高会江, 等. 2009. 利用配合力和微卫星标记预测虹鳟品系间的杂交优势[J]. 中国水产科学, 16(2): 206-213.
王亚馥, 戴灼华. 1999. 遗传学[M]. 北京: 高等教育出版社.
熊玉东, 邱新平, 丁子福, 等. 1996. 棉花多亲本杂交 F_2 群体产量性状的效应分析[J]. 棉花学报, 8(1): 21-26.
闫喜武. 2005. 菲律宾蛤仔养殖生物学、养殖技术和品种选育[D]. 青岛: 中国科学院海洋研究所博士学位论文.
闫喜武, 孙欣, 张跃环, 等. 2011a. 菲律宾蛤仔奶牛蛤品系两个世代的杂交与近交效应[J]. 水产学报, 35(5): 682-691.
闫喜武, 张国范, 杨凤, 等. 2005a. 菲律宾蛤仔莆田群体与大连群体生物学比较[J]. 生态学报, 25(12): 3329-3334.
闫喜武, 张国范, 杨凤, 等. 2005b. 菲律宾蛤仔莆田群体两个壳色品系生长发育的比较[J]. 大连水产学院学报, 20(4): 266-269.
闫喜武, 张跃环, 霍忠明, 等. 2008a. 不同壳色菲律宾蛤仔品系间的双列杂交[J]. 水产学报, 32(6): 878-889.
闫喜武, 张跃环, 霍忠明, 等. 2008b. 常见滩涂贝类聚合杂交的育种方法: ZL 200810013427 X[P].
闫喜武, 张跃环, 孙焕强. 2011b. 菲律宾蛤仔(*Ruditapes philippinarum*)海洋橙品系两个世代的杂交与近交效应[J]. 海洋与湖沼, 42(2): 309-316.
闫喜武, 张跃环, 孙焕强, 等. 2010. 菲律宾蛤仔两道红与白斑马的三元杂交[J]. 水产学报, 34(8): 1190-1197.
张国范, 刘晓, 阙华勇, 等. 2004. 贝类杂交及杂种优势理论和技术研究进展[J]. 海洋科学, 28(7): 54-60.
张国范, 王继红, 阙华勇, 等. 2002. 皱纹盘鲍中国群体和日本群体的自交与杂交 F_1 的 RAPD 分析[J]. 海洋与湖沼, 33(5): 484-491.
张国范, 郑怀平. 2009. 海湾扇贝养殖遗传学[M]. 北京: 科学出版社.
张海滨. 2005. 海湾扇贝近交生物学效应和遗传改良研究[D]. 青岛: 中国科学院海洋研究所博士学位论文.

张淑霞, 崔健, 宋云云, 等. 2007. 配合力在作物育种上的应用[J]. 现代农业科技, 11: 94-95.
张跃环. 2008. 菲律宾蛤仔壳色、壳型的品系选育及其遗传机制研究[D]. 大连: 大连水产学院硕士学位论文.
张跃环, 李少文, 闫喜武, 等. 2012. 菲律宾蛤仔(*Ruditapes philippinarum*)紫壳内面和白黄壳内面品系的三元杂交[J]. 海洋与湖沼, 43(1): 120-125.
张跃环, 闫喜武, 王艳, 等. 2009. 不同壳型菲律宾蛤仔杂交家系的建立及早期生长发育比较[J]. 渔业科学进展, 30(2): 71-77.
郑怀平, 张国范, 刘晓, 等. 2004a. 不同贝壳颜色海湾扇贝家系的建立及生长发育的研究[J]. 海洋与湖沼, 36(6): 632-639.
郑怀平, 张国范, 刘晓, 等. 2004b. 海湾扇贝杂交家系与自交家系生长和存活的比较[J]. 水产学报, 28(3): 265-272.
庄启谦. 2001. 中国动物志, 软体动物门, 双壳纲, 帘蛤科[M]. 北京: 科学出版社.
Charlesworth D, Charlesworth B. 1987. Inbreeding depression and it sevolutionary consequences[J]. Annual Review of Ecology Evolution and Systematics, 18(1): 237-268.
Charlesworth D, Charlesworth B. 1990. Inbreeding depression with heterozygote advantage and its effect on selection for modifiers changing the outcrossing rate[J]. Evolution, 44: 870-888.
Crow J F. 1952. Dominance and overdominance[A]. *In*: Gowen J W. Heterosis[C]. Ames, IA: Iowa State College Press: 282-294.
Cruz P, Ibarra A M. 1997. Larval growth and survival of two catarina scallop (*Argopecten circularis*, Sowerby, 1835) populations and their reciprocal crosses[J]. Journal of Experimental Marine Biology and Ecology, 212(1): 95-110.
Davenport C B. 1908. Degeneration, albinism and inbreeding [J]. Science, 28(718): 454-455.
East E M. 1908. Inbreeding in corn[J]. Report of Connecticut Agricultural Experiment Station, 1907: 419-428.
English L J, Maguire G B, Ward R D. 2000. Genetic variation of wild and hatchery populations of the Pacific oyster, *Crassostrea gigas* (Thunberg), in Australia[J]. Aquaculture, 187(3): 283-298.
Falconer D S, Mackay T F C. 1996. Introduction to Quantitative Genetics (Fourth edition)[M]. Essex: Longman Group.
Fjalestad K T, Gjedrem T, Carr W H, et al. 1997. Final report: The shrimp breeding program. Selective breeding of *Penaeus vannamei*[J]. Akvaforsk Report, 17(97): 85-89.
Gjerde B, Korsvoll A. 1999. Realized selection differentials for growth rate and early sexual maturiy in *Alantic salmon*[J]. Aquaculture Europe, 99: 73-74.
Griffing B. 1956. Concept of general and specific combining ability in relation to diallel crossing systems[J]. Australian Journal of Biological Sciences, 9(4): 463-493.
Hallauer A R, Albrecht B, Bernardo R, et al. 2007. History, contribution, and future of quantitative genetics in plant breeding: lessons from maize[J]. Crop Science, 47(3): S4-19.
Hedgecock D. 1996. Hybrid vigor is pervasive in crosses among inbred lines of Pacific oysters[J]. Journal of Shellfish Research, 15(2): 511-511.
Hedgecock D, McGoldrick D J, Bayne B L. 1995. Hybrid vigor in Pacific oysters: an experimental approach using crosses among inbred lines[J]. Aquaculture, 137(1-4): 285-298.
Hetzel D J S, Crocos P J, Davis G P, et al. 2000. Response to selection and heritability for growth in the Kuruma prawn, *Penaeus japonicus*[J]. Aquaculture, 181(3): 215-223.
Husband B, Schemske D W. 1996. Evolution of the magnitude and timing of inbreeding depression in plants[J]. Evolution, 50: 54-70.

Lande R, Schemske D W. 1985. The evolution of self-fertilization and inbreeding depression in plants. I. Genetic models[J]. Evolution, 39: 24-40.

Laugen A T, Kruuk L E B, Laurila A. 2005. Quantitative genetics of larval life-history traits in Rana temporaria in different environmental conditions[J]. Genetical Research, 86(3): 161-170.

Longalong F M, Eknath A E, Bentsen H B. 1999. Response to bidirectional selection for frequency of early maturing females in Nile tilapia(*Oreochromis niloticus*)[J]. Aquacuture, 178(1): 13-25.

Mallet A L, Halev L E. 1984. General and specific combining abilities of larval and juvenile growth and viability estimated from natural oyster populations[J]. Marine Biology, 81(1): 53-59.

Manzi J J, Hadley N H, Jr R T D. 1991. Hard clam, *Mercenaria mercenaria*, broodstocks: growth of selected hatchery stocks and their reciprocal crosses[J]. Aquaculture, 94(1): 17-26.

Mather K. 1943. Polygenic inheritance natural selection[J]. Biological Reviews, 18(1): 32-64.

Neter J, Wasserman W, Kutner M. 1985. Applied Linear Statistical Models[M]. Chicago: Irwin.

Newkirk G F, Hahley L E, Wuagh D L, et al. 1977. Genetics of larvae and spat growth rate in the oyster, *Crassostrea virginica*[J]. Marine Biology, 41(1): 49-52.

Peignon J M, Geraed A, Naciri Y et al. 1995. Analysis of shell colour determinism in the Manila clam *Ruditapes philippinarum*[J]. Aquatic Living Resources, 8(2): 181-189.

Rohlf F J, Sokal R R. 1981. Statistical Tables[M]. NewYork: W. H. Freeman and Company: 219.

Shull G H. 1908. The composition of a field of maize[J]. Journal of Heredity, (1), 296-301.

Singh S M, Zouros E. 1978. Genetic variation associated weth growth rate in the American oyster(*Ctassostres virginica*)[J]. Evolution, 32:342-353.

Solemdal P. 1997. Maternal effects-A link between the past and the future[J]. Journal of Sea Research, 37(3-4): 213-227.

Soletchnick P, Huvet A, le Moine O, et al. 2002. A comparative field of growth, survival and reproduction of *Crassostrea gigas*, *C. angulata* and their hybrids[J]. Aquatic Living Resources, 15(4): 243-250.

Taki I. 1941. On the variation in the colour pattern of a bivalve, *Venerupis philippinarum*, with special reference to its bilateral asymmetry[J]. Venus, 11: 71-87.

Ward R D, English L J, McGoldrick D J, et al. 2000. Genetic improvement of the Pacific oyster, *Crassostrea gigas*, in Australia[J]. Aquaculture Research, 31(1): 35-44.

Zheng H P, Zhang G F, Liu X, et al. 2006. Sustained response to selection in an introduced population of the hermaphroditic bay scallop *Argopecten irradians irradians* Lamarck(1819)[J]. Aquaculture, 255(1): 579-585.

第5章 蛤仔近交及回交效应

5.1 有效群体大小对子代影响

目前,贝类选择育种中近交所产生的近交衰退(inbreeding depression)已被广泛关注。有亲缘关系的个体之间的交配增加了有害等位基因的纯合率,从而导致后代个体适合度的下降。高度的近交可导致群体加性遗传变异的迅速丢失,从而阻碍人工选择的长期遗传响应(马大勇等,2005;Ibarra et al.,1995)。因此,研究人工选择育种中由于存在亲缘关系的个体之间的交配而引起近交衰退的形成机制,由此探索控制近交的有效途径,无论是对群体或数量遗传学的进化理论研究,还是对遗传资源的合理利用和保护都具有重要的意义。

群体有效含量(effective size of population,Ne)是指与实际群体具有相同基因频率方差的理想群体大小,它反映了群体平均近交系数增量的大小,以及群体遗传结构中基因的平均纯合度(Nei,1975)。因此,群体有效含量的研究对人工选择育种中近交的预测与控制及了解遗传漂变对群体遗传多样性的影响具有十分重要的指导意义。国内外对群体有效含量的研究已经有很多报道(Fisher and Matthies,1998;Sbordont et al.,1986;Taniguchi et al.,1983;Eknath and Doyle,1990),在贝类方面主要集中在美洲牡蛎(*Crassostrea virginica*)(Hedgecock and Sly,1990;Simonsen and Kittiwattanawong,2000)、美洲帘蛤(*Mercenaria mercenaria*)(Hedgecock et al.,1992)、海湾扇贝(*Argopecten irradians*)(Zheng et al.,2004,2006)及马氏珠母贝(*Pinctada martensii*)(王爱民等,2004)上。目前,尚未见有关蛤仔群体有效含量研究的相关报道。

本实验通过建立不同有效含量的育种群体,对各群体 F_1 生长和存活等表型性状进行了比较,研究了在选择育种中的近交生物学效应。

5.1.1 材料与方法

5.1.1.1 亲贝来源和选择

实验用亲贝来自大连石河野生群体。2009年6月,随机挑选外表无损伤、壳型规整的个体,吊养在大连庄河海洋贝类养殖场育苗场室外生态池中进行自然促熟。8月下旬,待其性腺发育成熟时,取回室内进行催产。

5.1.1.2 实验设计及处理

蛤仔为雌雄异体,在自然界中雌雄比例约为1:1。因此,实验中群体有效含量根据雌雄比(♀:♂)设置了6个梯度,分别为 $Ne=2$(♀:♂=1:1)、4(♀:♂=2:2)、8(♀:♂=4:4)、16(♀:♂=8:8)、32(♀:♂=16:16)及对照($Ne=200$)。亲贝阴干8h后,将其放入砂滤海水中。开始产卵排精后,及时将正在排精产卵的个体挑出,用淡水冲洗干净后,放入盛有新鲜海水的 2.0L 聚乙烯桶中让其继续排放。排放结束后及时将亲贝捞出,并对所收集的卵子用 400 目筛网进行洗卵。通过镜检弃掉已受精的卵子。精卵收集结束后,按实验设计进行人工授精。由于每个亲贝排精量和产卵量不同,因此,不同实验组授精方式也不同。$Ne=2$ 实验组:随机挑选一份精子和卵子放入已经处理好的 2.0L 聚乙烯桶中,搅动海水使其混合均匀,用 200 目筛网滤出杂质后将受精卵放入 60L 聚乙烯桶中,按照 30~50 个/mL 密度进行孵化,孵化过程中微量充气。$Ne=4$ 实验组:随机挑选两份精子和卵子进行定量,在每份精子和卵子中分别取等量的精子和卵子在桶中混合均匀,再将已混匀的精卵在聚乙烯桶中授精,将受精卵滤去杂质后转入 60L 聚乙烯桶中进行孵化,孵化密度同 $Ne=2$ 实验组。$Ne=8$、16、32 各实验组授精和孵化方式同 $Ne=4$ 实验组。对照组:随机挑选 200 个亲贝,模拟生产条件,将其放入体积为 $1m^3$ 的水槽中自由排精产卵,收集部分受精卵作为对照组,放入 60L 聚乙烯桶中孵化。整个操作过程中,各实验组严格隔离。

5.1.1.3 幼虫、稚贝培育和中间育成

受精后 23~25h,胚胎发育至 D 形幼虫。将幼虫转移至 60L 聚乙烯桶中进行培育,密度为 5~6 个/mL,各实验组均设置 3 个重复。幼虫培育前 3d,投喂等鞭金藻(*Isochrysis galbana*),第 4 天起按照等鞭金藻和小球藻(*Chlorella vulgaris*)1:1 混合投喂。随着幼虫生长发育,日投饵量从 5000 个细胞/mL 逐渐增加至 2 万个细胞/mL。每隔 1d 全量换水一次,换水过程中及时调整幼虫密度,保持各实验组幼虫密度一致,以消除密度因素对实验结果的影响。在整个培育过程中,采取隔离措施避免各实验组相互交叉污染。稚贝经过 40d 室内培育后,采取挂养方式转入室外生态池中进行中间育成,挂养用网袋规格为 40cm×30cm,根据稚贝规格,定期更换大网眼网袋,网眼规格从 60 目逐渐增大至 18 目。每隔 7d 清洗一次网袋,清除淤泥和附着生物,保持网袋透水性。

5.1.1.4 取样、测量

幼虫阶段,1 日龄、3 日龄、6 日龄、9 日龄及附着前取样一次,每个家系随机取样 30 个幼虫测量壳长,同时测定幼虫密度。幼虫存活率为各日龄幼虫密度占初孵 D 形幼虫密度的百分比;变态期间,以附着幼虫出现鳃原基、足、次生壳为变态完成标志,记录附着幼虫开始出现变态时间至全部完成变态的时间,测量各家系变态规格及变态率,变态率为完成变态稚贝数量占附着幼虫总量的百分比。稚贝阶段,20 日龄、30 日龄、60 日龄和 90 日龄取样、测量并统计空壳率,通过空壳率计算出稚贝阶段不同日龄的存活率。

5.1.1.5 群体有效含量的计算

参照 Simonsen 和 Kittiwattanawong(2000)使用的方法,采用公式(5-1)计算群体有效含量(Ne):

$$Ne = \frac{4 \times N_S \times N_D}{N_S + N_D} \tag{5-1}$$

式中，Ne 为群体有效含量；N_S 和 N_D 分别为实际参与繁殖的雌雄个体数。

5.1.1.6 数据分析

用 SPSS13.0 软件对数据进行分析和处理，采用单因素方差分析(one-way ANOVA)对各实验组生长和存活的差异性进行检验，差异的显著性设置为 $P<0.05$；用 Excel 作图。

5.1.2 结果

5.1.2.1 幼虫阶段的生长与存活

由图 5-1 可知，在浮游期，各实验组 D 形幼虫大小没有显著性差异($P>0.05$)。随着幼虫生长发育，幼虫大小开始出现分化，但至附着前(9 日龄时)，各实验组幼虫壳长均未表现出显著性差异($P>0.05$)。由图 5-2 可以看出，1 日龄、3 日龄时各实验组幼虫存活率差异不显著($P>0.05$)；6 日龄时，Ne=200 实验组幼虫存活率低于其他各实验组，但差异不显著($P>0.05$)；9 日龄时，Ne=200 实验组幼虫存活率仅为 62.6%，显著低于 Ne=2、4、8、16 和 32 实验组幼虫 71.5%、68.7%、72.6%、69.8% 和 68.5% 的存活率($P<0.05$)。在整个浮游幼虫期，Ne=2、4、8、16 和 32 实验组幼虫存活率彼此间差异均不显著($P>0.05$)。

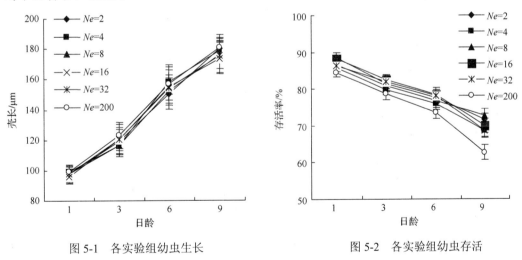

图 5-1 各实验组幼虫生长　　　　　　图 5-2 各实验组幼虫存活

5.1.2.2 稚贝阶段的生长与存活

图 5-3 和图 5-4 分别表示各实验组在 20 日龄、30 日龄、60 日龄和 90 日龄的壳长及存活率。由图 5-3 可知，在室内育成阶段，蛤仔生长速度较慢，在转入室外生态池进行育成后，蛤仔生长速度明显快于室内育成阶段。在整个稚贝期，各实验组相同日龄壳长没有显著差异($P>0.05$)。如图 5-4 所示，20 日龄时，Ne=200 实验组稚贝存活率显著低

于其他各实验组($P<0.05$);30 日龄和 60 日龄时,各实验组稚贝存活率差异不显著($P>0.05$);90 日龄时,稚贝转入室外生态池中进行中间育成,各实验组稚贝存活率较室内均出现不同程度的降低。其中,以 $Ne=200$ 实验组稚贝存活率降低最为明显,仅为室内 60 日龄时稚贝存活率的 77.9%,且显著低于其他各实验组($P<0.05$),而 $Ne=2$、4、8、16 和 32 实验组稚贝存活率未表现出显著性差异($P>0.05$)。

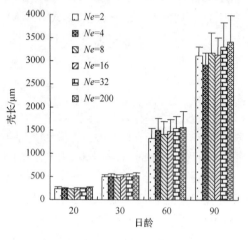

图 5-3 各实验组稚贝阶段生长比较　　图 5-4 各实验组稚贝阶段存活比较

5.1.2.3　各实验组不同日龄蛤仔壳长变异

图 5-5～图 5-8 分别为各实验组在 3 日龄、9 日龄、30 日龄和 90 日龄组内个体壳长变异情况。从图 5-5 可以看出,3 日龄时,$Ne=2$ 实验组幼虫壳长分布较为均匀,110～119μm、120～129μm 和 130～139μm 个体所占比例分别为 23.3%、43.3% 和 33.4%;随着群体有效含量的增大,$Ne=16$ 时,开始出现壳长<110μm 的小型个体,比例为 6.7%;$Ne=32$

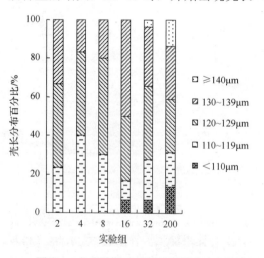
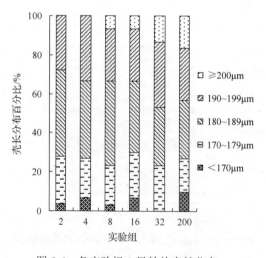

图 5-5　各实验组 3 日龄的壳长分布　　图 5-6　各实验组 9 日龄的壳长分布

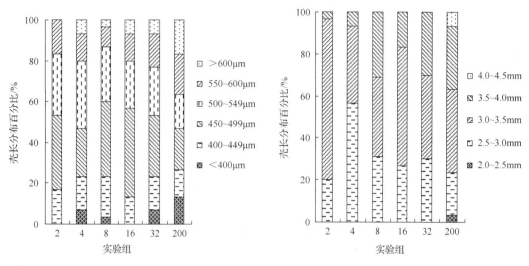

图 5-7 各实验组 30 日龄的壳长分布　　图 5-8 各实验组 90 日龄的壳长分布

时，开始出现壳长≥140μm 大型个体，比例为 3.3%；当 Ne=200 时，幼虫壳长变异最为明显，其中，＜110μm 和≥140μm 个体所占比例均为大于 10%小于 20%，9 日龄时，各实验组组内壳长变异基本维持 3 日龄时壳长变异水平(图 5-6)。30 日龄时，各实验组组内壳长变异进一步加剧，除 Ne=2 实验组稚贝壳长介于 400μm 和 600μm 之间以外，其他各实验组均出现明显的小型和大型个体，表现为群体有效含量越大，组内稚贝壳长变异越明显。其中，Ne=200 实验组小型和大型个体所占比例分别达到了 13.3%和 16.7%(图 5-7)。90 日龄时，Ne=2、4、8、16 和 32 实验组稚贝壳长均介于 2.5mm 和 4.0mm 之间，Ne=200 实验组小型和大型个体所占比例较 30 日龄有明显降低，分别为 3.3%和 6.7%(图 5-8)。

5.1.3　讨论

5.1.3.1　群体有效含量对选择反应的影响

通过人工选择对贝类进行遗传改良时，群体有效含量从多方面影响选择反应(Simonsen and Kittiwattanawong，2000)。首先，群体有效含量影响选择差和选择强度，选择差是影响选择反应的主要因素之一。在理想群体中，每一繁殖个体提供给下一代的基因概率相等。但在实际育种过程中，亲代对子代所作的遗传贡献很少有相同的概率。亲本的遗传贡献率与群体有效含量呈正相关关系。亲本的这种差异导致了群体个体之间的较大变异，选择进展又取决于群体内的遗传变异。因此，Ne 越大，则亲本的遗传贡献率越大，选择差也越大，所以选择反应也就越大。其次，群体有效含量直接决定遗传漂变，并由此影响选择反应。当 Ne 较小时，小群体倾向于近交水平的增加，再加上选择的作用，群体的遗传变异会逐渐消失，造成了在小群体选择中的"随机漂变"效应，这种效应基本上是不可预测的，群体越小，导致的遗传漂变就越严重。Simonsen 和 Kittiwanttanawong(2000)指出，在小群体中，由于遗传漂变的影响，选择反应本身的变异增加，即加大了选择的不可靠性，同时，小群体中加性方差的变异性也会增加。另外，小群体遗传变异较大群体低，在改良品种世代选育过程中，随着选择的持续，伴随着近交的加剧，群体内可利用的遗传变异可能在几个世代就消耗殆尽，从而在选择过程中出现选择极限，导致选择反应停止，选择的效果不明显。

5.1.3.2 群体有效含量对近交的影响

近交即近亲交配，是指血缘关系极为相近或者遗传组成极相似的个体之间进行的交配繁殖。近亲交配可以产生一系列的遗传效应，近亲交配的后代常常表现出生活力下降、适应能力减弱、抗病力降低或者出现一些畸形性状，这种现象称为近交衰退。群体有效含量影响着近交的程度，当 Ne 较小时，群体则倾向于近交水平的增加。因此，在小群体中容易出现近交衰退(Soule, 1980; Franklin, 1980)。Hedgecock 等(1992)估计了牡蛎和美洲帘蛤在人工养殖条件下的群体有效含量，结果发现，所有群体的群体有效含量均小于 100，其中有 13 个群体的群体有效含量小于 50，且在所有群体中均出现了近交衰退。张海滨等(2005)研究了群体有效含量对海湾扇贝子代的生物学效应。结果表明，在 F_1 代，各实验组 D 形幼虫壳长差异不显著，随着幼虫的不断生长，差异越来越显著，表现为自交组的生长低于其他各组，附着变态前的差异极显著，而 Ne=2、10、30、50 及对照组之间的差异并不显著；但在 F_2 代，除 Ne=1 实验组外，Ne=2 实验组也与其他各组差异显著(Zhang et al., 2005)。本实验结果显示，无论在幼虫期还是稚贝期，群体有效含量对蛤仔 F_1 生长并没有显著影响。因此，可以认为在 F_1 代各群体并未产生近交衰退。虽然在 F_1 代群体有效含量并未对近交产生影响，但在其后代群体中，则可认为存在一定的亲缘关系，尤其是 Ne=2 实验组实际上构成了一个全同胞家系。相关研究表明，全同胞家系后代自繁时都存在一定的近交衰退(霍忠明, 2009)。因此，应该继续研究有效群体大小对 F_2 代及 F_3、F_4 代的影响。

5.1.3.3 蛤仔遗传育种资源保存的适宜群体有效含量

Soule(1980)最早从生物保护的角度研究了群体的有效含量。当群体有效含量为 50 时，种群每世代的近交系数低于 1%，但这一数量并未考虑种群更长时间的适应性。Franklin(1980)指出，要使种群维持适当的遗传变异，保持长期的适应性所需的种群个体数量则为 500，即著名的"50/500 准则(50/500 rule)"。之后，Soule 和 Franklin 认为 500 只是维持了一般水平上种群的遗传变异，如果考虑遗传变异中包含了非常多的隐性致死或半隐性致死等位基因，同时假设半中性具有潜在适应性的突变为总突变数量的 1/10，那么群体最小有效含量的大小应为 5000，而当需要维持更多的稀有等位基因(如抗病基因)时，就需要更大的群体有效含量。秦艳杰等(2007)对海湾扇贝 F_1 代遗传多样性指数的研究表明，当群体有效含量为 340 时，可基本保持海湾扇贝繁殖群体的遗传稳定性。本节对蛤仔不同日龄壳长变异分析表明，当群体有效含量为 200 时，可以认为其存在较大的遗传多样性。需要指出的是，实验中所有的群体有效含量(2、4、8、16、32 和 200)均为理想数值，由于亲本性腺发育不同步，产生子代数量不同等因素，实际育种过程中要达到实验效果,所需亲本数量要显著提高(Falconer and Mackay,1981)。因此,可以认为,蛤仔遗传育种资源保存的适宜群体有效含量在 200~500。

5.2 蛤仔 9 个父系半同胞家系 F_1 的近交效应

家系选育是动植物遗传改良的有效方法。该方法通过对基因型进行选择,来加快家系内基因的纯化速度(盛志廉和陈瑶生,2001)。通过家系内连续的近交(同胞或半同胞)方式,最终选育出理想的近交系,然后利用这些纯系或近交系来组配出性状优良的杂交种(张国范等,2004)。这种方法在玉米、小麦和水稻的遗传改良中已经取得显著效果(Jones,1918;Freeman,1919;Wilson,1962),但在海洋贝类遗传改良中的研究和应用还相对较少(Hedgecock et al.,1995;张国范等,2003;Zheng et al.,2008)。家系内近交使隐性有害基因纯合、暴露,引起近交衰退现象,主要表现为生活力衰退、繁殖力下降、生长速度缓慢等。近交衰退现象在牡蛎、扇贝中已有相关报道(Longwell and Stiles,1973;Beaumont and Budd,1983;Beattie et al.,1987;Ibarra et al.,1995;Zheng et al.,2008)。另外,近交使生活力及生长性状的显性基因也得到纯合机会,这是育种的有利一面(楼允东,2001;Taris et al.,2007)。本研究采用家系选育方法,从已建立的蛤仔全同胞家系中,选择生长快和存活率高的家系,建立全同胞家系子二代近交家系,比较各近交家系生长和存活性状及两性状近交衰退率,以期为蛤仔良种培育提供参考。

5.2.1 材料与方法

5.2.1.1 亲贝来源

以 2007 年通过不平衡巢式设计建立的大连石河群体 33 个父系半同胞家系为基础材料,从中筛选出 9 个具有优良表观性状的家系子一代,记为 A_1、B_1、C_1、D_1、E_1、F_1、G_1、H_1、I_1。子一代在大连庄河贝类养殖场育苗场的室外土池中进行生态促熟。

5.2.1.2 实验设计

全同胞的近交系数可用公式(5-2)求出:

$$F_x = \sum \left[\left(\frac{1}{2}\right)^{(n_1+n_2+1)} (1+F_A) \right] \tag{5-2}$$

式中,F_x 为近交系数;n_1 为共同祖先与该个体父本间的世代间隔数;n_2 为共同祖先与该个体母本间的世代间隔数;F_A 为共同祖先本身的近交系数。在全同胞家系子二代近交家系中,$n_1=1$,$n_2=1$,$F_A=0$,由公式得 $F_x=0.25$。

为了尽可能使各家系的 30 个亲本全部排放精卵,可将各家系亲本集中诱导产卵,在集中产卵排精时再将各家系的亲本分开产卵,以达到预期的效果。具体方法是将亲本阴干 8h、流水刺激 0.5h 后,将各家系亲本分别放在网袋里,统一放到一个盛满新鲜海水的100L塑料桶中,水温为25℃,盐度为28,pH为8.0。少量亲本产卵排精会对其他亲贝起到了性诱导作用。当大部分亲贝开始产卵排精时,将各家系从桶中取出,桶中留下的受精卵作为对照组。再将各家系亲贝用淡水洗净后分别放入准备好的盛满新鲜海水的大白桶中让各家系继续产卵排精,最终建立9个近交家系和混交家系,全同胞子二代近交家系与全同胞家系子一代对应,分别命名为A_2,B_2,…,I_2,混交家系作为对照组命名为O_2。

5.2.1.3 数据分析

近交家系及混交家系的壳长、存活率比较使用单因素方差分析及多重检验(LSD)方法,近交家系的近交衰退比较采用T检验。采用GLM过程(最小二乘法拟合广义线性模型)和均方 TypeIII对生长和存活的各原因组分进行分析。各原因组分包括日龄、各家系间、重复组、日龄与各家系间交互作用,各家系内年龄与各重复组交互作用和随机误差。简化模型(Ibarra et al., 1995)为:$Y_{ijkm}=\mu+A_i+E_j+RE_{k(j)}+AE_{ij}+A_i\times E_{k(j)}+em_{ijk}$,式中,$Y_{ijkm}$为第$i$日龄第$j$个全同胞家系第$k$个重复的平均壳长或存活率的第$m$个随机误差;$\mu$为固定效应;$A_i$为日龄原因组分(在幼虫期$i=1$, 2, 3, 在稚贝期$i=1$, 2);$E_j$为各家系间原因组分(在幼虫期$i=1$, 2, 3, 在稚贝期$i=1$, 2);$RE_{k(j)}$为家系内重复组($k=1$, 2, 3);$AE_{ij}$为日龄与各家系间交互作用;$A_i\times E_{k(j)}$为各家系内日龄与各重复组交互作用;$em_{(ijk)}$为随机误差($m=1$, …, 30)。

根据各近交家系与对照组在不同日龄的壳长和存活率,估算近交家系($F_x=0.25$)幼虫期、稚贝期和养成期生长与存活的近交衰退率(Cronkrak and Roff, 1999; Zheng et al., 2008):

$$\delta_x(\%) = \left(1-\frac{S_x}{P_x}\right)\times 100 \qquad (5-3)$$

式中,δ_x为近交家系近交衰退率;S_x为近交家系表型值;P_x为混交家系表型值。

幼虫期和稚贝期生长与存活的近交衰退率分别为幼虫期和稚贝期各日龄的平均近交衰退率。使用Excel作图。实验数据处理使用SAS软件,所有分析的差异显著性都设置为$P<0.05$。

5.2.2 结果

5.2.2.1 全同胞家系亲本生长及存活

各家系1龄时壳长及存活情况见图5-9。F_1生长最快,壳长为(18.84 ± 2.1)mm,与I_1、H_1差异不显著,与其他各组差异显著($P<0.05$)。从存活方面看,E_1存活率最高,与其他家系差异显著($P<0.05$)。

5.2.2.2 近交家系孵化率及 D 形幼虫大小

近交家系孵化率及 D 形幼虫大小比较见图 5-10。E_2 孵化率最高，为 91.67%±1.53%，与 F_2 差异不显著（$P>0.05$），与其他各家系差异显著（$P<0.05$）。A_2 D 形幼虫最大，但与 C_2、E_2 差异不显著（$P>0.05$），与其他家系差异显著（$P<0.05$）。对照组 F_2 D 形幼虫最小，与 O_2 差异不显著（$P>0.05$），与其他家系差异显著（$P<0.05$）。

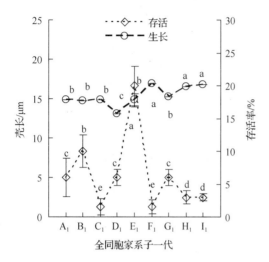

图 5-9　全同胞家系 1 龄的壳长与存活
相同字母表示差异不显著（$P>0.05$）

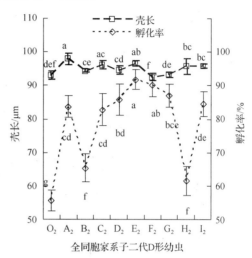

图 5-10　近交家系的孵化率和 D 形幼虫大小
相同字母表示差异不显著（$P>0.05$）

5.2.2.3 近交家系的生长

近交家系幼虫期 3 日龄、6 日龄、9 日龄，稚贝期 30 日龄、60 日龄，养成期 100 日龄壳长方差分析见表 5-1。各近交家系在幼虫期 3 日龄、6 日龄、9 日龄壳长大多小于对照组 O_2，对照组除 3 日龄壳长与 C_2、F_2、G_2 差异不显著（$P>0.05$），6 日龄壳长与 B_2、F_2 差异不显著（$P>0.05$），9 日龄壳长与 H_2 差异不显著（$P>0.05$）外，各日龄幼虫壳长均显著大于其他各家系（$P<0.05$）。稚贝期 30 日龄壳长大小顺序为 $H_2>I_2>B_2>F_2=G_2>C_2>O_2>D_2>A_2>E_2$，其中 H_2 与 I_2 差异不显著（$P>0.05$），但与其他近交家系差异显著（$P<0.05$）。稚贝期 60 日龄壳长大小顺序为 $I_2>A_2>G_2>F_2>D_2>B_2>H_2>O_2>C_2>E_2$，$I_2$ 壳长最大，与 C_2、E_2 差异显著（$P<0.05$），与其他近交家系差异不显著（$P>0.05$）。养成期 100 日龄壳长大小顺序为 $I_2>H_2>A_2>G_2>D_2>B_2>O_2>C_2>F_2>E_2$，$I_2$ 与其他家系差异显著（$P<0.05$），H_2、A_2、G_2、D_2、O_2、B_2 之间差异不显著（$P>0.05$）。E_2 在稚贝期和养成期的壳长均最小，与 I_2、H_2 差异显著（$P<0.05$）。三个时期壳长原因组分方差分析结果表明（表 5-2），在幼虫期和稚贝期，日龄、家系间及其交互作用组分对蛤仔幼虫及稚贝生长的影响极显著（$P<0.001$），但重复组及近交家系内重复组与日龄交互作用对蛤仔幼虫及稚贝生长的影响不显著。在养成期家系间组分对蛤仔幼贝生长的影响极显著（$P<0.001$）。重复组对幼贝生长的影响不显著。

表 5-1 近交家系不同阶段的壳长

家系	幼虫期/μm			稚贝期/mm		养成期/mm
	3 日龄	6 日龄	9 日龄	30 日龄	60 日龄	100 日龄
O_2	119.51 ± 7.91^{ab}	154.10 ± 14.00^{ab}	208.00 ± 17.89^{a}	0.57 ± 0.11^{bcd}	1.54 ± 0.54^{ab}	3.50 ± 1.57^{bd}
A_2	114.83 ± 12.28^{c}	142.50 ± 26.22^{ce}	172.33 ± 21.12^{c}	0.53 ± 0.20^{c}	1.81 ± 0.91^{a}	4.18 ± 1.49^{b}
B_2	114.67 ± 10.50^{c}	148.17 ± 14.77^{bc}	175.67 ± 26.22^{ce}	0.63 ± 01.5^{bd}	1.62 ± 0.66^{ab}	3.54 ± 1.82^{bef}
C_2	120.00 ± 8.09^{ab}	143.83 ± 12.01^{cd}	190.67 ± 22.43^{bde}	0.59 ± 0.13^{bd}	1.39 ± 0.59^{bc}	3.05 ± 1.79^{cde}
D_2	112.33 ± 6.91^{c}	134.17 ± 25.80^{eg}	178.33 ± 33.74^{de}	0.55 ± 0.12^{bcd}	1.68 ± 0.54^{ac}	3.62 ± 1.32^{bc}
E_2	102.50 ± 4.31^{e}	128.00 ± 14.11^{fg}	172.67 ± 30.51^{cf}	0.50 ± 0.92^{c}	1.32 ± 0.45^{b}	2.57 ± 1.18^{ef}
F_2	123.83 ± 11.50^{a}	160.83 ± 21.18^{a}	186.33 ± 37.09^{de}	0.62 ± 0.12^{d}	1.71 ± 0.55^{ac}	2.69 ± 1.29^{df}
G_2	118.67 ± 9.64^{bc}	135.17 ± 13.80^{def}	182.00 ± 26.18^{def}	0.62 ± 0.15^{bd}	1.78 ± 0.87^{a}	4.06 ± 2.11^{b}
H_2	112.83 ± 9.53^{c}	137.83 ± 22.43^{de}	208.00 ± 20.41^{a}	0.82 ± 0.25^{a}	1.58 ± 0.62^{ab}	4.25 ± 2.15^{b}
I_2	107.33 ± 7.40^{d}	125.33 ± 10.74^{g}	176.50 ± 26.17^{cd}	0.74 ± 0.16^{a}	1.85 ± 0.68^{a}	4.87 ± 1.59^{a}

注：每列中的不同字母表示差异显著（$P<0.05$）

表 5-2 9 个近交家系子二代幼虫期、稚贝期、养成期壳长原因组分方差分析

原因组分	df	均方	F 检验
幼虫期			
日龄	2	1.143 91	2 942.62***
家系间	9	0.013 62	35.05***
重复组间	2	0.000 14	0.36
日龄×家系间	18	0.006 80	17.50***
家系内日龄×各重复组	4	0.000 04	0.1
随机误差	2 645	0.000 38	
稚贝期			
日龄	1	456.479	1 970.47***
家系间	9	20.700	9.93***
重复组间	2	0.049	0.11
日龄×家系间	9	9.410	4.51***
家系内日龄×各重复组	2	0.048	0.1
随机误差	1 739	402.857	
养成期			
家系间	9	51.673 902	14.02***
重复组间	2	10.125 16	2.75
随机误差	887	3.686 22	

***$P<0.001$

5.2.2.4 近交家系的存活

近交家系幼虫期 3 日龄、6 日龄、9 日龄，稚贝期 30 日龄、60 日龄，养成期 100 日龄存活率方差分析结果见表 5-3。在幼虫期，E_2 存活率最高，在 3 日龄、6 日龄达 90%以上，明显高于对照组和其他家系。其他近交家系存活率普遍低于对照组。在稚贝期和养成期，E_2 存活率也最高，除在 30 日龄与对照组 O_2 差异不显著外（$P>0.05$），与其他家系

及对照组差异均显著($P<0.05$)。其他近交家系在稚贝期存活率普遍小于对照组。在养成期，对照组与 G_2 差异显著($P<0.05$)，与其他近交家系差异不显著($P>0.05$)。三个时期存活原因组分方差分析结果表明(表 5-4)，在幼虫期和稚贝期，日龄、家系间及其交互作用对蛤仔幼虫及稚贝存活的影响极显著($P<0.001$)。在幼虫期，日龄组分对存活性状的影响大于家系间组分。但在稚贝期，家系间组分对存活性状的影响大于日龄组分。但重复组及家系间内重复组与日龄交互作用对蛤仔幼虫及稚贝存活的影响不显著。在养成期，家系间对蛤仔幼贝存活的影响极显著，重复组对幼贝存活的影响不显著。

表 5-3 近交家系不同阶段的存活(%)

家系	幼虫期			稚贝期		养成期
	3 日龄	6 日龄	9 日龄	30 日龄	60 日龄	100 日龄
O_2	78.62±6.60^d	75.32±3.50^b	64.17±5.69^c	77.33±7.02^a	76.67±1.54^b	48.33±2.08^{bc}
A_2	66.67±3.62^e	44.00±5.80^d	57.39±5.50^d	66.67±4.16^c	68.00±2.65^d	47.33±1.53^{bc}
B_2	85.76±3.55^c	25.59±1.20^e	55.00±1.32^e	72.78±2.92^b	72.67±3.51^c	50.33±1.52^{bc}
C_2	35.90±5.15^j	43.18±4.50^d	67.74±2.50^b	76.85±5.94^a	74.33±1.53^{bd}	50.00±1.00^{bc}
D_2	48.00±1.20^h	44.07±1.45^d	42.00±1.15^f	61.11±5.54^e	68.33±1.53^d	47.00±2.65^c
E_2	94.54±4.40^a	92.87±7.60^a	78.65±1.94^a	78.81±2.62^a	83.00±1.00^a	81.33±1.53^a
F_2	91.00±1.40^b	33.52±2.40^f	62.70±2.36^c	65.18±4.01^c	61.67±1.53^e	49.67±2.08^{bc}
G_2	47.11±1.40^g	27.12±3.50^e	20.87±1.38^i	53.16±1.52^e	58.00±2.00^f	41.33±3.06^d
H_2	36.50±2.85^i	67.28±5.40^c	33.94±1.26^g	59.36±13.14^d	63.33±2.52^e	48.33±1.52^{bc}
I_2	55.56±1.65^f	16.60±1.72^g	30.44±2.33^h	55.07±5.20^e	61.67±1.53^e	47.67±1.53^{bc}

注：每列中的不同字母表示差异显著($P<0.05$)

表 5-4 9 个近交家系子二代幼虫期、稚贝期、养成期存活率原因组分方差分析

原因组分	df	均方	F 检验
幼虫期			
日龄	2	5 912.37	1 093.31***
家系间	9	5 378.42	994.58***
重复组间	2	2.08	0.38
日龄×各家系间	18	2 353.05	435.13***
家系内日龄×重复组	4	3.97	0.73
随机误差	215	1 162.67	
稚贝期			
日龄	1	128.894 3	18.6***
家系间	9	1241.31	179.1***
重复组间	2	17.035 8	2.46
日龄×各家系间	9	50.210 5	7.24***
家系内日龄×重复组	2	2.385 09	0.34
随机误差	137	6.930 9	
养成期			
家系间	9	1 263.122 1	53.04***
重复组间	2	47.73	2.00
随机误差	59	23.816 4	

*** $P<0.001$

5.2.2.5 近交家系生长和存活近交衰退

由图 5-11 可知，各近交家系幼虫期生长都表现出近交衰退现象，近交衰退率在 0.81%～16.05%。在稚贝期，C_2 和 E_2 出现近交衰退，近交衰退率分别为 1.66%和 6.47%。其他近交家系无近交衰退现象。养成期 C_2、E_2 和 F_2 出现近交衰退，近交衰退率分别为 12.79%、26.46%和 23.20%，其他近交家系没有出现近交衰退现象。三个阶段 E_2 近交衰退率均最高，但与 C_2 和 F_2 差异不显著。

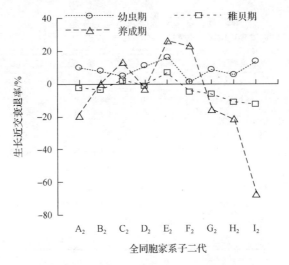

图 5-11 近交家系生长的近交衰退

图 5-12 为各近交家系存活性状的近交效应。E_2 在幼虫期、稚贝期和养成期存活均未出现近交衰退现象，其他近交家系在幼虫期和稚贝期都出现了近交衰退现象，近交衰退率分别为 0.73%～26.09%和 1.72%～26.88%。在养成期，A_2、D_2、G_2 存活出现了近交衰退，近交衰退率分别为 0.70%、1.40%和 13.29%，其他家系没有出现近交衰退。

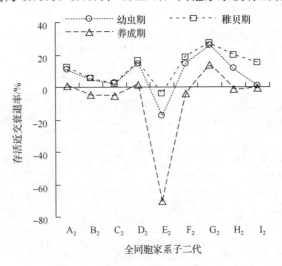

图 5-12 近交家系存活的近交衰退

5.2.3 讨论

本实验对 9 个近交家系研究结果表明,选择对于改进蛤仔家系子一代生长和存活性状是非常有效的。近交家系受精卵孵化率和 D 形幼虫大小存在差异,表现为母本效应。原因在于蛤仔幼虫早期发育阶段主要依靠卵黄储存的内源营养,而内源营养的积累与亲本的遗传背景、自身营养及环境条件均有关系。这种现象在牡蛎(Renate et al.,2008)和海湾扇贝中也同样存在(张国范和郑怀平,2009)。

不同物种及同一物种不同群体近交衰退的程度是不同的,这可能是由其不同的近交方式和不同的遗传负荷造成的。本实验蛤仔各近交家系在幼虫期生长和存活(E_2 除外)都普遍小于对照组,出现了近交衰退现象。全同胞家系亲本遗传背景不同,对下一代的遗传贡献率也是不同的。家系内近交(近交系数 F_x=0.25),引起了基因型频率的改变。E_2 家系经过子二代近交后,控制存活的基因可能达到了较高纯合度,因此在幼虫期存活率高而稳定。但其他家系在幼虫期各日龄生长和存活情况不同,一方面是由于在幼虫期母本效应的影响,另一方面是由于各家系遗传基因不同,而且决定数量性状的一系列微效基因在遗传与环境因素综合作用下表达不同(多基因假说)。蛤仔幼虫在壳顶前、中、后期和变态期,要经历一系列复杂的变化过程,因此,控制生长和存活性状的一系列微效基因在幼虫期表达不同,从而导致了各家系在幼虫期各日龄生长和存活情况不同。有关贝类家系选育的研究多集中在稚贝期和养成期,对于幼虫阶段生长和存活的研究较少。在对人工选育了 7 代的长牡蛎的研究中发现,牡蛎幼虫存活率在 10 日龄仅为 41.6%,生长慢的幼虫(壳长在 110~175μm)大量死亡,存活下来的生长快的幼虫变态时间很短,仅 3d 就有 90.7%的幼虫完成变态(Taris et al.,2006)。这一结果支持了微效基因在遗传与环境因素综合作用下表达不同的理论。

在稚贝期及养成期,蛤仔近交家系 I_2 生长优势明显,E_2 虽然表现出生长劣势,但存活率在 30 日龄、60 日龄、100 日龄均是最高的。存活的原因组分方差分析表明,在幼虫期日龄组分对存活性状的影响大于家系间组分,但在稚贝期家系间组分对存活性状的影响大于日龄组分,这说明随着蛤仔稚贝的生长母本效应逐渐消失,各家系遗传基因不同应该是其性状间差异的主要因素。因此,各家系的生长和存活性状表达逐渐稳定。值得注意的是,家系子一代 I_1 在 12 月龄生长优势明显,它们的子二代 I_2 在稚贝期和养成期也保持着这种生长优势。E_1 家系子一代存活率最高,子二代存活率在三个时期也都是最高的。Mather(1943)指出,多基因对某一数量性状的控制有基因加性效应、显性效应和上位效应。只有加性效应部分能够稳定地遗传给后代。Haskin 和 Ford(1979)成功选育出了对 MSX 寄生虫(*Haplosporidium nelsoni*)具有抗性的美洲牡蛎近交系。经过 5 代选择后,近交系的存活率是对照组的 10 倍。Paynter 和 Dimichele(1990)报道,来自同一美洲牡蛎群体的经过 18 代选育(以生长率为指标)的牡蛎生长速度明显高于未经过选育的群体。这些研究结果说明贝类加性基因可以稳定地遗传给后代,选择可以取得良好的效果。可以预测,本实验 I_1、E_1 家系子一代控制生长和存活的加性基因可以稳定地遗传给家系子二代。

近交虽然可以加快基因的纯化速度，但也会引起与繁殖能力或生理机能相关的性状表型平均值降低，即近交衰退(inbreeding depression)。利用雌雄同体的贝类建立自交家系研究近交衰退的结果表明，自交后代的存活率和生长速度都显著地下降，表现出严重的近交衰退。而利用全同胞家系研究近交衰退的结果并不一致，可能是选择对近交起了作用。Longwell 和 Stiles(1973)报道，美洲牡蛎(Crassostrea virginica)全同胞自交(F_x=0.25)后代的存活率和生长速度显著地降低了，而 Mallet 和 Haley(1983)却发现该牡蛎全同胞家系幼虫的存活率都大于对照组，幼虫和早期稚贝的生长没有差异，但稚贝的生长存在6%～10%的近交衰退。Lannan(1980)发现，长牡蛎(Crassostrea gigas)全同胞家系幼虫的存活率并没有降低，而全同胞后代在壳的大小、肉的湿重和干重等方面都显著小于对照组，近交衰退明显。此外，日本珠母贝(Pinctada funcata martensii)经过 6 代选择的近交系仍有较快的生长速度，并没有出现近交衰退现象。类似的结果也见于选择快速生长的美洲帘蛤家系，以及选择抗病的美洲牡蛎家系。本实验蛤仔近交家系(F_x=0.25)在幼虫期生长性状出现近交衰退，存活性状除 E_2 近交不衰退外，其他家系都出现近交衰退现象。在稚贝期，除 C_2、E_2 外，其他各家系生长没有出现近交衰退。存活性状除 E_2 外，其他各家系都出现近交衰退现象。在养成期，除 C_2、E_2、F_2 外，其他家系没有出现近交衰退。由此可见，各近交家系在不同时期近交衰退程度是不同的。关于近交衰退的原因，很多学者支持显性假说。该假说认为，近交使在杂合状态下被显性等位基因掩盖的有害隐性基因纯合并得到完全表达，导致表型性状衰退。本实验存活率最高的 E_2 家系在各时期存活性状并没有发生近交衰退现象，说明 E_2 经过两代选择后，控制存活的基因纯合度增加，杂合度降低。同时自然选择对有害基因的净化作用在近交家系中表现得也很明显。幼虫期，近交使幼虫控制生长发育的隐性基因纯合，导致生长发育迟缓，甚至停止，表现出生长和存活近交衰退。最严重的近交衰退最难观测，因为发育早期表现的致死性和亚致死性突变，会引起许多个体死亡，只有杂合度更高的后代才存活下来，由此会导致近交衰退的低估。在自然选择作用下，生长缓慢的幼虫大量死亡，生长快、发育机能完善的幼虫逐渐被保留下来，生长成稚贝及幼贝。因此，各家系在稚贝期和养成期，生长性状加性基因累加效果开始稳定地表达，除 C_2、E_2、F_2 外，其他家系生长近交不衰退，E_2 可能是由于自身存活性状基因纯合度高，自然选择对 E_2 的净化作用很小，使控制生长加性基因累加效果不明显的个体也存活下来，而导致生长的近交衰退；而 C_2 和 F_2 的生长衰退则可能是因为子一代控制生长加性基因累加遗传给子二代的部分很少。在养成期，蛤仔幼贝在室外生态池中养成，外部环境变化剧烈。生长慢的小个体对外部环境敏感，抗逆性较弱，环境的自然选择对各家系幼贝存活率的影响变得尤为重要。随着小个体被淘汰，各家系与对照组抗逆性较强的幼贝存活下来，存活近交衰退现象减少，有的甚至不衰退。

5.3 上选、下选两种规格奶牛蛤品系间的近交效应

家系选择是水产动植物良种培育的有效方法之一，已经在水产动植物遗传改良中广泛应用(吴仲庆，2000)。家系选择(family selection)，是以整个家系作为一个选择单位。

家系内累代近交,可以积累优良显性基因,减少隐性基因,加大基因纯化速率,提高育种效率。关于利用家系选择改良贝类经济性状的研究,有悉尼岩牡蛎(*Saccostrea commercialis*)(Nell et al., 1996)、海湾扇贝(郑怀平等, 2003)、蛤仔(闫喜武等, 2010)等相关报道。但是对于家系内个体的生长差异研究报道较少,部分学者认为由于亲本遗传背景不同,单对单交配建立的家系,其遗传基因频率发生改变,进而产生家系内个体表型变异现象,因此家系内个体表型变异也是评价家系生长的重要指标。张国范等(2003)报道,海湾扇贝自交系在成体阶段,同一家系子代个体间在生长速率方面出现较大的分化,该现象可能是部分与生长相关的基因出现纯合的结果。何毛贤等(2007)在同一批马氏珠母贝家系子一代研究中发现,F_{15}壳高分布范围较小,主要集中在5~6cm和6~7cm,家系内个体大小变异较小,而且其壳高和总重都是所有家系中最大的,其净增长量也是最大的,认为该家系具有较强的生长优势。

到目前为止,尚未见到关于蛤仔近交系内个体间杂交的研究报道。本实验以奶牛蛤全同胞家系中产量最高的家系为研究对象,通过家系内上选(10%)和下选(10%)的个体进行近交和杂交,研究了奶牛蛤全同胞家系内不同规格个体间的杂交效应;同时通过设置对照组,检测了该品系的近交衰退效应;旨在为奶牛蛤品系表型性状改良提供理论和实践依据。

5.3.1 材料与方法

5.3.1.1 亲本来源与促熟

亲贝为2007年繁育的奶牛蛤F_2。2009年5月初,随机筛选3000个个体,采用20目网袋(规格40cm×60cm),在大连庄河贝类养殖场育苗场室外生态土池中采取吊养的方式进行生态促熟,每袋300个。其间,水温为12.8~30.6℃,盐度为25~28,pH为7.64~8.62。

5.3.1.2 实验设计及处理

为了测试并提高该品系的生长速度,产卵排精前,按照10%的留种率,分别对该品系F_2进行上选和下选各100粒作为繁殖群体。2009年8月上旬,将性腺发育成熟的亲本移入室内阴干8h,4h后开始产卵排精。在上选组和下选组中随机选取雌雄各6个,分别收集精卵,采用双列杂交法,将获得的精卵按照图5-13组合受精建立上选近交组LL、下选近交组SS、正交组LS、反交组SL。为了测算上选组与下选组的近交衰退率,采用CC_3作为对照组来计算双向近交组合的近交衰退率。其中,CC_3为与家系建立同步的对照组子二代60个个体混交自繁。之后将受精卵液转入100L白桶中孵化,孵化密度为20~30个/mL,孵化期间连续充气。受精卵大约经过24h发育为D形幼虫。操作过程中,各实验组严格隔离,防止混杂。

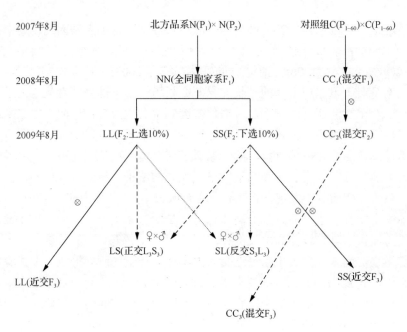

图 5-13 蛤仔近交系内的杂交效应实验设计

5.3.1.3 幼虫及稚贝培育

幼虫和 60 日龄以前稚贝在 100L 塑料桶中培育,幼虫密度为 7~8 个/mL,稚贝密度为 4~5 个/cm²;每天投饵 2 次,饵料为湛江等鞭金藻(*Isochrysis zhangjiangensis*)和小球藻(*Chlorella vulgaris*)(体积比为 1:1),浮游期日投喂 3000~5000 个细胞/mL,稚贝期日投喂 1 万~2 万个细胞/mL,根据幼虫和稚贝的摄食情况适当增减饵料量,保持水中有足量的饵料;每 2d 全量换水一次,为避免不同实验组个体混杂,每组换水的筛绢网单独使用。60 日龄以后,稚贝转入 60 目的网袋(40cm×60cm)中在室外生态池中吊养,每袋 800~900 个。培育期间,水温为 24.2~30.4℃,盐度为 24~28,pH 为 7.64~8.62。为了消除培育密度的影响,在培育阶段每 3d 对密度进行一次调整,使各个实验组密度基本保持一致。各个实验组分桶培育,严格隔离。随稚贝生长定期更换网袋,调整密度,使各实验组密度保持一致。

5.3.1.4 测定指标

幼虫和壳长小于 300μm 的稚贝在显微镜下用目微尺(100×)测量,壳长大于 300μm 小于 3.0mm 的稚贝在体视显微镜下用目微尺(20~40×)测量,壳长大于 3.0mm 后用游标卡尺(0.01mm)测量。每次测量设 3 个重复,每个重复随机测量 30 个个体。幼虫存活率为单位体积幼虫数占 D 形幼虫数的百分比,稚贝存活率为不同日龄存活稚贝的数量占变态稚贝数的百分比。

数据处理:为减小方差齐性,所有的壳长均转化为对数 $\lg x$,所有的存活率均转化为反正弦函数 arcsin。用 SPSS17.0 统计软件对数据进行分析处理,不同实验组间数据的比较采用单因素方差分析方法(Tukey HSD),差异显著性设置为 $P<0.05$。

参照 Zheng 等(2006)使用的方法，用公式(5-4)～(5-6)计算杂种优势(heterosis)：

$$H(\%) = \frac{(LS+SL)-(LL+SS)}{LL+SS} \times 100 \tag{5-4}$$

$$H_{LS}(\%) = \frac{LS-LL}{LL} \times 100 \tag{5-5}$$

$$H_{SL}(\%) = \frac{SL-SS}{SS} \times 100 \tag{5-6}$$

式中，LL、LS、SL、SS 分别表示各实验组的 F_3 在同一日龄的表型值(生长、存活)。公式(5-4)表示中亲杂种优势；公式(5-5)、公式(5-6)分别表示双列杂交中正反交组的单亲杂种优势。

参照 Cruz 和 Ibarra(1997)，利用双因子分析模型检测母本效应及配对方式对杂交组个体的生长与存活的影响：

$$Y_{ijk} = \mu + EO_i + MS_j + (EO \times MS)_{ij} + e_{ijk} \tag{5-7}$$

式中，Y_{ijk} 为 k 个重复 i 个卵源 j 种配对方式下的壳长(或存活率)；μ 为常数；EO_i 为壳长(或存活率)的卵源效应(母本效应)($i=1, 2$)；MS_j 为壳长(或存活率)的配对效应($j=1, 2$)；$(EO \times MS)_{ij}$ 为卵源与配对策略的交互作用；e_{ijk} 为随机误差($i=1, 2$; $j=1, 2$; $k=1, 2, 3$)。

参照李思发等(2008)，采用公式(5-8)估算双亲对子代杂种优势的贡献率：

$$F_{3x} \leq a_1 P_1 + a_2 P_2 \tag{5-8}$$

式中，F_{3x} 表示正交组、反交组及正反交组平均在同一日龄的表型值(生长、存活)；P_1、P_2 分别为两亲本表型性状的平均值；a_1、a_2 为系数，分别为两亲本某性状对杂种优势的贡献力，$a_1+a_2=1$。

参照 Zheng 等(2004)使用的方法，利用公式(5-9)计算近交衰退率：

$$\delta_x(\%) = \left(1 - \frac{S_x}{P_x}\right) \times 100 \tag{5-9}$$

式中，δ_x 为 LL 或 SS 实验组的近交衰退率；S_x 为 LL 或 SS 实验组的表型值；P_x 为混交对照组 CC 的表型值。

5.3.2 结果

5.3.2.1 幼虫、稚贝和幼贝的生长

将 D 形幼虫的生长优势定义为 0。幼虫期，LL 组的壳长一直最大。3 日龄和 6 日龄时，显著大于 SL、SS 和 CC 组($P<0.05$)，与 LS 实验组无显著差异($P>0.05$)；9 日龄时，显著大于其他实验组($P<0.05$)。正反交组的个体壳长介于 LL 与 SS 组之间，其杂种优势表现出正负不对称性，整个浮游期表现为微弱的中亲杂种优势；3 日龄时，LS 的单亲生长劣势为–2.34%，SL 的单亲生长优势为 11.50%。LL 组尚未出现近交衰退现象，3 日龄时，其近交衰退率为–3.70%；SS 组表现出一定程度上的近交衰退，3 日龄时，其近交衰退率为 13.80%(表 5-5)。

表 5-5 幼虫的壳长、生长优势、杂种优势贡献力及其近交衰退率

项目		日龄			平均值
		3	6	9	
平均壳长/μm	LL	129.73±6.20[a]	177.70±5.23[a]	205.57±10.52[a]	—
	LS	126.70±7.57[ab]	175.33±5.42[ab]	197.17±14.77[b]	—
	SL	120.23±7.39[c]	164.50±8.13[c]	182.73±10.24[c]	—
	SS	107.83±3.72[d]	157.46±8.59[d]	178.83±12.08[c]	—
	CC	125.10±6.82[b]	172.47±10.65[b]	196.57±12.72[b]	—
生长优势/%	H_{LS}	−2.34	−1.33	−4.09	−2.59
	H_{SL}	11.50	4.47	2.18	6.05
	H	3.94	1.39	−1.17	1.39
杂种优势贡献力/%	a_{1LS}	0.86	0.88	0.69	0.81
	a_{2LS}	0.14	0.12	0.31	0.19
	a_{1SL}	0.57	0.35	0.15	0.36
	a_{2SL}	0.43	0.65	0.85	0.64
	a_1	0.71	0.61	0.42	0.58
	a_2	0.29	0.39	0.58	0.42
近交衰退率/%	δ_{LL}	−3.70	−3.03	−4.58	−3.77
	δ_{SS}	13.80	8.70	9.02	10.51

注：每列中的不同字母表示差异显著（$P<0.05$）

稚贝期，LL 组个体的壳长仍然最大，其生长优势得到进一步加强。正反交组的个体壳长仍然介于 LL 与 SS 组之间，中亲生长优势表现为负值，说明出现了杂种劣势。LS 的单亲生长优势为−11.21%，SL 的单亲生长优势为 8.04%。LL 组个体的生长尚未出现近交衰退，其近交衰退率为−7.20%；SS 组个体出现了生长上的近交衰退，其近交衰退率为 22.67%（表 5-6）。

表 5-6 稚贝的壳长、生长优势、杂种优势贡献力及其近交衰退率

项目		日龄			平均值
		30	60	90	
平均壳长/μm	LL	619.17±122.95[a]	1287.50±405.23[a]	4407.00±817.64[a]	—
	LS	515.00±113.95[b]	1202.50±285.60[ab]	3956.67±518.97[b]	—
	SL	446.00±39.00[c]	1060.17±213.08[bc]	3443.33±638.99[c]	—
	SS	425.00±56.74[c]	1031.67±276.21[c]	2958.00±454.33[d]	—
	CC	603.67±65.15[a]	1190.00±258.53[ab]	4229.67±740.52[ab]	—
生长优势/%	H_{LS}	−16.82	−6.60	−10.22	−11.21
	H_{SL}	4.94	2.76	16.41	8.04
	H	−7.97	−2.44	−4.75	−5.05
杂种优势贡献力/%	a_{1LS}	0.46	0.67	0.69	0.61
	a_{2LS}	0.54	0.33	0.31	0.39
	a_{1SL}	0.11	0.11	0.33	0.18
	a_{2SL}	0.89	0.89	0.67	0.82
	a_1	0.29	0.39	0.51	0.41
	a_2	0.71	0.61	0.49	0.60
近交衰退率/%	δ_{LL}	−5.81	−11.61	−4.19	−7.20
	δ_{SS}	27.37	10.57	30.07	22.67

注：每列中的不同字母表示差异显著（$P<0.05$）

从其卵源与交配方式对杂交组个体生长的影响上看,卵源即母本效应占了主导地位,其次为卵源与交配方式的交互作用,配对方式在整个过程中几乎尚未产生影响,这也许与亲本来自于同一近交系有关(表5-7)。

表5-7 卵源与配对方式对幼虫及稚贝生长的方差分析

日龄			幼虫期			日龄			稚贝期		
	来源	df	均方	P			来源	df	均方	P	
3	EO	1	0.079	0.000		30	EO	1	0.339	0.000	
	MS	1	0.010	0.000			MS	1	0.025	0.030	
	EO×MS	1	0.025	0.000			EO×MS	1	0.081	0.000	
6	EO	1	0.049	0.000		60	EO	1	0.150	0.001	
	MS	1	0.001	0.051			MS	1	0.000	0.923	
	EO×MS	1	0.005	0.000			EO×MS	1	0.011	0.333	
9	EO	1	0.065	0.000		90	EO	1	0.410	0.000	
	MS	1	0.001	0.366			MS	1	0.003	0.437	
	EO×MS	1	0.006	0.005			EO×MS	1	0.084	0.000	

5.3.2.2 幼虫、稚贝的存活

将刚刚孵化出来的 D 形幼虫的存活率定义为100%,此时的杂种优势为0。幼虫期,LL 组个体的存活率最高,显著大于其他实验组($P<0.05$)(除6日龄 LL 组与 LS 组差异不显著外)。整个浮游期,杂交表现为微弱的杂种优势。中亲存活优势为6.10%,LL 与 SS 组对存活优势的贡献力分别为0.68%、0.32%;LS 组的存活优势为−7.70%,LL 与 SS 组对存活优势的贡献力分别为0.75%、0.25%; SL 组的存活优势为26.13%,LL 与 SS 组对存活优势的贡献力分别为0.60%、0.40%。LL 组均尚未出现存活性状上的近交衰退,SS 组表现出一定程度的存活性状上的近交衰退,其近交衰退率分别为−9.84%、23.14%(表5-8)。

表5-8 幼虫的存活、存活优势、杂种优势贡献力及其近交衰退率

项目		日龄			平均值
		3	6	9	
存活率/%	LL	93.33±1.53^a	86.67±1.53^a	82.67±2.52^a	—
	LS	89.00±3.61^b	85.00±5.00^{ab}	69.00±3.61^c	—
	SL	84.67±2.52^c	70.00±2.00^c	76.33±1.53^b	—
	SS	70.00±2.00^d	59.00±3.61^d	55.00±4.36^d	—
	CC	81.67±1.53^c	80.33±2.08^b	77.00±2.65^b	—
存活优势/%	H_{LS}	−4.64	−1.92	−16.53	−7.70
	H_{SL}	20.95	18.64	38.79	26.13
	H	6.33	6.41	5.57	6.10
杂种优势贡献力/%	a_{1LS}	0.81	0.94	0.51	0.75
	a_{2LS}	0.19	0.06	0.49	0.25
	a_{1SL}	0.63	0.40	0.77	0.60
	a_{2SL}	0.37	0.60	0.23	0.40
	a_1	0.72	0.67	0.64	0.68
	a_2	0.28	0.33	0.36	0.32
近交衰退率/%	δ_{LL}	−14.29	−7.88	−7.36	−9.84
	δ_{SS}	14.29	26.56	28.57	23.14

注:每列中的不同字母表示差异显著($P<0.05$)

稚贝期，LL 组存活率仍然最高，90 日龄时与其他实验组无显著差异（$P>0.05$）。总体上表现出微弱的中亲存活劣势，LL 与 SS 组个体的杂种优势贡献力分别为 0.33%、0.67%；LS 组的存活优势为–4.36%，LL 与 SS 组个体的杂种优势贡献力 0.41%、0.59%；SL 组的存活优势为 0.41%，LL 与 SS 组个体的杂种优势贡献力分别为 0.24%、0.76%。LL 组稚贝均未出现近交衰退现象，其近交衰退率为–4.31%，SS 组稚贝有近交衰退现象，近交衰退率为 3.41%（表 5-9）。

表 5-9 稚贝的存活率、存活优势、杂种优势贡献力及其近交衰退率

项目		日龄			平均值
		30	60	90	
存活率/%	LL	92.00±3.00[a]	88.67±3.52[a]	85.67±3.06[a]	—
	LS	87.67±3.06[ab]	83.33±1.53[bc]	83.67±2.08[a]	—
	SL	86.00±3.64[b]	84.00±1.00[b]	82.33±2.52[a]	—
	SS	84.67±2.08[b]	80.00±1.00[c]	81.33±2.52[a]	—
	CC	86.67±2.08[b]	83.33±1.53[bc]	85.33±3.06[a]	—
存活优势/%	H_{LS}	–4.71	–6.02	–2.34	–4.36
	H_{SL}	0.79	0.05	0.40	0.41
	H	–2.83	–0.79	–0.99	–1.54
杂种优势贡献力/%	a_{1LS}	0.41	0.38	0.45	0.41
	a_{2LS}	0.59	0.62	0.55	0.59
	a_{1SL}	0.18	0.46	0.09	0.24
	a_{2SL}	0.82	0.54	0.91	0.76
	a_1	0.30	0.42	0.27	0.33
	a_2	0.70	0.58	0.73	0.67
近交衰退率/%	δ_{LL}	–6.15	–6.40	–0.39	–4.31
	δ_{SS}	2.31	4.00	3.91	3.41

注：每列中的不同字母表示差异显著（$P<0.05$）

从其卵源与交配方式对杂交组个体存活的影响上看，总体上卵源即母本效应仍然占主导地位；其次为卵源与交配方式的交互作用；配对方式在整个过程中几乎尚未产生影响，这也许与同一近交系内亲本有着较高的相似度有关（表 5-10）。

表 5-10 卵源与交配方式对幼虫及稚贝存活影响的方差分析

幼虫期					稚贝期				
日龄	来源	df	均方	P	日龄	来源	df	均方	P
3	EO	1	0.085	0.000	30	EO	1	0.008	0.030
	MS	1	0.015	0.004		MS	1	0.001	0.420
	EO×MS	1	0.043	0.000		EO×MS	1	0.003	0.014
6	EO	1	0.251	0.000	60	EO	1	0.007	0.008
	MS	1	0.017	0.021		MS	1	0.000	0.649
	EO×MS	1	0.028	0.007		EO×MS	1	0.009	0.004
9	EO	1	0.071	0.001	90	EO	1	0.003	0.091
	MS	1	0.017	0.038		MS	1	9.372E–5	0.760
	EO×MS	1	0.196	0.000		EO×MS	1	0.001	0.343

5.3.3 讨论

本研究中利用的近交系为2007年8月在大连庄河海洋贝类养殖场育苗场，采用巢式设计(♂:♀=1:5)建立蛤仔大连石河群体14个父系半同胞家系和70个全同胞家系中产量最高的1个全同胞家系。

5.3.3.1 亲本背景

2008年8月，利用该全同胞 F_1 自繁获得了 F_2，该家系仍然是全同胞家系自繁后代中产量最高的，此时的近交系数 $F_x=0.250$(霍忠明，2009)。本实验中，利用产量最高的奶牛蛤品系近交系 F_2 作为亲本，按照10%的留种率，分别进行上选和下选，并将双向选择的个体作为繁殖群体，来检测近交系内部不同规格的个体之间的杂交是否会产生杂种优势；同时，采用设置对照组的方法来检测双向选择后代是否会出现近交衰退。从以上可以看出，双向选择近交组及其正反交组有共同的祖先，并且获得了近交系数 $F_x=0.375$ 的 F_3(宋运淳和余先觉，1990)。根据雌雄异体动物近交系的定义($F_x \geqslant 0.375$)，本研究中的 F_3 已经算是一个初步的近交系，所以该近交系内个体的基因型可能比较接近，彼此间无显著差异。故该近交系内个体之间杂交，能否产生杂种优势就是一个需要探讨的问题。按照近交系(纯系)学说发展理论，近交系的基因纯合度是一个相对的概念，不是绝对的；而且大多数的经济性状，是受多对微效基因控制的，所以完全的近交系(纯系)是不存在的。近交系(纯系)内部的选择是无效的，这也是不正确的。因为环境因子的变化，必然会导致近交系(纯系)内部个别个体产生变异，故选择理论上应该还是有效的(刘庆昌，2006)。

5.3.3.2 杂种优势

本研究中，近交系内两种规格的个体间杂交，实际上是品系内部的近交。发现杂交组个体的表型性状介于双亲之间，而且杂交对生长性状的改良效果较为明显，对下选组存活性状也起到了一定的改良作用，这与大部分海洋双壳类同源远交和近交系间的杂交结果一致(Hedgecock et al., 1995; Hedgecock and Davis, 2007)。母本效应是影响杂交组个体表型性状的最主要原因，其次为母本效应及交配方式的交互作用，而交配方式几乎尚未产生影响。大部分的杂交实验，其交配方式是影响杂交效果的主要因素，而在近交系内的杂交，交配方式几乎尚未产生影响(张国范等，2003；郑怀平等，2004)。说明该近交系内部的个体大部分的基因型已经非常相近，很难再产生彼此间的差异，尤其是各实验组存活性状。对于生长性状而言，上选的效果是很明显的，其上选组的个体一直最大。这说明该近交系内控制生长的微效基因还存在着一定程度的分化，需要进一步筛选，使得控制快速生长的基因纯化，为该品系的生长改良奠定基础。这不同于以往的近交系(纯系)内部的生长选择无效学说，而是与近交系(纯系)发展学说一致，即认为多次选择是有效的，因为近交系内部个体之间会不断出现新的变异个体，即选择是无穷尽的(马大勇等，2005)。

由于杂种优势的复杂性，人们对许多表观现象的理解还不够深入。为此，李思发等

(2008)在研究尼罗罗非鱼与萨罗罗非鱼正反交鱼子代的耐盐性、生长性能的过程中提出了杂种优势贡献力这一概念,这个概念适合杂交子代的性状介于双亲之间类型的组合。本实验中,大规格亲本和小规格亲本对生长性状杂种优势贡献力在幼虫期和稚贝期不同,幼虫期以大规格亲本的贡献力为主,而稚贝期以小规格亲本贡献力为主,说明杂交组总的生长性状在由以大规格亲本为主过渡到小规格亲本的过程中出现了一定程度的衰退现象。而双亲对存活性状的杂种优势贡献力基本相当,说明杂交组的存活能力介于二者之间,杂交组几乎尚未出现存活性状上的杂种优势。这进一步说明,近交系内的杂交可能会改变部分表型性状,而不会使得表型性状获得全面改善。这不同于遗传差异较大亲本间的杂交,因为它们之间的杂交一般会表现出杂种优势,如不同地理群体的海湾扇贝(Zhang et al.,2007)、栉孔扇贝(刘小林等,2003)的杂交,其子代都会出现不同程度改良的表型性状。

杂种优势为生产带来了众多的效益,故大部分学者从生产的角度理解杂种优势,认为杂种优势就是指杂种子代个体性状表现优于纯合基因型的情形。这实际上只看到了杂种优势的现象,进一步分析会发现,杂种优势性状的共同点是有利于自然选择,即提高杂合子的适合度,这才是其本质(李大林等,2009)。也就是说,杂种优势有利于群体(品系)的遗传变异,使群体(品系)具备较强的自我调节和进化潜力,有利于其在自然界中的进化。本研究以近交系中的个体作为亲本,其结果表明,近交系内个体的杂交可以改良部分表型性状,这不同于大部分学者报道的近交衰退,这也许与该近交系内部部分性状遗传变异不同步直接相关(Keller and Waller,2002)。

5.3.3.3 近交衰退

以往对近交及近交衰退现象的研究主要集中在水产动物的鱼类上。自 20 世纪 70 年代开始,近交对水产养殖贝类的影响逐渐受到重视。尽管各国学者对贝类近交衰退的研究结果不尽一致,但是利用近交系或者自交系的研究结果大部分都是一致的,即出现近交衰退现象(张国范和郑怀平,2009)。本研究结果表明,对于蛤仔近交系的生长性状而言,上选组尚未出现近交衰退,但是下选组出现了一定程度的近交衰退,这说明近交系内的上选是有效的,在育种上上选也是非常必要的。双向选择组的存活性状均未出现近交衰退现象,说明近交系内控制存活性状的基因已经得到了有效的纯化。这可能与该近交系来自于 70 个全同胞家系中产量最高的家系有关,这一家系使得控制该近交系表型性状的基因得以显现,继而得到进一步的聚合。本研究结果与霍忠明(2008)报道的 9 个近交系 F_2 的衰退结果相比,有着相似的一面,即近交未必就衰退。这样的结果可以用部分显性假说来解释,即近交后代适合度较低是由于在杂合状态下被显性等位基因掩盖了的有害隐性等位基因或部分隐性等位基因在纯合子中完全被表达出来,以至于两个纯合子的适合度都比杂合子低。针对该近交系的表型性状,我们可以预测上选是一种非常有效的遗传改良手段。为此,在今后的育种实验中,将"家系—上选—近交—杂交"有机结合可能是有效提高表型性状的最佳选择。

5.4 奶牛蛤两个世代的近交效应

近交是指有亲缘关系的个体相互交配，从而使一个群体纯合基因型频率增加的现象(马大勇等，2005)。适度的近交可以清除群体内有害的隐性等位基因、降低基因的杂合度、纯化和固定能够适应环境的优良等位基因、提高群体的同质性，从而培育出在医学、生物学等研究中具有重要作用的纯系动物。此外，近交及其遗传稳定性在动物资源保存中具有独特的作用。但是，过度近交是有害的，最明显的遗传效应就是导致那些与繁殖能力或生理机能相关的性状的表型平均值降低，这种现象称为近交衰退(王峥峰等，2007；Charlesworth D and Charlesworth B，1987)。

近交在以往的植物及陆生动物育种上已经发挥了巨大作用，绝大多数报道集中在陆生动植物，尤其是植物中的自花授粉者(陈小勇和林鹏，2002)。对于贝类而言，对雌雄同体贝类近交衰退的研究相对较多，因为雌雄同体贝类比较容易获得自交系，经过几代自繁，会获得纯度较高的近交系。为此，学者先后研究了近交及杂交对大扇贝(*Pecten maximus*)早期生长发育的影响(Beaumont and Budd，1983)，不同配对方式对墨西哥湾扇贝(*Argopecten irradians concentricus*)(Ibarra et al.，1995)及紫扇贝(*Argopecten purpuratus*)早期近交衰退的影响(Winkler and Estevez，2003)，不同养殖群体、不同近交水平及不同配对方式对海湾扇贝(*Argopecten irradians*)(张海滨等，2005；Zheng et al.，2008)近交衰退的影响。然而，利用雌雄异体贝类建立近交系的研究很少，仅见于国外学者利用雌雄异体长牡蛎(*Crassostrea gigas*)中极少量的雌雄同体者来建立自交系，经过自交系自繁若干代，获得纯度较高的近交系(Hedgecock et al.，1995；Hedgecock and Davis，2007)，利用近交系间杂交，产生了表型一致的具有杂种优势的杂交子代，为长牡蛎的种质改良作出了突出贡献。

本实验利用全同胞家系两个世代的奶牛蛤品系作为研究对象，研究了子二代与子三代的近交衰退效应，并通过建立近交与杂交家系来研究世代间的近交和杂交效应，为该品系的性状测试及遗传改良提供了参考。

5.4.1 材料与方法

5.4.1.1 亲本来源

亲贝为2009年建立的奶牛蛤全同胞家系的子一代F_1和子二代F_2。F_1为通过巢式设计建立家系的子一代，F_2为F_1经过自繁获得的子二代。2010年5月初，从每个世代中随机筛选600个个体，用20目网袋(规格40cm×60cm)吊养在大连庄河贝类养殖场育苗场室外生态土池中进行生态促熟，每袋200个。其间水温为12.8~30.6℃，盐度为25~28，pH为7.64~8.62。

5.4.1.2 实验设计与处理

繁殖季节到来之前，按照10%的留种率，分别上选奶牛蛤品系子一代F_1和子二代F_2

各60个作为繁殖群体。2010年7月上旬，将性腺发育成熟的亲本移入室内阴干8h，4h后开始产卵排精。随机选取子一代F_1和子二代F_2雌雄各6个，分别收集精卵，采用双列杂交法，将获得的精卵按照图5-14组合受精建立12个家系，即4个组合，分别为子二代近交组合F_{22}（家系1～3）、世代间正交组合F_{23}（家系4～6）、世代间反交组合F_{32}（家系7～9）、子三代近交组合F_{33}（家系10～12）。为了测算两个世代上选组的近交衰退率，分别采用C_{22}、C_{33}作为对照组来计算不同世代的近交效应。其中，C_{22}为与家系建立同步的对照组子一代60个个体的混交自繁，C_{33}为与家系建立同步的对照组子二代60个个体的混交自繁。之后将受精卵转入100L白桶中孵化，孵化密度为10～12个/mL，孵化期间连续充气。受精卵大约经过24h发育为D形幼虫。操作过程中，各实验组严格隔离，防止混杂。

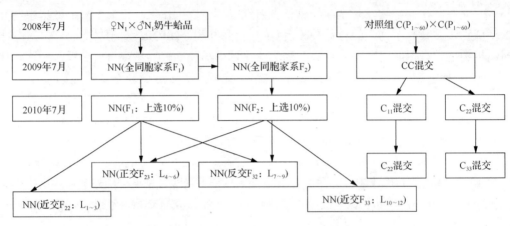

图5-14 奶牛蛤品系两个世代杂交与近交的实验设计

5.4.1.3 幼虫和稚贝培育

幼虫和60日龄前稚贝在60L塑料桶中培育，幼虫密度为4～5个/mL，稚贝密度为2～3个/cm²；每天投饵2次，饵料为湛江等鞭金藻（*Isochrysis zhangjiangensis*）和小球藻（*Chlorella vulgaris*）（体积比为1:1），浮游期日投喂2000～5000个细胞/mL，稚贝期日投喂1万～2万个细胞/mL，根据幼虫和稚贝的摄食情况适当增减饵料量，保持水中有足量的饵料；每2d全量换水一次，为避免不同实验组个体混杂，每组换水的筛绢网单独使用。60日龄以后，稚贝转入60目的网袋（规格40cm×60cm）中在室外生态池中吊养，每袋200～300个。培育期间，水温为24.2～30.4℃，盐度为24～28，pH为7.64～8.62。为了消除培育密度的影响，在培育阶段每3d对密度进行一次调整，使各个实验组密度基本保持一致。各实验组个体分桶培育，严格隔离。随稚贝生长定期更换网袋，调整密度，使各实验组密度保持一致。

5.4.1.4 指标测定

幼虫和壳长小于300μm的稚贝在显微镜下用目微尺（100×）测量，壳长大于300μm小于3.0mm的稚贝在体视显微镜下用目微尺（20～40×）测量，壳长大于3.0mm后用游标卡尺(0.01mm)测量。每次测量设 3 个重复,每个重复随机测量 30 个个体。幼虫存活率为单位体积幼虫数占 D 形幼虫数的百分比,稚贝存活率为不同日龄存活稚贝的数量占变态稚贝数的百分比。

5.4.1.5 数据处理

为了减小方差齐性,所有的壳长均转化为对数 $\lg x$(Neter et al., 1985),所有的存活率均转化为反正弦函数 arcsin(Rohlf and Sokal, 1981)。用 SPSS17.0 统计软件对数据进行分析处理,不同实验组间数据的比较采用单因素方差分析方法(Tukey HSD),差异显著性设置为 $P<0.05$。

参照郑怀平等(2004)使用的方法,用公式(5-10)~(5-12)计算杂种优势(heterosis):

$$H(\%) = \frac{(F_{23} + F_{32}) - (F_{22} + F_{33})}{F_{22} + F_{33}} \times 100 \tag{5-10}$$

$$H_{F_{23}}(\%) = \frac{F_{23} - F_{22}}{F_{22}} \times 100 \tag{5-11}$$

$$H_{F_{32}}(\%) = \frac{F_{32} - F_{33}}{F_{33}} \times 100 \tag{5-12}$$

式中,F_{22}、F_{23}、F_{32}、F_{33} 分别表示各实验组的个体在同一日龄的表型值(生长、存活)。公式(5-10)表示中亲杂种优势;公式(5-11)、公式(5-12)分别表示双列杂交中正反交组的单亲杂种优势。

参照张国范等(2003)使用的方法,利用公式(5-13)计算近交衰退率 δ_x:

$$\delta_x(\%) = \left(1 - \frac{S_x}{P_x}\right) \times 100 \tag{5-13}$$

式中,S_x 为两个世代混交对照组的表型值;P_x 表示两个世代近交实验组的表型值。

参照 Cruz 和 Ibarra(1997)、Zhang 等(2007),利用双因子分析模型检测母本效应(Bentsen,1998)及配对方式对杂交组幼虫生长与存活的影响:

$$Y_{ijk} = \mu + EO_i + MS_j + (EO \times MS)_{ij} + e_{ijk} \tag{5-14}$$

式中,Y_{ijk} 为 k 个重复 i 个卵源 j 种配对方式下的壳长(或存活率);μ 为常数;EO_i 为壳长(或存活率)的卵源效应(母本效应)($i=1, 2$);MS_j 为壳长(或存活率)的配对效应($j=1, 2$);$(EO \times MS)_{ij}$ 为卵源与配对策略的交互作用;e_{ijk} 为随机误差($i=1, 2; j=1, 2; k=1, 2, 3$)。

参照 Zheng 等(2008),利用双因子分析模型检测世代数目及配对方式对近交组幼虫生长与存活的影响:

$$Y_{ijk} = \mu + IG_i + MS_j + (IG \times MS)_{ij} + e_{ijk} \tag{5-15}$$

式中,Y_{ijk} 为 k 个重复 i 个世代 j 种配对方式下的壳长(或存活率);μ 为常数;IG_i 为壳长(或存活率)的世代效应($i=1, 2$);MS_j 为壳长(或存活率)的配对效应($j=1, 2$);$(EO \times MS)_{ij}$ 为世代数目与配对方式的交互作用;e_{ijk} 为随机误差($i=1, 2; j=1, 2; k=1, 2, 3$)。

5.4.2 结果

5.4.2.1 幼虫的生长与存活

由表 5-11 可知,浮游期,F_{33} 实验组幼虫的壳长较小,显著小于 F_{22}、F_{23} 实验组(3 日龄除外)($P<0.05$, $n=90$);C_{22}、C_{33} 实验组幼虫壳长较大,3 日龄和 9 日龄时二者差异显著($P<0.05$, $n=90$)。在此期间,幼虫表现出微弱的中亲生长优势,F_{23}、F_{32} 实验组均表现出一定程度的单亲生长优势;F_{22}、F_{33} 实验组生长表现出一定程度的近交衰退。由表 5-12 可知,F_{33} 存活率最低,6 日龄和 9 日龄时显著低于其他实验组及对照组($P<0.01$, $n=90$)。幼虫在整个浮游期中,单亲存活优势均为正值,说明杂交表现出一定的存活优势;与生长情况相似,F_{22}、F_{33} 实验组存活表现出一定程度的近交衰退。

表 5-11 幼虫的壳长、生长优势及近交衰退率

项目		日龄			平均值
		3	6	9	
平均壳长/μm	F_{22}	109.94±4.75^c	156.97±6.13^a	174.26±4.64^b	—
	F_{23}	109.90±5.83^c	158.61±5.32^a	174.42±4.64^b	—
	F_{32}	107.47±4.49^d	151.21±6.55^b	173.27±5.43^b	—
	F_{33}	107.86±5.71^{cd}	146.02±8.61^c	170.72±5.46^c	—
	C_{22}	121.00±9.14^a	157.70±5.71^a	185.23±4.99^a	—
	C_{33}	113.67±4.07^b	149.30±3.94^b	184.87±4.76^a	—
生长优势/%	$H_{F_{23}}$	−0.04	1.04	0.09	0.36
	$H_{F_{32}}$	−0.36	3.55	1.49	1.56
	H	−0.20	2.25	0.79	0.95
近交衰退率/%	$\delta_{F_{22}}$	9.14	0.46	5.92	5.17
	$\delta_{F_{33}}$	5.11	2.20	7.65	4.99

注:每列中的不同字母表示差异显著($P<0.05$)

表 5-12 幼虫的存活、存活优势及近交衰退率

项目		日龄			平均值
		3	6	9	
存活率/%	F_{22}	89.56±4.67^{ab}	88.67±5.70^a	85.00±4.44^a	—
	F_{23}	90.11±3.86^a	86.22±4.06^a	85.78±6.78^a	—
	F_{32}	81.56±4.39^{abc}	80.67±7.70^a	80.33±4.80^a	—
	F_{33}	72.67±15.57^c	65.67±9.11^b	62.89±13.02^b	—
	C_{22}	85.00±4.36^{ab}	88.33±4.16^a	90.67±2.52^a	—
	C_{33}	78.67±3.21^{bc}	82.33±2.52^a	90.00±3.00^a	—
存活优势/%	$H_{F_{23}}$	0.61	−2.8	4.44	0.75
	$H_{F_{32}}$	12.23	22.84	27.73	20.93
	H	5.82	8.13	14.35	9.43
近交衰退率/%	$\delta_{F_{22}}$	−5.37	−0.39	6.25	0.16
	$\delta_{F_{33}}$	7.63	20.24	30.12	19.33

注:每列中的不同字母表示差异显著($P<0.05$)

由表 5-13 可知，幼虫生长与存活的杂种优势主要受到母本效应的影响，交配方式为次要影响因素，卵源与交配方式的交互作用影响最小。交配方式主要表现为亲本的近交和杂交间的差异，实验结果显示，近交组合表现出较明显的近交衰退现象，这与生物的杂交、近交理论一致。而幼虫生长性状的近交衰退主要受到世代效应的影响，近交世代与交配方式的交互作用起到次要影响作用，交配方式对其影响最小。对存活近交衰退而言，近交世代是主要影响因素，起到次要影响作用的为近交世代与交配方式的交互作用，交配方式对其几乎尚未产生影响。

表 5-13 卵源与配对方式对幼虫生长与存活影响的方差分析

日龄	来源		df	壳长		存活	
				均方	P	均方	P
3	HE	EO	1	0.007	0.000	0.247	0.000
		MS	1	6.664E-5	0.693	0.047	0.094
		EO×MS	1	2.181E-5	0.822	0.038	0.127
	IE	IG	1	0.014	0.000	0.107	0.046
		MS'	1	0.046	0.000	0.003	0.733
		IG×MS'	1	0.003	0.009	0.027	0.301
6	HE	EO	1	0.063	0.000	0.320	0.000
		MS	1	0.009	0.000	0.076	0.007
		EO×MS	1	0.003	0.009	0.127	0.001
	IE	IG	1	0.035	0.000	0.160	0.001
		MS'	1	0.002	0.042	0.061	0.027
		IG×MS'	1	0.001	0.177	0.064	0.024
9	HE	EO	1	0.003	0.000	0.335	0.000
		MS	1	0.001	0.011	0.167	0.003
		EO×MS	1	0.001	0.025	0.149	0.005
	IE	IG	1	0.001	0.009	0.122	0.029
		MS'	1	0.042	0.000	0.223	0.005
		IG×MS'	1	0.001	0.030	0.111	0.036

注：HE 表示杂交家系间；IE 表示近交家系间

5.4.2.2 稚贝的生长与存活

由表 5-14 可知，稚贝培育期 30 日龄时，F_{33} 稚贝壳长最小，与 F_{23} 实验组无显著差异 ($P>0.05$, $n=90$)，显著小于其他实验组 ($P<0.05$, $n=90$)；60 日龄时，C_{33} 稚贝壳长最小，显著小于 C_{22} 实验组 ($P<0.05$, $n=90$)，与其他实验组差异不显著 ($P>0.05$, $n=90$)；90 日龄时，C_{22} 稚贝壳长最小，显著小于其他实验组。在此期间，除在 30 日龄表现出微弱中亲生长优势外，60 日龄和 90 日龄均表现为生长劣势；F_{22} 实验组在 30~60 日龄表现出一定程度上的近交衰退，90 日龄未出现近交衰退现象；F_{33} 实验组 30 日龄表现为近交衰退，60~90 日龄未出现近交衰退。稚贝的存活状况见表 5-15。30 日龄时，F_{33} 存活率最低，显著小于对照组和其他实验组($P<0.05$,$n=90$);60 日龄时,F_{33} 存活率最低,与 C_{22}、C_{33} 差异显著($P<0.05$,$n=90$),与其他实验组无显著差异($P>0.05$,$n=90$);90 日龄时,F_{22} 存活率最低,显著小于 C_{22}($P<0.05$,$n=90$),与其他实验组无显著差异($P>0.05$,$n=90$)。在此期间,稚贝表现为中、单亲存活优势,F_{22}、F_{33} 实验组表现为一定程度的近交衰退。

表 5-14 稚贝的壳长、生长优势及近交退率

项目		日龄			平均值
		30	60	90	
平均壳长/ (30 日龄/μm、 60 日龄/mm、 90 日龄/mm)	F_{22}	547.67±96.73^b	3.95±0.99^{ab}	6.90±0.69^{ab}	—
	F_{23}	504.22±80.13^{cd}	3.89±0.87^b	6.60±0.98^b	—
	F_{32}	530.67±89.45^{bc}	3.74±0.92^b	6.77±0.98^{ab}	—
	F_{33}	479.11±74.16^d	4.08±0.86^{ab}	7.10±0.62^a	—
	C_{22}	587.00±57.67^a	4.27±0.65^a	5.92±0.87^c	—
	C_{33}	555.67±54.75^b	3.71±0.54^b	6.66±1.04^b	—
生长优势/%	$H_{F_{23}}$	−7.93	−1.52	−4.35	−4.60
	$H_{F_{32}}$	10.76	−8.33	−4.65	−0.74
	H	0.79	−4.98	−4.50	−2.90
近交衰退率/%	$\delta_{F_{22}}$	6.70	7.49	−16.55	−0.79
	$\delta_{F_{33}}$	13.78	−9.97	−6.61	−0.93

注:每列中的不同字母表示差异显著($P<0.05$)

表 5-15 稚贝的存活、存活优势及近交衰退率

项目		日龄			平均值
		30	60	90	
存活率/%	F_{22}	65.89±3.22^c	82.22±2.64^{ab}	82.56±3.75^b	—
	F_{23}	77.00±4.30^{ab}	83.89±2.20^{ab}	83.56±2.19^{ab}	—
	F_{32}	73.22±2.73^b	83.22±2.28^{ab}	83.89±2.20^{ab}	—
	F_{33}	56.44±10.74^d	81.56±3.36^b	83.00±3.12^{ab}	—
	C_{22}	84.00±3.61^a	85.33±2.52^a	86.67±2.08^a	—
	C_{33}	82.67±2.52^a	85.67±4.04^a	85.33±1.53^{ab}	—
存活优势/%	$H_{F_{23}}$	16.86	2.03	1.21	6.70
	$H_{F_{32}}$	29.73	2.03	1.07	10.94
	H	22.80	2.03	1.14	8.66
近交衰退率/%	$\delta_{F_{22}}$	21.56	3.64	4.74	9.98
	$\delta_{F_{33}}$	31.72	4.80	2.73	13.08

注:每列中的不同字母表示差异显著($P<0.05$)

在稚贝培育期,稚贝表型性状的杂种优势主要受到交配方式的影响;对生长产生次要影响的是卵源与交配方式交互作用,对存活产生次要影响的为母本效应。稚贝期生长和存活的近交衰退主要受近交世代的影响,近交世代与交配方式的交互作用起次要作用,

交配方式几乎尚未起到影响作用(表 5-16)。

表 5-16 卵源与配对方式对稚贝生长与存活影响的方差分析

日龄/d	来源		df	壳长		存活	
				均方	P	均方	P
30	HE	EO	1	0.027	0.020	0.108	0.004
		MS	1	0.002	0.527	0.419	0.000
		EO×MS	1	0.135	0.000	0.033	0.094
	IE	IG	1	0.072	0.000	0.039	0.135
		MS′	1	0.118	0.000	0.462	0.000
		IG×MS′	1	0.012	0.104	0.027	0.210
60	HE	EO	1	0.000	0.891	0.001	0.455
		MS	1	0.046	0.042	0.004	0.069
		EO×MS	1	0.033	0.086	4.430E−7	0.984
	IE	IG	1	0.021	0.127	2.809E−5	0.890
		MS′	1	0.001	0.778	0.008	0.025
		IG×MS′	1	0.069	0.006	0.000	0.742
90	HE	EO	1	0.014	0.032	0.000	0.684
		MS	1	0.046	0.000	0.001	0.321
		EO×MS	1	4.969E−5	0.897	6.446E−6	0.943
	IE	IG	1	0.046	0.000	0.000	0.794
		MS′	1	0.113	0.000	0.007	0.047
		IG×MS′	1	0.016	0.012	0.001	0.572

注：HE 表示杂交家系间；IE 表示近交家系间

5.4.3 讨论

5.4.3.1 亲本背景

本研究中利用的奶牛蛤品系来源于 2008 年 7 月在大连庄河贝类养殖场育苗场，采用巢式设计(♂:♀=1:3)建立的蛤仔大连石河群体 11 个父系半同胞家系和 33 个全同胞家系中生长和存活等表型性状最优的 1 个全同胞家系，该家系具有生长快、抗逆性强及产量高的特点。奶牛蛤表观特征是：壳面颜色中具有像奶牛身上一样的斑块，在天然群体中约占 10%，按壳色划分，也是天然群体中产量最高的品系，这与实验中获得的家系产量最高相吻合。2009 年 7 月，采用群体繁育，繁殖得到后代 F_2。以 F_1 和 F_2 两个世代的奶牛蛤作为亲本，采用双列杂交建立近交和杂交。本实验中，近交世代 F_{22} 为全同胞 F_1 上选 10% 个体的 3 个家系的均值，近交世代 F_{33} 为 F_2 上选 10% 的 3 个家系的均值；世代间正交 F_{23} 为(F_1 上选 10% 个体)♀×(F_2 上选 10%)♂ 的 3 个家系的均值，世代间正交 F_{32} 为(F_1 上选 10% 个体)♂×(F_2 上选 10%)♀ 的 3 个家系的均值；同时，采用相应的对照组混交作为近交世代的对照，来计算近交衰退率。由于近交世代 F_{22}、F_{33} 均有共同的祖先，根据近交系数的计算公式，可以得出其近交系数 F_x 分别为 0.25、0.375(宋运淳和余先觉，

1990),它们的基因型比较接近,彼此间的差异很小,使得杂交实验组几乎没有产生杂种优势;由于遗传距离较近,个体后代有明显的近交衰退现象发生,但是由于实验采用10%留种率上选,近交组在产生近交衰退淘汰部分抗逆性差的个体的同时累加了生长速度快的基因,使得世代间生长性状获得显著改良。

5.4.3.2 杂种优势

从本实验的亲本背景上看,两个世代来源于共同祖先,只不过是近交系数不同,生长差异不同。那么这些差异是否能够产生杂种优势,是一个非常值得研究的问题。从本研究的结果看,在幼虫期,正反交组合获得了一定程度的生长优势;稚贝期,杂交组合表现出生长劣势。分析其原因:幼虫期幼虫的生长性状主要受母本效应的影响,由于F_{22}为生长两周年的蛤仔,F_{33}为生长一周年的蛤仔,其母体所能提供的营养物质不尽相同,由此可能导致生长时间长、个体大的母本为子代提供更多的营养,故F_{22}、F_{23}实验组生长速度高于F_{32}、F_{33}。稚贝期,由于亲本拥有共同的祖先,亲本之间的遗传差异比较小,杂交不足以产生杂种优势,故杂交组稚贝在生长方面尚未表现出杂种优势;近交实验组在近交和自然选择联合作用下,使个体中含有隐性致死基因的个体被淘汰,使含有生长快和抗逆性强的基因得到纯化,从而使个体生长性状得到显著提高。从其存活性状上看,杂交组均表现出存活优势。这种存活优势说明:由于世代之间抗逆性状的差异,杂交可以很好地获得存活性状的改良。存活优势的大小主要受到母本效应的影响,可能是近交使得生物体的隐性致死基因暴露,而杂交个体由于存活基因处于杂合态,可以继续存活,产生杂种优势,从而获得存活性状上的改良。

5.4.3.3 近交衰退

近交衰退是指近交的发生通常会导致子代的繁殖或生理机能相关的性状平均值降低的现象(Charlesworth D and Charlesworth B,1987)。近交衰退率的变化依赖于近交水平、相关的遗传基础(即显性与超显性)、有贡献基因位点数和这些位点上等位基因的变化。本研究中,近交世代F_{22}、F_{33}的存活性状都出现了近交衰退现象,但稚贝期后近交组合生长性状尚未出现近交衰退。分析其原因,主要是近交增加了群体对环境的敏感性(马大勇等,2005),这种敏感性增加表明了有害突变基因在某些环境中表达的增强或更多的有害等位基因得到表达,也反映出这些群体内的加性遗传变异减少,从而在自然选择的过程中使它们降低了适应环境变化的能力,由此导致存活率的下降。对于生长性状,由于实验设计是子一代和子二代之间杂交和近交,实验亲本亲缘关系较近,故实验必然会产生一定程度的近交衰退,但是实验亲本距离共同的祖先遗传距离很近,且其祖先为随机建立的奶牛蛤家系,彼此之间遗传距离接近零,实验组近交程度也就相对较弱。实验最终在幼虫期表现为近交衰退,稚贝期未出现衰退。方差分析表明,在幼虫期和稚贝期近交世代都是主要影响因素,交配方式是次要影响因素。说明近交衰退率的大小主要受近交世代即近交系数影响,但是在不同的时期可能受到不同因素的影响(Husband and Schemske,1996)。

近交造成有益基因和有害基因同时积累,有害基因使个体被淘汰,有益基因使个体的生长和存活表型性状改良，但基因的显隐性效应决定了有害基因必须在世代交配中慢慢清除，部分有害基因仍然以杂合态存在，这使得近交实验组内个体出现两极分化，个体间的大小差异大，造成实验结果中误差波动幅度较大。部分研究认为，近交后代表型性状未必就衰退，近交衰退是一个变化的结果，它受遗传、环境因子等的影响；在疾病或环境条件比较恶劣的情况下，近交衰退比较容易表现出来(Keller and Waller，2002)。近交可以使控制存活性状的基因纯化，通过近交率的增加来促使近交子代的基因不断纯合，最终获得纯合子。本实验结果表明，近交世代是影响近交组存活性状的最主要因素。也就是说，近交与混交这两种交配方式对其存活率有着显著的影响。近交衰退遗传理论认为，交配方式及近交世代都能导致近交子代发生近交衰退现象。交配方式的变化一直是生物演化的热点之一，因为交配方式会直接影响到后代的遗传改良效果，通过不同的交配方式可以培育出不同的系群，再加上适当的杂交，可以培育出性状优良的品系直接应用于生产(许飞等，2008)。为此，研究奶牛蛤品系不同世代的杂交及近交效应，有助于进一步改良该品系的表型性状，为其上升为养殖品种奠定基础。

5.5 橙蛤品系两个世代的近交效应

本实验以全同胞家系 2 个世代的橙蛤为研究对象，通过建立近交与杂交家系来研究世代间的杂交效应，旨在为该品系的性状测试及遗传改良提供参考。

5.5.1 材料与方法

5.5.1.1 亲本来源

亲贝为 2007 年建立的橙蛤全同胞家系子一代 F_1 和子二代 F_2，经过 2 周年和 1 周年养成的 2 个世代。其中，橙蛤是具有很强抗逆性的优良家系，壳面背景颜色为橙色，壳面上具有 4 条深色的不连续状放射条带(霍忠明，2009)。2009 年 5 月初，从每个世代中随机筛选 600 个个体，采用 20 目网袋(规格 40cm×60cm)吊养在大连庄河贝类养殖场育苗场室外生态土池中进行生态促熟，每袋 200 个。其间，水温为 12.8~30.6℃，盐度为 25~28，pH 为 7.64~8.62。

5.5.1.2 实验设计与处理

为了提高该品系的生长速度，产卵排精前，按照 10%的留种率，分别上选橙蛤品系子一代 F_1 和子二代 F_2 各 60 个作为繁殖群体。2009 年 8 月上旬，将性腺发育成熟的亲本移入室内阴干 8h，4h 后开始产卵排精。随机选取子一代 F_1 和子二代 F_2 雌雄各 6 个，分别收集精卵，采用双列杂交法，将获得的精卵按照图 5-15 组合受精建立 12 个家系，即 4 个组合，分别为子二代近交组合 O_{11}(家系 1~3)、世代间正交组合 O_{12}(家系 4~6)、世代间反交组合 O_{21}(家系 7~9)、子三代近交组合 O_{22}(家系 10~12)。为了测算两个世代上选组的近交衰退率，分别采用 C_{22}、C_{33} 作为对照组来计算不同世代的近交效应。其中，C_{22} 为与家系建立同步的对照组子一代 60 个个体的混交自繁，C_{33} 为与家系建立同步的对照组子二代 60 个个体的混交自繁。之后将受精卵转入 600L 塑料桶中孵化,孵化密度为 10~12 个/mL,孵化期间连续充气。受精卵大约经过 24h 发育为 D 形幼虫。操作过程中,各实验组严格隔离,防止混杂。

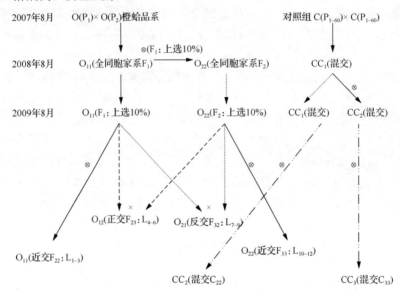

图 5-15 橙蛤品系两个世代杂交与近交的实验设计

5.5.1.3 幼虫及稚贝培育

幼虫和稚贝在 60 日龄以前在 60L 塑料桶中培育,幼虫密度为 4~5 个/mL,稚贝密度为 2~3 个/cm^2;每天投饵 2 次,饵料为湛江等鞭金藻(*Isochrysis zhangjiangensis*)和小球藻(*Chlorella vulgaris*)(体积比为 1:1),浮游期日投喂 2000~5000 个细胞/mL,稚贝期投喂 1 万~2 万个细胞/mL,根据幼虫和稚贝的摄食情况适当增减饵料量,保持水中有足量的饵料;每 2d 全量换水 1 次,为避免不同实验组个体混杂,每组换水的筛绢网单独使用。60 日龄以后,稚贝转入 60 目的网袋(规格 40cm×60cm)中在室外生态池中吊养,每袋 200~300 个。培育期间,水温为 24.2~30.4℃,盐度为 24~28,pH 为 7.64~8.62。为了消除培育密度的影响,在培育阶段每 3d 对密度进行一次调整,使各个实验组密度基本保持一致。各实验组个体分桶培育,严格隔离。随稚贝生长定期更换网袋,调整密度,使各实验组密度保持一致。

5.5.1.4 指标测定

幼虫和壳长小于 300μm 的稚贝在显微镜下用目微尺(100×)测量,壳长大于 300μm 小于 3.0mm 的稚贝在体视显微镜下用目微尺(20~40×)测量,壳长大于 3.0mm 后用游标卡尺(0.01mm)测量。每次测量设 3 个重复,每个重复随机测量 30 个个体。幼虫存活率为单位体积幼虫数占 D 形幼虫数的百分比;稚贝存活率为不同日龄存活稚贝的数量占变态稚贝数的百分比。

5.5.1.5 数据处理

为了减小方差齐性,所有的壳长均转化为对数 $\lg x$(Neter et al.,1985),所有的存活率均转化为反正弦函数 arcsin(Rohlf and Sokal,1981)。用 SPSS13.0 统计软件对数据进行分析处理,不同实验组间数据的比较采用单因素方差分析方法(Tukey HSD),差异显著性设置为 $P<0.05$。

参照郑怀平等(2004)使用的方法,用公式(5-16)~(5-18)计算杂种优势(heterosis):

$$H(\%) = \frac{(O_{12}+O_{21})-(O_{11}+O_{22})}{O_{11}+O_{22}} \times 100 \qquad (5\text{-}16)$$

$$H_{O_{12}}(\%) = \frac{O_{12}-O_{11}}{O_{11}} \times 100 \qquad (5\text{-}17)$$

$$H_{O_{21}}(\%) = \frac{O_{21}-O_{22}}{O_{22}} \times 100 \qquad (5\text{-}18)$$

式中,O_{11}、O_{12}、O_{21}、O_{22} 分别表示各实验组的个体在同一日龄的表型值(生长、存活)。公式(5-16)表示中亲杂种优势;公式(5-17)、公式(5-18)分别表示双列杂交中正反交组的单亲杂种优势。

参照 Zheng 等(2008)使用的方法,利用公式(5-19)计算近交衰退率(δ_x)

$$\delta_x(\%) = \left(1 - \frac{S_x}{P_x}\right) \times 100 \qquad (5\text{-}19)$$

式中,S_x 表示两个世代混交对照组的表型值;P_x 表示两个世代近交实验组的表型值。

参照 Cruz 和 Ibarra(1997),利用双因子分析模型检测母本效应及配对方式对杂交组幼虫生长与存活的影响:

$$Y_{ijk} = \mu + EO_i + MS_j + (EO \times MS)_{ij} + e_{ijk} \qquad (5\text{-}20)$$

式中,Y_{ijk} 为 k 个重复 i 个卵源 j 种配对方式下的壳长(或存活率);μ 为常数;EO_i 为壳长(或存活率)的卵源效应(母本效应)($i=1, 2$);MS_j 为壳长(或存活率)的配对效应($j=1, 2$);$(EO \times MS)_{ij}$ 为卵源与配对策略的交互作用;e_{ijk} 为随机误差($i=1, 2$; $j=1, 2$; $k=1, 2, 3$)。

参照 Zheng 等(2008),利用双因子分析模型检测世代数目及配对方式对近交组幼虫生长与存活的影响:

$$Y_{ijk} = \mu + IG_i + MS_j + (IG \times MS)_{ij} + e_{ijk} \qquad (5\text{-}21)$$

式中,Y_{ijk} 为 k 个重复 i 个世代 j 种配对方式下的壳长(或存活率);μ 为常数;IG_i 为壳长(或存活率)的世代效应($i=1, 2$);MS_j 为壳长(或存活率)的配对效应($j=1, 2$);$(EO \times MS)_{ij}$ 为世代数目与配对方式的交互作用;e_{ijk} 为随机误差($i=1, 2$; $j=1, 2$; $k=1, 2, 3$)。

5.5.2 结果

5.5.2.1 幼虫的生长与存活

由表 5-17 可知,浮游期,O_{11} 实验组幼虫的壳长最小,显著小于 O_{21}、O_{22} 实验组 ($P<0.05$);C_{22}、C_{33} 实验组的幼虫壳长居中,与各实验组差异不显著($P>0.05$)。在此期间,幼虫表现出微弱的中亲生长优势,且 O_{12} 实验组表现出一定程度的单亲生长优势,但 O_{21} 实验组尚未表现出生长优势;O_{11} 实验组生长表现出一定程度的近交衰退率,但 O_{22} 实验组尚未出现近交衰退。由表 5-18 可知,O_{21}、O_{22} 存活率较高,显著大于 C_{33} 实验组 ($P<0.05$),与 O_{11}、O_{12} 实验组差异不显著($P>0.05$)。幼虫在整个浮游期的中、单亲存活优势均为负值,说明杂交的存活优势尚未表现出来;O_{11} 和 O_{22} 实验组未出现近交衰退。

表 5-17 幼虫的壳长、生长优势及近交衰退率

项目		日龄 3	日龄 6	日龄 9	平均值
平均壳长/μm	O_{11}	131.50±7.99^b	160.97±11.47^c	182.23±13.17^b	—
	O_{12}	135.77±8.25^{ab}	167.60±11.79^a	188.70±10.22^a	—
	O_{21}	139.57±9.61^a	178.37±12.10^a	192.13±11.43^a	—
	O_{22}	139.27±9.12^a	178.80±11.31^a	192.83±12.19^a	—
	C_{22}	135.40±9.09^{ab}	164.83±10.11^{ab}	185.50±12.64^{ab}	—
	C_{33}	136.17±10.23^{ab}	172.03±11.92^{ab}	187.13±12.61^{ab}	—
生长优势/%	$H_{O_{12}}$	3.24	4.12	3.55	3.64
	$H_{O_{21}}$	0.22	−0.24	−0.36	−0.13
	H	1.69	1.82	1.54	1.68
近交衰退率/%	$\delta_{O_{11}}$	2.88	2.34	1.76	2.33
	$\delta_{O_{22}}$	−2.28	−3.94	−3.05	−3.09

注:每列中的不同字母表示差异显著($P<0.05$)

表 5-18 幼虫的存活、存活优势及近交衰退率

项目		日龄 3	日龄 6	日龄 9	平均值
存活率/%	O_{11}	83.85±1.88^{ab}	79.40±2.95^{ab}	75.15±1.78^{ab}	—
	O_{12}	80.73±2.41^{ab}	76.83±1.89^{ab}	72.78±1.95^{ab}	—
	O_{21}	84.04±3.54^a	80.70±2.46^a	77.97±2.00^a	—
	O_{22}	84.78±1.95^a	81.12±3.82^a	78.18±2.45^a	—
	C_{22}	80.47±2.78^{ab}	75.95±3.59^{ab}	71.23±4.86^b	—
	C_{33}	78.41±4.67^b	73.02±5.58^b	68.55±6.56^b	—
存活优势/%	$H_{O_{12}}$	−3.72	−3.24	−3.15	−3.37
	$H_{O_{21}}$	−0.87	−0.52	−0.27	−0.55
	H	−2.29	−1.86	−1.68	−1.94
近交衰退率/%	$\delta_{O_{11}}$	−4.20	−4.54	−5.50	−4.75
	$\delta_{O_{22}}$	−8.12	−11.09	−14.05	−11.09

注:每列中的不同字母表示差异显著($P<0.05$)

在幼虫期，幼虫生长与存活的杂种优势主要受卵源(母本效应)的影响；交配方式为次要影响因素，卵源与交配方式的交互作用影响最小。而幼虫表型性状的近交衰退主要受交配方式的影响；对生长近交衰退产生次要影响的是近交世代，近交世代与交配方式的交互作用对其影响最小；对存活近交衰退产生次要影响的为近交世代与交配方式的交互作用，近交世代对其几乎未产生影响(表5-19)。

表5-19 卵源与配对方式对幼虫生长和存活影响的方差分析

日龄	来源		df	壳长		存活	
				均方	P	均方	P
3	HE	EO	1	0.009	0.001	0.004	0.183
		MS	1	0.001	0.217	0.003	0.241
		EO×MS	1	0.001	0.163	0.001	0.449
	IE	IG	1	0.005	0.012	0.000	0.810
		MS′	1	0.027	0.000	0.021	0.022
		IG×MS′	1	0.003	0.057	0.002	0.426
6	HE	EO	1	0.040	0.000	0.007	0.133
		MS	1	0.003	0.095	0.002	0.393
		IG×MS	1	0.002	0.167	0.001	0.565
	IE	IG	1	0.032	0.000	0.000	0.869
		MS′	1	0.097	0.000	0.025	0.041
		IG×MS′	1	0.005	0.022	0.004	0.60
9	HE	EO	1	0.009	0.002	0.012	0.009
		MS	1	0.002	0.091	0.001	0.329
		IG×MS	1	0.002	0.162	0.001	0.420
	IE	IG	1	0.007	0.005	9.16E−005	0.880
		MS′	1	0.014	0.000	0.029	0.024
		IG×MS′	1	0.004	0.028	0.005	0.270

注：HE表示杂交家系间；IE表示近交家系间

5.5.2.2 稚贝的生长与存活

由表5-20可知，30日龄时，O_{11}壳长最小，显著小于O_{22}($P<0.05$)，与其他实验组无显著差异($P>0.05$)；60日龄和90日龄时，O_{11}稚贝壳长最小，显著小于其他实验组($P<0.05$)。在此期间，稚贝表现出微弱的中亲生长优势，O_{12}实验组表现出明显的生长优势，O_{21}则表现出一定的生长劣势；O_{11}实验组表现出一定程度的近交衰退，O_{22}实验组尚未出现近交衰退。由表5-21可知，3日龄时，O_{12}存活率最低，显著低于O_{22}($P<0.05$)，与其他实验组无显著差异($P>0.05$)；60日龄时，O_{12}存活率最低，与C_{22}、C_{33}无显著差异节($P>0.05$)，显著小于其他实验组($P<0.05$)；90日龄时，O_{22}存活率最高，显著大于O_{12}、C_{33}($P<0.05$)，与其他实验组无显著差异($P>0.05$)。在此期间，稚贝尚未表现出中、单亲存活优势，表现出一定程度的存活劣势；O_{11}、O_{22}实验组尚未出现近交衰退。

表 5-20　稚贝的壳长、生长优势及近交衰退率

项目		日龄			平均值
		30	60	90	
平均壳长/μm	O_{11}	686.67±121.28^b	1184.17±175.98^c	4508.35±511.30^c	—
	O_{12}	743.33±142.32^{ab}	1370.00±186.09^b	5012.76±641.37^{ab}	—
	O_{21}	737.33±133.79^{ab}	1425.83±216.31^{ab}	5205.52±723.65^{ab}	—
	O_{22}	760.83±105.59^a	1579.17±258.48^a	5342.41±720.92^a	—
	C_{22}	730.67±104.87^{ab}	1310.83±144.84^b	4851.67±436.72^b	—
	C_{33}	727.50±139.64^{ab}	1398.17±187.86^b	5010.67±540.36^{ab}	—
生长优势/%	$H_{O_{12}}$	8.25	15.69	11.19	11.71
	$H_{O_{21}}$	−3.09	−9.71	−2.56	−5.12
	H	2.29	1.18	3.73	2.40
近交衰退率/%	$\delta_{O_{11}}$	6.02	9.66	7.08	7.59
	$\delta_{O_{22}}$	−4.58	−12.95	−6.62	−8.05

注：每列中的不同字母表示差异显著（$P<0.05$）

表 5-21　稚贝的存活、存活优势及近交衰退率

项目		日龄			平均值
		30	60	90	
稚贝存活/%	O_{11}	82.88±4.78^{ab}	81.15±5.78^a	75.84±6.39^{ab}	—
	O_{12}	78.47±3.34^b	72.44±3.75^b	70.60±4.53^b	—
	O_{21}	84.04±4.22^{ab}	81.50±4.74^a	76.73±5.95^{ab}	—
	O_{22}	86.40±2.95^a	84.32±4.09^a	80.55±5.26^a	—
	C_{22}	81.70±2.54^{ab}	80.40±3.96^{ab}	75.27±5.31^{ab}	—
	C_{33}	82.79±3.03^{ab}	77.83±4.89^{ab}	73.10±5.88^b	—
存活优势/%	$H_{O_{12}}$	−5.32	−10.73	−6.91	−7.65
	$H_{O_{21}}$	−2.73	−3.34	−4.74	−3.61
	H	−4.00	−6.97	−5.79	−5.59
近交衰退率/%	$\delta_{O_{11}}$	−1.44	−0.93	−0.76	−1.04
	$\delta_{O_{22}}$	−4.36	−8.34	−10.19	−7.63

注：每列中的不同字母表示差异显著（$P<0.05$）

在稚贝培育期，稚贝表型性状的杂种优势主要受卵源（母本效应）的影响；对生长产生次要影响的是卵源与交配方式交互作用，对存活产生次要影响的为交配方式。稚贝生长的近交衰退主要受近交世代的影响，近交世代与交配方式的交互作用起次要作用，交配方式几乎尚未产生影响；稚贝存活的近交衰退主要受交配方式的影响，近交世代的影响其次，近交世代与交配方式的交互作用影响最小（表 5-22）。

表 5-22 卵源与配对方式对稚贝生长和存活影响的方差分析

日龄	来源		df	壳长		存活	
				均方	P	均方	P
30	HE	EO	1	0.018	0.108	0.020	0.084
		MS	1	0.002	0.539	0.011	0.186
		EO×MS	1	0.015	0.076	0.001	0.683
	IE	IG	1	0.023	0.118	0.005	0.229
		MS′	1	0.000	0.048	0.006	0.188
		IG×MS′	1	0.020	0.051	0.002	0.505
60	HE	EO	1	0.146	0.000	0.030	0.010
		MS	1	0.003	0.384	0.026	0.014
		IG×MS	1	0.086	0.000	0.006	0.175
	IE	IG	1	0.170	0.000	0.000	0.756
		MS′	1	0.000	0.047	0.012	0.022
		IG×MS′	1	0.070	0.000	0.007	0.056
90	HE	EO	1	0.058	0.139	0.021	0.006
		MS	1	0.009	0.101	0.014	0.016
		IG×MS	1	0.024	0.006	0.000	0.721
	IE	IG	1	0.055	0.000	0.001	0.292
		MS′	1	0.000	0.127	0.012	0.011
		IG×MS′	1	0.026	0.001	0.009	0.023

注：HE 表示杂交家系间；IE 表示近交家系间

5.5.3 讨论

5.5.3.1 亲本背景

本研究中利用的橙蛤品系来源于 2007 年 7 月采用巢式设计（♂：♀= 1：5）建立的蛤仔大连石河群体 14 个父系半同胞家系和 70 个全同胞家系中抗逆性状最优的一个全同胞家系。2008 年 8 月，采用家系选择和个体选择方法对橙蛤品系生长和存活性状进行了进一步的遗传改良。按照 10% 的留种率，对 F_1 进行上选，经过全同胞家系 F_1 自繁获得了近交世代 F_2，这样在保留原来的抗逆基因的基础上，提高了近交世代 F_2 的生长性状，获得了 12.49% 的遗传进展。但是与对照组相比，生长上表现为近交衰退，但存活性状尚未出现近交衰退（霍忠明，2009）。本实验中，近交世代 O_{11} 为全同胞 F_1 上选 10% 个体的 3 个家系的均值，近交世代 O_{22} 为经过一次上选的 F_2 再一次上选 10% 的 3 个家系的均值；世代间正交 O_{12} 为 (F_1 上选 10% 个体)♀×(F_2 再一次上选 10%)♂ 的 3 个家系的均值，世代间反交 O_{21} 为 (F_1 上选 10% 个体)♂×(F_2 再一次上选 10%)♀ 的 3 个家系的均值；同时，采用相应的对照组混交作为与近交世代的对照，来计算近交衰退率。从以上情况可以看出，近交世代 O_{11}、O_{22} 均有共同的祖先，其近交系数 F_x 分别为 0.25、0.375（宋运淳和余先觉，1990），也就是说，它们的基因型比较接近，彼此间的差异很小，因此可能不会产生杂种优势，而会有明显的近交衰退现象，但是由于每代之间采用 10% 留种率上选，世代间生长性状可能会获得显著改良。

5.5.3.2 杂种优势

从本实验亲本背景上看,两个世代来源于共同祖先,这样的亲本之间是否能够产生杂种优势,是一个非常值得研究的问题。从本研究的结果来看,正交组合 O_{12} 获得了一定程度的单亲生长优势,反交组 O_{21} 表现出微弱的单亲生长劣势,总体上获得了很小的中亲生长优势。原因可能在于,O_{11} 自交组仅仅经过了一次上选,而 O_{22} 经过了两次连续的上选,这种上选作用使得 O_{22} 个体显著大于 O_{11},造成了世代间生长上的显著差异。也就是说,O_{12} 获得了生长快的 O_{22} 的基因,出现了杂种优势,而 O_{21} 获得了生长慢的 O_{11} 的基因,出现了生长劣势。这个研究结果与海湾扇贝自交家系与杂交家系的杂种优势大小差异相似(郑怀平等,2004;Zheng et al.,2006)。杂交组幼虫、稚贝的生长优势主要受母本效应的影响。在这里,母本效应不仅存在于幼虫期,而且贯穿于稚贝期,说明母本间控制生长的基因存在较大程度的差异,也就是说,世代间连续上选作用是显著的。从其存活性状上看,杂交组均表现出存活劣势。这种存活劣势说明,在改良了生长速度的同时,每个世代中丢弃了 90%的个体,可能会丢失部分控制抗逆性状的基因,导致世代间存活性状的差异度降低,世代间抗逆性状相似。存活优势的大小也主要受母本效应的影响,可能是控制存活性状的基因纯化速度非常快,两个世代间的存活差异非常小,导致母本间抗逆性状的差异很小,不足以产生杂种优势,故很难通过杂交获得存活性状上的遗传改良。

5.5.3.3 近交衰退

本研究中,近交二代 O_{11} 生长性状出现了近交衰退现象,但近交三代 O_{22} 未出现近交衰退。这可能是因为 O_{11} 仅仅经过了一次上选,其控制生长的基因纯合度尚未得到有效聚合;但经过连续两次上选的 O_{22} 生长性状得到了有效改良,使得控制生长的基因纯合度明显提高。这一点可以用近交衰退的部分显性假说来解释,即近交后代适合度较低是由于在杂合状态下被显性等位基因掩盖了的有害隐性或部分隐性等位基因在纯合子中完全被表达了出来;部分显性假说可以预测近交衰退随着近交率的发生而降低(Cheptou et al.,2000)。对生长性状的方差分析表明,在幼虫期交配方式是影响近交衰退的最主要原因,而在稚贝期近交世代是影响近交衰退的最主要原因。说明影响近交衰退的因素不是一成不变的,在不同时期可能受到不同因素的影响(Husband and Schemske,1996)。

对于存活性状而言,近交子二代 O_{11} 与近交子三代 O_{22} 均未发生近交衰退现象,说明了该品系控制存活性状的基因得到了有效聚合,控制存活性状的基因得到了有效纯合,导致这两个世代的存活性状差异很小,这也是它们杂交未出现杂种优势的最主要原因。这也说明,近交后代表型性状未必就衰退,近交衰退是一个变化的结果,它受遗传、环境因子等的影响。在疾病或者环境条件比较恶劣的情况下,近交衰退比较容易表现出来(Keller and Waller,2002)。近交可以使控制存活性状的基因纯化,通过近交率的增加来促使近交子代的基因不断纯合,最终将会获得纯合子。这与学者对紫扇贝的研究结果一致(Winkler and Estevez,2003),但不同于对海湾扇贝的研究结果(Ibarra et al.,1995;Zheng et al.，2008）。方差分析表明，配对方式是影响近交世代存活性状的最主要因素。也就是说，是近交还是混交对其存活率有着显著的影响。近交衰退遗传理论认为，交配方式及近交世代都能够导致近交子代发生近交衰退现象。交配方式的变化一直是生物演化的热点之一，因为交配方式会直接影响后代的遗传改良效果，通过不同的交配方式可以培育出不同的系群，再加上适当的杂交，可以培育出性状优良的品系直接应用于生产(张国范和郑怀平，2009）。为此，研究橙蛤品系不同世代的杂交及近交效应，有助于进一步改良该品系的表型性状，为其上升为养殖品种奠定了基础。

5.6 近交对橙蛤品系生长及存活的影响

5.6.1 材料与方法

5.6.1.1 亲贝来源及实验设计

实验亲本为 2007 年建立的橙蛤家系（图 5-16）。2009 年 5 月初，随机选取 50 粒蛤仔作为实验亲本（F_x=0.25），以从与橙蛤品系在同一环境养殖的自然群体中随机选取的 50 粒蛤仔作为对照。将亲本放入 20 目网袋（规格 40cm×60cm）吊养在大连庄河贝类养殖场育苗场生态池中进行生态促熟。其间，水温为 13～25℃，盐度为 25～28，pH 为 7.64～8.62。待亲本性腺成熟后移入室内待产。

图 5-16 蛤仔橙蛤品系（见文后彩图）

2009 年 7 月，将性腺发育成熟的亲贝阴干 8h，经流水刺激后分别放于 60L 塑料桶中，4h 后开始产卵排精。产卵水温为 25℃，盐度为 28，pH 为 8.0。收集受精卵于 60L 塑料桶中孵化，孵化密度为 10～12 个/mL，孵化期间连续充气。每组设置 3 个重复，各实验组之间保持孵化密度和环境条件一致，彼此严格隔离，防止混杂。

5.6.1.2 幼虫培育、稚贝中间育成及海上养成

幼虫培育水温为 24~31℃，盐度为 28~30，pH 为 7.80~8.60。每 2d 需全量换水一次。每天投饵 3 次，饵料为等鞭金藻(*Isochrysis galbana*)和小球藻(*Chlorella vulgaris*)。前期为等鞭金藻，后期为等鞭金藻和小球藻混合投喂，体积比为 1:1，浮游期日投喂量为 3000~5000 个细胞/mL，稚贝期为 1 万~2 万个细胞/mL，并根据幼虫和稚贝的摄食情况适当增减，保证水中有足够量的饵料。幼虫期的培育密度保持在 6~8 个/mL，随着幼虫的变态，逐步减少到 2~3 个/mL。为了避免因培育密度不同而出现的差异，每 3d 对密度进行一次调整，保证各个实验组的密度基本一致。室内培育 60d 后，将蛤仔按每袋 500 个装入 60 目的网袋中(40cm×60cm)，做好标签，于室外生态池中以吊养的方式进行中间育成，水温为 19~24℃，盐度为 28~29，pH 为 7.8~8.0。

5.6.1.3 数据测量及分析

分别测量不同日龄的壳长和存活率，每组重复随机测量 30 个个体。幼虫和壳长小于 300μm 的稚贝在显微镜下用目微尺(100×)测量，壳长大于 300μm 小于 3.0mm 的稚贝在体视显微镜下用目微尺(40×)测量，壳长大于 3.0mm 后用游标卡尺(0.01mm)测量。每次每个重复随机测量 30 个个体。幼虫存活率为单位体积幼虫数占 D 形幼虫数的百分比；稚贝存活率为不同日龄存活稚贝的数量占变态稚贝数的百分比。

参照 Cronkrak 和 Roff(1999)及 Zheng 等(2008)的方法计算各日龄的生长和存活的近交衰退率：

$$\delta_x(\%) = \left(1 - \frac{S_x}{P_x}\right) \times 100 \tag{5-22}$$

式中，S_x 为实验组壳长或存活率；P_x 为对照组壳长或存活率。

使用 SPSS17.0 软件对实验数据进行单因素方差分析(ANOVA)，并使用 T 检验对数据进行显著性检验。差异显著性设置为 $P<0.05$。

5.6.1.4 橙蛤品系壳形态分析

从已培育出的 330 日龄蛤仔橙蛤品系中随机选取 100 粒进行测量。用游标卡尺(精确到 0.01mm)测量壳长、壳宽、壳高。使用电子天平称重，精确到 0.01g。采用 SAS8.0 软件中的 PROC UNIVARITE 程序完成对峰度(Kurtosis)、偏度(Skewness)的计算，同时通过 Shapiro.Wilk 函数对各性状进行正态分布检验。

5.6.2 结果

5.6.2.1 橙蛤品系生长和存活

橙蛤品系各日龄壳长见表 5-23。方差分析及 T 检验结果表明，在幼虫期，橙蛤品系各日龄壳长小于对照组，二者差异显著($P<0.05$)。在稚贝期，橙蛤品系壳长小于对照组；

30日龄和90日龄时,两者差异显著($P<0.05$),但60日龄时,二者差异不显著($P>0.05$)。在养成期,橙蛤品系各日龄壳长仍小于对照组,二者差异显著($P<0.05$)。

表5-23 橙蛤品系和对照组幼虫期、稚贝期及养成期壳长的方差分析及 T 检验

单因素方差分析			壳长(平均值±标准差)/(幼虫期/μm、稚贝期/mm、养成期/mm)	
日龄	df	P	橙蛤品系	对照组
幼虫期				
3	1	<0.05	102.50±4.31[a]	108.33±7.91[b]
6	1	<0.05	128.00±14.11[a]	142.27±14.00[b]
9	1	<0.05	172.67±30.51[a]	208.00±17.89[b]
稚贝期				
30	1	<0.05	0.50±0.09[a]	0.57±0.11[b]
60	1	0.101	1.32±0.45[a]	1.54±0.54[a]
90	1	<0.05	2.57±1.18[a]	3.50±1.57[b]
养成期				
150	1	<0.05	4.60±0.86[a]	5.59±1.17[b]
270	1	<0.05	7.38±1.79[a]	9.56±1.75[b]
360	1	<0.05	9.83±2.37[a]	11.33±1.19[b]

注:同一行中不同小写字母表示差异显著($P<0.05$)

橙蛤品系各日龄存活率见表5-24。橙蛤品系在幼虫期、稚贝期和养成期的存活率均高于对照组。方差分析和 T 检验结果表明,除360日龄时二者存活率差异不显著外($P>0.05$),其他日龄二者存活率差异均显著($P<0.05$)。

表5-24 橙蛤品系和对照组幼虫期、稚贝期及养成期存活率的方差分析及 T 检验

单因素方差分析			存活率/%	
日龄	df	P	橙蛤品系	对照组
幼虫期				
3	1	<0.05	93.67±1.53[a]	78.33±0.58[b]
6	1	<0.05	93.00±1.00[a]	76.00±1.00[b]
9	1	<0.05	76.33±1.53[a]	64.33±1.52[b]
稚贝期				
30	1	<0.05	75.67±3.21[a]	62.67±3.06[b]
60	1	<0.05	70.33±1.53[a]	60.00±2.00[b]
90	1	<0.05	64.67±7.57[a]	47.67±0.58[b]
养成期				
150	1	<0.05	60.00±5.00[a]	44.33±2.08[b]
270	1	<0.05	42.33±2.52[a]	35.33±3.06[b]
360	1	0.65	31.67±1.52[a]	28.00±2.00[a]

5.6.2.2 橙蛤品系近交衰退率

橙蛤品系各日龄生长和存活的近交衰退率见表 5-25。在幼虫期、稚贝期和养成期，生长的近交衰退率为 5.38%~26.57%，平均为 15.48%，存活没有出现近交衰退。

表 5-25 橙蛤品系生长和存活的近交衰退率(%)

日龄	生长	存活
幼虫期		
3	5.38	−19.58
6	10.03	−22.37
9	16.99	−18.65
稚贝期		
30	12.28	−20.74
60	14.29	−17.22
90	26.57	−35.66
养成期		
150	17.71	−35.35
270	22.80	−19.81
360	13.24	−13.11
平均	15.48	−22.5

5.6.2.3 橙蛤品系壳形态分析

橙蛤品系壳长、壳高、壳宽、壳重指标见表 5-26。除壳重指标偏度为正值外，其余指标偏度均为负值，即分布曲线峰值偏右。壳重指标的峰度为正值，其余指标的峰度均为负值。从 Shapiro-Wilk 函数检验所得的 P 值可以看出，壳长、壳高、壳宽指标完全符合正态分布（$P>0.05$），而壳重指标则略偏离正态分布（$P<0.05$）。

表 5-26 橙蛤品系壳长、壳高、壳宽及壳重的分析及正态分布检验

类别	平均值±标准差	最小值	最大值	偏度	峰度	P	显著性
壳长/mm	9.62±1.90	4.46	13.88	−0.1180	−0.2908	0.4489	0.001
壳高/mm	7.09±1.36	2.98	10.36	−0.1794	−0.0236	0.2631	0.001
壳宽/mm	3.80±0.79	1.48	5.42	−0.1695	−0.2623	0.2927	0.001
壳重/g	0.16±0.09	0.02	0.43	0.7563	0.0618	0.0050	0.001

5.6.3 讨论

家系内近交使优良性状基因得到纯化，这是育种有利的一面；另外，家系内近交使隐性有害基因纯合、暴露，引起近交衰退现象（Taris et al., 2007）。在本研究中，橙蛤品系的存活性状在各日龄并没有出现近交衰退。而壳长在各日龄均小于对照组，生长性状出现近交衰退现象。在以往近交对贝类生长和存活影响的研究报道中，Mallet 和 Haley

(1983)对美洲牡蛎(*Crassostrea virginica*)全同胞家系近交效应的研究发现,其幼虫的存活率都大于对照组,但稚贝的生长存在6%～10%的近交衰退。对长牡蛎(*Crassostrea gigas*)全同胞家系生长和存活的研究发现,其幼虫的存活性状并没有衰退(Lannan,1980),而全同胞家系后代在壳的大小、肉的湿重和干重等方面都显著小于对照组,近交衰退显著(Beattie et al.,1987)。可见近交对贝类生长的影响较大,而对贝类存活的影响较小。关于近交衰退的原因,很多学者支持部分显性假说(partial dominance):近交使在杂合状态下被显性等位基因掩盖的有害隐性基因纯合,这种有害隐性基因得到完全表达后被自然选择所纯化,导致表型性状衰退。这一假说也说明了近交衰退在杂合度高的群体中较高,在杂合度低的群体中较低(Husband and Schemske,1996;Cheptou et al.,2000;Zheng et al.,2008)。橙蛤品系在各时期存活性状均没有出现近交衰退现象,这说明橙蛤品系控制存活的基因的杂合度较低,但控制生长的基因的杂合度较高。因此近交使橙蛤品系蛤仔控制生长的隐性基因纯合,导致生长发育迟缓。

目前发生的养殖贝类异常死亡大多是环境胁迫导致遗传基础脆弱的养殖对象生理机能退化以致崩溃的结果,即环境-遗传作用综合征(张国范,2006)。在本研究中,橙蛤品系存活率高于对照组,这可能是环境-遗传作用的结果。橙蛤品系和对照组在9日龄时存活率都有明显降低,这是由于蛤仔幼虫开始进入变态期,这一时期幼虫要经历足的出现、面盘脱落等复杂过程,对环境变化非常敏感,抗逆性差的蛤仔大量死亡。在稚贝期的室内培育阶段,水环境相对稳定,橙蛤品系和对照组存活率较稳定。60日龄以后,稚贝被转入生态池中养成,室外水环境变化剧烈,90日龄时橙蛤品系的存活率为64.67%±7.57%,而对照组的存活率仅为47.67%±0.58%,这些现象说明了橙蛤品系稚贝抵抗外部环境变化的能力较强,相对于对照组,其抗逆性较强。360日龄时,橙蛤品系和对照组的存活率差异不显著,这是因为蛤仔在养成期个体较大,对水环境(温度、盐度、pH、溶氧等)变化适应能力强。

对壳形态指标的峰度、偏度计算和Shapiro.Wilk函数正态分布检验结果表明,橙蛤品系壳长、壳高、壳宽、壳重呈连续变异,3个指标(壳长、壳宽、壳高)呈正态分布,质量指标(壳重)略偏离正态分布。秦艳杰等(2007)对海湾扇贝正反交家系壳形态的研究发现,海湾扇贝正反交的质量指标都完全符合正态分布,3个长度指标略偏离正态分布。这说明贝类的壳形态性状属于数量性状。数量性状的典型特点就是由多个基因控制。任何程度的近交(近交系数 $F_x>0$)都可能导致形态学指标的衰退,这种衰退可能表现在一种或几种形态学性状上。在本研究中,橙蛤品系亲本近交系数为0.25,从其子代壳长、壳高、壳宽、壳重指标来看,除壳重指标偏度为正值外,其余指标偏度均为负值,即分布曲线峰值偏右,左侧更为扩展,说明有少数变量值较小。壳重指标的峰度为正值,其余指标的峰度均为负值。从Shapiro.Wilk函数检验所得的 P 值可以看出,壳长、壳高、壳宽指标完全符合正态分布($P>0.05$),而壳重指标则略偏离正态分布($P<0.05$)。说明橙蛤品系近交出现一定数量的小型化蛤仔,对家系内壳重正态分布的影响较大。

5.7 不同近交系数对橙蛤品系生长和存活的影响

5.7.1 材料与方法

5.7.1.1 亲本来源

实验亲贝为2007建立的橙蛤品系经过2代连续上选(按照壳长10%留种率)后,于2010年通过1对2的交配方式建立的家系(图5-17)。

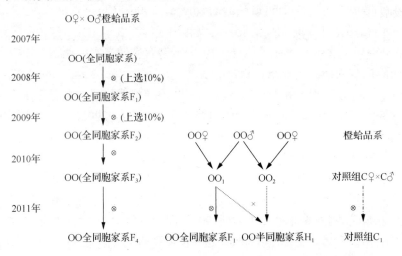

图 5-17 实验设计

2011年5月,随机选取1龄的3种橙蛤品系亲本,以及在同一环境养殖的1龄自然群体各100个,分装到20目的网袋(规格40cm×60cm)中,调整合适的密度,采取吊养的方式在室外生态池中进行自然促熟。其间,水温为12~24℃,盐度为25~28,pH为7.64~8.62。待亲贝性腺成熟后移入室内待产。

5.7.1.2 实验设计与处理

2011年8月中旬,将性腺成熟的亲贝阴干8h,放入新鲜的海水中,3h后亲贝开始产卵排精,把正在产卵排精的亲贝捞出,用淡水把壳表面粘有的精卵冲洗干净,再放到盛有新鲜海水的小塑料桶(2.0L)中,经过10~15min单独放置的亲贝会再次产卵排精。取橙蛤品系半同胞、全同胞、全同胞子三代及自然群体(对照组)雌雄各一个,共8个亲贝(表5-27),按照图5-17中的组合方式进行受精,建立橙蛤品系半同胞子一代(H_1)、全同胞子一代(F_1)、全同胞子四代(F_4)及对照组(C_1)。受精前镜检卵子是否受精,若卵子已受精则弃掉换用未受精的卵子进行受精。受精后收集受精卵于大塑料桶(100L)中孵化,孵化密度为10~12个/mL,孵化期间保持充气。每组设置三组重复,各实验组之间保持孵化密度和环境条件一致,各实验组严格隔离,防止混杂。

表 5-27　各实验组亲贝壳长　　　　　　　　　　（单位：mm）

类别	半同胞家系	全同胞家系	全同胞家系子三代	对照组
雌（♀）	22.13	22.43	19.36	20.83
雄（♂）	21.58	21.29	22.38	22.19

5.7.1.3　幼虫及稚贝培育

培育期间，实验用水为砂滤海水，水温为 25～30℃，盐度为 25～28，pH 为 7.8～8.2。每 2d 全量换水 1 次。每天投饵 2 次，浮游期饵料为等鞭金藻，附着后改为等鞭金藻和小球藻混合投喂（体积比为 1∶1），浮游期日投喂量为 3000～5000 个细胞/mL，稚贝期为 1 万～2 万个细胞/mL，并根据实际的摄食情况适当增减投喂量，保证水中有足够的饵料。浮游期的培育密度为 6～8 个/mL，随着蛤仔幼虫的变态，逐渐减少为 2～3 个/mL。为了消除培育密度的影响，在培育阶段每 3d 对密度进行一次调整，保持各个实验组密度基本一致。当稚贝生长至 40 日龄后，将各实验组蛤仔按每袋 500 个的数量分装入 80 目网袋（规格 40cm×60cm），做好标签挂养于生态池中进行中间育成，水温为 19～25℃，盐度为 28～29，pH 为 7.8～8.4。在稚贝中间育成阶段，随着壳长不断增加定期更换网袋（60 目—40 目—20 目），同时调整密度，使各实验组的密度保持一致。

5.7.1.4　数据测量及分析

分别测量橙蛤品系各实验组及对照组各日龄的壳长和存活率。当幼虫和稚贝的壳长小于 300μm 时在 100 倍显微镜下测量，当稚贝壳长大于 300μm 小于 3.0mm 时在 40 倍显微镜下测量，当壳长大于 3.0mm 后用游标卡尺（精确度 0.01mm）测量。每次测量设 3 个重复，每个重复随机测量 30 个个体。幼虫存活率为单位体积幼虫数占 D 形幼虫数的百分比；稚贝存活率为不同日龄存活稚贝的数量占变态稚贝数的百分比。

参照郑怀平（2005）的方法计算全同胞家系近交系数：

$$F_t = \frac{1}{4}(1 + 2F_{t-1} + F_{t-2}) \tag{5-23}$$

在第一个世代中，F_{t-1} 和 F_{t-2} 两者都为 0，因此，全同胞第 1 代的 $F_{(t=1)}=0.25$。参照赵寿元和乔守怡（2001）对半同胞家系子一代近交系数的计算得

$$F_1 = 2 \times \left(\frac{1}{2}\right)^4 = 0.125 \tag{5-24}$$

参照 Zheng 等（2008），计算橙蛤品系各日龄的生长和存活的近交衰退率：

$$ID(\%) = \left(1 - \frac{S_x}{P_x}\right) \times 100 \tag{5-25}$$

式中，S_x 为橙蛤品系壳长或存活率；P_x 为对照组壳长或存活率。

使用 SPSS 17.0 软件对实验数据进行处理，用单因素方差分析（one-way ANOVA）对各实验组数据进行差异显著性检验（$P<0.05$），并用 Excel 作图。

5.7.2 结果

5.7.2.1 不同橙蛤品系的近交系数

不同遗传背景的橙蛤品系近交系数见表5-28，其中对照组的亲本并无任何亲缘关系，因此其近交系数为0，但随着近交程度的增加近交系数越来越大。该研究中近交系数大小的顺序为 $F_4 > F_1 > H_1 > C_1$。

表5-28 各实验组近交系数

半同胞子一代(H_1)	全同胞子一代(F_1)	全同胞子四代(F_4)	对照组(C_1)
0.125	0.250	0.594	0.000

5.7.2.2 不同近交系数橙蛤品系的生长

实验组 H_1、F_1、F_4 及 C_1 各日龄壳长见表5-29。3日龄时，F_1 壳长最小，与 H_1 差异显著($P<0.05$)，与其他实验组之间无显著差异($P>0.05$)；6日龄和9日龄时，F_1 壳长最小，与 F_4 差异显著($P<0.05$)，与其他实验组之间无显著差异($P>0.05$)。在稚贝期，F_1 壳长除在60日龄时与 H_1 差异不显著外($P>0.05$)，在其他日龄显著小于其他各实验组($P<0.05$)。在养成期，F_1 壳长除在240日龄时与 H_1 组差异不显著外($P>0.05$)，在其他日龄显著小于其他各实验组($P<0.05$)；360日龄时，F_1 壳长显著小于其他实验组，H_1 壳长显著小于 F_4 和 C_1($P<0.05$)。

表5-29 各实验组壳长的方差分析及差异性检验

日龄	壳长/(幼虫期/μm、稚贝期/mm、幼贝期/mm)			
	H_1	F_1	F_4	C_1
幼虫期				
3	126.67±6.07^a	121.67±9.50^b	126.33±11.59^{ab}	125.33±8.60^{ab}
6	153.00±15.57^{ab}	146.00±11.02^b	154.67±18.52^a	152.67±15.30^{ab}
9	201.33±19.07^{ab}	195.00±15.03^b	204.33±19.77^a	201.33±11.67^{ab}
稚贝期				
30	0.67±0.13^a	0.57±0.10^b	0.70±0.13^a	0.68±0.16^a
60	2.61±0.72^{ab}	2.31±0.56^b	2.81±0.62^a	2.69±0.79^a
90	3.81±0.83^a	3.24±0.98^b	4.10±0.77^a	3.91±0.94^a
幼贝期				
120	4.00±0.99^a	3.43±0.71^b	4.36±1.06^a	4.20±1.28^a
240	4.17±1.19^{ab}	3.74±0.95^b	4.57±0.76^a	4.44±1.27^a
360	13.84±1.99^b	12.54±1.78^c	15.48±1.26^a	15.02±2.02^a

注：同一行中具有相同上标字母的表示差异不显著，$P>0.05$。

5.7.2.3 不同近交系数的橙蛤品系的存活

由表5-30可知，在不同发育阶段，对照组 C_1 的存活率均最低，除3日龄时与其他实验组差异不显著外($P>0.05$)，其他各日龄均显著低于其他实验组($P<0.05$)。而 H_1、

F_1、F_4之间存活率差异不显著($P>0.05$)。

表 5-30　各实验组存活率的方差分析及差异性检验

日龄	存活率/%			
	H_1	F_1	F_4	C_1
幼虫期				
3	91.67 ± 0.58^a	91.33 ± 0.58^a	91.67 ± 1.53^a	90.33 ± 0.58^a
6	87.00 ± 0.58^a	87.67 ± 1.20^a	86.33 ± 1.33^a	80.33 ± 1.20^b
9	82.00 ± 1.16^a	82.00 ± 0.57^a	80.67 ± 1.16^a	66.33 ± 0.88^b
稚贝期				
30	80.00 ± 1.16^a	79.33 ± 0.67^a	78.67 ± 0.67^a	64.67 ± 0.88^b
60	76.67 ± 0.67^a	75.33 ± 1.76^a	75.33 ± 1.33^a	63.33 ± 0.67^b
90	72.00 ± 1.16^a	71.67 ± 0.88^a	71.00 ± 0.58^a	61.00 ± 0.58^b
幼贝期				
120	65.00 ± 1.16^a	62.33 ± 1.45^a	61.67 ± 0.88^a	56.00 ± 1.16^b
240	61.67 ± 0.88^a	61.33 ± 0.88^a	60.00 ± 0.58^a	52.00 ± 1.16^b
360	59.67 ± 0.88^a	60.00 ± 1.16^a	58.67 ± 0.67^a	50.33 ± 0.33^b

注：同一行中具有相同上标字母的表示差异不显著，$P>0.05$

5.7.2.4　近交衰退率

各实验组壳长生长的近交衰退率见表 5-31。实验组 H_1 在幼虫期并未表现出近交衰退，但在稚贝期、养成期表现出一定的近交衰退现象。实验组 F_1 在幼虫期、稚贝期及养

表 5-31　各实验组壳长生长的近交衰退率

日龄	壳长近交衰退率/%		
	H_1	F_1	F_4
幼虫期			
3	−1.07	2.92	−0.80
6	−0.22	4.37	−1.31
9	0.00	3.14	−1.49
稚贝期			
30	1.47	16.18	−2.94
60	2.97	14.12	−4.46
90	2.56	17.14	−4.86
幼贝期			
120	4.76	18.33	−3.81
240	6.08	15.77	−2.93
360	7.86	16.51	−3.06

成期均表现出一定的近交衰退,其近交衰退率为 2.92%~18.33%,平均值为 12.05%。实验组 F_4 在整个养殖周期中均未表现出近交衰退现象,其近交衰退率均为负值。由图 5-18 可知,近交衰退率的大小顺序为 $F_1 > H_1 > F_4$,并随着日龄的增长 F_1 和 H_1 的衰退增加,而实验组 F_4 则基本保持不变。

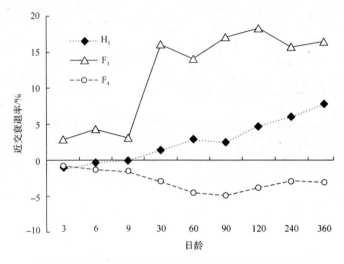

图 5-18　各实验组生长的近交衰退率随日龄的变化规律

实验组 H_1、F_1 及 F_4 各日龄存活的近交衰退率见表 5-32。各实验组的近交衰退率均为负值,都未出现近交衰退现象。由图 5-19 可知,各实验组的近交衰退率随日龄的变化趋势基本一致。

表 5-32　各实验组存活性状的近交衰退率

日龄	存活近交衰退率/%		
	H_1	F_1	F_4
幼虫期			
3	−1.48	−1.11	−1.48
6	−8.30	−9.14	−7.47
9	−23.62	−23.62	−21.62
稚贝期			
30	−23.70	−22.67	−21.65
60	−21.06	−18.95	−18.95
90	−18.03	−17.49	−16.39
幼贝期			
120	−16.07	−11.30	−10.13
240	−18.60	−17.94	−15.38
360	−18.56	−19.21	−16.57

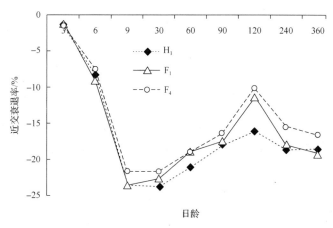

图 5-19 各实验组存活性状的近交衰退率随日龄的变化规律

5.7.3 讨论

本研究中,实验组 H_1、F_1 及 F_4 的近交系数分别为 0.125、0.250 和 0.594。其生长的近交衰退率大小顺序为 $F_1 > H_1 > F_4$,并随着日龄的增长呈逐渐增大的趋势。这说明生长性状的近交衰退首先是随着近交系数的增加而增大的,这与以往对近交对生长和存活影响的研究结果一致。例如,Shikano 等(2001)发现,随着近交系数的增加,孔雀鱼(*Poecilia reticulata*)对盐度的耐受性呈线性下降,表现出近交衰退现象。Rye 和 Mao(1998)对虹鳟的研究结果显示,近交系数每增加 10%,生长的近交衰退就增加 0.6%~2.3%。Su 等(1996)报道,随虹鳟年龄的增加,其体重的近交衰退有增加的趋势。张国范等(2003)发现,海湾扇贝自交家系(F_x=0.500)的幼虫生长速率和附着变态时间明显低于对照组,幼虫阶段自交衰退率为 25.9%,成体阶段平均为 12.7%。Beaumount 和 Budd(1983)研究欧洲大扇贝(*Pecten maximus*)发现,自交组的幼虫生长存在明显的近交衰退。Beattie 等(1987)发现,近交(F=0.250)对 2 龄长牡蛎生长性状具有显著的影响。

本实验 F_4 并未出现近交衰退现象,说明进行多代近交后,当近交达到一定程度时,近交衰退就会受到抑制。本研究中 F_4 的亲本经过了两代的壳长选择(上选 10%),这也是实验组 F_4 未出现生长近交衰退的原因之一。此结果与许多学者的研究结果相似。例如,Wada(1986)报道了日本珠母贝(*Pinctada funcata martensii*)经过 6 代选择的近交系仍具有较快的生长速度,并未表现出近交衰退现象。郑怀平(2005)对不同近交水平海湾扇贝的研究发现,自交二代的近交衰退率要小于自交一代。此外,闫喜武等(2011)报道了蛤仔全同胞家系近交子二代和子三代的近交衰退情况,其中子二代生长性状出现近交衰退现象,而子三代生长性状却得到了提高,两代的存活性状均未出现近交衰退。

从存活来看,除 3 日龄外,实验组 H_1、F_1 和 F_4 均显著高于对照组 C_1,未表现出近交衰退现象。4 个实验组在 9 日龄存活率都有明显的降低,这是由于幼虫此时开始附着变态,对环境变化非常敏感。在稚贝期的室内培育阶段,水环境相对稳定,各实验组的存活率都较高。当稚贝转入室外土池后,水环境变化剧烈,对照组 C_1 的存活率明显下降,但其他 3 个实验组存活率相对稳定。这些现象说明橙蛤品系抵抗外部环境变化的能力较强,相对于对照组,具有较强的抗逆性,这与以前的研究结果一致(闫喜武等,2011;霍忠明，2009)。本研究结果显示，控制该品系存活性状的基因处于高度纯合状态，在这种状态下近交不会使该性状出现衰退现象，但也不会使其再得到提高。Mallet 和 Haley(1983)的研究发现，美洲牡蛎全同胞家系幼虫的存活率大于对照组，没有近交衰退现象，幼虫和早期稚贝的生长并无显著差异，但稚贝的生长存在 6%~10% 的近交衰退。Lannan(1980)发现，长牡蛎全同胞家系幼虫的存活率没有表现出衰退现象。类似的结果还出现在对壳长进行个体选择(上选 10%)的蛤仔家系中(闫喜武等，2011)。

关于近交衰退的原因，很多学者支持部分显性假说(partial dominance)：近交使在杂合状态下被显性等位基因掩盖的有害隐性基因纯合，这种隐性基因得到完全表达后被自然选择所净化，导致表型性状衰退。这一假说也说明了近交衰退在基因杂合度高的群体中应该较高，在基因杂合度低的群体中应该较低(Zheng et al.，2008；Cheptou et al.，2000；Husband and Schemske，1996)。在本研究中，实验组 F_1(F_x=0.250)的近交系数要大于 H_1(F_x=0.125)，即 F_1 的近交程度相对较高，基因杂合度低；H_1 的近交程度较低，基因杂合度相对较高。但近交衰退率是基因杂合度较高的 H_1 小于杂合度较低的 F_1。这个结果并不违背部分显性假说理论，原因在于：实验组 F_1 和 H_1 都为近交子一代，并未进行过任何人工选择或自然选择。虽然 F_1 组的基因杂合度较低，但有害隐性基因的纯合度相对较高，而 H_1 组的基因杂合度高，有害隐性基因的纯合度相对低，在没有经过自然或人工淘汰的情况下，表现出基因杂合度高的群体中的近交衰退率高于基因杂合度低的群体的现象。实验组 F_4 为全同胞家系自交子四代，繁育其亲本时经过连续两代的壳长 10% 上选，具有更低的杂合度，而实验结果表明其近交衰退率最低，在整个养殖周期中均为负值，符合部分显性假说理论，并表现出一定的生长优势，这也证明了对壳长进行上选的育种工作是有效且可行的。通过该研究的实验验证，丰富了近交衰退部分显性假说的理论，为蛤仔橙蛤品系的性状测试及遗传改良提供了重要参考。

5.8 白斑马蛤品系间的近交效应

5.8.1 材料与方法

5.8.1.1 亲贝来源

以 2011 年建立的 18 个白斑马蛤家系为基础材料，从中筛选出 5 个具有优良性状的家系子一代，记为 A_1、B_1、C_1、D_1、E_1。白斑马蛤是由生长快的白蛤和抗逆性强的斑马蛤杂交而成。其子一代在大连庄河贝类养殖场育苗场的室外土池中进行生态促熟。

5.8.1.2 实验设计

全同胞的近交系数可用公式(5-26)求出：

$$F_x = \sum \left[\left(\frac{1}{2} \right)^{(n_1+n_2+1)} (1+F_A) \right] \tag{5-26}$$

式中，F_x 为近交系数；n_1 为共同祖先与该个体父本间的世代间隔数；n_2 为共同祖先与该个体母本间的世代间隔数;F_A为共同祖先本身的近交系数。在全同胞家系子二代近交家系中,$n_1=1$,$n_2=1$,$F_A=0$,由公式得$F_x=0.25$。

2012年7月8日,性腺已发育成熟,从每个家系中随机抽取30个个体进行催产。亲贝阴干8h,流水刺激0.5h后,将各家系亲贝分别放在网袋里,然后放到一个盛满新鲜海水的60L塑料桶中,水温为26℃,盐度为28,pH为8.0。当发现大部分亲贝开始产卵排精时,将各家系从桶中取出,桶中留下的受精卵作为对照组。再将各家系亲贝用淡水洗净后放入事先准备好的盛满新鲜海水的桶中让各家系继续产卵排精,最终建立5个近交家系和1个混交家系,全同胞子二代近交家系与全同胞家系子一代相对应分别命名为A_2、B_2、C_2、D_2、E_2,混交家系作为对照组命名为O_2。为了减小实验误差,每个家系设立3个重复。

5.8.1.3 幼虫和稚贝的培育

培育期间,实验用水为砂滤海水,水温为22~25℃,盐度为28~29,pH为7.8~8.0。幼虫和稚贝在80L塑料桶中培育,幼虫密度为6~8个/mL,每2d全量换水一次,为避免不同家系蛤仔的混杂,每组换水后将筛绢网用淡水冲洗。每天投饵2次,饵料前期为金藻,等变态后投喂小球藻,根据幼虫和稚贝的摄食情况适当增减饵料量,保持水中有足量的饵料。为了消除培育密度的影响,在培育阶段每3d对密度进行一次调整,使各个家系密度基本保持一致。各个家系分桶培育,严格隔离。30日龄后,分别将各家系蛤仔从80L塑料桶中转入对角线为500μm的筛绢网袋,每袋数量为400~500粒,挂于生态池中进行中间育成。每7d更换一次网袋,随着蛤仔的生长,逐渐更换为对角线为1mm的网袋,每袋蛤仔数量调整为100~150粒继续在生态池中养成。生态池水温为20~23℃,盐度为28~29,pH为7.8~8.0。

5.8.1.4 数据处理和分析

近交家系及混交家系的壳长、存活率比较使用单因素方差分析及多重检验(LSD方法)。近交家系的近交衰退比较采用T检验。采用GLM过程(最小二乘法拟合广义线性模型)和均方TypeⅢ对生长和存活的各原因组分进行分析。各原因组分包括:日龄、各家系间、重复组、日龄与各家系间交互作用、各家系内日龄与各重复组交互作用、随机误差。简化模型为

$$Y_{ijkm}=\mu+A_i+E_j+RE_{k(j)}+AE_{ij}+A_i\times E_{k(j)}+e_{m(ijk)} \tag{5-27}$$

式中,Y_{ijkm}为第i日龄第j个全同胞家系第k个重复的平均壳长或存活率的第m个随机误差;μ为固定效应;A_i为日龄原因组分(在幼虫期$i=1,2,3$;在稚贝期$i=1,2,3$);E_j为各家系间原因组分(在幼虫期$j=1,2,3$;在稚贝期$j=1,2,3$);$RE_{k(j)}$为家系内重复组($k=1,2,3$);AE_{ij}为日龄与各家系间交互作用;$A_i\times E_{k(j)}$为各家系内日龄与各重复组交互作用;$e_{m(ijk)}$为随机误差($m=1,2,\cdots,30$)。

根据各近交家系与对照组在不同日龄的壳长和存活率,估算近交家系($F_x=0.25$)幼虫期、稚贝期、养成期生长和存活的近交衰退率(Cronkrak and Roff,1999;Zheng et al., 2008):

$$\delta_x(\%)=\left(1-\frac{S_x}{P_x}\right)\times 100 \tag{5-28}$$

幼虫期和稚贝期生长和存活的近交衰退率分别为幼虫期和稚贝期各日龄的平均近交衰退

率。使用 Excel 作图。实验数据处理使用 SPSS 软件,所有分析的差异显著性都设置为($P<0.05$)。

5.8.2 结果

5.8.2.1 近交家系的生长

各近交家系子二代在幼虫期和稚贝期的生长情况见表 5-33。3 日龄时,O_2 显著小于 A_2($P<0.05$),与其他家系差异不显著($P>0.05$);6 日龄和 9 日龄时,O_2 显著大于 B_2($P<0.05$),与其他家系差异不显著($P>0.05$)。稚贝期,30 日龄时,O_2 显著小于 A_2,显著大于 D_2、E_2($P<0.05$),与其他家系差异不显著($P>0.05$);60 日龄时,O_2 显著小于 C_2 而显著大于其他家系($P<0.05$);90 日龄时,O_2 显著大于 E_2、D_2($P<0.05$),与其他家系差异不显著。

表 5-33 近交家系不同阶段的个体壳长

日龄	家系					
	O_2	A_2	B_2	C_2	D_2	E_2
幼虫期/μm						
3	139.33±9.07^{bc}	145.00±7.92^a	140.67±7.63^{bc}	143.00±6.51^{ab}	136.83±8.75^c	138.67±8.19^c
6	193.00±11.19^a	192.33±10.40^a	186.67±13.73^b	194.33±14.31^a	190.33±9.64^{ab}	190.67±11.43^{ab}
9	207.33±7.40^{ab}	209.33±8.28^a	202.33±8.58^c	203.67±10.66^{bc}	207.67±9.71^a	208.00±8.05^{ab}
稚贝期/mm						
30	0.85±0.15^{bc}	0.95±0.24^a	0.81±0.14^{cd}	0.91±0.25^{ab}	0.58±0.06^e	0.73±0.14^d
60	4.19±0.15^b	3.66±0.37^c	3.63±0.36^c	4.47±0.55^a	3.49±0.34^c	3.54±0.37^c
90	8.16±1.09^{ab}	8.10±1.03^{abc}	8.20±1.45^{ab}	8.55±1.05^a	7.22±0.82^d	7.83±1.02^{cd}

注:每行中的不同字母表示差异显著($P<0.05$)

各壳长原因组分方差分析结果表明,在幼虫期和稚贝期,日龄、家系间及其交互作用组分对蛤仔幼虫及稚贝生长的影响极显著,但重复组及近交家系内重复组与日龄交互作用对蛤仔幼虫及稚贝生长的影响不显著,重复组对幼贝生长的影响不显著(表 5-34)。

表 5-34 6 个近交家系子二代幼虫期、稚贝期壳长原因组分方差分析

原因组分	自由度	均方	F 检验
幼虫期			
日龄	2	212 994.290	2 241.478**
家系间	5	295.884	3.114**
重复组间	2	2.784	0.36
日龄×家系间	10	195.945	2.062**
家系内日龄×重复组	4	0.943	0.1
随机误差	1 563	95.024	
稚贝期			
日龄	2	2 354.626	5 014.829**
家系间	5	7.882	16.787**
重复组间	2	1.325	0.28
日龄×家系间	10	1.754	3.736**
家系内日龄×重复组	4	0.541	0.15
随机误差	1 563	88.024	

**$P<0.01$

5.8.2.2 近交家系的存活

近交家系在不同日龄的存活率见表 5-35。3 日龄时，对照组 O_2 存活率显著高于 B_2、$E_2(P<0.05)$，与其他家系差异不显著 $(P>0.05)$；6 日龄时，对照组 O_2 存活率显著低于 A_2，显著高于 B_2、D_2、$E_2(P<0.05)$，但与 C_2 差异不显著 $(P>0.05)$；9 日龄时，对照组 O_2 存活率显著低于 $A_2(P<0.05)$，与其他家系差异显著 $(P<0.05)$。在稚贝期 30 日龄、60 日龄和 90 日龄时，对照组 O_2 存活率显著低于 A_2，显著高于 B_2、D_2、$E_2(P<0.05)$，但与 C_2 差异不显著 $(P>0.05)$。

表 5-35 近交家系不同阶段的存活率(%)

日龄	家系					
	O_2	A_2	B_2	C_2	D_2	E_2
幼虫期						
3	89.71 ± 1.70^{ab}	91.71 ± 1.55^a	81.37 ± 1.05^d	88.70 ± 1.32^b	88.81 ± 1.58^b	86.21 ± 0.89^c
6	78.01 ± 2.03^b	82.61 ± 0.64^a	52.60 ± 0.94^f	76.66 ± 2.65^b	72.79 ± 1.96^c	64.94 ± 2.35^d
9	65.33 ± 2.55^b	69.12 ± 1.31^a	21.60 ± 0.71^f	56.74 ± 1.20^d	61.41 ± 2.04^c	46.37 ± 0.89^e
稚贝期						
30	82.00 ± 2.05^b	86.79 ± 1.53^a	65.22 ± 2.97^d	82.92 ± 1.55^b	72.82 ± 2.13^c	73.37 ± 1.31
60	81.26 ± 1.09^b	84.40 ± 0.68^a	54.62 ± 2.42^d	81.87 ± 0.61^b	71.12 ± 0.39^c	72.34 ± 0.58^c
90	80.69 ± 0.92^b	83.59 ± 0.90^a	53.25 ± 0.93^d	80.94 ± 0.44^b	70.33 ± 0.50^c	71.60 ± 0.86^c

注：每行中的不同字母表示差异显著 $(P<0.05)$

对两个时期存活原因组分方差分析见表 5-36。在幼虫期和稚贝期，日龄、家系间及其交互作用对蛤仔幼虫及稚贝存活的影响极显著。在幼虫期，日龄组分对存活性状的影响大于家系间组分。但在稚贝期，家系间组分对存活性状的影响大于日龄组分。重复组

表 5-36 6 个近交家系子二代幼虫期、稚贝期存活率原因方差组分分析

原因组分	自由度	均方	F 检验
幼虫期			
日龄	2	5304.180	1721.092**
家系间	5	1009.633	327.604**
重复组间	2	0.075	0.024
日龄×家系间	10	150.434	48.813**
家系内日龄×重复组	4	1.021	0.031
随机误差	30	3.082	
稚贝期			
日龄	2	70.762	24.796**
家系间	5	908.999	318.525**
重复组间	2	0.512	0.180
日龄×家系间	10	15.531	5.442**
家系内日龄×重复组	4	0.220	0.077
随机误差	30	2.854	

**$P<0.01$

及家系间内日龄与重复组交互作用对蛤仔幼虫及稚贝存活的影响不显著。重复组对幼贝存活的影响不显著。

5.8.2.3 近交家系的衰退率

各近交家系生长的近交衰退情况见图 5-20。在幼虫期,家系 B_2、D_2、E_2 表现出近交衰退,近交衰退率分别为 1.58%、1.11% 和 0.4%。在稚贝期,除 C_2 外,其他家系近交衰退明显,近交衰退率在 0.54%~20%。

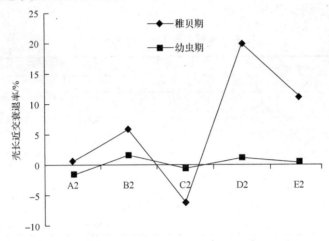

图 5-20　近交家系壳长生长近交衰退率

各近交家系存活的近交衰退情况见图 5-21。在幼虫期,除 A_2 外,其他家系近交衰退率在 4.56%~36.27%。在稚贝期,这种情况依然存在,但 C_2 家系基本不衰退,B_2、D_2、E_2 的近交衰退率分别为 27.86%、12.18%、10.92%。A_2 家系一直没表现出衰退现象,B_2 家系衰退率一直最高。

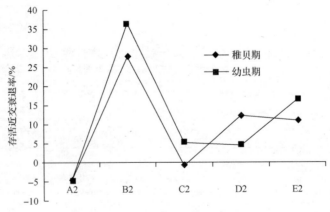

图 5-21　近交家系存活的近交衰退率

5.8.3　讨论

家系近交后代生长、存活在一定程度上会出现近交衰退现象。利用雌雄同体的贝类建立自交家系研究近交衰退的结果表明，自交后代的存活率和生长速度都显著下降，表现出严重的近交衰退，而利用全同胞家系研究近交衰退的结果并不一致，可能是选择对近交起了作用。Longwell 和 Stiles(1973)报道，美洲牡蛎全同胞交配($F_x = 0.25$)后代的存活率和生长速度显著地降低了，而 Mallet 和 Haley(1983)却发现这种牡蛎全同胞家系幼虫的存活率都大于对照组，幼虫和早期稚贝的生长没有差异，但稚贝的生长存在 6%~10% 的近交衰退率。Lannan(1980)发现，长牡蛎全同胞家系幼虫的存活率并没有衰退，而其全同胞后代在大小、肉的湿重和干重等方面都显著小于对照组，近交衰退显著。类似的结果也见于选择快速生长的美洲帘蛤家系，以及选择抗病的美洲牡蛎家系。本研究中的 5 个家系在幼虫期生长方面并未表现出明显的近交衰退，存活方面除 A_2 家系外，其他家系近交衰退率为 4.56%~36.27%；在稚贝期，C_2 的生长未出现衰退，其他家系衰退率为 0.54%~20%。存活率方面，A_2 存活率依然最高，没出现衰退，C_2 家系基本未衰退，剩余家系衰退比较明显。在幼虫期各家系并未出现明显的衰退，也未表现出生长优势，说明控制生长的基因杂合度处于低的水平，但是控制存活的基因杂合度较高，表现出了较明显的存活衰退。然而到了稚贝期，除存活率方面仍然表现为衰退外，各家系的生长也出现了衰退。这可能与外界环境有很大关系，因为从稚贝开始，各家系是用网袋被吊养在虾池中培育的，外界环境变化比较剧烈。由于近交增加了群体对环境的敏感性，这种敏感性增加表明有害突变基因在某些环境中的表达增强或更多的有害等位基因得到表达，也反映出这些群体内的加性遗传变异减少，从而在自然选择的过程中使它们降低了适应环境变化的能力，由此导致生长速度和存活率的下降。C_2 家系在幼虫期和稚贝期的生长一直未出现衰退，说明其自身生长性状纯合度较高，自然选择对其净化作用很小，由于其较快的生长速度，当移到室外培育时，对环境适应能力强，C_2 家系的存活也未出现衰退；A_2 家系一直表现出最高的存活率，经过两代的家系选择，控制存活的基因纯合度增加，杂合度降低，说明对 A_2 家系存活性状的选择是很成功的。

5.9 家系回交与回交效应

回交作为杂交育种的重要手段之一，旨在通过杂交 F_1 与亲本的再次杂交，使后代加强轮回亲本的某些优良性状，减少杂种后代的分离，并同时保留非轮回亲本的某些优良性状(盛志廉等，2001；楼允东，2001)。因此，回交更有利于提高品种的优越性，有利于正确选择。回交即高度的近交，通过回交可以显著提高近交水平，连续的近交能够清除群体内有害的隐性基因，固定能够适应环境的优良等位基因，提高群体的同质性，加速纯系的培育(张国范，2006)。

2009 年，闫喜武采取回交交配方式，建立了 4 个蛤仔回交家系。本实验对这 4 个回交家系早期生长发育进行了比较，并研究了回交效应。

5.9.1 材料与方法

5.9.1.1 亲贝来源和选择

2009 年 4 月，以蛤仔全同胞家系 H 和 D 的 F_1 代及其杂交家系 HD 的 F_1 代为材料，选择外表无损伤、壳型一致的个体在大连庄河海洋贝类育苗场室外生态池自然促熟，8月下旬，待其性腺发育成熟时，取回室内催产。

5.9.1.2 实验设计及处理

将 H、D 和 HD 家系亲贝阴干 8h 后，放入经过滤后的新鲜海水中产卵排精，将正在排放的个体取出，用淡水冲洗干净后，放入盛有新鲜海水的 2.0L 聚乙烯桶中让其继续排放，排放结束后及时将亲贝捞出，并对所收集的卵子用 400 目筛网进行洗卵和镜检，弃掉已受精的卵子。精卵收集结束后，按图 5-22 的实验设计进行人工授精，♀HD 与 ♂H 交配建立了亲缘关系为父女的 B_1 家系，♀D 与 ♂HD 交配建立了亲缘关系为母子的 B_2 家系，♀HD 与 ♂D 交配建立了亲缘关系为舅甥的 B_3 家系，♀H 与 ♂HD 交配建立了亲缘关系为姑侄的 B_4 家系。然后对所有精卵进行混合，建立回交家系的混交对照组。将配对的精子和卵子放入 2.0L 塑料桶中，使其混合均匀，然后用 200 目筛网滤出杂质后将受精卵放入 2.0L 聚乙烯桶中，按照 30~50 个/mL 的密度进行孵化，孵化过程中微量充气。操作过程中，各实验组严格隔离，避免受到外源精、卵和幼虫污染。

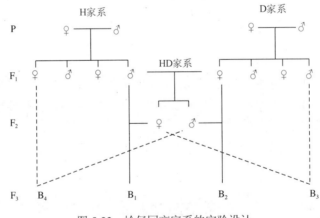

图 5-22 蛤仔回交家系的实验设计

5.9.1.3 幼虫、稚贝培育和中间育成

受精后经过 23~25h，胚胎发育至 D 形幼虫，将幼虫转移至 60L 聚乙烯桶中进行培育，密度为 5~6 个/mL，各实验组分别设置 3 个重复。幼虫培育前 3d，投喂等鞭金藻，第 4 天起按照等鞭金藻和小球藻(1∶1)混合投喂，随着幼虫生长发育，日投饵量从 5000 个细胞/mL 逐渐增加至 2 万个细胞/mL。每隔 1d 全量换水 1 次，换水过程中及时调整幼虫密度，保持各实验组幼虫密度一致，以消除密度因素对实验结果的影响。在整个培育过程中，采取隔离措施避免各实验组相互交叉污染。稚贝经过 40d 室内培育后，采取挂养方式转入室外生态池中进行中间育成，挂养用网袋规格为 40cm×30cm，根据稚贝规格，定期更换大网眼网袋，网眼规格从 60 目逐渐增大至 18 目。每隔 7d 清洗一次网袋，清除淤泥和附着生物，保持网袋透水性。

5.9.1.4 取样、测量

幼虫阶段，在1日龄、3日龄、6日龄、9日龄及附着前随机取样一次，每个家系随机取30个幼虫测量壳长，同时测定幼虫密度，幼虫存活率即各日龄幼虫密度占初孵D形幼虫密度的百分比。变态期间，以附着幼虫出现鳃原基、足、次生壳为变态完成标志，记录附着幼虫开始变态至全部完成变态的时间，测量各家系变态规格及变态率。变态率为完成变态的稚贝数量占附着幼虫总量的百分比。稚贝阶段，第30日龄、60日龄和90日龄取样测量并统计空壳率，通过空壳率计算出稚贝阶段不同日龄的存活率。

5.9.1.5 近交衰退率计算

参照郑怀平（2005）使用的方法，采用公式（5-29）计算近交衰退率（δ_x）：

$$\delta_x(\%) = \frac{x_M - x_S}{x_M} \times 100 \tag{5-29}$$

式中，δ_x为近交衰退率；x_M和x_S分别表示对照组和各回交家系的表型平均值。

5.9.1.6 数据分析

用SPSS 13.0软件对数据进行分析和处理，采用单因素方差分析（one-way ANOVA）对各实验组生长和存活的差异性进行检验，差异的显著性设置为$P<0.05$；用Excel作图。

5.9.2 结果

5.9.2.1 幼虫阶段的生长与存活

如图5-23所示，在浮游幼虫期，B_1、B_2、B_3、B_4家系和对照组1日龄D形幼虫大小（壳长）没有显著性差异（$P>0.05$）。随着幼虫的生长发育，各家系幼虫大小开始出现分化，至9日龄附着变态前，B_1、B_2家系幼虫壳长显著小于B_3、B_4家系和对照组幼虫壳长（$P<0.05$），而B_3、B_4家系和对照组幼虫大小彼此之间差异不显著（$P>0.05$）。由图5-24可以看出，1日龄时各实验组幼虫存活率差异不显著（$P>0.05$）；3日龄时，B_1家系幼虫存活率显著小于其他家系和对照组（$P<0.05$），B_2和B_4、B_3家系及对照组之间则无显著性差异（$P>0.05$）；6日龄时，各实验组幼虫存活率进一步降低，其中，B_1家系幼虫存活率仅为67.8%，B_2和B_4、B_3家系及对照组之间依旧没有显著性差异（$P>0.05$）；至9日龄时，各实验组幼虫存活率均达到了75%以上，B_1、B_2家系幼虫存活率显著低于B_3、B_4家系（$P<0.05$），而B_1、B_2、B_3、B_4家系幼虫存活率均显著低于对照组（$P<0.05$）。

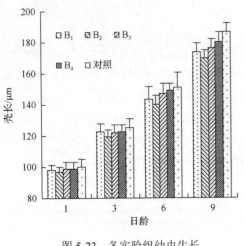

图 5-23 各实验组幼虫生长   图 5-24 各实验组幼虫存活

5.9.2.2 幼虫附着大小、变态时间、变态规格和变态率

B_1、B_2、B_3、B_4 家系和对照组幼虫附着大小、变态时间、变态规格和变态率见表 5-37。幼虫附着大小顺序为：对照组>B_4>B_3>B_1>B_2。从 11d 开始变态至 18d 变态完毕，整个变态期持续了 5~7d；幼虫变态规格从大到小依次为：对照组>B_4>B_3>B_1>B_2，其中，对照组幼虫变态规格均显著大于各家系($P<0.05$)，B_1 和 B_2 家系变态规格显著小于 B_3 和 B_4 家系。B_1 和 B_2 家系幼虫变态率仅为 37.8%和 40.9%，而对照组幼虫变态率高达 73.2%，差异显著($P<0.05$)，B_3 和 B_4 家系幼虫变态率均在 50%以上，同样显著小于对照组($P<0.05$)。

表 5-37 各实验组幼虫附着大小、变态时间、变态规格和变态率

实验组	附着大小(壳长)/μm	变态时间/d	变态规格(壳长)/μm	变态率/%
B_1	173.2±5.81^d	12~17	194.1±6.84^c	37.8±1.87^d
B_2	169.5±5.55^d	13~18	191.1±7.64^c	40.9±1.23^d
B_3	176.3±5.76^c	12~16	200.1±6.77^b	52.8±3.23^c
B_4	180.0±6.56^b	11~15	203.5±9.38^b	60.7±3.16^b
对照	186.4±5.64^a	11~15	209.1±9.58^a	73.2±1.78^a

注：同列中具有相同字母者表示差异不显著($P>0.05$)，具有不同字母者表示差异显著($P<0.05$)。

5.9.2.3 稚贝阶段的生长与存活

如图 5-25 所示，在 60 日龄以前室内育成阶段，稚贝生长速度较慢，在转入室外生态池进行育成后(60~90 日龄)，稚贝生长速度明显快于室内育成阶段。对稚贝 30 日龄、60 日龄和 90 日龄壳长进行方差分析表明，各实验组同一日龄的稚贝壳长均存在显著差异($P<0.05$)。30 日龄时，壳长从大到小顺序为：对照组>B_3>B_4>B_2>B_1；60 日龄时，对照组>B_4>B_3>B_2>B_1；90 日龄时，对照组>B_4>B_3>B_2>B_1。如图 5-26 所示，30 日龄时，对照组稚贝存活率为 86.8%，显著大于其他各家系($P<0.05$)，各家系之间存活率

也存在显著差异($P<0.05$),其中 B_2 家系最低,为 67.6%。60 日龄、90 日龄时,各家系存活率均在 80% 以上,方差分析显示,家系间稚贝存活率已无显著性差异($P>0.05$),但均显著小于对照组($P<0.05$)。

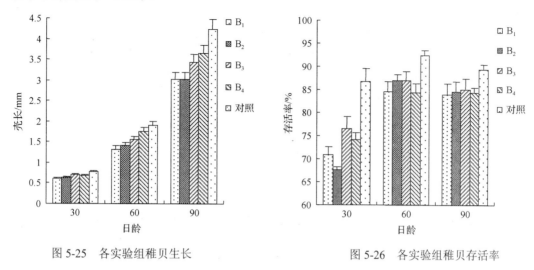

图 5-25 各实验组稚贝生长   图 5-26 各实验组稚贝存活率

5.9.2.4 不同日龄各实验组生长和存活的近交衰退

如图 5-27 所示,各回交家系生长近交衰退随着日龄增加而逐渐增大。3 日龄时,B_1、B_2、B_3、B_4 家系的生长衰退率分别为 2.12%、4.58%、2.55% 和 2.34%。6 日龄时,B_1、B_2 家系的生长衰退率已经明显大于 B_3、B_4 家系,且随着日龄的增大而逐渐加剧,但 B_1、B_2 与 B_3、B_4 之间的生长衰退率并无显著性差异($P>0.05$)。90 日龄时,B_1、B_2、B_3、B_4 家系的生长衰退率分别为 31.24%、29.12%、19.37% 和 14.12%。

如图 5-28 所示,存活衰退率呈倒"V"字形。在变态期,存活衰退最为严重,B_1、B_2、B_3、B_4 家系的存活衰退率分别为 48.38%、44.06%、27.95% 和 17.11%;浮游幼虫期和稚贝期的存活衰退率各家系间差异不显著($P>0.05$)。

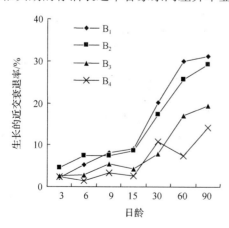

图 5-27 各实验组不同日龄的生长近交衰退

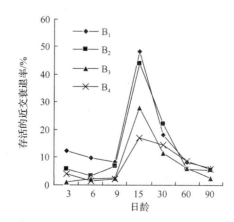

图 5-28 各实验组不同日龄的存活近交衰退

5.9.3 讨论

5.9.3.1 不同配对方式回交系的生长发育

家系是培育优良品种(系)的重要育种材料,建立家系并进行定向选育已经成为遗传育种工作的重要手段(楼允东,2001)。家系建立主要有巢式设计和单对配对两种方法。很多育种材料,如自交系、近交系、杂交系等都是采用这两种方法建立起来的(张国范,2006),但目前尚未见有关回交系的报道。2009年8月,采用单对配对方法,建立了亲缘关系分别为父女(B_1)、母子(B_2)、舅甥(B_3)、姑侄(B_4)关系的4个回交家系,并分析了这4种交配方式对蛤仔生长发育的影响。结果显示,亲缘关系远的舅甥、姑侄回交系幼虫的生长速度和存活率明显优于亲缘关系近的父女、母子回交系。幼虫变态期间,各回交系均出现了不同程度的变态延期、变态规格小型化及变态率降低等现象。其中,父女、母子回交系表现尤为明显,B_2家系幼虫变态时间延迟了3~4d,变态规格仅为191.1μm,B_1家系幼虫变态率仅为37.8%。稚贝培养期间,亲缘关系远的舅甥、姑侄回交系稚贝生长速度明显快于亲缘关系近的父女、母子回交系。存活方面,30日龄时舅甥、姑侄回交系稚贝存活率明显大于父女、母子回交系,60日龄、90日龄时则无显著性差异。与对照组相比,4个回交系在各个发育阶段的生长和存活等表型性状均显著低于对照组,这说明存在亲缘关系的回交系出现了不同程度的近交衰退。

5.9.3.2 4个回交系的回交效应

根据亲缘关系的远近,近交又可分为自交、全同胞交配、半同胞交配和回交4种方式。目前,关于前3种交配所引起的近交衰退研究比较多。张国范(2006)、Ibarra等(1995)等对海湾扇贝自交系的研究表明,自交给海湾扇贝的生长和存活带来明显不利的影响,表现为个体发育迟缓、小型化和存活率降低。Evans(2004)采取不同配对方式建立近交水平分别为0.0625和0.203的太平洋牡蛎家系,对其生长、存活等表型性状研究表明,近交衰退的变化依赖于近交的程度,不同近交水平的近交衰退率差异显著。目前,有关回交引起近交衰退的研究很少(吴买生等,2008;李思发等,2008)。本节采取不同的配对方式建立了亲缘关系远近不一的蛤仔回交家系,并通过设置对照组,计算了各回交家系的近交衰退率。结果表明,父女(B_1)、母子(B_2)、舅甥(B_3)、姑侄(B_4)4个回交家系在各个发育时期均存在不同程度的近交衰退。生长的近交衰退随着日龄的增加而逐渐增大。90日龄时,虽然舅甥、姑侄回交系也出现了明显的生长近交衰退,但显著低于父女、母子回交系。存活的近交衰退则主要出现在幼虫的变态期,并显著降低幼虫的变态率。父女、母子回交系在幼虫变态期间的存活近交衰退率显著高于舅甥、姑侄回交系。可见,回交也可以导致近交衰退。不同的交配方式所引起的近交衰退随着亲缘关系的远近而变化。亲缘关系越近,近交衰退率越高,反之则越低。

主要参考文献

陈小勇, 林鹏. 2002. 厦门木麻黄种群交配系统及近交衰退[J]. 应用生态学报, 13(11): 1377-1380.

何毛贤, 管云雁, 林岳光, 等. 2007. 马氏珠母贝家系的生长比较[J]. 热带海洋学报, 26(1): 39-43.

霍忠明. 2009. 菲律宾蛤仔的数量遗传及家系育种研究[D]. 大连: 大连水产学院硕士学位论文.

李大林, 陈奇, 林建国, 等. 2009. 杂种优势的进化意义探析——以适合度对随机交配群体遗传多样性的贡献为依据[J]. 安徽农业科学, 37(14): 6305-6317.

李思发, 颜标, 蔡完其, 等. 2008. 尼罗罗非鱼和萨罗罗非鱼正反交鱼自繁后代 F_2 代的耐盐性、生长性能及亲本对杂种优势贡献力的研究[J]. 水产学报, 32(3): 335-341.

刘庆昌. 2006. 遗传学[M]. 北京: 科学出版社: 206-207.

刘小林, 常亚青, 相建海, 等. 2003. 栉孔扇贝中国种群与日本种群杂交一代的中期生长发育[J]. 水产学报, 27(3): 193-199.

楼允东. 2001. 鱼类育种学[M]. 北京: 中国农业出版社.

马大勇, 胡红浪, 孔杰. 2005. 近交及其对水产养殖的影响[J]. 水产学报, 29: 849-856.

秦艳杰, 刘晓, 张海滨, 等. 2007. 海湾扇贝正反交两个家系形态学指标比较分析[J]. 海洋科学, 31(3): 22-27.

盛志廉, 陈瑶生. 2001. 数量遗传学[M]. 北京: 科学出版社.

宋运淳, 余先觉. 1990. 普通遗传学[M]. 武汉: 武汉大学出版社.

王爱民, 石耀华, 阎冰. 2004. 选择对不同系列马氏珠母贝第二代幼虫生长的影响[J]. 高技术通讯, 14(8): 94-97.

王峥峰, 傅声雷, 任海, 等. 2007. 近交衰退: 我们检测到了吗[J]. 生态学杂志, 26(2): 245-252.

吴买生, 朱吉, 刘天明, 等. 2008. 沙子岭猪回交试验[J]. 家畜生态学报, 29(2): 10-13.

吴仲庆. 2000. 水产生物遗传育种学(第三版)[M]. 厦门: 厦门大学出版社.

许飞, 郑怀平, 张海滨, 等. 2008. 海湾扇贝"中科红"品种与普通群体不同温度下早期性状的比较[J]. 水产学报, 32(6): 876-883.

闫喜武, 霍忠明, 张跃环, 等. 2010. 菲律宾蛤仔家系建立及早期生长发育研究[J]. 水产学报, 34(16): 933-941.

闫喜武, 张跃环, 孙焕强, 等. 2011. 菲律宾蛤仔(*Ruditapes philippinarum*)海洋橙品系两个世代的杂交与近交效应[J]. 海洋与湖沼, 42(2): 309-316.

张国范. 2006. 海洋贝类遗传育种 20 年[J]. 厦门大学学报(自然科学版), 45(A2): 190-194.

张国范, 刘述锡, 刘晓, 等. 2003. 海湾扇贝自交家系的建立与自交效应[J]. 中国水产科学, 10(6): 441-445.

张国范, 刘晓, 阙华勇, 等. 2004. 贝类杂交及杂种优势理论和技术研究进展[J]. 海洋科学, 28(7): 54-60.

张国范, 郑怀平. 2009. 海湾扇贝养殖遗传学[M]. 北京: 科学出版社.

张海滨, 刘晓, 张国范. 2005. 不同有效繁殖群体数对海湾扇贝 F_1 生长和存活的影响[J]. 海洋学报, 27: 177-180.

赵寿元, 乔守怡. 2001. 现代遗传学[M]. 北京: 高等教育出版社.

郑怀平. 2005. 海湾扇贝两个养殖群体数量性状及壳色遗传研究[D]. 青岛: 中国科学院海洋研究所博士学位论文.

郑怀平, 张国范, 刘晓, 等. 2003. 不同贝壳颜色海湾扇贝家系的建立及生长发育的研究[J]. 海洋与湖沼, 34(6): 632-639.

郑怀平, 张国范, 刘晓, 等. 2004. 海湾扇贝杂交家系与自交家系生长和存活的比较[J]. 水产学报, 28(3): 267-272.

Beattie J H, Perdue J, Hershberger W, et al. 1987. Effects of inbreeding on growth in the Pacific oyster (*Crassostrea gigas*)[J]. Journal of Shellfish Research, 6(1): 25-28.

Beaumont A R, Budd M D. 1983. Effect of self-fertilization and other factors on the early development of the scalop *Pecten maximus*[J]. Marine Biology, 76(3): 285-289.

Bentsen H B, Eknath A E, Palada D E, et al. 1998. Genetic improvement of farmed tilapias: growth performance in a complete diallel cross experiment with eight strains of *Oreochromis niloticus*[J]. Aquaculture, 160(1-2): 145-173.

Charlesworth D, Charlesworth B. 1987. Inbreeding depression and its evolutionary consequences [J]. Annual Review of Ecology and Systematics, 18(1): 237-268.

Cheptou P O, Berger A, Blanchard A, et al. 2000. The effect of drought stress on inbreeding depression in four populations of the Mediterranean outcrossing plant *Crepis sancta* (Asteraceae) [J]. Heredity, 85(3): 294-302.

Cronkrak P, Roff D A. 1999. Inbreeding depression in the wild[J]. Heredity, 83(3): 260-270.

Cruz P, Ibarra A M. 1997. Larval growth and survival of two catarina scallop (*Argopecten circularis*, Sowerby, 1835) populations and their reciprocal crosses[J]. Journal of Experimental Marine Biology and Ecology, 212(1): 95-110.

Eknath A E, Doyle R W. 1990. Effective population size and rate of inbreeding in aquaculture of Indian major carps[J]. Aquaculture, 85(1-4): 293-305.

Evans F, Matson S, Brake J, et al. 2004. The effects of inbreeding on performance traits of adult Pacific oysters, *Crassostrea gigas*[J]. Aquaculture, 230(1): 89-98.

Falconer D S, Mackay T F C. 1981. Introduction to Quantitative Genetics[M]. Essex: Longman Group.

Fisher M, Matthies D. 1998. Effects of population size on performance in the rare plant *Gentianella germanica*[J]. Journal of Ecology, 86(2): 195-204.

Franklin I R. 1980. Evolutionary changes in small populations[A]. *In*: Soule M E, Wilcox B A. Conservation Biology: an Evolutionary Ecological Perspective[C]. Sunderland: Sinauer Associates: 135-150.

Freeman G F. 1919. The Heredity of Quantitative Characters in Wheat[M]. Genetics: Genetics Society of America.

Haskin L E, Ford S E. 1979. Development of resistance to *Minchinia nelsoni* (MSX) mortality in laboratory reared and native oyster stocks in Delaware Bay[J]. Marine Fisheries Review, 41(1-2): 54-63.

Hedgecock D, Chow V, Waples R S. 1992. Effective population numbers of shellfish broodstocks estimated from temporal variance in allelic frequencies[J]. Aquaculture, 108(3-4): 215-232.

Hedgecock D, Cooper K, Hershberger W. 1991. Genetic and environmental components of variance in harvest body size among pedigreed Pacific oyster *Crassostrea gigas* from controlled crosses[J]. Journal of Shellfish Research, 10(2): 516.

Hedgecock D, Davis J P. 2007. Heterosis for yield and crossbreeding of the Pacific oyster *Crassostrea gigas*[J]. Aquaculture, 272: S17-S29.

Hedgecock D, McGoldrick D J, Bayne B L. 1995. Hybrid vigor in Pacific oysters: an experimental approach using crosses among inbred lines[J]. Aquaculture, 137(1-4): 285-298.

Hedgecock D, Sly F. 1990. Genetic drift and effective population sizes of hatchery propagated stocks of the Pacific oyster, *Crassostrea gigas*[J]. Aquaculture, 88(1): 21-38.

Husband B, Schemske D W. 1996. Evolution of the magnitude and timing of inbreeding depression in plants[J]. Evolution, 50: 54-70.

Ibarra A M, Cruz P, Romero B A, et al. 1995. Effects of inbreeding on growth and survival of self-fertilized catarina scallop larvae, *Argopecten circularis*[J]. Aquaculture, 134(1-2): 37-47.

Jones D F. 1918. The effect of inbreeding and crossbreeding upon development[J]. Proceeding of the National Academy of Science, USA, 4(8): 246-250.

Keller L F, Waller D M. 2002. Inbreeding effects in wild populations[J]. Trends in Ecology and Evolution, 17(5): 230-241.

Lannan J E. 1980. Broodstock management of *Crassostrea gigas*. I. Genetic and environmental variation in survival in larval rearing system[J]. Aquaculture, 21(4): 323-336.

Longwell A C, Stiles S S. 1973. Gamente cross incompatibility and inbreeding in the commercial American oyster, *Crassostrea virginica* Gmelin[J]. Cytologia, 38(3): 521-533.

Mallet A L, Haley L E. 1983. Growth rate and survival in pure population matings and crosses of the oyster *Crassostrea virginica*[J]. Canadian Journal of Fisheries and Aquatic Sciences, 40(7): 948-954.

Mather K. 1943. Polygenic inheritance natural selection[J]. Biological Reviews, 18(1): 32-64.

Nei M. 1975. Molecular Population Genetics and Evolution[M]. Amsterdam and New York: Nort Holland: 88-89.

Nell J A, Sheridan A K, Smith I R. 1996. Progress in a Sydney rock oyster, *Saccostrea commer–cialis* (Iredale and Roughley)[J]. Aquaculture, 144(4): 295-302.

Neter J, Wasserman W, Kutner M. 1985. Applied Linear Statistical Models[M]. Chicago: Irwin.

Paynter K T, Dimichele L. 1990. Growth of tray-cultured oysters (*Crassostrea virginica* Gmelin) in Chesapeake Bay[J]. Aquaculture, 87(3-4): 289-297.

Qin Y J, Liu X, Zhang H B, et al. 2008. Effect of parental stock size on F1 genetic structure in bay scallop, *Argopecten irradians* (Lamarck 1819)[J]. Aquaculture Research, 38(2): 174-181.

Renate K, Brad S E, Joseph J U. 2008. Family by environment interactions in shell size of 43-day old silver-lip pearl oyster (*Pinctada maxima*), five families reared under different nursery conditions[J]. Aquaculture, 279(1): 23-28.

Rohlf F J, Sokal R R. 1981. Statistical Tables [M]. NewYork: W. H. Freeman and Company: 219.

Rye M, Mao I L. 1998. Nonadditive genetic effects and inbreeding depression for body weight in Atlantic salmon (*Salmo salar* L.)[J]. Livestock Production Science, 57(1): 15-22.

Sbordoni V, de Matthaeis E, Sbordoni M C, et al. 1986. Bottleneck effects and the depression of genetic variability in hatchery stocks of *Penaeus japonicus* (Crustacea, Decapoda)[J]. Aquaculture, 57(1): 239-251.

Shikano T, Chiyokubo T, Taniguchi N. 2001. Effect of inbreeding on salinity tolerance in the guppy (*Poecilia reticulata*)[J]. Aquaculture, 202(1): 45-55.

Simonsen V, Kittiwattanawong K. 2000. Marine molluscs: Application of molecular markers for estimation of effective population size and gene flow[J]. Phuket Marine Biological Center Special Publication, 21(2): 319-328.

Soule E. 1980. Thresholds for survival: maintaining fitness and evolutionary potential [A]. *In*: Conservation Biologe: an Evolutionary-Ecological Perspective[C]. Sunderland: Sinauer Associates: 151-170.

Su G S, Lijedahl L E, Gall G. 1996. Effects of inbreeding on growth and reproductive traits in rainbow trout (*Oncorhynchus mykiss*)[J]. Aquaculture, 142(3): 139-148.

Taniguchi N, Sumantadinata K, Iyama S. 1983. Genetic change in the first and second generations of hatchery stock of black sea bream[J]. Aquaculture, 35: 309-320.

Taris N, Batista F M, Boudry P. 2007. Evidence of response to unintentional selection for faster development and inbreeding depression in *Crassostrea gigas* larvae[J]. Aquaculture, 272(Sl): 69-79.

Taris N, Ernande B, McCombie H, et al. 2006. Phenotypic and genetic consequences of size selection at the larval stage in the Pacific oyster (*Crassostrea gigas*)[J]. Journal of Experimental Marine Biology and Ecology, 333(1): 147-158.

Wada K T. 1986. Genetic selection for shell traits in the Japanese pearl oyster, *Pinctada fucata martensii*[J]. Aquaculture, 57(1-4): 171-176.

Wilson-Jones K. 1962. Rice growing in northern Australia: work of the new coastal plains research station[J]. Tropical Science, 4: 181-204.

Winkler F M, Estevez B F. 2003. Effects of self-fertilization on growth and survival of larvae and juveniles of the scallop *Argopecten purpuratus* L. [J]. Journal of Experimental Marine Biology and Ecology, 292(1): 93-102.

Zhang H B, Liu X, Zhang G F, et al. 2005. Effects of effective population size (Ne) on the F2 growth and survival of bay scallop *Argopecten irradians irradians* (Lamarck)[J]. Acta Oceanologia Sinica, 24(4): 114-120.

Zhang H B, Liu X, Zhang G F, et al. 2007. Growth and survival of reciprocal crosses between two bay scallops, *Argopecten irradians concentricus* Say and *A. irradians irradians* Lamarck[J]. Aquaculture, 272(Suppl. 1): 88-93.

Zheng H P, Zhang G F, Guo X M. 2008. Inbreeding depression for various traits in two cultured populations of the American bay scallop, *Argopecten irradians irradians* Lamarck (1819) introduced into China[J]. Journal of Experimental Marine Biology and Ecology, 364(1): 42-47.

Zheng H P, Zhang G F, Liu X. 2004. Different responses to selection in two stocks of the bay scallop *Argopecten irradians irradians* Lamarck(1819)[J]. Marine Biology, 313(2): 213-223.

Zheng H P, Zhang G F, Liu X, et al. 2004. Different responses to selection in two stocks of bay scallop, *Argopecten irradians* Lamarck(1819) [J]. Journal of Experimental Marine Biology and Ecology, 313(2): 213-223.

Zheng H P, Zhang G F, Liu X, et al. 2006. Sustained response to selection in an introduced population of the hermaphroditic bay scallop *Argopecten irradians* Lamarck(1819) [J]. Aquaculture, 255(1): 579-585.

第 6 章　蛤仔新品种培育

6.1　菲律宾蛤仔'斑马蛤'

6.1.1　品种概况

中文名称：菲律宾蛤仔'斑马蛤'

拼　　音：fēi lǜ bīn gé zǐ "bān mǎ gé"

外文名称：*Ruditapes philippinarum* "Zebra"

菲律宾蛤仔 *Ruditapes philippinarum* '斑马蛤'是人工选育的壳面呈斑马状花纹，对低温、低盐耐受力较强的蛤仔新品种(图6-1)。该品种由大连海洋大学、中国科学院海洋研究所选育，2014 年获国家水产新品种审定，品种登记号：GS-01-005-2014。

图 6-1　菲律宾蛤仔'斑马蛤'（见文后彩图）

6.1.2　培育背景

蛤仔是我国四大养殖贝类之一，单种产量在我国养殖贝类中最高，年产量约 300 万 t，占世界总产量的 90%。随着人民生活水平的提高，国内外市场均供不应求，市场潜力巨大。以往人们认为，蛤仔的壳面颜色和花纹杂乱，没有规律。2002 年，闫喜武在天然群体中发现一种壳面呈斑马状花纹、比例仅占 0.20%~0.25% 的蛤仔，并在国内首次将其命名为'斑马蛤'。经研究发现'斑马蛤'子一代 100% 仍为'斑马蛤'，说明'斑马蛤'花纹可以稳定遗传。美观的壳色会给人以视觉上的享受，更易获得消费者喜爱，对提升其商品价值无疑具有重要意义。

海洋双壳类贝壳的颜色过去仅被作为分泌产物而一直被忽视。事实上双壳类贝壳的颜色不仅与它们的生态和行为有关，还与其生长、存活等经济性状有关。通过对'斑马蛤'

生长及存活、贝壳形态、低盐耐受性、越冬抗寒能力、免疫机能及免疫相关基因表达、营养成分分析等方面研究，发现'斑马蛤'具有低盐耐受力强，越冬抗寒力强及养殖存活率高的特点。2005年起，从50余万粒蛤仔中挑选出壳面具有均匀"斑马"花纹的蛤仔1200粒作为选育基础群体，采用累代定向群体选育技术，经连续7代选育，壳长生长每代提高3.12%~6.08%，鲜重生长每代提高3.02%~9.72%，于2012年育成菲律宾蛤仔'斑马蛤'新品种。2012~2014年，'斑马蛤'新品种养殖对比小试和生产性对比养殖均表明，'斑马蛤'性状稳定，养殖存活率比普通养殖对照组提高10.0%以上。适宜在我国沿海蛤仔养殖海域中养殖。养殖技术要点与普通蛤仔基本一致，可按照国家已颁布的相关标准开展养殖。目前，'斑马蛤'已在辽宁、河北、天津等蛤仔主要养殖区养殖应用1935亩。

6.1.3 育种过程

6.1.3.1 亲本来源

2002年开展了菲律宾蛤仔莆田群体和大连群体繁殖生物学、养殖生态学及分子群体遗传学研究，结果表明，莆田群体蛤仔具有有效积温低、产卵量大、浮游期短、变态规格小、生长速度快、存活率高、遗传多样性高的特点，是经济性状优良的选育基础群体。莆田群体有效积温(172.79℃·d)比大连群体(315.21℃·d)低；产卵量(104万粒/个)是大连群体(65万粒/个)的1.6倍；浮游期及变态时间比大连群体短；变态规格(196.7μm)比大连群体(230.0μm)小。在稚贝期，莆田群体生长速度[(22.60±4.04)μm/d]快于大连群体[(20.67±4.74)μm/d]，其存活率比大连群体高。在养成阶段，莆田群体生长速度[(86.94±21.72)μm/d]快于大连群体[(75.23±16.91)μm/d]，存活率比大连群体高。莆田群体的观测杂合度为0.4194，平均期望杂合度为0.6484，群体遗传多样性高。

'斑马蛤'菲律宾蛤仔仅占天然群体的0.20%~0.25%。该蛤仔特征是壳面呈斑马状花纹，花纹间距相对均匀。2005年闫喜武课题组从50万粒莆田野生群体中筛选出壳面具有均匀"斑马"花纹的蛤仔1200粒作为选育基础群体。

6.1.3.2 技术路线

菲律宾蛤仔'斑马蛤'选育技术路线见图6-2。

6.1.3.3 选育过程

通过对莆田群体与大连群体蛤仔繁殖生物学、养殖生态学及分子遗传学比较，确定莆田野生群体为选育基础群体，从中选出壳面具有均匀"斑马"花纹的蛤仔，开展了斑马蛤生长及存活、贝壳形态、低盐耐受性、越冬抗寒能力、免疫机能及免疫相关基因表达、营养成分分析等方面研究，结果表明，斑马蛤对低盐耐受力强，同时具有越冬抗寒力强，养殖存活率高的特点。2005年起，采用累代定向群体选育技术，经连续7代选育，壳长生长每代提高3.12%~6.08%，鲜重生长每代提高3.02%~9.72%，于2012年育成'斑马蛤'菲律宾蛤仔新品种。2012~2014年，'斑马蛤'新品种养殖对比小试和生产性对比养殖均表明，斑马蛤性状稳定，养殖存活率比普通养殖对照组提高10.0%以上。

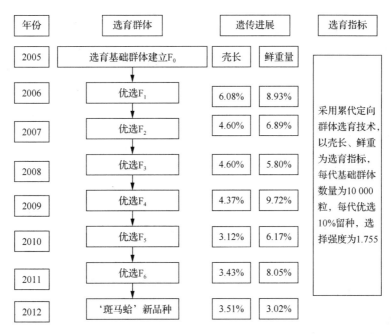

图 6-2 菲律宾蛤仔'斑马蛤'选育技术路线

6.1.4 品种特性和中试情况

6.1.4.1 '斑马蛤'菲律宾蛤仔新品种特征和优良性状

'斑马蛤'菲律宾蛤仔新品种的壳面呈斑马状花纹,花纹间距相对均匀。具有耐低盐、抗寒、养殖存活率高的特点。在相同养殖条件下,养殖成活率比普通菲律宾蛤仔提高10.0%以上,适宜在我国沿海蛤仔养殖海域中养殖。

6.1.4.2 中试选点情况、试验方法和结果

2011~2014年,共培育出'斑马蛤'菲律宾蛤仔新品种优质苗种8.9亿粒。分别在辽宁、河北、天津等蛤仔主要养殖区养殖应用129hm²。在生产性对比小试及养殖应用中,'斑马蛤'菲律宾蛤仔新品系受到应用企业的广泛好评,'斑马蛤'的壳面花纹能够100%稳定遗传,越冬死亡率低,养成期存活率提高了10.0%以上。

6.2 菲律宾蛤仔'白斑马蛤'

6.2.1 品种概况

中文名称:菲律宾蛤仔'白斑马蛤'

拼　　音:fēi lǜ bīn gé zǐ "bai bān mǎ gé"

外文名称:*Ruditapes philippinarum* "white Zebra"

菲律宾蛤仔 *Ruditapes philippinarum* '白斑马蛤'是以2009年从辽宁大连野生菲律宾蛤仔群体中选择出的壳面具有斑马纹的个体及左壳背缘具有一条纵向深色条带的白色

个体为亲本，通过杂交育种技术构建基础群体。采用群体选育技术，以生长快、壳色美观为选育目标，经连续4代选育而成。具有生长快、壳色美观的特点。在相同养殖条件下，平均壳长和鲜重比普通菲律宾蛤仔分别提高16.5%和37.0%以上，对低温耐受力较强。

该品种由大连海洋大学、中国科学院海洋研究所选育，2016年获国家水产新品种审定，品种登记号：GS-01-009-2016。

6.2.2 培育背景

美观的壳色会给人以视觉上的享受，更易获得消费者喜爱。闫喜武等从2002年开始对不同地理群体蛤仔的壳色进行系统研究，发现斑马蛤存活率高，白蛤生长快，二者的杂交子代'白斑马蛤'在生长、存活方面有明显的杂种优势，其壳面有斑马花纹，左壳背缘有一条纵向深色条带(图6-3)，壳面特征可以稳定地遗传。

图6-3 白蛤品系、斑马蛤品系及二者的杂交子代白斑马蛤
(白蛤♀×斑马蛤♂)(见文后彩图)

此外，北方蛤仔土著群体由于味道鲜美，更受消费者喜爱，市场价格也更高。如辽宁土著蛤仔售价17元/kg，南方移养蛤仔8~10元/kg，二者相差近1倍。在国际市场，北方土著蛤仔出口价格比南方移养蛤仔高1/3以上。同时，与南方移养蛤仔相比，土著群体适应北方海域条件，抵御冬季低温冰冻能力强，养殖风险小。因此，通过辽宁蛤仔

土著群体不同壳色品系间杂交及群体选育方法培育壳面花纹美观、生长快的菲律宾蛤仔'白斑马蛤'养殖新品种,对于降低养殖风险、提高商品价值、提升蛤仔产品国际市场竞争力都具有十分重要的意义。

6.2.3 育种过程

6.2.3.1 亲本来源

2009 年 5 月,从 30 万粒大连野生群体中筛选出斑马蛤(壳面为斑马花纹)及白蛤(左壳背缘有一条纵向深色条带,壳面为白色)各 600 粒为亲本,以白蛤为母本,斑马蛤为父本构建杂交群体(白蛤♀×斑马蛤♂),以获得的 10 000 粒杂交子代作为菲律宾蛤仔'白斑马蛤'选育基础群体。

6.2.3.2 技术路线

菲律宾蛤仔'白斑马蛤'选育技术路线见图 6-4。

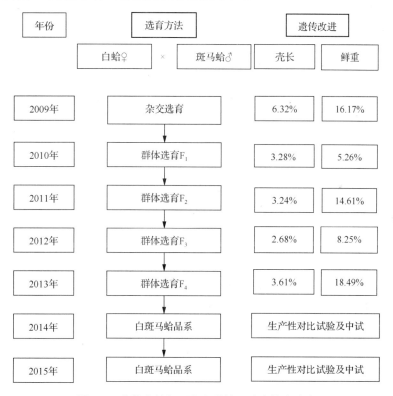

图 6-4 菲律宾蛤仔'白斑马蛤'选育技术路线

6.2.3.3 培(选)育过程

2010 年 5 月至 2013 年 12 月,采用群体选育技术对'白斑马蛤'进行选育,每代选留 3000 粒作为基础群体,以壳长、鲜重为选育指标,逐代上选,每代留种率为 10%。对

'白斑马蛤'进行连续 4 代的群体选育。结果表明,'白斑马蛤'壳长现实遗传力为 0.21~0.29,遗传改进为 2.68%~3.61%,累计遗传改进为 12.81%;鲜重生长现实遗传力为 0.02~0.10,遗传改进为 5.26%~18.49%,累计遗传改进为 46.60%。每代具体选育情况如下:'白斑马蛤'群体选育 F_1 壳长现实遗传力为 0.24 ± 0.03,遗传改进为 3.28%,比普通养殖群体提高了 9.03%;鲜重生长现实遗传力为 0.02 ± 0.00,遗传改进为 5.26%,比普通养殖群体提高了 19.74%。'白斑马蛤'群体选育 F_2 壳长现实遗传力为 0.24 ± 0.02,遗传改进为 3.24%,比普通养殖群体提高了 13.07%;鲜重现实遗传力为 0.06 ± 0.01,遗传改进为 14.61%,比普通养殖群体提高了 29.21%。白斑马蛤群体选育 F_3 壳长现实遗传力为 0.21 ± 0.04,遗传改进为 2.68%,比普通养殖群体提高了 11.78%;鲜重现实遗传力为 0.04 ± 0.02,遗传改进为 8.25%,比普通养殖群体提高了 25.77%。'白斑马蛤'群体选育 F_4 鲜重现实遗传力为 0.29 ± 0.06,遗传改进为 3.61%,比普通养殖群体提高了 14.61%。鲜重现实遗传力为 0.10 ± 0.01,遗传改进为 18.49%,比普通养殖群体提高了 42.02%。F_2、F_4 鲜重的遗传改进明显高于 F_1、F_3 鲜重的遗传改进,这可能是由于 F_2、F_4 鲜重受选择的微效基因多于 F_1、F_3。经连续 4 代选育,于 2013 年育成具有斑马壳面花纹,左壳背缘有一条纵向深色条带的菲律宾蛤仔新品种,将其命名为'白斑马蛤',该品种具有壳色美观、生长快、抗寒能力强的特点。

6.2.4 品种特性和中试情况

6.2.4.1 新品种特征和优良性状

1)白斑马蛤为辽宁土著蛤仔,壳色美观,壳面具有斑马花纹,左壳背缘有一条纵向深色条带,花纹间背景为白色,壳面特征可稳定遗传。

2)在相同养殖条件下,与普通菲律宾蛤仔相比,'白斑马蛤'平均壳长提高了 16.5%以上,鲜重提高了 37.0%以上,产量提高了 40%以上。

3)在冬季低温-2℃条件下,'白斑马蛤'越冬存活率为 64.5%,而对照组越冬存活率为 31.0%。

6.2.4.2 中试选点情况、试验方法和结果

2014 年 1 月至 2015 年 12 月,营口市水产科学研究所、辽宁每日农业集团有限公司、天津市滨海新区大港水产技术推广站、獐子岛集团股份有限公司 4 家生产单位分别对菲律宾蛤仔'白斑马蛤'进行中试养殖,累计应用面积 1310 亩。结果表明,菲律宾蛤仔'白斑马蛤'变态率高、生长速度快、存活率高、抗寒能力强。具体情况如下。

1)2014 年 5 月 1 日至 8 月 31 日,大连海洋大学与营口市水产科学研究所合作在营口现代渔业科技产业园利用 1000m^3 水体开展了菲律宾蛤仔'白斑马蛤'苗种规模化繁育;2015 年 4 月 20 日至 8 月 20 日大连海洋大学与营口市水产科学研究所合作在营口现代渔业科技产业园利用 2000m^3 水体开展了菲律宾蛤仔'白斑马蛤'苗种规模化繁育。两年累计繁育规格 2~3mm 苗种 1.5 亿粒。

2014 年 9 月,大连海洋大学与营口市水产科学研究所合作在营口现代渔业科技产业

园室外池塘开展生产性对比试验,养殖面积310亩。结果表明,15月龄'白斑马蛤'壳长比对照组提高16.5%,鲜重比对照组提高38.3%,存活率比对照组提高25.3%。2龄白斑马蛤壳长生长比对照组提高17.6%,鲜重生长比对照组提高了48.6%,存活率比对照组提高19.0%(表6-1)。

表6-1　2014年在营口现代渔业科技产业园生产性对比试验结果

项目	白斑马蛤	对照组
15月龄存活率/%	53.0±2.1	42.3±2.5
15月龄壳长/mm	25.43±1.88	21.82±1.84
15月龄鲜重/g	2.71±0.71	1.96±0.51
2龄存活率/%	41.9±2.2	35.2±1.8
2龄壳长/mm	36.83±2.09	31.32±5.67
2龄鲜重/g	12.81±2.36	8.62±5.39

2)2014年4月开始,大连海洋大学与辽宁每日农业集团有限公司合作开展连续两年的'白斑马蛤'生产性对比试验,在辽宁盘锦池塘底播南方对照组苗种和'白斑马蛤'苗种1亿粒,养殖面积340亩。结果表明,15月龄'白斑马蛤'壳长生长比对照组提高16.54%,鲜重生长比对照组提高38.3%,存活率比对照组提高29.9%。2龄白斑马蛤壳长生长比对照组提高18.1%,鲜重生长比对照组提高69.3%,存活率比对照组提高30.1%(表6-2)。

表6-2　2014~2015在辽宁每日农业集团有限公司生产性对比试验结果

项目	白斑马蛤	对照组
15月龄存活率/%	53.0±2.1	40.78±2.49
15月龄壳长/mm	25.43±1.88	21.82±1.84
15月龄鲜重/g	2.71±0.71	1.96±0.5
2龄存活率/%	50.0±2.74	38.44±2.6
2龄壳长/mm	38.13±3.09	32.29±3.40
2龄鲜重/g	14.46±3.58	8.54±3.36

3)2014年1月开始,大连海洋大学与天津市滨海新区大港水产技术推广站合作在天津海升水产养殖有限公司开展连续两年的'白斑马蛤'生产性对比试验。在天津滨海新区海域底播南方对照组苗种和'白斑马蛤'苗种4.7亿粒,养殖面积360亩。结果表明,1龄'白斑马蛤'壳长比对照组提高16.7%,鲜重比对照组提高42.9%,存活率比对照组提高24.6%。2015年11月测量结果显示,2龄'白斑马蛤'壳长比对照组提高19.3%,鲜重比对照组提高79.4%,存活率比对照组提高30.2%(表6-3)。

表 6-3　2014~2015 在天津海升水产养殖有限公司养殖试验结果

项目	白斑马蛤	对照组
1 龄存活率/%	15.2±1.04	12.2±3.29
1 龄壳长/mm	16.34±1.56	14.00±1.87
1 龄鲜重/g	0.9±0.28	0.63±0.24
2 龄存活率/%	51.3±2.71	39.4±2.41
2 龄壳长/mm	36.68±2.25	30.74±3.34
2 龄鲜重/g	13.06±2.94	7.28±2.68

4）2014 年和 2015 年 5~10 月，大连海洋大学与獐子岛集团股份有限公司利用 1000m³ 水体育苗室开展菲律宾蛤仔'白斑马蛤'苗种规模化繁育。

2014 年 9 月在獐子岛海区挂养南方对照组苗种和'白斑马蛤'苗种 1.8 亿粒，养殖面积 300 亩。结果表明，10 月龄白斑马蛤壳长比对照组提高 17.0%，鲜重比对照组提高 37.0%，存活率比对照组提高 21.9%。2015 年 12 月统计测量结果表明，2 龄'白斑马蛤'壳长比对照组提高 23.4%，鲜重比对照组提高 42.9%，存活率比对照组提高 18.9%（表 6-4）。

表 6-4　2014 年 1 月至 2015 年 12 月在獐子岛集团股份有限公司生产性对比试验结果

项目	白斑马蛤	对照组
10 月龄存活率/%	86.2±3.2	70.7±2.2
10 月龄壳长/mm	12.59±2.42	10.76±1.9
10 月龄鲜重/g	0.37±0.09	0.27±0.05
2 龄存活率/%	86.8±2.3	73.0±1.0
2 龄壳长/mm	36.69±2.16	29.74±2.76
2 龄鲜重/g	12.75±2.36	8.92±1.49

彩 图

图 4-14　橙蛤 2 个自交组壳色分离

图 4-15　白蛤

图 4-16　橙蛤

图 4-17 实验组 OW_1 的壳色

1. 白色四条点状条带；2. 白色一条深色放射条带；3. 橙色一条深色放射条带；4. 橙色四条点状条带

图 4-18 实验组 OW_2 的壳色

1. 白色四条点状条带；2. 白色一条深色放射条带；3. 橙色一条深色放射条带；4. 橙色四条点状条带

图 4-19 实验组 WO_1 的壳色

1. 白色四条点状条带；2. 白色一条深色放射条带；3. 橙色一条深色放射条带；4. 橙色四条点状条带

图 4-20 实验组 WO_2 的壳色
1. 白色一条深色放射条带；2. 橙色一条深色放射条带

图 5-16 蛤仔橙蛤品系

图 6-1 菲律宾蛤仔'斑马蛤'

图 6-3　白蛤品系、斑马蛤品系及二者的杂交子代白斑马蛤(白蛤♀×斑马蛤♂)